KARL BÖGEL / MANFRED TASCHE

ANALYSIS IN NORMIERTEN RÄUMEN

MATHEMATISCHE LEHRBÜCHER UND MONOGRAPHIEN

HERAUSGEGEBEN VON DER
AKADEMIE DER WISSENSCHAFTEN DER DDR
ZENTRALINSTITUT FÜR MATHEMATIK UND MECHANIK

I. ABTEILUNG
MATHEMATISCHE LEHRBÜCHER

BAND 25

ANALYSIS IN NORMIERTEN RÄUMEN

VON

KARL BÖGEL † / MANFRED TASCHE

AKADEMIE-VERLAG · BERLIN
1974

ANALYSIS
IN NORMIERTEN RÄUMEN

VON
Professor Dr. rer. nat. KARL BÖGEL †
Dr. rer. nat. MANFRED TASCHE,
Rostock

Mit 41 Abbildungen

AKADEMIE · VERLAG · BERLIN
1974

Die Herausgabe des Werkes wurde betreut von

Prof. Dr. LOTHAR BERG

und

Prof. Dr. ISTVAN FENYÖ

Erschienen im Akademie-Verlag, 108 Berlin, Leipziger Straße 3—4

Lizenznummer: 202 · 100/403/74
Gesamtherstellung: VEB Druckerei „Thomas Müntzer", 582 Bad Langensalza
Bestellnummer: 761 839 3 (6115) · LSV 1034
Printed in GDR
EVP: 75,-

VORWORT DER HERAUSGEBER

Als K. BÖGEL im Jahre 1965 starb, hinterließ er ein Buchmanuskript von 145 Seiten mit den vier Kapiteln: Mengen, kartesische Produkträume, Teilräume von BANACH-Räumen, Schwankung und Stetigkeit, die sich in 56 Paragraphen gliederten. Von 14 weiteren Paragraphen lagen außerdem die Überschriften vor. Aus Gesprächen war bekannt, daß BÖGEL die von ihm im Jahre 1934 veröffentlichte mehrdimensionale Differential- und Integralrechnung, über die er noch 1962 einen zusammenfassenden Artikel geschrieben hat, in moderner Form darstellen wollte. Dabei beabsichtigte er, sich auf die von rumänischen Mathematikern teilweise durchgeführte funktionalanalytische Verallgemeinerung seiner Theorie zu stützen.

Da es in der DDR damals keinen Spezialisten für diese Theorie gab, hat es Herr M. TASCHE in dankenswerter Weise übernommen, sich während seiner Aspirantur in dieses Gebiet einzuarbeiten und die erforderlichen Unterlagen für das noch Fehlende zu beschaffen. Als Ergebnis seiner Arbeit legte er im Jahre 1969 eine Dissertationsschrift vor, in der er unter konsequenter Verwendung von Intervallfunktionen eine klare Einführung, erneute Weiterführung und weitgehende Abrundung erreicht hat. Leider war es aus inhaltlichen, darstellerischen und stilistischen Gründen nicht möglich, das ursprüngliche Manuskript von BÖGEL zusammen mit der Dissertation von TASCHE unmittelbar als gemeinsames Buch herauszugeben. Um zu einer einheitlichen Darstellung zu kommen, mußten vielmehr beide Teile überarbeitet werden. Auch diese Aufgabe übernahm Herr Dr. TASCHE, wobei er sich das Ziel stellte, nicht einen kleinen Kreis von Spezialisten, sondern eine breite Leserschaft anzusprechen. Das Buch wurde daher als Ergänzung zum Grundstudium der Mathematik konzipiert. Einerseits findet man hier große Teile des obligatorischen Stoffes, damit es unabhängig von anderer Literatur gelesen werden kann, andererseits wird hier wichtiger Stoff dargelegt, der in einer Kursvorlesung aus Zeitgründen nur kurz oder gar nicht behandelt werden kann. Sein Vorteil liegt in einer Vereinfachung und Vereinheitlichung der Theorie der Funktionen mehrerer reeller Veränderlicher, indem ein koordinatenfreier Aufbau gewählt wird. Obwohl andere Veröffentlichungen zur koordinatenfreien Analysis aus den letzten Jahren bei der Abfassung des Buches berücksichtigt wurden, grenzt es sich doch von diesen klar ab.

Die Herausgeber sehen in dem vorliegenden Buch einen wesentlichen Beitrag zu der aktuellen Aufgabe, in der Lehrbuchliteratur zu einer vollkommenen Verschmelzung der klassischen Analysis mit der Funktionalanalysis zu gelangen, und wünschen ihm bei den Lesern eine gute Aufnahme. Es ist zwar zu bedauern, daß die Originalität des Stils von K. BÖGEL durch die erforderlich gewordene

Umarbeitung jetzt nur noch an wenigen Stellen erkennbar ist, doch entspricht das Buch in seiner ganzen Anlage völlig den Ideen von Bögel, die es verdienen, in der gegenwärtigen Generation lebendig zu bleiben.

L. Berg

I. Fenyö

AUTORENVORWORT

In dem vorliegenden Buch werden die Grundlagen der Mengenlehre, der Funktionalanalysis in metrischen Räumen, der Maßtheorie und der Differential- und Integralrechnung in normierten Räumen dargestellt, um den Leser mit dem Grundwissen und den wesentlichen Methoden der modernen Analysis vertraut zu machen. Das Buch wendet sich an Mathematikstudenten der ersten beiden Studienjahre und soll die Grundvorlesung im Selbststudium und in Seminaren ergänzen helfen. Vom Leser werden die Kenntnisse des ersten Studienjahres in linearer Algebra und Analysis als bekannt vorausgesetzt.

Das Buch gliedert sich in acht Kapitel mit insgesamt 30 Paragraphen. Nach einem vorbereitenden Kapitel über die elementare Mengenlehre, in dem auch auf das ZORNsche Lemma und weitere zum Auswahlaxiom äquivalente Aussagen eingegangen wird, werden in Kapitel II Vektorräume und lineare Funktionen untersucht. In den beiden folgenden Kapiteln über metrische und normierte Räume werden die funktionalanalytischen Grundlagen bereitgestellt. In Kapitel III werden die Vervollständigung eines metrischen Raumes, der Raum der stetigen beschränkten Funktionen, die Approximationssätze von STONE-WEIERSTRASS und das Prinzip der kontrahierenden Abbildung behandelt. Der Raum der linearen stetigen Funktionen, das Prinzip der gleichmäßigen Beschränktheit und Erweiterungssätze für lineare stetige Funktionen werden im vierten Kapitel betrachtet. Auf HILBERT-Räume und topologische Räume wird nicht eingegangen.

Der Inhalt des fünften Kapitels steht im Mittelpunkt des Buches. Die Analysis der Intervallfunktionen, die verschiedenen Ableitungsbegriffe additiver Intervallfunktionen, die Mittelwertsätze und der Überdeckungssatz von VITALI werden in § 22 zum Aufbau der von K. BÖGEL geschaffenen Differentialrechnung benutzt. Die Theorie der Maße und der meßbaren Funktionen bildet die Grundlage für die im letzten Kapitel behandelte Integrationstheorie. Die Differentialrechnung für Funktionen mit reellen Variablen (Kapitel VI) wird mit der Behandlung der Differentialrechnung für Funktionen mit vektorwertigen Variablen (Kapitel VII) fortgeführt. Insbesondere werden Mittelwertsätze und die TAYLORsche Formel untersucht. Anwendungen auf Differentialgleichungen werden nur angedeutet. Auf Distributionen wird nicht eingegangen. Mittels funktionalanalytischer Methoden werden im letzten Kapitel integrierbare Funktionen eingeführt. Auf den Raum der integrierbaren Funktionen, den Konvergenzsatz von LEBESGUE, den Satz von FUBINI, den Satz von RADON-NIKODYM sowie auf das Verhältnis zwischen dem RIEMANN- und dem LEBESGUE-Integral wird danach ausführlich eingegangen.

Zahlreiche Beispiele und Aufgaben, die in den Text eingebaut sind, sollen den Leser zum Durchdenken des Stoffes anregen. Besonders dem Bearbeiten der Aufgaben, die nicht immer einfach zu lösen sind, kommt für das Verständnis des Buches eine große Bedeutung zu. Die Aufgaben dienen der Überprüfung des Gelesenen, sie sind teils Ergänzungen zum Inhalt und teils kleine Beweisschritte in späteren Ausführungen.

Alle Sätze, Beispiele, Aufgaben, Abbildungen und Formeln sind innerhalb eines Paragraphen numeriert, wobei die erste Zahl den Paragraphen angibt. Die Sätze sind durch ihre fettgedruckten Nummern markiert, und nur bei den wesentlichsten Ergebnissen steht das Wort SATZ. Diejenigen Abschnitte, die beim ersten Lesen übergangen werden können, sind kleingedruckt. Die wichtigsten Symbole sind am Schluß des Buches zusammengestellt.

Mein Dank gilt vor allem meinen Lehrern und den Herausgebern dieses Buches, Herrn Prof. Dr. L. Berg und Herrn Prof. Dr. I. Fenyö, die diese Arbeit angeregt und mit vielen Ratschlägen und Verbesserungen zum Gelingen beigetragen haben. Das Manuskript bzw. die Korrekturen sahen Herr Prof. Dr. G. Wildenhain, Herr Dr. M. Krüppel, Herr Dipl.-Math. H.-D. Gronau und Herr Dipl.-Math. R. Miller kritisch durch. Ihnen allen sowie dem Verlag und der Druckerei sei an dieser Stelle recht herzlich gedankt.

M. Tasche

INHALTSVERZEICHNIS

I. MENGEN UND ABBILDUNGEN

Die von G. Cantor stammende Mengenlehre ist Grundlage für viele Gebiete der Mathematik, insbesondere auch für die Analysis. Deshalb beginnen wir mit dem Studium der Mengen, wobei wir allerdings auf einen streng axiomatischen Aufbau verzichten und uns mit einem „naiven“ Mengenbegriff begnügen. Mit Hilfe des Mengenbegriffes definieren wir Abbildungen und lernen dabei als Spezialfälle die Funktionen, Ordnungs- und Äquivalenzrelationen kennen. — Der dritte Paragraph kann beim ersten Lesen übergangen werden. Hier beweisen wir die Gleichwertigkeit verschiedener Formulierungen des sogenannten Auswahlaxioms der Mengenlehre. Eine dieser Aussagen, das Lemma von M. Zorn, werden wir bei späteren Beweisen oft anwenden. — Abschließend werden die Eigenschaften der von G. Cantor eingeführten Kardinalzahlen untersucht.

Als weitere Einführung in die Mengenlehre empfehlen wir das Buch P. S. Alexandroff [1]. Der Leser, der an einem tiefergehenden Studium der Mengenlehre interessiert ist, sei auf D. Klaua [1], A. A. Fraenkel [1], K. Kuratowski-A. Mostowski [1], W. Sierpiński [1], N. Bourbaki [1], P.R. Halmos [3], F. Hausdorff [1] und H. Bachmann [1] verwiesen.

§ 1. Mengen

Was der Mathematiker unter dem Wort „Menge“ versteht, macht man sich am besten vom Standpunkt der sprachlichen Logik her klar. Jede Sprache verfügt über sogenannte Kollektivbegriffe. Beispiele in der deutschen Sprache sind die Herde, die Mannschaft, das Volk und der Haufen. Alle diese Begriffe bedeuten eine Ansammlung von lebenden oder toten Dingen, wobei die sprachliche Hinzufügung der Art dieser Dinge den Kollektivbegriff noch enger definiert: Schafherde, Fußballmannschaft, Bienenvolk und Sandhaufen. Sprachlich ist das Vorhandensein so vieler Kollektivbegriffe sehr reizvoll. Logisch bequemer ist es, einen einzigen Kollektivbegriff zu schaffen, unter den alle anderen fallen. Für diesen allgemeinen Kollektivbegriff hat G. Cantor eben das Wort „Menge“ eingeführt. Eine Herde ist also eine Menge und das gleiche gilt für eine Mannschaft, ein Volk und einen Haufen.

G. Cantor hat unter einer *Menge* eine Zusammenfassung von bestimmten, voneinander verschiedenen Dingen verstanden. Für jedes Ding soll stets eindeutig feststehen, ob es zur betrachteten Menge gehört oder nicht. Weiterhin sollen niemals zwei gleiche Dinge in einer Menge liegen.

1.1. Einführung. Hat man so den Mengenbegriff geschaffen, dann kann man noch eine zweite Abstraktion ausführen, indem man von der Beschaffenheit der Dinge, aus welchen sich die Menge zusammensetzt, absieht und sie als *Elemente* dieser Menge bezeichnet. In unseren Beispielen sind also Schafe, Fußballspieler, Bienen und Sandkörner die Elemente der jeweiligen Menge. Dabei können die

Elemente einer Menge selbst wiederum Mengen sein. Bei einer Menge von Mengen sprechen wir von einem *System*. Denken wir etwa an einen Imker mit einem Bestand von mehreren Bienenvölkern. Der Bestand des Imkers stellt ein System dar, dessen Elemente die Bienenvölker sind. Die einzelnen Bienen sind Elemente der Bienenvölker, aber nicht des Bestandes.

Künftig wollen wir Mengen mit großen lateinischen Buchstaben und deren Elemente mit kleinen Buchstaben bezeichnen. Für Systeme benutzen wir zur besseren Unterscheidung große deutsche Buchstaben.

Beispielsweise bedeutet $\boldsymbol{R}$ stets die Menge aller reellen Zahlen. Für viele Betrachtungen ist es zweckmäßig, zu den reellen Zahlen noch die Symbole ∞ und $-\infty$, die man plus bzw. minus Unendlich nennt, hinzuzufügen. Die reellen Zahlen, ∞ und $-\infty$ bilden die Menge $\overline{\boldsymbol{R}}$ der *erweitert reellen Zahlen*. Zusätzlich zu den bekannten Rechenregeln für reelle Zahlen vereinbaren wir noch

$$-\infty < a < \infty,$$
$$\infty + \infty = a + \infty = \infty,$$
$$(-\infty) - \infty = a - \infty = -\infty$$

für eine beliebige reelle Zahl a und

$$\infty \cdot \infty = (-\infty)(-\infty) = a \cdot \infty = (-a)(-\infty) = \infty,$$
$$(-\infty) \cdot \infty = (-a) \cdot \infty = a(-\infty) = -\infty,$$
$$0 \cdot \infty = 0 \cdot (-\infty) = 0, \frac{a}{\infty} = \frac{a}{-\infty} = 0$$

für jede positive Zahl a. Einige Rechenoperationen, wie z. B. $\infty + (-\infty)$, sind in $\overline{\boldsymbol{R}}$ nicht erklärt.

Ist x ein Element der Menge A, so schreiben wir $x \in A$. Wenn x nicht zur Menge A gehört, drücken wir dies durch $x \notin A$ aus. Eine Menge kann auch überhaupt kein Element enthalten. Die Menge, welche gar kein Element besitzt, heißt *leer* und wird mit $\emptyset$ bezeichnet. Eine Menge mit mindestens einem Element wird *nichtleer* genannt.

Eine Menge ist durch die Angabe ihrer Elemente bestimmt. Wenn wir alle Elemente $x, y, z, \ldots$ einer Menge A einzeln aufführen können, oder wenn die Angabe einiger Elemente der Menge A bereits auf die Form aller anderen Elemente von A schließen läßt, schreiben wir $A = \{x, y, z, \ldots\}$. Somit können wir z. B. die Menge der n ersten natürlichen Zahlen in der Form $\{1, 2, 3, \ldots, n\}$ darstellen. Oft versagt aber diese Schreibweise. Dann charakterisieren wir die Elemente der gegebenen Menge durch diejenigen Eigenschaften, welche nur für die Elemente dieser Menge zutreffen. Es sei S die Menge aller Punkte $x = (x_1, x_2)$ der euklidischen Ebene, die auf dem Kreis mit dem Radius 1 und dem Mittelpunkt (0, 0) liegen. Die Menge S besteht dann aus genau denjenigen Punkten $x = (x_1, x_2)$, deren reelle Koordinaten der Bedingung $x_1^2 + x_2^2 = 1$ genügen. Wir schreiben für diese Menge

$$S = \{x = (x_1, x_2);\ x_1, x_2 \in \boldsymbol{R} \text{ mit } x_1^2 + x_2^2 = 1\}.$$

Wenn allgemein die Menge A aus genau den Elementen x besteht, die die Eigenschaft $E(x)$ besitzen, so drücken wir dies in der Form $A = \{x; E(x)\}$ aus. Folglich gilt z. B. $A = \{x; x \in A\}$ für jede Menge A und $\emptyset = \{x; x \neq x\}$. Sind a und b zwei gegebene reelle Zahlen mit $a < b$, so wollen wir unter dem *Intervall* mit den Randpunkten a und b eine der folgenden vier Mengen von reellen Zahlen verstehen:

$$[a, b] = \{x; a \leqq x \leqq b\},$$

$$(a, b] = \{x; a < x \leqq b\},$$

$$[a, b) = \{x; a \leqq x < b\},$$

$$(a, b) = \{x; a < x < b\}.$$

Im Fall $a = -\infty$ oder $b = \infty$ spricht man von *uneigentlichen Intervallen*, von denen für uns besonders $\boldsymbol{R}_+ = [0, \infty)$ und $\overline{\boldsymbol{R}}_+ = [0, \infty]$ von Bedeutung sind.

Sehr bald stellte sich heraus, daß CANTORS Erklärung des Mengenbegriffes zu logischen Widersprüchen innerhalb der Mengenlehre führt. Man fand eine Reihe von Antinomien, von denen wir die von B. RUSSEL entdeckte als Beispiel heranziehen wollen, weil diese besonders einfach ist und vielen Lesern in der Form von scherzhaften Einkleidungen bereits bekannt ist.

BEISPIEL

1.1. RUSSEL*sche Antinomie.* Wir betrachten die „Menge" $\mathfrak{R}$ aller Mengen, die sich nicht selbst als Element enthalten, und zeigen, daß $\mathfrak{R}$ keine Menge ist, weil weder $\mathfrak{R} \in \mathfrak{R}$ noch $\mathfrak{R} \notin \mathfrak{R}$ gilt. Angenommen, daß $\mathfrak{R}$ sich selbst als Element enthält. Dann widerspricht dies aber der Definition von $\mathfrak{R}$, weil $\mathfrak{R}$ aus allen Mengen besteht, die sich *nicht* selbst als Element enthalten. — Ist nun $\mathfrak{R} \notin \mathfrak{R}$, so muß aber $\mathfrak{R}$ ein Element von $\mathfrak{R}$ sein, denn in $\mathfrak{R}$ liegen *alle* Mengen, die sich nicht selbst als Element enthalten.

Um solche logischen Schwierigkeiten zu vermeiden, mußte ein streng axiomatischer Aufbau der Mengenlehre geschaffen werden. Heute kennen wir mehrere solcher Wege, und wir verweisen hierzu den interessierten Leser auf die Bücher von D. KLAUA [1], A. A. FRAENKEL [1] und K. KURATOWSKI-A. MOSTOWSKI [1]. Wir verzichten hier auf einen axiomatischen Aufbau und begnügen uns mit der von G. CANTOR gegebenen Beschreibung des Mengenbegriffes.

Eine Menge, die entweder leer ist oder nur endliche viele Elemente enthält, heißt *endlich*. Andernfalls sprechen wir von einer *unendlichen* Menge. Ein Beispiel für eine unendliche Menge ist die Menge aller Punkte eines Kreises. Die Menge aller Punkte auf einer Geraden, die Menge aller Geraden durch einen Punkt und die Menge $\{1, 2, 3, \ldots\}$ der natürlichen Zahlen, die wir stets mit $\boldsymbol{N}$ bezeichnen wollen, sind unendlich. Auch $\boldsymbol{R}$, $\overline{\boldsymbol{R}}$ und die Menge $\boldsymbol{C}$ aller komplexen Zahlen sind unendlich. Es gibt auch Mengen, von denen wir heute noch nicht wissen, ob sie endlich oder unendlich sind. Eine solche Menge ist die Menge aller Primzahlen von der Form $2^{2^n} + 1$. Für $n = 0, 1, 2, 3, 4$ erhalten wir Primzahlen. Die Vermutung, daß dies für alle n der Fall ist, wurde von L. EULER widerlegt, der $2^{2^5}+1$ zerlegen konnte.

Es seien drei Mengen A, B und C gegeben. Wir sagen, daß die Mengen A und B *gleich* sind, wenn sie genau dieselben Elemente besitzen, und schreiben dafür $A = B$. Die Schreibweise $A \neq B$ bedeutet, daß die Mengen A und B nicht gleich, also verschieden sind. Ein einfaches Beispiel für gleiche Mengen bilden $\{1, 2, 3\}$ und $\{3, 1, 2\}$. Auch die Menge aller ungeraden Primzahlen, die sich als Summe zweier Quadratzahlen darstellen lassen, und die Menge aller Primzahlen, die bei Division mit 4 den Rest 1 ergeben, sind gleich.

Offenbar besitzt die Mengengleichheit die folgenden drei Eigenschaften:

1.1. a) *$A = A$ für jede Menge A;*
b) *Aus $A = B$ folgt $B = A$;*
c) *Aus $A = B$ und $B = C$ folgt $A = C$.*

Gehört jedes Element der Menge A auch zur Menge B, so heißt A eine *Teilmenge* von B und B eine *Obermenge* von A. Wir sagen auch, daß A in B enthalten ist, oder daß B die Menge A umfaßt, und schreiben dafür kurz $A \subseteq B$ oder $B \supseteq A$. Ist A eine Teilmenge von B und gibt es in B mindestens ein Element, das nicht in A liegt, so nennen wir A eine *echte Teilmenge* von B oder B eine *echte Obermenge* von A und drücken dies durch die Symbole $A \subset B$ oder $B \supset A$ aus (siehe Abb. 1.1).[1]

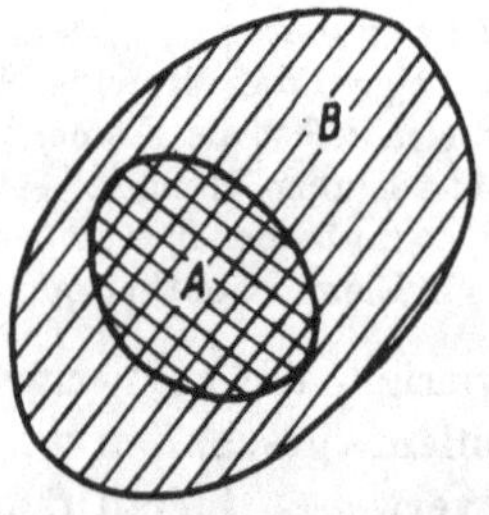

Abb. 1.1

Beispielsweise ist die Menge aller geraden natürlichen Zahlen eine echte Teilmenge von $\boldsymbol{N}$. Es gilt auch $\boldsymbol{N} \subset \boldsymbol{R} \subset \boldsymbol{C}$. Die leere Menge ist laut Definition Teilmenge jeder Menge. Weiterhin ist jede Menge auch Teilmenge von sich selbst. Ist A eine Teilmenge einer Teilmenge B von C, so ist auch A eine Teilmenge von C, wie wir uns leicht anhand der Definition überzeugen können. Ferner sind zwei Mengen A und B genau dann gleich, wenn $A \subseteq B$ und $B \subseteq A$ gilt. Dieses Kriterium gibt uns ein Beweisverfahren für die Gleichheit von Mengen in die Hand. Wird behauptet, daß zwei Mengen gleich sind, so haben wir zu zeigen, daß die erste Menge eine Teilmenge der zweiten ist und daß umgekehrt auch

[1]) Oftmals wird zwischen den Zeichen $\subseteq$ und $\subset$ nicht unterschieden. Dann bedeutet $A \subset B$ nur, daß A eine Teilmenge von B ist.

die zweite Menge eine Teilmenge der ersten ist. Wir fassen zusammen:

1.2. a) *$A \subseteq A$ für jede Menge A;*
b) *Genau dann ist $A \subseteq B$ und $B \subseteq A$, wenn $A = B$ ist;*
c) *Aus $A \subseteq B$ und $B \subseteq C$ folgt $A \subseteq C$.*

AUFGABEN

1.1. Aus welchen Elementen bestehen die folgenden Mengen:

a) $\{x; x \in \boldsymbol{R} \text{ mit } x + |x - 2| = 1 + |x|\}$,

b) $\{(x, y); x, y \in \boldsymbol{R} \text{ mit } ||x| + |y| - 1| \leqq 1\}$,

c) $\{z; z \in \boldsymbol{C} \text{ mit } |z - 1| \geqq 2\,|z + 1|\}$?

Die Ergebnisse von b) und c) sind graphisch darzustellen.

1.2. Kann es einen Friseur geben, der alle Männer seines Wohnortes rasieren muß, welche sich nicht selbst rasieren?

1.3. Es sei 0 die Zahl Null und x ein beliebiges Objekt. Man begründe, ob die folgenden Aussagen

$$\emptyset = \{0\}, \quad \emptyset \in \{0\}, \quad \emptyset \subseteq \{0\}, \quad \emptyset \supseteq \{0\}, \quad x = \{x\}, \quad x \in \{x\}, \quad x \subseteq \{x\}, \quad x \supseteq \{x\}$$

richtig oder falsch sind!

1.4. Wieviel Teilmengen der Menge $\{1, 2, \ldots, n\}$ und wieviel Paare (A, B) von Teilmengen mit $A \subseteq B$ gibt es?

1.5. Man beweise folgende Aussagen für die Mengen A, B und C:
a) Aus $A \subseteq B$, $B \subseteq C$ und $C \subseteq A$ folgt $A = B = C$;
b) Aus $A \subset B$ und $B \subseteq C$ folgt $A \subset C$.

1.2. Vereinigung, Durchschnitt und Differenz von Mengen. Für beliebige Mengen werden wir bestimmte „Verknüpfungen" erklären.

Die *Vereinigung* der Mengen A und B ist die Menge aller Elemente, die in mindestens einer der beiden Mengen liegen, und wird mit $A \cup B$ bezeichnet. D. h., es gilt

$$A \cup B = \{x; x \in A \text{ oder } x \in B\}.$$

Unter dem *Durchschnitt* der Mengen A und B verstehen wir die Menge aller Elemente, die in beiden Mengen zugleich liegen. Wir schreiben dafür kurz $A \cap B$, so daß

$$A \cap B = \{x; x \in A \text{ und } x \in B\}$$

gilt. Abb. 1.2 und Abb. 1.3 veranschaulichen beide Verknüpfungen.

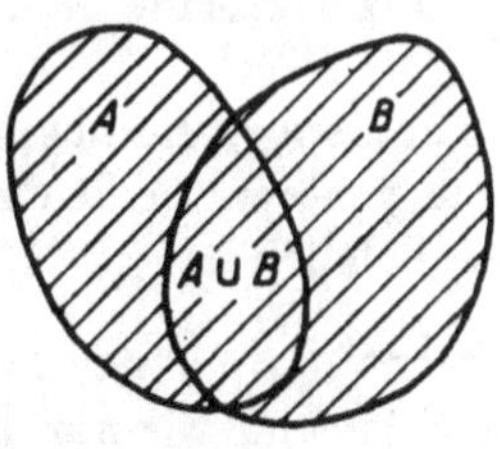

Abb. 1.2

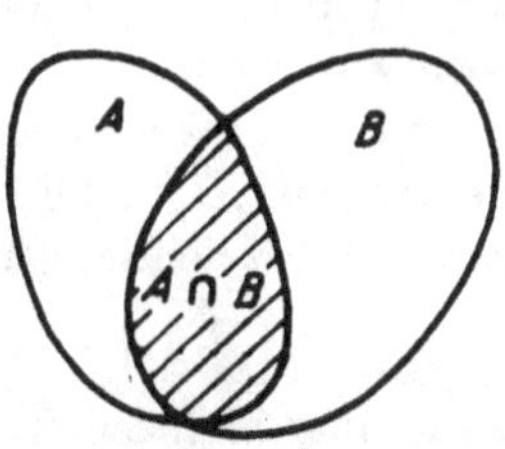

Abb. 1.3

Wir sagen, daß zwei Mengen *disjunkt* bzw. *elementfremd* sind, wenn ihr Durchschnitt leer ist. Disjunkte nichtleere Mengen können nicht gleich sein.

Für jede Menge A erhalten wir

$$A \cup A = A\,, \qquad A \cup \emptyset = A\,,$$
$$A \cap A = A\,, \qquad A \cap \emptyset = \emptyset\,.$$

Für drei beliebige Mengen A, B und C besitzen die Vereinigung und der Durchschnitt folgende Eigenschaften:

1.3. a) $A \cup B = B \cup A\,,$

$A \cap B = B \cap A\,,$

b) $(A \cup B) \cup C = A \cup (B \cup C)\,,$

$(A \cap B) \cap C = A \cap (B \cap C)\,,$

c) $A \cap (B \cup C) = (A \cap B) \cup (A \cap C)\,,$

$A \cup (B \cap C) = (A \cup B) \cap (A \cup C)\,.$

Die beiden ersten Formeln ergeben sich direkt aus den Definitionen der Vereinigung und des Durchschnittes. Wir wollen hier nur die letzte Formel beweisen, weil die Gültigkeit der anderen Gleichungen analog eingesehen werden kann. Zum Beweis werden wir neben den Definitionen der beiden Verknüpfungen das in Satz 1.2 enthaltene Kriterium für die Gleichheit von Mengen benutzen, so daß wir noch auf die Definition der Teilmengen zurückgreifen müssen. Zunächst zeigen wir deshalb, daß

$$A \cup (B \cap C) \subseteq (A \cup B) \cap (A \cup C) \tag{1.1}$$

gilt. Ein beliebig gewähltes Element $x \in A \cup (B \cap C)$ gehört zu A oder zu den beiden Mengen B und C. Folglich ist x sowohl in den Mengen A oder B als auch in A oder C enthalten, so daß $x \in (A \cup B) \cap (A \cup C)$ ist. Damit ist (1.1) bewiesen. Nun zeigen wir, daß auch

$$(A \cup B) \cap (A \cup C) \subseteq A \cup (B \cap C) \tag{1.2}$$

gilt. Ein beliebiges Element $x \in (A \cup B) \cap (A \cup C)$ liegt sowohl in A oder B als auch in A oder C. Wenn x kein Element von A ist, dann muß x in B und C enthalten sein und folglich zur Menge $A \cup (B \cap C)$ gehören. Falls $x \in A$ ist, so ist erst recht $x \in A \cup (B \cap C)$. Daher ist $(A \cup B) \cap (A \cup C)$ eine Teilmenge von $A \cup (B \cap C)$. Wegen (1.1) und (1.2) sind nach Satz 1.2 beide Mengen gleich, was zu beweisen war.

Es seien A und B zwei gegebene Mengen. Die Menge, die aus genau denjenigen Elementen von B besteht, die nicht zu A gehören, heißt die *Differenz* und wird mit $B \setminus A$ bezeichnet (siehe Abb. 1.4). Folglich ist

$$B \setminus A = \{x;\, x \in B \text{ und } x \notin A\}\,.$$

Falls B gleich einer nichtleeren festen Menge X ist und wir nur Teilmengen A von X betrachten, nennen wir die Menge $X \setminus A$ einfach das *Komplement* von

A und schreiben dafür A^c (siehe Abb. 1.5). Für das Komplement einer Menge A gelten einige Beziehungen, die unmittelbar aus der Definition folgen:

$$A \cup A^c = X\,,\quad A \cap A^c = \emptyset\,,\quad \emptyset^c = X\,,\quad X^c = \emptyset\,,\quad (A^c)^c = A\,.$$

Die Vereinigung und den Durchschnitt haben wir bisher ebenso wie die Differenz stets von zwei Mengen gebildet. Jetzt wollen wir Vereinigung und Durchschnitt von beliebig vielen Mengen erklären.

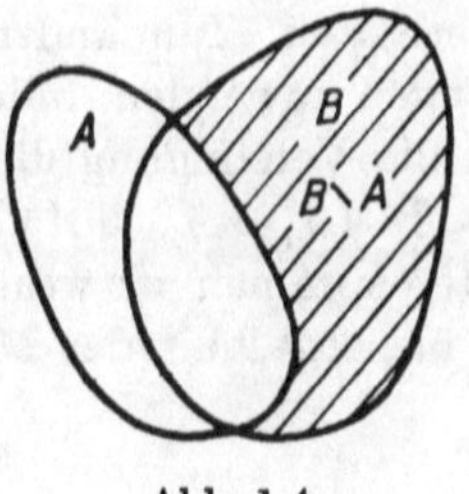

Abb. 1.4

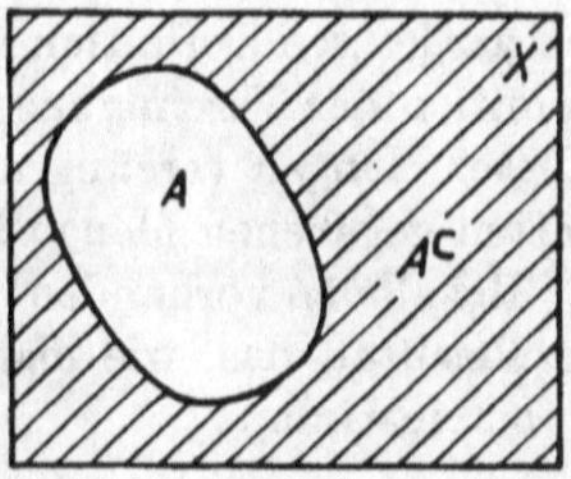

Abb. 1.5

Wir nehmen an, daß jedem Element i einer nichtleeren Menge I genau eine Menge A_i entspricht.[1]) Die Gesamtheit der Mengen A_i, wenn i die Menge I durchläuft, heißt *Mengenkomplex* (A_i) oder *Komplex*. Die Menge I nennen wir die *Indexmenge* des Mengenkomplexes. Zu jedem *Index* $i \in I$ existiert genau eine Menge A_i des Mengenkomplexes (A_i). Im Fall $I = \boldsymbol{N}$ nennt man den Mengenkomplex auch *Mengenfolge*. I. a. ist ein Mengenkomplex kein System. Wohl aber ist jedes nichtleere System ein Mengenkomplex.[2]) Die Mengen eines Mengenkomplexes heißen *paarweise disjunkt*, wenn $A_i \cap A_j = \emptyset$ für alle Indizes i, j mit $i \neq j$ erfüllt ist.

Die *Vereinigung* und den *Durchschnitt des Mengenkomplexes* (A_i) definieren wir dann durch die Gleichungen:

$$\bigcup_{i \in I} A_i = \{x;\, x \in A_i \text{ für mindestens ein } i \in I\}\,,$$

$$\bigcap_{i \in I} A_i = \{x;\, x \in A_i \text{ für jedes } i \in I\}\,.$$

Unter der Vereinigung aller Mengen A_i $(i \in I)$ verstehen wir also die Menge aller Elemente x, die in mindestens einer Menge A_i enthalten sind. Der Durchschnitt aller Mengen A_i $(i \in I)$ besteht genau aus den Elementen x, die in allen Mengen A_i liegen.

Die Vereinigung einer Mengenfolge (A_i) schreiben wir in der Form $\bigcup_{i=1}^{\infty} A_i$ oder $A_1 \cup A_2 \cup A_3 \cup \cdots$ und entsprechend den Durchschnitt in der Form $\bigcap_{i=1}^{\infty} A_i$ oder $A_1 \cap A_2 \cap A_3 \cap \cdots$. Besteht der gegebene Mengenkomplex aus den endlich

---

[1]) Siehe Abschnitt 2.2.

[2]) Ordnet man jedem Element A eines nichtleeren Systems $\mathfrak{A}$ sich selbst zu, so kann das System $\mathfrak{A}$ auch als Mengenkomplex (mit der Indexmenge $\mathfrak{A}$) aufgefaßt werden.

vielen Mengen $A_1, A_2, \ldots, A_n$, dann drücken wir ihre Vereinigung durch $\bigcup_{i=1}^{n} A_i$ oder $A_1 \cup A_2 \cup \cdots \cup A_n$ und ihren Durchschnitt mittels $\bigcap_{i=1}^{n} A_i$ oder $A_1 \cap A_2 \cap \cap \cdots \cap A_n$ aus. Wie wir sofort bemerken, stimmen die obigen Definitionen für $n = 2$ mit den am Anfang dieses Abschnitts aufgestellten überein. Der Satz 1.3 stellt noch einen Zusammenhang zwischen den beiden Definitionen her. Wenn wir z. B. die Vereinigung der Mengen A_1, A_2, A_3 bilden wollen, dann können wir einmal nach der letzten Definition $A_1 \cup A_2 \cup A_3$ erhalten. Zum anderen können wir die Definition der Vereinigung von zwei Mengen anwenden, indem wir zuerst zwei dieser Mengen vereinigen und danach die Vereinigung dieser Menge mit der dritten gegebenen Menge bilden, also z. B. $(A_1 \cup A_2) \cup A_3$ oder $(A_1 \cup \cup A_3) \cup A_2$. Bei all den vorhandenen Möglichkeiten kommen wir wegen Satz 1.3 zum selben Resultat, das, wie man sich leicht überlegt, mit der Menge $A_1 \cup \cup A_2 \cup A_3$ übereinstimmt:

$$A_1 \cup A_2 \cup A_3 = (A_1 \cup A_2) \cup A_3 = (A_1 \cup A_3) \cup A_2 .$$

Analoges läßt sich auch über das Bilden der Vereinigung oder des Durchschnittes von beliebig vielen Mengen sagen.

BEISPIEL

1.2. Wenn wir den Durchschnitt der Mengen

$$A_i = \left\{\frac{1}{i}, \quad \frac{1}{i+1}, \quad \frac{1}{i+2}, \ldots\right\},$$

wobei der Index i die Menge der natürlichen Zahlen durchläuft, bilden, so erhalten wir die leere Menge. Dagegen ist der Durchschnitt der Intervalle

$$B_i = \left[0, \frac{1}{i}\right] \qquad (i = 1, 2, 3, \ldots)$$

nichtleer und gleich der Menge $\{0\}$.

Es sei (A_i) ein gegebener Mengenkomplex, wobei der Index i die zugehörige Indexmenge I durchläuft, und B eine beliebige Menge. Dann gilt:

1.4. a) $$\left(\bigcup_{i\in I} A_i\right) \cap B = \bigcup_{i\in I} (A_i \cup B)\,,$$

$$\left(\bigcap_{i\in I} A_i\right) \cup B = \bigcap_{i\in I} (A_i \cup B)\,,$$

b) $$\left(\bigcup_{i\in I} A_i\right) \cap B = \bigcup_{i\in I} (A_i \cap B)\,,$$

$$\left(\bigcap_{i\in I} A_i\right) \cap B = \bigcap_{i\in I} (A_i \cap B)\,,$$

c) $$\left(\bigcup_{i\in I} A_i\right) \setminus B = \bigcup_{i\in I} (A_i \setminus B)\,,$$

$$\left(\bigcap_{i\in I} A_i\right) \setminus B = \bigcap_{i\in I} (A_i \setminus B)\,,$$

d) $B \setminus \left(\bigcup_{\iota \in I} A_\iota\right) = \bigcap_{\iota \in I} (B \setminus A_\iota)$,

$B \setminus \left(\bigcap_{\iota \in I} A_\iota\right) = \bigcup_{\iota \in I} (B \setminus A_\iota)$.

Den einfachen Beweis dieser Gleichungen überlassen wir dem Leser zur Übung. Im Fall, daß alle Mengen A_ι $(\iota \in I)$ in einer festen Menge X liegen und wir $B = X$ setzen, erhalten wir aus den letzten beiden Gleichungen die DE MORGANschen *Formeln*:

$$\left(\bigcup_{\iota \in I} A_\iota\right)^c = \bigcap_{\iota \in I} A_\iota^c, \qquad \left(\bigcap_{\iota \in I} A_\iota\right)^c = \bigcup_{\iota \in I} A_\iota^c. \tag{1.3}$$

Greifen wir einem Ergebnis von Aufgabe 1.7 schon voraus, so können wir wegen (1.3) ein *Dualitätsprinzip* formulieren:

1.5. *Die Gültigkeit einer Aussage über Mengen, die nur durch die Symbole* $\cup$, $\cap$ *und* $\supseteq$ *ausgedrückt werden kann, geht nicht verloren, wenn wir anstatt einer Menge ihr Komplement und anstelle von* $\cup$, $\cap$ *bzw.* $\supseteq$ *stets* $\cap$, $\cup$ *bzw.* $\subseteq$ *in die Aussage einsetzen. Die Gleichheit bleibt folglich erhalten.*

Sind z. B. A_1, A_2 und A_3 drei Mengen, die in X enthalten sind, dann gilt für Komplemente A_1^c, A_2^c und A_3^c, wie wir bei Satz 1.3 bewiesen haben, die Gleichung

$$A_1^c \cup (A_2^c \cap A_3^c) = (A_1^c \cup A_2^c) \cap (A_1^c \cup A_3^c).$$

Wenden wir hierauf das Dualitätsprinzip an, so erhalten wir die Formel

$$A_1 \cap (A_2 \cup A_3) = (A_1 \cap A_2) \cup (A_1 \cap A_3).$$

Zum Schluß führen wir noch zwei Begriffe ein, die wir aber erst später verwenden werden. Unter einer *Überdeckung* einer Menge A wollen wir ein System verstehen, dessen Vereinigung die Menge A enthält. Eine *Zerlegung* einer nichtleeren Menge A ist ein System, welches die leere Menge nicht enthält und dessen Vereinigung gleich der Menge A ist.

AUFGABEN

1.6. Es seien $x_1, x_2 \in \mathbf{R}$. Man stelle die folgende Punktmenge graphisch dar:

$$(\{x = (x_1, x_2);\, |x_1 - x_2| \leqq 1\} \setminus \{x = (x_1, x_2);\, 4x_1 + 3x_2 > 12\}) \cap$$
$$\cap \{x = (x_1, x_2);\, x_1 + x_2 \geqq 1\}!$$

1.7. Es seien A und B gegebene Mengen. Man beweise, daß folgende Aussagen notwendige und hinreichende Bedingungen für $A \subseteq B$ sind:

a) $A \cup B = B$, c) $A^c \supseteq B^c$,

b) $A \setminus B = \emptyset$, d) $(B \setminus A) \cup A = B$.

Man suche weitere solche Bedingungen!

1.8. Man untersuche, ob die Gleichungen

a) $(A \setminus B) \setminus C = A \setminus (B \setminus C)$,

b) $(A \cup B) \setminus A = B$,

c) $(A \cup B) \setminus (C \cap D) = (A \setminus C) \cup (B \setminus D)$

für beliebige Mengen A, B, C und D richtig sind.

1.9. Man beweise für die Mengen A, B und C die Gleichungen:

a) $(A \setminus B) \cup C = (A \cup C) \setminus (B \setminus C)$,

b) $(A \setminus B) \cap C = (A \cap C) \setminus B$.

1.3. Mengenringe. Es sei X eine nichtleere gegebene Menge. Bilden wir von zwei Teilmengen aus X die Vereinigung, den Durchschnitt oder die Differenz, so erhalten wir wiederum eine Teilmenge von X. Wir werden jetzt die Eigenschaften eines nichtleeren Systems $\mathfrak{R}$ von Teilmengen aus X untersuchen, bei dem mit $A, B \in \mathfrak{R}$ stets

$$1.\ A \setminus B \in \mathfrak{R},$$

$$2.\ A \cup B \in \mathfrak{R}$$

sind. Ein derartiges System $\mathfrak{R}$ heißt *Mengenring*. Einfache Beispiele für Mengenringe sind das System aller Teilmengen von X, $\{\emptyset\}$, $\{\emptyset, A\}$ und $\{\emptyset, A, B \setminus A, B\}$, wobei $\emptyset \subset A \subset B \subseteq X$ gelten soll. Weitere Beispiele werden wir im fünften Kapitel kennenlernen.

Es sei $\mathfrak{R}$ ein gegebener Mengenring. Da $\mathfrak{R}$ nichtleer ist, existiert eine Menge $A \in \mathfrak{R}$, so daß wegen

$$\emptyset = A \setminus A$$

die leere Menge zu $\mathfrak{R}$ gehört. Mit $A, B \in \mathfrak{R}$ ist nach Definition $A \setminus B \in \mathfrak{R}$. Folglich ist wegen

$$A \cap B = A \setminus (A \setminus B)$$

auch $A \cap B \in \mathfrak{R}$. Zusammenfassend können wir sagen:

1.6. *Ein Mengenring $\mathfrak{R}$ enthält stets $\emptyset$. Die Vereinigung, der Durchschnitt und die Differenz von zwei Mengen aus $\mathfrak{R}$ liegen wiederum in $\mathfrak{R}$.*

Mittels vollständiger Induktion können wir uns überlegen, daß die Vereinigung und der Durchschnitt endlich vieler Mengen aus $\mathfrak{R}$ zum Mengenring $\mathfrak{R}$ gehören. Sind dagegen unendlich viele Mengen A_n $(n = 1, 2, \ldots)$ aus $\mathfrak{R}$ gegeben, so ist deren Vereinigung i. a. nicht in dem Mengenring $\mathfrak{R}$ enthalten. Als Beispiel sei der Mengenring angeführt, der von $\emptyset$ und allen Teilmengen aus $\boldsymbol{R}$, die sich als Vereinigung endlich vieler Intervalle der Form $(a, b]$ mit rationalen Zahlen a, b $(a < b)$ darstellen lassen, gebildet wird.

Wir nennen ein nichtleeres System $\mathfrak{A}$ von Teilmengen aus X eine *σ-Algebra*, wenn mit $A \in \mathfrak{A}$ und $A_n \in \mathfrak{A}$ $(n = 1, 2, \ldots)$ stets

$$1.\ A^c \in \mathfrak{A},$$

$$2.\ \bigcup_{n=1}^{\infty} A_n \in \mathfrak{A}$$

sind. Beispiele für σ-Algebren sind das System aller Teilmengen von X, $\{\emptyset, X\}$ und $\{\emptyset, A, A^c, X\}$, wobei $\emptyset \subset A \subset X$ gelten soll.

Es sei $\mathfrak{A}$ eine σ-Algebra. Wählen wir zwei Mengen A und B aus $\mathfrak{A}$ und setzen $A_1 = A$, $A_n = B$ für $n \geqq 2$, dann ist wegen

$$A \cup B = \bigcup_{n=1}^{\infty} A_n$$

die Vereinigung $A \cup B$ in $\mathfrak{A}$ enthalten. Da für $A \in \mathfrak{A}$ stets $A^c \in \mathfrak{A}$ ist und

$$X = A \cup A^c$$

gilt, muß auch $X \in \mathfrak{A}$ sein. Mit A, $B \in \mathfrak{A}$ sind A^c, $B^c \in \mathfrak{A}$, so daß aufgrund der DE MORGANschen Formel (1.3)

$$A \cap B = (A^c \cup B^c)^c$$

auch $A \cap B \in \mathfrak{A}$ ist. Da mit A, $B \in \mathfrak{A}$ auch $B^c \in \mathfrak{A}$ ist, gehört dann wegen

$$A \setminus B = A \cap B^c$$

die Differenz $A \setminus B$ zu $\mathfrak{A}$. Damit haben wir folgenden Satz erhalten:

1.7. *Eine σ-Algebra ist ein Mengenring und enthält X.*

Wir betrachten unendlich viele Mengen A_n $(n = 1, 2, \ldots)$ der σ-Algebra $\mathfrak{A}$. Dann liegt nicht nur die Vereinigung aller A_n in $\mathfrak{A}$, sondern wegen der DE MORGANschen Formel (1.3)

$$\bigcap_{n=1}^{\infty} A_n = \left(\bigcup_{n=1}^{\infty} A_n^c\right)^c$$

auch der Durchschnitt aller A_n.

Ist uns irgendein System $\mathfrak{S}$ von Teilmengen aus X gegeben, so können wir σ-Algebren durch geeignetes Hinzufügen weiterer Teilmengen aus X gewinnen. Trivialerweise können wir $\mathfrak{S}$ zu dem System aller Teilmengen von X ergänzen, denn dieses System ist eine σ-Algebra. Doch damit begnügen wir uns nicht. Wir fragen nach der Existenz einer kleinsten σ-Algebra $\mathfrak{A}$, die $\mathfrak{S}$ umfaßt; d. h., für jede σ-Algebra $\mathfrak{A}'$, die $\mathfrak{S}$ enthält, soll $\mathfrak{A}' \supseteq \mathfrak{A}$ gelten.

1.8. *Für jedes System $\mathfrak{S}$ von Teilmengen von X existiert eine kleinste σ-Algebra $\mathfrak{A}$, welche $\mathfrak{S}$ enthält.*

Beweis. Wir haben schon erkannt, daß die Menge der σ-Algebren, die $\mathfrak{S}$ enthalten, nichtleer ist. Dann ist deren Durchschnitt $\mathfrak{A}$ eine σ-Algebra, die $\mathfrak{S}$ umfaßt. Für eine beliebige σ-Algebra $\mathfrak{A}'$, die $\mathfrak{S}$ enthält, muß folglich $\mathfrak{A}' \supseteq \mathfrak{A}$ gelten, womit der Satz bewiesen ist. Wir nennen $\mathfrak{A}$ die *von $\mathfrak{S}$ erzeugte σ-Algebra.*

Eine Mengenfolge (A_n) mit $A_n \subseteq A_{n+1}$ für $n = 1, 2, \ldots$ heißt *monoton wachsend.* Im Fall $A_n \supseteq A_{n+1}$ für $n = 1, 2, \ldots$ nennt man (A_n) *monoton fallend* oder *ineinandergeschachtelt.* Eine monoton wachsende bzw. fallende Mengenfolge heißt kurz *monoton.* Unter dem *Limes* einer monotonen Mengenfolge (A_n) versteht man die Menge

$$\lim A_n = \bigcup_{n=1}^{\infty} A_n\,,$$

falls $A_n \subseteq A_{n+1}$ für alle n gilt, bzw.

$$\lim A_n = \bigcap_{n=1}^{\infty} A_n ,$$

falls $A_n \supseteq A_{n+1}$ für jedes n ist. Wir sagen, daß ein nichtleeres System $\mathfrak{M}$ von Teilmengen aus X *monoton* ist, wenn jede monotone Mengenfolge aus $\mathfrak{M}$ einen zu $\mathfrak{M}$ gehörenden Limes besitzt. Zum Beispiel ist jede σ-Algebra ein monotones System.

1.9. *Es sei $\mathfrak{R}$ ein Mengenring von Teilmengen aus X, der auch X enthält. Dann stimmt das kleinste monotone System $\mathfrak{M}$, welches $\mathfrak{R}$ umfaßt, mit der von $\mathfrak{R}$ erzeugten σ-Algebra $\mathfrak{A}$ überein.*

Beweis. Für jedes $B \in \mathfrak{A}$ sei $\mathfrak{M}(B)$ das System aller Mengen $A \in \mathfrak{A}$, für die $A \setminus B$, $B \setminus A$ und $A \cup B$ zu $\mathfrak{M}$ gehören. Wir stellen fest, daß $A \in \mathfrak{M}(B)$ gleichbedeutend mit $B \in \mathfrak{M}(A)$ ist.

Das System $\mathfrak{M}(B)$ ist monoton, denn für jede monotone Mengenfolge (A_n) aus $\mathfrak{M}(B)$ sind die Mengenfolgen $(A_n \setminus B)$, $(B \setminus A_n)$ und $(A_n \cup B)$ monoton, und es gilt nach Satz 1.4

$$(\lim A_n) \setminus B = \lim (A_n \setminus B) \in \mathfrak{M}(B) ,$$
$$B \setminus (\lim A_n) = \lim (B \setminus A_n) \in \mathfrak{M}(B) ,$$
$$(\lim A_n) \cup B = \lim (A_n \cup B) \in \mathfrak{M}(B) .$$

Der Mengenring $\mathfrak{R}$ wird für $B \in \mathfrak{R}$ von $\mathfrak{M}(B)$ umfaßt, weil für jedes $A \in \mathfrak{R}$ stets $A \setminus B$, $B \setminus A$ und $A \cup B$ zu $\mathfrak{R}$ gehören und somit $A \in \mathfrak{M}(B)$ ist. Da $\mathfrak{M}$ das kleinste monotone System ist, welches $\mathfrak{R}$ umfaßt, gilt sogar $\mathfrak{M} \subseteq \mathfrak{M}(B)$ für $B \in \mathfrak{R}$. Für beliebige $A \in \mathfrak{M}$ und $B \in \mathfrak{R}$ ist demnach $A \in \mathfrak{M}(B)$ oder, was gleichbedeutend ist, $B \in \mathfrak{M}(A)$. Folglich gilt $\mathfrak{R} \subseteq \mathfrak{M}(A)$ und damit $\mathfrak{M} \subseteq \mathfrak{M}(A)$ für jedes $A \in \mathfrak{M}$.

Es seien A, $B \in \mathfrak{M}$. Da $B \in \mathfrak{M}(A)$ ist, liegen $A \setminus B$ und $A \cup B$ in $\mathfrak{M}$, so daß $\mathfrak{M}$ ein Mengenring ist. Nach Voraussetzung ist $X \in \mathfrak{M}$. Dann ist $\mathfrak{M}$ eine σ-Algebra, weil man von einer beliebigen Mengenfolge (A_n) aus $\mathfrak{M}$ zu einer monotonen Mengenfolge (B_n) übergehen kann, indem man

$$B_n = \bigcup_{i=1}^{n} A_i \in \mathfrak{M}$$

setzt, und somit

$$\bigcup_{n=1}^{\infty} A_n = \lim B_n \in \mathfrak{M}$$

ist. Wegen $\mathfrak{M} \subseteq \mathfrak{A}$ muß $\mathfrak{M}$ mit $\mathfrak{A}$ übereinstimmen.

Die Ergebnisse dieses Abschnittes werden wir im fünften Kapitel benötigen.

AUFGABEN

1.10. Es seien Mengen A_n $(n = 1, 2, \ldots)$ gegeben. Man beweise:

a) Es existieren Mengen B_n mit $B_n \subseteq B_{n+1}$ $(n = 1, 2, \ldots)$ und

$$\bigcup_{n=1}^{\infty} A_n = \bigcup_{n=1}^{\infty} B_n .$$

b) Es existieren Mengen C_n mit $C_n \supseteq C_{n+1}$ $(n = 1, 2, \ldots)$ und

$$\bigcap_{n=1}^{\infty} A_n = \bigcap_{n=1}^{\infty} C_n .$$

1.11. Es sei X eine unendliche Menge. Man untersuche, ob das System aller endlichen Teilmengen von X und deren Komplemente ein Mengenring bzw. eine σ-Algebra ist.

1.12. Es seien die Mengen A_n $(n = 1, 2, \ldots)$ gegeben. Man nennt die Menge

$$\overline{\lim}\, A_n = \bigcap_{k=1}^{\infty} \bigcup_{n=k}^{\infty} A_n$$

den *oberen Limes* aller A_n und die Menge

$$\underline{\lim}\, A_n = \bigcup_{k=1}^{\infty} \bigcap_{n=k}^{\infty} A_n$$

den *unteren Limes* aller A_n. Man zeige, daß der obere Limes die Menge aller Elemente ist, die in unendlich vielen Mengen A_n enthalten sind, und daß der untere Limes die Menge der Elemente ist, welche zu allen A_n mit Ausnahme von höchstens endlich vielen gehören. Man beweise, daß

$$\underline{\lim}\, A_n \subseteq \overline{\lim}\, A_n$$

gilt.

1.13. Es seien die Mengen A_n, B_n $(n = 1, 2, \ldots)$ gegeben. Man beweise:

$$\overline{\lim}\, (A_n \cup B_n) = \overline{\lim}\, A_n \cup \overline{\lim}\, B_n ,$$

$$\underline{\lim}\, (A_n \cup B_n) \supseteq \underline{\lim}\, A_n \cup \underline{\lim}\, B_n .$$

Man stelle mit Hilfe des Dualitätsprinzips die entsprechenden Gleichungen für den Durchschnitt auf!

1.4. Produkt von Mengen. Es seien zwei Mengen X und Y gegeben. Die aus allen geordneten Paaren (x, y) mit $x \in X$ und $y \in Y$ gebildete Menge nennen wir das (*kartesische*) *Produkt* von X und Y, für welches wir $X \times Y$ schreiben. Zwei Paare (x, y) und (x', y') heißen gleich, wenn $x = x'$ und $y = y'$ gilt. Infolgedessen ist i. a. $X \times Y$ von dem Produkt $Y \times X$ verschieden. Im Fall $X = Y$ schreiben wir anstelle von $X \times X$ auch X^2. Die beiden Mengen X und Y heißen die *Faktormengen* des Produktes $X \times Y$. Ist eine der beiden Faktormengen die leere Menge, so ist das Produkt leer. Die Umkehrung ist ebenfalls richtig. Ein Produkt ist also genau dann leer, wenn mindestens eine Faktormenge leer ist. Ein Element (x, y) des Produktes $X \times Y$ besitzt die *erste Koordinate* $x \in X$ und die *zweite Koordinate* $y \in Y$.

Das bekannteste Beispiel für eine Produktmenge ist die kartesische Zahlenebene. Beide Faktormengen sind hier gleich der Menge $\boldsymbol{R}$ aller reellen Zahlen, so daß wir in Zukunft die Zahlenebene mit $\boldsymbol{R}^2$ bezeichnen. Dieses konkrete Beispiel haben wir auch bei der Darstellung des kartesischen Produktes in Abb. 1.6 im Auge. Die Faktormengen X und Y werden durch senkrecht zueinander stehende „lineare" Mengen (z. B. Strecken) veranschaulicht, so daß sich ihr Produkt als das schraffierte ebene Gebiet ergibt.

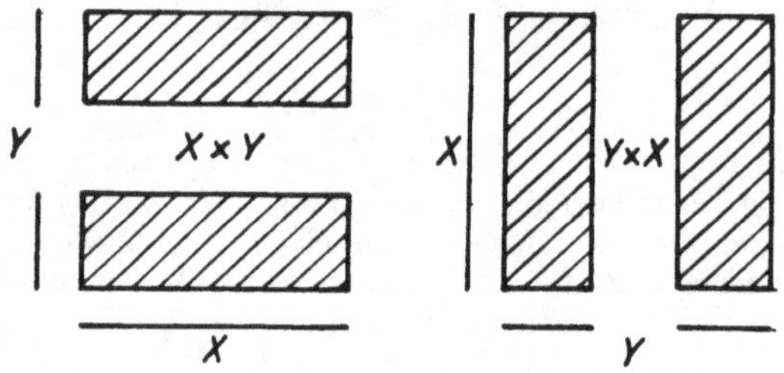

Abb. 1.6

Wir wollen auch noch untersuchen, wie sich Eigenschaften des Produktes bei ihren Faktormengen widerspiegeln. Dabei werden wir einen sehr engen Zusammenhang feststellen.

1.10. *Es seien A_1 und A_2 nichtleere Teilmengen von X sowie B_1 und B_2 nichtleere Teilmengen von Y. Dann gilt:*

a) $A_1 \times B_1 \subseteq A_2 \times B_2$ *genau dann, wenn* $A_1 \subseteq A_2$ *und* $B_1 \subseteq B_2$ *ist;*

$A_1 \times B_1 = A_2 \times B_2$ *genau dann, wenn* $A_1 = A_2$ *und* $B_1 = B_2$ *ist;*

b) $A_1 \times (B_1 \cup B_2) = (A_1 \times B_1) \cup (A_1 \times B_2)$,

$(A_1 \cup A_2) \times B_1 = (A_1 \times B_1) \cup (A_2 \times B_1)$,

c) $A_1 \times (B_1 \cap B_2) = (A_1 \times B_1) \cap (A_1 \times B_2)$,

$(A_1 \cap A_2) \times B_1 = (A_1 \times B_1) \cap (A_2 \times B_1)$,

d) $A_1 \times (B_1 \setminus B_2) = (A_1 \times B_1) \setminus (A_1 \times B_2)$,

$(A_1 \setminus A_2) \times B_1 = (A_1 \times B_1) \setminus (A_2 \times B_1)$.

Der Beweis dieser Behauptung kann mittels des im Satz 1.2 enthaltenen Kriteriums für die Gleichheit von Mengen geführt werden.

Es seien nun endlich viele Mengen $X_1, X_2, \ldots, X_n$ ($n = 2, 3, \ldots$) gegeben. Wir vereinbaren dann, daß das Produkt $X_1 \times X_2 \times \cdots \times X_n$ die Menge aller n-Tupel $(x_1, x_2, \ldots, x_n)$ ist, wobei für $i = 1, 2, \ldots, n$ die i-te Koordinate x_i stets zur i-ten Faktormenge X_i gehört. Zwei n-Tupel $(x_1, x_2, \ldots, x_n)$ und $(x_1', x_2', \ldots, x_n')$ sollen gleich heißen, wenn ihre i-ten Koordinaten x_i und x_i' für jedes $i = 1, 2, \ldots, n$ übereinstimmen. Im Fall $X_1 = X_2 = \cdots = X_n = X$ drücken wir das Produkt $X_1 \times X_2 \times \cdots \times X_n$ kurz durch X^n aus. Weiterhin vereinbaren wir die Schreibweise $X^1 = X$. Mit $X = \boldsymbol{R}$ erhalten wir die Menge $\boldsymbol{R}^n$ aller n-Tupel von reellen Zahlen.

Aufgrund unserer Definitionen sind die drei Produkte $(X_1 \times X_2) \times X_3$, $X_1 \times (X_2 \times X_3)$ und $X_1 \times X_2 \times X_3$ verschieden, weil die erste Menge aus allen Paaren $((x_1, x_2), x_3)$, die zweite aus allen Paaren $(x_1, (x_2, x_3))$ und die dritte aus allen Tripeln (x_1, x_2, x_3) mit $x_1 \in X_1$, $x_2 \in X_2$ und $x_3 \in X_3$ besteht.

AUFGABEN

1.14. Man beweise folgende Verallgemeinerungen von Satz 1.10:

a) $(A_1 \times B_1) \cup (A_2 \times B_2) \subseteq (A_1 \cup A_2) \times (B_1 \cup B_2)$,

b) $(A_1 \times B_1) \cap (A_2 \times B_2) = (A_1 \cap A_2) \times (B_1 \cap B_2)$,

c) $(A_1 \times B_1) \setminus (A_2 \times B_2) = [A_1 \times (B_1 \setminus B_2)] \cup [(A_1 \setminus A_2) \times B_1]$!

1.15. Folgt für drei Mengen X, Y und Z aus $X \times Y = X \times Z$ stets $Y = Z$?

1.16. Man beweise: Gilt $A \subseteq B$ für zwei Mengen A und B, so ist für jede Menge C:

a) $A \cup C \subseteq B \cup C$, c) $A \times C \subseteq B \times C$, e) $C \setminus A \supseteq C \setminus B$.

b) $A \cap C \subseteq B \cap C$, d) $A \setminus C \subseteq B \setminus C$,

§ 2. Abbildungen und Funktionen

Wir stellen uns vor, daß sich in unserem Werkzeugkasten ein Hammer x_1, ein Schraubenzieher x_2, ein Schraubenschlüssel x_3, ein Holzbohrer x_4 und eine Säge x_5 befinden und daß wir beabsichtigen, mit diesen Werkzeugen verschiedene kleine Tätigkeiten auszuführen, nämlich Schrauben ins Holz einzudrehen (y_1), die Mutter einer Metallschraube festzuziehen (y_2), Holz zu zerschneiden (y_3) und Holz zu glätten (y_4). Da nur gewisse Werkzeuge für eine Tätigkeit geeignet sind, bestehen zwischen den Werkzeugen und den Arbeiten bestimmte Beziehungen. Wenn das Werkzeug x_i zum Verrichten der Tätigkeit y_k nötig ist, so schreiben wir kurz (x_i, y_k). Wir erhalten eine Menge von Paaren:

$$\{(x_2, y_1), (x_2, y_2), (x_3, y_2), (x_4, y_1), (x_5, y_3)\} . \tag{2.1}$$

Die bestehenden Beziehungen zwischen der Menge X der Werkzeuge und der Menge Y der Tätigkeiten haben wir durch eine Teilmenge des Produktes $X \times Y$ ausgedrückt. Dieser Gedanke veranlaßt uns zu der folgenden Definition einer „Abbildung", wie wir künftig die Beziehung zwischen zwei Mengen nennen wollen.

2.1. Abbildungen. Es seien zwei feste Mengen X und Y gegeben, die nicht notwendig verschieden sein müssen. Wir wollen dann unter einer *Abbildung* aus der Menge X in die Menge Y eine Teilmenge F des Produktes $X \times Y$ verstehen. Ist F leer, so sprechen wir von der *leeren Abbildung*. Wenn das Paar (x, y) zur Menge F gehört, nennen wir x ein *Urbild* von y und y ein *Bild* oder einen *Wert* von x bei der Abbildung F. Mit $F(x_0)$ bezeichnen wir die Menge aller Bilder des festen Elementes $x_0 \in X$, d. h.

$$F(x_0) = \{y \in Y; (x_0, y) \in F\} .$$

Diese Menge $F(x_0)$ ist das *volle Bild* des Elementes $x_0 \in X$ bei der Abbildung F. Entsprechend nennen wir die Menge aller Urbilder eines Elementes $y_0 \in Y$ das *volle Urbild* von y_0 und schreiben dafür $F^{-1}(y_0)$:

$$F^{-1}(y_0) = \{x \in X\,;\,(x, y_0) \in F\}\,.$$

Betrachten wir beispielsweise die durch (2.1) erklärte Abbildung F, so bedeutet das volle Bild $F(x_2) = \{y_1, y_2\}$ die Menge derjenigen Tätigkeiten, für die ein Schraubenzieher benötigt wird. Dagegen besteht das volle Urbild $F^{-1}(y_1) = \{x_2, x_4\}$ aus allen Werkzeugen, die wir brauchen, um Schrauben ins Holz einzudrehen. Da wir den Hammer bei unseren Arbeiten nicht benutzen, ist $F(y_1) = \emptyset$. Auch $F^{-1}(y_4)$ ist leer, weil wir keine Werkzeuge zum Holzglätten besitzen.

Die Menge $D(F)$ aller Elemente $x \in X$, für die das volle Bild $F(x)$ nichtleer ist, heißt *Definitions-* oder *Urbildbereich* der Abbildung F, d. h.

$$D(F) = \{x \in X\,;\,F(x) \neq \emptyset\}\,.$$

Wir sagen auch, daß die Abbildung F in den Elementen von $D(F)$ erklärt und in den Elementen von $D(F)^c = X \setminus D(F)$ nicht erklärt ist. Der *Werte-* oder *Bildbereich* der Abbildung F ist die Menge $W(F)$ aller Elemente $y \in Y$, deren volles Urbild $F^{-1}(y)$ mindestens ein Element enthält:

$$W(F) = \{y \in Y\,;\,F^{-1}(y) \neq \emptyset\}\,.$$

Wenn $W(F)$ nur aus einem einzigen Element besteht, sprechen wir von einer *konstanten Abbildung*. Da eine Abbildung F weder in allen Elementen von X erklärt, noch jedes Element von Y Bild von F zu sein braucht, sprechen wir i. a. von einer Abbildung *aus* X *in* Y. Ist insbesondere $D(F) = X$, so nennen wir F eine Abbildung *von* X in Y. Im Fall $W(F) = Y$ heißt F eine Abbildung aus X *auf* Y. Die durch (2.1) erklärte Abbildung ist folglich eine Abbildung aus X in Y.

Falls A eine Teilmenge von X ist, so nennen wir die Menge $F(A)$ aller Bilder der Elemente von A das *Bild der Menge* A bei der Abbildung F. Somit gilt $y \in F(A)$ genau dann, wenn y ein Element von $F(x)$ für mindestens ein $x \in A$ ist. Offensichtlich ist $F(\emptyset) = \emptyset$ und $F(X) = W(F) \subseteq Y$. Weiterhin gilt für zwei Teilmengen A und B von X stets:

2.1. a) *Aus* $A \subseteq B$ *folgt* $F(A) \subseteq F(B)$;

b) $F(A \cup B) = F(A) \cup F(B)$,

c) $F(A \cap B) \subseteq F(A) \cap F(B)$,

d) $F(A \setminus B) \supseteq F(A) \setminus F(B)$.

Wir überlassen den Beweis dem Leser zur Übung.

Jetzt betrachten wir zwei Abbildungen F, G aus X in Y und sagen, daß die beiden Abbildungen F und G *gleich* sind, wenn die Mengen F und G gleich sind. Dafür schreiben wir kurz $F = G$. Die Abbildungen F und G sind folglich genau dann gleich, wenn die vollen Bilder $F(x)$ und $G(x)$ jedes Elementes $x \in X$ gleich sind. Gleiche Abbildungen besitzen insbesondere gleiche Definitions- und Wertebereiche.

Wenn A eine Teilmenge von X ist, verstehen wir unter der auf die Menge A *eingeschränkten Abbildung* F diejenige Abbildung F_0, für die

$$F_0 = \{(x, y);\ (x, y) \in F \text{ und } x \in A\}$$

ist. Es gilt also $F(x) = F_0(x)$ für alle $x \in A$ und $F_0(x) = \emptyset$ für $x \notin A$.

Wir sagen, daß die Abbildung F eine *Erweiterung* oder *Fortsetzung* der Abbildung G bzw. G eine *Einschränkung* von F ist, wenn F eine Obermenge von G ist. Aus der Definition ergibt sich unmittelbar, daß F genau dann eine Erweiterung von G ist, wenn $F(x) \supseteq G(x)$ für jedes $x \in D(G)$ und $D(F)$ eine Obermenge von $D(G)$ ist. Sind z. B. $X = Y = \boldsymbol{R}$ und

$$F = \{(x, y);\ (x^2 - y^2)(x^2 y^2 - 1) = 0\}\,, \qquad G = \{(x, y);\ x^2 - y^2 = 0\}$$

gegeben, so ist $F \supset G$ und somit F eine Erweiterung von G.

Es seien nun drei feste Mengen X, Y und Z, eine Abbildung F aus X in Y und eine Abbildung G aus Y in Z gegeben. Dann wollen wir unter der *Komposition* $G \circ F$ der beiden Abbildungen diejenige Abbildung aus X in Z verstehen, die gleich der Menge aller Paare $(x, z) \in X \times Z$ ist, für die ein Element $y \in Y$ mit $(x, y) \in F$ und $(y, z) \in G$ existiert. Aus der Definition folgt, daß $D(G \circ F) \subseteq \subseteq D(F)$ und $W(G \circ F) \subseteq W(G)$ ist. Die Komposition $G \circ F$ kann die leere Abbildung sein, ohne daß F oder G leer sind. Wie wir nämlich am Beispiel $F = \{(2, 3)\}$ und $G = \{(1, 2)\}$ sehen, ist $G \circ F = \emptyset$ und $F \circ G = \{(1, 3)\}$. Selbst im Fall $X = Y = Z$ kommt es bei der Komposition auf die Reihenfolge an; i. a. ist $G \circ F \neq F \circ G$.

Für eine Abbildung F aus der Menge X in die Menge Y erklärt man die *inverse Abbildung* F^{-1} von F als Menge, die aus genau den Paaren (y, x) mit der Eigenschaft $(x, y) \in F$ bestehen soll:

$$F^{-1} = \{(y, x);\ (x, y) \in F\}\,.$$

Die inverse Abbildung F^{-1} ist also eine Abbildung aus Y in X. Wie aus der Definition direkt folgt, ist die inverse Abbildung von F^{-1} gleich der ursprünglichen Abbildung F:

$$(F^{-1})^{-1} = F\,. \tag{2.2}$$

Das volle Bild eines Elementes $y \in Y$ bei der inversen Abbildung F^{-1} ist gleich dem vollen Urbild von y bei der Abbildung F. Damit ist auch die Schreibweise für das volle Urbild gerechtfertigt. Weiterhin ist wegen (2.2) das volle Urbild eines Elementes $x \in X$ bei der inversen Abbildung F^{-1} gleich dem vollen Bild von x bei der Abbildung F. Da sich beim Übergang von F zu F^{-1} die Begriffe des vollen Bildes und vollen Urbildes vertauschen, gilt für die Definitions- und Wertebereiche

$$D(F) = W(F^{-1})\,, \qquad W(F) = D(F^{-1})\,.$$

Die wichtigsten Eigenschaften der Komposition und der inversen Abbildung stellen wir im folgenden Satz 2.2 zusammen. Dabei seien X, Y, Z und U gegebene Mengen und A eine beliebige Teilmenge von X. Weiterhin sei F eine Abbildung aus X in Y, G eine Abbildung aus Y in Z und H eine Abbildung aus Z in U.

2.2. a) $G \circ F(A) = G(F(A))$,

b) $(H \circ G) \circ F = H \circ (G \circ F)$,

c) $(G \circ F)^{-1} = F^{-1} \circ G^{-1}$.

Der Beweis ergibt sich direkt aus den Definitionen. Wir zeigen nur die dritte Behauptung und nehmen an, daß $G \circ F$ nicht leer ist. Wenn ein beliebiges Paar (z, x) zu $(G \circ F)^{-1}$ gehört, dann ist $(x, z) \in G \circ F$. Folglich existiert ein Element $y \in Y$ mit $(x, y) \in F$ und $(y, z) \in G$. Wegen $(z, y) \in G^{-1}$ und $(y, x) \in F^{-1}$ gilt $(z, x) \in F^{-1} \circ G^{-1}$. Ist umgekehrt $(z, x) \in F^{-1} \circ G^{-1}$, so können wir ein derartiges Element $y \in Y$ finden, daß $(z, y) \in G^{-1}$ und $(y, x) \in F^{-1}$ gilt. Somit ist $(x, y) \in F$ und $(y, z) \in G$, woraus $(x, z) \in F \circ G$ und $(z, x) \in (F \circ G)^{-1}$ folgt. Nach Satz 1.2 sind dann die Abbildungen $(G \circ F)^{-1}$ und $F^{-1} \circ G^{-1}$ gleich, was zu beweisen war.

BEISPIEL

2.1. Es sei $X = Y = \{1, 2, 3, 4\}$. Wir betrachten dann die beiden Abbildungen F und G:

$$F = \{(1, 2), (2, 1), (2, 2), (4, 3)\}, \quad G = \{(1, 3), (2, 4), (4, 2), (4, 3)\}.$$

Wie man sieht, sind F und G Abbildungen aus X in sich. Durch einfaches Anwenden der Definitionen erhalten wir die inversen Abbildungen F^{-1} und G^{-1} sowie die Produkte $G \circ F$ und $F^{-1} \circ G^{-1}$:

$$F^{-1} = \{(1, 2), (2, 1), (2, 2), (3, 4)\},$$
$$G^{-1} = \{(2, 4), (3, 1), (3, 4), (4, 2)\},$$
$$G \circ F = \{(1, 4), (2, 3), (2, 4)\},$$
$$F^{-1} \circ G^{-1} = \{(3, 2), (4, 1), (4, 2)\}.$$

Wir erkennen sofort, daß $(G \circ F)^{-1} = F^{-1} \circ G^{-1}$ ist. Wählen wir als Teilmenge von X die Menge $A = \{1, 2\}$, so erhalten wir $F(A) = \{1, 2\}$ und $G(F(A)) = \{3, 4\}$. Andererseits ist auch $G \circ F(A) = \{3, 4\}$.

AUFGABEN

2.1. Es sei $X = \{1, 2, 3, \ldots, n\}$ und $Y = \{1, 2, 3, \ldots, m\}$. Wieviel Abbildungen

a) aus X in Y, c) aus X auf Y,

b) von X in Y, d) von X auf Y

gibt es?

2.2. Man führe Beispiele einer Abbildung F und von Mengen A, B an, so daß

a) $F(A \cap B) \subset F(A) \cap F(B)$, b) $F(A \setminus B) \supset F(A) \setminus F(B)$

gilt!

2.3. Falls eine Abbildung F aus X in Y und ein Komplex von Teilmengen A_ι ($i \in I$) aus X gegeben sind, so beweise man:

$$\text{a)}\ F\left(\bigcup_{i\in I} A_\iota\right) = \bigcup_{i\in I} F(A_\iota)\,, \quad \text{b)}\ F\left(\bigcap_{i\in I} A_\iota\right) \subseteq \bigcap_{i\in I} F(A_\iota)\,.$$

2.4. Man bestimme die vollen Bilder und Urbilder der Abbildung F:

$$F = \{(x, y);\, y = x + h \text{ mit } h \geqq 0\}$$

von $\boldsymbol{R}$ auf sich.

2.5. Es sei $X = [-1, 1]$. Man gebe die inverse Abbildung der Abbildung F:

$$F = \{(x, y);\, y = x^2\}$$

von X in sich an.

2.6. Zwei Abbildungen F und G von $\boldsymbol{R}$ in $\boldsymbol{R}$ seien durch die Formeln

$$F = \{(x, y);\, y = x^2\}\,, \qquad G = \{(x, y);\, y = x + 1\}$$

gegeben. Man berechne die vollen Bilder $G \circ F(x)$ und $F \circ G(x)$.

2.2. Funktionen. In diesem Abschnitt und in den folgenden wollen wir spezielle Abbildungen kennenlernen.

Wir setzen voraus, daß die gegebenen Mengen X und Y nichtleer sind. Man nennt eine Abbildung f aus X in Y eine *eindeutige Abbildung* oder eine *Funktion*, wenn das volle Bild $f(x)$ jedes Elementes $x \in D(f)$ aus genau einem Element $y \in Y$ besteht. Da $f(x) = \{y\}$ ist, identifizieren wir die Menge $f(x)$ mit dem Element y und schreiben einfach $f(x) = y$. Somit ist $f(x)$ für jedes Element x des Definitionsbereiches $D(f)$ wiederum ein Element.[1]) Wir sagen, daß die Funktion f jeder *Variablen* oder *Veränderlichen* x aus dem Definitionsbereich $D(f)$ einen (eindeutig bestimmten) *Funktionswert* $y = f(x)$ zuordnet, und drücken dies symbolisch durch $f\colon D(F) \to Y$ aus. In vielen Fällen wird $D(f) = X$ sein, so daß f eine Funktion von X in Y ist. Falls f eine Funktion aus X in X ist, so heißt ein Element $a \in X$ mit der Eigenschaft $f(a) = a$ ein *Fixelement* von f in X. Wir nennen eine Funktion genauer ein *Funktional*, wenn $Y \subseteq \boldsymbol{C}$ ist, bzw. einen *Operator*, wenn die Variablen und Werte ebenfalls Funktionen sind.

Falls insbesondere X gleich der Menge aller nichtnegativen ganzen Zahlen (bzw. gleich einer unendlichen Menge von nichtnegativen Zahlen n_k mit $n_k < n_{k+1}$ für $k = 0, 1, 2, \ldots$) ist, so heißt eine Funktion von X in eine Menge Y eine *Folge* (in der Menge Y). Ihre Funktionswerte sind die Glieder der Folge, die wir z. B. mit $y_0, y_1, y_2, \ldots$ bezeichnen können. Diese Folge schreiben wir dann in der Form (y_n). Ist eine unendliche Menge nichtnegativer Zahlen n_k mit $n_k < n_{k+1}$ für $k = 0, 1, 2, \ldots$ gegeben, so heißt die Folge (y'_k) mit $y'_k = y_{n_k}$ ($k = 0, 1, 2, \ldots$) eine *Teilfolge* von (y_n). Im Fall $Y = \boldsymbol{R}$ bzw. $Y = \boldsymbol{C}$ ist (y_n) eine reelle bzw. komplexe Zahlenfolge. Beispielsweise ist $((-1)^n)$ eine reelle Zahlenfolge, welche Teilfolge der komplexen Zahlenfolge (i^n) ist, wobei i die imaginäre Einheit bedeuten soll. Die einzelnen Glieder von $((-1)^n)$ lauten

---

[1]) Deshalb bezeichnen wir Funktionen im Unterschied zu den Abbildungen mit kleinen Buchstaben.

1, — 1, 1, — 1, ... Wie wir sehen, ist eine Folge i. a. keine Menge, denn eine Menge enthält nur verschiedene Elemente.

Die inverse Abbildung f^{-1} einer Funktion ist i. a. keine Funktion. Ist f eine Funktion von X in Y, so ist f^{-1} eine Abbildung aus Y auf X, für die offenbar $f^{-1}(Y) = X$ gilt. Für zwei Teilmengen A und B von Y erhalten wir folgende Gleichungen:

2.3. a) $f^{-1}(A \cap B) = f^{-1}(A) \cap f^{-1}(B)$,

b) $f^{-1}(A \setminus B) = f^{-1}(A) \setminus f^{-1}(B)$.

Beweis. Da f^{-1} eine Abbildung ist, können wir die Ergebnisse von Satz 2.1 benutzen. Beim Beweis der ersten Gleichung haben wir deshalb nur zu zeigen, daß $f^{-1}(A) \cap f^{-1}(B) \subseteq f^{-1}(A \cap B)$ gilt. Wir können daher annehmen, daß $f^{-1}(A) \cap f^{-1}(B)$ nichtleer ist. Es sei x ein beliebiges Element aus $f^{-1}(A) \cap f^{-1}(B)$, d. h., es ist $x \in f^{-1}(A)$ und $x \in f^{-1}(B)$. Folglich existieren Elemente $y \in A$ und $z \in B$ mit den Eigenschaften $x \in f^{-1}(y)$ und $x \in f^{-1}(z)$. Da f eine eindeutige Abbildung ist, erhalten wir $f(x) = y = z$, so daß $f(x) \in A$ und $f(x) \in B$ ist. Deshalb gehört x aber zu $f^{-1}(A \cap B)$. Zusammen mit Satz 2.1 ergibt dies die erste Gleichung. — Für die zweite Gleichung genügt der Nachweis, daß $f^{-1}(A \setminus B) \subseteq f^{-1}(A) \setminus f^{-1}(B)$ ist. Es sei $f^{-1}(A \setminus B) \neq \emptyset$. Für $x \in f^{-1}(A \setminus B)$ gibt es ein Element $y \in A \setminus B$ mit $x \in f^{-1}(y)$. Da f eine Funktion ist, gilt $f(x) = y$. Folglich ist $f(x) \in A$ und $f(x) \notin B$, woraus $x \in f^{-1}(A) \setminus f^{-1}(B)$ folgt. Damit ist alles bewiesen.

Eine Funktion f aus X in Y heißt *eineindeutig* oder *umkehrbar eindeutig*, wenn die inverse Abbildung f^{-1} eindeutig, also eine Funktion ist, die *inverse Funktion* oder *Umkehrfunktion* von f genannt wird. Genau dann ist eine Funktion f aus X in Y eineindeutig, wenn für zwei beliebige Elemente x, x' des Definitionsbereiches $D(f)$ aus $x \neq x'$ stets $f(x) \neq f(x')$ folgt. Bei einer eineindeutigen Funktion von X auf sich sprechen wir von einer *Permutation*. Beispiele hierfür sind die leere Abbildung und die *Identität* oder *identische Funktion* $e_X: X \to X$ mit $e_X(x) = x$ für alle $x \in X$.

Für eine eineindeutige Funktion f von X in Y ist die Umkehrfunktion f^{-1} eine Funktion aus Y auf X, die jedem $y \in Y$, das das Bild des eindeutig bestimmten Elementes $x \in X$ bei der Funktion f ist, das Element $x = f^{-1}(y)$ zuordnet.

Ist Z eine weitere nichtleere Menge und sind die Funktionen $f: X \to Y$ und $g: Y \to Z$ gegeben, so verstehen wir unter der Komposition $g \circ f$ diejenige Funktion von X in Z, die jedes Element $x \in X$ in den Wert $g(f(x)) \in Z$ abbildet. Das Bild von $x \in X$ bei der Komposition $g \circ f: X \to Z$ entsteht dadurch, daß zuerst dem Element x der Wert $y = f(x) \in Y$ durch die Funktion f und anschließend dem Element $y = f(x)$ durch g der Funktionswert $z = g(y) = g(f(x)) \in Z$ zugeordnet wird (siehe Abb. 2.1).

Es seien drei beliebige Mengen A, B und C gegeben. Wir sagen, daß die Mengen A und B *gleichmächtig* sind, wenn eine eineindeutige Funktion von A auf B existiert. Die Gleichmächtigkeit von A und B drücken wir durch das Symbol $A \sim B$ aus.

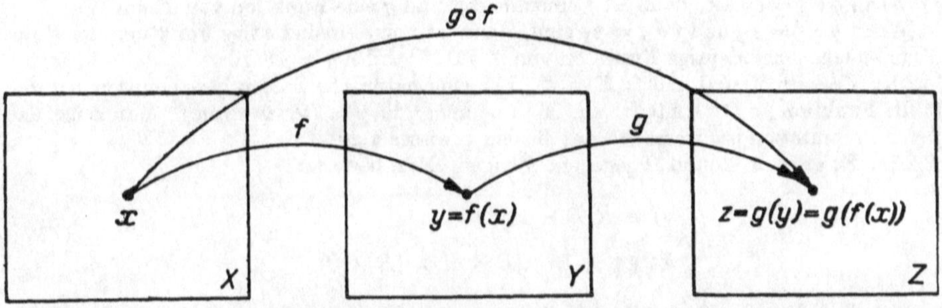

Abb. 2.1

BEISPIEL

2.2. Es sei A gleich der Menge N aller natürlichen Zahlen, $B = \{n^2; n \in N\}$ und $C = \{2n; n \in N\}$. Dann ist die Funktion $f: A \to B$ mit $f(x) = x^2$ eine eineindeutige Funktion von A auf B. Weiterhin ist $g: B \to C$ mit $g(y) = 2\sqrt{y}$ eine eineindeutige Funktion von B auf C und $h: A \to C$ mit $h(x) = 2x$ eine eineindeutige Funktion von A auf C. Folglich gilt $A \sim B$, $B \sim C$ und $A \sim C$.

Wie wir sehen, kann eine Menge mit einer ihrer Teilmengen gleichmächtig sein. Z. B. sind N und die Menge aller Quadratzahlen gleichmächtig. Im § 4 werden wir darauf näher eingehen. Vorerst halten wir eine wesentliche Eigenschaft der Gleichmächtigkeit fest:

2.4. a) *$A \sim A$ für jede Menge A;*

b) *Aus $A \sim B$ folgt $B \sim A$;*

c) *Aus $A \sim B$ und $B \sim C$ folgt $A \sim C$.*

Beweis: Die identische Funktion e_A sichert die Richtigkeit der ersten Aussage, falls $A \neq \emptyset$ ist. Da auch $\emptyset \sim \emptyset$ gilt, ist alles klar. Wenn $A \sim B$ und f eine eineindeutige Funktion von A auf B ist, dann ist f^{-1} eine eineindeutige Funktion von B auf A, so daß $B \sim A$ gilt. – Es sei nun $A \sim B$ und $B \sim C$. Dann existieren eine eineindeutige Funktion f von A auf B und eine eineindeutige Funktion g von B auf C, so daß deren Komposition $g \circ f$ eine eineindeutige Funktion von A auf C ist. Folglich muß $A \sim C$ sein, womit der Satz bewiesen ist.

AUFGABEN

2.7. Es sei $X = \{1, 2, 3, \ldots, n\}$. Man bestimme die Anzahl

a) der Funktionen von X in sich,

b) der Permutationen von X und

c) der Permutationen von X, die keine Fixelemente besitzen.

2.8. Man gebe eine eineindeutige Funktion von $[0, 1]$ auf $(0, 1)$ an.

2.9. Es seien die nichtleeren Mengen X, Y und die Abbildungen f von X in Y und g von Y in X gegeben. Man beweise:

a) Wenn $g \circ f = e_X$ ist, dann ist f eineindeutig und g eine Funktion von Y auf X;
b) Wenn $g \circ f = e_X$ und $f \circ g = e_Y$ sind, dann ist f eine eineindeutige Funktion von X auf Y und g eine eineindeutige Funktion von Y auf X, wobei $g = f^{-1}$ gilt.

2.10. Es seien $X \neq \emptyset$ und $f\colon X \to X$. Für eine natürliche Zahl n bezeichnen wir durch f^n die Funktion $f \circ f^{n-1}$ mit $f^1 = f$. Man nennt f^n die *n-te Iterierte* von f. Man zeige, daß f eine Permutation ist, wenn $f^n = e_X$ für ein gewisses n gilt.

2.11. Es seien A, B und C gegebene Mengen. Man beweise:

$$\text{a) } A \times B \sim B \times A\,,$$

$$\text{b) } (A \times B) \times C \sim A \times (B \times C)\,.$$

2.12. Es seien $X \neq \emptyset$ und A, B Teilmengen von X. Unter der *charakteristischen Funktion* der Menge A versteht man die Funktion $c_A\colon X \to \{0, 1\}$ mit

$$c_A(x) = \begin{cases} 1 & \text{für } x \in A, \\ 0 & \text{für } x \in A^c. \end{cases}$$

Man beweise:

$$\text{a) } c_{A \cup B}(x) = \max\{c_A(x), c_B(x)\} = c_A(x) + c_B(x) - c_A(x)\, c_B(x)\,,$$

$$\text{b) } c_{A \cap B}(x) = c_A(x)\, c_B(x)\,,$$

$$\text{c) } c_{A \setminus B}(x) = c_A(x) - c_A(x)\, c_B(x)\,,$$

$$\text{d) } c_{A \times B}(x, y) = c_A(x)\, c_B(y)\,.$$

Man benutze diese Eigenschaften der charakteristischen Funktion zum Beweis von Aufgabe 1.9.

2.3. Verknüpfungen. Bereits im Abschnitt 1.2 haben wir von „Verknüpfungen" gesprochen. Wir haben dort und im Abschnitt 1.4 je zwei Mengen auf verschiedene Weisen eine neue Menge zugeordnet, die wir Vereinigung, Durchschnitt, Differenz und Produkt genannt haben. Jetzt soll der Begriff einer Verknüpfung verallgemeinert werden.

Wir betrachten eine nichtleere Menge X und nennen eine gegebene Funktion aus $X \times X$ in X eine *Verknüpfung* oder (*binäre*) *Operation* in X. Falls die Verknüpfung für jedes Paar $(x, y) \in X \times X$ erklärt ist, so sprechen wir von einer Operation *auf* X. Das Bild des Paares $(x, y) \in X \times X$ bei einer Verknüpfung bezeichnen wir mit $x \wedge y \in X$.

BEISPIELE

2.3. Wählen wir $X = \boldsymbol{R}$, so sind die vertraute Addition und Multiplikation reeller Zahlen binäre Operationen auf $\boldsymbol{R}$. Die Division ist dagegen eine Verknüpfung in $\boldsymbol{R}$, weil die Division durch 0 nicht erklärt ist.

Ordnen wir jedem Paar (x, y) von reellen Zahlen den Wert $(x^2 + y^2)^{1/2}$ zu, so ist dies ebenfalls eine Verknüpfung auf $\boldsymbol{R}$.

2.4. Es sei X die Menge aller Abbildungen aus einer gegebenen nichtleeren Menge in sich. Wenn wir die Funktion von $X \times X$ auf X betrachten, die dem Paar $(F, G) \in X \times X$ die Abbildung $G \circ F \in X$ zuordnet, erkennen wir, daß auch die Komposition (von Abbildungen aus einer Menge in sich) eine binäre Operation auf X darstellt.

Wir werden jetzt nur noch Verknüpfungen auf einer nichtleeren Menge X betrachten. In den vorangegangenen Abschnitten haben wir nicht nur bestimmte Operationen erklärt, sondern gleichzeitig deren Eigenschaften untersucht. Allgemein wollen wir sagen, daß die auf X erklärte Operation $\wedge$ *kommutativ* ist, wenn für alle Elemente x, $y \in X$ stets die Gleichung

$$x \wedge y = y \wedge x$$

erfüllt ist. Die Verknüpfung $\wedge$ auf X heißt *assoziativ*, wenn sie für alle $x, y, z \in X$ die Eigenschaft

$$(x \wedge y) \wedge z = x \wedge (y \wedge z)$$

besitzt. Der Satz 1.3 sagt dann aus, daß Vereinigung und Durchschnitt kommutative und assoziative Operationen sind. Dagegen erkannten wir, daß Differenz und Produkt weder kommutativ noch assoziativ sind. Im Abschnitt 2.1 haben wir gesehen, daß die Komposition von Abbildungen (aus einer Menge in sich) eine assoziative, aber nicht kommutative Verknüpfung ist.

Sind auf einer Menge X zwei Verknüpfungen $\wedge$ und $\vee$ erklärt, so interessieren wir uns natürlich für die Eigenschaften des Zusammenwirkens beider Operationen. Wir sagen, daß die Verknüpfung $\vee$ *distributiv* in bezug auf die Verknüpfung $\wedge$ ist, falls für alle $x, y, z \in X$ die Gleichungen

$$x \vee (y \wedge z) = (x \vee y) \wedge (x \vee z),$$
$$(x \wedge y) \vee z = (x \vee z) \wedge (y \vee z)$$

gelten. Falls beide Operationen kommutativ sind, bedeuten die beiden Gleichungen dasselbe. Es ist zu beachten, daß i. a. nicht $\wedge$ bezüglich $\vee$ distributiv ist, wenn $\vee$ bezüglich $\wedge$ distributiv ist. Aufgrund von Satz 1.3 ist sowohl die Vereinigung bezüglich des Durchschnittes als auch der Durchschnitt bezüglich der Vereinigung distributiv. Der Satz 1.4 lehrt, daß die Differenz bezüglich der Vereinigung bzw. des Durchschnitts nicht distributiv ist. Dagegen ist nach Satz 1.10 das Produkt in bezug auf Vereinigung, Durchschnitt und Differenz distributiv.

AUFGABEN

2.13. Unter der *symmetrischen Differenz* $A \triangle B$ zweier Mengen A und B verstehen wir die Menge $(A \setminus B) \cup (B \setminus A)$. Man untersuche, welche Eigenschaften (kommutativ, assoziativ, distributiv bezüglich des Durchschnittes o. umgekehrt) diese Verknüpfung besitzt.

2.14. Man beweise: Ein nichtleeres System $\mathfrak{R}$ von Teilmengen aus X ist ein Mengenring, wenn mit $A, B \in \mathfrak{R}$ stets $A \cap B$ und $A \triangle B$ in $\mathfrak{R}$ liegen.

2.4. Relationen. Zwischen gewissen (nicht notwendig allen) Elementen einer Menge bestehen stets Beziehungen der unterschiedlichsten Natur. Beispielsweise ist jedes Element einer Menge mit sich selbst gleich und verschieden von jedem anderen Element dieser Menge. Für zwei beliebige reelle Zahlen x und y gilt immer $x \leqq y$ oder $y \leqq x$. Ein weniger abstraktes Beispiel bildet das Straßennetz einer Stadt. Die Straßen einer Stadt stellen Verbindungen zwischen bestimmten Punkten $P_1, P_2, \ldots, P_n$ der Stadt her. Diese Punkte sind die Kreuzungen und Abzweigungen. Deuten wir Einbahnstraßen durch einen Pfeil, der die erlaubte Fahrtrichtung anzeigt, und Straßen, die in beiden Richtungen befahrbar sind, durch einen Doppelpfeil an, so erhalten wir ein Schema, wie es Abb. 2.2 zeigt.

Während ein Kraftfahrer natürlich daran interessiert ist, von jedem Punkt der Stadt zu irgend einem anderen möglichst schnell zu kommen, begnügen wir uns mit der Feststellung, daß der Punkt P_i in Beziehung mit dem Punkt P_k steht, wenn ein Pfeil von P_i nach P_k zeigt. Da wir den Pfeil durch das Paar

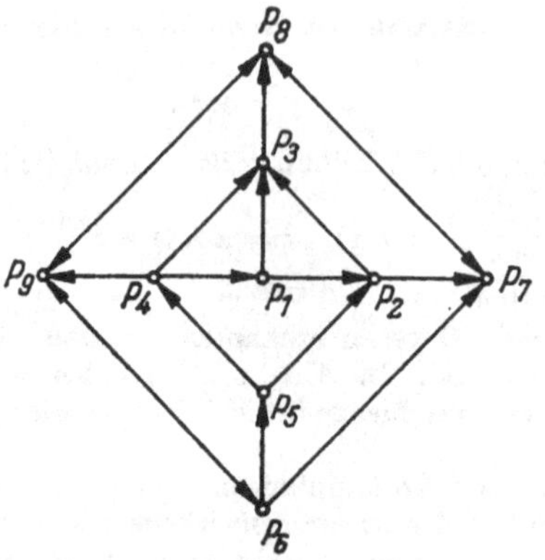

Abb. 2.2

(P_i, P_k) charakterisieren können, treten uns die Beziehungen zwischen den Punkten des Straßennetzes als eine Menge von Paaren entgegen. Diesen Beispielen kann der Leser sehr leicht weitere hinzufügen.

Es sei eine nichtleere Menge X gegeben. Dann nennen wir eine Abbildung R aus X in sich eine (*binäre*) *Relation* oder *Beziehung* in der Menge X.

Wir sagen, daß sich das Element $x \in X$ in der Relation R zum Element $y \in X$ befindet und schreiben kurz $x\ R\ y$, wenn $(x, y) \in R$ gilt.

Für die *Einheitsrelation* E in X gilt $x\ E\ y$ für zwei beliebige Elemente x, y von X genau dann, wenn $x = y$ ist. Die Einheitsrelation in X stimmt also mit der identischen Funktion in X überein. Die inverse Abbildung E^{-1} ist wiederum E und für die Komposition von E mit jeder Relation R erhalten wir $R \circ E = E \circ R = R$.

Viele Relationen, die wir künftig betrachten, besitzen wenigstens eine der folgenden Eigenschaften:

Wir nennen eine Relation R in X

reflexiv,	wenn $x\ R\ x$ für alle $x \in X$ gilt;
symmetrisch,	wenn aus $x\ R\ y$ stets $y\ R\ x$ folgt;
asymmetrisch,	wenn aus $x\ R\ y$ und $y\ R\ x$ stets $x = y$ folgt;
transitiv,	wenn aus $x\ R\ y$ und $y\ R\ z$ stets $x\ R\ z$ folgt.

Die Gleichheit ist wegen Satz 1.1 eine reflexive, symmetrische und transitive Relation. Die Kleinergleich-Beziehung der reellen Zahlen ist reflexiv, asymmetrisch und transitiv. Die Eigenschaften der Enthaltenseinsbeziehung in dem System aller Teilmengen einer festen nichtleeren Menge, die wir auch *Inklusion* nennen, wurden bereits im Abschnitt 1.1 behandelt. Der Satz 1.2 besagt, daß die Inklusion reflexiv, asymmetrisch und transitiv ist.

Erinnern wir uns noch einmal an unseren Imker, der mehrere Bienenvölker besitzt. Die Menge B aller dem Imker gehörenden Bienen wird durch die Bienenvölker in paarweise disjunkte Mengen zerlegt. In der Menge B führen wir eine Relation ein. Wir sagen, daß sich eine Biene mit einer anderen in Relation befindet, wenn beide Bienen zum gleichen Bienenvolk gehören. Die so definierte Relation ist offenbar reflexiv und symmetrisch. Weiterhin ist sie auch transitiv, da niemals eine Biene zu zwei verschiedenen Bienenvölkern gehören kann. Den Zusammenhang zwischen Zerlegungen einer nichtleeren Menge in paarweise disjunkte Teilmengen und reflexiven, symmetrischen und transitiven Relationen werden wir jetzt allgemein untersuchen.

Eine reflexive, symmetrische und transitive Relation R in der nichtleeren Menge X nennen wir eine *Äquivalenzrelation*. Wenn $x\,R\,y$ für zwei Elemente x, $y \in X$ gilt, dann sagen wir auch, daß x und y *äquivalent* im Sinne der Äquivalenzrelation R sind. Beispiele für Äquivalenzrelationen sind die Gleichheit und die Gleichmächtigkeit (vgl. Satz 2.4). Aufgrund der Reflexivität ist eine Äquivalenzrelation eine Abbildung von X auf sich. Das volle Bild $R(x)$ eines Elementes $x \in X$ bei der Äquivalenzrelation R heißt die *Äquivalenzklasse* von x. Nach Definition besteht die Äquivalenzklasse $R(x)$ aus genau den Elementen $y \in X$, für die $x\,R\,y$ gilt. Wegen der Reflexivität von R ist stets $x \in R(x)$. Wir finden leicht, daß für zwei Äquivalenzklassen $R(x)$ und $R(y)$ gilt:

2.5. *Aus* $R(x) \cap R(y) \neq \emptyset$ *für zwei Elemente* x, $y \in X$ *folgt* $x\,R\,y$ *und* $R(x) = R(y)$.

Beweis. Ist ein Element z in $R(x) \cap R(y)$ enthalten, so gilt $z \in R(x)$ und $z \in R(y)$, d. h., es ist $x\,R\,z$ und $y\,R\,z$. Aufgrund der Symmetrie und Transitivität folgt hieraus $x\,R\,y$. Dann gilt für beliebige $z \in R(x)$ nach Definition $x\,R\,z$ und wegen der Symmetrie von R auch $z\,R\,x$, woraus $z\,R\,y$ wegen $x\,R\,y$ und der Transitivität von R folgt. Dies bedeutet $z \in R(y)$, so daß $R\,(x) \subseteq R(y)$ gilt. Aus Symmetriegründen muß auch $R(y) \subseteq Rx)$ sein, woraus sich $R(x) = R(y)$ ergibt.

Wir haben damit gezeigt, daß zwei Äquivalenzklassen, die mindestens ein Element gemeinsam haben, gleich sind. Die Äquivalenzklassen $R(x)$ und $R(y)$ sind genau dann gleich, wenn x und y äquivalent sind. Folglich ist durch die Kenntnis eines Elementes von $R(x)$ die Äquivalenzklasse $R(x)$ eindeutig bestimmt. Deshalb heißt jedes Element von $R(x)$ ein *Repräsentant* dieser Äquivalenzklasse. Die Tatsache, daß zwei Elemente genau dann äquivalent sind, wenn sie in ein und derselben Äquivalenzklasse liegen, ist Grundlage für ein wichtiges Abstraktionsprinzip in der Mathematik.

2.6. SATZ. *Ist eine Äquivalenzrelation R in der nichtleeren Menge X erklärt, so erzeugt R durch ihre Äquivalenzklassen eine Zerlegung von X in paarweise disjunkte Teilmengen. Ist umgekehrt eine Zerlegung von X in paarweise disjunkte Teilmengen gegeben, so existiert eine derartige Äquivalenzrelation, für die die Teilmengen die Äquivalenzkla ssen sind.*

Beweis. Wegen $x \in R(x)$ für jedes $x \in X$ ist die Vereinigung aller Äquivalenzklassen gleich X. Lassen wir noch aus dem Komplex aller Äquivalenzklassen diejenigen weg, die mehrfach auftreten, so erhalten wir wegen Satz 2.5 die gewünschte Zerlegung.

Wir beweisen nun die Umkehrung. Besteht die gegebene Zerlegung aus den paarweise disjunkten Mengen A_ι ($\iota \in I$), so erklären wir, daß $x\,R\,y$ für zwei Elemente $x, y \in X$ genau dann gelten soll, falls x und y in derselben Menge A_ι liegen. Offenbar ist dann $R(x) = A_\iota$ für jedes $x \in A_\iota$. Die Reflexivität und Symmetrie von R sind aufgrund der Definition und der Beziehung $\bigcup_{\iota \in I} A_\iota = X$ gesichert. Wenn $x\,R\,y$ und $y\,R\,z$ gilt, sind x und y Elemente einer bestimmten Menge A_ι sowie y und z Elemente von $A_\jmath$. Da y in beiden Mengen liegt und diese als paarweise disjunkt vorausgesetzt waren, muß $\iota = \jmath$ sein. Folglich gehören auch x und z zur Menge A_ι, so daß $x\,R\,z$ gilt. Die Relation R ist also transitiv und damit eine Äquivalenzrelation, womit der Satz bewiesen ist.

Wir nehmen an, daß in der nichtleeren Menge X neben der Relation R noch die Verknüpfung $\wedge$ auf X erklärt ist. Dann sagen wir, daß die Relation R mit der Operation $\wedge$ *verträglich* ist, wenn aus $x\,R\,y$ und $x_1\,R\,y_1$ für beliebige Elemente $x, x_1, y, y_1 \in X$ stets $(x \wedge x_1)\;R\;(y \wedge y_1)$ folgt. Erinnern wir uns z. B. an die Aufgabe 1.16, so erkennen wir, daß die Inklusion mit Vereinigung, Durchschnitt und Produkt, dagegen nicht mit der Differenz verträglich ist.

Im Fall, daß R eine Äquivalenzrelation ist, erzeugt die gegebene Operation $\wedge$ auf X, mit der R verträglich sein soll, eine Verknüpfung $\wedge^*$ in dem System der Äquivalenzklassen. Sind nämlich $R(x)$ und $R(y)$ zwei Äquivalenzklassen, dann sei

$$R(x) \wedge^* R(y) = R\,(x \wedge y)\,. \tag{2.3}$$

Damit diese Definition der Operation $\wedge^*$ sinnvoll ist, müssen wir nachweisen, daß die Verknüpfung (2.3) von der speziellen Wahl der Repräsentanten unabhängig ist. Es sei daher $R(x) = R(x_1)$ und $R(y) = R(y_1)$. Wegen Satz 2.5 gilt dann $x\,R\,x_1$ und $y\,R\,y_1$. Nach Voraussetzung ist R mit der Operation $\wedge$ verträglich, so daß $(x \wedge y)\;R\;(x_1 \wedge y_1)$ ist. Folglich muß $R\,(x \wedge y) = R\,(x_1 \wedge y_1)$ aufgrund von Satz 2.5 sein. Die Operation $\wedge^*$ ist von der Auswahl der Repräsentanten unabhängig. Dieses Verfahren der Definition einer Operation im System der Äquivalenzklassen besitzt viele Anwendungen, von denen wir einige kennenlernen werden.

AUFGABEN

2.15. In der Menge N aller natürlichen Zahlen betrachte man folgende Relationen:
a) $x \mid y$, d. h., x ist Teiler von y,
b) $x \nmid y$, d. h., x ist kein Teiler von y,
c) $(x, y) = n$, d. h., x und y besitzen den größten gemeinsamen Teiler n,
d) $x \equiv y(n)$, d. h., $n \mid x - y$.
Welche Relationen sind reflexiv, symmetrisch oder transitiv?

2.16. Man zeige, daß für eine reflexive und transitive Relation R in X stets $R \circ R = R$ ist. Gilt auch die Umkehrung?

2.17. Wieviel Relationen bzw. Äquivalenzrelationen in der Menge $\{1, 2, 3, \ldots, n\}$ gibt es?

2.18. Sind die Relationen von Aufgabe 2.15 mit der Addition bzw. Multiplikation (in $\boldsymbol{N}$) verträglich?

2.19. Man beweise: Eine auf der Menge X definierte Äquivalenzrelation R ist genau dann mit der Operation $\wedge$ auf X verträglich, wenn für alle $x, y, z \in X$ aus $x\,R\,y$ stets $(x \wedge z)\,R\,(y \wedge z)$ und $(z \wedge x)\,R\,(z \wedge y)$ folgt.

2.20. a) Es seien A_1, A_2 sowie B_1, B_2 disjunkte Mengen. Dabei sollen A_1 und B_1 ebenso wie A_2 und B_2 gleichmächtig sein. Man zeige, daß dann $A_1 \cup A_2 \sim B_1 \cup B_2$ gilt.

b) Wenn A_1 und B_1 sowie A_2 und B_2 gleichmächtig sind, dann zeige man, daß $A_1 \times A_2 \sim B_1 \times B_2$ gilt.

2.5. Halbordnung. Nachdem wir die Eigenschaften der Äquivalenzrelation studiert haben, wollen wir jetzt eine weitere spezielle Relation kennenlernen. Wir nennen eine reflexive, asymmetrische und transitive Relation in einer nichtleeren Menge X eine *Halbordnung*. Wir werden diese mit dem Symbol $\leqq$ bezeichnen. Wenn in der Menge X eine Halbordnung erklärt ist, dann sagen wir auch, daß X eine *halbgeordnete* Menge ist. Für die Elemente $x, y, z \in X$ gilt dann:

a) $x \leqq x$ für alle $x \in X$;
b) Aus $x \leqq y$ und $y \leqq x$ folgt $x = y$;
c) Aus $x \leqq y$ und $y \leqq z$ folgt $x \leqq z$.

Für den Ausdruck $x \leqq y$ sagen wir, daß x kleinergleich y ist, daß x ein Vorgänger von y ist oder daß x in y enthalten ist. Das Symbol $x \geqq y$ bedeutet $y \leqq x$ und wir sagen dann, daß x größergleich y ist, daß x ein Nachfolger von y ist oder daß x das Element y enthält. Genau dann, wenn $x \leqq y$ und $x \neq y$ ist, schreiben wir $x < y$. Zwei Elemente x, y einer halbgeordneten Menge heißen *vergleichbar*, wenn entweder $x \leqq y$ oder $y \leqq x$ gilt. Bei einer Halbordnung sind zwei beliebige Elemente i. a. nicht vergleichbar. Eine halbgeordnete Menge, bei der je zwei Elemente vergleichbar sind, heißt *geordnete Menge* oder *Kette*. Die entsprechende Relation nennen wir eine *Ordnung*.

Das bekannteste Modell einer geordneten Menge ist die Menge $\boldsymbol{R}$ der reellen Zahlen mit der üblichen Kleinergleich-Relation. Nach Satz 1.2 ist die Inklusion eine Halbordnung.

Ein Element a einer halbgeordneten Menge X heißt *minimal* (bzw. *maximal*), wenn in X kein Element x mit der Eigenschaft $x < a$ (bzw. $a < x$) existiert. Eine halbgeordnete Menge kann mehrere minimale und maximale Elemente oder gar keine besitzen. Die Menge der reellen Zahlen hat bei der üblichen Ordnung keine minimalen und maximalen Elemente. In $\overline{\boldsymbol{R}}$ dagegen ist $-\infty$ das einzige minimale und ∞ das einzige maximale Element. Das System der Mengen $\{1\}$, $\{2\}$, $\{1, 2\}$, $\{3, 4\}$, $\{1, 2, 3\}$ besitzt bei der Inklusion die minimalen Elemente $\{1\}$, $\{2\}$, $\{3, 4\}$ und die maximalen Elemente $\{3, 4\}$, $\{1, 2, 3\}$.

Es sei A eine nichtleere Teilmenge der halbgeordneten Menge X. Ein Element $a \in X$ heißt eine *obere Schranke* von A, wenn $x \leqq a$ für alle $x \in A$ gilt. Läßt sich zu A mindestens eine obere Schranke angeben, so heißt A *nach oben beschränkt*. Eine obere Schranke $a \in X$ von A, bei der für jede weitere obere Schranke a' von A stets $a \leqq a'$ gilt, nennt man *obere Grenze* von A. Man kann sich überzeugen, daß die obere Grenze einer Menge, falls sie existiert, eindeutig bestimmt ist. In Anlehnung an den bekannten Fall $X = \boldsymbol{R}$ bezeichnet man die obere Grenze von A mit $\sup A$ oder $\max A$, falls die obere Grenze in A liegt. Analog werden *untere Schranken* und die *untere Grenze* erklärt. Für die untere Grenze von A schreibt man $\inf A$ (bzw. $\min A$, falls die untere Grenze zu A gehört).

Es seien X und Y nichtleere halbgeordnete Mengen. Eine Funktion $f\colon X \to Y$, für die für beliebige $x, x' \in X$ mit $x \leqq x'$ stets $f(x) \leqq f(x')$ bzw. $f(x) \geqq f(x')$ gilt, heißt *monoton wachsend* bzw. *monoton fallend* oder einfach *monoton*. Im Spezialfall $X = \boldsymbol{N}$ mit der üblichen Ordnung erhält man den Begriff der monotonen Folge. Eine Folge (y_n) aus Y heißt *monoton wachsend* bzw. *monoton fallend*, wenn $y_n \leqq y_{n+1}$ bzw. $y_n \geqq y_{n+1}$ für alle $n \in \boldsymbol{N}$ gilt.

BEISPIELE

2.5. In der Zahlenebene $\boldsymbol{R}^2$ führen wir eine Halbordnung ein. Wir sagen, daß der Punkt $x = (x_2, x_2)$ ein Vorgänger des Punktes $y = (y_1, y_2)$ ist, falls $x_1 \leqq y_1$ und $x_2 \leqq y_2$ gilt. Für die Menge $A = \{x = (x_1, x_2)\colon x_1^2 + x_2^2 \leqq 1\}$ ist jeder Punkt $a = (a_1, a_2)$ mit $a_1 \geqq 1$ und $a_2 \geqq 1$ eine obere Schranke. Die obere Grenze von A existiert und lautet $\sup A = (1, 1)$. Für die untere Grenze von A gilt $\inf A = (-1, -1)$. Da nicht je zwei Punkte von $\boldsymbol{R}^2$ vergleichbar sind, ist diese Halbordnung keine Ordnung.

Entsprechend führt man eine Halbordnung in $\boldsymbol{R}^n$ ein. Man sagt, daß das n-Tupel $x = (x_1, x_2, \ldots, x_n)$ ein Vorgänger des n-Tupels $y = (y_1, y_2, \ldots, y_n)$ ist, wenn für alle Koordinaten $x_i \leqq y_i$ $(i = 1, 2, \ldots, n)$ gilt. In diesem Fall schreibt man $x \leqq y$.

2.6. Es sei X eine nichtleere Menge. In der Menge aller auf X erklärten reellwertigen Funktionen $f, g, \ldots$ kann man mittels der Festsetzung $f \leqq g$, falls die Ungleichung $f(x) \leqq$ $\leqq g(x)$ für jedes $x \in X$ erfüllt ist, eine Halbordnung einführen. Unter $\sup(f, g)$ versteht man dann diejenige Funktion $h\colon X \to \boldsymbol{R}$, welche durch die Gleichung

$$h(x) = \max(f(x), g(x)) = \begin{cases} f(x) & \text{im Fall } f(x) \geqq g(x)\,, \\ g(x) & \text{sonst} \end{cases}$$

erklärt ist. Für eine Folge von Funktionen $f_n\colon X \to \boldsymbol{R}$ ist $\sup(f_1, f_2, \ldots)$ jene erweiterte reellwertige Funktion $h\colon X \to \overline{\boldsymbol{R}}$, für die

$$h(x) = \sup(f_1(x), f_2(x), \ldots)$$

für jedes $x \in X$ gilt. Analog werden $\inf(f, g)$ und $\inf(f_1, f_2, \ldots)$ eingeführt. Eine Folge von Funktionen $f_n\colon X \to \boldsymbol{R}$ ist monoton wachsend bzw. monoton fallend, wenn $f_n \leqq f_{n+1}$ bzw. $f_n \geqq f_{n+1}$ für $n = 1, 2, \ldots$ gilt.

AUFGABEN

2.21. Es sei X eine endliche Menge. Man zeige:

a) Wenn X halbgeordnet ist, gibt es mindestens ein minimales (bzw. maximales) Element.

b) Wenn X geordnet ist, besitzt X genau ein minimales (bzw. maximales) Element.

2.22. Man beweise: Eine beliebige geordnete Menge hat höchstens ein minimales (bzw. maximales) Element.

2.23. Es seien X und Y zwei Mengen und F die Menge aller Funktionen aus X in Y. Für $f, g \in F$ gelte $f\ R\ g$ genau dann, wenn g eine Erweiterung von f ist. Ist R eine Halbordnung?

§ 3. ZORNsches Lemma

In diesem Paragraphen, der beim ersten Lesen übergangen werden kann, wird der Leser mit einem Satz von M. ZORN bekannt gemacht, der ein wichtiges Beweismittel in der Algebra und Analysis darstellt. Gleichzeitig steht dieser Satz zusammen mit weiteren Aussagen in enger Beziehung zu dem Auswahlaxiom der Mengenlehre.

3.1. Fixelementsatz von BOURBAKI-KNESER. Wir beweisen hier einen Satz, den wir im nächsten Abschnitt anwenden werden.

3.1. SATZ (N. BOURBAKI, H. KNESER). *Besitzt in der halbgeordneten nichtleeren Menge X jede nichtleere geordnete Teilmenge eine obere Grenze, so hat eine Funktion $f: X \to X$ mit der Eigenschaft $f(x) \geqq x$ für jedes $x \in X$ mindestens ein Fixelement in X.*

Beweis. Wir konstruieren eine solche nichtleere geordnete Menge $B \subseteq X$, für die $f(B) \subseteq B$ gilt und deren nach Voraussetzung existierende obere Grenze b wiederum in der Menge B liegt. Da dann für das Element b sowohl $b \leqq f(b)$ als auch $f(b) \leqq b$ gilt, muß b ein Fixelement von f sein. Der Satz ist daher bewiesen, wenn wir die Existenz einer solchen Menge B nachweisen.

Es sei $x_0 \in X$ ein festes Element. Anstatt X betrachten wir die nichtleere, halbgeordnete Menge $X_0 = \{x \in X; x \geqq x_0\}$. Wir nennen eine Teilmenge $A \subseteq X_0$ *zulässig*, wenn

a) $x_0 \in A$,
b) $f(A) \subseteq A$ und
c) jede geordnete nichtleere Teilmenge M von A eine obere Grenze besitzt, die in A liegt.

Nach Voraussetzung ist die Menge X_0 zulässig. Es sei B der Durchschnitt aller zulässigen Teilmengen von X_0. Wir werden jetzt zeigen, daß B eine von uns gesuchte Menge ist, welche die gewünschten Eigenschaften besitzt.

Zunächst ist B ebenfalls eine zulässige Menge. Offenbar ist $x_0 \in B$. Da ein Element $x \in B$ in jeder zulässigen Menge von X_0 enthalten ist, liegt $f(x)$ in jeder zulässigen Menge und somit auch in B. Folglich ist $f(B) \subseteq B$. Wenn M eine geordnete Teilmenge in B und m ihre obere Grenze in X_0 ist, dann ist M in jeder zulässigen Menge von X_0 enthalten, so daß m zu jeder zulässigen Menge gehört, d. h. $m \in B$. — Die Menge B ist die kleinste zulässige Teilmenge von X_0. Es gilt $f(B) \subseteq B$ und die obere Grenze b von B liegt in B.

Der Beweis, daß B auch geordnet ist, verläuft in zwei Schritten. Wir nennen ein Element $z \in B$ ein *Extremelement* von B, wenn $f(x) \leqq z$ für alle $x \in B$ mit $x < z$ gilt. Das Element x_0 sehen wir trivialerweise als Extremelement an. Für ein Extremelement z bilden wir die Menge

$$B_z = \{x; x \in B \text{ mit } x \leqq z \text{ oder } f(z) \leqq x\}\,, \tag{3.1}$$

die auf alle Fälle x_0 als Element enthält.

Zuerst zeigen wir, daß $B_z = B$ für jedes Extremelement z von M gilt. Da nach Definition $B_z \subseteq B$ ist, ist diese Behauptung klar, wenn B_z eine zulässige Menge ist. Da B die kleinste zulässige Teilmenge ist, muß daher B mit B_z übereinstimmen. Es ist $x_0 \in B_z$. Wir betrachten ein beliebiges Element $x \in B_z$. Wenn $x < z$ ist, dann gilt $f(x) \leqq z$, so daß $f(x) \in B_z$ ist. Im Fall $x = z$ ist $f(z) = f(x)$ und somit $f(x) \in B_z$. Wenn $f(z) \leqq x$ ist, dann ist wegen $f(z) \leqq x \leqq f(x)$ ebenfalls $f(x) \in B_z$. Folglich ist $f(B_z) \subseteq B_z$. — Es sei M eine geordnete Teilmenge von B_z und m ihre obere Grenze in X_0. Da für $x \in M \subseteq B_z$ nach Definition $x \leqq z$ oder $f(z) \leqq x$ gilt, ist $x \leqq m \leqq z$ oder $f(z) \leqq x \leqq m$, d. h. $m \in B_z$.

Als nächstes überlegen wir uns, daß jedes Element aus B Extremelement von B ist. Dazu zeigen wir, daß die Menge E aller Extremelemente von B, für die natürlich $E \subseteq B$ gilt, zulässig ist. Nach Definition ist $x_0 \in E$. Es sei z ein Element aus E. Wegen (3.1) und $B = B_z$ besteht für $x \in B$ mindestens eine der drei Relationen $x < z$, $x = z$ oder $f(z) \leqq x$. Mit z ist auch $f(z) \in E$, d. h. für $x \in B$ mit $x < f(z)$ gilt

$$f(x) \leqq f(z) \,. \tag{3.2}$$

Denn ein Element $x \in B$ mit $x < f(z)$ genügt der Relation $x < z$ oder $x = z$. Falls $x < z$ für das Extremelement z gilt, folgt $f(x) \leqq z \leqq f(z)$. Wenn $x = z$ ist, so gilt auch $f(x) = f(z)$, womit (3.2) bewiesen ist. Folglich ist $f(E) \subseteq E$. Schließlich sei M eine geordnete, nichtleere Teilmenge von E und m ihre obere Grenze in X_0. Da E eine Teilmenge der zulässigen Menge B ist, gehört m zu B. Wir müssen zeigen, daß $m \in E$ ist, d. h. $f(x) \leqq m$ für alle $x \in B$ mit $x < m$. Zu jedem $x \in B$ mit $x < m$ können wir ein Element $z \in M$ mit der Eigenschaft $x \leqq z \leqq m$ angeben. (Denn anderenfalls gilt wegen (3.1) und $B = B_z$ die Relation $f(z) \leqq x$ für alle $z \in M$, so daß dann aufgrund von $z \leqq f(z) \leqq x < m$ bereits x eine obere Schranke von M kleiner als m ist, was unmöglich ist.) Im Fall $x < z$ erhalten wir $f(x) \leqq z \leqq m$. Wenn $x = z$ und somit $x = z < m$ ist, folgern wir aus (3.1) und $B = B_z$, daß $f(x) = f(z) \leqq m$ gilt. Deshalb ist $m \in E$. Damit ist bewiesen, daß E zulässig und somit gleich B ist.

Wir fassen das Ergebnis der beiden Schritte zusammen: Für jedes Element $x \in B$ gilt $B_x = B$. Hieraus folgt unmittelbar, daß B geordnet ist. Wenn x, y zwei beliebige Elemente aus B sind, dann ist $y \in B_x$, d. h. es gilt $y \leqq x$ oder $x \leqq f(x) \leqq y$. Damit ist der Beweis von Satz 3.1 beendet.

3.2. Auswahlaxiom und mit ihm verwandte Aussagen. Das Problem, ob sich zu einem Mengenkomplex (A_ι) $(\iota \in I)$, der die leere Menge nicht enthält, stets eine auf I erklärte Funktion f mit $f(\iota) \in A_\iota$ für jedes $\iota \in I$ angeben läßt, erweist sich einerseits als nicht beweisbar und andererseits als grundlegend für den weiteren Aufbau der Mathematik (siehe z. B. A. A. Fraenkel [1]). Deshalb soll die Richtigkeit dieser Aussage axiomatisch gefordert werden.

AUSWAHLAXIOM. *Gehört zu einem Mengenkomplex (A_ι) $(\iota \in I)$ die leere Menge nicht, so existiert eine auf I definierte Funktion mit $f(\iota) \in A_\iota$ für jedes $\iota \in I$.*

Wir sagen, daß eine Ordnung in einer gegebenen nichtleeren Menge X eine *Wohlordnung* ist, wenn jede nichtleere Teilmenge von X ein minimales Element enthält. In diesem Fall heißt die Menge *X wohlgeordnet*. Der nachstehende Satz faßt einige Aussagen zusammen, die einerseits Folgerungen aus dem Auswahlaxiom sind und andererseits, wenn wir ihre Richtigkeit annehmen, das Auswahlaxiom als Folgerung ergeben.

3.2. SATZ. *Mit dem Auswahlaxiom sind folgende Aussagen äquivalent:*

1. (M. Zorn). *Wenn in der halbgeordneten nichtleeren Menge X jede geordnete nichtleere Menge nach oben beschränkt ist, dann gibt es in X mindestens ein maximales Element.*
2. (O. Teichmüller, J. W. Tukey). *Es sei $\mathfrak{S}$ ein nichtleeres System von Teilmengen A einer Menge X mit der Eigenschaft, daß eine Menge A genau dann zu $\mathfrak{S}$ gehört, wenn jede endliche Teilmenge von A in $\mathfrak{S}$ liegt. Dann besitzt $\mathfrak{S}$ ein maximales Element bezüglich der Inklusion.*
3. (F. Hausdorff, G. Birkhoff). *Jede halbgeordnete nichtleere Menge X enthält eine maximale geordnete Teilmenge M.*
4. (E. Zermelo). *In einer beliebigen Menge X kann eine Wohlordnung definiert werden.*

Beweis. a) *Aus dem Auswahlaxiom folgt* 1.: Das System $\mathfrak{S}$ aller nichtleeren geordneten Teilmengen der nichtleeren halbgeordneten Menge X ist nichtleer, da z. B. $\{x\} \in \mathfrak{S}$ für ein beliebiges $x \in X$ gilt. Durch die Inklusion ist $\mathfrak{S}$ halbgeordnet. Eine Kette $\mathfrak{K} \subseteq \mathfrak{S}$ besitzt eine obere Grenze, die gleich der Vereinigung V des Mengenkomplexes $\mathfrak{K}$ ist. V ist geordnet, weil zwei Elemente $x, y \in V$ zu gewissen geordneten Mengen A und B der Kette $\mathfrak{K}$, für die $A \subseteq B$ gelten soll, gehören und somit wegen $x, y \in B$ vergleichbar sind. Es gibt ein maximales Element M in $\mathfrak{S}$. Angenommen, es existiert kein maximales Element in $\mathfrak{S}$. Dann ist für jede Menge $A \in \mathfrak{S}$ das System $\mathfrak{S}(A) = \{B; B \in \mathfrak{S}$ mit $B \supset A\}$ nichtleer. Nach dem Auswahlaxiom gibt es eine auf $\mathfrak{S}$ definierte Funktion f mit der Eigenschaft $f(A) \in \mathfrak{S}(A)$, d. h. $f(A) \supset A$ für jedes $A \in \mathfrak{S}$. Diese Eigenschaft widerspricht aber Satz 3.1, so daß in $\mathfrak{S}$ ein maximales Element M existieren muß. M ist eine maximale geordnete (nichtleere) Teilmenge von X, die nach Voraussetzung eine obere Schranke $m \in X$ besitzt.

Wir zeigen, daß m ein gesuchtes maximales Element von X ist. Angenommen, es gibt ein Element $x \in X$ mit $m < x$. Dann ist $x \notin M$ und $M \cup \{x\}$ eine geordnete Menge, die M echt umfaßt, was aber unmöglich ist.

Dieser Satz von M. ZORN ist unter dem Namen *ZORNsches Lemma* bekannt.

b) *Aus* 1. *folgt* 2.: Das System $\mathfrak{S}$ ist durch die Inklusion halbgeordnet. Wir betrachten eine Kette $\mathfrak{K} \subseteq \mathfrak{S}$. Dann ist die Vereinigung V des Komplexes $\mathfrak{K}$ eine obere Schranke von $\mathfrak{K}$. Die Menge V gehört nach Definition zum System $\mathfrak{S}$, weil für eine beliebige endliche Teilmenge $\{v_1, v_2, \ldots, v_n\} \subseteq V$, wobei die Elemente v_i $(i = 1, 2, \ldots, n)$ in den Mengen $A_k \in \mathfrak{K}$ $(k = 1, 2, \ldots, m;\ m \leqq n)$ liegen und die Kette $(A_1, A_2, \ldots, A_m)$ das maximale Element A_1 besitzen soll, dann $\{v_1, v_2, \ldots, v_n\} \subseteq A_1$ und somit $\{v_1, v_2, \ldots, v_n\} \in \mathfrak{S}$ gilt. Aufgrund des ZORNschen Lemmas ist in $\mathfrak{S}$ ein maximales Element vorhanden.

c) *Aus* 2. *folgt* 3.: Das System $\mathfrak{S}$ aller geordneten Teilmengen in X ist nichtleer. Eine Menge A gehört genau dann zu $\mathfrak{S}$, wenn A geordnet ist, d. h., wenn jede Teilmenge von A, die aus zwei Elementen besteht, geordnet ist. Nach dem Satz von TEICHMÜLLER-TUKEY, existiert ein maximales Element M in $\mathfrak{S}$, d. h., M ist eine maximale geordnete Menge.

d) *Aus* 3. *folgt* 4.: Wir können annehmen, daß X nichtleer ist. Dann ist das System $\mathfrak{S}$ aller wohlgeordneten Teilmengen in X nichtleer. Eine Menge A heißt ein *Abschnitt* einer wohlgeordneten Menge B, wenn entweder $A = B$ ist oder $A = \{x; x \in B$ mit $x < b\}$ für ein gewisses $b \in B$ gilt. Dadurch ist eine Halbordnung in $\mathfrak{S}$ erklärt (vgl. Aufg. 3.1), so daß $\mathfrak{S}$ nach dem Satz von HAUSDORFF-BIRKHOFF eine maximale Kette $\mathfrak{M}$ enthält. Offenbar ist die Vereinigung V des Komplexes $\mathfrak{M}$ geordnet. Eine beliebige nichtleere Teilmenge T von V besitzt ein minimales Element, weil wegen $T \cap A \neq \emptyset$ für eine gewisse Menge $A \in \mathfrak{M}$ dann die Menge $\{x; x \in T$ mit $x \leqq a\}$, wobei $a \in T \cap A$ ist, eine Teilmenge der wohlgeordneten Menge A ist und somit ein minimales Element enthält, welches gleichzeitig ein minimales Element der geordneten Menge T ist. Folglich ist V wohlgeordnet.

Eine Menge A der Kette $\mathfrak{M}$ ist stets ein Abschnitt von V. Wenn $A \subset V$ ist, so gilt $A = \{x; x \in V$ mit $x < v\}$ für das minimale Element v von $V \setminus A$. Weiterhin ist V ein Element von $\mathfrak{M}$, da sonst $\mathfrak{M} \cup \{V\}$ die maximale Kette $\mathfrak{M}$ umfaßt, was unmöglich ist.

Wir zeigen jetzt, daß $V = X$ gilt, womit unsere Behauptung bewiesen ist. Angenommen, es existiert ein Element $x \in X \setminus V$. Dann fügen wir x der wohlgeordneten Menge V als größtes Element hinzu, so daß $V \cup \{x\}$ ebenfalls wohlgeordnet ist. Da V ein Abschnitt von $V \cup \{x\}$ ist, ist die Menge $\mathfrak{M} \cup \{V \cup \{x\}\}$ eine Kette in $\mathfrak{S}$, die die maximale Kette $\mathfrak{M}$ enthält, was unmöglich ist.

Die soeben bewiesene Aussage heißt *Wohlordnungssatz*, der zuerst von G. CANTOR als Axiom gefordert wurde. Das Verdienst von E. ZERMELO war es, den Wohlordnungssatz auf das „einleuchtendere" Auswahlaxiom zurückgeführt zu haben.

e) *Aus* 4. *folgt das Auswahlaxiom*: Es sei ein nichtleerer Mengenkomplex (A_i) $(i \in I)$ nichtleerer Mengen A_i gegeben. Dann bildet (B_i) $(i \in I)$ mit $B_i = \{i\} \times A_i$ für jedes $i \in I$ ein System paarweise disjunkter, nichtleerer Mengen, dessen Vereinigung aufgrund des vorigen Satzes wohlgeordnet werden kann. Wenn wir das minimale Element jeder Menge B_i mit (i, x_i) bezeichnen, dann sei f diejenige Funktion, die jedem $i \in I$ das Element $f(i) = x_i \in A_i$ zuordnet. Damit ist der Satz bewiesen.

AUFGABEN

3.1. Es sei $\mathfrak{S}$ das System aller wohlgeordneten Teilmengen einer nichtleeren Menge X. Man beweise, daß die durch $A \leqq B$, falls $A \in \mathfrak{S}$ ein Abschnitt von $B \in \mathfrak{S}$ ist, erklärte Relation eine Halbordnung in $\mathfrak{S}$ ist.

3.2. Man beweise folgende von K. Kuratowski stammende Behauptung: Jede Kette in einer geordneten Menge X ist in einer maximalen Kette enthalten. Weiterhin untersuche man, ob dieser Satz zum Auswahlaxiom äquivalent ist.

3.3. Man beweise Satz 3.1 mittels Satz 3.2!

3.4. Man zeige, daß Zermelos Postulat: „Zu einem nichtleeren System $\mathfrak{S}$ nichtleerer paarweise disjunkter Mengen existiert eine Menge A mit der Eigenschaft, daß $X \cap A$ für jedes $X \in \mathfrak{S}$ aus einem einzigen Element besteht" mit dem Auswahlaxiom gleichbedeutend ist.

§ 4. Kardinalzahlen

Sind zwei endliche Mengen A und B gegeben, so interessiert oft weniger die Bedeutung ihrer Elemente als ein Vergleich der Anzahl ihrer Elemente. Stimmt die Anzahl der Elemente von A mit der von B überein, so sagen wir, daß A und B dieselbe Kardinalzahl oder Mächtigkeit haben. Dabei verstehen wir unter der Mächtigkeit der endlichen Menge A gerade die Anzahl ihrer Elemente. Ist m die Kardinalzahl von A und n die von B, so sind drei Fälle möglich: $m < n$, $m = n$, $m > n$. Die Feststellung, welcher der drei Fälle vorliegt, läßt sich auf recht verschiedene Arten treffen. Wir können einmal die Elemente der Mengen durchzählen und danach die erhaltenen Anzahlen vergleichen. Wie wir aber gleich bemerken werden, läßt sich diese Methode nur bei endlichen Mengen anwenden. Wir suchen aber ein universelles Vergleichsverfahren und erinnern uns, daß der Vergleich zwischen der Anzahl der Herren und der der Damen in einem Tanzsaal sehr rasch getan ist, wenn jeder Herr verpflichtet ist, eine Dame zu engagieren. Geht diese Paarung auf, so sind gleich viel Damen und Herren anwesend. Mathematisch gesehen besteht in diesem Fall eine eineindeutige Abbildung aus der Menge A der Herren in die Menge B der Damen. Diese von G. Cantor stammende Paarungsmethode ermöglicht es, den Begriff der Kardinalzahl auf unendliche Mengen auszudehnen.

4.1. Kardinalzahl einer unendlichen Menge. Wir formulieren zunächst unser Tanzsaalbeispiel abstrakt:

4.1. Für die Kardinalzahlen m der Menge A und n der Menge B gilt genau dann $m \leqq n$, wenn eine eineindeutige Funktion von A in B existiert.

Beweis. Zuerst sei eine eineindeutige Funktion von A in B gegeben. Angenommen, daß $m > n$ gilt. Dann müssen mindestens zwei Bilder der m Elemente von A, die in der Menge B liegen, übereinstimmen. Dies ist aber unmöglich, weil f eineindeutig ist.

Es sei nun umgekehrt $m \leqq n$. Dann können wir die gegebenen Mengen in der Form $A = \{a_1, a_2, \ldots, a_m\}$ und $B = \{b_1, b_2, \ldots, b_n\}$ schreiben, so daß die

Funktion $f: A \to B$ mit $f(a_i) = b_i$ für $i = 1, 2, \ldots, m$ eineindeutig ist, womit die Behauptung bewiesen ist.

Der Satz 4.1 zeigt, daß zwei endliche Mengen genau dann die gleiche Kardinalzahl besitzen, wenn sie gleichmächtig (siehe Abschnitt 2.2) sind. Damit ist über die Mächtigkeit endlicher Mengen alles Wesentliche gesagt.

Das Durchzählen zweier unendlicher Mengen A und B verbietet sich von selbst. Somit bleibt zum Vergleich beider Mengen nur die Paarungsmethode übrig. Wir sagen, daß zwei Mengen A und B die *gleiche Kardinalzahl* bzw. *Mächtigkeit* besitzen, wenn A und B gleichmächtig sind. Es muß bemerkt werden, daß wir hier keine Definition einer Kardinalzahl angeben. Hierzu verweisen wir den Interessenten auf D. Klaua [1] oder H. Bachmann [1]. Anstatt die Kardinalzahl zu erklären, wird hier die Kardinalzahl durch eine ihrer Eigenschaften beschrieben. Wir bezeichnen die Kardinalzahl von A mit dem Symbol $\overline{\overline{A}}$. Da die Kardinalzahl einer endlichen Menge gleich der Elementanzahl ist, gilt z. B.

$$\overline{\overline{\emptyset}} = 0\,, \quad \overline{\overline{\{\emptyset\}}} = 1\,, \quad \overline{\overline{\{\emptyset, \{\emptyset\}\}}} = 2\,.$$

Die folgenden Beispiele offenbaren uns einen wesentlichen Unterschied zwischen endlichen und unendlichen Mengen. Aus Satz 4.1 folgt unmittelbar, daß eine endliche Menge nicht mit einer ihrer echten Teilmengen gleichmächtig sein kann. Jedoch für unendliche Mengen ist diese Aussage nicht richtig. Dies werden wir im Abschnitt 4.3 allgemein beweisen.

BEISPIELE

4.1. Es gelte $a < c < d < b$. Wir betrachten die Intervalle $A = [a, b]$ und $B = [c, d]$. Geometrisch können wir diese Mengen als Strecken auf der reellen Zahlengerade deuten. Abb. 4.1 zeigt, wie wir mittels Parallel- und Zentralprojektion A eineindeutig auf B abbilden können. Folglich haben die Strecke A und die echte Teilstrecke B die gleiche Mächtigkeit.

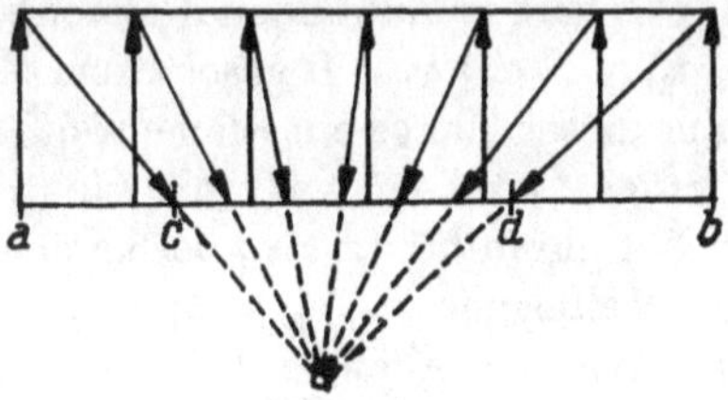

Abb. 4.1

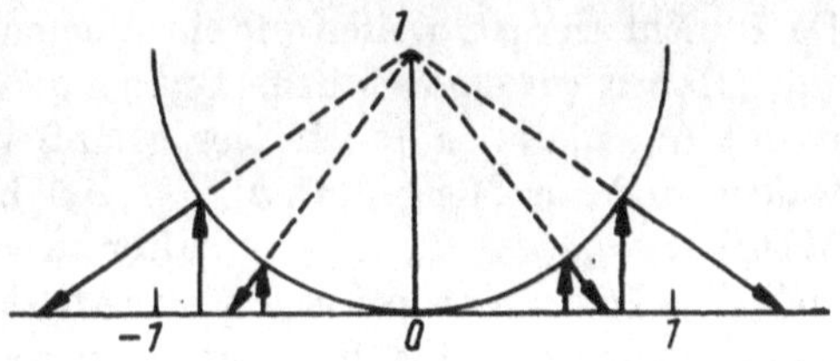

Abb. 4.2

4.2. Die Mengen $(-1, 1)$ und $\boldsymbol{R}$ sind aufgrund der in Abb. 4.2 dargestellten Funktion gleichmächtig. Folglich besitzen das Intervall $(-1, 1)$ und $\boldsymbol{R}$ die gleiche Kardinalzahl.

AUFGABEN

4.1. Man zeige, daß jedes Intervall (mit verschiedenen Randpunkten) mit $\boldsymbol{R}$ gleichmächtig ist. Man benutze Aufgabe 2.8.

4.2. Man zeige, daß die Menge der Quadratzahlen und $\boldsymbol{N}$ die gleiche Kardinalzahl besitzen. Man gebe weitere Mengen an, die die gleiche Mächtigkeit wie $\boldsymbol{N}$ besitzen.

4.3. Man beweise, daß die Funktion $f: \boldsymbol{N} \times \boldsymbol{N} \to \boldsymbol{N}$ mit

$$\text{a)}\ f(m, n) = 2^m \cdot 3^n\ ,$$

$$\text{b)}\ f(m, n) = 2^{m+n} + m$$

eineindeutig ist.

4.2. Abzählbare Mengen. Die übersichtlichste unendliche Menge ist die Menge $\boldsymbol{N}$ der natürlichen Zahlen. In ihrer natürlichen Anordnung ist sie dadurch ausgezeichnet, daß jedes Element n einen bestimmten unmittelbaren Nachfolger $n + 1$ hat und — ausgenommen das Element 1 — auch einen bestimmten unmittelbaren Vorgänger $n - 1$. Offensichtlich ist eine Menge A dann und nur dann gleichmächtig mit $\boldsymbol{N}$, wenn sich die Elemente von A in eine Folge $\{a_1, a_2, \ldots, a_n, \ldots\}$ anordnen lassen. Die mit $\boldsymbol{N}$ gleichmächtigen Mengen nennt man *abzählbar*. Als Beispiele führen wir die Menge aller ganzen Zahlen und die Menge aller ungeraden Zahlen an. Daß es auch unendliche, aber nicht abzählbare Mengen gibt, werden wir im nächsten Abschnitt sehen. Aus dem folgenden Satz erhalten wir, daß die Abzählbarkeit gewissermaßen die „kleinste" unendliche Kardinalzahl ist.

4.2. a) *Jede abzählbare Menge A enthält nur endliche oder abzählbare Teilmengen.*

b) *Jede unendliche Menge B enthält eine abzählbare Teilmenge.*

Beweis. a) Es sei A_0 eine Teilmenge der gegebenen abzählbaren Menge A. Ist A_0 endlich, so ist die Behauptung richtig. Deshalb sei A_0 unendlich. Da sich die Elemente von A zu einer Folge $\{a_1, a_2, \ldots, a_n, \ldots\}$ anordnen lassen, enthält die Folge wegen $A_0 \subseteq A$ auch alle Elemente von A_0 als Teilfolge. Folglich ist A abzählbar.

b) Wir konstruieren eine abzählbare Teilmenge der unendlichen Menge B. Da B nicht leer ist, greifen wir ein Element $a_1 \in B$ heraus und bilden die Menge $\{a_1\}$. Haben wir eine endliche Teilmenge $\{a_1, a_2, \ldots, a_n\}$ von B geschaffen, so ist $B \setminus \{a_1, a_2, \ldots, a_n\}$ nicht leer, so daß wir aus dieser Menge ein Element a_{n+1} wählen und zur Menge $\{a_1, a_2, \ldots, a_n\}$ hinzufügen können, wodurch wir die Menge $\{a_1, a_2, \ldots, a_n, a_{n+1}\}$ erhalten. Dieses Verfahren bricht also bei keinem endlichen Index n ab und ergibt eine abzählbare Teilmenge $\{a_1, a_2, \ldots, a_n, \ldots\}$ von B. Damit ist die Behauptung bewiesen. Wir bemerken, daß bei dieser Konstruktion einer abzählbaren Teilmenge das Auswahlaxiom benutzt worden ist.

Eine Menge, die endlich oder abzählbar ist, heißt *höchstens abzählbar*. Über das Rechnen mit abzählbaren Mengen zeigen wir:

4.3. a) *Die Vereinigung einer endlichen und einer abzählbaren Menge sowie die von höchstens abzählbar vielen abzählbaren Mengen ist abzählbar.*

b) *Das Produkt einer endlichen und einer abzählbaren Menge sowie das von endlich vielen abzählbaren Mengen ist abzählbar.*

Beweis. a) Die erste Behauptung ist offensichtlich richtig. Deshalb seien höchstens abzählbar viele abzählbare Mengen A_n gegeben, die wir in der Form $A_n = \{a_{n1}, a_{n2}, \ldots, a_{nm}, \ldots\}$ darstellen können. Dann bilden wir für $k = 2, 3, \ldots$ die Menge B_k sämtlicher Elemente a_{nm} mit $n + m = k$. Die Menge B_k ist endlich, weil sie höchstens $k - 1$ Elemente enthält. Wir numerieren erst die Elemente von B_2, danach die von B_3, B_4 usw. durch, wobei wir kein Element mehrfach zählen. Auf diese Weise erhält jedes Element a_{nm} genau eine Nummer, so daß die Vereinigung aller B_k abzählbar ist. Wegen

$$\bigcup_k B_k = \bigcup_n A_n$$

ist auch die Vereinigung aller A_n abzählbar.

b) Es genügt zu zeigen, daß das Produkt der endlichen oder abzählbaren Menge A und der abzählbaren Menge B wiederum abzählbar ist. Den Rest erledigt man mittels vollständiger Induktion. Für jedes Element $x \in A$ ist die Menge $B_x = \{x\} \times B$ gleichmächtig mit B, also abzählbar. Wegen der Beziehung

$$A \times B = \bigcup_{x \in A} B_x$$

muß nach dem eben erhaltenen Ergebnis das Produkt $A \times B$ abzählbar sein.

BEISPIELE

4.3. Die Menge $\boldsymbol{G}$ aller ganzen Zahlen ist abzählbar, so daß die Produktmenge $\boldsymbol{G}^2$, die die Menge aller Gitterpunkte in der Ebene $\boldsymbol{R}^2$ darstellt, wegen Satz 4.3 ebenfalls abzählbar ist.

Die Menge $\boldsymbol{Q}$ aller rationalen Zahlen ist mit der unendlichen Teilmenge von $\boldsymbol{G}^2$

$$\{(p, q);\, p \in \boldsymbol{G},\, q \in \boldsymbol{N} \text{ mit dem größten gemeinsamen Teiler } 1\}$$

gleichmächtig und somit nach Satz 4.2 abzählbar. Nach Satz 4.3 ist dann die Menge $\boldsymbol{Q}^n$ aller n-Tupel mit rationalen Koordinaten abzählbar.

4.4. Die Menge aller Polynome höchstens n-ten Grades mit rationalen Koeffizienten ist mit der abzählbaren Menge $\boldsymbol{Q}^{n+1}$ gleichmächtig und somit ebenfalls abzählbar, weil wir jedem Polynom $a_0 + a_1 x + \cdots + a_n x^n$ ein $(n + 1)$-Tupel $(a_0, a_1, \ldots, a_n) \in \boldsymbol{Q}^{n+1}$ in eineindeutiger Weise zuordnen können. Nach Satz 4.3 ist auch die Menge aller Polynome beliebigen Grades mit rationalen Koeffizienten abzählbar.

AUFGABEN

4.4. Man untersuche, ob folgende Mengen abzählbar sind:
a) Menge aller Primzahlen,
b) Menge aller algebraischen Zahlen,
c) System aller endlichen Teilmengen einer abzählbaren Menge.

4.5. Welche Mächtigkeit hat die Vereinigung von abzählbar vielen endlichen Mengen?

4.6. Man beweise mittels Aufgabe 4.3, daß die Menge aller rationalen Zahlen abzählbar ist.

4.7. Man zeige, daß ein beliebiges System von paarweise disjunkten Intervallen (a_i, b_i) (mit $a_i < b_i$ und $i \in I$) endlich oder abzählbar ist. Dabei ist I eine geeignete Indexmenge.

4.3. Mächtigkeit des Kontinuums. Jetzt weisen wir die Existenz unendlicher, nicht abzählbarer Mengen nach. Solche Mengen heißen *überabzählbar*.

4.4. SATZ (G. CANTOR). *Die Menge* $\boldsymbol{R}$ *aller reellen Zahlen ist überabzählbar.*

Beweis. Wir zeigen die Behauptung mit Hilfe des von G. CANTOR entwickelten *Diagonalverfahrens.* Wegen Aufgabe 4.1 genügt es, die Mächtigkeit des Intervalls $A = (0, 1)$ zu untersuchen. Natürlich ist A unendlich. Angenommen, diese Menge ist abzählbar. Dann gilt $A = \{x_1, x_2, x_3, \ldots\}$. Eine reelle Zahl läßt sich im allgemeinen eindeutig als Dezimalbruch darstellen. Eine Ausnahme bilden nur die sog. endlichen Dezimalbrüche, für die es zwei Darstellungen gibt. Von einer gewissen Stelle an sind dann alle Ziffern entweder gleich 0 oder 9. Beispielsweise ist $0{,}03000\cdots = 0{,}02999\cdots$. Wir stellen die Eindeutigkeit her, indem wir für endliche Dezimalbrüche aus A die Schreibweise mit der Neunerperiode vereinbaren. Die Zahlen $x_n \in A$ $(n = 1, 2, \ldots)$ besitzen dann die Form

$$\begin{aligned} x_1 &= a_{11}\,10^{-1} + a_{12}\,10^{-2} + \cdots + a_{1m}\,10^{-m} + \cdots, \\ x_2 &= a_{21}\,10^{-1} + a_{22}\,10^{-2} + \cdots + a_{2m}\,10^{-m} + \cdots, \\ &\vdots \\ x_n &= a_{n1}\,10^{-1} + a_{n2}\,10^{-2} + \cdots + a_{nm}\,10^{-m} + \cdots, \\ &\vdots \end{aligned}$$

wobei a_{nm} ganze Zahlen mit $0 \leqq a_{nm} \leqq 9$ bedeuten. Für jede natürliche Zahl m bilden wir die durch die „Diagonalziffern" a_{mm} bestimmte Zahl $a_m = 1$, falls $a_{mm} \neq 1$ ist, und $a_{mm} = 2$, falls $a_m = 1$ ist. Dann ist die reelle Zahl

$$x = a_1\,10^{-1} + a_2\,10^{-2} + \cdots + a_m\,10^{-m} + \cdots$$

einerseits in A enthalten und andererseits wegen $a_n \neq a_{nn}$ von jeder Zahl x_n verschieden. Folglich ist A und somit auch $\boldsymbol{R}$ nicht abzählbar, womit die Behauptung bewiesen ist.

Wir nennen die Kardinalzahl von $\boldsymbol{R}$ die *Mächtigkeit des Kontinuums.* Nach Aufgabe 4.1 besitzt die Menge aller Punkte einer Strecke ebenfalls die Mächtigkeit des Kontinuums.

Im Abschnitt 4.1 hatten wir Beispiele angegeben, daß eine unendliche Menge echte Teilmengen enthält, mit denen sie gleichmächtig ist. Daß dies allgemein gilt, folgt leicht aus dem Satz:

4.5. a) *Ist B eine überabzählbare Menge und A eine höchstens abzählbare Teilmenge von B, so sind $B \setminus A$ und B gleichmächtig.*

b) *Ist B eine unendliche Menge und A eine höchstens abzählbare Menge, so sind $A \cup B$ und B gleichmächtig.*

Beweis. a) Die Menge $B_1 = B \setminus A$ ist überabzählbar. Denn wäre sie höchstens abzählbar, so wäre auch $B = B_1 \cup A$ nach Satz 4.3 im Widerspruch zur Voraussetzung endlich oder abzählbar. Wegen Satz 4.2 gibt es eine abzählbare Teilmenge A_1 von B_1. Nach dem eben Bewiesenen ist $B_2 = B_1 \setminus A_1$ wieder überabzählbar. Nun ist

$$B = B_2 \cup (A \cup A_1)\,, \qquad B_1 = B_2 \cup A_1\,.$$

Da $B_2 \sim B_2$ und $A \cup A_1 \sim A_1$ ist, folgt nach Aufgabe 2.20 die Behauptung.

b) Ist B abzählbar, so ist durch Satz 4.3 alles bewiesen. Falls B überabzählbar ist, ist unsere Behauptung in der ersten Aussage dieses Satzes enthalten.

4.6. *Eine Menge ist genau dann unendlich, wenn sie mit einer ihrer echten Teilmengen gleichmächtig ist.*

Beweis. Da nach Satz 4.1 eine endliche Menge niemals mit einer ihrer echten Teilmengen gleichmächtig sein kann, brauchen wir nur zu zeigen, daß eine unendliche Menge B mit einer ihrer echten Teilmengen gleichmächtig ist. Die Menge B ist nicht leer, so daß $x_0 \in B$ ist. Dann ist nach Satz 4.5 die echte Teilmenge $B \setminus \{x_0\}$ mit B gleichmächtig.

BEISPIELE

4.5. Der Satz 4.5 erlaubt in vielen Fällen eine rasche Aussage über die Mächtigkeit einer Menge. Die Menge aller irrationalen Zahlen ist $\boldsymbol{R} \setminus \boldsymbol{Q}$ und besitzt wegen Beispiel 4.3 und Satz 4.5 die Mächtigkeit des Kontinuums.

4.6. Die folgende Teilmenge $\boldsymbol{D}$ des Intervalles [0,1], deren Mächtigkeit wir bestimmen wollen, konstruieren wir schrittweise. Zuerst teilen wir das Intervall [0, 1] durch die Punkte $\frac{1}{3}$ und $\frac{2}{3}$ in drei Teile und entfernen das mittlere Intervall $\left(\frac{1}{3}, \frac{2}{3}\right)$. Jedes der restlichen beiden Intervalle $\left[0, \frac{1}{3}\right]$ und $\left[\frac{2}{3}, 1\right]$ zerlegen wir danach in drei gleiche Teile und entfernen die mittleren Intervalle $\left(\frac{1}{9}, \frac{2}{9}\right)$ und $\left(\frac{7}{9}, \frac{8}{9}\right)$. Im dritten Schritt zerlegen wir jedes der vier verbleibenden Intervalle $\left[0, \frac{1}{9}\right], \left[\frac{2}{9}, \frac{1}{3}\right], \left[\frac{2}{3}, \frac{7}{9}\right], \left[\frac{8}{9}, 1\right]$ in drei gleiche Teile und nehmen die mittleren Teilintervalle heraus usw. Dieses Verfahren wird beliebig oft fortgesetzt. Die letztlich erhaltene Menge $\boldsymbol{D}$ heißt CANTORsches *Diskontinuum.* Nach Konstruktion ist die Differenz $[0, 1] \setminus \boldsymbol{D}$ die Vereinigung von abzählbar vielen disjunkten Intervallen:

$$[0, 1] \setminus \boldsymbol{D} = \left(\frac{1}{3}, \frac{2}{3}\right) \cup \left[\left(\frac{1}{9}, \frac{2}{9}\right) \cup \left(\frac{7}{9}, \frac{8}{9}\right)\right] \cup \ldots.$$

Um die Kardinalzahl von $\boldsymbol{D}$ zu bestimmen, sei daran erinnert, daß jede reelle Zahl $x \in (0, 1]$ gleich der Summe einer eindeutig bestimmten Reihe

$$\sum_{n=1}^{\infty} \frac{a_n}{3^n} \qquad \left(\text{bzw. } \sum_{n=1}^{\infty} \frac{b_n}{2^n}\right)$$

ist, wobei $a_n \in \{0, 1, 2\}$ (bzw. $b_n \in \{0, 1\}$) sind und niemals von einem gewissen Index n an alle a_n (bzw. b_n) verschwinden. Die letzte Forderung sichert die Eindeutigkeit der Reihendarstellung.

Zu $\boldsymbol{D} \setminus \{0\}$ gehören genau die Zahlen x, die sich entsprechend unserer Vereinbarung eindeutig in der Form

$$x = \sum_{n=1}^{\infty} \frac{a_n}{3^n}, \tag{4.1}$$

wobei jedes a_n entweder 0 oder 2 ist, darstellen lassen. Denn $x \notin \left(\frac{1}{3}, \frac{2}{3}\right)$ ist gleichbedeutend mit $a_1 \neq 1$, $x \notin \left(\frac{1}{9}, \frac{2}{9}\right) \cup \left(\frac{7}{9}, \frac{8}{9}\right)$ mit $a_2 \neq 1$ usw. Die Menge $\boldsymbol{D} \setminus \{0\}$ kann man dann eineindeutig auf $(0, 1]$ abbilden, indem man jedem Punkt $x \in \boldsymbol{D} \setminus \{0\}$ der Form (4.1) den Punkt

$$y = \sum_{n=1}^{\infty} \frac{a_n}{2} \cdot \frac{1}{2^n} \in (0, 1]$$

zuordnet. Folglich sind beide Mengen gleichmächtig, so daß $\boldsymbol{D}$ die Mächtigkeit des Kontinuums besitzt.

AUFGABEN

4.8. Man bestimme die Kardinalzahlen folgender Mengen:

a) Menge der transzendenten Zahlen,
b) $\boldsymbol{R}^2$,
c) $\boldsymbol{R}^n$.

Man benutze bei b) die Tatsache, daß man zwei Folgen (x_n) und (y_n) eineindeutig der Folge $(x_1, y_1, x_2, y_2, \ldots)$ zuordnen kann.

4.9. Man beweise, daß eine Menge genau dann endlich ist, wenn sie keiner ihrer echten Teilmengen gleichmächtig ist.

4.10. Wenn die Vereinigung abzählbar vieler Mengen A_n die Mächtigkeit des Kontinuums besitzt, dann hat mindestens eine Menge A_n die Mächtigkeit des Kontinuums.

4.11. Wenn die Menge B aus mindestens zwei Elementen besteht, dann ist die Menge aller Folgen mit Gliedern aus B überabzählbar.

4.12. Man beweise, daß das System aller Teilmengen von $\boldsymbol{N}$ überabzählbar ist.

4.4. Skala der Kardinalzahlen. Die Mächtigkeit einer endlichen Menge ist eine natürliche Zahl, wozu noch die Null als Mächtigkeit der leeren Menge kommt. Für die Mächtigkeit $\overline{\overline{A}}$ und $\overline{\overline{B}}$ zweier endlicher Mengen A und B gilt daher genau eine der drei Beziehungen

$$\overline{\overline{A}} < \overline{\overline{B}}, \quad \overline{\overline{A}} = \overline{\overline{B}}, \quad \overline{\overline{A}} > \overline{\overline{B}},$$

die uns gestattet, die Kardinalzahlen zweier beliebiger endlicher Mengen miteinander zu vergleichen. Wie steht es damit bei unendlichen Mengen?

Wir haben bisher die zwei unendlichen Mächtigkeiten $\overline{\overline{\boldsymbol{N}}}$ und $\overline{\overline{\boldsymbol{R}}}$ kennengelernt. Aufgrund von Satz 4.2 haben wir die Kardinalzahl $\overline{\overline{\boldsymbol{N}}}$ als die „kleinste" unendliche Kardinalzahl angesehen, wobei jedoch die Beziehungen kleiner und größer für unendliche Kardinalzahlen noch gar nicht festgelegt waren. Das holen wir jetzt nach. Wenn die Menge A einer Teilmenge von B gleichmächtig ist, d. h., wenn eine eineindeutige Funktion von A in B existiert, dann sagen wir, daß $\overline{\overline{A}}$ *kleinergleich* $\overline{\overline{B}}$ (bzw. $\overline{\overline{B}}$ *größergleich* $\overline{\overline{A}}$) ist, und schreiben $\overline{\overline{A}} \leqq \overline{\overline{B}}$ oder $\overline{\overline{B}} \geqq \overline{\overline{A}}$. Sind die Mengen A und B, für die $\overline{\overline{A}} \leqq \overline{\overline{B}}$ gilt, nicht gleichmächtig, so ist $\overline{\overline{A}}$ *kleiner* $\overline{\overline{B}}$ bzw. $\overline{\overline{B}}$ *größer* $\overline{\overline{A}}$. Wir drücken dies durch $\overline{\overline{A}} < \overline{\overline{B}}$ oder $\overline{\overline{B}} > \overline{\overline{A}}$ aus. Diese Definition einer Relation ist sinnvoll, weil der folgende Satz richtig ist:

4.7. *Aus* $\overline{\overline{A}} \leqq \overline{\overline{B}}$, $\overline{\overline{A}} = \overline{\overline{A_1}}$ *und* $\overline{\overline{B}} = \overline{\overline{B_1}}$ *folgt* $\overline{\overline{A_1}} \leqq \overline{\overline{B_1}}$.

Beweis. Nach Voraussetzung ist A mit einer Teilmenge B_0 von B gleichmächtig. Weiterhin sei f eine eineindeutige Funktion von B auf B_1. Aufgrund der Transitivität der Gleichmächtigkeit folgt aus $A_1 \sim A$, $A \sim B_0$ und $B_0 \sim f(B_0)$, daß $A_1 \sim f(B_0) \subseteq B_1$ ist. Folglich gilt $\overline{\overline{A_1}} \leqq \overline{\overline{B_1}}$, was zu beweisen war.

Aufgrund der Sätze 4.2 und 4.4 erhalten wir die Beziehungen:

$$0 < 1 < 2 < \cdots < n < n+1 < \cdots < \overline{\overline{N}} < \overline{\overline{R}}\,.$$

Wir untersuchen jetzt die Eigenschaft der Kardinalzahlen bezüglich der eingeführten Relation und beweisen den folgenden wichtigen Satz:

4.8. SATZ. *Die Kardinalzahlen sind durch die Kleinergleich-Relation geordnet, d. h. für beliebige Mengen A, B und C ist diese Relation*

a) *reflexiv*: $\overline{\overline{A}} \leqq \overline{\overline{A}}$ *für jede Menge A*;
b) *asymmetrisch*: *Aus* $\overline{\overline{A}} \leqq \overline{\overline{B}}$ *und* $\overline{\overline{B}} \leqq \overline{\overline{A}}$ *folgt* $\overline{\overline{A}} = \overline{\overline{B}}$;
c) *transitiv*: *Aus* $\overline{\overline{A}} \leqq \overline{\overline{B}}$ *und* $\overline{\overline{B}} \leqq \overline{\overline{C}}$ *folgt* $\overline{\overline{A}} \leqq \overline{\overline{C}}$;
b) *vergleichbar*: $\overline{\overline{A}} \leqq \overline{\overline{B}}$ *oder* $\overline{\overline{B}} \leqq \overline{\overline{A}}$ *für je zwei Mengen A und B.*

Beweis. a) Da jede Menge mit sich gleichmächtig ist, folgt a) unmittelbar aus der Definition.

b) Wir beweisen nun die Asymmetrie. Dabei können wir annehmen, daß weder A noch B leer ist und daß $A \cap B = \emptyset$ gilt. Falls A und B nicht disjunkt ist, so ersetzen wir B durch eine gleichmächtige Menge (z. B. $B \times \{A\}$), die zu A disjunkt ist. Nach Voraussetzung existiert eine eineindeutige Funktion f von A in B und eine eineindeutige Funktion g von B in A.

Ein Element $x \in A$ bzw. $x \in B$ heißt ein *Vorgänger* von $y \in A \cup B$, wenn y ein Glied der Folge $(f(x), g \circ f(x), f \circ g \circ f(x), \ldots)$ bzw. der Folge $(g(x), f \circ g(x), g \circ f \circ g(x), \ldots)$ ist. Wir zerlegen dann A in die Menge A_g aller Elemente von A, die gar keinen Vorgänger oder eine gerade Anzahl von Vorgängern besitzen, die Menge A_u aller Elemente von A, die eine ungerade Anzahl von Vorgängern haben, und die Menge A_∞ aller Elemente mit unendlich vielen Vorgängern. Analog wird B in drei paarweise disjunkte Mengen B_g, B_u und B_∞ zerlegt. Wir wollen diese Methode anhand eines Beispiels illustrieren:

BEISPIEL

4.7. Es seien $A = B = (0, 1]$, $f(x) = \frac{1}{2}x$ und $g(y) = \frac{1}{2}y$ (siehe Abb. 4.3). Wir erkennen, daß alle Elemente das Intervall $(\frac{1}{2}, 1]$ keine Vorgänger haben, daß alle Elemente x mit $\frac{1}{4} < x \leqq \frac{1}{2}$ genau einen Vorgänger besitzen usw. Ist $I_n = (2^{-n-1}, 2^{-n}]$, so lauten

$$A_g = B_g = I_0 \cup I_2 \cup I_4 \cup \cdots, \quad A_u = B_u = I_1 \cup I_3 \cup I_5 \cup \cdots, \quad A_\infty = B_\infty = \emptyset\,.$$

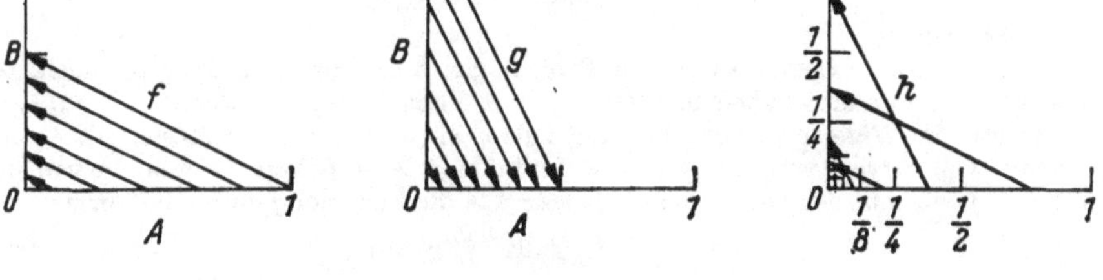

Abb. 4.3

Wir setzen den Beweis fort. Offensichtlich ist f eine eineindeutige Funktion, die A_g auf B_u und A_∞ auf B_∞ abbildet. Weiterhin ist g^{-1} eine eineindeutige Funktion von A_u auf B_g, so daß die Funktion h, die durch die Gleichung

$$h(x) = \begin{cases} f(x) & \text{für} \quad x \in A_g \cup A_\infty\,, \\ g^{-1}(x) & \text{für} \quad x \in A_u \end{cases}$$

erklärt ist, eine eineindeutige Funktion von A auf B ist. Folglich ist $\overline{\overline{A}} = \overline{\overline{B}}$.

c) Gilt $\overline{\overline{A}} \leqq \overline{\overline{B}}$ und $\overline{\overline{B}} \leqq \overline{\overline{C}}$, so gibt es zwei Mengen $B_0 \subseteq B$ und $C_0 \subseteq C$ derart, daß $A \sim B_0$ und $B \sim C_0$ ist. Wegen $B \sim C_0$ können wir die Teilmenge B_0 von B eineindeutig einer Teilmenge $C_1 \subseteq C_0$ zuordnen. Aus $A \sim B_0$ und $B_0 \sim C_1$ folgt wegen der Transitivität der Gleichmächtigkeit, daß $A \sim C_1$ ist. Das bedeutet aber $\overline{\overline{A}} \leqq \overline{\overline{C}}$.

d) Die Mengen A und B seien gegeben und es sei F die Menge aller eineindeutigen Abbildungen g aus A in B, in der wir eine Halbordnung einführen. Genau dann ist $g \in F$ kleinergleich $h \in F$, wenn h eine Erweiterung von g ist (vgl. Aufgabe 2.23). Mit $D(g)$ bezeichnen wir den Definitionsbereich und mit $W(g)$ den Wertebereich von g. Eine beliebige Kette $K \subseteq F$ ist nach oben beschränkt, weil die Funktion k mit der Eigenschaft $k(x) = g(x)$ für jedes $g \in K$ und jedes $x \in D(g)$ zu F gehört und eine obere Schranke von K ist. Aufgrund des ZORNschen Lemmas existiert in F eine eineindeutige Funktion f aus A in B, die keine echte Erweiterung besitzt. Der Fall $D(f) \subset A$ und $W(f) \subset B$ ist unmöglich, weil wir sonst f in einfacher Weise zu einer Funktion $f' \in F$ fortsetzen können:

$$f'(x) = \begin{cases} f(x) & \text{für} \quad x \in D(f)\,, \\ b \in B \setminus W(f) & \text{für} \quad x = a \in A \setminus D(f)\,. \end{cases}$$

Folglich ist $D(f) = A$ oder $W(F) = B$. Im Fall $D(f) = A$ ist f eine eineindeutige Funktion von A in B, so daß $\overline{\overline{A}} \leqq \overline{\overline{B}}$ ist. Gilt $W(f) = B$, so ist f^{-1} eine eineindeutige Funktion von B in A und wir erhalten $\overline{\overline{B}} \leqq \overline{\overline{A}}$. Damit ist alles bewiesen.

Endliche Kardinalzahlen gibt es abzählbar viele. Unendliche Kardinalzahlen kennen wir bisher nur zwei. Wir zeigen nun, daß es auch davon unendlich viele gibt, denn zu einer beliebig vorgegebenen Menge A kann man stets eine Menge mit größerer Mächtigkeit angeben.

4.9. SATZ (G. CANTOR). ***Es sei A eine beliebige Menge und B eine Menge, die mindestens zwei Elemente enthält. Für die Menge F aller Funktionen von A in B gilt dann***

$$\overline{\overline{A}} < \overline{\overline{F}}\,.$$

Beweis. Der Fall $A = \emptyset$ ist trivial, so daß wir $A \neq \emptyset$ annehmen können. Nach Voraussetzung besteht B mindestens aus zwei Elementen. Dies seien b und b'. Daß $\overline{\overline{A}} \leqq \overline{\overline{F}}$ ist, folgt daraus, daß wir jedem Element $x \in A$ in eineindeutiger Weise die Funktion $g_x\colon A \to B$,

$$g_x(t) = \begin{cases} b & \text{für} \quad t = x\,, \\ b' & \text{für} \quad t \in A \setminus \{x\}\,, \end{cases}$$

zuordnen können.

Wir müssen noch zeigen, daß A und F nicht gleichmächtig sind. Angenommen, daß $A \sim F$ ist. Dann entspricht jedem Element $x \in A$ eineindeutig eine Funktion $f_x\colon A \to B$. Den gewünschten Widerspruch erhalten wir, indem wir mittels des CANTORschen Diagonalverfahrens (vgl. Beweis von Satz 4.4) eine Funktion $f\colon A \to B$ konstruieren, die von allen Funktionen f_x verschieden ist. Es sei für jedes $x \in A$ die Funktion f durch die Formel

$$f(x) = \begin{cases} b, & \text{falls} \quad f_x(x) \neq b\,, \\ b', & \text{falls} \quad f_x(x) = b \end{cases}$$

bestimmt. Für alle $x \in A$ ist demnach $f(x) \neq f_x(x)$. Tatsächlich ist f von allen Funktionen f_x verschieden, weil aus $f = f_x$ für ein gewisses $x \in A$ die Gleichung $f(x) = f_x(x)$ folgt. Damit ist der Satz bewiesen.

Hieraus ergibt sich die Folgerung:

4.10. *Für das System $\mathfrak{T}$ aller Teilmengen einer gegebenen Menge A gilt*

$$\overline{\overline{A}} < \overline{\overline{\mathfrak{T}}}.$$

Beweis. Jeder Teilmenge von A entspricht in eineindeutiger Weise ihre charakteristische Funktion, die die Menge A in die Menge $B = \{0, 1\}$ abbildet. Folglich ist die Menge F aller charakteristischen Funktionen gleichmächtig mit $\mathfrak{T}$. Da nach Satz 4.9 die Mächtigkeit von F, die mit $\overline{\overline{\mathfrak{T}}}$ übereinstimmt, größer als $\overline{\overline{A}}$ ist, haben wir die Behauptung gezeigt.

AUFGABEN

4.13. Es seien A und B endliche Mengen, wobei B mindestens zwei Elemente enthält. Man bestimme die Kardinalzahl der Menge aller Funktionen von A in B.

4.14. Man berechne die Kardinalzahl des Systems aller Teilmengen einer endlichen Menge.

4.5. Summe und Produkt von Kardinalzahlen. Sind A und B zwei endliche, disjunkte Mengen, so gilt offenbar $\overline{\overline{A}} + \overline{\overline{B}} = \overline{\overline{A \cup B}}$. Ist mindestens eine der beiden Mengen unendlich, so hat die linke Seite dieser Gleichung keinen Sinn mehr. Wir geben ihr durch unsere Definition der Summe von zwei beliebigen Kardinalzahlen einen neuen Inhalt.

Für disjunkte Mengen A und B nennen wir die Mächtigkeit $\overline{\overline{A \cup B}}$ die *Summe* von $\overline{\overline{A}}$ und $\overline{\overline{B}}$, für die wir $\overline{\overline{A}} + \overline{\overline{B}}$ schreiben:

$$\overline{\overline{A}} + \overline{\overline{B}} = \overline{\overline{A \cup B}}.$$

Falls die Mengen A und B nicht disjunkt sind, ersetzen wir B durch eine gleichmächtige Menge B_1, die mit A disjunkt ist, z. B. $B_1 = B \times \{A\}$. Dann erklären wir die Summe $\overline{\overline{A}} + \overline{\overline{B}}$ durch die Gleichung

$$\overline{\overline{A}} + \overline{\overline{B}} = \overline{\overline{A}} + \overline{\overline{B_1}} = \overline{\overline{A \cup B_1}}.$$

Diese Definition ist sinnvoll, weil die Summe zweier Kardinalzahlen wegen Aufgabe 2.20 von der speziellen Wahl der Mengen A und B unabhängig ist, d. h. aus $\overline{\overline{A}} = \overline{\overline{A_1}}$ und $\overline{\overline{B}} = \overline{\overline{B_1}}$ folgt stets $\overline{\overline{A}} + \overline{\overline{B}} = \overline{\overline{A_1}} + \overline{\overline{B_1}}$.

Für eine beliebige Menge A gilt wegen $A \cup \emptyset = A$ und $A \cap \emptyset = \emptyset$ stets

$$\overline{\overline{A}} + 0 = 0 + \overline{\overline{A}} = \overline{\overline{A}}.$$

Wegen Satz 4.5 besteht für jede unendliche Kardinalzahl $\overline{\overline{B}}$ die Gleichung

$$n + \overline{\overline{B}} = \overline{\overline{N}} + \overline{\overline{B}} = \overline{\overline{B}},$$

wobei n eine natürliche Zahl ist. Folglich sind insbesondere

$$n + \overline{\overline{N}} = \overline{\overline{N}} + \overline{\overline{N}} = \overline{\overline{N}}, \qquad n + \overline{\overline{R}} = \overline{\overline{N}} + \overline{\overline{R}} = \overline{\overline{R}}.$$

Für einen Mengenkomplex (A_i) mit $i \in I$, dessen Mengen A_i paarweise disjunkt sind, erklären wir die Summe aller Kardinalzahlen $\overline{\overline{A_i}}$ als die Mächtigkeit $\overline{\overline{\bigcup_{i \in I} A_i}}$ und schreiben kurz:

$$\sum_{i \in I} \overline{\overline{A_i}} = \overline{\overline{\bigcup_{i \in I} A_i}}.$$

Man überlegt sich ähnlich wie zuvor, daß diese Definition berechtigt ist. Da beispielsweise nach Satz 4.3 die Vereinigung endlich oder abzählbar vieler abzählbarer Mengen wiederum abzählbar ist, gilt für die Summen

$$\overline{\overline{N}} + \overline{\overline{N}} + \cdots + \overline{\overline{N}} = \overline{\overline{N}} + \overline{\overline{N}} + \cdots + \overline{\overline{N}} + \cdots = \overline{\overline{N}}. \tag{4.2}$$

Ähnlich wie die Summe führen wir das Produkt von Kardinalzahlen ein. Es seien die beiden Mengen A und B gegeben. Unter dem *Produkt* der Kardinalzahlen $\overline{\overline{A}}$ und $\overline{\overline{B}}$ verstehen wir die Mächtigkeit $\overline{\overline{A \times B}}$ und schreiben dafür:

$$\overline{\overline{A}} \cdot \overline{\overline{B}} = \overline{\overline{A \times B}}.$$

Da aus $\overline{\overline{A}} = \overline{\overline{A_1}}$ und $\overline{\overline{B}} = \overline{\overline{B_1}}$ nach Aufgabe 2.20 stets $\overline{\overline{A \times B}} = \overline{\overline{A_1 \times B_1}}$ folgt, ist diese Definition berechtigt. Weiterhin bemerken wir, daß die Forderung der Elementfremdheit von A und B hier nicht notwendig ist. Da für jede Menge A und ein beliebiges Element x stets $A \times \emptyset = \emptyset$ und $A \times \{x\} \sim A$ gilt, erhalten wir

$$\overline{\overline{A}} \cdot 0 = 0 \cdot \overline{\overline{A}} = 0,$$

$$\overline{\overline{A}} \cdot 1 = 1 \cdot \overline{\overline{A}} = \overline{\overline{A}}.$$

Im Bereich der natürlichen Zahlen läßt sich die Multiplikation als Addition gleicher Summanden auffassen. Dies gilt auch für die Multiplikation von Kardinalzahlen:

4.11. *Es sei (A_ι) $(\iota \in I)$ ein Mengenkomplex, für den $A_\iota = A$ für jedes $\iota \in I$ gilt. Dann ist*

$$\sum_{\iota \in I} \overline{\overline{A_\iota}} = \overline{\overline{I}} \cdot \overline{\overline{A}}.$$

Beweis. Wegen

$$I \times A = \bigcup_{\iota \in I} B_\iota,$$

wobei $B_\iota = \{(\iota, x); x \in A\}$ für jedes $\iota \in I$ ist, und $B_\iota \sim A$ ist alles klar.

Aufgrund des letzten Satzes und der Summen (4.2) ergeben sich die Gleichungen

$$\overline{\overline{N}} = \overline{\overline{N}} + \overline{\overline{N}} + \cdots + \overline{\overline{N}} = n \cdot \overline{\overline{N}},$$

$$\overline{\overline{N}} = \overline{\overline{N}} + \overline{\overline{N}} + \cdots + \overline{\overline{N}} + \cdots = \overline{\overline{N}} \cdot \overline{\overline{N}}.$$

Für Summe und Produkt von Mächtigkeiten gelten ähnliche Rechengesetze wie bei den natürlichen Zahlen:

4.12. *Die Addition und Multiplikation von Kardinalzahlen ist kommutativ und assoziativ, wobei die Multiplikation distributiv bezüglich der Addition ist, d. h.*

a) $\overline{\overline{A_1}} + \overline{\overline{A_2}} = \overline{\overline{A_2}} + \overline{\overline{A_1}}$,
$\overline{\overline{A_1}} \cdot \overline{\overline{A_2}} = \overline{\overline{A_2}} \cdot \overline{\overline{A_1}}$,

b) $(\overline{\overline{A_1}} + \overline{\overline{A_2}}) + \overline{\overline{A_3}} = \overline{\overline{A_1}} + (\overline{\overline{A_2}} + \overline{\overline{A_3}})$,
$(\overline{\overline{A_1}} \cdot \overline{\overline{A_2}}) \cdot \overline{\overline{A_3}} = \overline{\overline{A_1}} \cdot (\overline{\overline{A_2}} \cdot \overline{\overline{A_3}})$

c) $(\overline{\overline{A_1}} + \overline{\overline{A_2}}) \cdot \overline{\overline{A_3}} = \overline{\overline{A_1}} \cdot \overline{\overline{A_3}} + \overline{\overline{A_2}} \cdot \overline{\overline{A_3}}$.

Der Beweis ergibt sich aus den Sätzen 1.3 und 1.10 sowie der Aufgabe 2.11.

Die letzten Sätze erleichtern in vielen Fällen die reale Auswertung von Mächtigkeitssummen und -produkten. Demselben Zweck dienen die im folgenden Satz enthaltenen Abschätzungen:

4.13. *Aus $\overline{\overline{A}}_1 \leqq \overline{\overline{B}}_1$ und $\overline{\overline{A}}_2 \leqq \overline{\overline{B}}_2$ folgt stets*

$$\overline{\overline{A}}_1 + \overline{\overline{A}}_2 \leqq \overline{\overline{B}}_1 + \overline{\overline{B}}_2,$$
$$\overline{\overline{A}}_1 \cdot \overline{\overline{A}}_2 \leqq \overline{\overline{B}}_1 \cdot \overline{\overline{B}}_2.$$

Beweis. Die Mengen A_i können disjunkt gewählt werden, ebenso die Mengen B_i. Wegen $\overline{\overline{A}}_i \leqq \overline{\overline{B}}_i$ existiert für $i = 1, 2$ eine Teilmenge B'_i von B_i mit $A_i \sim B'_i$. Nach Aufgabe 2.20 ergibt sich $\overline{\overline{A}}_1 + \overline{\overline{A}}_2 = \overline{\overline{B'_1}} + \overline{\overline{B'_2}}$ und $\overline{\overline{A}}_1 \cdot \overline{\overline{A}}_2 = \overline{\overline{B'_1}} \cdot \overline{\overline{B'_2}}$. Weiterhin bestehen die Inklusionen $B'_1 \cup B'_2 \subseteq B_1 \cup B_2$ und $B'_1 \times B'_2 \subseteq B_1 \times B_2$, so daß alles bewiesen ist.

Für endliche Kardinalzahlen bringt der Satz 4.13 die Monotoniegesetze der Addition und Multiplikation natürlicher Zahlen zum Ausdruck. Allerdings folgt für vier natürliche Zahlen m, n, m', und n' aus $m \leqq n$ und $m' < n'$ stets $m + m' < n + n'$ und $m\,m' < n\,n'$. Diese Eigenschaft geht bei unendlichen Kardinalzahlen verloren. Denn beispielsweise ergibt sich aus $\overline{\overline{N}} \leqq \overline{\overline{N}}$ und $n < \overline{\overline{N}}$ lediglich $\overline{\overline{N}} + n = \overline{\overline{N}} + \overline{\overline{N}} = \overline{\overline{N}}$ und $\overline{\overline{N}} \cdot n = \overline{\overline{N}} \cdot \overline{\overline{N}} = \overline{\overline{N}}$.

Näher wollen wir auf die Arithmetik der Kardinalzahlen nicht eingehen. Wir verweisen hierzu auf D. Klaua [1], H. Bachmann [1] und W. Sierpiński [1].

AUFGABEN

4.15. Man zeige, daß die Summe abzählbar vieler endlicher von Null verschiedener Kardinalzahlen gleich $\overline{\overline{N}}$ ist.

4.16. Es sei $B \subset A$ und $\overline{\overline{N}} \leqq \overline{\overline{B}} < \overline{\overline{A}}$. Man berechne $\overline{\overline{A \setminus B}}$!

4.17. Man beweise, daß für eine unendliche Menge B stets $\overline{\overline{N}} \cdot \overline{\overline{B}} = \overline{\overline{B}}$ gilt.

4.18. Man beweise unter Benutzung von Aufgabe 4.17:

a) Jede unendliche Menge läßt sich in abzählbar viele, paarweise disjunkte gleichmächtige unendliche Teilmengen zerlegen.

b) Jede unendliche Menge läßt sich in unendlich viele paarweise disjunkte abzählbare Teilmengen zerlegen.

4.19. Man beweise, daß

$$n \cdot \overline{\overline{R}} = \overline{\overline{N}} \cdot \overline{\overline{R}} = \overline{\overline{R}} \cdot \overline{\overline{R}} = \overline{\overline{R}}$$

gilt.

II. VEKTORRÄUME UND LINEARE FUNKTIONEN

Im folgenden sollen Vektorräume untersucht werden. Dabei wird der Leser seine Kenntnisse aus der analytischen Geometrie und linearen Algebra auffrischen und vertiefen können. Nach dem Studium einiger einfacher Eigenschaften der Vektorräume in § 5 wird anschließend der Zusammenhang zwischen linearen Funktionen und Matrizen dargestellt. Besonders in § 7 legen wir auf die geometrischen Interpretation analytischer Sachverhalte Wert. Dabei werden im Abschnitt 7.3 die Beziehungen zwischen dem Vektorraum und dem später in § 14 eingeführten normierten Raum aufgedeckt. Am Ende dieses Kapitels beweisen wir einen wichtigen Erweiterungssatz für lineare Funktionale.

Als Literatur über endlichdimensionale Vektorräume empfehlen wir H. Boseck [1], F. R. Gantmacher [1], P. R. Halmos [2] und A. Lichnerowicz [1]. Leser, die sich speziell für Vektorräume interessieren, seien auf G. Köthe [1] und D. Przeworska-Rolewicz — S. Rolewicz [1] verwiesen.

§ 5. Lineare Räume

Bei der Menge $\boldsymbol{R}^2$ haben wir für jedes Element $x = (x_1, x_2)$ zwei verschiedene Deutungen. Wir können x als Punkt mit den Koordinaten x_1 und x_2 in der Ebene $\boldsymbol{R}^2$ oder aber als Vektor mit dem Anfangspunkt (0, 0) und dem Endpunkt (x_1, x_2) deuten. Für je zwei Elemente $x = (x_1, x_2)$ und $y = (y_1, y_2)$ aus $\boldsymbol{R}^2$ kann eine „Vektoraddition" $x + y$ erklärt werden, nämlich $x + y = (x_1 + y_1, x_2 + y_2)$. Weiterhin läßt sich jeder Vektor $x = (x_1, x_2)$ aus $\boldsymbol{R}^2$ mit einer reellen Zahl α multiplizieren, wobei das Produkt der Vektor $\alpha x = (\alpha x_1, \alpha x_2)$ ist (siehe Abb. 5.1).

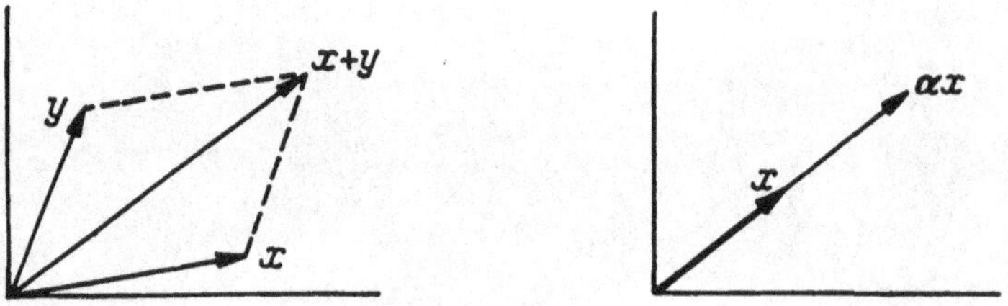

Abb. 5.1

Ganz entsprechend wie in $\boldsymbol{R}^2$ können in jeder Menge $\boldsymbol{R}^n$ $(n > 2)$ die Addition von zwei Elementen und die Multiplikation eines Elementes mit einer reellen Zahl eingeführt werden. Sind $x = (x_1, \ldots, x_n)$ und $y = (y_1, \ldots, y_n)$ zwei Elemente aus $\boldsymbol{R}^n$ und ist α eine beliebige reelle Zahl, so erklären wir $x + y$ und αx durch

$$x + y = (x_1 + y_1, \ldots, x_n + y_n)\,, \tag{5.1}$$

$$\alpha x = (\alpha x_1, \ldots, \alpha x_n)\,. \tag{5.2}$$

Man überzeugt sich schnell, daß die Addition und Multiplikation mit reellen Zahlen gewisse Rechengesetze befolgen. Statt diese in unserem Spezialfall $\boldsymbol{R}^2$ zu untersuchen, formulieren wir sie sogleich allgemeiner.

5.1. Definition des linearen Raumes. Eine Menge V von Elementen $x, y, z, \ldots$ heißt ein *linearer Raum* oder *Vektorraum* über dem Zahlkörper Z, wenn für jedes Paar von Elementen x und y eine *Summe* $x + y \in V$ und für jede Zahl $\alpha \in Z$ und jedes Element x ein *skalares Produkt* $\alpha\, x \in V$ derart erklärt sind, daß für beliebige Elemente $x, y, z \in V$ und alle Zahlen $\alpha, \beta \in Z$ die folgenden Regeln gelten:

a) $(x + y) + z = x + (y + z)$;
b) $x + y = y + x$;
c) Zu je zwei gegebenen Elementen $x, y \in V$ existiert ein eindeutig bestimmtes Element $z \in V$ mit der Eigenschaft $x + z = y$, wobei man dann $z = y - x$ schreibt;
d) $\alpha\,(x + y) = \alpha\, x + \alpha\, y$;
e) $(\alpha + \beta)\, x = \alpha\, x + \beta\, x$;
f) $\alpha(\beta\, x) = (\alpha\, \beta)\, x$;
g) $1\, x = x$.

Wir sagen dann auch, daß die Menge V durch die in ihr erklärte Addition und skalare Multiplikation *linearisiert* wird. Meist werden wir für Z den Körper der reellen Zahlen benutzen. In diesem Fall heißt V ein *reeller* Vektorraum. Wenn Z mit dem Körper $\boldsymbol{C}$ aller komplexen Zahlen übereinstimmt, ist V ein *komplexer* Vektorraum. Die Elemente eines linearen Raumes werden gewöhnlich *Vektoren* genannt. Die Natur der Vektoren sowie die Art der Addition und der skalaren Multiplikation sind völlig willkürlich, wichtig ist nur, daß die Bedingungen a)—g) erfüllt sind. Beispielsweise bildet $\boldsymbol{R}^n$ mit der durch (5.1) definierten Addition und der skalaren Multiplikation (5.2) einen reellen Vektorraum.

BEISPIEL

5.1. Es sei X eine nichtleere Menge und V ein reeller Vektorraum. Wir bilden die Menge F aller Funktionen $f\colon X \to V$ und erklären die Summe $f + g$ zweier Elemente f, g aus F durch die Gleichung

$$(f + g)\,(x) = f(x) + g(x)$$

für jedes $x \in X$ sowie das Produkt αf von $f \in F$ mit $\alpha \in \boldsymbol{R}$ mittels

$$(\alpha f)\,(x) = \alpha\, f(x)$$

für jedes $x \in X$. Offenbar ist dann F ein linearer Raum.

Aus der Definition des linearen Raumes ergeben sich eine Reihe von Folgerungen. Zunächst existiert in einem Vektorraum V genau ein Element Θ, das die Eigenschaft $x + \Theta = x$ für jedes $x \in V$ besitzt. Wir nennen Θ deshalb den *Nullvektor* oder das *Nullelement* von V. Weiterhin gibt es zu jedem Vektor $x \in V$ genau einen *inversen Vektor* $-\, x \in V$, für den die Gleichung

$$x + (-\, x) = \Theta$$

erfüllt ist. Der Leser überzeugt sich leicht von der Richtigkeit der folgenden Gleichungen, die für alle $x \in V$ und $\alpha \in Z$ gelten:

$$0\,x = \Theta\,, \qquad (-1)\,x = -x\,, \qquad \alpha\,\Theta = \Theta\,.$$

Infolgedessen ist $\{\Theta\}$ bereits ein Vektorraum.

Die folgenden Kürzungsregeln für $x, y, z \in V$ und $\alpha, \beta \in Z$ erhalten wir ebenfalls aus den Bedingungen a) — g):

5.1. a) *Aus* $x + y = x + z$ *folgt* $y = z$;

b) *Aus* $\alpha\,x = \alpha\,y$ *und* $\alpha \neq 0$ *folgt* $x = y$;

c) *Aus* $\alpha\,x = \beta\,x$ *und* $x \neq \Theta$ *folgt* $\alpha = \beta$.

Der Beweis wird dem Leser überlassen.

Es sei V ein linearer Raum über Z. Für zwei Teilmengen A und B von V und eine Zahl $\alpha \in Z$ bezeichnen wir mit $A + B$ bzw. $\alpha\,A$ die Mengen

$$A + B = \{x + y;\, x \in A,\, y \in B\}\,,$$

$$\alpha\,A = \{\alpha\,x;\, x \in A\}\,.$$

Sind die Vektorräume $V_1, V_2, \ldots, V_n$ alle über demselben Zahlkörper Z erklärt, so können wir die Produktmenge $V_1 \times V_2 \times \cdots \times V_n$ in ähnlicher Weise wie $\boldsymbol{R}^n$ linearisieren (vgl. (5.1) und (5.2)). Für $x_k, y_k \in V_k$ ($k = 1, 2, \ldots, n$) und $\alpha \in Z$ definieren wir die Addition in der Produktmenge durch die Formel

$$(x_1, x_2, \ldots, x_n) + (y_1, y_2, \ldots, y_n) = (x_1 + y_1, x_2 + y_2, \ldots, x_n + y_n)$$

und die skalare Multiplikation durch

$$\alpha\,(x_1, x_2, \ldots, x_n) = (\alpha\,x_1, \alpha\,x_2, \ldots, \alpha\,x_n)\,.$$

Offensichtlich ist das Produkt $V_1 \times V_2 \times \cdots \times V_n$ dann ein Vektorraum über Z.

Zwei Vektorräume V_1 und V_2 über demselben Zahlkörper Z heißen *linear-isomorph*, wenn eine solche eineindeutige Funktion f von V_1 auf V_2 existiert, daß für beliebige Vektoren $x, y \in V_1$ und alle Zahlen $\alpha, \beta \in Z$ stets

$$f\,(\alpha\,x + \beta\,y) = \alpha\,f(x) + \beta\,f(y)$$

gilt. Die Funktion f heißt ein *linearer Isomorphismus* von V_1 auf V_2. Der Leser kann sich leicht davon überzeugen, daß die lineare Isomorphie eine Äquivalenzrelation ist. Aus der Definition folgt, daß linear-isomorphe Räume gleichmächtig sind. Es gilt auch in gewissem Sinne die Umkehrung:

5.2. *Sind ein Vektorraum V und eine Menge X gleichmächtig, so läßt sich X derart linearisieren, daß danach V und X linear-isomorph sind.*

Beweis. Da die Mengen V und X nach Voraussetzung gleichmächtig sind, existiert eine eineindeutige Funktion f von V auf X. Es seien x und y Vektoren von V. Dann definieren wir in X eine Addition der Elemente $x' = f(x)$ und $y' = f(y)$, die wir zur besseren Unterscheidung mit $\widehat{+}$ bezeichnen, durch die Gleichung

$$x' \mathbin{\widehat{+}} y' = f\,(x + y) \tag{5.3}$$

und eine skalare Multiplikation

$$\alpha \mathbin{\widehat{\cdot}} x' = f(\alpha\, x)\,. \tag{5.4}$$

Mit diesen Rechenoperationen wird X linearisiert, da die sieben Bedingungen erfüllt sind. So gilt z. B. das Kommutativgesetz der Addition:

$$x' \mathbin{\widehat{+}} y' = f\,(x + y) = f\,(y + x) = y' \mathbin{\widehat{+}} x'\,.$$

Es ist klar, daß die linearen Mengen V und X linear-isomorph sind. Damit ist der Satz bewiesen.

BEISPIELE

5.2. Es sei X die Menge aller positiven Zahlen. Eine eineindeutige Zuordnung zwischen den Elementen $x' \in X$ und $x \in \boldsymbol{R}$ ist $x' = e^x$. Linearisieren wir X gemäß Satz 5.2, so erhalten wir als Addition in X nach der Formel (5.3):

$$x' \mathbin{\widehat{+}} y' = e^x \mathbin{\widehat{+}} e^y = e^{x+y} = e^x \cdot e^y = x' \cdot y'$$

und als Multiplikation mit reellen Zahlen nach der Formel (5.4):

$$\alpha \mathbin{\widehat{\cdot}} x' = \alpha \mathbin{\widehat{\cdot}} e^x = e^{\alpha x} = (e^x)^\alpha = x'^{\,\alpha}\,.$$

Als Nullelement fungiert in X dann $x' = 1$. Wie man sieht, liefert diese Linearisierung einfach den logarithmischen Maßstab, der z. B. beim Rechenschieber realisiert ist.

5.3. Es sei V eine lineare, überabzählbare Menge, die dann nach Satz 4.2 eine abzählbare Teilmenge $A = \{a_1, a_2, \ldots\}$ enthält. Wir wollen das Komplement $A^c = V \setminus A$ linearisieren.

Nach den Sätzen 4.5 und 4.2 können wir aus $V \setminus A$ eine abzählbare Menge $A' = \{a_1', a_2', \ldots\}$ absondern. Eine eineindeutige Funktion f von V auf $V \setminus A$ ist

$$f(x) = \begin{cases} x & \text{für} \quad x \in V \setminus (A \cup A')\,, \\ a_{2n-1}' & \text{für} \quad x = a_n \; (n = 1, 2, \ldots)\,, \\ a_{2n}' & \text{für} \quad x = a_n' \; (n = 1, 2, \ldots)\,. \end{cases}$$

Wie in Satz 5.2 lassen sich nun die Summe zweier Vektoren von $V \setminus A$ und das skalare Produkt erklären. Ist Θ der Nullvektor von V und Θ' der von $V \setminus A$, so gilt

$$\Theta' = \begin{cases} \Theta, & \text{wenn} \quad \Theta \in V \setminus (A \cup A')\,, \\ a_{2n-1}'\,, & \text{wenn} \quad \Theta = a_n\,, \\ a_{2n}'\,, & \text{wenn} \quad \Theta = a_n'\,. \end{cases}$$

Neben der in einem Vektorraum erklärten Addition kann natürlich eine weitere Rechenoperation definiert sein. Wir nennen einen Vektorraum V über Z eine *Algebra* (siehe M. A. NEUMARK [1]), wenn für je zwei Elemente x, y von V

ein solches Produkt $x\,y \in V$ erklärt ist, daß folgende Bedingungen für alle $x, y, z \in V$ und $\alpha \in Z$ erfüllt sind:

$$\text{a) } (x\,y)\,z = x\,(y\,z)\,;$$
$$\text{b) } x\,(y + z) = x\,y + x\,z\,;$$
$$\text{c) } (x + y)\,z = x\,z + y\,z\,;$$
$$\text{d) } \alpha(x\,y) = (\alpha\,x)\,y = x(\alpha\,y)\,.$$

Ein Element e der Algebra V heißt *Einselement*, wenn $e\,x = x\,e = x$ für alle $x \in V$ gilt. Im allgemeinen ist die Multiplikation in einer Algebra nicht kommutativ. Falls X eine gegebene nichtleere Menge ist, dann bildet die Menge aller reellwertigen Funktionen $f\colon X \to \boldsymbol{R}$ eine reelle Algebra, wenn wir die Addition und die skalare Multiplikation wie im Beispiel 5.1 und das Produkt von f und g durch

$$(f \cdot g)\,(x) = f(x) \cdot g(x)$$

erklären. In diesem Beispiel gilt sogar das Kommutativgesetz der Multiplikation. Wir sprechen deshalb von einer *kommutativen Algebra.*

AUFGABEN

5.1. Man entscheide, ob folgende Mengen, deren Elemente in der bekannten Weise addiert und mit reellen Zahlen multipliziert werden, reelle lineare Räume sind:
a) Menge $\{\alpha\}$ (α fest);
b) Menge aller Polynome mit ganzzahligen Koeffizienten;
c) Menge aller reellen Funktionen mit $f(x) \geqq 0$ für jedes $x \in \boldsymbol{R}$;
d) Menge aller reellen geraden Funktionen, d. h. der Funktionen, für die $f(x) = f(-x)$ für jedes $x \in \boldsymbol{R}$ gilt;
e) Menge aller reellwertigen Funktionen, die auf dem Intervall $[-1, 1]$ definiert sind und den Bedingungen $f(-1) = \alpha$, $f(1) = \beta$ genügen.

5.2. Man beweise:

$$\text{a) } -(-x) = x\,, \qquad \text{b) } (\alpha + \beta)\,(x + y) = \alpha\,x + \alpha\,y + \beta\,x + \beta\,y$$

5.3. Man zeige, daß die lineare Isomorphie eine Äquivalenzrelation ist.

5.4. Man zeige, daß die reellen linearen Räume $A = (-1, 1)$ und $\boldsymbol{R}$ linear-isomorph sind, falls man in A die Addition und skalare Multiplikation durch

$$x \mathbin{\widehat{+}} y = \frac{x + y}{1 + x\,y}\,, \qquad \alpha \mathbin{\widehat{\cdot}} x = \tanh\,(\alpha \operatorname{artanh} x)$$

erklärt.

5.5. Man linearisiere die Menge $\boldsymbol{R}$ auf verschiedene Weisen.

5.2. Basis eines linearen Raumes. Es sei ein linearer Raum V über dem Zahlkörper Z gegeben, der mindestens zwei Elemente enthält. Unter einer *Linearkombination* von Vektoren $x_1, x_2, \ldots, x_n$ des linearen Raumes V über Z verstehen wir eine Summe $\alpha_1\,x_1 + \cdots + \alpha_n\,x_n$, wobei alle Zahlen α_i in Z liegen. Eine nichtleere Teilmenge A von V heißt ein *linearer Teilraum* von V, wenn mit je zwei Vektoren x_1, x_2 auch jede Linearkombination $\alpha_1\,x_1 + \alpha_2\,x_2$ in A liegt. Somit enthält ein linearer Teilraum stets das Nullelement Θ der linearen Menge V und zu jedem Vektor x das Inverse $-\,x$. Ein trivialer linearer Teilraum von V ist $\{\Theta\}$.

BEISPIEL

5.4. Die Menge l_∞ aller reellen beschränkten Zahlenfolgen $x = (x_i)$, $y = (y_i)$, ... bildet einen reellen linearen Raum, wenn wir wie gewöhnlich unter der Summe von zwei Zahlenfolgen das Element

$$x + y = (x_i + y_i)$$

und unter dem skalaren Produkt den Vektor

$$\alpha x = (\alpha x_i)$$

verstehen. Einen linearen Teilraum von l_∞ bildet die Menge c aller konvergenten Zahlenfolgen. Die Menge c_0 aller Nullfolgen ist ein linearer Teilraum von c und somit auch von l_∞.

Wie man sich überlegt, ist der Durchschnitt beliebig vieler linearer Teilräume von V ebenfalls ein linearer Teilraum. Deshalb gibt es zu jeder nichtleeren Untermenge A des linearen Raumes V einen kleinsten A enthaltenden Teilraum $L(A)$, der gleich dem Durchschnitt aller A enthaltenden linearen Teilräume ist und *lineare Hülle* von A heißt. Die Menge aller Linearkombinationen von je endlich vielen Vektoren der Menge A ist die lineare Hülle von A.

Eine nichtleere Menge $A \subset V$ heißt *linear unabhängig*, wenn für je endlich viele verschiedene Elemente $x_1, \ldots, x_n \in A$ und Zahlen $\alpha_1, \ldots, \alpha_n \in Z$ die Bedingung $\alpha_1 x_1 + \cdots + \alpha_n x_n = \Theta$ nur in der trivialen Weise $\alpha_1 = \cdots = \alpha_n = 0$ erfüllbar ist. Eine nichtleere Menge $A \subseteq V$ heißt *linear abhängig*, wenn für gewisse endlich viele verschiedene Vektoren $x_1, \ldots, x_n \in A$ und Zahlen $\alpha_1, \ldots, \alpha_n \in Z$ die Bedingung $\alpha_1 x_1 + \cdots + \alpha_n x_n = \Theta$ in nichttrivialer Weise befriedigt werden kann. Eine Menge, die den Nullvektor Θ enthält, ist offenbar linear abhängig.

BEISPIEL

5.5. Es sei F der im Beispiel 5.1 eingeführte Vektorraum aller reellen Funktionen $f\colon \boldsymbol{R} \to \boldsymbol{R}$. Die Menge A der Potenzfunktionen

$$p_0(x) = 1\,, \qquad p_k(x) = x^k \qquad (k = 1, 2, \ldots)$$

ist linear unabhängig, weil für beliebiges n aus

$$\alpha_0 p_0 + \alpha_1 p_1 + \cdots + \alpha_n p_n = \Theta\,,$$

d. h.

$$\alpha_0 + \alpha_1 x + \cdots + \alpha_n x^n = 0$$

für jedes $x \in \boldsymbol{R}$, stets $\alpha_0 = \alpha_1 = \cdots = \alpha_n = 0$ folgt. Dagegen ist die Menge $A \cup \{f\}$, wobei f irgendein Polynom ist, linear abhängig.

Wir nennen eine linear unabhängige Menge $B \subset V$, die maximal bezüglich der Inklusion ist, eine *Basis* von V. Die Elemente einer Basis heißen *Basisvektoren*.

5.3. *Eine linear unabhängige Menge $B \subset V$ ist genau dann eine Basis, wenn*

$$L(B) = V$$

gilt. Ist B eine Basis von V, so läßt sich jeder Vektor $x \neq \Theta$ in eindeutiger Weise als Linearkombination von endlich vielen (verschiedenen) Basisvektoren darstellen.

Beweis. Falls $L(B) = V$ für eine linear unabhängige Menge B gilt, so ist B eine maximale linear unabhängige Menge.

Angenommen, $L(B)$ ist eine echte lineare Teilmenge von V. Dann läßt sich ein Vektor $x_0 \in V \setminus L(B)$ finden, so daß auch $B' = B \cup \{x_0\}$ eine linear unabhängige Menge ist. Somit ist B aber keine maximale linear unabhängige Menge.

Da $L(B) = V$ für eine Basis $B = \{x_i; i \in I\}$ von V gilt, gibt es zu jedem Vektor $y \neq \Theta$ eine endliche Indexmenge $I(y) \subseteq I$ derart, daß

$$y = \sum_{i \in I(y)} \alpha_i x_i \tag{5.5}$$

für gewisse Zahlen $\alpha_i \in Z$ ist. Diese Darstellung ist in dem Sinne eindeutig, daß alle Zahlen $\alpha_i \neq 0$ eindeutig bestimmt sind. Der Nullvektor läßt sich als Linearkombination von beliebigen Basisvektoren darstellen, in der stets alle α_i verschwinden. Damit ist unsere Behauptung bewiesen.

5.4. *Für jede linear unabhängige Menge A von V gibt es eine Basis B von V, die A enthält.*

Beweis. In dem System $\mathfrak{T}$ aller linear unabhängigen Teilmengen C von V, die A enthalten, führen wir in natürlicher Weise eine Halbordnung ein. Es gelte $C_1 \geqq C_2$, wenn $C_1 \supseteq C_2$ ist.

Wenn $\mathfrak{M}$ eine geordnete Teilmenge von $\mathfrak{T}$ und D die Vereinigung aller $C \in \mathfrak{M}$ ist, so ist D eine linear unabhängige Menge und damit ein Element von $\mathfrak{T}$, das eine obere Schranke von $\mathfrak{M}$ ist.

Folglich sind die Voraussetzungen des ZORNschen Lemmas erfüllt, so daß es ein maximales Element B in $\mathfrak{T}$ gibt. Diese Menge B ist eine Basis von V, weil B linear unabhängig ist und es keine linear unabhängige Menge in V gibt, die B echt enthält. Damit ist der Beweis beendet.

Da die Menge $A = \{a\}$ mit $a \neq \Theta$ linear unabhängig ist, erhalten wir als Folgerung aus Satz 5.4, daß jeder lineare Raum, der mindestens zwei Elemente hat, eine Basis besitzt.

AUFGABEN

5.6. Man untersuche, ob folgende Teilmengen von $\boldsymbol{R}^3$ lineare Teilräume von $\boldsymbol{R}^3$ sind:

a) $\{x = (x_1, x_2, x_3); x_1 = x_2\}$,
b) $\{x = (x_1, x_2, x_3); x_1 = x_2 + 1\}$,
c) $\{x = (x_1, x_2, x_3); \alpha_1 x_1 + \alpha_2 x_2 = \beta\}$.

5.7. Man zeige, daß bei einer reellwertigen Funktion f mit $f(\alpha x + \beta y) = \alpha f(x) + \beta f(y)$ für beliebige x, y des reellen Vektorraumes V und alle $\alpha, \beta \in \boldsymbol{R}$ die Menge aller Nullstellen ein linearer Teilraum von V ist.

5.8. Man gebe eine Basis im linearen Raum $\boldsymbol{R}^3$ an und zeige, daß mit $\{b_1, b_2, b_3\}$ auch $\{b_1 + b_2, b_1 + b_3, b_2 + b_3\}$ stets eine Basis in $\boldsymbol{R}^3$ ist.

5.9. Es sei V ein linearer Raum über Z, in dem A und B lineare Teilräume sind. Man untersuche, ob $A \cup B$, $A \cap B$, $A \setminus B$, $A + B$ und αA $(\alpha \in Z)$ lineare Teilräume sind.

5.10. Man linearisiere V^n und $V_1 \times V_2$, wobei V, V_1 und V_2 lineare Räume über dem Zahlkörper Z sind.

5.3. Dimension eines linearen Raumes. Wir nehmen an, daß der gegebene lineare Raum V über dem Zahlkörper Z mindestens ein vom Nullvektor verschiedenes Element enthält. Nachdem wir wissen, daß es in V eine Basis gibt, werden wir jetzt die Eigenschaften der Basismengen eines Vektorraumes untersuchen.

5.5. SATZ. *Zwei beliebige Basismengen B_1 und B_2 eines linearen Raumes $V \neq \{\Theta\}$ besitzen die gleiche Kardinalzahl.*

Beweis. Aufgrund der Symmetrie unserer Behauptung genügt es zu zeigen, daß $\overline{\overline{B}}_1 \leqq \overline{\overline{B}}_2$ oder $\overline{\overline{B}}_2 \leqq \overline{\overline{B}}_1$ gilt. Aus Satz 4.8 folgt dann unmittelbar die Behauptung.

Wir betrachten die Menge F aller eineindeutigen Funktionen f aus B_1 in B_2, für die die Menge $W(f) \cup (B_1 \setminus D(f))$ linear unabhängig ist. Dabei soll $D(f)$ der Definitionsbereich und $W(f)$ der Wertebereich der Funktion f sein. Wenn die Funktion $f_1 \in F$ eine Erweiterung der Funktion $f_2 \in F$ ist, so sagen wir $f_1 \geqq f_2$ und führen damit eine Halbordnung in F ein. Da eine beliebige geordnete Teilmenge $M \subseteq F$ die Funktion $m \in F$ mit $m(x) = f(x)$ für alle $x \in D(f)$ und jedes $f \in M$ als obere Schranke besitzt, existiert nach dem ZORNschen Lemma ein maximales Element g der halbgeordneten Menge F. Wir werden sehen, daß $D(g) = B_1$ oder $W(g) = B_2$ gilt, womit unsere Behauptung bewiesen ist.

Angenommen, es ist $D(g) \subset B_1$ und $W(g) \subset B_2$. Es sei $z_0 \in B_2 \setminus W(g)$. Wenn die Menge $\{z_0\} \cup W(g) \cup (B_1 \setminus D(g))$ linear unabhängig ist, dann ist für ein beliebiges Element $x_0 \in B_1 \setminus D(g)$ die Funktion

$$g_1(x) = \begin{cases} g(x) & \text{für } x \in D(g)\,, \\ z_0 & \text{für } x = x_0 \end{cases}$$

in F enthalten. Eine solche Funktion g_1 kann es aber nicht geben, weil g ein maximales Element in F ist.

Falls die Menge $\{z_0\} \cup W(g) \cup (B_1 \setminus D(g))$ linear abhängig ist, besitzt der Vektor z_0 eine Darstellung der Form

$$z_0 = \alpha_0 y_0 + \cdots + \alpha_n y_n + \beta_0 x_0 + \beta_1 x_1 + \cdots + \beta_m x_m\,, \tag{5.6}$$

wobei mindestens eine Zahl von $\beta_0, \beta_1, \ldots, \beta_m$ nicht verschwindet, da $\{z_0\} \cup \cup W(g)$ linear unabhängig ist. Es sei der Koeffizient β_0 von x_0 ungleich Null. Dann ist die Funktion

$$g_2(x) = \begin{cases} g(x) & \text{für } x \in D(g)\,, \\ z_0 & \text{für } x = x_0 \end{cases}$$

eine Erweiterung von g, bei der auch $W(g_2) \cup (B_1 \setminus D(g_2))$ linear unabhängig ist. Denn anderenfalls erhalten wir eine Darstellung von z_0, die sich von (5.6) durch das Fehlen von x_0 unterscheidet, was wegen der linearen Unabhängigkeit von $W(g) \cup (B_1 \setminus D(g))$ unmöglich ist. — Folglich ist $g_2 > g$. Dies widerspricht der Eigenschaft des maximalen Elementes g. Folglich gilt $D(g) = B_1$ oder $W(g) = B_2$. Hieraus ergibt sich direkt unsere Behauptung.

Die Kardinalzahl einer Basis des linearen Raumes $V \neq \{\Theta\}$ ist also eine invariante Größe. Wir nennen sie die *Dimension* von V. Falls $V = \{\Theta\}$ ist, heißt V *nulldimensional.*

5.6. Zwei Vektorräume über dem gleichen Zahlkörper sind genau dann linear-isomorph, wenn sie dieselbe Dimension besitzen.

Beweis. Wir können annehmen, daß die linearen Räume V_1 und V_2 nicht nulldimensional sind. Wenn die Vektorräume V_1 und V_2 gleiche Dimensionen besitzen, so existieren Basen $B_1 = \{x_i; i \in I\} \subset V_1$ und $B_2 \subset V_2$ gleicher Mächtigkeit. Die zwischen B_1 und B_2 bestehende eineindeutige Abbildung f_0 können wir folgendermaßen zu einem linearen Isomorphismus zwischen V_1 und V_2 fortsetzen. Nach Satz 5.3 läßt sich jedes Element eines linearen Raumes als Linearkombination von endlich vielen, verschiedenen Basisvektoren, in der die nichtverschwindenden Koeffizienten eindeutig bestimmt sind, darstellen. Dann sei f diejenige Funktion, die jedem Vektor $y \in V_1$ der Form (5.5) den Vektor

$$f(y) = \sum_{i \in I(y)} \alpha_i f_0(x_i) \in V_2$$

zuordnet. Offenbar ist f ein linearer Isomorphismus von V_1 auf V_2.

Es seien nun V_1 und V_2 lineare Räume, die ungleich $\{\Theta\}$ und linear-isomorph sind. Ein linearer Isomorphismus bildet eine Basis B_1 von V_1 in eine linear unabhängige Menge B_2 von V_2 ab. Wegen $V_1 = L(B_1)$ gilt auch $V_2 = L(B_2)$. Folglich ist nach Satz 5.3 die Menge B_2 eine Basis von V_2 und die Basismengen B_1 und B_2 sind gleichmächtig. Damit ist der Satz bewiesen.

Wenden wir die letzten beiden Ergebnisse auf den Vektorraum $\boldsymbol{R}^n$ aller n-Tupel reeller Zahlen an, dann bilden die Vektoren

$$b_1 = (1, 0, \ldots, 0), \qquad b_2 = (0, 1, 0, \ldots, 0), \ldots, b_n = (0, \ldots, 0, 1)$$

eine linear unabhängige Menge und jeder Vektor $x = (x_1, \ldots, x_n) \in \boldsymbol{R}^n$ läßt sich eindeutig in der Form

$$x = x_1 b_1 + \cdots + x_n b_n$$

darstellen. Aus Satz 5.5 folgt, daß jede Basis von $\boldsymbol{R}^n$ aus n Vektoren besteht und jede Menge von mindestens $(n + 1)$ Vektoren linear abhängig ist. Die Dimension von $\boldsymbol{R}^n$ beträgt also n. Nach Satz 5.6 ist jeder n-dimensionale reelle Vektorraum linear-isomorph zu $\boldsymbol{R}^n$.

BEISPIEL

5.6. Die Menge A aller reellen Zahlenfolgen, die nur endlich viele nichtverschwindende Glieder besitzen, ist ein linearer Teilraum von l_∞. Als Basis können wir die Menge der Vektoren

$$b_1 = (1, 0, 0, \ldots), b_2 = (0, 1, 0, 0, \ldots), \ldots, b_n = (0, \ldots, 0, 1, 0, 0, \ldots), \ldots$$

benutzen. Der Vektorraum A besitzt die Dimension $\overline{\overline{N}}$. Nach Satz 5.4 können wir die Basis von A zu einer Basis von l_∞ erweitern.

AUFGABE

5.11. Es seien A und B lineare Teilräume des linearen Raumes V der endlichen Dimension n.

Wird die Dimension von A mit $\dim A$ bezeichnet, so zeige man, daß

a) $\dim A \leqq \dim V$;
b) $\dim A < \dim V$ genau dann gilt, wenn $A \subset V$ ist;
c) $\dim A + \dim B = \dim (A + B) + \dim (A \cap B)$.

§ 6. Lineare und multilineare Funktionen

Mit dem Studium der Vektorräume ist das der linearen Funktionen untrennbar verbunden. Sind V_1 und V_2 Vektorräume über demselben Zahlkörper, so ordnet eine lineare Funktion $f\colon V_1 \to V_2$ der Summe $x + y \in V_1$ die Summe $f(x) + f(y) \in V_2$ und dem skalaren Produkt $\alpha x \in V_1$ das skalare Produkt $\alpha f(x) \in V_2$ zu. Insbesondere ist ein linearer Isomorphismus eine lineare Funktion. In endlichdimensionalen Vektorräumen lassen sich lineare Funktionen mittels Matrizen darstellen. Fassen wir die Determinante einer quadratischen Matrix als Funktion ihrer Spalten oder Zeilen auf, so erhalten wir eine multilineare Funktion, die im Abschnitt 6.3 eingehender untersucht wird.

6.1. Definition der linearen Funktion. Es seien V_1 und V_2 Vektorräume über demselben Zahlkörper Z. Eine Funktion $f\colon V_1 \to V_2$ heißt *linear*, wenn f *additiv* ist, d. h.

$$f(x + y) = f(x) + f(y)$$

für alle $x, y \in V_1$ gilt, und wenn f *homogen* ist, d. h.

$$f(\alpha x) = \alpha f(x)$$

für alle $x \in V_1$ und jede Zahl $\alpha \in Z$ gilt. Falls V_2 und Z gleich der Menge $\boldsymbol{C}$ sind, nennen wir f ein *lineares Funktional*. Ist insbesondere $V_2 = Z = \boldsymbol{R}$, so heißt f ein *reelles* lineares Funktional. Ein einfaches Beispiel für eine lineare Funktion von V_1 in V_1 ist $f(x) = \alpha x$, wobei α eine feste Zahl aus Z ist. Dagegen ist die *Translation* $t\colon V_1 \to V_1$

$$t(x) = x_0 + x\,,$$

wobei $x_0 \in V_1$ ein fester Vektor ist, für $x_0 \neq \Theta$ keine lineare Funktion.

6.1. *Es seien V_1, V_2 und V_3 Vektorräume über demselben Zahlkörper Z. Wenn $f\colon V_1 \to V_2$, $g\colon V_1 \to V_2$ und $h\colon V_2 \to V_3$ lineare Funktionen sind und $\alpha \in Z$ eine feste Zahl ist, dann sind auch die Funktionen $f + g\colon V_1 \to V_2$, $\alpha f\colon V_1 \to V_2$ und $h \circ f\colon V_1 \to V_3$ linear.*

Den Beweis überlassen wir dem Leser zur Übung.

Folglich ist die Gesamtheit $\mathfrak{L}(V_1, V_2)$ aller linearen Funktionen, die V_1 in V_2 abbilden, ein linearer Raum. Dabei ist $\mathfrak{L}(V_1, V_1)$ sogar eine Algebra, wenn wir die Komposition zweier linearer Funktionen von V_1 in sich als Multiplikation ansehen. Diese Produktbildung ist i. a. nicht kommutativ.

BEISPIELE

6.1. Es sei V_2 ein reeller Vektorraum. Wir wollen alle linearen Funktionen von $\boldsymbol{R}^n$ in V_2 bestimmen. Wenn x ein beliebiger Punkt von $\boldsymbol{R}^n$ mit den Koordinaten $x_1, x_2, \ldots, x_n$ ist und $b_1 = (1, 0, \ldots, 0)$, $b_2 = (0, 1, 0, \ldots, 0)$ und $b_n = (0, \ldots, 0, 1)$ sind, dann kann man x eindeutig in der Form $x = x_1 b_1 + x_2 b_2 + \cdots + x_n b_n$ darstellen. Ist f eine gegebene lineare Funktion von $\boldsymbol{R}^n$ in V_2, so gilt

$$f(x) = f(x_1 b_1 + x_2 b_2 + \cdots + x_n b_n) =$$
$$= x_1 f(b_1) + x_2 f(b_2) + \cdots + x_n f(b_n) = x_1 s_1 + x_2 s_2 + \cdots + x_n s_n\,, \qquad (6.1)$$

wobei $s_1 = f(b_1)$, $s_2 = f(b_2), \ldots, s_n = f(b_n)$ bestimmte Vektoren aus V_2 sind.

Umgekehrt erzeugen je n vorgegebene Vektoren $s_1, s_2, \ldots, s_n$ aus V_2 eine lineare Funktion $f: \boldsymbol{R}^n \to V_2$, nämlich $f(x) = x_1 s_1 + x_2 s_2 + \cdots + x_n s_n$. Jeder linearen Funktion von $\boldsymbol{R}^n$ in V_2 entspricht ein n-Tupel von Vektoren aus V_2 und umgekehrt kann jedem n-Tupel von V_2^n eine lineare Funktion von $\boldsymbol{R}^n$ in V_2 zugeordnet werden. Diese Zuordnung zwischen den Elementen von $\mathfrak{L}(\boldsymbol{R}^n, V_2)$ und V_2^n ist eineindeutig. Linearisieren wir die Produktmenge V_2^n in der gleichen Weise wie $\boldsymbol{R}^n$ und beachten wir, daß der Summe der linearen Funktionen f und g, für die

$$f(x) = x_1 s_1 + x_2 s_2 + \cdots + x_n s_n\,,$$
$$g(x) = x_1 t_1 + x_2 t_2 + \cdots + x_n t_n$$

sei, das n-Tupel $(s_1 + t_1, s_2 + t_2, \ldots, s_n + t_n) \in V_2^n$ und dem skalaren Produkt von f mit der reellen Zahl α das n-Tupel $(\alpha s_1, \alpha s_2, \ldots, \alpha s_n) \in V_2^n$ entspricht, so sind die Vektorräume $\mathfrak{L}(\boldsymbol{R}^n, V_2)$ und V_2^n linear-isomorph. Im Fall $V_2 = \boldsymbol{R}$ ist dann die Menge $\mathfrak{L}(\boldsymbol{R}^n, \boldsymbol{R})$ aller auf $\boldsymbol{R}^n$ erklärten reellwertigen linearen Funktionale mit $\boldsymbol{R}^n$ linear-isomorph.

6.2. Wir betrachten jetzt die linearen Funktionen, die den reellen Vektorraum V_1 in $\boldsymbol{R}^m$ abbilden. Ein beliebiger Vektor $x \in V_1$ wird durch die lineare Funktion $f: V_1 \to \boldsymbol{R}^m$ in das m-Tupel

$$f(x) = (f_1(x), f_2(x), \ldots, f_m(x)) \in \boldsymbol{R}^m$$

abgebildet. Nun ist f genau dann eine lineare Funktion von V_1 in $\boldsymbol{R}^m$, wenn $f_1, f_2, \ldots, f_m$ auf V_1 erklärte reellwertige lineare Funktionale sind. Folglich sind der Vektorraum $\mathfrak{L}(V_1, \boldsymbol{R}^m)$ und die Produktmenge $\mathfrak{L}^m(V_1, \boldsymbol{R})$, die wir in natürlicher Weise linearisieren, linear-isomorph.

AUFGABEN

6.1. Es seien V_1 und V_2 lineare Räume über demselben Zahlkörper Z und $f: V_1 \to V_2$ eine additive Funktion. Man beweise, daß

a) $f(\Theta) = \Theta$,
b) $f(-x) = -f(x)$,
c) $f(\beta x) = \beta f(x)$ für jede rationale Zahl β

gilt.

6.2. Es sei P der reelle lineare Raum aller reellen Polynome $p: \boldsymbol{R} \to \boldsymbol{R}$. Wenn die Funktion $d: P \to P$ jedem Polynom dessen Ableitung zuordnet und $m: P \to P$ die durch die Gleichung $m(p)\,(x) = x\,p(x)$ für jedes $x \in \boldsymbol{R}$ erklärte Funktion ist, dann zeige man, daß die Funktionen d und m linear sind und den Gleichungen

$$d \circ m = m \circ d + e\,,$$
$$(m \circ d) \circ (m \circ d) = (m \circ m) \circ (d \circ d) + m \circ d$$

genügen, wobei $e: P \to P$ die Identität bedeutet.

6.3. Es sei V ein gegebener linearer Raum. Eine lineare Funktion $f: V \to V$ heißt *nichtsingulär*, wenn f eine eineindeutige Funktion von V auf V ist. Man beweise, daß f genau dann nichtsingulär ist, wenn eine der beiden Bedingungen erfüllt ist:

a) Es existiert eine lineare Funktion $g: V \to V$ mit der Eigenschaft $f \circ g = g \circ f = e$, wobei e die Identität von V auf V ist.

b) Das Bild $f(B)$ einer Basis B von V ist wiederum eine Basis von V.

6.2. Lineare Funktionen auf endlichdimensionalen Vektorräumen. Aufgrund des Satzes 5.6 genügt es, anstelle eines reellen n-dimensionalen Vektorraums den speziellen Raum $\boldsymbol{R}^n$ zu betrachten. Durch die letzten Beispiele werden wir zu einer Begründung der uns vertrauten Matrizenrechnung geführt. Wir untersuchen den Vektorraum $\mathfrak{L}(\boldsymbol{R}^n, \boldsymbol{R}^m)$ aller linearer Funktionen von $\boldsymbol{R}^n$ in $\boldsymbol{R}^m$. Als Spezialfall des Beispiels 6.1 existiert ein linearer Isomorphismus von $\mathfrak{L}(\boldsymbol{R}^n, \boldsymbol{R}^m)$ auf $(\boldsymbol{R}^m)^n$, der jeder linearen Funktion $f\colon \boldsymbol{R}^n \to \boldsymbol{R}^m$ ein n-Tupel $(s_1, s_2, \ldots, s_n)$ von Vektoren aus $\boldsymbol{R}^m$ zuordnet. Wenn wir die Vektoren $s_j \in \boldsymbol{R}^m$ $(j = 1, 2, \ldots, n)$ in der Form

$$s_j = \begin{pmatrix} s_{1j} \\ s_{2j} \\ \vdots \\ s_{mj} \end{pmatrix}$$

darstellen, dann können wir das n-Tupel $(s_1, s_2, \ldots, s_n)$ auch in der Form

$$S = \begin{pmatrix} s_{11} & s_{12} & \cdots & s_{1n} \\ s_{21} & s_{22} & \cdots & s_{2n} \\ \vdots & \vdots & & \vdots \\ s_{m1} & s_{m2} & \cdots & s_{mn} \end{pmatrix} = (s_{ij}), \; (i = 1, 2, \ldots, m;\; j = 1, 2, \ldots, n)$$

schreiben. Man nennt S eine reelle *Matrix* mit m Zeilen und n Spalten oder kurz eine (m, n)-Matrix. Sind $S = (s_{ij})$ und $T = (t_{ij})$ zwei (m, n)-Matrizen, die den linearen Funktionen f und g aus $\mathfrak{L}(\boldsymbol{R}^n, \boldsymbol{R}^m)$ zugeordnet sind, so entspricht der Summe $f + g$ der beiden linearen Funktionen die Matrix $(s_{ij} + t_{ij})$ und dem skalaren Produkt αf der linearen Funktion f mit der reellen Zahl α die Matrix (αs_{ij}). Deshalb erklären wir die *Summe* $S + T$ der beiden (m, n)-Matrizen S und T durch

$$S + T = (s_{ij} + t_{ij})$$

und das *skalare Produkt* αS von S mit der reellen Zahl α durch

$$\alpha S = (\alpha s_{ij}) .$$

Folglich sind der lineare Raum $\mathfrak{L}(\boldsymbol{R}^n, \boldsymbol{R}^m)$ und der lineare Raum $(\boldsymbol{R}^m)^n$ aller (m, n)-Matrizen linear-isomorph. Das Nullelement im Vektorraum der (m, n)-Matrizen heißt *Nullmatrix*, deren Elemente sämtlich gleich Null sind. Der Identitätsabbildung von $\boldsymbol{R}^n$ auf sich entspricht die (n, n)-*Einheitsmatrix* (δ_{ij}), wobei $\delta_{ij} = 0$ für $i \neq j$ und $\delta_{ij} = 1$ für $i = j$ ist.

Von zwei Funktionen f und g können wir nur dann die Komposition $g \circ f$ bilden, wenn der Bildraum von f im Definitionsbereich von g liegt. Es seien $f\colon \boldsymbol{R}^n \to \boldsymbol{R}^m$ und $g\colon \boldsymbol{R}^m \to \boldsymbol{R}^q$ zwei lineare Funktionen. Wir wollen annehmen, daß dem f das n-Tupel $(s_1, s_1, \ldots, s_n)$ und damit die (m, n)-Matrix $S = (s_{ij})$ entspricht. Ganz analog ist der linearen Funktion g das m-Tupel $(t_1, t_2, \ldots, t_m)$

und damit die (q, m)-Matrix $T = (t_{ki})$ zugeordnet. Dabei gilt noch

$$s_j = \begin{pmatrix} s_{1j} \\ \vdots \\ s_{mj} \end{pmatrix} (j = 1, \ldots, n), \qquad t_i = \begin{pmatrix} t_{1i} \\ \vdots \\ t_{qi} \end{pmatrix} (i = 1, \ldots, m).$$

Nach Satz 6.1 ist die Funktion $g \circ f$ linear. Wenn $x = (x_1, \ldots, x_n) \in \boldsymbol{R}^n$ ein beliebiger Vektor ist und wir den Vektor $f(x) \in \boldsymbol{R}^m$ als $(m, 1)$-Matrix schreiben, so gilt

$$f(x) = x_1 s_1 + \cdots + x_n s_n$$

und

$$g \circ f(x) = g(f(x)) = (x_1 s_{11} + \cdots + x_n s_{1n}) t_1 + \cdots + (x_1 s_{m1} + \cdots + x_n s_{mn}) t_m =$$
$$= x_1 (s_{11} t_1 + \cdots + s_{m1} t_m) + \cdots + x_n (s_{1n} t_1 + \cdots + s_{mn} t_m).$$

Folglich entspricht der linearen Funktion $g \circ f$ die (q, n)-Matrix $R = (r_{kj})$ mit

$$r_{kj} = \sum_{i=1}^{m} t_{ki} s_{ij}.$$

Aus diesem Grunde erklären wir das *Produkt* TS der (q, m)-Matrix $T = (t_{ki})$ und der (m, n)-Matrix $S = (s_{ij})$ durch die Formel $TS = R$. Wir betonen, daß mit TS das Produkt ST i. a. nicht existiert und, falls sowohl TS als auch ST vorhanden sind, beide nicht übereinzustimmen brauchen. Die Menge $(\boldsymbol{R}^n)^n$ aller (n, n)-Matrizen bildet folglich für $n > 1$ eine nichtkommutative Algebra und ist zum Vektorraum $\mathfrak{L}(\boldsymbol{R}^n, \boldsymbol{R}^n)$ linear-isomorph. Entspricht der linearen Funktion $f\colon \boldsymbol{R}^n \to \boldsymbol{R}^m$ die (m, n)-Matrix S, so können wir jetzt f einfach in der Form

$$f(x) = S x \tag{6.2}$$

darstellen, falls wir den Vektor $x \in \boldsymbol{R}^n$ als $(n, 1)$-Matrix auffassen. Genaugenommen bedeutet die Darstellung (6.2) der linearen Funktion f nichts anderes als die Formel (6.1). Nur ist es jetzt gelungen, lineare Funktionen von $\boldsymbol{R}^n$ in $\boldsymbol{R}^m$ in ähnlicher Weise wie die rellen linearen Funktionen, die die Form $f(x) = \alpha x$ mit einer festen reellen Zahl α besitzen, darzustellen.

AUFGABEN

6.4. Man beweise, daß $\mathfrak{L}(\boldsymbol{R}^n, \boldsymbol{R}^n)$ für $n > 1$ eine nichtkommutative Algebra ist.

6.5. Es sei der lineare Raum V endlichdimensional. Eine lineare Funktion $f\colon V \to V$ ist genau dann nichtsingulär, wenn f eineindeutig ist oder V auf V abbildet.

6.6. Es seien V_1 und V_2 Vektorräume über demselben Zahlkörper und $f\colon V_1 \to V_2$ eine lineare Funktion. Bezeichnet man mit $n(f)$ die Dimension des linearen Teilraumes $f^{-1}(\Theta) = \{x \in V_1; f(x) = \Theta\}$ von V_1 und mit $r(f)$ die Dimension des linearen Teilraumes $f(V_1) = \{f(x); x \in V_1\}$ von V_2, dann gilt

$$\dim V_1 = n(f) + r(f),$$

falls V_1 endliche Dimension besitzt. Man nennt $r(f)$ auch den *Rang* von f.

6.3. Multilineare Funktionen. Es seien die reellen (bzw. komplexen) Vektorräume $V_1, V_2, \ldots, V_n$ und V gegeben, wobei $n > 1$ ist. Wie in Abschnitt 6.1

erläutert, wird die Produktmenge $V_1 \times V_2 \times \cdots \times V_n$ linearisiert, so daß wir künftig $V_1 \times V_2 \times \cdots \times V_n$ als einen Vektorraum ansehen können, dessen Elemente alle n-Tupel $(x_1, x_2, \ldots, x_n)$ mit $x_i \in V_i$ $(i = 1, 2, \ldots, n)$ sind.

Eine Funktion $f\colon V_1 \times V_2 \times \cdots \times V_n \to V$ heißt *multilinear* oder genauer *n-linear*, wenn die Funktion f bezüglich jeder ihrer n Variablen x_i bei einem Festhalten der Veränderlichen $x_1, \ldots, x_{i-1}, x_{i+1}, \ldots, x_n$ linear ist. Im Fall $n = 2$ spricht man von *bilinearen* Funktionen. Folglich erfüllt eine multilineare Funktion f die Gleichung

$$f(x_1, x_2, \ldots, x_n) = \Theta$$

wenn wenigstens ein x_i gleich Θ ist. Weiterhin ist für beliebige reelle Zahlen $\alpha_1, \alpha_2, \ldots, \alpha_n$ die Beziehung

$$f(\alpha_1 x_1, \alpha_2 x_2, \ldots, \alpha_n x_n) = \alpha_1 \alpha_2 \cdots \alpha_n f(x_1, x_2, \ldots, x_n)$$

richtig. Da die Summe und das skalare Produkt von multilinearen Funktionen wiederum multilineare Funktionen ergibt, bildet die Menge aller n-linearen Funktionen von $V_1 \times V_2 \times \cdots \times V_n$ in V einen linearen Vektorraum.

Wir untersuchen nun multilineare Funktionen im Fall $V_1 = V_2 = \cdots = V_n$ näher und nennen eine multilineare Funktion $f\colon V_1^n \to V$ *symmetrisch*, wenn für alle $(x_1, x_2, \ldots, x_n) \in V_1^n$ stets

$$f(x_1, x_2, \ldots, x_n) = f(x_{i_1}, x_{i_2}, \ldots, x_{i_n})$$

bei jeder Permutation $i_1, i_2, \ldots, i_n$ der Indizes $1, 2, \ldots, n$ gilt. Aus einer beliebigen multilinearen Funktion f kann man leicht eine symmetrische Funktion $\tilde{f}$ konstruieren, indem man

$$\tilde{f}(x_1, x_2, \ldots, x_n) = \frac{1}{n!} \Sigma f(x_{i_1}, x_{i_2}, \ldots, x_{i_n})$$

setzt, wobei die Summation über alle $n!$ Permutationen $i_1, i_2, \ldots, i_n$ der Indizes $1, 2, \ldots, n$ zu erstrecken ist. Falls f symmetrisch ist, gilt natürlich $\tilde{f} = f$.

Eine multilineare Funktion $f\colon V_1^n \to V$ heißt *alternierend*, wenn für alle $(x_1, x_2, \ldots, x_n) \in V_1^n$ der Vektor $f(x_1, x_2, \ldots, x_n) \in V$ bei jeder Transposition der Indizes $1, 2, \ldots, n$ lediglich das Vorzeichen ändert, d. h. also

$$f(x_1, \ldots, x_i, \ldots, x_j, \ldots, x_n) = - f(x_1, \ldots, x_j, \ldots, x_i, \ldots, x_n) .$$

Als eine spezielle alternierende multilineare Funktion können wir die Determinante von (n, n)-Matrizen auffassen. Nach der von K. WEIERSTRASS gegebenen Definition ist eine Determinante diejenige auf der Menge aller (n, n)-Matrizen $S = (s_1, s_2, \ldots, s_n)$ erklärte reellwertige Funktion, die n-linear und alternierend bezüglich ihrer Spalten (oder Zeilen) ist und für die Einheitsmatrix den Wert 1 annimmt. Wir bezeichnen die Determinante von S mit $\det S$. Wie wir im folgenden Satz erkennen, gelten viele Eigenschaften der Determinanten auch allgemein für alternierende n-lineare Funktionen von V_1^n in V.

6.2. *Es sei $f\colon V_1^n \to V$ eine alternierende multilineare Funktion und $(x_1, x_2, \ldots, x_n)$ ein beliebiger, aber fester Vektor aus V_1^n. Dann gilt:*

a) $f(x_1, x_2, \ldots, x_n) = \Theta$, *wenn $x_i = x_j$ $(i \neq j)$ ist;*
b) $f(x_1, x_2, \ldots, x_n) = \Theta$, *wenn $x_1, x_2, \ldots, x_n$ linear abhängig sind;*
c) $f(x_1, x_2, \ldots, x_i, \ldots, x_n) = f(x_1, x_2, \ldots, x_i', \ldots, x_n)$, *wobei $x_i' = x_i + \alpha\, x_j$ $(i \neq j)$ und α reell (bzw. komplex) ist.*

Beweis. a) Wir können annehmen, daß $i < j$ ist. Dann gilt

$$f(x_1, \ldots, x_i \ldots, x_j \ldots, x_n) = - f(x_1, \ldots, x_j, \ldots, x_i \ldots, x_n) = \\ = - f(x_1, \ldots, x_i, \ldots, x_j \ldots, x_n)\,,$$

d. h.

$$2\, f(x_1, \ldots, x_n) = \Theta\,,$$

woraus sich nach Satz 5.1 die Behauptung ergibt.

b) Ohne Einschränkung der Allgemeinheit kann man annehmen, daß sich x_1 als Linearkombination $x_1 = \alpha_2\, x_2 + \cdots + \alpha_n\, x_n$ darstellen läßt. Aufgrund der Multilinearität von f und wegen a) erhalten wir

$$f(x_1, x_2, \ldots, x_n) = \alpha_2\, f(x_2, x_2, \ldots, x_n) + \cdots + \alpha_n\, f(x_n, x_2, \ldots, x_n) = \\ = \alpha_2\, \Theta + \cdots + \alpha_n\, \Theta = \Theta\,.$$

c) Da f multilinear ist, gilt wegen a)

$$f(x_1, \ldots, x_i', \ldots, x_n) - f(x_1, \ldots, x_i, \ldots, x_n) = f(x_1, \ldots, x_i' - x_i, \ldots, x_n) = \\ = f(x_1, \ldots, \alpha\, x_j, \ldots, x_n) = \alpha\, f(x_1, \ldots, x_j, \ldots, x_n) = \Theta\,,$$

womit alles bewiesen ist.

Speziell für einen n-dimensionalen Vektorraum V_1 können wir einen Darstellungssatz für alternierende n-lineare Funktionen von V_1^n in V beweisen, bei dem die Rolle der Determinante eindrucksvoll unterstrichen wird.

6.3. *Es sei V_1 ein reeller n-dimensionaler Vektorraum, der die Vektoren $b_1, b_2, \ldots, b_n$ als Basis hat. Wenn $f\colon V_1^n \to V$ eine alternierende n-lineare Funktion ist, so besitzt f die Form*

$$f(x_1, x_2, \ldots, x_n) = \det\,(x_{ij}) \cdot f(b_1, b_2, \ldots, b_n)\,,$$

wobei

$$x_i = \sum_{j=1}^{n} x_{ij}\, b_j \qquad (i = 1, 2, \ldots, n) \tag{6.3}$$

gilt.

Beweis. Wenn wir die Ausdrücke (6.3) für x_i in $f(x_1, x_2, \ldots, x_n)$ einsetzen und dabei den Satz 6.2 anwenden, erhalten wir die Gleichung

$$f(x_1, x_2, \ldots, x_n) = d(x_{ij}) \cdot f(b_1, b_2, \ldots, b_n)\,, \tag{6.4}$$

wobei $d(x_{ij})$ eine reellwertige Funktion ist, die nur von den Größen x_{ij} abhängt. Wir beweisen jetzt unter Benutzung der WEIERSTRASS'schen Definition, daß $d(x_{ij})$ gleich det (x_{ij}) ist.[1])

Wir können annehmen, daß $f(b_1, b_2, \ldots, b_n) \neq \Theta$ ist. Denn anderenfalls ist f wegen (6.4) identisch gleich Θ. Zuerst zeigen wir, daß $d(x_{ij})$ n-linear bezüglich der n Zeilen der Matrix (x_{ij}) ist. Wenn $x_1' = x_{11}' b_1 + \cdots + x_{1n}' b_n$ und α eine reelle Zahl ist, dann ist wegen

$$f(x_1 + x_1', x_2, \ldots, x_n) = f(x_1, x_2, \ldots, x_n) + f(x_1', x_2, \ldots, x_n)$$

und

$$f(\alpha x_1, x_2, \ldots, x_n) = \alpha f(x_1, x_2, \ldots, x_n)$$

sowie der Formel (6.4) und Satz 5.1 die Funktion $d(x_{ij})$ linear bezüglich der ersten Zeile der Matrix (x_{ij}). Entsprechend beweist man, daß $d(x_{ij})$ linear bezüglich jeder Zeile ist. Wegen $f(x_1, \ldots, x_i, \ldots, x_k, \ldots, x_n) = - f(x_1, \ldots, x_k, \ldots, x_i, \ldots, x_n)$ $(i < k)$, Formel (6.4) und Satz 5.1 ist $d(x_{ij})$ alternierend bezüglich der Zeilen von (x_{ij}). Für $x_i = b_i$ $(i = 1, \ldots, n)$ ist (x_{ij}) gerade die Einheitsmatrix (δ_{ij}), und es gilt $d(\delta_{ij}) = 1$. Folglich muß $d(x_{ij}) = \det(x_{ij})$ sein, womit alles bewiesen ist.

AUFGABEN

6.7. Man zeige, daß sich jede bilineare Funktion $f: V_1^2 \to V$ als Summe einer symmetrischen und einer alternierenden bilinearen Funktion darstellen läßt.

6.8. Zu jeder bilinearen Funktion $f: \mathbf{R}^n \times \mathbf{R}^n \to \mathbf{R}$ existiert genau eine (n, n)-Matrix S, so daß

$$f(x, y) = x\, S\, y^{'} \qquad \text{für alle } x, y \in \mathbf{R}^n \tag{6.5}$$

gilt, wobei in dem Produkt $x\,S\,y$ der Vektor x als $(1, n)$-Matrix und der Vektor y als $(n, 1)$-Matrix geschrieben werden soll.

6.9. Es sei $f: \mathbf{R}^n \times \mathbf{R}^n \to \mathbf{R}$ eine bilineare Funktion, die die Darstellung (6.5) mit einer (n, n)-Matrix $S = (s_{ij})$ besitzt. Man zeige, daß

a) f genau dann symmetrisch ist, wenn $s_{ij} = s_{ji}$ $(i, j = 1, 2, \ldots, n)$ gilt;

b) f genau dann alternierend ist, wenn $s_{ij} = - s_{ji}$ $(i, j = 1, 2, \ldots, n)$ gilt.

6.10. Man beweise mittels Satz 6.3 den Multiplikationssatz für die Determinanten der (n, n)-Matrizen (x_{ij}) und (y_{jk}):

$$\det(x_{ij}) \cdot \det(y_{jk}) = \det\left(\sum_{j=1}^{n} x_{ij} y_{jk},\right)$$

indem man für eine Basis $b_1, \ldots, b_n$ von $\mathbf{R}^n$ die Vektoren

$$x_j = \sum_{i=1}^{n} x_{ij} b_i, \qquad y_k = \sum_{j=1}^{n} y_{jk} b_j$$

betrachtet.

6.11. Eine lineare Funktion $f: \mathbf{R}^n \to \mathbf{R}^n$ der Form (6.2) ist genau dann nichtsingulär, wenn $\det S \neq 0$ ist.

---

[1]) Hierbei wird die Determinante einer Matrix nicht als Funktion der Spalten, sondern als Funktion der Zeilen aufgefaßt.

6.12. Man betrachte lineare Funktionen von $\boldsymbol{R}^n$ in $\boldsymbol{R}^n$ der drei Typen

$$g_1(x_1, \ldots, x_i, \ldots, x_n) = (x_1, \ldots, \alpha\, x_i, \ldots, x_n),$$
$$g_2(x_1, \ldots, x_i, \ldots, x_n) = (x_1, \ldots, x_i + x_j, \ldots, x_n),$$
$$g_3(x_1, \ldots, x_i, \ldots, x_j, \ldots, x_n) = (x_1, \ldots, x_j, \ldots, x_i, \ldots, x_n),$$

wobei $\alpha \neq 0$ und $i \neq j$ ist, und beweise, daß jede nichtsinguläre lineare Funktion $f\colon \boldsymbol{R}^n \to \boldsymbol{R}^n$ gleich der Komposition endlich vieler Funktionen der obigen Formen g_1, g_2, g_3 ist.

§ 7. Lineare Funktionale

Nachdem wir im vorigen Paragraphen die allgemeinen Eigenschaften der linearen Funktionen kennengelernt haben, wenden wir uns jetzt dem Studium der linearen Funktionale auf einem (meist reellen) Vektorraum zu und legen dabei auf die geometrische Veranschaulichung besonderen Wert. Lineare Funktionale erlauben eine besonders einfache geometrische Deutung, da sie mit den Hyperebenen sehr verwandt sind. Im zweiten Abschnitt führen wir konvexe Mengen ein. Der Abschnitt 7.3 kann bei einem ersten Lesen überschlagen werden. Wir leiten hier einen interessanten Zusammenhang zwischen gewissen nichtlinearen Funktionalen, den sog. Halbnormen, und speziellen konvexen Mengen her. Später in § 13 werden wir dann erkennen können, daß es uns damit gelungen ist, diejenigen Vektorräume zu charakterisieren, in denen eine Norm eingeführt werden kann.

Viele Probleme der Mathematik lassen sich immer wieder auf die Aufgabe zurückführen, eine gegebene Funktion unter Beibehaltung bestimmter Eigenschaften auf einen größeren Definitionsbereich zu erweitern. Ein solches Erweiterungsproblem für lineare Funktionale, das von S. Banach und H. Hahn gelöst wurde, soll im Abschnitt 7.4 dargestellt werden.

7.1. Hyperebenen und lineare Funktionale. Wir betrachten einen reellen oder komplexen linearen Raum $V \neq \{\Theta\}$. Ist A ein linearer Teilraum von V und $x_0 \in V$ ein fester Vektor, so nennen wir die Menge

$$B = \{x_0\} + A = \{x_0 + x;\, x \in A\}$$

eine *lineare Mannigfaltigkeit.* Wie wir sehen, entsteht eine lineare Mannigfaltigkeit durch Translation eines linearen Teilraumes. Jeder lineare Teilraum ist eine lineare Mannigfaltigkeit. Die Umkehrung gilt i. a. nicht, denn $\{x_0\}$ ist für $x_0 \neq \Theta$ eine lineare Mannigfaltigkeit, aber kein linearer Teilraum.

Ein echter linearer Teilraum A von V heißt *maximal,* wenn kein von V verschiedener linearer Teilraum existiert, der A umfaßt. Wir nennen eine lineare Mannigfaltigkeit, die durch Translation eines maximalen linearen Teilraumes hervorgeht, eine *Hyperebene.* In dem Raum $\boldsymbol{R}^3$ sind die Hyperebenen genau die Ebenen, im Raum $\boldsymbol{R}^2$ die Geraden.

Zwischen den Hyperebenen und den im Abschnitt 6.1 definierten linearen Funktionalen besteht ein enger Zusammenhang.

7.1. *Eine Teilmenge A von V ist genau dann eine Hyperebene, wenn es ein nicht identisch verschwindendes lineares Funktional f und eine Zahl γ gibt, so daß*

$$A = \{x \in V; f(x) = \gamma\}$$

ist.

Beweis. Zunächst sei A eine Hyperebene. Dann ist $B = A + \{-x_0\}$, wobei $x_0 \in A$ ist, eine lineare Teilmenge von V. Folglich gibt es einen Punkt $y_0 \in V \setminus B$, so daß sich jeder Vektor $x \in V$ eindeutig in der Form $x = x' + \beta y_0$, wobei $x' \in B$ und β ein Skalar ist, darstellen läßt. Wir erklären das Funktional f auf V durch $f(x) = \beta$. Dieses Funktional ist linear, denn für $x_1 = x_1' + \beta_1 y_0$ und $x_2 = x_2' + \beta_2 y_0$ gilt $f(x_1 + x_2) = f(x_1' + x_2' + (\beta_1 + \beta_2) y) = \beta_1 + \beta_2 = f(x_1) + f(x_2)$ und $f(\alpha x_1) = f(\alpha x_1' + \alpha \beta_1 y_0) = \alpha \beta_1 = \alpha f(x_1)$. Weiterhin verschwindet f auf B, so daß f auf A konstant ist.

Jetzt sei f ein nicht identisch verschwindendes lineares Funktional auf V und $A = \{x \in V; f(x) = \gamma\}$. Wir betrachten dann $B = A + \{-x_0\}$, wobei $x_0 \in A$ ist. Folglich ist $B = \{x \in V; f(x) = 0\}$ ein linearer Teilraum von V. Nach Voraussetzung ist $V \setminus B \neq \emptyset$, so daß es einen Vektor $z_0 \in V \setminus B$ mit $f(z_0) \neq 0$ gibt. Für ein beliebiges $x \in V$ liegt dann $x' = x - \frac{f(x)}{f(z_0)} z_0$ in B, weil $f(x') = f(x) - \frac{f(x)}{f(z_0)} f(z_0) = 0$ ist. Somit gilt $x = x' + \beta z_0$ für jedes $x \in V$, wobei $x' \in B$ und β ein Skalar ist. B ist also ein maximaler linearer Teilraum und A geht durch Translation aus B hervor. Damit ist alles gezeigt.

AUFGABEN

7.1. Es sei $V \neq \{\Theta\}$ ein linearer Raum. Man versteht unter der Dimension einer linearen Mannigfaltigkeit $A \subset V$ die Dimension des linearen Teilraumes $A + \{-a\}$ $(a \in A)$. Wenn $\dim A = n$ und $b \notin A$ ist, so besitzt die kleinste lineare Mannigfaltigkeit $B \subseteq V$, die A und b enthält, die Dimension $n + 1$.

7.2. Auf der Menge l_∞ aller reellen beschränkten Zahlenfolgen erklären wir die Funktion $f: l_\infty \to \boldsymbol{R}$:

$$f(x) = \lambda_1 x_1 + \lambda_2 x_2 + \lambda_3 x_3 + \cdots,$$

wobei $x = (x_i) \in l_\infty$ und (λ_i) eine feste Folge reeller Zahlen mit der Eigenschaft

$$\sum_{i=1}^{\infty} |\lambda_i| < \infty$$

ist. Man beweise, daß f ein lineares Funktional auf l_∞ ist.

7.2. Konvexe Mengen. Es sei V jetzt ein *reeller* linearer Raum, der mindestens zwei Vektoren enthält. Ist $x \in V$ und $y \in V$, so wollen wir unter der *Verbindungsstrecke* von x und y oder einer *Strecke* die Menge aller Vektoren der Form $\alpha x + (1 - \alpha) y$ verstehen, wobei $0 \leqq \alpha \leqq 1$ ist. Eine Teilmenge von V

nennen wir *konvex*, wenn sie mit je zwei Elementen auch deren Verbindungsstrecke enthält.

Offensichtlich ist die leere Menge und jede Menge $\{x_0\}$ konvex. Ebenfalls ist jede lineare Mannigfaltigkeit konvex. Man überlegt sich leicht, daß der Durchschnitt beliebig vieler konvexer Mengen wiederum konvex ist.

Ist A eine Menge in V, so ist der Durchschnitt aller A enthaltenden, konvexen Mengen konvex und heißt *konvexe Hülle* $C(A)$ von A. Offenbar ist A genau dann konvex, wenn $A = C(A)$ ist. Beispielsweise ist die konvexe Hülle der aus fünf Punkten bestehenden Menge A das in Abb. 7.1 gezeigte Viereck.

Abb. 7.1

7.2. Die konvexe Hülle $C(A)$ einer Menge $A \subseteq V$ besteht aus allen Vektoren $x \in V$, die sich durch eine konvexe Linearkombination

$$x = \alpha_1 x_1 + \cdots + \alpha_m x_m \tag{7.1}$$

von beliebigen Elementen x_i $(i = 1, \ldots, m)$ aus A mit $\alpha_i \geqq 0$ und $\sum_{i=1}^{m} \alpha_i = 1$ ausdrücken lassen. Die Zahl m hängt von x ab.

Beweis. Es sei C die Menge der Vektoren, die in der Form (7.1) darstellbar sind. Es ist klar, daß C konvex und $C(A) \subseteq C$ ist. Wir werden jetzt zeigen, daß für eine beliebige konvexe Menge B mit $B \supseteq A$ auch $B \supseteq C$ gelten muß. Wir beweisen dies durch vollständige Induktion nach der Zahl m.

Für $m = 1$ haben die Vektoren $x \in C$ die Form $x = x_1$ mit $x_1 \in A$, so daß diese Vektoren auch in B liegen. Angenommen, daß die Behauptung für den Index m richtig ist. Dann betrachten wir einen Vektor $x = \alpha_1 x_1 + \cdots + \alpha_m x_m + {} + \alpha_{m+1} x_{m+1}$ $(\alpha_{m+1} \neq 1)$ und bilden $\beta = \alpha_1 + \cdots + \alpha_m$ sowie $\beta_k = \frac{\alpha_k}{\beta}$ $(k = 1, 2, \ldots, m)$. Der Vektor $y = \beta_1 x_1 + \cdots + \beta_m x_m$ liegt nach Induktionsannahme in B. Somit ist $x = \beta y + (1 - \beta) x_{m+1} \in B$, weil B konvex ist. Daher gilt $C(A) \subseteq C \subseteq B$ für eine beliebige konvexe Menge B, die A enthält. Folglich muß C gleich $C(A)$ sein, womit der Satz bewiesen ist.

7.3. Wenn der reelle Vektorraum V die endliche Dimension n besitzt, so läßt sich jeder Vektor der konvexen Hülle $C(A)$ einer Teilmenge A von V als konvexe Linearkombination von nicht mehr als $n + 1$ Vektoren aus A darstellen.

Beweis. Aufgrund des Ergebnisses von Satz 7.2 kann jeder beliebige Vektor von $C(A)$ in der Form (7.1) ausgedrückt werden. Wir können voraussetzen, daß $m > n + 1$ ist, da anderenfalls alles klar ist. Den Satz werden wir durch vollständige Induktion beweisen. Wir nehmen an, daß die Behauptung für m ($m > n + 1$) richtig ist, und zeigen, daß sie auch für $m + 1$ gilt.

Ist $x \in C(A)$ gleich der konvexen Linearkombination $\sum_{i=1}^{m+1} \alpha_i x_i$, so sind die m Vektoren

$$x_1 - x_{m+1}, x_2 - x_{m+1}, \ldots, x_m - x_{m+1}$$

des n-dimensionalen linearen Raumes V linear abhängig. Folglich gibt es m nicht sämtlich verschwindende Zahlen λ_k ($k = 1, \ldots, m$), so daß

$$\lambda_1 (x_1 - x_{m+1}) + \cdots + \lambda_m (x_m - x_{m+1}) = \Theta$$

oder

$$\lambda_1 x_1 + \cdots + \lambda_m x_m + \lambda_{m+1} x_{m+1} = \Theta \tag{7.2}$$

mit $\lambda_{m+1} = -(\lambda_1 + \cdots + \lambda_m)$ ist. Wir wählen die reelle Zahl μ derart, daß

$$\alpha_i' = \alpha_i - \mu \lambda_i \geqq 0 \qquad (i = 1, \ldots, m + 1)$$

ist und mindestens eine dieser Zahlen α_i' verschwindet. Dann gelten wegen (7.2) die Gleichungen

$$\sum_{i=1}^{m+1} \alpha_i' x_i = \sum_{i=1}^{m+1} \alpha_i x_i - \mu \sum_{i=1}^{m+1} \lambda_i x_i = x - \Theta = x$$

und

$$\sum_{i=1}^{m+1} \alpha_i' = \sum_{i=1}^{m+1} \alpha_i - \mu \sum_{i=1}^{m+1} \lambda_i = 1 - 0 = 1 .$$

Folglich haben wir den Vektor $x \in V$ als konvexe Linearkombination von m Vektoren aus A dargestellt. Aufgrund der Induktionsannahme läßt sich der Vektor $x \in C(A)$ als konvexe Linearkombination von höchstens $n + 1$ Vektoren von A darstellen, was zu zeigen war.

Es erscheint einleuchtend, daß man in der Ebene $\boldsymbol{R}^2$ stets zwei disjunkte konvexe echte Teilmengen A_1 und A_2 durch eine Gerade „trennen" kann, so daß A_1 und A_2 auf verschiedenen „Seiten" der Geraden liegen (siehe Abb. 7.2). Wir beweisen jetzt allgemeiner:

7.4. *Wenn A_1 und A_2 disjunkte konvexe echte Teilmengen des reellen Vektorraumes V sind, so existieren zwei disjunkte konvexe Mengen M_1 und M_2, für die $A_1 \subseteq M_1$ und $A_2 \subseteq M_2$ gilt und deren Vereinigung V ist.*

Beweis. Wir betrachten alle Paare (B_1, B_2) von disjunkten konvexen Mengen mit $B_1 \supseteq A_1$ und $B_2 \supseteq A_2$. Die Menge dieser Paare ist durch die Relation $(B_1, B_2) \leqq (B_1', B_2')$, falls $B_1 \subseteq B_1'$ und $B_2 \subseteq B_2'$ gilt, halbgeordnet. Jede Kette dieser halbgeordneten Menge ist durch die Vereinigung der Kette nach oben beschränkt, so daß die Menge aller Paare (B_1, B_2) nach dem ZORNschen Lemma ein maximales Element (M_1, M_2) besitzt.

Angenommen, es ist ein Element x_0 in $V \setminus (M_1 \cup M_2)$ enthalten. Da (M_1, M_2) maximal ist, gibt es Vektoren $y_1 \in M_1 \cap C(M_2 \cup \{x_0\})$ und $y_2 \in M_2 \cap C(M_1 \cup \{x_0\})$.

Der Vektor y_1 liege auf der Verbindungsstrecke von $z_2 \in M_2$ und x_0 sowie y_2 auf der Verbindungsstrecke von $z_1 \in M_1$ und x_0 (siehe Abb. 7.3). Folglich besitzen die Verbindungsstrecke von y_1 und z_1, welche in M_1 liegt, und diejenige von y_2 und z_2, welche zu M_2 gehört, einen nichtleeren Durchschnitt. Dies ist aber unmöglich, weil $M_1 \cap M_2 = \emptyset$ ist. Deshalb sind M_1 und M_2 zwei disjunkte konvexe Mengen, deren Vereinigung V ist.

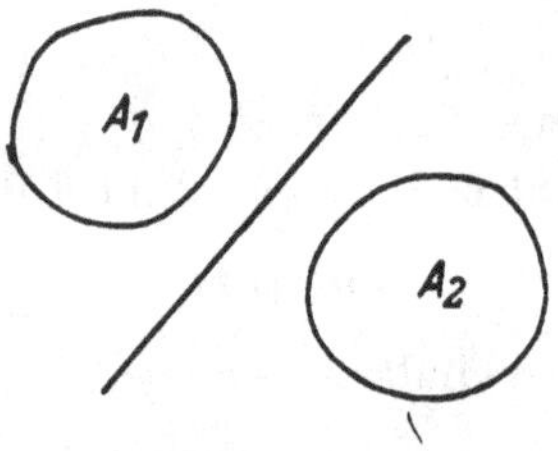

Abb. 7.2

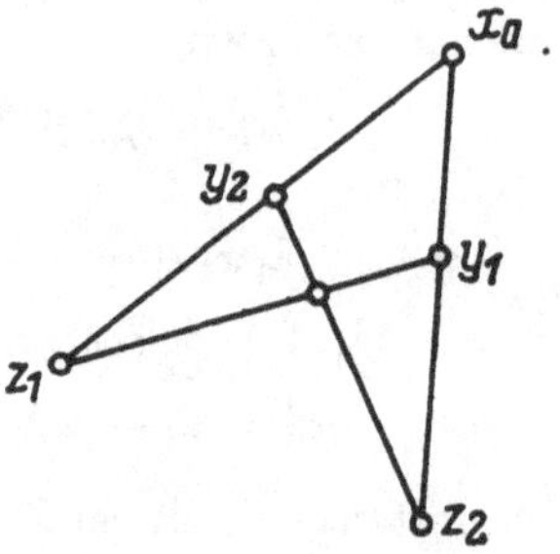

Abb. 7.3

Abb. 7.2 deutet bereits mehr an, als wir im Satz 7.4 bewiesen haben. Wir zeigen erst im Abschnitt 15.1, daß sich zwei disjunkte konvexe Mengen unter zusätzlichen Bedingungen durch eine Hyperebene „trennen" lassen. Für ein weiteres Studium der konvexen Mengen verweisen wir auf F. A. Valentine [1].

AUFGABEN

7.3. Man zeige, daß der Durchschnitt beliebig vieler konvexer Mengen eines Vektorraumes konvex ist.

7.4. Es seien A und B konvexe Mengen eines reellen Vektorraumes V und α, β zwei gegebene reelle Zahlen. Man beweise, daß $\alpha A + \beta B$ konvex ist und $\alpha A + \beta A = (\alpha + \beta) A$ für $\alpha \geqq 0$ und $\beta \geqq 0$ gilt.

7.5. Es seien V_1 und V_2 reelle Vektorräume. Wenn $f\colon V_1 \to V_2$ eine lineare Funktion und $A \subseteq V_1$ eine konvexe Menge ist, so ist auch $f(A)$ konvex.

7.3. Halbnormen. Wir nennen eine reellwertige Funktion p, die auf einem Vektorraum V über dem Zahlkörper Z erklärt ist, eine *Halbnorm*, wenn für alle $x, y \in V$ und jede Zahl $\alpha \in Z$ die folgenden Bedingungen erfüllt sind:

$$\text{a)}\ p(x + y) \leqq p(x) + p(y)\,,$$
$$\text{b)}\ p(\alpha x) = |\alpha|\, p(x)\,.$$

Eine nicht identisch verschwindende Halbnorm ist also ein auf V definiertes nichtlineares Funktional. Aus den beiden von einer Halbnorm geforderten Eigenschaften ergeben sich weitere. Eine Halbnorm p verschwindet wegen $p(\Theta) = p(0 \cdot x) = 0 \cdot p(x) = 0$ für den Nullvektor und nimmt nur nichtnegative Werte an, weil $0 = p(\Theta) = p(x - x) \leqq p(x) + p(-x) = 2\,p(x)$ gilt. Infolge der Bedingung a) ist $p(x - y) + p(y) \geqq p(x)$, d. h. $p(x - y) \geqq p(x) - p(y)$. Deshalb ist auch $p(x - y) = p(y - x) \geqq p(y) - p(x)$. Folglich gilt für alle $x, y \in V$ die Ungleichung

$$p(x - y) \geqq |p(x) - p(y)|\,.$$

Dabei bemerken wir, daß eine Halbnorm auch für Vektoren, die vom Nullvektor verschieden sind, verschwinden kann.

BEISPIEL

7.1. In dem linearen Raum $\boldsymbol{R}^n$ $(n > 1)$ aller n-Tupel $x = (x_1, \ldots, x_n)$ reeller Zahlen ist jede der vier Funktionen:

$$p_1(x) = |x_1| \, ; \qquad p_2(x) = |x_1 + \cdots + x_n| \, ;$$
$$p_3(x) = |x_1| + \cdots + |x_n| \, ; \qquad p_4(x) = \max\{|x_i|;\, i = 1, \ldots, n\}$$

eine Halbnorm. Dabei verschwindet p_1 für alle Vektoren, deren erste Komponente gleich Null ist.

Zwischen bestimmten konvexen Mengen des reellen Vektorraumes V und den Halbnormen besteht ein entsprechender Zusammenhang wie zwischen Hyperebenen und linearen Funktionalen (vgl. Satz 7.1).

7.5. *Es sei V ein reeller Vektorraum. Wenn eine echte Teilmenge A von V die folgenden Eigenschaften besitzt:*

a) *A ist konvex;*
b) *Für beliebige $x \in V$ gibt es ein $\alpha > 0$ mit $x \in \alpha A$;*
c) *Für jedes $y \in A$ und $|\beta| \leqq 1$ ist $\beta y \in A$;*

dann gibt es eine Halbnorm

$$p(x) = \inf\{\alpha;\, \alpha > 0,\, x \in \alpha A\}\,, \tag{7.3}$$

so daß

$$\{x \in V;\, p(x) < 1\} \subseteq A \subseteq \{x \in V;\, p(x) \leqq 1\} \tag{7.4}$$

ist.

Ist umgekehrt p eine Halbnorm auf V und γ eine beliebige, positive Zahl, so hat die Menge $A = \{x \in V;\, p(x) \leqq \gamma\}$ die Eigenschaften a)–c) *und p die Form*

$$p(x) = \inf\{\alpha\gamma;\, \alpha > 0,\, x \in \alpha A\}. \tag{7.5}$$

Beweis. Aufgrund der Eigenschaft b) ist (7.3) eine Funktion, die nur nichtnegative Werte annimmt und MINKOWSKI*sches Funktional* der Menge A genannt wird. Wir zeigen, daß das Funktional (7.3) den Bedingungen einer Halbnorm genügt.

Für je zwei beliebige Vektoren $x, x' \in V$ existieren nach b) positive Zahlen α, α' mit $x \in \alpha A$ und $x' \in \alpha' A$. Da $x + x' \in \alpha A + \alpha' A$ und $\alpha A + \alpha' A = (\alpha + \alpha') A$ für die konvexe Menge A gilt (vgl. Aufgabe 7.4), muß $p(x + x') \leqq \alpha + \alpha'$ sein. Hieraus ergibt sich sofort die erste Bedingung für eine Halbnorm, weil α und α' beliebige Zahlen mit $p(x) \leqq \alpha$ und $p(x') \leqq \alpha'$ sind. Wegen c) ist $\Theta \in A$, und es ist klar, daß $p(\Theta) = 0$ gilt. Es seien nun $\lambda \neq 0$ und $x \in V$. Nach b) gibt es ein $\alpha > 0$ mit $\dfrac{x}{\alpha} \in A$. Da $\left|\dfrac{\lambda}{|\lambda|}\right| = 1$ ist, liegt auch $\dfrac{\lambda}{|\lambda|}\dfrac{x}{\alpha}$ wegen c) in A, d. h. $\lambda x \in |\lambda| \alpha A$ oder $p(\lambda x) \leqq |\lambda| \alpha$. Folglich ist $p(\lambda x) \leqq |\lambda|\, p(x)$. Indem wir x durch λx und λ durch λ^{-1} ersetzen, erhalten wir $|\lambda|\, p(x) \leqq p(\lambda x)$, so daß $p(\lambda x) = |\lambda|\, p(x)$ gelten muß.

Von der Richtigkeit der Relation (7.4) können wir uns schnell überzeugen. Für jedes $x \in A$ gilt $p(x) \leqq 1$ nach der Definition (7.3). Ist $p(x) < 1$ für ein $x \in V$, so liegt $\alpha^{-1} x$ für ein α mit $0 < \alpha < 1$ in A. Da A konvex ist und den Nullvektor enthält, ist auch $\alpha(\alpha^{-1} x) + (1 - \alpha)\, \Theta = x \in A$.

Wir beweisen jetzt die Umkehrung. Die Halbnorm p und $\gamma > 0$ seien gegeben und die Menge A sei $\{x \in V;\, p(x) \leqq \gamma\}$. Die Menge A ist konvex, weil für beliebige $x, x' \in A$ und

$0 \leqq \alpha \leqq 1$ wegen $p\left(\alpha x + (1-\alpha) x'\right) \leqq p(\alpha x) + p\left((1-\alpha) x'\right) = \alpha p(x) + (1-\alpha) \cdot p(x') \leqq \alpha \gamma + (1-\alpha)\gamma = \gamma$ auch $\alpha x + (1-\alpha) x' \in A$ ist. Für ein beliebiges $x \in V$ läßt sich zu $p(x) \geqq 0$ eine Zahl $\alpha > 0$ finden, so daß $p(x) \leqq \alpha \gamma$ ist. Folglich ist $\frac{x}{\alpha} \in A$ und b) wird von A erfüllt. Die durch p erklärte Menge A befriedigt auch die dritte Bedingung, denn für ein Element $y \in A$ und $|\beta| \leqq 1$ gilt

$$p(\beta y) = |\beta|\, p(y) \leqq p(y) \leqq \gamma ,$$

d. h. $\beta y \in A$. Nach dem ersten Teil dieses Satzes ist dann das Funktional p'

$$p'(x) = \inf\{\alpha; \alpha > 0, \alpha^{-1} x \in A\}$$

eine Halbnorm. Folglich ist

$$p'(x) = \inf\{\alpha > 0; \alpha^{-1} x \in A\} = \inf\{\alpha > 0; p(\alpha^{-1} x) \leqq \gamma\} =$$
$$= \inf\{\alpha > 0; p(x) \leqq \alpha\gamma\} = \frac{p(x)}{\gamma},$$

woraus sich sofort (7.5) ergibt. Damit ist der Beweis beendet.

BEISPIEL

7.2. Wir betrachten in der Ebene $\boldsymbol{R}^2$ die vier Halbnormen p_1, p_2, p_3 und p_4 (vgl. Beispiel 7.1). Nach Satz 7.5 erfüllen die Mengen

$$A_i = \{x \in \boldsymbol{R}^2; p_i(x) \leqq 1\} \qquad (i = 1, 2, 3, 4)$$

die Bedingungen $a)-c)$, und das MINKOWSKIsche Funktional von A_i ist p_i (siehe Abb. 7.4). Wir können also jede dieser Halbnormen durch eine bestimmte konvexe Menge charakterisieren.

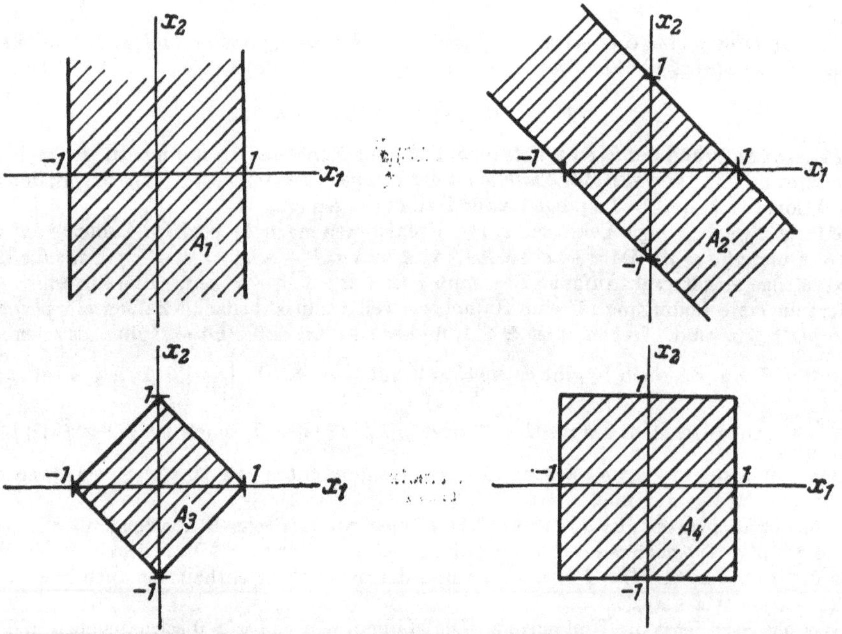

Abb. 7.4

7.6. *Das* MINKOWSKI*sche Funktional p einer echten Teilmenge A von V mit den Eigenschaften* a)—c) *verschwindet genau dann nur für den Nullvektor, wenn A der Bedingung genügt:*

d) *Für beliebige* $x \in A$ $(x \neq \Theta)$ *gibt es ein* $\lambda > 0$ *mit* $\lambda x \notin A$.

Beweis. Die Menge A erfülle die Forderungen a)—d). Für einen beliebigen Vektor $x \neq \Theta$ läßt sich eine Zahl $\lambda > 0$ angeben, so daß $\lambda x \notin A$ ist. Da A konvex ist und Θ enthält, gilt auch $\lambda' x \notin A$ für alle $\lambda' \geqq \lambda$. Nach der zweiten Eigenschaft der Menge A gibt es zu λx eine Zahl $\alpha > 0$ mit $\frac{\lambda x}{\alpha} \in A$. Folglich ist $0 < \frac{\lambda}{\alpha} < \lambda$, d. h. $\alpha > 1$ und somit $p(\lambda x) \geqq 1$. Für $x \neq \Theta$ hat dann das MINKOWSKIsche Funktional p wegen

$$p(x) = \frac{1}{\lambda} p(\lambda x) \geqq \frac{1}{\lambda} > 0$$

einen positiven Wert.

Angenommen, daß das MINKOWSKIsche Funktional (7.3) einer Menge A mit den Eigenschaften a)—c) für einen gewissen Vektor $x \neq \Theta$ verschwindet. Folglich gibt es für jede natürliche Zahl n eine Zahl α mit $\frac{1}{\alpha} \geqq n$ und $\frac{x}{\alpha} \in A$. Da A konvex ist und Θ enthält, liegt für beliebige $\lambda \geqq 0$ der Vektor λx in A, was der Bedingung d) widerspricht. Damit ist alles gezeigt.

BEISPIEL

7.3. Die Mengen A_3 und A_4 von Beispiel 7.2 erfüllen offenbar die Bedingung d), so daß p_3 und p_4 nur für den Nullvektor verschwinden. Dagegen können die Halbnormen p_1 und p_2 auch für Vektoren, die von Θ verschieden sind, verschwinden.

AUFGABEN

7.6. Man beweise, daß die Funktion $p: \boldsymbol{R}^n \to \boldsymbol{R}$:

$$p(x) = (x_1^2 + x_2^2 + \cdots + x_n^2)^{1/2}$$

eine Halbnorm auf $\boldsymbol{R}^n$ ist.

7.7. Die Teilmenge A des Vektorraumes V erfülle die Voraussetzungen von Satz 7.5. Es sei L ein linearer Teilraum von V. Man zeige, daß $A \cap L$ den Bedingungen von Satz 7.5 in bezug auf den linearen Raum L genügt und daß das MINKOWSKIsche Funktional $q: L \to \boldsymbol{R}$ der Menge $A \cap L$ die Einschränkung des MINKOWSKIschen Funktionals $p: V \to \boldsymbol{R}$ der Menge A auf den Teilraum L ist.

7.4. Erweiterungssätze für lineare Funktionale. Bei den späteren Untersuchungen stehen wir oft vor dem Problem, den Definitionsbereich eines gegebenen linearen Funktionals, das auf einem linearen Teilraum erklärt ist, zu erweitern. Eine Lösung dieses Problems liefert der fundamentale Satz von H. HAHN und S. BANACH.

7.7. SATZ (H. HAHN, S. BANACH). *Auf dem reellen linearen Raum V sei eine Halbnorm p und auf dem linearen Teilraum* L_0 *von V ein lineares Funktional* $f_0: L_0 \to \boldsymbol{R}$ *erklärt, welches der Ungleichung*

$$f_0(x) \leqq p(x) \qquad \text{für alle } x \in L_0 \tag{7.6}$$

genügt. Dann gibt es ein auf V definiertes lineares Funktional $f: V \to \boldsymbol{R}$ *mit den Eigenschaften:*

$$\text{a) } f(x) = f_0(x) \qquad \text{für alle } x \in L_0\,, \tag{7.7}$$

$$\text{b) } f(x) \leqq p(x) \qquad \text{für alle } x \in V\,. \tag{7.8}$$

Beweis. Es sei $L_0 \subset V$. Wir betrachten alle möglichen Fortsetzungen des linearen Funktionals f_0 zu einem linearen Funktional g, welches auf einem L_0 umfassenden linearen Teilraum $L \subseteq V$ erklärt ist und durch das die Ungleichung $g(x) \leqq p(x)$ von allen Vektoren $x \in L$ befriedigt wird. In der Menge F dieser Fortsetzungen führen wir eine Halbordnung ein, indem wir $g \leqq g'$ setzen, wenn g' eine Erweiterung von g ist. Wenn F_0 eine geordnete Teilmenge von F ist, dann gehört das Funktional g_0 mit $g_0(x) = g(x)$ für jedes $g \in F_0$ und alle x aus dem Definitionsbereich von g ebenfalls zu F und ist eine obere Schranke von F_0. Folglich besitzt F nach dem ZORNschen Lemma ein maximales Element f, von dem wir jetzt beweisen, daß es auf ganz V erklärt ist.

Angenommen, das lineare Funktional f ist nur auf einem echten linearen Teilraum L von V definiert. Dann zeigen wir, daß sich f zu einem linearen Funktional f_1 fortsetzen läßt, das auf einem linearen Teilraum $L_1 \supset L$ definiert ist und der Ungleichung $f_1(x) \leqq p(x)$ für alle $x \in L_1$ genügt. Dies ist jedoch ein Widerspruch, da f maximal in der halbgeordneten Menge F ist. Folglich ist unser Satz vollständig bewiesen, wenn wir noch eine Konstruktion für f_1 angeben. Mit einem festen Vektor $x_0 \in V \setminus L$ erweitern wir L zu der linearen Teilmenge $L_1 = \{x + \alpha x_0; x \in L, \alpha \in \boldsymbol{R}\}$. Die Darstellung der Vektoren von L_0 in der Form $x + \alpha x_0$ ($x \in L, \alpha \in \boldsymbol{R}$) ist eindeutig. Dann läßt sich stets eine reelle Zahl ξ_0 derart finden, daß für das auf L_1 definierte lineare Funktional f_1

$$f_1(x + \alpha x_0) = f(x) + \alpha \xi_0 \tag{7.9}$$

die Ungleichung

$$f_1(x + \alpha x_0) \leqq p(x + \alpha x_0) \tag{7.10}$$

für alle $x \in L$ und jede reelle Zahl α richtig ist. Denn sind x und x' beliebige Vektoren aus L, so gilt

$$f(x') - f(x) = f(x' - x) \leqq p(x' - x) \leqq p(x' + x_0) + p(-x - x_0),$$

d. h.

$$-f(x) - p(-x - x_0) \leqq -f(x') + p(x' + x_0). \tag{7.11}$$

Setzen wir $\gamma = \sup\{-f(x) - p(-x - x_0); x \in L\}$ und $\gamma' = \inf\{-f(x') + p(x' + x_0); x' \in L\}$, so können wir wegen (7.11) eine Zahl ξ_0 mit $\gamma \leqq \xi_0 \leqq \gamma'$ wählen. Das mit ξ_0 gebildete Funktional (7.9) ist offensichtlich linear und eine Erweiterung von f. Weiterhin erfüllt f_1 auch die Bedingung (7.10). Für $\alpha = 0$ ist alles klar. Im Fall $\alpha > 0$ gilt die Abschätzung

$$f_1(x + \alpha x_0) = f(x) + \alpha \xi_0 \leqq f(x) + \alpha \gamma' \leqq f(x) + \alpha\left(-f\left(\frac{x}{\alpha}\right) + p\left(x_0 + \frac{x}{\alpha}\right)\right) =$$
$$= p(x + \alpha x_0).$$

Für $\alpha < 0$ erhält man analog

$$f_1(x + \alpha x_0) = f(x) + \alpha \xi_0 \leqq f(x) + \alpha \gamma \leqq f(x) + \alpha\left(-f\left(\frac{x}{\alpha}\right) - p\left(-x_0 - \frac{x}{\alpha}\right)\right) =$$
$$= (-\alpha)\, p\left(-x_0 - \frac{x}{\alpha}\right) = p(x + \alpha x_0).$$

Damit haben wir das gewünschte Funktional f_1 konstruiert, womit der Beweis beendet ist.

Einen Erweiterungssatz für lineare Funktionale auf einem komplexen linearen Raum beweisen wir mittels Satz 7.7:

7.8. *Auf dem komplexen linearen Raum V sei eine Halbnorm p und auf dem linearen Teilraum L_0 von V ein lineares Funktional f_0 erklärt, welches der Ungleichung*

$$|f_0(x)| \leqq p(x) \quad \textit{für jedes } x \in L_0 \tag{7.12}$$

genügt. Dann kann f_0 zu einem auf V erklärten linearen Funktional f fortgesetzt werden, das die Bedingung

$$|f(x)| \leqq p(x) \quad \textit{für alle } x \in V \tag{7.13}$$

erfüllt.

Beweis. Wir sehen V als *reellen* linearen Raum an und setzen

$$f_0(x) = g_0(x) + i\, g_1(x)$$

für jedes $x \in L_0$, wobei g_0 und g_1 reelle Funktionale sind. Offenbar sind g_0 und g_1 lineare Funktionale über dem „reellen" linearen Teilraum L_0. Da

$$i\,(g_0(x) + i\, g_1(x)) = i\, f_0(x) = f_0(i\, x) = g_0(i\, x) + i\, g_1(i\, x)$$

gilt, ist $g_1(x) = -\, g_0\,(i\, x)$ für alle $x \in L_0$ und damit

$$f_0(x) = g_0(x) - i\, g_0(i\, x) \qquad \text{für alle } x \in L_0\,. \tag{7.14}$$

Wegen (7.12) gilt $g_0(x) \leqq p(x)$ für jedes $x \in L_0$. Deshalb können wir g_0 nach Satz 7.7 zu einem reellen linearen Funktional $g\colon V \to \boldsymbol{R}$ mit der Eigenschaft $g(x) \leqq p(x)$ für alle $x \in V$ fortsetzen. Dann gelten für das komplexe Funktional $f\colon V \to \boldsymbol{C}$,

$$f(x) = g(x) - i\, g(i\, x)\,,$$

die Gleichungen $f(i\, x) = i\, f(x)$ für $x \in V$ und $f(x) = f_0(x)$ für $x \in L_0$, so daß f ein lineares Funktional auf dem *komplexen* linearen Raum V ist, wobei f auf L_0 wegen (7.14) mit f_0 übereinstimmt. Wir müssen noch zeigen, daß f der Ungleichung (7.13) genügt. Der Fall $f(x) = 0$ ist klar. Wenn $f(x) \neq 0$ ist, sei φ das Argument von $f(x)$. Wir erhalten dann

$$|f(x)| = f(e^{-i\varphi}\, x) = g(e^{-i\varphi}\, x) \leqq p(e^{-i\varphi}\, x) = p(x)\,,$$

womit alles bewiesen ist.

AUFGABEN

7.8. Ist p eine Halbnorm auf einem reellen linearen Raum V, so gibt es zu jedem Vektor $x_0 \in V$ ein lineares Funktional $f\colon V \to \boldsymbol{R}$, welches den Bedingungen $f(x_0) = p(x_0)$ und $f(x) \leqq p(x)$ für alle $x \in V$ genügt. Man beweise diese Behauptung!

7.9. Wenn p eine Halbnorm auf einem komplexen linearen Raum V ist, existiert zu jedem Vektor $x_0 \in V$ ein lineares Funktional $f\colon V \to \boldsymbol{C}$, das den Bedingungen $|f(x_0)| = p(x_c)$ und $|f(x)| \leqq p(x)$ für alle $x \in V$ genügt.

7.10. Es sei V ein reeller Vektorraum und $K \subset V$ eine Menge, für die mit $x, y \in K$ und $\alpha, \beta \geqq 0$ auch $\alpha x + \beta y \in K$ ist und mit $x \in K$ und $-\,x \in K$ stets $x = \Theta$ gilt. Man nennt K einen *Kegel*. Setzt man $x \leqq y$ für $x, y \in V$ im Fall $y - x \in K$, so ist V halbgeordnet. Ferner sei $L_0 \subset V$ ein linearer Teilraum mit

$$(\{x\} + L_0) \cap K \neq \emptyset, \quad (\{-\,x\} + L_0) \cap K \neq \emptyset$$

für alle $x \in V$. Man zeige, daß sich jedes lineare Funktional $f_0\colon L_0 \to \boldsymbol{R}$ mit $f_0(x) \geqq 0$ für alle $x \in K \cap L_0$ zu einem linearen Funktional $f\colon V \to \boldsymbol{R}$ mit $f(x) \geqq 0$ für alle $x \in K$ erweitern läßt.

Hinweis. Man zeige, daß der Satz 7.7 auch für ein reellwertiges Funktional p mit $(p(x + y) \leqq p(x) + p(y)$ und $p(\alpha x) = \alpha p(x)$ für alle $x, y \in V$ und jedes $\alpha > 0$ gilt, und wähle dann $p(x) = \inf\,\{f_0(y);\, y \in L_0,\, y \geqq x_0\}$.

III. METRISCHE RÄUME UND STETIGE FUNKTIONEN

Der Grenzprozeß ist eine charakteristische Rechenart der Analysis. Erinnern wir uns an die Definition einer konvergenten Zahlenfolge, so bemerken wir, daß dabei lediglich der „Abstand" zwischen gewissen Zahlen von Interesse ist. Die algebraischen Eigenschaften der Zahlen treten in den Hintergrund. Ähnlich verhält es sich auch bei der Konvergenz von Funktionenfolgen. Um von konvergenten Folgen sprechen zu können, muß vorher ein „Abstand" zwischen den Elementen der betrachteten Menge erklärt sein. Deshalb ist ein Studium der allgemeinen Eigenschaften der Mengen, in denen ein „Abstand" eingeführt ist, und der Funktionen, bei denen konvergente Folgen in konvergente Folgen abgebildet werden, notwendig.

Nachdem wir den metrischen Raum als Menge, in der ein „Abstand" erklärt ist, eingeführt haben, betrachten wir in § 9 Folgen und in § 10 Mengen erster und zweiter Kategorie. In den beiden letzten Paragraphen dieses Kapitels werden stetige Funktionen untersucht. — Als weitere Literatur über metrische Räume und stetige Funktionen weisen wir den Leser auf J. DIEUDONNÉ [1], L. W. KANTOROWITSCH-G. P. AKILOW [1], L. A. LJUSTERNIK-W. I. SOBOLEW [1], A. N. KOLMOGOROFF-S. W. FOMIN [1], H. v. MANGOLDT-K. KNOPP [1] und P. H. MÜLLER [1] hin.

§ 8. Metrische Räume

Wie wir wissen, besteht die euklidische Ebene aus allen Punkten $x = (x_1, x_2)$, $y = (y_1, y_2)$, $z = (z_1, z_2)$, ... von $\boldsymbol{R}^2$, wobei zwischen je zwei Punkten x, y der Abstand $\varrho(x, y)$

$$\varrho(x, y) = ((x_1 - x_2)^2 + (y_1 - y_2)^2)^{1/2}$$

erklärt ist. Anschaulich ist $\varrho(x, y)$ die Länge der Strecke zwischen den Punkten x und y. Dieser Abstand hat bestimmte Eigenschaften. Er ist stets nichtnegativ und verschwindet nur dann, wenn beide Punkte gleich sind. Ferner ist der Abstand symmetrisch bezüglich der beiden Punkte, d. h. $\varrho(x, y) = \varrho(y, x)$. Für drei beliebige Punkte x, y, z der euklidischen Ebene besteht die Dreiecksungleichung

$$\varrho(x, z) \leqq \varrho(x, y) + \varrho(y, z)\,,$$

die anschaulich sehr einleuchtend ist (siehe Abb. 8.1) und vom Leser leicht bewiesen werden kann. Diese grundlegenden Eigenschaften des Abstandes ϱ benutzt man als Motivierung für die Erklärung eines allgemeinen Abstandsbegriffes.

8.1. Definition des metrischen Raumes. Es sei X eine gegebene Menge. Wir sagen, daß die reellwertige Funktion $\varrho: X \times X \to \boldsymbol{R}$ ein *Abstand* bzw. eine *Metrik* auf X ist, wenn sie für beliebige Elemente x, y, z aus X folgenden Bedin-

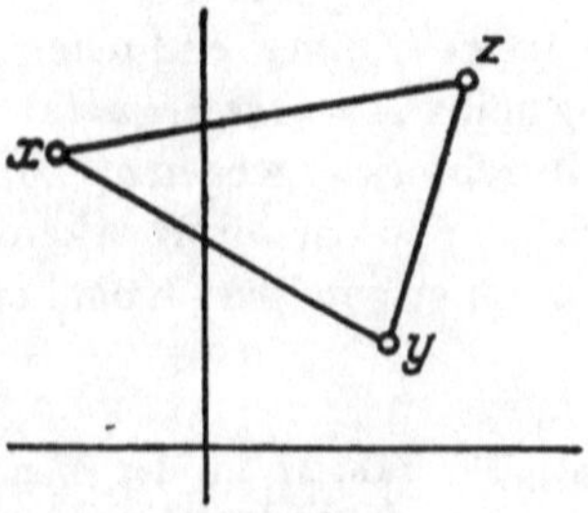

Abb. 8.1

gungen genügt:

a) $\varrho(x, y) = 0$ genau dann, wenn $x = y$ ist;
b) $\varrho(x, y) = \varrho(y, x)$;
c) $\varrho(x, z) \leqq \varrho(x, y) + \varrho(y, z)$.

Folglich ist $\varrho(x, y) \geqq 0$ für beliebige $x, y \in X$. Die Menge X, auf der der Abstand ϱ erklärt ist, heißt ein *metrischer Raum*, den wir mit (X, ϱ) bezeichnen. Meist werden wir später anstatt (X, ϱ) kurz X schreiben, wenn die Bezeichnung unmißverständlich ist und es auf die genaue Angabe der Metrik nicht ankommt. Die Elemente eines metrischen Raumes heißen *Punkte*. Beispielsweise ist $\boldsymbol{R}^2$ mit dem obigen Abstand ein metrischer Raum.

Eine in einem metrischen Raum X enthaltene Menge, zwischen deren Elementen derselbe Abstand wie in X erklärt ist, ist selbst ein metrischer Raum, den wir einen *Teilraum* des metrischen Raumes X nennen.

In dem metrischen Raum X wird die *offene Kugel* $K(x_0, r)$ mit dem Mittelpunkt $x_0 \in X$ und dem Radius $r > 0$ von allen Punkten $x \in X$ mit $\varrho(x, x_0) < r$ gebildet, während die *abgeschlossene Kugel* $\overline{K}(x_0, r)$ die Menge aller Punkte $x \in X$ mit $\varrho(x, x_0) \leqq r$ ist, so daß

$$K(x_0, r) = \{x \in X; \varrho(x, x_0) < r\} ,$$
$$\overline{K}(x_0, r) = \{x \in X; \varrho(x, x_0) \leqq r\}$$

gilt.

BEISPIEL

8.1. Jede gegebene Menge X kann man in trivialer Weise zu einem metrischen Raum machen, indem man auf ihr die Funktion ϱ:

$$\varrho(x, y) = \begin{cases} 0 & \text{für } x = y , \\ 1 & \text{für } x \neq y \end{cases}$$

erklärt, denn ϱ genügt den Bedingungen eines Abstandes. Wir nennen ϱ eine *diskrete Metrik*. Hier besteht jede abgeschlossene Kugel mit dem Radius $r < 1$ nur aus dem Mittelpunkt und jede abgeschlossene Kugel mit $r \geqq 1$ ist gleich X.

Die obere Grenze des Abstandes zwischen je zwei Punkten eines nichtleeren Teilraumes A des metrischen Raumes X wird der *Durchmesser* $d(A)$ genannt:

$$d(A) = \sup \{\varrho(x, y); x, y \in A\} .$$

Wenn der Teilraum A leer ist oder einen endlichen Durchmesser besitzt, heißt A *beschränkt.*[1]) Anderenfalls heißt A *unbeschränkt*. Offensichtlich ist jede Kugel $K(x_0, r)$ beschränkt, da ihr Durchmesser wegen $\varrho(x, y) \leqq \varrho(x, x_0) + \varrho(x_0, y) \leqq 2r$ niemals die Zahl $2r$ übertrifft. Wie wir sofort erkennen, ist ein Teilraum genau dann beschränkt, wenn er in einer gewissen Kugel enthalten ist.

BEISPIELE

8.2. Es sei $1 \leqq p \leqq \infty$ fest. Wir führen in der Menge $\boldsymbol{R}^n$ aller n-Tupel $x = (x_1, x_2, \ldots, x_n)$, $y = (y_1, y_2, \ldots, y_n), \ldots$, die reellwertige Funktion $\varrho_p\colon \boldsymbol{R}^n \times \boldsymbol{R}^n \to \boldsymbol{R}$:

$$\varrho_p(x,y) = \begin{cases} \left(\sum_{i=1}^{n} |x_i - y_i|^p\right)^{1/p} & \text{für } 1 \leqq p < \infty, \\ \max\{|x_i - y_i|;\ i = 1, \ldots, n\} & \text{für } p = \infty \end{cases}$$

als Abstand ein. Die Gültigkeit der beiden ersten Abstandsbedingungen ist für ϱ_p offenkundig, so daß nur die Dreiecksungleichung nachzuweisen bleibt. Wir nehmen an, daß $1 < p < \infty$ ist und überlassen den Beweis in den Fällen $p = 1$ und $p = \infty$ dem Leser. Unser Beweis verläuft in drei Schritten.

Es sei $q = \dfrac{p}{p-1}$. Dann besteht für beliebige nichtnegative Zahlen a und b die Ungleichung

$$a\,b \leqq \frac{a^p}{p} + \frac{b^q}{q}, \tag{8.1}$$

da wegen Abb. 8.2

$$a\,b \leqq F_1 + F_2 = \int_0^a x^{p-1}\,dx + \int_0^b y^{q-1}\,dy = \frac{a^p}{p} + \frac{b^q}{q}$$

gilt.

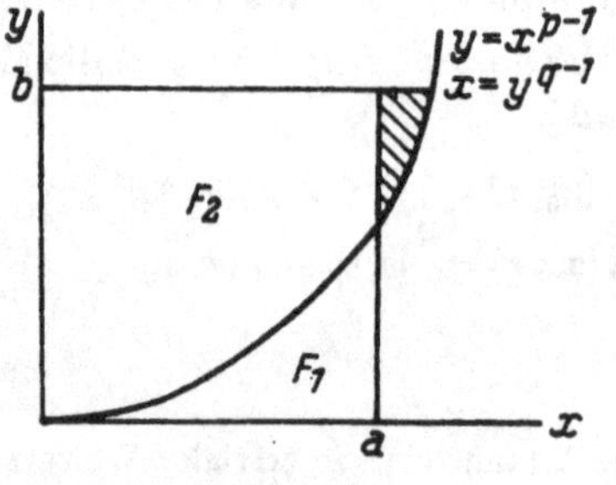

Abb. 8.2

Es seien $u = (u_1, u_2, \ldots, u_n) \neq \Theta$ und $v = (v_1, v_2, \ldots, v_n) \neq \Theta$ zwei Vektoren aus $\boldsymbol{R}^n$. Wählen wir für a und b speziell die Zahlen

$$\frac{|u_k|}{\left(\sum_{i=1}^{n} |u_i|^p\right)^{1/p}}, \quad \frac{|v_k|}{\left(\sum_{i=1}^{n} |v_i|^q\right)^{1/q}},$$

---

[1]) Analog heißt eine Folge (x_n) aus X beschränkt, wenn $\sup\{\varrho(x_n, x_m);\ n, m \in \boldsymbol{N}\} < \infty$ ist.

so erhalten wir aus (8.1) für $k = 1, 2, \ldots, n$ die Ungleichung

$$\frac{|u_k v_k|}{\left(\sum_{n=1}^{n} |u_i|^p\right)^{1/p} \left(\sum_{i=1}^{n} |v_i|^q\right)^{1/q}} \leqq \frac{1}{p} \frac{|u_k|^p}{\sum_{i=1}^{n} |u_i|^p} + \frac{1}{q} \frac{|v_k|^q}{\sum_{i=1}^{n} |v_i|^q}.$$

Durch Summation aller n Ungleichungen bekommen wir wegen $\frac{1}{p} + \frac{1}{q} = 1$ die HÖLDER*sche Ungleichung*

$$\sum_{i=1}^{n} |u_i v_i| \leqq \left(\sum_{i=1}^{n} |u_i|_p\right)^{1/p} \left(\sum_{i=1}^{n} |v_i|^q\right)^{1/q}, \tag{8.2}$$

die natürlich für alle Vektoren $u, v \in \boldsymbol{R}^n$ besteht. Wegen (8.2) gilt dann

$$\sum_{i=1}^{n} |u_i + v_i|^p = \sum_{i=1}^{n} |u_i + v_i|^{p-1} |u_i + v_i| \leqq$$

$$\leqq \sum_{i=1}^{n} |u_i + v_i|^{p-1} |u_i| + \sum_{i=1}^{n} |u_i + v_i|^{p-1} |v_i| \leqq$$

$$\leqq \left(\sum_{i=1}^{n} |u_i + v_i|^{(p-1)q}\right)^{1/q} \left(\left(\sum_{i=1}^{n} |u_i|^p\right)^{1/p} + \left(\sum_{i=1}^{n} |v_i|^p\right)^{1/p}\right).$$

Da $(p - 1)\, q = p$ ist, folgt schließlich die MINKOWSKI*sche Ungleichung*:

$$\left(\sum_{i=1}^{n} |u_i + v_i|^p\right)^{1/p} \leqq \left(\sum_{i=1}^{n} |u_i|_p\right)^{1/p} + \left(\sum_{i=1}^{n} |v_i|^p\right)^{1/p}. \tag{8.3}$$

Hieraus ergibt sich folgendermaßen die Dreiecksungleichung für ϱ_p: Wenn $x = (x_1, \ldots, x_n)$, $y = (y_1, \ldots, y_n)$ und $z = (z_1, \ldots, z_n)$ Elemente aus $\boldsymbol{R}^n$ sind und wir $u = x - y$ und $v = y - z$ setzen, dann ergibt sich aus (8.3) unsere Behauptung:

$$\varrho_p(x, z) = \left(\sum_{i=1}^{n} |x_i - z_i|^p\right)^{1/p} \leqq \left(\sum_{i=1}^{n} |x_i - y_i|^p\right)^{1/p} + \left(\sum_{i=1}^{n} |y_i - z_i|^p\right)^{1/p} =$$

$$= \varrho_p(x, y) + \varrho_p(y, z). \tag{8.4}$$

Somit ist die Funktion ϱ_p für jedes feste p $(1 \leqq p \leqq +\infty)$ ein Abstand auf $\boldsymbol{R}^n$. Wir bemerken noch, daß für feste Vektoren x und y aus $\boldsymbol{R}^n$ stets

$$\lim_{p \to \infty} \varrho_p(x, y) = \lim_{p \to \infty} \left(\sum_{i=1}^{n} |x_i - y_i|^p\right)^{1/p} = \max\{|x_i - y_i|;\ i = 1, \ldots, n\} = \varrho_\infty(x, y)$$

gilt. Im Fall $n = 1$ stimmen alle Metriken ϱ_p überein und sind gleich dem absoluten Betrag der Differenz von zwei reellen Zahlen. Wir schreiben deshalb $\boldsymbol{R}$ anstelle $(\boldsymbol{R}, \varrho_p)$. Den metrischen Raum $(\boldsymbol{R}^n, \varrho_p)$ bezeichnen wir kurz mit $\boldsymbol{R}_p^n$. Wenn $p = 2$ ist, nennen wir $\boldsymbol{R}_2^n$ einen *euklidischen Raum*, für den wir auch einfach $\boldsymbol{R}^n$ schreiben. Für verschiedene Werte von p sind die metrischen Räume $\boldsymbol{R}_p^n$ $(n > 1)$ verschieden. Dies bemerken wir sehr deutlich, wenn wir in den Räumen $\boldsymbol{R}_p^2$ jeweils die abgeschlossene Kugel mit dem Mittelpunkt $x_0 = (0, 0)$ und dem Radius $r = 1$ betrachten (vgl. Abb. 8.3).

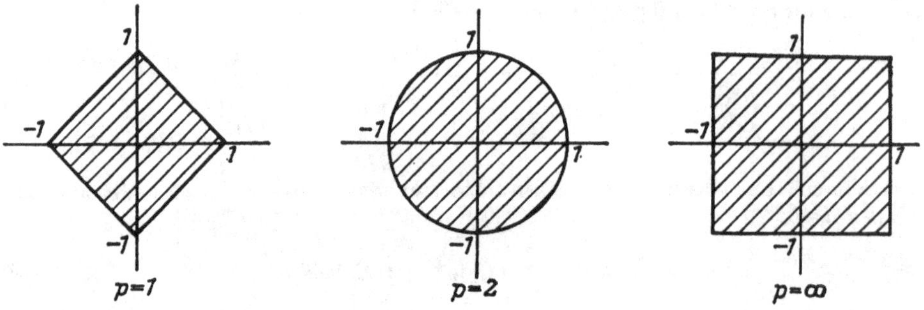

Abb. 8.3

Offensichtlich ist auch die komplexe Zahlenebene C mit dem üblichen Abstand $\varrho(x, y) = |x - y|$ für $x, y \in C$ ein metrischer Raum.

8.3. Das folgende Beispiel können wir als Verallgemeinerung des vorhergehenden ansehen. Wiederum sei p eine feste Zahl mit $1 \leqq p \leqq \infty$. Wir betrachten im Fall $1 \leqq p < \infty$ die Menge aller Zahlenfolgen $x = (x_1, x_2, \ldots)$, für die die Reihe $\sum_{i=1}^{\infty} |x_i|^p$ konvergiert. Für $p = \infty$ untersuchen wir die Menge aller beschränkten Zahlenfolgen. Auf dieser Menge definieren wir die reellwertige Funktion ϱ_p:

$$\varrho_p(x, y) = \begin{cases} \left(\sum_{i=1}^{\infty} |x_i - y_i|^p\right)^{1/p} & \text{für } 1 \leqq p < \infty, \\ \sup\{|x_i - y_i|;\, i \in N\} & \text{für } p = \infty, \end{cases}$$

die offensichtlich den beiden ersten Bedingungen des Abstandes genügt. Im Fall $1 \leqq p < \infty$ ergibt sich die Dreiecksungleichung für ϱ_p aus der Tatsache, daß für jede natürliche Zahl n die Ungleichung (8.4) gilt. Bei $p = \infty$ gilt für jedes i

$$|x_i - z_i| \leqq |x_i - y_i| + |y_i - z_i| \leqq \varrho_\infty(x, y) + \varrho_\infty(y, z)$$

und somit

$$\varrho_\infty(x, z) \leqq \varrho_\infty(x, y) + \varrho_\infty(y, z)\,.$$

Den entstehenden metrischen Raum bezeichnen wir mit l_p.

8.4. Da jede konvergente Zahlenfolge notwendig beschränkt ist, muß die Menge aller konvergenten Zahlenfolgen, auf der wir die Funktion ϱ:

$$\varrho(x, y) = \sup\{|x_i - y_i|;\, i \in N\}$$

als Abstand einführen, ein Teilraum von l_∞ sein. Diesen metrischen Raum der konvergenten Zahlenfolgen bezeichnen wir stets mit c.

Es seien mit (X_1, ϱ_1) und (X_2, ϱ_2) zwei metrische Räume gegeben. Führt man auf der Menge $X_1 \times X_2$ eine Metrik ϱ ein, welche den Bedingungen

$$\varrho\big((x_1, x_2), (x_1, y_2)\big) = \varrho_2(x_2, y_2)\,,$$

$$\varrho\big((x_1, x_2), (y_1, x_2)\big) = \varrho_1(x_1, y_1)$$

für alle $x_1, y_1 \in X_1$ und $x_2, y_2 \in X_2$ genügt, so heißt $(X_1 \times X_2, \varrho)$ ein *metrischer Produktraum*. Zum Beispiel kann man als Abstand $\varrho(x, y)$ zwischen zwei Punkten $x = (x_1, x_2)$ und $y = (y_1, y_2)$ aus $X_1 \times X_2$ eine der folgenden Funktionen

$$[\varrho_1^p(x_1, y_1) + \varrho_2^p(x_2, y_2)]^{1/p},$$
$$\max \{\varrho_1(x_1, y_1), \varrho_2(x_2, y_2)\}$$

benutzen, wobei $p \geqq 1$ eine feste Zahl sein soll. Der Beweis sei dem Leser überlassen. Entsprechend wird der metrische Produktraum für endlich viele metrische Räume erklärt. Als Beispiele seien die Räume $\boldsymbol{R}_p^n$ mit $n > 1$ und $1 \leqq p \leqq \infty$ genannt.

AUFGABEN

8.1. Es seien a, b und $p > 0$ feste reelle Zahlen. Man untersuche, ob die folgende Funktion ϱ:

a) $\varrho(x, y) = |x - y|^p$ für $x, y \in \boldsymbol{R}$,
b) $\varrho(x, y) = |x^p - y^p|$ für $x, y \in \boldsymbol{R}$,
c) $\varrho(x, y) = (a\,(x_1 - y_1)^2 + b\,(x_2 - y_2)^2)^{1/2}$ für $x, y \in \boldsymbol{R}^2$

ein Abstand auf der entsprechenden Menge ist.

8.2. Wenn zwei metrische Räume (X_1, ϱ_1) und (X_2, ϱ_2) gegeben sind, dann läßt sich auf dem Produkt $X_1 \times X_2$ z. B. der Abstand $\varrho_1 + \varrho_2$ einführen. Man beweise diese Behauptung und gebe weitere mögliche Metriken auf $X_1 \times X_2$ an.

8.3. Es sei X ein metrischer Raum mit dem Abstand ϱ. Man zeige, daß ϱ_1:

$$\varrho_1(x, y) = \frac{\varrho(x, y)}{1 + \varrho(x, y)}$$

ebenfalls eine Metrik auf X ist.

8.4. Es seien $x_1, x_2, \ldots, x_n$ Punkte des metrischen Raumes (X, ϱ). Man beweise, daß

a) $\varrho(x_1, x_n) \leqq \varrho(x_1, x_2) + \varrho(x_2, x_3) + \cdots + \varrho(x_{n-1}, x_n)$,
b) $|\varrho(x_1, x_3) - \varrho(x_2, x_3)| \leqq \varrho(x_1, x_2)$

gilt.

8.5. Es seien A, B, C nichtleere Mengen des metrischen Raumes (X, ϱ) und x_0, y_0 zwei gegebene Punkte von X. Wir nennen dann die Zahl

$$\varrho(A, x_0) = \inf \{\varrho(x, x_0);\, x \in A\}$$

den *Abstand zwischen x_0 und A*. Unter dem *Abstand zwischen den Mengen A und B* wollen wir

$$\varrho(A, B) = \inf \{\varrho(x, y);\, x \in A, y \in B\}$$

verstehen. Man beweise:

a) $|\varrho(A, x_0) - \varrho(A, y_0)| \leqq \varrho(x_0, y_0)$;
b) $\varrho(A, C) \leqq \varrho(A, B) + \varrho(B, C) + d(B)$ für jede beschränkte Menge B;
c) $d(A \cup B) \leqq d(A) + d(B) + \varrho(A, B)$ für beschränkte Mengen A und B.

8.2. Offene und abgeschlossene Teilräume. Es sei X ein nichtleerer metrischer Raum und x ein beliebiger Punkt von X. Dann nennen wir einen Teilraum $U \subseteq X$ eine *Umgebung des Punktes x*, wenn in U eine gewisse offene Kugel $K(x, r)$ mit dem Mittelpunkt x und dem Radius $r > 0$ enthalten ist. Um zu kennzeichnen, daß U eine Umgebung von x ist, schreiben wir anstelle U oft $U(x)$. Offensichtlich ist jede Kugel eine Umgebung ihres Mittelpunktes. Deshalb nennen wir eine Kugel mit dem Mittelpunkt x auch *Kugelumgebung* des Punktes x. Im folgenden Satz fassen wir charakteristische Eigenschaften der Umgebungen zusammen:

8.1. Ist x ein beliebiger Punkt von X, so gelten folgende Aussagen:

a) *Es existiert mindestens eine Umgebung U mit $x \in U$.*
b) *Wenn $U(x)$ und $V(x)$ Umgebungen des Punktes x sind, dann ist $U(x) \cap V(x)$ eine Umgebung von x.*
c) *In $U(x)$ gibt es eine Umgebung $U'(x)$, so daß zu jedem $y \in U'(x)$ eine Umgebung $U(y)$ mit $U(y) \subseteq U(x)$ existiert.*

Beweis. Als U können wir eine offene Kugel mit dem Mittelpunkt x wählen, so daß a) klar ist. Nach Voraussetzung von b) gilt $K(x, r) \subseteq U(x)$ und $K(x, r') \subseteq V(x)$. Wir können dabei annehmen, daß $0 < r \leqq r'$ ist. Wegen $K(x, r) \subseteq U(x) \cap V(x)$ ist die zweite Aussage klar. — Es sei $U'(x) = K\left(x, \frac{r}{2}\right)$. Da die Kugel $V(y) = K\left(y, \frac{r}{2}\right)$ mit beliebigem Mittelpunkt $y \in K\left(x, \frac{r}{2}\right)$ stets in $K(x, r)$ und damit in $U(x)$ liegt, ist auch die letzte Behauptung bewiesen.

Wir werden jetzt zwei wichtige Typen von Teilräumen eines metrischen Raumes betrachten. Ein Teilraum $G \subseteq X$ heißt *offen* in X, wenn es zu jedem Punkt $x \in G$ eine Umgebung $U(x) \subseteq X$ gibt, für die $U(x) \subseteq G$ gilt. Es wird vereinbart, daß $\emptyset$ offen ist. Wenn G_1 und G_2 offene Teilräume sind und (G_i) $(i \in I)$ ein Komplex offener Teilräume ist, so gilt:

8.2. a) *$\emptyset$ und X sind offen;*
b) *$\bigcup_{i \in I} G_i$ ist offen;*
c) *$G_1 \cap G_2$ ist offen.*

Beweis. Nach Satz 8.1 ist X offen. Wenn x in $\bigcup_{i \in I} G_i$ enthalten ist, gilt $x \in G_i$ für einen gewissen Index $i \in I$. Da G_i offen ist, existiert eine Umgebung $U(x)$ mit $U(x) \subseteq G_i$, woraus sich $U(x) \subseteq \bigcup_{i \in I} G_i$ ergibt. Die Vereinigung eines Komplexes offener Teilräume ist also offen.

Aus $x \in G_1 \cap G_2$ folgt, daß x in den offenen Mengen G_1 und G_2 liegt. Folglich gibt es Umgebungen $U_1(x)$ und $U_2(x)$, für die $U_1(x) \subseteq G_1$ und $U_2(x) \subseteq G_2$ gilt. Nach Satz 8.1 ist $U_1(x) \cap U_2(x)$ eine Umgebung von x, die in $G_1 \cap G_2$ liegt, d. h. der Durchschnitt von zwei offenen Teilräumen ist offen. Durch vollständige Induktion folgt, daß auch der Durchschnitt endlich vieler offener Teilräume offen ist. Auf der Zahlengeraden sind alle offenen Intervalle offen. Wie das Beispiel

$$\bigcap_{n=1}^{\infty} \left(-\frac{n+1}{n}, \frac{n+1}{n}\right) = [-1, 1]$$

zeigt, braucht dagegen der Durchschnitt von unendlich vielen offenen Mengen nicht offen zu sein.

Es sei A ein gegebener Teilraum von X. Unter dem *Inneren* oder dem *Kern* von A verstehen wir die Menge aller Punkte $x \in A$, für die eine gewisse Umgebung $U(x)$ noch in A liegt. Wir bezeichnen das Innere von A mit A^0. Wir erkennen direkt, daß der Teilraum A genau dann offen ist, wenn $A = A^0$ gilt. Das Innere von Teilräumen A und B besitzt folgende Eigenschaften:

8.3. a) $\emptyset^0 = \emptyset$, $X^0 = X$;
b) $A^0 \subseteq A$;
c) $(A^0)^0 = A^0$;
d) $(A \cap B)^0 = A^0 \cap B^0$.

Beweis. Die beiden ersten Eigenschaften ergeben sich aus der Definition. Da A^0 offen ist und offene Teilräume mit ihrem Kern übereinstimmen, ist auch c) klar. Aus b) folgt $A \cap B \supseteq A^0 \cap B^0$. Da $A^0 \cap B^0$ nach Satz 8.2 offen ist, erhalten wir $(A \cap B)^0 \supseteq A^0 \cap B^0$. Wir zeigen jetzt die Gültigkeit der Inklusion

$$(A \cap B)^0 \subseteq A^0 \cap B^0,$$

womit die letzte Behauptung bewiesen sein wird. Im Fall $x \in (A \cap B)^0$ existiert eine Umgebung $U(x)$, die in $A \cap B$ liegt. Wegen $U(x) \subseteq A$ und $U(x) \subseteq B$ ist $x \in A^0 \cap B^0$.

Neben den offenen Teilräumen untersuchen wir noch einen zweiten Typ von Teilräumen. Wir nennen einen Teilraum F von X *abgeschlossen*, wenn der Teilraum $X \setminus F$ offen ist. Das Komplement eines abgeschlossenen Teilraumes ist offen und das Komplement eines offenen Teilraumes ist abgeschlossen. Aus dem Satz 8.2 und den DE MORGANschen Formeln (1.3) ergibt sich für den Komplex (F_i) $(i \in I)$ von abgeschlossenen Teilräumen und die abgeschlossenen Teilräume F_1 und F_2:

8.4. a) *$\emptyset$ und X sind abgeschlossen;*
b) *$\bigcap_{i \in I} F$ ist abgeschlossen;*
c) *$F_1 \cup F_2$ ist abgeschlossen.*

Zu einem gegebenen Teilraum $A \subseteq X$ können wir stets die größte offene Menge angeben, die in A enthalten ist. Diese Menge ist nämlich A^0. Weiterhin läßt sich die kleinste abgeschlossene Menge $\overline{A}$ konstruieren, die A enthält. $\overline{A}$ ist der (nach Satz 8.4 abgeschlossene) Durchschnitt aller abgeschlossenen Teilräume, die A umfassen. Benutzen wir die Definition des Kernes, so gilt

$$\overline{A} = X \setminus (X \setminus A)^0. \tag{8.5}$$

Wir nennen $\overline{A}$ die *Abschließung* oder *abgeschlossene Hülle* von A. Es ist klar, daß $\overline{A}$ abgeschlossen ist und daß der Teilraum A genau dann abgeschlossen ist, wenn $A = \overline{A}$ ist. Aufgrund von (8.5) und Satz 8.3 erhalten wir mittels der DE MORGANschen Formeln (1.3) den Satz:

8.5. a) $\overline{\emptyset} = \emptyset$, $\overline{X} = X$;

b) $A \subseteq \overline{A}$;

c) $\overline{(\overline{A})} = \overline{A}$;

d) $\overline{A \cup B} = \overline{A} \cup \overline{B}$.

In den Sätzen 8.1 bis 8.5 haben wir charakteristische Eigenschaften der Umgebungen, der offenen bzw. abgeschlossenen Teilräume, des Inneren und der abgeschlossenen Hülle eines Teilraumes zusammengestellt. Die Begriffe eines offenen bzw. abgeschlossenen Teilraumes sowie des Inneren und der abgeschlossenen Hülle eines Teilraumes erklärten wir mittels der Umgebungen, zu deren Definition wir den Abstand wesentlich benutzten. Wenn in einer Menge X kein Abstand erklärt ist, aber dafür ein System von Teilmengen ausgezeichnet ist, welches den Aussagen von Satz 8.1 genügt, dann nennen wir diese Teilmengen „Umgebungen" und X einen „topologischen Raum". Indem wir die drei Eigenschaften der Umgebungen in einem metrischen Raum zur Definition verallgemeinerter Umgebungen benutzen, erhalten wir eine Verallgemeinerung des metrischen Raumes, nämlich den topologischen Raum. Analog wie in diesem Abschnitt werden in einem topologischen Raum offene und abgeschlossene Teilmengen sowie das Innere und die abgeschlossene Hülle einer Teilmenge erklärt, die ebenfalls die Eigenschaften 8.2 bis 8.5 besitzen. Da wir uns nicht näher mit topologischen Räumen beschäftigen wollen, verweisen wir den interessierten Leser auf J. L. Kelley [1], G. Köthe [1], K. Kuratowski [1] und H. Schubert [1].

Es sei X ein nichtleerer metrischer Raum und Y ein fester Teilraum von X. Wir nennen eine Menge $A \subseteq Y$ *offen bezüglich des Teilraumes* Y, wenn sich A in der Form $A = G \cap Y$ mit einer offenen Menge $G \subseteq X$ darstellen läßt. Entsprechend sagen wir, daß $B \subseteq Y$ *abgeschlossen bezüglich des Teilraumes* Y ist, wenn $B = F \cap Y$ für eine abgeschlossene Menge $F \subseteq X$ ist. Beispielsweise ist im Fall $X = \boldsymbol{R}$ und $Y = (0, 1]$ die Menge $\left(0 \frac{1}{2}\right]$ abgeschlossen bezüglich Y, während $\left(\frac{1}{2}, 1\right]$ offen bezüglich Y ist.

Wir nehmen an, daß eine nichtleere Menge A des metrischen Raums X und ein Punkt $x_0 \in X$ gegeben sind. Wir betrachten die in den Umgebungen von x_0 liegenden Punkte von A und $X \setminus A$. Dabei treten folgende Fälle auf:

(1) Es gibt eine Umgebung von x_0, in der keine Punkte von A liegen. Dann heißt x_0 ein *äußerer Punkt* von A.

(2) In jeder Umgebung von x_0 liegt wenigstens ein Punkt von A. Wir nennen in diesem Fall x_0 einen *Berührungspunkt* von A. Da uns künftig besonders die Berührungspunkte interessieren werden, führen wir die Fallunterscheidung fort.

(2.1) Es gibt eine Umgebung von x_0, in der nur $x_0 \in A$ und sonst keine Punkte aus A liegen. Der Punkt x_0 heißt dann ein *isolierter Punkt* von A.

(2.2) In jeder Umgebung des Punktes x_0 liegt mindestens ein Punkt von A, der von x_0 verschieden ist. Wir sagen dann, daß x_0 ein *Häufungspunkt* von A ist.

Wir können die Berührungspunkte von A aber auch nach einem anderen Gesichtspunkt einteilen:

(2.1′) Es gibt eine Umgebung von x_0, die nur aus Punkten von A besteht. Der Punkt x_0 heißt dann *innerer Punkt* von A.

(2.2′) Wenn in jeder Umgebung von x_0 mindestens ein Punkt aus A und ein Punkt aus $X \setminus A$ liegt, nennen wir x_0 einen *Randpunkt* von A.

Wir empfehlen dem Leser, sich diese Begriffe an geometrischen Beispielen zu veranschaulichen.

BEISPIEL

8.5. In der Menge X sei die diskrete Metrik (vgl. Beispiel 8.1) eingeführt. Jeder Punkt des Teilraumes $A \subseteq X$ ist zugleich ein isolierter und ein innerer Punkt von A. Der Teilraum A besitzt weder Häufungspunkte noch Randpunkte. Alle Punkte von $X \setminus A$ sind äußere Punkte von A. Wie wir sofort erkennen, ist jeder Teilraum von X zugleich offen und abgeschlossen.

Zwischen einem offenen Teilraum und dessen inneren Punkten sowie zwischen einem abgeschlossenen Teilraum und dessen Berührungspunkten besteht ein direkter Zusammenhang, der sich aus den Definitionen dieser Begriffe ergibt:

8.6. *Es sei A ein gegebener Teilraum von X. Dann sind folgende Aussagen richtig:*

a) *A ist genau dann offen, wenn jeder Punkt von A innerer Punkt von A ist.*

b) *A^0 besteht genau aus allen inneren Punkten von A.*

c) *A ist genau dann abgeschlossen, wenn A alle seine Berührungspunkte enthält.*

d) *A ist genau dann abgeschlossen, wenn zu A alle Häufungspunkte gehören.*

e) *$\overline{A}$ besteht genau aus allen Berührungspunkten von A.*

AUFGABEN

8.6. Man zeige, daß offene Kugeln stets offen und abgeschlossene Kugeln stets abgeschlossen sind.

8.7. Man zeige, daß eine offene Menge in $\boldsymbol{R}$ die Vereinigung höchstens abzählbar vieler, paarweise disjunkter offener Intervalle ist.

8.8. Es sei A ein nichtleerer Teilraum des metrischen Raumes X und $x_0 \in X$. Man charakterisiere die Fälle, daß x_0 ein äußerer Punkt, ein Berührungspunkt, ein isolierter Punkt, ein Häufungspunkt, ein innerer Punkt oder ein Randpunkt von A ist, durch die Angabe von $\varrho(x_0, A)$, $\varrho(x_0, A \setminus \{x_0\})$ und $\varrho(x_0, X \setminus A)$ (vgl. Aufgabe 8.5).

8.9. Für einen beliebigen Teilraum A des metrischen Raumes X sei $\alpha(A) = (\overline{A})^0$ und $\beta(A) = \overline{(A^0)}$. Man zeige folgende Aussagen:

a) Wenn A offen ist, dann ist $A \subseteq \alpha(A)$.
b) Wenn A abgeschlossen ist, gilt $\beta(A) \subseteq A$.
c) Es gilt $\alpha(\alpha(A)) = \alpha(A)$ und $\beta(\beta(A)) = \beta(A)$ für jedes A.
d) Es ist genau dann $\alpha(A) = \emptyset$, wenn $\beta(X \setminus A) = X$ gilt.
e) Wenn A und B offen und disjunkt sind, dann ist $\alpha(A) \cap \alpha(B) = \emptyset$.

8.10. Man beweise, daß jeder Punkt des Cantorschen Diskontinuums $\boldsymbol{D}$ (siehe Beispiel 4.6) ein Häufungspunkt von $\boldsymbol{D}$ ist.

8.3. Dichte Teilräume. In dem metrischen Raum X betrachten wir drei Teilräume A, B und C. Wir sagen, daß A *dicht in* B liegt, wenn $\overline{A} \supseteq B$ gilt. Der Teilraum A ist genau dann dicht in B, wenn jeder Punkt von B Berührungspunkt von A ist, d. h., wenn in jeder Umgebung jedes Punktes von B mindestens ein Punkt von A enthalten ist. Z. B. liegen die rationalen Zahlen dicht in $\boldsymbol{R}$.

8.7. *Ist A dicht in B und B dicht in C, so ist auch A dicht in C.*

Der Beweis ist denkbar einfach. Aus $\overline{A} \supseteq B$ folgt $\overline{A} = (\overline{\overline{A}}) \supseteq \overline{B}$, woraus sich wegen $\overline{B} \supseteq C$ unsere Behauptung $\overline{A} \supseteq C$ ergibt.

Liegt ein Teilraum A von X dicht im metrischen Raum X, so heißt A *überall dicht* (*in* X). Weiterhin sagen wir, daß A *nirgends dicht* (*in* X) ist, wenn $(X \setminus A)^0$ überall dicht ist. Wie wir aus den Definitionen ersehen können, ist A genau dann dicht in B, überall dicht bzw. nirgends dicht, wenn $\overline{A}$ die gleiche Eigenschaft besitzt. Folglich ist z. B. A genau dann nirgends dicht, wenn das Komplement von $\overline{A}$ überall dicht ist.

BEISPIELE

8.6. In dem Raum $\boldsymbol{R}_p^n$ $(1 \leqq p \leqq \infty)$ betrachten wir die Teilmenge $\boldsymbol{Q}^n$ aller Punkte, deren Koordinaten rational sind. Die Menge ist abzählbar (siehe Beispiel 4.3) und, wie wir jetzt beweisen werden, überall dicht in $\boldsymbol{R}_p^n$.

Es sei ε eine beliebig vorgegebene positive Zahl und $x = (x_1, x_2, \ldots, x_n)$ ein beliebiger Punkt von $\boldsymbol{R}_p^n$. Da die rationalen Zahlen überall in $\boldsymbol{R}$ dicht liegen, existiert zu jeder Koordinate x_i eine rationale Zahl r_i mit $|r_i - x_i| < \varepsilon$. Dann beträgt der Abstand zwischen x und $r = (r_1, r_2, \ldots, r_n)$:

$$\varrho_p(x, r) < \begin{cases} n^{1/p} \cdot \varepsilon & \text{für } 1 \leqq p < \infty, \\ \varepsilon & \text{für } p = \infty, \end{cases}$$

was zu beweisen war.

8.7. Die Menge A aller Folgen $r = (r_i)$ mit endlich vielen von 0 verschiedenen rationalen Gliedern r_i ist nach Satz 4.3 abzählbar und bildet einen Teilraum von $\boldsymbol{l}_p$ $(1 \leqq p < \infty)$. Wir zeigen, daß der Teilraum A überall dicht in $\boldsymbol{l}_p$ liegt.

Es sei $\varepsilon > 0$ beliebig vorgegeben und $x = (x_i)$ ein beliebiges Element von $\boldsymbol{l}_p$. Dann können wir einen Index n_0 angeben, so daß

$$\sum_{i=n_0+1}^{\infty} |x_i|^p < \frac{\varepsilon^p}{2}$$

ist. Aufgrund des vorigen Beispiels können wir $r = (r_1, r_2, \ldots, r_{n_0}, 0, 0, \ldots)$ derart wählen, daß

$$\sum_{i=1}^{n_0} |x_i - r_i|^p < \frac{\varepsilon^p}{2}$$

gilt. Folglich erhalten wir

$$[\varrho_p(x, r)]^p = \sum_{i=1}^{n_0} |x_i - r_i|^p + \sum_{i=n_0+1}^{\infty} |x_i|^p < \varepsilon^p,$$

so daß der Abstand zwischen x und r kleiner als ε ist.

Aus den Definitionen ergeben sich folgende Behauptungen:

8.8. a) *A ist genau dann überall dicht in X, wenn $K \cap A$ für jede offene Kugel $K \subseteq X$ nichtleer ist.*

A ist genau dann nirgends dicht in X, wenn jede offene Kugel eine zu A disjunkte offene Kugel enthält.

b) *Ist A überall dicht und B überall dicht und offen, so ist $A \cap B$ überall dicht. Sind A und B nirgends dicht, so ist $A \cup B$ nirgends dicht.*

Beweis. a) Nach Definition ist ein Teilraum A genau dann überall dicht, wenn in jeder Umgebung jedes Punktes von X mindestens ein Punkt von A liegt oder, was dasselbe bedeutet, wenn zu jeder Kugel von X mindestens ein Punkt von A gehört.

Ein Teilraum A ist genau dann nirgends dicht in X, wenn $(X \setminus A)^0$ überall dicht ist. Aufgrund der eben bewiesenen Tatsache gilt $(X \setminus A)^0 \cap K \neq \emptyset$ für eine beliebige offene Kugel K. Es sei x ein Element der offenen Menge $(X \setminus A)^0 \cap K$. Dann existiert eine offene Kugelumgebung K_1 von x, für die $K_1 \subseteq (X \setminus A)^0 \cap K$ und somit $K_1 \subseteq K$ und $K_1 \cap A = \emptyset$ gilt. Die Umkehrung beweist man analog.

b) Es sei A ein überall dichter Teilraum und B ein offener, überall dichter Teilraum. Für eine beliebige offene Kugel K ist $K \cap B$ eine nichtleere offene Menge. Zu $x \in K \cap B$ existiert eine Kugelumgebung K_1 von x, für die $K_1 \subseteq K \cap B$ gilt. Da A überall dicht ist, muß $K_1 \cap A \neq \emptyset$ und damit $K \cap (A \cap B) \neq \emptyset$ sein. Folglich ist $A \cap B$ überall dicht.

Wenn schließlich A und B nirgends dichte Teilräume sind und K eine beliebige offene Kugel ist, dann können wir eine offene Kugel $K_1 \subseteq K$ mit der Eigenschaft $K_1 \cap A = \emptyset$ finden. Innerhalb K_1 liegt eine Kugel K_2, für die $K_2 \cap B = \emptyset$ gilt. Folglich gilt $K_2 \subseteq K$ und $K_2 \cap (A \cup B) = \emptyset$, so daß $A \cup B$ nirgends dicht ist. Damit ist der Satz bewiesen.

Als Folgerung erhält man, daß die Vereinigung endlich vieler nirgends dichter Mengen wiederum nirgends dicht ist. Bei unendlich vielen nirgends dichten Mengen läßt sich leicht ein Gegenbeispiel angeben. Die Menge $\boldsymbol{Q} = \{r_i; i = 1, 2, \ldots\}$ aller rationalen Zahlen liegt einerseits in $\boldsymbol{R}$ überall dicht und ist andererseits gleich der Vereinigung der abzählbar vielen nirgends dichten Mengen $\{r_i\}$.

AUFGABEN

8.11. Man zeige, daß ein abgeschlossener Teilraum A von X genau dann nirgends dicht ist, wenn $X \setminus A$ überall dicht ist.

8.12. Wenn A dicht in B ist, dann ist $A \cap B$ dicht in B. Man beweise dies!

8.13. Man zeige, daß das CANTORsche Diskontinuum nirgends dicht in $[0, 1]$ ist (siehe Beispiel 4.6).

8.14. Die Menge der Randpunkte eines offenen Teilraumes A von X ist abgeschlossen und nirgends dicht in X.

8.15. Die Vereinigung eines offenen Teilraumes A von X mit der Menge der äußeren Punkte von A ist überall dicht.

8.4. Separable metrische Räume. Wir nennen einen metrischen Raum X *separabel*, wenn in X ein höchstens abzählbarer, überall dichter Teilraum $\{x_k\}$ existiert. Der metrische Raum X mit dem Abstand ϱ ist genau dann separabel, wenn es zu jedem $\varepsilon > 0$ und jedem Punkt $x \in X$ einen Punkt x_k mit $\varrho(x, x_k) < \varepsilon$ gibt. Aufgrund der Beispiele 8.6 und 8.7 sind die metrischen Räume $\boldsymbol{R}_p^n$ $(1 \leqq p \leqq \infty)$ und $\boldsymbol{l}_p$ $(1 \leqq p < \infty)$ separabel.

8.9. Der metrische Raum X ist genau dann separabel, wenn es in X ein höchstens abzählbares System $\{K_n\}$ von offenen Kugeln gibt, so daß jede nichtleere offene Menge in X die Vereinigung eines Teilsystems von $\{K_n\}$ ist.

Beweis. a) *Notwendig.* Ist X separabel, so existiert ein höchstens abzählbarer, überall dichter Teilraum $\{x_n\}$, mit dessen Hilfe wir ein höchstens abzählbares System von offenen Kugeln der Form $K\left(x_n, \frac{1}{m}\right)$ $(n, m \in \boldsymbol{N})$ konstruieren. Es sei A eine beliebige offene Menge in X. Mit einem Punkt x liegt auch eine gewisse Kugelumgebung $K(x, r)$ in A. Wählen wir den Index m derart, daß $\frac{1}{m} < \frac{r}{2}$ ist, und den Punkt x_n so, daß $x_n \in K\left(x, \frac{1}{m}\right)$ und somit $x \in K\left(x_n, \frac{1}{m}\right)$ gilt, dann ist $K\left(x_n, \frac{1}{m}\right) \subseteq K(x, r) \subseteq A$. Folglich muß die Vereinigung des Teilsystems aller offenen Kugeln $K\left(x_n, \frac{1}{m}\right)$, für die $K\left(x_n, \frac{1}{m}\right) \subseteq A$ für gewisse $n, m \in \boldsymbol{N}$ gilt, gleich A sein.

b) *Hinreichend.* Wenn es umgekehrt in X ein höchstens abzählbares System $\{K_n\}$ von offenen Kugeln gibt, so daß jeder nichtleere offene Teilraum von X die Vereinigung eines Teilsystems von $\{K_n\}$ ist, dann können wir aufgrund des Auswahlaxioms die höchstens abzählbare Menge $\{x_n\}$ mit $x_n \in K_n$ für jedes $n \in \boldsymbol{N}$ bilden. Diese Menge $\{x_n\}$ muß nach Satz 8.8 überall dicht sein, weil in einer beliebigen offenen Kugel K wegen $K_n \subseteq K$ für ein gewisses n mindestens der Punkt x_n enthalten ist. Folglich ist X separabel, womit der Satz bewiesen ist.

BEISPIELE

8.8. Der diskrete metrische Raum X (siehe Beispiel 8.1) besitzt als einzige überall dichte Menge nur sich selbst. Somit ist X genau dann separabel, wenn die Menge X höchstens abzählbar ist.

8.9. In dem metrischen Raum $\boldsymbol{l}_\infty$ betrachten wir den Teilraum A aller „0-1-Folgen" $x = (x_i)$, wobei jedes Glied x_i entweder 0 oder 1 ist. Da für zwei Folgen $x = (x_i)$, $y = (y_i)$ aus A stets

$$\varrho_\infty(x, y) = \sup\{|x_i - y_i|;\, i \in \boldsymbol{N}\} = \begin{cases} 1 & \text{für } x \neq y, \\ 0 & \text{für } x = y \end{cases}$$

gilt und A die Mächtigkeit des Kontinuums besitzt (vgl. Aufgabe 4.11), ist nach dem vorherigen Beispiel der metrische Raum A und somit (nach Aufgabe 8.17) auch $\boldsymbol{l}_\infty$ nicht separabel.

AUFGABEN

8.16. Man beweise, daß der metrische Raum c separabel ist.

8.17. Ist ein metrischer Raum A in einem separablen metrischen Raum X enthalten, so ist auch A separabel.

8.18. Der metrische Raum X ist genau dann separabel, wenn jede Überdeckung von offenen Mengen eine abzählbare Teilüberdeckung von X enthält. Man beweise dies!

8.19. Man zeige, daß ein beliebiger Teilraum A eines separablen metrischen Raumes höchstens abzählbar viele isolierte Punkte besitzen kann.

§ 9. Folgen im metrischen Raum

Sehr oft werden wir eine gegebene Folge in einem metrischen Raum hinsichtlich ihrer Konvergenz zu untersuchen haben. Deshalb wollen wir jetzt die wichtigsten Eigenschaften der Konvergenz von Folgen in einem metrischen Raum zusammenhängend darstellen. Eine wesentliche Rolle spielen die sog. CAUCHY-Folgen. Vollständige Räume sind metrische Räume, in denen jede CAUCHY-Folge konvergiert. Im Abschnitt 9.2 werden vollständige Räume untersucht. Hier werden ein verallgemeinertes Intervallschachtelungsprinzip und die wichtige Methode der Vervollständigung ausgearbeitet, die viele Anwendungen in der Analysis besitzt. Kompakte Räume werden im Abschnitt 9.3 betrachtet.

9.1. Konvergente Folgen. Es sei X ein nichtleerer metrischer Raum mit dem Abstand ϱ. In X betrachten wir eine Folge (x_n). Wir sagen, daß die Folge (x_n) im Raum X *konvergent* ist, wenn es einen Punkt $x \in X$ gibt, so daß in jeder Umgebung von x fast alle Glieder x_n (d. h. alle x_n mit Ausnahme höchstens endlich vieler Glieder) liegen. Anderenfalls heißt die Folge (x_n) *divergent* im Raum X.

Die Folge (x_n) konvergiert genau dann gegen den Punkt $x \in X$, wenn zu jeder Kugelumgebung $K(x, \varepsilon)$ mit dem Radius $\varepsilon > 0$ ein Index $n_0(\varepsilon)$ existiert, so daß alle Glieder x_n mit einem Index $n \geqq n_0(\varepsilon)$ in $K(x, \varepsilon)$ enthalten sind. Mit anderen Worten gibt es zu jedem $\varepsilon > 0$ einen Index $n_0(\varepsilon)$, so daß

$$\varrho(x_n, x) < \varepsilon \quad \text{für alle } n \geqq n_0(\varepsilon) \tag{9.1}$$

gilt. Folglich strebt (x_n) genau dann gegen x, wenn die reelle Zahlenfolge $(\varrho(x_n, x))$ eine Nullfolge ist. Wir nennen x einen *Grenzpunkt* oder *Grenzwert* der Folge (x_n).

9.1. *Bei einer konvergenten Folge (x_n) ist der Grenzpunkt eindeutig bestimmt.*

Beweis. Es seien x und x' zwei Grenzpunkte von (x_n). Da

$$0 \leqq \varrho(x, x') \leqq \varrho(x, x_n) + \varrho(x_n x')$$

für jedes n gilt und $(\varrho(x, x_n))$ sowie $(\varrho(x_n, x'))$ Nullfolgen sind, muß $\varrho(x, x') = 0$ und somit $x = x'$ sein.

Wenn die Folge (x_n) gegen x konvergiert, so können wir dies durch eine der Schreibweisen $x_n \to x$ (für $n \to \infty$) oder

$$\lim_{n\to\infty} x_n = x$$

ausdrücken.

Welche Eigenschaften besitzen konvergente Folgen in einem metrischen Raum?

9.2. a) *Jede konvergente Folge ist beschränkt.*

b) *Jede Teilfolge einer konvergenten Folge strebt gegen denselben Grenzpunkt.*

c) *Wenn (x_n) gegen x konvergiert und y ein fester Punkt von X ist, dann gilt $\varrho(x_n, y) \to \varrho(x, y)$ für $n \to \infty$.*

Beweis. a) Wenn (x_n) eine gegen x konvergente Folge ist, existiert speziell für $\varepsilon = 1$ ein Index $n_0(1)$, so daß $\varrho(x_n, x) < 1$ für alle $n \geqq n_0(1)$ gilt. Wählen wir jetzt

$$r = \max\{1, \varrho(x_1, x), \varrho(x_2, x), \ldots, \varrho(x_{n_0(1)}, x)\},$$

so erhalten wir die Ungleichung $\varrho(x_n, x) \leqq r$, die für alle n gültig ist.

b) Es sei (x_n) eine gegen x strebende Folge. Dann existiert zu jedem $\varepsilon > 0$ ein solcher Index $n_0(\varepsilon)$, für den (9.1) richtig ist. Für eine beliebige Teilfolge (x_{n_k}) von (x_n) sei $k_0 = k_0(\varepsilon)$ der kleinste Index mit der Eigenschaft $n_{k_0} \geqq n_0(\varepsilon)$. n Hieraus ergibt sich wegen $n_k < n_{k+1}$ für alle $k \in N$, daß $\varrho(x_{n_k}, x) < \varepsilon$ für alle $k \geqq k_0(\varepsilon)$ gilt. Folglich strebt $x_{n_k} \to x$ für $k \to \infty$.

c) Da nach Aufgabe 8.4 stets

$$0 \leqq |\varrho(x_n, y) - \varrho(x, y)| \leqq \varrho(x_n, x) \qquad \text{für } n \in N$$

gilt und $\varrho(x_n, x) \to 0$ strebt, ist die Behauptung klar.

BEISPIELE

9.1. Wir betrachten zunächst den metrischen Raum R_p^n $(1 \leqq p < \infty)$ und setzen die Theorie der reellen Zahlenfolgen als bekannt voraus. Deshalb sei nun $n > 1$. In dem Raum R_p^n sei (x_k) eine konvergente Folge, deren Glieder die Form $x_k = (x_{k1}, \ldots, x_{kn})$ besitzen.

Bezeichnen wir den Grenzwert von (x_k) mit $x = (\xi_1, \ldots, \xi_n)$, so werden wir zeigen, daß genau dann $x_k \to x$ strebt, wenn $x_{ki} \to \xi_i$ für $k \to \infty$ und jedes $i = 1, 2, \ldots, n$ konvergiert. Wir sprechen von der *koordinatenweisen Konvergenz* im Raum R_p^n.

Für ein beliebiges $p \geqq 1$ und jedes $k \in N$ gilt

$$\varrho_\infty(x_k, x) \leqq \varrho_p(x_k, x) \leqq n\,\varrho_\infty(x_k, x).$$

Wenn $x_k \to x$ in R_p^n strebt, dann konvergiert wegen

$$|x_{ki} - \xi_i| \leqq \max\{|x_{ki} - \xi_i|;\ i = 1, \ldots, n\} = \varrho_\infty(x_k, x) \leqq \varrho_p(x_k, x)$$

die reelle Zahlenfolge (x_{ki}) der i-ten Koordinaten der Punkte x_k gegen die i-te Koordinate ξ_i des Grenzpunktes x. Umgekehrt, wenn $x_{ki} \to \xi_i$ für $i = 1, 2, \ldots, n$ konvergiert, ergibt sich aus

$$\varrho_p(x_k, x) \leqq n\, \varrho_\infty(x_k, x) = n \max\{|x_{kj} - \xi_j|;\ j = 1, \ldots, n\}$$

die Konvergenz der Folge (x_k) gegen den Punkt x.

9.2. Das entsprechende Problem wollen wir auch für Folgen (x_n) des metrischen Raumes l_∞ lösen. Die Glieder dieser Folge (x_n) sind beschränkte Zahlenfolgen $x_n = (x_{ni})$. Aufgrund der Konvergenzdefinition strebt die Folge (x_n) genau dann gegen $x = (\xi_i) \in l_\infty$, wenn es zu jedem $\varepsilon > 0$ einen Index $n_0(\varepsilon)$ gibt, so daß

$$\varrho_\infty(x_n, x) = \sup\{|x_{ni} - \xi_i|;\ i \in N\} \leqq \varepsilon$$

für alle $n \geqq n_0(\varepsilon)$ oder anders ausgedrückt

$$|x_{ni} - \xi_i| \leqq \varepsilon$$

für alle $n \geqq n_0(\varepsilon)$ und jedes $i \in N$ gilt. Die Konvergenz in l_∞ nennen wir deshalb die *bezüglich der Indizes gleichmäßige koordinatenweise Konvergenz.*

Für eine gegen x konvergente Folge (x_n) existiert zu jeder Zahl $\varepsilon > 0$ ein Index $n_0(\varepsilon)$, so daß $\varrho(x_n, x) < \frac{\varepsilon}{2}$ für alle $n \geqq n_0(\varepsilon)$ gilt. Dann besitzen je zwei Folgenglieder x_n und x_m mit Indizes $n \geqq n_0(\varepsilon)$ und $m \geqq n_0(\varepsilon)$ einen Abstand

$$\varrho(x_n, x_m) \leqq \varrho(x_n, x) + \varrho(x, x_m) < \varepsilon\,.$$

Folgen mit dieser Eigenschaft wollen wir näher betrachten.

Wir nennen eine Folge (x_n) aus dem metrischen Raum X eine CAUCHY-*Folge* oder *Fundamentalfolge,* wenn es zu jedem $\varepsilon > 0$ einen Index $n_0(\varepsilon)$ gibt, so daß $\varrho(x_n, x_m) < \varepsilon$ für alle $n \geqq n_0(\varepsilon)$ und $m \geqq n_0(\varepsilon)$ ist. Somit ist jede konvergente Folge eine CAUCHY-Folge. Jedoch braucht nicht jede CAUCHY-Folge konvergent zu sein.

BEISPIEL

9.3. In der Menge Q aller rationalen Zahlen führen wir den gebräuchlichen Abstand $\varrho(x, y) = |x - y|$ ein. Die Folge $\left(\left(1 + \frac{1}{n}\right)^n\right)$ ist eine CAUCHY-Folge in Q, weil diese Folge im metrischen Raum R gegen die reelle Zahl e strebt. Da e nicht zu Q gehört, ist $\left(\left(1 + \frac{1}{n}\right)^n\right)$ eine divergente CAUCHY-Folge in Q.

Dieses Beispiel verdeutlicht nicht nur den Unterschied zwischen einer CAUCHY-Folge und einer konvergenten Folge in einem metrischen Raum. Es gibt auch Anlaß zu einer neuen Problemstellung. Zwar ist die CAUCHY-Folge $\left(\left(1 + \frac{1}{n}\right)^n\right)$ in dem Raum aller rationalen Zahlen divergent, doch gibt es einen umfassenderen Raum, nämlich R, in dem diese CAUCHY-Folge konvergiert. Können wir zu jeder CAUCHY-Folge eines beliebigen metrischen Raumes X einen solchen metrischen Raum X^* angeben, der X enthält und in dem die CAUCHY-Folgen von X konvergieren? Dieses Problem behandeln wir im nächsten Abschnitt.

AUFGABEN

9.1. Wenn die Teilfolgen (x_{2n}), (x_{2n+1}) und (x_{3n}) der gegebenen Folge (x_n) konvergieren, so ist auch die Folge (x_n) konvergent. Man beweise dies und prüfe anschließend, ob sich die Voraussetzung vereinfachen läßt.

9.2. Man zeige, daß sich aus der Konvergenz einer Teilfolge einer CAUCHY-Folge die Konvergenz der CAUCHY-Folge ergibt.

9.3. Der Abstand ϱ des metrischen Raumes X genüge der Ungleichung

$$\varrho(x, z) \leqq \max\{\varrho(x, y), \varrho(y, z)\}$$

für alle $x, y, z \in X$. Man zeige, daß eine Folge (x_n) genau dann eine CAUCHY-Folge ist, wenn $\lim\limits_{n\to\infty} \varrho(x_n, x_{n+1}) = 0$ ist.

9.4. Es sei X ein nichtleerer metrischer Raum. Man beweise:
a) Für zwei beliebige CAUCHY-Folgen (x_n) und (y_n) aus X ist die Folge $\big(\varrho(x_n, y_n)\big)$ konvergent.
b) Wenn (x'_n) eine weitere CAUCHY-Folge aus X ist, für die $\lim\limits_{n\to\infty} \varrho(x_n, x'_n) = 0$ ist, dann gilt $\lim\limits_{n\to\infty} \varrho(x_n, y_n) = \lim\limits_{n\to\infty} \varrho(x'_n, y_n)$.

9.5. Man nennt zwei CAUCHY-Folgen (x_n) und (y_n) eines metrischen Raumes X *äquivalent*, wenn $\lim\limits_{n\to\infty} \varrho(x_n, y_n) = 0$ ist. Man beachte Aufgabe 9.4 und zeige, daß auf diese Weise eine Äquivalenzrelation in der Menge aller CAUCHY-Folgen des Raumes X eingeführt wird.

9.2. Vollständige metrische Räume. Wir nennen einen metrischen Raum X *vollständig*, wenn jede CAUCHY-Folge aus diesem Raum X einen Grenzwert in X besitzt. Uns ist bekannt, daß z. B. die reelle Zahlengerade $\boldsymbol{R}$ vollständig ist. Dagegen ist der Teilraum aller rationalen Zahlen nicht vollständig. Im folgenden weisen wir die Vollständigkeit einiger metrischer Räume nach:

BEISPIELE

9.4. Die Vollständigkeit von $\boldsymbol{R}$ bewirkt, daß auch die Räume $\boldsymbol{R}_p^n$ $(n > 1; 1 \leqq p \leqq \infty)$ vollständig sind. Wenn (x_k) eine CAUCHY-Folge von Punkten $x_k = (x_{k1}, \ldots, x_{kn})$ aus $\boldsymbol{R}_p^n$ ist, dann sind $(x_{k1}), \ldots, (x_{kn})$ reelle CAUCHY-Folgen, die wegen der Vollständigkeit von $\boldsymbol{R}$ die Grenzwerte $\xi_1, \ldots, \xi_n$ besitzen. Nach dem Beispiel 9.1 strebt dann die betrachtete CAUCHY-Folge (x_k) gegen den Punkt $x = (\xi_1, \ldots, \xi_n)$.

9.5. Wir untersuchen den metrischen Raum $\boldsymbol{l}_p$ für $1 \leqq p < \infty$. Es sei (x_n), wobei $x_n = (x_{ni}) \in \boldsymbol{l}_p$ ist, eine beliebige CAUCHY-Folge aus $\boldsymbol{l}_p$. Dann ist (x_{ni}) für jedes feste i eine reelle CAUCHY-Folge, deren Grenzwert wir mit ξ_i bezeichnen. Wir werden nun zeigen, daß $x = (\xi_i)$ ein Punkt von $\boldsymbol{l}_p$ ist, gegen den die CAUCHY-Folge (x_n) konvergiert.

Zu jedem beliebig vorgegebenen $\varepsilon > 0$ können wir einen solchen Index $n_0(\varepsilon)$ finden, daß

$$[\varrho_p(x_n, x_m)]^p = \sum_{i=1}^{\infty} |x_{ni} - x_{mi}|^p = \sum_{i=1}^{k} |x_{ni} - x_{mi}|^p + \sum_{i=k+1}^{\infty} |x_{ni} - x_{mi}|^p < \varepsilon$$

für alle $n \geqq n_0(\varepsilon)$ und $m \geqq n_0(\varepsilon)$ gilt. Die natürliche Zahl k ist beliebig. Da die Summen nicht negativ sind, erhalten wir die Ungleichung

$$\sum_{i=1}^{k} |x_{ni} - x_{mi}|^p < \varepsilon\,,$$

in der wir bei festem n den Grenzübergang $m \to \infty$ vornehmen:

$$\sum_{i=1}^{k} |x_{ni} - \xi_i|^p \leqq \varepsilon\,.$$

Da diese Ungleichung für jedes k richtig ist, bekommen wir für $k \to \infty$ schließlich

$$\sum_{i=1}^{\infty} |x_{ni} - \xi_i|^p \leqq \varepsilon \qquad \text{für} \qquad n \geqq n_0(\varepsilon)\,. \tag{9.2}$$

Die Ungleichung (9.2) besagt, daß $x = (\xi_i)$ wegen

$$\left[\sum_{i=1}^{\infty} |\xi_i|^p\right]^{1/p} \leqq \left[\sum_{i=1}^{\infty} |x_{ni} - \xi_i|^p\right]^{1/p} + \left[\sum_{i=1}^{\infty} |x_{ni}|^p\right]^{1/p}$$

ein Element von l_p ist, welches wegen

$$\varrho_p(x_n, x) = \left[\sum_{i=1}^{\infty} |x_{ni} - \xi_i\,|^{\,p}\right]^{1/p} \leqq \varepsilon^{1/p} \qquad \text{für} \quad n \geqq n_0(\varepsilon)$$

Grenzwert der CAUCHY-Folge (x_n) ist. Folglich ist der metrische Raum l_p $(1 \leqq p < \infty)$ vollständig.

Der folgende Satz ist eine weitgehende Verallgemeinerung des bekannten Intervallschachtelungsprinzips.

9.3. SATZ. *Ein metrischer Raum X ist genau dann vollständig, wenn jede Folge (A_n) nichtleerer abgeschlossener ineinandergeschachtelter Mengen A_n, deren Durchmesser $d(A_n)$ gegen Null streben, einen nichtleeren Durchschnitt besitzt.*

Beweis. a) *Notwendig.* Es sei X ein vollständiger metrischer Raum. In X betrachten wir eine Folge (A_n) nichtleerer abgeschlossener Mengen A_n, für die stets $A_n \supseteq A_{n+1}$ und $d(A_n) \to 0$ gilt. Greifen wir nach dem Auswahlaxiom aus jedem A_n ein Element x_n heraus, so liegen für $m > n$ die Punkte x_m und x_n in der Menge A_n. Deshalb ist

$$\varrho(x_n, x_m) \leqq d(A_n)\,.$$

Da $d(A_n) \to 0$ strebt, muß (x_n) eine CAUCHY-Folge sein, die in dem vollständigen Raum X einen Grenzwert x besitzt. Weil in jeder abgeschlossenen Menge A_n fast alle Folgenglieder x_n enthalten sind, liegt x in allen Mengen A_n.

b) *Hinreichend.* Wir betrachten in X irgendeine CAUCHY-Folge (x_n). Zu dieser konstruieren wir jetzt eine Folge abgeschlossener, ineinandergeschachtelter Kugeln $\overline{K}_i$ mit dem Radius $\left(\frac{1}{2}\right)^{i-1}$, die nach Voraussetzung einen nichtleeren Durchschnitt besitzt.

Da (x_n) eine CAUCHY-Folge ist, gibt es für jedes $i \in \boldsymbol{N}$ einen Index n_i, so daß für n_1 die Ungleichung

$$\varrho(x_{n_1}, x_m) < \frac{1}{2}$$

für $m > n_1$ gilt und allgemein n_i $(i > 1)$ den Bedingungen $n_i > n_{i-1}$ und $\varrho(x_{ni}, x_m) < \left(\frac{1}{2}\right)^i$ für $m > n_i$ genügt. Es sei dann $\overline{K}_i = \overline{K}\left(x_{n_i}, \left(\frac{1}{2}\right)^{i-1}\right)$ für $i \in \boldsymbol{N}$.

Diese abgeschlossenen Kugeln $\overline{K}_i$ sind ineinandergeschachtelt, denn aus $x \in \overline{K}_{i+1}$ folgt $x \in \overline{K}_i$ wegen

$$\varrho(x, x_{n_i}) \leqq \varrho(x, x_{n_{i+1}}) + \varrho(x_{n_{i+1}}, x_{n_i}) \leqq \left(\frac{1}{2}\right)^i + \left(\frac{1}{2}\right)^i = \left(\frac{1}{2}\right)^{i-1}.$$

Nach Voraussetzung existiert ein Punkt $x \in \bigcap_{i=1}^{\infty} \overline{K}_i$. Wegen

$$\varrho(x_{n_i}, x) \leqq \left(\frac{1}{2}\right)^{i-1} \qquad \text{für } i \in \boldsymbol{N}$$

strebt die Teilfolge (x_{n_i}) der CAUCHY-Folge (x_n) gegen x. Nach Aufgabe 9.2 konvergiert auch (x_n) gegen x. Damit ist alles bewiesen.

Wenn uns ein nicht vollständiger metrischer Raum gegeben ist, so können wir versuchen, durch Hinzunahme neuer Elemente den ursprünglichen Raum zu „vervollständigen". Z. B. ist der Raum aller rationalen Zahlen nicht vollständig (vgl. Beispiel 9.3). Fügen wir diesem Raum gewisse neue Elemente, nämlich die irrationalen Zahlen, hinzu, so erhalten wir den vollständigen Raum $\boldsymbol{R}$ der reellen Zahlen. In $\boldsymbol{R}$ liegt der Raum der rationalen Zahlen dicht.

Die Schwierigkeit bei diesem Vorgang liegt in der geeigneten Erklärung der neuen Elemente. Wir kennen heute verschiedene Möglichkeiten, die irrationalen Zahlen mittels der rationalen Zahlen zu definieren. Bekannt sind z. B. die Erklärung durch die DEDEKINDschen Schnitte und eine von G. CANTOR stammende Definition, bei der die reellen Zahlen als Äquivalenzklassen von CAUCHY-Folgen rationaler Zahlen erklärt werden. Wie wir gleich sehen, läßt sich der von G. CANTOR beschrittene Weg weitgehend verallgemeinern.

9.4. SATZ. *Zu einem nicht vollständigen metrischen Raum X existiert ein vollständiger metrischer Raum X^* mit den beiden Eigenschaften:*

a) $X \subset X^*$
b) *X ist überall dicht in X^*.*

Beweis. Wir können in der Menge aller CAUCHY-Folgen von X eine Äquivalenzrelation einführen, indem wir zwei CAUCHY-Folgen (x_n) und (x'_n) äquivalent nennen, wenn

$$\lim_{n\to\infty} \varrho(x_n, x'_n) = 0$$

gilt (vgl. Aufgabe 9.5). Wir bezeichnen dann mit X^* die Menge der paarweise disjunkten Äquivalenzklassen $x^*, y^*, \ldots$ von CAUCHY-Folgen aus X (siehe Satz 2.6). Da für je zwei CAUCHY-Folgen $(x_n) \in x^*$ und $(y_n) \in y^*$ nach Aufgabe 9.4 der Grenzwert der Folge $(\varrho(x_n, y_n))$ existiert und unabhängig von der Wahl der Repräsentanten von x^* und y^* ist, erklären wir eine auf $X^* \times X^*$ definierte, reellwertige Funktion ϱ^* durch die Formel

$$\varrho^*(x^*, y^*) = \lim_{n\to\infty} \varrho(x_n, y_n),$$

wobei $(x_n) \in x^*$ und $(y_n) \in y^*$ gilt. Die Funktion ϱ^* ist ein Abstand auf X^*, weil ϱ^* die geforderten Eigenschaften einer Metrik besitzt, von denen wir nur die Gültigkeit der Dreiecksungleichung nachweisen. Wenn x^*, y^* und z^* drei beliebige Punkte aus X^* sind, für die $(x_n) \in x^*$, $(y_n) \in y^*$ und $(z_n) \in z^*$ gilt, dann erhalten wir aus der für jedes n gültigen Ungleichung

$$\varrho(x_n, z_n) \leqq \varrho(x_n, y_n) + \varrho(y_n, z_n)$$

mittels des Grenzüberganges $n \to \infty$ die Dreiecksungleichung für ϱ^*:

$$\varrho^*(x^*, z^*) \leqq \varrho^*(x^*, y^*) + \varrho^*(y^*, z^*).$$

Folglich ist (X^*, ϱ^*) ein metrischer Raum.

Jedem Punkt $x \in X$ können wir in eineindeutiger Weise die Äquivalenzklasse aller gegen x konvergenten Folgen zuordnen. Aus $x_n \to x$ und $y_n \to y$ sowie $(x_n) \in x^*$ und $(y_n) \in y^*$ folgt wegen Satz 9.2

$$\varrho(x, y) = \lim_{n\to\infty} \varrho(x_n, y_n) = \varrho^*(x^*, y^*).$$

Aus diesem Grunde identifizieren wir künftig den ursprünglichen Raum X mit seinem Bild im metrischen Raum X^*. Folglich ist (X, ϱ) ein Teilraum von (X^*, ϱ^*). Wir werden zeigen, daß X überall dicht in X^* liegt. Wenn $x^* \in X^*$ ein beliebiger Punkt ist und (x_n) ein Repräsentant der Klasse x^* ist, dann gibt es zu jedem $\varepsilon > 0$ einen Index $n_0 = n_0(\varepsilon)$, so daß $\varrho(x_n, x_m) < \varepsilon$ für alle $n, m \geqq n_0$ gilt. Dann erhalten wir

$$\varrho^*(x_{n_0}, x^*) = \lim_{m\to\infty} \varrho(x_{n_0}, x_m) \leqq \varepsilon,$$

so daß in jeder Umgebung von x^* ein Punkt von X liegt.

Es bleibt noch zu zeigen, daß X^* vollständig ist. Es sei (x_n^*) eine CAUCHY-Folge in X^*. Da X überall dicht in X^* liegt, gibt es zu jedem x_n^* einen Punkt $x_n \in X$ mit $\varrho^*(x_n^*, x_n) < \frac{1}{n}$. Die Folge (x_n) im Raum X ist eine CAUCHY-Folge weil (x_n^*) eine CAUCHY-Folge in X^* ist und

$$\varrho(x_n, x_m) = \varrho^*(x_n, x_m) \leqq \varrho^*(x_n, x_n^*) + \varrho^*(x_n^*, x_m^*) + \varrho^*(x_m^*, x_m) <$$
$$< \frac{1}{n} + \frac{1}{m} + \varrho^*(x_n^*, x_m^*)$$

gilt. Die CAUCHY-Folge (x_n) sei Repräsentant der eindeutig bestimmten Äquivalenzklasse x^*. Da dann $\varrho^*(x_n, x^*) \to 0$ strebt und

$$\varrho^*(x_n^*, x^*) \leqq \varrho^*(x_n^*, x_n) + \varrho^*(x_n, x^*) \leqq \frac{1}{n} + \varrho^*(x_n, x^*)$$

gilt, besitzt die betrachtete CAUCHY-Folge (x_n^*) den Grenzwert $x^* \in X^*$, womit der Beweis beendet ist.

Wir bemerken noch, daß der im eben bewiesenen Satz konstruierte Raum X^* durch seine beiden Eigenschaften in einem bestimmten Sinne eindeutig festgelegt ist. In der Aufgabe 11.20 werden wir noch einmal darauf zurückkommen. Wir nennen X^* auch die *Vervollständigung* von X.

AUFGABEN

9.6. Man untersuche, ob folgende Räume vollständig sind:

a) Diskreter metrischer Raum,

b) l_∞,

c) c,

d) Menge aller Folgen $x = (x_i)$, $y = (y_i)$ von natürlichen Zahlen mit dem Abstand ϱ:

$$\varrho(x, y) = \begin{cases} 0 \text{ für } x = y, \\ \frac{1}{k} \text{ für } x \neq y, \quad \text{wobei } x_i = y_i \text{ für } i = 1, 2, \ldots, k-1 \text{ und } x_k \neq y_k \text{ gilt,} \end{cases}$$

e) $(0, 1]$ mit dem Abstand $\varrho(x, y) = |x - y|$,

f) $\boldsymbol{R}$ mit dem Abstand $\varrho(x, y) = |\tanh x - \tanh y|$.

Man bilde die Vervollständigung des Raumes f)!

9.7. Man beweise, daß ein abgeschlossener Teilraum eines vollständigen metrischen Raumes vollständig ist.

9.8. Man zeige, daß ein vollständiger Teilraum eines metrischen Raumes notwendig abgeschlossen sein muß.

9.3. Kompakte metrische Räume. Einige metrische Räume haben die für viele Anwendungen vorteilhafte Eigenschaft, daß man aus einer beliebigen Folge eine konvergente Teilfolge auswählen kann. Aufgrund des bekannten Satzes von BOLZANO-WEIERSTRASS gilt dies z. B. für jede nichtleere beschränkte Menge reeller Zahlen. Im folgenden sollen daher metrische Räume mit der erwähnten Eigenschaft untersucht werden.

Ein metrischer Raum X heißt *kompakt*, wenn jede Folge von Punkten aus X eine im Raum X konvergente Teilfolge besitzt. Mit anderen Worten ist X genau dann kompakt, wenn jede unendliche Teilmenge von X mindestens einen Häufungspunkt in X besitzt. Wir nennen allgemeiner einen Teilraum A eines metrischen Raumes kompakt, wenn der metrische Raum A (für sich betrachtet) kompakt ist, d. h., wenn jede Folge aus A eine konvergente Teilfolge besitzt, die gegen einen Grenzpunkt in A strebt. Die leere Menge ist trivialerweise kompakt. Nach dem Satz von BOLZANO-WEIERSTRASS bildet jede beschränkte abgeschlossene Menge reeller Zahlen einen kompakten Teilraum von $\boldsymbol{R}$.

Wir erkennen, daß ein kompakter metrischer Raum notwendig folgende Eigenschaften besitzt:

9.5. Ein kompakter metrischer Raum X ist vollständig, beschränkt und separabel.

Beweis. Da in einem kompakten Raum X jede CAUCHY-Folge eine konvergente Teilfolge besitzt, konvergieren wegen Aufgabe 9.2 alle CAUCHY-Folgen von X, so daß X vollständig ist.

In einem unbeschränkten metrischen Raum können wir stets eine Folge (x_n) mit der Eigenschaft $\varrho(x_n, x_m) \geqq 1$ für $n \neq m$ konstruieren. Diese Folge (x_n)

enthält aber keine konvergente Teilfolge. Folglich ist ein kompakter Raum beschränkt.

Um jetzt die Separabilität zu beweisen, zeigen wir, daß es zu jedem $\varepsilon > 0$ eine endliche Teilmenge N_ε des kompakten Raumes X mit $\varrho(x, N_\varepsilon) < \varepsilon$ für jedes $x \in X$ gibt. Da dann die Menge

$$A = \bigcup_{k=1}^{\infty} N_{1/k}$$

eine höchstens abzählbare, überall dichte Menge von X ist, muß X nach Definition separabel sein.

Es sei $\varepsilon > 0$ beliebig vorgegeben und x_1 ein beliebiger Punkt des kompakten metrischen Raumes X. Dann erklären wir mittels vollständiger Induktion gewisse Elemente x_n auf folgende Weise: Wenn wir bereits die Punkte $x_1, x_2, \ldots, x_n$ bestimmt haben und

$$X = K(x_1, \varepsilon) \cup K(x_2, \varepsilon) \cup \cdots \cup K(x_n, \varepsilon)$$

gilt, dann ist für $N_\varepsilon = \{x_1, x_2, \ldots, x_n\}$ unsere Behauptung erfüllt und damit der Beweis beendet. Anderenfalls sei x_{n+1} ein Punkt von $X \setminus [K(x_1, \varepsilon) \cup \cdots \cup K(x_n, \varepsilon)]$. Für diese Punkte x_n gilt nach Konstruktion

$$\varrho(x_n, x_m) \geqq \varepsilon \quad \text{für } n \neq m\,. \tag{9.3}$$

Angenommen, wir erhalten nach diesem Verfahren eine unendliche Folge (x_n) von Punkten des kompakten Raumes X. Wegen (9.3) enthält die Folge (x_n) keine konvergente Teilfolge, was der Kompaktheit von X widerspricht. Folglich muß unser Konstruktionsverfahren nach endlich vielen Schritten abbrechen. Damit ist alles bewiesen.

BEISPIELE

9.6. Die reelle Zahlengerade $\boldsymbol{R}$ ist nicht kompakt, da sie unbeschränkt ist. Benutzen wir den Satz 9.5, die Aufgabe 9.7 und den Satz von Bolzano-Weierstrass, dann erkennen wir, daß genau die beschränkten abgeschlossenen Mengen reeller Zahlen die kompakten Teilräume von $\boldsymbol{R}$ sind.

9.7. Falls wir in der Menge $\boldsymbol{R}$ die Metrik ϱ:

$$\varrho(x, y) = |\tanh x - \tanh y|$$

einführen, so ist $(\boldsymbol{R}, \varrho)$ ein metrischer Raum, der zwar beschränkt, aber nicht vollständig ist (vgl. Aufgabe 9.6). Denn die Folge (n) ist eine divergente Cauchy-Folge. Somit ist $(\boldsymbol{R}, \varrho)$ ein nicht kompakter, metrischer Raum, in dem genau die vollständigen Teilräume kompakt sind.

9.8. Schließlich betrachten wir in dem vollständigen, separablen metrischen Raum $\boldsymbol{l}_p$ $(1 \leqq p < \infty)$ die beschränkte abgeschlossene Kugel K mit dem Mittelpunkt Θ und dem Radius 1. Für die Elemente $x_n = (\delta_{in})$ der Kugel K, d. h.

$$x_1 = (1, 0, 0, \ldots)\,, \quad x_2 = (0, 1, 0, \ldots)\,, \quad x_3 = (0, 0, 1, 0, \ldots), \ldots$$

gilt $\varrho_p(x_n, x_m) \geqq 1$ für $n \neq m$, so daß (x_n) keine konvergente Teilfolge enthält. Folglich ist der vollständige, beschränkte und separable Teilraum K nicht kompakt. Der Raum $\boldsymbol{l}_p$ ist dann erst recht nicht kompakt.

Wie uns das Beispiel 9.8 eindrucksvoll zeigt, sind die im Satz 9.5 aufgestellten notwendigen Bedingungen für die Kompaktheit eines metrischen Raumes i. a. nicht hinreichend. Wir erhalten notwendige und hinreichende Kompaktheitskriterien, wenn wir die notwendigen Forderungen der Vollständigkeit, Beschränktheit und Separabilität geeignet verschärfen.

9.6. SATZ. *Die folgenden Aussagen sind für einen metrischen Raum X äquivalent:*

1. *X ist kompakt.*
2. *X ist vollständig und zu jedem $\varepsilon > 0$ existiert eine endliche Menge $N_\varepsilon \subseteq X$, so daß $\varrho(x, N_\varepsilon) < \varepsilon$ für alle $x \in X$ gilt.*
3. *Jede Überdeckung von X durch offene Mengen enthält eine endliche Teilüberdeckung von X.*

Beweis. a) *Aus* 1. *folgt* 2.: Es genügt hierbei auf den Beweis des Satzes 9.5 zu verweisen, in dem die Richtigkeit der Behauptung nachgewiesen wurde.

b) *Aus* 2. *folgt* 3.: Nach Voraussetzung können wir für jedes $n \in \boldsymbol{N}$ eine endliche Menge

$$N_{1/n} = \{x_1^{(n)}, x_2^{(n)}, \ldots, x_{m(n)}^{(n)}\}$$

angeben, so daß

$$X = \bigcup_{k=1}^{m(n)} K\left(x_k^{(n)}, \frac{1}{n}\right) \tag{9.4}$$

gilt.

Es sei (G_ι) ein (unendliches) System offener Mengen, welches den metrischen Raum X überdeckt. Wir nehmen an, daß es kein endliches Teilsystem von (G_ι) gibt, deren Vereinigung gleich X ist. Dann können wir eine abgeschlossene Kugel $F_1 = \overline{K}(x_{k_1}^{(1)}, 1)$ angeben, die sich nicht von endlich vielen offenen Mengen G_ι überdecken läßt. Für $n = 2, 3, \ldots$ erklären wir durch Induktion nichtleere abgeschlossene Mengen F_n. Nach vorheriger Konstruktion läßt sich F_{n-1} einerseits nicht von endlich vielen offenen Mengen G_ι überdecken, aber andererseits ist F_{n-1} wegen (9.4) in der Vereinigung endlich vieler Kugeln $K\left(x_k^{(n)}, \frac{1}{n}\right)$ enthalten. Deshalb gibt es eine Kugel $K\left(x_{k(n)}^{(n)}, \frac{1}{n}\right)$, die mit F_{n-1} einen nichtleeren Durchschnitt besitzt, welcher sich nicht von endlich vielen offenen Mengen G_ι überdecken läßt. Wir setzen dann

$$F_n = F_{n-1} \cap \overline{K}\left(x_{k(n)}^{(n)}, \frac{1}{n}\right). \tag{9.5}$$

Auf diese Weise erhalten wir eine Folge nichtleerer abgeschlossener ineinandergeschachtelter Mengen F_n, für deren Durchmesser wegen (9.5) die Ungleichung

$$d(F_n) \leqq \frac{1}{2n} \tag{9.6}$$

gilt. Da X vollständig ist, existiert nach Satz 9.3 ein Punkt $x \in X$, der in allen Mengen F_n liegt. Dieser Punkt x muß aber auch in mindestens einer offenen Menge G_i enthalten sein. Folglich gibt es eine Kugelumgebung $K(x, r)$ von x, so daß $K(x, r) \subseteq G_i$ ist. Wegen (9.6) gilt dann für $n > \frac{1}{2r}$ die Inklusion

$$F_n \subset K(x, r) \subseteq G_i \,, \tag{9.7}$$

die der Konstruktion der Menge F_n widerspricht, weil sich nach (9.7) die Menge F_n durch die offene Menge G_i überdecken läßt. Dieser Widerspruch beweist unsere Behauptung.

c) *Aus* 3. *folgt* 1.: Wenn (x_n) eine Folge ist, die keine konvergente Teilfolge besitzt, dann existiert zu jedem Punkt $x \in X$ eine offene Umgebung, welche höchstens ein Folgenglied x_n enthält. Dieses System von offenen Mengen überdeckt natürlich den Raum X, so daß nach Voraussetzung bereits X gleich der Vereinigung endlich vieler Umgebungen ist. Da aber diese endlich vielen Umgebungen nur endlich viele Folgenglieder x_n enthalten können, entsteht ein Widerspruch. Folglich muß jede gegebene Folge eine konvergente Teilfolge enthalten, d. h. X muß kompakt sein. Damit ist alles bewiesen.

BEISPIEL

9.9. In einem metrischen Raum l_p $(1 \leqq p < \infty)$ betrachten wir den abgeschlossenen Teilraum F aller Punkte $x = (x_n) \in l_p$ mit

$$|x_n| \leqq \left(\frac{1}{2}\right)^{n-1} \quad \text{für } n = 1, 2, \ldots .$$

Wir zeigen mit Hilfe von Satz 9.6, daß F ein kompakter Teilraum von l_p ist. Wenn wir uns $\varepsilon > 0$ beliebig vorgeben, wählen wir n derart, daß $\left(\frac{1}{2}\right)^{n-1} < \frac{\varepsilon}{2}$ ist. Wir zerlegen das Intervall $[-1, 1]$ in gleichlange Teilintervalle, deren Länge kleiner als $\frac{\varepsilon}{2\, n^{1/p}}$ ist, und bezeichnen die Teilpunkte mit $a_1, a_2, \ldots, a_m$. Die Menge N_ε bestehe aus denjenigen Punkten $y = (y_1, y_2, \ldots, y_n, 0, 0, \ldots)$ aus F, für die jedes y_i $(i = 1, 2, \ldots, n)$ in der Menge $\{a_1, a_2, \ldots, a_m\}$ enthalten ist. Offenbar ist N_ε endlich. Weiterhin gilt für ein beliebiges $x = (x_n) \in F$ und entsprechendes $x^* = (x_1, x_2, \ldots, x_n, 0, 0, \ldots)$ die Ungleichung (vgl. Aufgabe 8.5)

$$\varrho_p(x, N_\varepsilon) \leqq \varrho_p(x, x^*) + \varrho_p(x^*, N_\varepsilon) \leqq \left[\sum_{i=n+1}^{\infty} |x_i|^p\right]^{1/p} + \left[n \frac{\varepsilon^p}{2^p\, n}\right]^{1/p} \leqq$$

$$\leqq \left[\sum_{i=n+1}^{\infty} \left(\frac{1}{2^{i-1}}\right)^p\right]^{1/p} + \frac{\varepsilon}{2} \leqq \frac{1}{2^{n-1}} + \frac{\varepsilon}{2} < \varepsilon .$$

Wegen Aufgabe 9.7 und Satz 9.6 ist F ein kompakter Teilraum.

AUFGABEN

9.9. Man zeige, daß die dem Beispiel 9.9 entsprechende Aussage auch im Raum l_∞ gilt.

9.10. Man beweise, daß in R_p^n genau die beschränkten abgeschlossenen Mengen die kompakten Teilräume bilden.

9.11. Man zeige, daß der metrische Raum X genau dann kompakt ist, wenn es zu jedem $\varepsilon > 0$ eine Menge M_ε gibt, deren Abschließung kompakt ist und für die $\varrho(x, M_\varepsilon) < \varepsilon$ für alle $x \in X$ gilt.

9.12. a) Der metrische Raum X ist genau dann kompakt, wenn jedes System nichtleerer abgeschlossener Mengen, von denen stets endlich viele einen nichtleeren Durchschnitt besitzen, einen nichtleeren Durchschnitt hat.

b) Wenn die Vereinigung abzählbar vieler abgeschlossener Mengen $X_i \subseteq X$ $(i = 1, 2, \ldots)$ gleich dem kompakten metrischen Raum X ist, so besitzt mindestens eine Menge X_i einen inneren Punkt.

9.13. Es sei X ein metrischer Raum. Man beweise:

a) Jede abgeschlossene Teilmenge eines kompakten Teilraumes von X ist kompakt.

b) Der Durchschnitt eines beliebigen Systems kompakter Teilräume von X ist kompakt.

c) Die Vereinigung endlich vieler kompakter Teilräume von X ist kompakt.

§ 10. Teilräume erster und zweiter Kategorie

In diesem Paragraphen, der beim ersten Lesen überschlagen werden kann, untersuchen wir Teilräume eines gegebenen metrischen Raumes X hinsichtlich ihrer Struktur. Wir sprechen bei einem Teilraum von einer G_δ-Menge, falls dieser gleich dem Durchschnitt abzählbar vieler offener Teilräume aus X ist, und von einer Menge erster Kategorie, wenn dieser Teilraum gleich der Vereinigung abzählbar vieler nirgends dichter Mengen ist. Für einen nichtleeren vollständigen metrischen Raum X können wir im Abschnitt 10.3 zeigen, daß niemals ein Teilraum und dessen Komplement gleichzeitig Mengen von erster Kategorie sind.

10.1. F_σ- und G_δ-Mengen. Wir können leicht erkennen, daß aufgrund der Sätze 8.2 und 8.4 i.a. nur der Durchschnitt endlich vieler offener Teilräume wiederum offen und die Vereinigung endlich vieler abgeschlossener Teilräume abgeschlossen ist. Nun treten aber häufig Durchschnitte abzählbar vieler offener Teilräume und Vereinigungen abzählbar vieler abgeschlossener Teilräume auf. Deshalb ist es zweckmäßig, derartige Durchschnitte und Vereinigungen gesondert zu untersuchen.

Wir nennen einen Teilraum A des gegebenen metrischen Raumes X eine *G_δ-Menge* von X, wenn A als Durchschnitt abzählbar vieler offener Teilräume von X darstellbar ist. Ein Teilraum B von X heißt eine *F_σ-Menge* von X, wenn $X \setminus B$ eine G_δ-Menge ist, d. h. wegen (1.3), wenn B die Vereinigung abzählbar vieler abgeschlossener Teilräume von X ist.

10.1. *Jeder offene bzw. abgeschlossene Teilraum von X ist sowohl eine G_δ-Menge als auch eine F_σ-Menge.*

Beweis. Aufgrund der Definition der benutzten Begriffe genügt es, die Behauptung nur für einen nichtleeren abgeschlossenen Teilraum F von X zu zeigen. Trivialerweise ist F eine F_σ-Menge, so daß wir nur nachzuweisen haben, daß F eine G_δ-Menge ist. Für jedes $n \in N$ ist die Menge G_n

$$G_n = \bigcup_{x \in F} K\left(x, \frac{1}{n}\right)$$

nach Satz 8.2 offen. Es ist klar, daß $F \subseteq \bigcap\limits_{n=1}^{\infty} G_n$ gilt. Andererseits muß ein beliebiger Punkt $y \in \bigcap\limits_{n=1}^{\infty} G_n$ ein Berührungspunkt von F sein, da in jeder Kugelumgebung $K(y, r)$ von y wegen $y \in G_n$ für $n \geq \frac{1}{r}$ mindestens ein Punkt $x \in F$ liegt. Da F abgeschlossen ist, gehört y zu F, so daß $F = \bigcap\limits_{n=1}^{\infty} G_n$ gilt. Damit ist alles gezeigt.

10.2. *Es sei X ein metrischer Raum.*

a) *Die Vereinigung endlich vieler G_δ-Mengen von X ist eine G_δ-Menge von X. Der Durchschnitt abzählbar vieler G_δ-Mengen von X ist eine G_δ-Menge von X.*

b) *Der Durchschnitt endlich vieler F_σ-Mengen von X ist eine F_σ-Menge von X. Die Vereinigung abzählbar vieler F_σ-Mengen von X ist eine F_σ-Menge von X.*

Beweis. Es genügt der Beweis von b). Es seien B_1 und B_2 gegebene F_σ-Mengen von X, die die Form

$$B_1 = \bigcup_{n=1}^{\infty} F_n^{(1)}, \qquad B_2 = \bigcup_{m=1}^{\infty} F_m^{(2)}$$

besitzen, wobei $F_n^{(1)}$ und $F_m^{(2)}$ abgeschlossene Teilräume von X sind. Dann erhalten wir nach Satz 1.4 für den Durchschnitt $B_1 \cap B_2$ die Darstellung

$$B_1 \cap B_2 = \bigcup_{n=1}^{\infty} (F_n^{(1)} \cap B_2) = \bigcup_{n=1}^{\infty} \bigcup_{m=1}^{\infty} (F_n^{(1)} \cap F_m^{(2)}) = \bigcup_{n,m=1}^{\infty} (F_n^{(1)} \cap F_m^{(2)}) .$$

Die abzählbar vielen (vgl. Satz 4.3) Teilräume $F_n^{(1)} \cap F_m^{(2)}$ sind nach Satz 8.4 abgeschlossen, so daß $B_1 \cap B_2$ eine F_σ-Menge ist. Mittels vollständiger Induktion bekommen wir, daß der Durchschnitt endlich vieler F_σ-Mengen wiederum eine F_σ-Menge ist.

Daß die Vereinigung von unendlich vielen G_δ-Mengen i. a. keine G_δ-Menge ist, beweist man später in Aufgabe 10.10. Entsprechend braucht auch der Durchschnitt unendlich vieler F_σ-Mengen keine F_σ-Menge zu sein.

Sind abzählbar viele F_σ-Mengen B_k $(k = 1, 2, 3, \ldots)$ der Gestalt

$$B_k = \bigcup_{n=1}^{\infty} F_n^{(k)}$$

gegeben, so ist deren Vereinigung gleich der Vereinigung von abzählbar vielen (vgl. Satz 4.3) abgeschlossenen Teilräumen $F_n^{(k)}$ und somit eine F_σ-Menge. Damit ist der Beweis unserer Behauptung erbracht.

Aus dem Satz 10.2 folgt, daß jeder abzählbare Teilraum eines metrischen Raumes eine F_σ-Menge ist, weil jeder einzelne Punkt eine abgeschlossene Menge bildet. Z. B. ist die Menge aller rationalen Zahlen eine F_σ-Menge von $\boldsymbol{R}$. Die Menge aller irrationalen Zahlen ist dann eine G_δ-Menge von $\boldsymbol{R}$.

10.3. *In einem vollständigen metrischen Raum X ist der Durchschnitt abzählbar vieler überall dichter G_δ-Mengen eine überall dichte G_δ-Menge.*

Beweis. Wir zeigen diese Behauptung in zwei Schritten.

a) Es seien $G_1, G_2, \ldots$ abzählbar viele offene, überall dichte Teilräume von X. Wir beweisen mit Hilfe des Kriteriums 8.8, daß $A = \bigcap_{k=1}^{\infty} G_k$ überall dicht in X ist.

Es sei K eine beliebige offene Kugel von X. Da G_1 überall dicht ist, muß $K \cap G_1 \neq \emptyset$ sein. Beachten wir, daß G_1 offen ist, so können wir eine abgeschlossene Kugel $\overline{K}_1 \subset K \cap G_1$ mit einem Durchmesser $d(\overline{K}_1) \leqq 1$ angeben. Wenn $\overline{K}_1, \overline{K}_2, \ldots, \overline{K}_n$ bereits erklärt wurden, dann bestimmen wir eine abgeschlossene Kugel $\overline{K}_{n+1}$ folgendermaßen: Da G_{n+1} ein offener, überall dichter Teilraum von X ist, muß $K_n \cap G_{n+1}$ eine nichtleere offene Menge sein. Deshalb können wir eine abgeschlossene Kugel $\overline{K}_{n+1} \subset K_n \cap G_{n+1}$ mit $d(\overline{K}_{n+1}) \leqq 2^{-n}$ angeben. Somit erhalten wir eine Folge ineinandergeschachtelter abgeschlossener Kugeln $\overline{K}_n \subseteq X$, deren Durchmesser gegen Null streben. Da X vollständig ist, existiert nach Satz 9.3 ein Punkt $x \in X$, der in allen K_n liegt. Wegen $x \in K$ und $x \in G_k$ $(k = 1, 2, \ldots)$ gehört x zu $K \cap A$, so daß aufgrund des Satzes 8.8 der Teilraum A eine überall dichte G_δ-Menge in X ist.

b) Es seien $A_1, A_2, \ldots$ abzählbar viele überall dichte G_δ-Mengen gegeben. Jeder Teilraum A_k läßt sich in der Form

$$A_k = \bigcap_{n=1}^{\infty} G_n^{(k)}$$

darstellen, wobei $G_n^{(k)}$ offene überall dichte Teilräume sind. Nach a) und Satz 10.2 ist somit auch

$$A = \bigcap_{k=1}^{\infty} A_k = \bigcap_{k=1}^{\infty} \bigcap_{n=1}^{\infty} G_n^{(k)}$$

eine überall dichte G_δ-Menge in X, womit der Satz bewiesen ist.

AUFGABEN

10.1. Man untersuche, ob

a) $[0, 1)$,
b) die Menge aller transzendenten Zahlen,
c) die Menge aller algebraischen Zahlen

F_σ- oder G_δ-Mengen in $\boldsymbol{R}$ sind.

10.2. Es sei A eine G_δ-Menge und B eine F_σ-Menge des metrischen Raumes X. Man beweise:

a) $B \setminus A$ ist eine F_σ-Menge von X.
b) $A \setminus B$ ist eine G_δ-Menge von X.

10.2. Teilräume erster und zweiter Kategorie. Wir betrachten die Teilräume eines gegebenen metrischen Raumes X und sagen, daß $A \subseteq X$ ein *Teilraum von erster Kategorie* in X ist, wenn wir A als Vereinigung von abzählbar vielen nirgends dichten Teilräumen darstellen können. Ein Teilraum $B \subseteq X$ heißt eine *Residualmenge* in X, wenn sein Komplement $X \setminus B$ ein Teilraum von erster Kategorie ist. Weiterhin nennen wir jeden Teilraum, welcher nicht von erster Kategorie ist, einen *Teilraum von zweiter Kategorie* in X. Anhand einiger Beispiele wollen wir uns mit den eingeführten Begriffen vertraut machen.

BEISPIELE

10.1. Die Menge aller rationalen Zahlen ist ein Teilraum von erster Kategorie von $\boldsymbol{R}$. Dabei ist diese Menge überall dicht in $\boldsymbol{R}$. Folglich ist die Menge aller irrationalen Zahlen eine Residualmenge in $\boldsymbol{R}$, von der wir noch zu untersuchen haben, ob sie von erster oder zweiter Kategorie ist (vgl. Aufgabe 10.10).

10.2. Die einzige nirgends dichte Menge des diskreten metrischen Raumes X ist die leere Menge. Folglich ist lediglich $\emptyset$ von erster Kategorie in X. Die einzige Residualmenge ist X selbst. Jede nichtleere Teilmenge von X ist ein Teilraum von zweiter Kategorie in X.

10.3. Auf der Menge $\boldsymbol{Q}$ aller rationalen Zahlen führen wir den üblichen Abstand ϱ:

$$\varrho(x, y) = |x - y|$$

ein. In diesem metrischen Raum ist jede Menge, die aus einem einzigen Punkt besteht, nirgends dicht. Da $\boldsymbol{Q}$ abzählbar ist, müssen dann alle Teilmengen sowohl Teilräume von erster Kategorie als auch Residualmengen in $\boldsymbol{Q}$ sein. Teilräume von zweiter Kategorie besitzt $\boldsymbol{Q}$ nicht.

Die Gesetzmäßigkeiten des Rechnens mit Teilräumen erster und zweiter Kategorie fassen wir im folgenden Satz 10.4 zusammen, dessen einfachen Beweis wir dem Leser überlassen.

10.4. *Es sei X ein metrischer Raum.*

a) *Jede Teilmenge eines Teilraumes von erster Kategorie in X ist ebenfalls von erster Kategorie in X. Die Vereinigung abzählbar vieler Teilräume erster Kategorie in X ist von erster Kategorie in X.*

b) *Jede Obermenge eines Teilraumes von zweiter Kategorie bzw. einer Residualmenge in X ist ein Teilraum zweiter Kategorie bzw. eine Residualmenge in X.*

Der Durchschnitt abzählbar vieler Teilräume zweiter Kategorie bzw. Residualmengen in X ist ein Teilraum von zweiter Kategorie bzw. eine Residualmenge in X.

Wie wir bei den obigen Beispielen gesehen haben, bestehen in einem beliebigen metrischen Raum keine übersichtlichen Zusammenhänge zwischen Teilräumen erster Kategorie, denen zweiter Kategorie und Residualmengen. Deshalb werden wir jetzt das Problem in spezielleren metrischen Räumen, nämlich separablen und vollständigen, untersuchen.

10.5. *Es sei X ein separabler metrischer Raum. Der Teilraum $A \subseteq X$ ist genau dann ein Teilraum erster Kategorie bzw. eine Residualmenge in X, wenn jede offene Kugel K von X eine offene Kugel K_0 enthält, so daß $A \cap K_0$ ein Teilraum erster Kategorie bzw. eine Residualmenge in K_0 ist.*

Beweis. Aufgrund der Definition einer Residualmenge reicht es aus, wenn wir die Behauptung lediglich für Teilräume von erster Kategorie in X zeigen.

a) *Notwendig.* Es sei A ein Teilraum erster Kategorie in X und $K \subseteq X$ eine beliebige offene Kugel. Dann ist $A \cap K \subseteq A$ aufgrund der Definition ein Teilraum erster Kategorie in K (siehe Aufgabe 10.4).

b) *Hinreichend.* Da X ein separabler metrischer Raum ist, existiert nach Satz 8.9 ein höchstens abzählbares System $\{K_n\}$ offener Kugeln, so daß jede nichtleere offene Menge von X sich als Vereinigung eines Teilsystems von $\{K_n\}$ darstellen läßt. Nach Voraussetzung können wir in jeder offenen Kugel K_n eine solche offene Kugel $K_{on} \subseteq K_n$ finden, daß $A \cap K_{on}$ ein Teilraum erster Kategorie in K_{on} und somit auch in X ist (siehe Aufgabe 10.4). Nach Satz 10.4 ist dann

$$A_0 = \bigcup_{n=1}^{\infty} (A \cap K_{on}) \tag{10.1}$$

ein Teilraum erster Kategorie in X. Weiterhin ist die Menge

$$A_1 = (X \setminus \bigcup_{n=1}^{\infty} K_{on}) \cap A \tag{10.2}$$

wegen Satz 8.8 nirgends dicht in X, weil in einer beliebigen offenen Kugel $K \subseteq X$ eine gewisse Kugel K_n liegt und deshalb $K_{on} \cap A_1 = \emptyset$ für die offene Kugel $K_{on} \subseteq K$ gilt. Folglich ist A_1 ebenfalls ein Teilraum erster Kategorie in X. Beachten wir Satz 1.4, so erkennen wir aus den Formeln (10.1) und (10.2), daß A gleich der Vereinigung der beiden Teilräume A_0 und A_1 von erster Kategorie ist und somit nach Satz 10.4 selbst ein Teilraum erster Kategorie ist. Damit ist der Beweis erbracht.

AUFGABEN

10.3. Man gebe sämtliche Teilräume erster Kategorie, Residualmengen und Teilräume zweiter Kategorie in der Menge $X = \left\{0, 1, \frac{1}{2}, \frac{1}{3}, \frac{1}{4}, \ldots\right\}$ mit der Metrik $\varrho(x, y) = |x - y|$ an.

10.4. Es sei G ein offener Teilraum des metrischen Raumes X. Man beweise, daß $A \subseteq G$ genau dann von erster Kategorie in G ist, wenn A ein Teilraum von erster Kategorie in X ist.

10.5. Wenn A ein Teilraum zweiter Kategorie des metrischen Raumes X ist, dann existiert eine Kugel in X, welche in $\overline{A}$ enthalten ist.

10.6. Wenn X ein metrischer Raum von zweiter Kategorie ist, dann ist jede Residualmenge in X ein Teilraum zweiter Kategorie in X.

10.7. Es sei ein metrischer Raum X gegeben. Wenn die Vereinigung abzählbar vieler Teilräume $A_n \subseteq X$ von zweiter Kategorie in X ist, dann muß mindestens ein Teilraum A_n von zweiter Kategorie in X sein.

10.8. Man zeige, daß jeder Teilraum erster Kategorie des metrischen Raumes X in einer gewissen F_σ-Menge von erster Kategorie enthalten ist.

10.3. Teilräume zweiter Kategorie in einem vollständigen metrischen Raum. Wir bezeichnen in diesem Abschnitt mit X einen nichtleeren vollständigen metrischen Raum.

10.6. SATZ (R. BAIRE). *Ein nichtleerer vollständiger metrischer Raum X ist von zweiter Kategorie.*

Beweis. Angenommen, X ist von erster Kategorie. Dann läßt sich X als Vereinigung abzählbar vieler nirgends dichter Mengen X_k darstellen.

Da X_1 nirgends dicht ist, existiert nach Satz 8.8 eine abgeschlossene Kugel $\overline{K}_1$ mit $\overline{K}_1 \cap X_1 = \emptyset$ und $d(\overline{K}_1) \leqq 1$. Induktiv erklären wir dann folgendermaßen eine Folge abgeschlossener Kugeln. Wenn wir $\overline{K}_1, \overline{K}_2, \ldots, \overline{K}_n$ bereits bestimmt haben, dann können wir nach Satz 8.8 in der offenen Kugel K_n eine abgeschlossene Kugel $\overline{K}_{n+1} \subset K_n$ mit $\overline{K}_{n+1} \cap X_{n+1} = \emptyset$ und $d(\overline{K}_{n+1}) \leqq 2^{-n}$ angeben, weil X_{n+1} nirgends dicht in X ist.

Auf diese Weise erhalten wir eine Folge ineinandergeschachtelter abgeschlossener Kugeln $\overline{K}_n$, deren Durchmesser eine Nullfolge bilden. Da X vollständig ist, existiert nach Satz 9.3 ein Punkt $x \in X$, der zu allen $\overline{K}_n$ gehört. Dieser Punkt x liegt einerseits in X und ist andererseits in keinem Teilraum X_k enthalten. Dies widerspricht unserer Annahme. Folglich muß ein nichtleerer vollständiger metrischer Raum von zweiter Kategorie sein.

Benutzen wir die Aufgabe 10.6, so erhalten wir aus Satz 10.6 die Folgerung:

10.7. *In einem nichtleeren vollständigen metrischen Raum ist jede Residualmenge von zweiter Kategorie.*

Folglich kann in einem nichtleeren vollständigen metrischen Raum eine Menge nicht gleichzeitig von erster Kategorie und Residualmenge sein. Beide Begriffe schließen sich gegenseitig aus. Wir beobachten eine wesentlich schärfere Trennung zwischen diesen Begriffen als etwa bei F_σ- und G_δ-Mengen (vgl. Satz 10.1).

Zwischen Residualmengen und G_δ-Mengen in einem vollständigen metrischen Raum besteht ein innerer Zusammenhang.

10.8. *In einem nichtleeren vollständigen metrischen Raum X ist ein Teilraum A genau dann eine Residualmenge in X, wenn A eine überall dichte G_δ-Menge enthält.*

Beweis. a) *Notwendig.* Für eine Residualmenge A in X ist das Komplement $X \setminus A$ von erster Kategorie. Folglich läßt sich $X \setminus A$ in der Form

$$X \setminus A = \bigcup_{k=1}^{\infty} B_k$$

darstellen, wobei die B_k nirgends dichte Teilräume in X sind. Da auch $\overline{B}_k$ nirgends dicht in X ist, muß nach Definition $G_k = X \setminus \overline{B}_k$ ein offener, überall dichter Teilraum sein. Nach Satz 10.3 ist dann der Durchschnitt der abzählbar vielen Mengen G_k eine überall dichte G_δ-Menge des vollständigen metrischen Raumes X. Aus

$$X \setminus \bigcap_{k=1}^{\infty} G_k = \bigcup_{k=1}^{\infty} (X \setminus G_k) = \bigcup_{k=1}^{\infty} \overline{B}_k \supseteq X \setminus A$$

ergibt sich nach unserem Dualitätsprinzip, daß

$$\bigcap_{k=1}^{\infty} G_k \subseteq A \tag{10.3}$$

ist, womit alles gezeigt ist.

b) *Hinreichend.* Für einen Teilraum A des metrischen Raumes X gelte die Beziehung (10.3), wobei alle G_k offene, überall dichte Teilräume von X sind. Nach dem Dualitätsprinzip erhalten wir aus (10.3) die Inklusion

$$X \setminus A \subseteq \bigcup_{k=1}^{\infty} (X \setminus G_k),$$

auf deren rechter Seite ein Teilraum erster Kategorie steht, weil $X \setminus G_k$ nach Definition nirgends dicht ist. Wegen Satz 10.4 ist auch $X \setminus A$ von erster Kategorie und somit A eine Residualmenge in X. Damit ist unser Beweis beendet.

Als einfache Folgerungen erhalten wir aus dem Satz 10.8, daß in einem vollständigen metrischen Raum X jede Residualmenge überall dicht liegt. Weiterhin ist jeder offene überall dichte Teilraum eine Residualmenge in X.

AUFGABEN

10.9. Es sei X ein gegebener nichtleerer metrischer Raum. Man zeige, daß X genau dann von zweiter Kategorie ist, wenn jedes System offener überall dichter Teilräume einen nichtleeren Durchschnitt besitzt.

10.10. Man zeige:

a) Der Teilraum aller rationalen Zahlen von $\boldsymbol{R}$ ist eine überall dichte F_σ-Menge von erster Kategorie und keine G_δ-Menge.

b) Der Teilraum aller irrationalen Zahlen von $\boldsymbol{R}$ ist eine überall dichte G_δ-Menge von zweiter Kategorie und keine F_σ-Menge. Man gebe Beispiele einer Vereinigung von abzählbar vielen G_δ-Mengen, welche keine G_δ-Menge ist, und eines Durchschnittes von abzählbar vielen F_σ-Mengen, welcher keine F_σ-Menge ist, an.

10.11. Man beweise, daß die Menge aller reellen Zahlen, in deren Dezimalbruchentwicklung irgendeine Ziffer von einer gewissen Stelle an nicht mehr auftritt, ein Teilraum erster Kategorie in $\boldsymbol{R}$ ist.

10.12. Man beweise, daß jeder Teilraum zweiter Kategorie von $\boldsymbol{R}$ die Mächtigkeit des Kontinuums besitzt.

§ 11. Stetige Funktionen

Die Frage nach der Stetigkeit einer Funktion, d. h., wann eine Funktion „beieinanderliegenden“ Punkten ebensolche Punkte zuordnet, läßt sich erst dann stellen, wenn sowohl im Definitions- als auch im Wertebereich Abstände (oder wenigstens Umgebungen) erklärt sind. In den Abschnitten 11.1 und 11.2 führen wir die Stetigkeit einer Funktion ein, die einen metrischen Raum X in einen metrischen Raum Y abbildet. Dabei betrachten wir im ersten Abschnitt das „lokale“ Verhalten der Funktion in beliebig kleinen Umgebungen eines festen Punktes, während im zweiten Abschnitt das „globale“ Verhalten der Funktion auf ihrem gesamten Definitionsbereich untersucht wird. Hier kann der Leser viele bekannte Eigenschaften der reellen stetigen Funktionen in abstrakter Form wiederfinden. Die Stetigkeit von Funktionen, die auf einem Produkt zweier metrischer Räume erklärt sind, wird im dritten Abschnitt behandelt. Im Abschnitt 11.4 vergleichen wir die Eigenschaften zweier metrischer Räume X, Y und erklären, daß man diese als „gleich“ ansehen kann, wenn eine eineindeutige Funktion von X auf Y existiert, bei der der Abstand je zweier Bilder gleich dem Abstand der entsprechenden Urbilder ist.

11.1. Schwankung und Stetigkeit in einem Punkt. Es seien zwei metrische Räume (X, ϱ_X) und (Y, ϱ_Y) gegeben. Ferner bilde eine Funktion $f: X \to Y$ den metrischen Raum X in Y ab. Für einen beliebigen Teilraum A von X nennen wir den Durchmesser $df(A)$ des Bildbereiches $f(A)$ von A die *Schwankung* der Funktion $f: X \to Y$ *auf dem Teilraum* A. Es ist also

$$df(A) = \sup \{\varrho_Y f(x), f(x')) ; x, x' \in A\} .$$

Die Funktion f heißt *beschränkt* auf A, wenn $df(A)$ endlich ist. Andernfalls sagen wir, daß f auf A *unbeschränkt* ist.

Den Beweis der folgenden Eigenschaften der Schwankung überlassen wir dem Leser:

11.1. *Es sei X ein metrischer Raum, auf dem eine Funktion f erklärt ist. Dann gilt:*

a) $0 \leqq df(A) \leqq df(B) \leqq df(X)$ *für* $A \subseteq B \subseteq X$. (11.1)

b) Für $A \subseteq X$ *gilt genau dann* $df(A) = 0$, *wenn entweder* $A = \emptyset$ oder $A = \{x\}$ $(x \in X)$ *oder f auf A konstant ist.*

BEISPIEL

11.1. Betrachten wir daraufhin die reelle Funktion

$$f(x) = \begin{cases} 0 & \text{für } x = 0 , \\ \sin \frac{1}{x} & \text{für } x \neq 0 , \end{cases}$$

so verschwindet für die nur aus dem Punkt $x = 0$ bestehende Argumentmenge die Schwankung. Die Schwankung dieser Funktion besitzt aber auf *jeder* Umgebung von $x = 0$ den Wert 2. Es erscheint sinnvoll, eine „lokale“ Schwankung von f im Punkt $x = 0$ zu erklären und dieser den Wert 2 zu geben (vgl. Abb. 11.1).

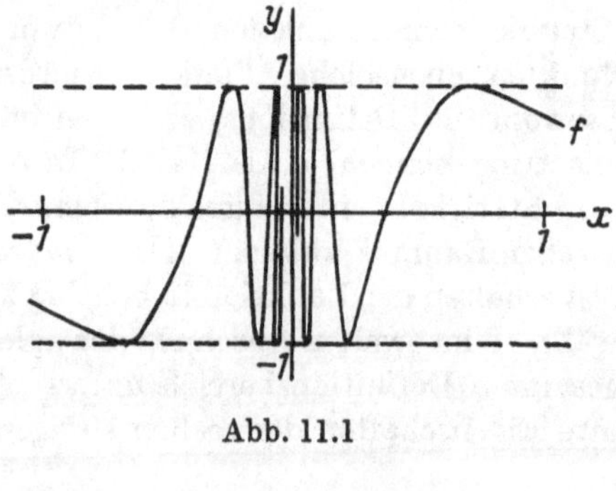

Abb. 11.1

Wir werden allgemein die „lokale" Schwankung einer Funktion in einem festen Punkt a durch das Verhalten der Schwankung in hinreichend kleinen Umgebungen von a charakterisieren. Wenn a ein beliebiger Punkt des Definitionsbereiches X der betrachteten Funktion f und $K_r = K(a, r)$ eine offene Kugelumgebung von a mit dem Radius $r > 0$ ist, existiert wegen (11.1) der Limes von $df(K_r)$ für $r \to 0$, welcher auch gleich ∞ sein kann. Wir nennen die Größe

$$s\,f(a) = \lim_{r \to 0} df(K_r)$$

die *(lokale) Schwankung* der Funktion f *im Punkte* $a \in X$. Folglich gilt $s\,f(0) = 2$ für die Funktion f unseres obigen Beispiels 11.1.

Die Funktion f heißt *stetig* im Punkt $a \in X$, wenn $s\,f(a) = 0$ ist. Den Punkt a nennen wir dann einen *Stetigkeitspunkt* von f. Wenn $s\,f(a) > 0$ für $a \in X$ gilt, so heißt f *unstetig* in a und a ein *Unstetigkeitspunkt* von f.

11.2. *Es seien (X, ϱ_X) und (Y, ϱ_Y) zwei metrische Räume. Wenn weiterhin f: $X \to Y$ eine Funktion und $a \in X$ ein fester Punkt ist, dann sind folgende Aussagen äquivalent:*

1. *Die Funktion f ist stetig im Punkt a.*
2. *Zu jedem $\varepsilon > 0$ existiert eine Zahl $\delta(\varepsilon, a) = \delta > 0$, so daß die Ungleichung*
$$\varrho_Y(f(x), f(a)) < \varepsilon$$
für alle $x \in X$ mit $\varrho_X(x, a) < \delta$ gilt.
3. *Zu jeder Umgebung $V \subseteq Y$ von $f(a)$ gibt es eine Umgebung U von a mit*
$$f(U) \subseteq V\,.$$
4. *Für jede Umgebung $V \subseteq Y$ von $f(a)$ ist $f^{-1}(V)$ eine Umgebung von a.*
5. *Aus $x_n \to a$ $(x_n \in X)$ folgt stets $f(x_n) \to f(a)$.*

Beweis. a) *Aus* 1. *folgt* 2.: Wenn f im Punkt a stetig ist, dann läßt sich zu beliebigem $\varepsilon > 0$ ein $\delta > 0$ angeben, so daß $df(K_r) < \varepsilon$ für alle $r < \delta$ gilt. Da $f(a) \in f(K_r)$ für jedes $r > 0$ ist, gilt

$$\varrho_Y(f(x), f(a)) \leqq df(K_r) < \varepsilon$$

für alle $x \in K_r$, d. h. $x \in X$ mit $\varrho_X(x, a) \leqq r < \delta$.

b) *Aus* 2. *folgt* 3.: Da nach 2. zu jeder Kugelumgebung $K(f(a), \varepsilon) \subseteq Y$ eine Kugelumgebung $K(a, \delta) \subseteq X$ mit

$$f[K(a, \delta)] \subseteq K(f(a), \varepsilon)$$

existiert und in jeder Umgebung eines Punktes eine gewisse Kugelumgebung dieses Punktes liegt, ist 3. bewiesen (siehe Abb. 11.2).

c) *Aus* 3. *folgt* 4.: Wegen 3. ist eine Umgebung U von a in $f^{-1}(V)$ enthalten, so daß $f^{-1}(V)$ eine Umgebung von a ist.

d) *Aus* 4. *folgt* 5.: Angenommen, $f(x_n)$ konvergiert nicht gegen $f(a)$. Dann gibt es eine Umgebung V von $f(a)$ mit $f(x_n) \notin V$, d. h., $x_n \notin f^{-1}(V)$. Nach 4. ist $f^{-1}(V)$ eine Umgebung von a, in der kein x_n liegt. Dies widerspricht $x_n \to a$.

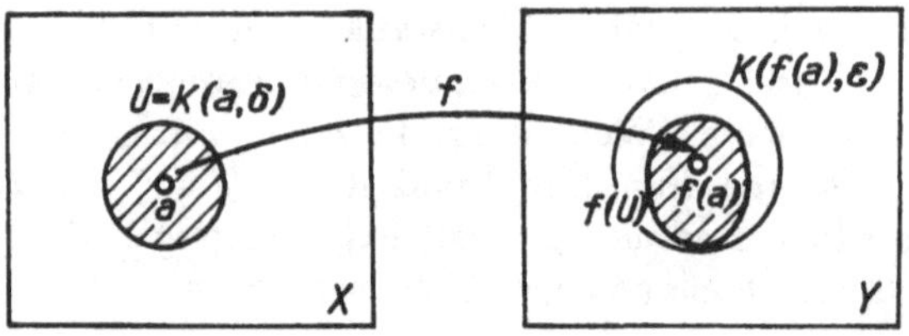

Abb. 11.2

e) *Aus* 5. *folgt* 1.: Angenommen, $df(K_r)$ strebt für $r \to 0$ nicht gegen 0. Dann existiert wegen

$$df(K_r) \leqq 2 \sup \{\varrho_Y(f(x), f(a)); x \in K_r\}$$

eine gegen a konvergente Folge x_n, wobei $f(x_n)$ nicht gegen $f(a)$ strebt. Dies widerspricht 5. Damit ist der Satz vollständig bewiesen.

Die fünfte Aussage von Satz 11.2 gibt Anlaß, den Begriff des Grenzwertes von Folgen auf beliebige Funktionen zu verallgemeinern. Wir sagen, daß der *Grenzwert der Funktion* $f: X \to Y$ im Punkt $a \in X$ existiert und gleich $b \in Y$ ist, wenn für jede Folge (x_n) des metrischen Raumes X aus $x_n \to a$ stets $f(x_n) \to b$ folgt. Den Grenzwert b der Funktion f bezeichnen wir mit

$$b = \lim_{x \to a} f(x) . \tag{11.2}$$

Erinnern wir uns an den Beweis des letzten Satzes, so gilt (11.2) genau dann, wenn wir zu jeder positiven Zahl $\varepsilon > 0$ eine solche Zahl $\delta = \delta(\varepsilon, a) > 0$ angeben können, daß die Bedingung

$$\varrho_Y(f(x), b) < \varepsilon$$

von allen $x \in X$ mit der Eigenschaft $\varrho_X(x, a) < \delta$ befriedigt wird.

Die fünfte Aussage des Satzes 11.2 lautet jetzt: Eine Funktion $f: X \to Y$ ist genau dann stetig im Punkt $a \in X$, wenn

$$f(a) = \lim_{x \to a} f(x)$$

gilt.

Bei der Bildung des Grenzwertes (11.2) nähert sich x ganz beliebig im metrischen Raum X dem Punkt a an. Bei einer Vielzahl von Problemen ist es aber notwendig, daß wir den Raum der Punkte x, die gegen a streben, auf einen Teilraum einschränken. Es sei A ein Teilraum von X, der a als Häufungspunkt besitzt. Falls der Grenzwert

$$b_A = \lim_{\substack{x \to a \\ x \in A}} f(x) \tag{11.3}$$

existiert, so nennen wir b_A den *Grenzwert der Funktion* f im Punkt a *bezüglich des Teilraumes* A. In der Aufgabe 11.4 wird gezeigt, daß sich aus der Existenz des Grenzwertes (11.2) die Existenz und Gleichheit der Grenzwerte (11.3) für verschiedene Teilräume A von X ergibt. Das Ableiten der einzelnen Rechengesetze für Grenzwerte von Funktionen überlassen wir dem Leser.

BEISPIELE

11.2. Es sei f eine auf $\boldsymbol{R}$ definierte Funktion, deren Werte in einem metrischen Raum Y liegen, und $a \in \boldsymbol{R}$. Bedeutet

$$A_- = \{x \in \boldsymbol{R};\, x < a\}, \quad A_+ = \{x \in \boldsymbol{R};\, a < x\},$$

und existieren im Raum Y die Grenzwerte

$$f(a-0) = \lim_{x \to a-0} f(x) = \lim_{\substack{x \to a \\ x \in A_-}} f(x), \quad f(a+0) = \lim_{x \to a+0} f(x) = \lim_{\substack{x \to a \\ x \in A_+}} f(x),$$

so heißt $f(a-0)$ der *linksseitige Grenzwert* von f im Punkt a und $f(a+0)$ der *rechtsseitige Grenzwert* von f im Punkt a. Man nennt im Fall $f(a-0) = f(a)$ die Funktion f *linksseitig stetig* im Punkt a. Entsprechend wird die *rechtsseitige Stetigkeit* erklärt. Offensichtlich ist f genau dann stetig im Punkt a, wenn f linksseitig und rechtsseitig stetig in a ist.

11.3. Wir betrachten eine reellwertige Funktion f, die auf einem nichtleeren Teilraum X_0 des metrischen Raumes X definiert ist. Für einen festen Punkt $a \in \overline{X}_0$ und für jedes beliebige $\delta > 0$ bezeichnen wir mit $M_\delta(a)$ bzw. $m_\delta(a)$ die obere bzw. untere Grenze aller Werte der Funktion f in den Punkten von $K(a, \delta) \cap X_0$. Da aus $\delta > \delta' > 0$ stets

$$M_\delta(a) \geqq M_{\delta'}(a), \quad m_\delta(a) \leqq m_{\delta'}(a)$$

folgt, existieren die erweitert reellen Grenzwerte $\lim\limits_{\delta \to 0} M_\delta(a)$ und $\lim\limits_{\delta \to 0} m_\delta(a)$. Man nennt sie den *oberen* bzw. *unteren Grenzwert* der Funktion f im Punkt a und bezeichnet sie mit

$$\overline{\lim_{x \to a}} f(x) = \lim_{\delta \to 0} M_\delta(a), \quad \underline{\lim_{x \to a}} f(x) = \lim_{\delta \to 0} m_\delta(a)\,.$$

Im Fall $a \in X_0$ erhält man natürlich die Ungleichung

$$\underline{\lim_{x \to a}} f(x) \leqq f(a) \leqq \overline{\lim_{x \to a}} f(x)\,.$$

Die Funktion f heißt *halbstetig nach unten* im Punkt $a \in X_0$, wenn

$$\underline{\lim_{x \to a}} f(x) = f(a)$$

ist, und *halbstetig nach oben*, falls

$$\overline{\lim_{x \to a}} f(x) = f(a)$$

gilt. Folglich ist f genau dann stetig in a, wenn f halbstetig nach unten und oben im Punkt a ist.

Wir kehren zu unserem Thema zurück und beweisen für die Stetigkeit von Funktionsverknüpfungen folgenden Satz:

11.3. *Es seien X, X_1, X_2 und Y metrische Räume. Weiterhin seien die Funktionen $g_1\colon X \to X_1$, $g_2\colon X \to X_2$ und $h\colon X_1 \times X_2 \to Y$ gegeben, wobei g_1 und g_2 im Punkte $a \in X$ stetig sind und h im Punkte $(b_1, b_2) \in X_1 \times X_2$ mit $b_1 = g_1(a)$, $b_2 = g_2(a)$ stetig ist. Dann ist $f\colon X \to Y$:*

$$f(x) = h\big(g_1(x), g_2(x)\big)$$

stetig in a.

Beweis. Weil h stetig in (b_1, b_2) ist, existiert nach Satz 11.2 zu einer beliebigen Umgebung V von $b = h(b_1, b_2)$ eine Umgebung $W_1 \times W_2$ von (b_1, b_2) mit

$$h(W_1 \times W_2) \subseteq V.$$

Zu den Umgebungen W_1, W_2 von b_1 bzw. b_2 läßt sich eine Umgebung U von a mit $g_1(U) \subseteq W_1$ und $g_2(U) \subseteq W_2$ angeben. Somit bekommen wir

$$f(U) \subseteq h\,(g_1(U) \times g_2(U)) \subseteq h(W_1 \times W_2) \subseteq V,$$

so daß wegen Satz 11.2 die Funktion f stetig in a ist, womit alles bewiesen ist.

Als Folgerung erhalten wir aus dem Satz 11.3:

11.4. *Es seien X, X_1 und Y metrische Räume. Die Funktionen $g\colon X \to X_1$ und $h\colon X_1 \to Y$ sind gegeben. Wenn g im Punkt $a \in X$ und h im Punkt $b = g(a) \in X_1$ stetig ist, dann ist auch die Komposition $f = h \circ g\colon X \to Y$ stetig in a.*

AUFGABEN

11.1. Man klassifiziere mittels

a) der lokalen Schwankung,

b) oberer und unterer links- bzw. rechtsseitiger Grenzwerte

die Unstetigkeitspunkte einer reellen Funktion $f\colon \boldsymbol{R} \to \boldsymbol{R}$ und gebe Beispiele an. Welcher Zusammenhang besteht zwischen a) und b)?

11.2. Es sei die Funktion $f\colon \boldsymbol{R} \to \boldsymbol{R}$ monoton wachsend, d. h. aus $x \leqq x'$ folgt stets $f(x) \leqq f(x')$. Man beweise, daß in allen Punkten der links- und rechtsseitige Grenzwert von f existiert und daß sich beide Grenzwerte in höchstens abzählbar vielen Punkten unterscheiden.

11.3. Es seien f und g zwei auf dem metrischen Raum X erklärte, komplexwertige Funktionen, die im Punkt $a \in X$ stetig sind. Man zeige:

a) Die Funktionen $f + g$, $f \cdot g$ und $|f|$ sind stetig in a.

b) Wenn $f(a) \neq 0$ ist, existiert eine Umgebung $U(a)$, in welcher $f(x) \neq 0$ ist. Die in $U(a)$ erklärte Funktion $\frac{1}{f}$ ist stetig in a.

c) Sind f und g reellwertig, dann sind die Funktionen $\inf(f, g)$ und $\sup(f, g)$ stetig in a.

Dabei sind die einzelnen Funktionen durch die Gleichungen

$$(f + g)(x) = f(x) + g(x), \qquad \frac{1}{f}(x) = \frac{1}{f(x)},$$
$$(f \cdot g)(x) = f(x) \cdot g(x), \quad \inf(f, g)(x) = \min\{f(x), g(x)\},$$
$$|f|(x) = |f(x)|, \qquad \sup(f, g)(x) = \max\{f(x), g(x)\}$$

erklärt.

11.4. Es seien X und Y metrische Räume, $a \in X$ sowie $f\colon X \to Y$ gegeben. Man zeige: Wenn A ein Teilraum von X mit $a \in \overline{A}$ ist und der Grenzwert (11.2) existiert, dann ist auch der Grenzwert (11.3) vorhanden und beide Grenzwerte sind gleich.

11.5. Man beweise, daß eine Funktion $f\colon X \to Y$ genau dann stetig im Punkt $a \in X$ ist, wenn

$$f(a) = \lim_{\substack{x \to a \\ x \in X \setminus \{a\}}} f(x)$$

gilt.

11.2. Stetigkeit auf einer Punktmenge. Die Funktion f besitze den metrischen Raum X als Definitionsbereich und ihre Werte liegen in dem metrischen Raum Y. Wir untersuchen für einen beliebigen Wert $\alpha \geqq 0$ die beiden Mengen

$$S_\alpha = \{x \in X;\ s\,f(x) > \alpha\}\,,$$

$$\tilde{S}_\alpha = \{x \in X;\ s\,f(x) \geqq \alpha\}\,,$$

wobei $s\,f(x)$ die Schwankung von f im Punkte $x \in X$ bedeutet.

11.5. $\tilde{S}_\alpha$ ist ein abgeschlossener Teilraum von X.

Beweis. Da $\tilde{S}_0 = X$ ist, können wir uns auf den Fall $\alpha > 0$ beschränken. Es sei x ein beliebiger Häufungspunkt von $\tilde{S}_\alpha$. Wir werden zeigen, daß $x \in \tilde{S}_\alpha$ ist. Eine beliebige Kugelumgebung von x sei K. Im Innern von K liegt mindestens ein von x verschiedener Punkt $x_1 \in \tilde{S}_\alpha$. Folglich gibt es eine Kugelumgebung K_1 von x_1, die in K enthalten ist und für die $df(K_1) \geqq \alpha$ gilt. Wegen $K_1 \subseteq K$ ist nach Satz 11.1 auch $df(K) \geqq \alpha$. Da K eine beliebige Kugelumgebung von x ist, muß $s\,f(x) \geqq \alpha$ sein und somit x in $\tilde{S}_\alpha$ liegen. Damit ist der Satz gezeigt.

Aus diesem Resultat ergibt sich leicht der Satz:

11.6. S_α ist eine F_σ-Menge in X.

Beweis. Da wir die Menge S_α stets in der Form

$$S_\alpha = \bigcup_{n=1}^{\infty} \tilde{S}_{\alpha+1/n}$$

als Vereinigung von abzählbar vielen abgeschlossenen Mengen darstellen können, ist der Satz bewiesen.

Speziell für $\alpha = 0$ erhalten wir hieraus die Folgerung

11.7. Die Menge S_0 aller Unstetigkeitspunkte einer Funktion $f\colon X \to Y$ ist eine F_σ-Menge in X. Die Menge aller Stetigkeitspunkte von f bildet eine G_δ-Menge in X.

Aufgrund dieses Satzes und Aufgabe 10.10 existiert keine reelle Funktion, die in allen rationalen Punkten stetig und in allen irrationalen Punkten unstetig ist (vgl. Aufgabe 11.6).

Als nächstes beweisen wir eine Aussage, die auf R. Baire zurückgeht:

11.8. (R. Baire). *Es sei X ein kompakter metrischer Raum, Y ein metrischer Raum und $\gamma \geqq 0$ eine gegebene Zahl. Wenn in jedem Punkt $x \in X$ die Schwankung der Funktion $f\colon X \to Y$ die Ungleichung*

$$s\,f(x) \leqq \gamma$$

befriedigt, dann existiert zu jedem $\varepsilon > 0$ eine Zahl $\delta = \delta(\varepsilon) > 0$, so daß

$$df(A) < \gamma + \varepsilon$$

für einen beliebigen Teilraum $A \subseteq X$ mit $d(A) < \delta$ gilt.

Beweis. Angenommen, es gibt für ein gewisses $\varepsilon_0 > 0$ eine Folge von Teilmengen $A_1, A_2, \ldots, A_n, \ldots$ von X, deren Durchmesser $d(A_n)$ eine Nullfolge bilden und für die

$$df(A_n) \geqq \gamma + \varepsilon_0 \qquad \text{für } n = 1, 2, \ldots \tag{11.4}$$

gilt. Keine der Mengen A_n kann nach Satz 11.1 leer sein.

Folglich können wir aus jeder Menge A_n einen Punkt x_n herausgreifen. Da X kompakt ist, enthält die Folge (x_n) eine konvergente Teilfolge, die gegen den Punkt $a \in X$ streben möge. Wegen (11.4) ist

$$s\, f(a) \geqq \gamma + \varepsilon_0\,,$$

was unserer Voraussetzung widerspricht. Damit ist der Satz bewiesen.

Wir nennen eine Funktion $f: X \to Y$ *stetig auf der Punktmenge* X, wenn f in jedem Punkt von X stetig ist.

11.9. *Für eine Funktion $f: X \to Y$ sind folgende Aussagen äquivalent:*

1. *f ist stetig auf X.*
2. *Für jeden Teilraum $A \subseteq X$ gilt $f(\overline{A}) \subseteq \overline{f(A)}$.*
3. *Für jeden abgeschlossenen Teilraum $F \subseteq Y$ ist $f^{-1}(F)$ abgeschlossen in X.*
4. *Für jeden offenen Teilraum $G \subseteq Y$ ist $f^{-1}(G)$ offen in X.*

Beweis. a) *Aus* 1. *folgt* 2.: Es sei $x \in X$ ein Häufungspunkt von A. Somit gibt es eine Folge (x_n) mit $x_n \in A$ und $x_n \to x$. Da f stetig in $x \in X$ ist, gilt $f(x_n) \to f(x)$ nach Satz 11.2. Folglich ist $f(x) \in \overline{f(A)}$.

b) *Aus* 2. *folgt* 3.: Wenn $F \subseteq Y$ abgeschlossen ist, dann besteht für die Menge $A = f^{-1}(F) \subseteq Y$ wegen 2. die Inklusion $f(\overline{A}) \subseteq \overline{f(A)} = \overline{F} = F$. Folglich ist $\overline{A} \subseteq f^{-1}(F) = A$, so daß $f^{-1}(F)$ abgeschlossen ist.

c) *Aus* 3. *folgt* 4.: Es sei $G \subseteq Y$ offen. Dann ist $F = Y \setminus G$ abgeschlossen und nach 3. und Satz 2.3 ist $f^{-1}(F) = f^{-1}(Y \setminus G) = f^{-1}(Y) \setminus f^{-1}(G) = X \setminus f^{-1}(G)$ abgeschlossen in X. Damit ist aber $f^{-1}(G) \subseteq X$ offen.

d) *Aus* 4. *folgt* 1.: Wir betrachten einen beliebigen Punkt $x \in X$. Ist V eine offene Umgebung von $f(x) \in Y$, so ist nach 4. auch $f^{-1}(V)$ offen in X. Da $x \in f^{-1}(V)$ ist, existiert nach Satz 8.1 eine Umgebung U von x mit der Eigenschaft $U \subseteq f^{-1}(V)$. Wegen Satz 11.2 ist f in $x \in X$ stetig. Damit ist die Behauptung bewiesen.

BEISPIEL

11.4. Wir bemerken, daß das Bild einer offenen bzw. abgeschlossenen Menge i. a. bei einer stetigen Funktion *nicht* wieder offen bzw. abgeschlossen ist. Die reelle, auf $\boldsymbol{R}$ stetige Funktion $g(x) = (1+x^2)^{-1}$ bildet das offene Intervall $(-1, 1)$ auf die Menge $(1/2, 1]$ ab, die nicht offen ist (siehe Abb. 11.3). Das Bild des abgeschlossenen Raumes $\boldsymbol{R}$ ist das Intervall $(0, 1]$, das nicht abgeschlossen ist. Betrachten wir nur beschränkte abgeschlossene Mengen in $\boldsymbol{R}$, dann sind ihre Bilder bei einer stetigen reellen Funktion ebenfalls abgeschlossen und beschränkt. Diesen Sachverhalt werden wir im Abschnitt 12.2 näher untersuchen.

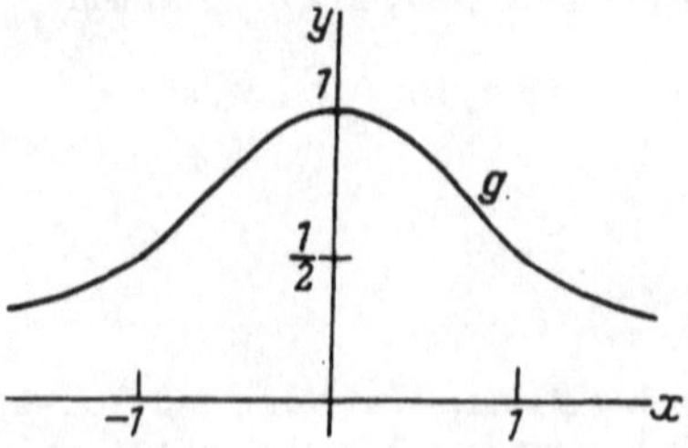

Abb. 11.3

Als Folgerung aus dem Satz 11.8 erhalten wir für $\gamma = 0$:

11.10. SATZ. *Es sei (X, ϱ_X) ein kompakter metrischer Raum und (Y, ϱ_Y) ein metrischer Raum. Wenn die Funktion $f\colon X \to Y$ auf X stetig ist, so läßt sich für jedes $\varepsilon > 0$ eine universelle Zahl $\delta = \delta(\varepsilon) > 0$ angeben, so daß*

$$\varrho_Y(f(x), f(x')) < \varepsilon \tag{11.5}$$

für beliebige $x, x' \in X$ mit $\varrho_X(x, x') < \delta$ gilt.

Wir nennen die Funktion $f\colon X \to Y$ *gleichmäßig stetig auf* X, wenn die Bedingung (11.5) erfüllt ist. Der Satz 11.10 besagt also, daß jede auf einem kompakten Raum stetige Funktion gleichmäßig stetig ist.

BEISPIEL

11.5. Wir betrachten die auf dem Teilraum $X = (0, 1]$ von $\boldsymbol{R}$ erklärte reelle Funktion $f(x) = x^{-1}$. Es ist klar, daß f auf X stetig ist.
Wählen wir eine beliebige natürliche Zahl n und setzen wir $x = n^{-1}$, $x' = (n + 1)^{-1}$, so gilt offenbar $|x - x'| < 2n^{-1}$ und $|f(x) - f(x')| = 1$. Folglich ist f auf X nicht gleichmäßig stetig. Wir erkennen somit, daß in den Voraussetzungen der Sätze 11.8 und 11.10 die Forderung der Kompaktheit des Raumes X wesentlich ist.

AUFGABEN

11.6. Man zeige, daß die Funktion $f\colon \boldsymbol{R} \to \boldsymbol{R}$:

$$f(x) = \begin{cases} \dfrac{1}{q} & \text{falls } x = \dfrac{p}{q}, \text{ wobei } |p|,\ q \in \boldsymbol{N} \text{ teilerfremd sind,} \\ 0 & \text{sonst,} \end{cases}$$

in allen irrationalen Punkten und $x = 0$ stetig, aber in allen anderen Punkten unstetig ist.

11.7. Es sei (X, ϱ) ein metrischer Raum, $a \in X$ ein fester Punkt und A ein Teilraum von X. Ist die Funktion $f\colon X \to \boldsymbol{R}$:

$$\text{a) } f(x) = \varrho(x, a), \quad \text{b) } f(x) = \varrho(x, A)$$

stetig oder sogar gleichmäßig stetig auf X?

11.8 Man untersuche, ob die für $x > 0$ durch die Formeln

$$\sin x,\ \sin\frac{1}{x},\ \sqrt{x},\ x^3,\ e^{-x}$$

erkärten Funktionen

a) in $(0, 1)$,
b) in $(0, \infty)$

gleichmäßig stetig sind.

11.9. Es sei X ein metrischer Raum. Man zeige, daß $f: X \to \boldsymbol{R}$ genau dann stetig auf X ist, wenn für jedes $\alpha \in \boldsymbol{R}$ die Mengen $\{x \in X; f(x) \leqq \alpha\}$ und $\{x \in X; f(x) \geqq \alpha\}$ abgeschlossen sind.

11.10. Es sei X ein metrischer Raum und $f: X \to \boldsymbol{R}$ eine reellwertige Funktion. Man beweise, daß genau dann die Menge $\{x; f(x) \geqq \alpha\}$ für jedes reelle α abgeschlossen ist, wenn f in allen Punkten von X halbstetig nach oben ist.

11.11. Es seien X und Y metrische Räume. Man zeige, daß eine auf X gleichmäßig stetige Funktion $f: X \to Y$ alle CAUCHY-Folgen von X in CAUCHY-Folgen von Y abbildet.

11.12. Es sei α eine reelle Zahl. Man zeige, daß eine stetige Funktion $f: \boldsymbol{R} \to \boldsymbol{R}$, welche der Funktionalgleichung $f(x + x') = f(x) + f(x')$ mit $f(1) = \alpha$ genügt, die Gestalt $f(x) = \alpha x$ besitzt.

11.3. Partiell stetige Funktionen. Es seien zwei metrische Räume (X, ϱ_X) und (Y, ϱ_Y) gegeben. Wir betrachten eine Funktion f, die den metrischen Produktraum $X \times Y$ in einen metrischen Raum (Z, ϱ_Z) abbildet. Ist (a, b) ein beliebiger Punkt von $X \times Y$, so existiert stets die Schwankung $s f(a, b)$ der Funktion f im Punkt (a, b). Außerdem ist auch die *partielle Schwankung $s_1 f(a, b)$ bezüglich der ersten Variablen* vorhanden, die gleich $s f_1(a)$ beträgt, wobei f_1 die auf die Menge $X \times \{b\}$ eingeschränkte Funktion f bedeutet. Ganz entsprechend definiert man die partielle Schwankung $s_2 f(a, b)$ bezüglich der zweiten Veränderlichen. Offensichtlich gilt

$$s_1 f(a, b) \leqq s f(a, b), \qquad s_2 f(a, b) \leqq s f(a, b).$$

Falls f stetig im Punkt (a, b) ist, so müssen $s_1 f(a, b)$ und $s_2 f(a, b)$ verschwinden. Wir nennen f *partiell stetig* im Punkt (a, b), wenn $s_1 f(a, b) = s_2 f(a, b) = 0$ ist. Die partielle Stetigkeit zieht die Stetigkeit i. a. nicht nach sich.

BEISPIEL

11.6. Die Funktion $f: \boldsymbol{R}^2 \to \boldsymbol{R}$,

$$f(x, y) = \begin{cases} \dfrac{x y}{x^2 - y^2} & \text{für } x^2 \neq y^2, \\ 0 & \text{sonst} \end{cases}$$

ist in allen Punkten von $\boldsymbol{R}^2$ partiell stetig. Dagegen beträgt $s f(0, 0) = \infty$.

Dieses unscharfe Bild ändert sich, wenn wir nicht einen einzelnen Punkt, sondern alle Punkte von $X \times Y$ ins Auge fassen. Wie wir sehen werden, folgt für kompakte Räume X und Y aus der partiellen Stetigkeit der Funktion f auf $X \times Y$ deren Stetigkeit auf einer Residualmenge von $X \times Y$. Um dies zu beweisen, schicken wir zwei Hilfssätze voraus. Wir vereinbaren dazu, daß im folgenden X und Y nichtleere kompakte Räume sind und daß die Funktion $f: X \times Y \to Z$ in allen Punkten von $X \times Y$ partiell stetig ist.

11.11. *Man kann zu jedem $\varepsilon > 0$ eine Zahl $\delta > 0$ und eine nichtleere offene Menge $G \subseteq X$ angeben, so daß für alle $x \in G$ und $y, y' \in Y$ mit $\varrho_Y(y, y') < \delta$ die Ungleichung*

$$\varrho_Z(f(x, y), f(x, y')) \leqq \varepsilon \tag{11.6}$$

erfüllt ist.

Beweis. Es sei $\varepsilon > 0$ beliebig vorgegeben. Auf die Funktion f kann bei festgehaltenem x der Satz 11.10 angewandt werden. Danach gibt es zu jedem $x \in X$ eine größte positive Zahl δ_x mit der Eigenschaft, daß (11.6) für alle $y, y' \in Y$ mit $\varrho_Y(y, y') < \delta_x$ gilt.

Wir zeigen, daß $\overline{\lim\limits_{x \to a}} \delta_x = \delta_a$ für jedes $a \in X$ ist. Im Fall $\delta_a > d(Y)$ ist $\delta_a = \infty$ und somit die Behauptung erfüllt. Es sei nun $\delta_a = d(Y)$. In dem kompakten Raum Y existieren zwei Punkte y und y' mit $\varrho_Y(y, y') = d(Y)$, für die nach unserer Konstruktion $\varrho_Z(f(a, y), f(a, y')) > \varepsilon$ gilt. Aufgrund der Voraussetzung gibt es eine Umgebung $U(a) \subseteq X$ des Punktes a mit $\varrho_Z(f(x, y), f(x, y')) > \varepsilon$ für $x \in U(a)$. Folglich ist $\delta_x \leqq d(Y) = \delta_a$ für $x \in U(a)$ und somit alles klar. Schließlich sei $\delta_a < d(Y)$. Dann kann man zu jedem $\delta' > \delta_a$ zwei Punkte y und y' mit $\varrho_Y(y, y') < \delta'$ und $\varrho_Z(f(x, y), f(x, y')) > \varepsilon$ angeben. Wie zuvor gibt es eine Umgebung $U(a)$ mit $\delta_x < \delta'$ für $x \in U(a)$, woraus die Behauptung folgt.

Aufgrund der Aufgabe 11.10 sind die Mengen $X_j = \{x; \delta_x \geqq j^{-1}\}$ für $j = 1, 2, \ldots$ abgeschlossen. Ihre Vereinigung ist gleich der kompakten Menge X. Nach Aufgabe 9.12 enthält eine gewisse Menge X_{j_0} eine nichtleere offene Menge G, so daß für $\delta = j_0^{-1}$ die Ungleichung (11.6) von allen $x \in G$ und $y, y' \in Y$ mit $\varrho_Y(y, y') < \delta$ befriedigt wird.

11.12. *Die Menge* $\{x; s f(x, y) \geqq \eta\}$ *ist für* $\eta > 0$ *nirgends dicht auf* X.

Beweis. Es sei $0 < \varepsilon < \dfrac{\eta}{6}$ fest vorgegeben. Nach dem vorigen Satz kann zu ε eine Zahl $\delta > 0$ und eine nichtleere offene Menge G angegeben werden, so daß (11.6) gilt. Ferner sei $\{y_i; i = 1, 2, \ldots\}$ eine dichte Teilmenge von Y und a ein Punkt aus G. Wir zeigen, daß $sf(a, y) < \eta$ für alle $y \in Y$ gilt.

Zu beliebigem, aber festem $y \in Y$ existiert ein Punkt y_i mit $\varrho_Y(y, y_i) \leqq \dfrac{\delta}{2}$, so daß wegen $a \in G$ nach Satz 11.11 die Beziehung

$$\varrho_Z(f(a, y), f(a, y_i)) \leqq \varepsilon \tag{11.7}$$

gültig ist. Wegen $s_1 f(a, y_i) = 0$ gibt es eine Umgebung $U(a) \subseteq G$ des Punktes a mit

$$\varrho_Z(f(a, y_i), f(x, y_i)) < \varepsilon \tag{11.8}$$

für alle $x \in U(a)$. Nach (11.6) besteht dann für $x \in U(a)$ und $y' \in Y$ mit $\varrho_Y(y', y) < \dfrac{\delta}{2}$ und somit $\varrho_Y(y', y_i) < \delta$ die Ungleichung

$$\varrho_Z(f(x, y_i), f(x, y')) \leqq \varepsilon. \tag{11.9}$$

Aus (11.7), (11.8) und (11.9) folgt für $x \in U(a)$ und $y' \in Y$ mit $\varrho_Y(y', y) < \dfrac{\delta}{2}$ die Beziehung

$$\varrho_Z(f(a, y), f(x, y')) < 3\,\varepsilon.$$

Folglich ist $s f(a, y) < 6\,\varepsilon < \eta$.

Die nach Satz 11.5 offene Menge $M_\eta = \{(x, y); s f(x, y) < \eta\}$ enthält somit den Teilraum $\{a\} \times Y$. Aufgrund der Kompaktheit von Y gibt es sogar eine Umgebung $U_1(a)$ des Punktes a, so daß $U_1(a) \times Y \subseteq M_\eta$ ist. Analog zeigt man, daß sich zu jeder offenen Kugel $K \subseteq X$ eine Umgebung $U' \subseteq K$ mit $U' \times Y \subseteq M_\eta$ finden läßt, indem man $X \times Y$ durch $K \times Y$ ersetzt. Folglich ist $\{x; s f(x, y) < \eta\}$ nirgends dicht in X, womit der Beweis beendet ist.

Entsprechend sieht man, daß die Menge $N_\eta = \{y; s f(x, y) \geqq \eta\}$ für $\eta > 0$ nirgends dicht auf Y ist. Wegen

$$\{x; s f(x, y) > 0\} = \bigcup_{k=1}^{\infty} M_{1/k}$$

und

$$\{y;\, s\,f(x, y) > 0\} = \bigcup_{k=1}^{\infty} N_{1/k}$$

erhalten wir also:

11.13. SATZ (R. BAIRE). *Für eine auf $X \times Y$ partiell stetige Funktion $f: X \times Y \to Z$ ist die Menge $\{x;\, s\,f(x, y) > 0\}$ von erster Kategorie in X und die Menge $\{y;\, s\,f(x, y) > 0\}$ von erster Kategorie in Y.*

Insbesondere liegen dann nach Satz 10.8 die Stetigkeitspunkte von f auf allen „Strecken" $\{a\} \times Y$ und $X \times \{b\}$, wobei $a \in X$ und $b \in Y$ sind, dicht.

Weitere Einzelheiten und Verallgemeinerungen dieses Problems können den Arbeiten von G. AUMANN [1] und K. BÖGEL [1], [5] entnommen werden.

AUFGABEN

11.13. Es sei Y ein metrischer Raum und $f: \boldsymbol{R} \times Y \to \boldsymbol{R}$ eine auf $\boldsymbol{R} \times Y$ partiell stetige Funktion. Man beweise, daß f stetig ist, falls die auf $\boldsymbol{R}$ eingeschränkte Funktion f für jedes feste $y \in Y$ monoton ist.

11.14. Es seien X und Y metrische Räume. Sind $A \subseteq X$ und $B \subseteq Y$ Teilräume erster Kategorie in X bzw. Y, so ist $A \times B$ ebenfalls eine Menge erster Kategorie im metrischen Produktraum $X \times Y$.

11.4. Homöomorphismen. Ohne uns für die konkrete Natur der Punkte der beiden gegebenen metrischen Räume (X, ϱ_X) und (Y, ϱ_Y) zu interessieren, werden wir jetzt untersuchen, wann wir diese beiden metrischen Räume als „gleich" ansehen können. Wir erinnern uns dabei, daß wir zwei Mengen identifizieren können, wenn sie gleichmächtig sind, und daß wir keinen Unterschied zwischen zwei linearen Räumen zu machen brauchen, wenn diese linear-isomorph sind.

Wir sagen, daß die metrischen Räume X und Y *homöomorph* sind, falls es eine eineindeutige stetige Funktion f von X auf Y gibt, für die auch f^{-1} stetig ist. Die Forderung, daß sowohl f als auch f^{-1} stetig sind, stellt im wesentlichen eine Bedingung für die Metriken ϱ_X und ϱ_Y dar. In der „Nähe" liegende Punkte von X sollen durch f in „benachbarte" Punkte von Y übergeführt werden und umgekehrt. So eine Funktion f heißt ein *Homöomorphismus* von X auf Y. Aus dieser Definition folgt, daß die Mengen X und Y notwendig gleichmächtig sein müssen, wenn die metrischen Räume (X, ϱ_X) und (Y, ϱ_Y) homöomorph sind. Der Leser kann sich davon überzeugen, daß die Homöomorphie eine Äquivalenzrelation zwischen metrischen Räumen erklärt.

BEISPIELE

11.7. Es sei $X = \left(-\frac{\pi}{2}, \frac{\pi}{2}\right)$ der Teilraum der reellen Zahlengeraden $\boldsymbol{R}$. Für die eineindeutige stetige Funktion f von X auf $\boldsymbol{R}$:

$$f(x) = \tan x$$

ist auch f^{-1} stetig. Folglich sind X und $\boldsymbol{R}$ homöomorph.

11.8. Wir betrachten den euklidischen Raum $\boldsymbol{R}$ und den metrischen Raum Y aller reellen Zahlen mit dem Abstand:

$$\varrho_Y(y, y') = \left|\frac{y}{1 + |y|} - \frac{y'}{1 + |y'|}\right|.$$

Dann ist die eineindeutige Funktion f von $\boldsymbol{R}$ auf Y:

$$f(x) = x$$

zusammen mit f^{-1} stetig. Die metrischen Räume $\boldsymbol{R}$ und Y sind also homöomorph.

11.9. Es seien $X = \boldsymbol{R}$ und Y der metrische Raum aller reellen Zahlen mit dem diskreten Abstand. Diese beiden metrischen Räume sind nicht homöomorph, weil eine stetige Funktion von X in Y konstant sein muß und deshalb nicht eineindeutig sein kann.

Nach Satz 11.9 werden bei einem Homöomorphismus von X auf Y die offenen bzw. abgeschlossenen Teilräume in eineindeutiger Weise den offenen bzw. abgeschlossenen Teilräumen von Y zugeordnet. Wir sagen deshalb, daß ein Homöomorphismus die offenen und die abgeschlossenen Teilräume invariant läßt. Weitere Begriffe, die bei Homöomorphismen invariant bleiben, sind z. B. Häufungspunkte, Umgebungen und überall dichte Teilräume. Dagegen ist die Beschränktheit eines metrischen Raumes bei Homöomorphismen i. a. nicht invariant, wie wir direkt am Beispiel 11.7 erkennen können. Deshalb werden wir nun spezielle Homöomorphismen betrachten, die wir erhalten, indem wir einmal die Metriken ϱ_X und ϱ_Y und zum anderen die Mengen X und Y spezialisieren.

Wenn es zu den gegebenen metrischen Räumen (X, ϱ_X) und (Y, ϱ_Y) eine eineindeutige Funktion f von X auf Y mit der Eigenschaft gibt, daß der Abstand von zwei beliebigen Urbildern in X gleich dem Abstand der entsprechenden Bilder in Y ist, d. h.

$$\varrho_X(x, x') = \varrho_Y(f(x), f(x')) \tag{11.10}$$

für alle $x, x' \in X$ gilt, nennen wir diese metrischen Räume *isometrisch*. Natürlich sind wegen (11.10) die Funktionen f und f^{-1} stetig, so daß f ein Homöomorphismus ist. Bei isometrischen Räumen entspricht einer Kugel wiederum eine Kugel. Es ist klar, daß alle metrischen Aussagen, die in einem der isometrischen Räume gelten, auch im anderen richtig sind. Isometrische Räume besitzen dieselben metrischen Eigenschaften, obwohl die konkrete Natur ihrer Punkte völlig unterschiedlich sein kann. Aus diesem Grunde können wir isometrische Räume miteinander identifizieren.

BEISPIEL

11.10. Es sei ein metrischer Raum (X, ϱ_X) gegeben. Wenn Y eine mit X gleichmächtige Menge und f eine eineindeutige Funktion von X auf Y ist, dann können wir auf Y durch die Formel

$$\varrho_Y(y, y') = \varrho_X(f^{-1}(y), f^{-1}(y')) \qquad \text{für alle } y, y' \in Y$$

eine Metrik ϱ_Y einführen. Offensichtlich sind dann (X, ϱ_X) und (Y, ϱ_Y) isometrisch. Wählen wir $(X, \varrho_X) = \boldsymbol{R}$, als Y die Menge der reellen Zahlen und als $f: \boldsymbol{R} \to \boldsymbol{R}$ die Funktion $f(x) = x^3$, dann erhalten wir die Metrik ϱ_Y:

$$\varrho_Y(y, y') = \left|\sqrt[3]{y} - \sqrt[3]{y'}\right| \quad \text{für } y, y' \in \boldsymbol{R}\,,$$

so daß $\boldsymbol{R}$ und (Y, ϱ_Y) isometrisch sind.

Wir betrachten jetzt den Fall, daß die den beiden gegebenen metrischen Räumen zugrundeliegenden Mengen gleich sind, d. h., wir untersuchen die beiden metrischen Räume (X, ϱ) und (X, ϱ'). Die Identitätsabbildung von X ist genau dann ein Homöomorphismus von (X, ϱ) auf (X, ϱ'), wenn zwei feste positive Zahlen α, β existieren, so daß die Ungleichungen

$$\alpha\, \varrho(x, x') \leqq \varrho'(x, x') \leqq \beta\, \varrho(x, x') \tag{11.11}$$

von allen $x, x' \in X$ befriedigt werden. Wenn die Bedingung (11.11) erfüllt ist, dann heißen ϱ und ϱ' *äquivalente Metriken* sowie (X, ϱ) und (X, ϱ') *äquivalente metrische Räume*. Den Beweis der folgenden Behauptung überlassen wir dem Leser zur Übung:

11.14. *Es seien (X, ϱ) und (X, ϱ') äquivalente metrische Räume. Die Folge (x_n) (mit $x_n \in X$) ist genau dann konvergent bzw. eine* CAUCHY-*Folge im Raum (X, ϱ), wenn (x_n) konvergent bzw. eine* CAUCHY-*Folge in (X, ϱ') ist.*

BEISPIEL

11.11. Es sei $1 \leqq p \geqq \infty$. Für die Metrik ϱ_p des metrischen Raumes $\boldsymbol{R}_p^n$ gilt dann

$$\frac{1}{n}\varrho_1(x, x') \leqq \varrho_\infty(x, x') \leqq \varrho_p(x, x') \leqq \varrho_1(x, x'),$$

wobei x und x' beliebige Elemente von $\boldsymbol{R}^n$ sind. Folglich sind die metrischen Räume $\boldsymbol{R}_1^n$ und $\boldsymbol{R}_p^n$ äquivalent. Beachten wir Aufgabe 11.15, so sehen wir, daß je zwei Räume $\boldsymbol{R}_p^n$ $(1 \leqq p \leqq \infty)$ und $\boldsymbol{R}_q^n$ $(1 \leqq q \leqq \infty)$ äquivalent sind. Nach Satz 11.14 stimmt die Konvergenz in allen diesen Räumen überein, womit wir das Ergebnis des Beispiels 9.1 bekräftigen.

AUFGABEN

11.15. Die Homöomorphie, Isometrie und Äquivalenz von metrischen Räumen sind Äquivalenzrelationen. Man beweise dies!

11.16. a) Sind die beiden gleichmächtigen Teilräume $[0, 1]$ und $(0, 1)$ von $\boldsymbol{R}$ homöomorph? b) Sind die metrischen Räume $\boldsymbol{R}$ und $\boldsymbol{R}^2$ isometrisch?

11.17. Man beweise, daß je zwei aus den metrischen Räumen (X, ϱ_X) und (X, ϱ_Y) gebildete metrische Produkträume äquivalent sind.

11.18. Auf der Menge $X = (-1, 1)$ sei der Abstand ϱ:

$$\varrho(x, x') = \left|\frac{x}{1 - |x|} - \frac{x'}{1 - |x'|}\right|$$

erklärt. Man zeige, daß die metrischen Räume (X, ϱ) und $\boldsymbol{R}$ isometrisch sind.

11.19. Es sei φ eine gegebene reelle Funktion mit folgenden Eigenschaften: $\varphi(0) = 0$, $\varphi(s) > 0$ für $s > 0$ und $\varphi(s + t) \leqq \varphi(s) + \varphi(t)$ für $s, t \geqq 0$. Ferner sei (X, ϱ) ein metrischer Raum.

a) Man beweise, daß $\varphi \circ \varrho$ eine Metrik ist.
b) Wann ist die Identität ein Homöomorphismus von (X, ϱ) auf $(X, \varphi \circ \varrho)$?
c) Man untersuche, ob $\varphi \circ \varrho$ für folgende Funktionen φ mit $s \geqq 0$:

$$s^r \ (0 < r \leqq 1),\ \ln(1 + s),\ \frac{s}{1 + s},\ \inf\{s, 1\},\ \tanh s$$

eine Metrik ist.

11.20. Man ergänze die Aussage von Satz 9.4, indem man zeige, daß die Vervollständigung X^* eines metrischen Raumes X bis auf Isometrie eindeutig bestimmt ist.

§ 12. Raum der stetigen beschränkten Funktionen

Ein Merkmal für die heutige Analysis ist es, daß man vom Untersuchen *einzelner* Funktionen eines bestimmten Typs zu dem Erforschen des *Raumes* aller Funktionen dieses Typs übergegangen ist. In diesem Paragraphen lernen wir den metrischen Raum $C(X, Y)$ aller stetigen beschränkten Funktionen kennen, die den metrischen Raum X in den metrischen Raum Y abbilden. Alle in diesem Buch betrachteten Funktionenräume sind metrische Räume. Die Punkte eines Funktionenraumes sind Funktionen.

Bei vielen mathematischen Aufgaben, z. B. bei der Lösung einer Differential- oder Integralgleichung, ist ein Operator zu untersuchen, dessen Definitionsbereich aus Funktionen besteht. Führen wir nun einen geeigneten Abstand im Definitionsbereich ein, so geht der Operator in eine auf einem metrischen Raum erklärte Funktion über, auf die wir unsere Theorie anwenden können. Der Begriff des metrischen Raumes erlangt seine mathematische Bedeutung erst durch die Funktionenräume.

Im ersten Abschnitt dieses Paragraphen erkennen wir, daß die Konvergenz im metrischen Raum $C(X, Y)$ genau die bekannte gleichmäßige Konvergenz einer Funktionenfolge ist. Bereits aus diesem Beispiel ist zu ersehen, daß das Betrachten von Funktionenräumen ein Vereinfachen und Vereinheitlichen der Theorie nach sich zieht.

Die wichtigsten Ergebnisse dieses Paragraphen sind in den letzten beiden Abschnitten zu finden. Viele Aussagen über stetige Funktionen beweist man mit Hilfe der Approximationssätze von Stone-Weierstrass, die wir im Abschnitt 12.3 herleiten. Das Prinzip der kontrahierenden Abbildung ist Grundlage für eine Reihe von Existenz- und Eindeutigkeitssätzen, auf die wir in den Kapiteln VI und VII eingehen.

12.1. Metrischer Raum $C(X, Y)$. Es seien (X, ϱ_X) und (Y, ϱ_Y) stets nichtleere metrische Räume. Wir betrachten die Menge $C(X, Y)$ aller auf X erklärten Funktionen $f\colon X \to Y$, die auf ihrem Definitionsbereich X stetig und beschränkt sind. Erinnern wir uns an die Aufgabe 11.3, so sehen wir, daß die Menge $C(X, \boldsymbol{C})$ aller komplexwertigen, auf X beschränkten stetigen Funktionen eine komplexe Algebra bildet. Die Menge $C(X, \boldsymbol{R})$ ist eine reelle Algebra.

Führen wir jetzt auf der Menge $C(X, Y)$ die reellwertige Funktion ϱ:

$$\varrho(f, g) = \sup \{\varrho_Y(f(x), g(x))\,;\, x \in X\}$$

für $f, g \in C(X, Y)$ ein, so befriedigt ϱ alle Forderungen, die an einen Abstand gestellt werden. Da nämlich jede Funktion von $C(X, Y)$ beschränkt ist, nimmt

ϱ nur endliche nichtnegative Werte an. Aus $\varrho(f, g) = 0$ folgt $\varrho_Y(f(x), g(x)) = 0$ für alle $x \in X$ und somit $f = g$. Die Umkehrung ist trivial. Offenbar gilt stets $\varrho(f, g) = \varrho(g, f)$. Sind schließlich f, g und h drei beliebige Elemente von $C(X, Y)$, so erhalten wir

$$\varrho(f, h) = \sup \{\varrho_Y(f(x), h(x)); x \in X\} \leqq$$
$$\leqq \sup \{\varrho_Y(f(x), g(x)) + \varrho_Y(g)x), h(x)); x \in X\} \leqq$$
$$\leqq \varrho(f, g) + \varrho(g, h) .$$

Damit ist gezeigt, daß ϱ ein Abstand auf $C(X, Y)$ ist. Folglich ist $C(X, Y)$ ein metrischer Raum.

Eine Folge (f_n) stetiger beschränkter Funktionen konvergiert genau dann in diesem metrischen Raum gegen die Funktion f aus $C(X, Y)$, wenn $\varrho(f_n, f) \to 0$ für $n \to \infty$ gilt, d. h., wenn zu jedem $\varepsilon > 0$ einen Index $n_0 = n_0(\varepsilon)$ existiert, so daß $\varrho_Y(f_n(x), f(x)) < \varepsilon$ für jedes $n \geqq n_0$ und *alle* $x \in X$ erfüllt ist. Wir sagen dann auch, daß die Folge (f_n) *gleichmäßig gegen f auf X konvergiert.* Die Konvergenz bezüglich der Metrik im Raum $C(X, Y)$ ist die gleichmäßige Konvergenz auf der Menge X.

BEISPIEL

12.1. Wir sagen, daß eine Folge (f_n) von Funktionen (von X in Y) *punktweise* gegen die Funktion f von X in Y *konvergiert,* wenn für jedes feste $x \in X$ die Punktfolge $(f_n(x))$ im metrischen Raum Y gegen den Punkt $f(x)$ konvergiert. Es ist leicht zu beweisen, daß die gleichmäßige Konvergenz einer Funktionenfolge stets die punktweise Konvergenz nach sich zieht. Die Umkehrung gilt dagegen i. a. nicht. Denn betrachten wir beispielsweise die Folge der stetigen Funktionen $g_n: [0, 1] \to \boldsymbol{R}$ mit $g_n(x) = x^n$, so konvergiert diese Folge punktweise gegen die Funktion

$$g(x) = \begin{cases} 1 & \text{für } x = 1 , \\ 0 & \text{für } 0 \leqq x < 1 . \end{cases}$$

Da aber

$$\varrho(g_n, g) = \sup \{|g_n(x) - g(x)|; x \in [0, 1]\} = 1$$

für jedes n ist, kann die Folge g_n nicht gleichmäßig gegen g auf $[0, 1]$ streben.

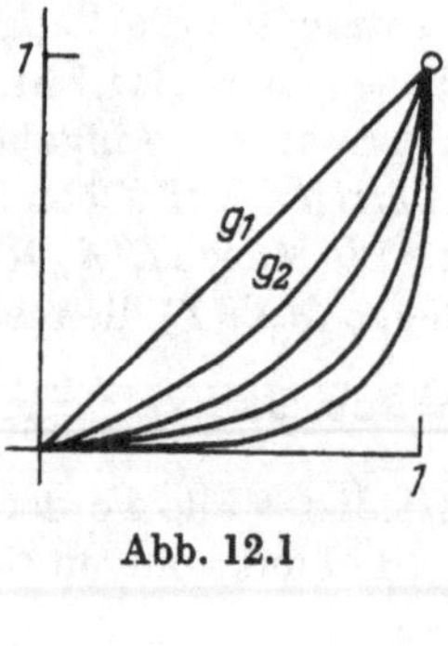

Abb. 12.1

Gleichzeitig haben wir an diesem Beispiel gesehen, daß eine punktweise konvergente Folge stetiger Funktionen keinen stetigen Grenzwert zu besitzen braucht. Dagegen ist der Limes einer gleichmäßigen konvergenten Folge stetiger Funktionen wiederum stetig. Dies beweisen wir im nächsten Satz.

12.1. SATZ. ***Für einen vollständigen Raum Y ist $C(X, Y)$ vollständig.***

Beweis. Es sei (f_n) eine CAUCHY-Folge im Raum $C(X, Y)$. Dann ist $(f_n(x))$ für jeden Punkt $x \in X$ eine CAUCHY-Folge im vollständigen metrischen Raum Y. Folglich besitzt die Folge $(f_n(x))$ einen Grenzwert $f(x) \in Y$. Die damit auf X erklärte Funktion f ist beschränkt, weil es zu der CAUCHY-Folge (f_n) einen Index n_1 mit der Eigenschaft

$$\varrho_Y(f_{n_1}(x), f(x)) \leqq 1$$

für beliebige $x \in X$ gibt und somit für zwei Punkte $x, x' \in X$ stets

$$\begin{aligned} \varrho_Y(f(x), f(x')) &\leqq \varrho_Y(f(x), f_{n_1}(x)) + \varrho_Y(f_{n_1}(x), f_{n_1}(x')) + \varrho_Y(f_{n_1}(x'), f(x')) \\ &\leqq 2 + \varrho_Y(f_{n_1}(x), f_{n_1}(x')) \leqq 2 + d(f_{n_1}(X)) \end{aligned}$$

gilt.

Es sei $\varepsilon > 0$ beliebig vorgegeben. Dann gibt es einen Index $n_0 = n_0(\varepsilon)$, so daß die Ungleichung

$$\varrho(f_n, f) < \frac{\varepsilon}{3} \quad \text{für alle } n \geqq n_0 \tag{12.1}$$

erfüllt ist. Weiterhin sei x_0 ein beliebiger Punkt aus X. Da die Funktion f_{n_0} auf X stetig ist, gibt es eine solche Umgebung U von x_0, daß die Bedingung

$$\varrho_Y(f_{n_0}(x), f_{n_0}(x_0)) < \frac{\varepsilon}{3} \tag{12.2}$$

von allen $x \in U$ befriedigt wird. Somit ist wegen (12.1) und (12.2) die Funktion f stetig im Punkt x_0, weil für alle $x \in U$ die Abschätzung

$$\varrho_Y(f(x), f(x_0)) \leqq \varrho_Y(f(x), f_{n_0}(x)) + \varrho_Y(f_{n_0}(x), f_{n_0}(x_0)) + \varrho_Y(f_{n_0}(x_0), f(x_0)) < \varepsilon$$

gilt. Folglich ist f ein Element von $C(X, Y)$, womit die Behauptung bewiesen ist.

Insbesondere erhalten wir aus diesem Satz, daß die Räume $C(X, \boldsymbol{R})$ und $C(X, \boldsymbol{C})$ vollständig sind.

AUFGABEN

12.1. Es seien (X, ϱ_X) und (Y, ϱ_Y) gegebene metrische Räume und $B(X, Y)$ die Menge aller beschränkten Funktionen $f: X \to Y$ mit der Metrik ϱ:

$$\varrho(f, g) = \sup \{\varrho_Y(f(x), g(x));\, x \in X\}\,.$$

Man zeige:

a) $B(X, Y)$ ist vollständig, falls Y vollständig ist.
b) $C(X, Y)$ ist ein abgeschlossener Teilraum von $B(X, Y)$.
c) Für $\alpha \geqq 0$ ist der Teilraum

$$C_\alpha = \{f;\, s\,f(x) \leqq \alpha \text{ für alle } x \in X\}$$

von $B(X, Y)$ abgeschlossen.

12.2. Man gebe für die Folgen (f_n) der reellen Funktionen f_n:

$$\text{a) } f_n(x) = \frac{1}{1 + n^2 x}, \qquad \text{c) } f_n(x) = \frac{1}{n^2 + x^2},$$

$$\text{b) } f_n(x) = \left(1 + \frac{x}{n}\right)^n, \qquad \text{d) } f_n(x) = \frac{n x}{1 + n^2 x^2}$$

alle Intervalle an, in denen gleichmäßige Konvergenz herrscht.

12.3. Es sei $f: \boldsymbol{R} \to \boldsymbol{R}$ durch die Gleichung:

$$f(x) = \begin{cases} 1 & \text{für rationales } x, \\ 0 & \text{sonst} \end{cases}$$

erklärt. Man zeige, daß keine Folge (f_n) stetiger Funktionen existiert, die punktweise gegen konvergiert.

Hinweis. Die Mengen

$$F_k = \left\{x;\, f_k(x) \leqq \frac{1}{2}\right\}, \qquad F_n = \bigcap_{k=n}^{\infty} F_k$$

wären für eine punktweise gegen f strebende Folge stetiger Funktionen f_n abgeschlossen. Man benutze Aufgabe 10.10 und die Tatsache, daß x genau dann irrational ist, wenn $x \in F_n$ für mindestens einen Index n gilt.

12.4. Es seien (X, ϱ_X) und (Y, ϱ_Y) metrische Räume. Eine Folge (f_n) mit $f_n \in B(X, Y)$ konvergiere punktweise gegen die Funktion $f: X \to Y$. Man beweise:

a) f ist genau dann stetig im Punkt $x_0 \in X$, wenn es zu jedem $\varepsilon > 0$ und jedem $m \in \boldsymbol{N}$ eine Umgebung $U(x_0)$ und einen Index $n > m$ gibt, so daß

$$\varrho_Y(f(x), f_n(x)) < \varepsilon$$

für alle $x \in U(x_0)$ gilt.

b) f ist genau dann stetig auf X, wenn

$$\bigcup_{n=1}^{\infty} A_n^0 = X,$$

wobei

$$A_n = A_n(\varepsilon) = \{x;\, \varrho_Y(f(x), f_n(x)) < \varepsilon\} \subseteq X$$

ist, für jedes $\varepsilon > 0$ gilt.

12.5. Es seien X, Y, Z metrische Räume. Wenn die Folge (f_n) mit $f_n \in C(X, Y)$ gleichmäßig gegen die Funktion $f: X \to Y$ strebt und die Funktion $h: X \times Y \to Z$ auf $X \times Y$ gleichmäßig stetig ist, so strebt die Folge (g_n) mit $g_n: X \to Z$,

$$g_n(x) = h(x, f_n(x)),$$

auf X gleichmäßig gegen die stetige Funktion $g: X \to Z$ mit $g(x) = h(x, f(x))$.

12.2. Stetige Funktionen auf kompakten Räumen. Es sei X ein kompakter metrischer Raum und Y ein metrischer Raum, für den wir später die reelle Zahlengerade $\boldsymbol{R}$ wählen. Wir betrachten jetzt Funktionen, die auf dem kompakten metrischen Raum X definiert und stetig sind und deren Werte in Y liegen. Eine stetige Funktion bildet kompakte Räume wiederum in kompakte Räume ab:

12.2. Es sei X ein kompakter metrischer Raum und Y ein metrischer Raum. Ist die Funktion $f: X \to Y$ stetig auf X, so ist ihr Wertebereich $f(X)$ ebenfalls kompakt.

Beweis. Es sei (y_n) eine beliebige Folge aus $f(X)$. Dann existiert zu jedem y_n ein $x_n \in X$ mit $f(x_n) = y_n$. Da X kompakt ist, gibt es eine Teilfolge (x_{n_k}) der Folge (x_n), die gegen einen Punkt $x \in X$ strebt. Aufgrund der Stetigkeit von f konvergiert $f(x_{n_k})$ gegen $f(x) \in f(X)$. Folglich ist $f(X)$ kompakt.

Der Satz 12.2 kann als Verallgemeinerung des bekannten Extremwertsatzes reeller stetiger Funktionen angesehen werden. Wir erhalten dieses Ergebnis sofort als einfache Folgerung aus dem obigen Satz.

12.3. *Auf dem kompakten metrischen Raum X sei die reellwertige Funktion $f\colon X \to \boldsymbol{R}$ definiert und stetig. Dann gibt es zwei Punkte $a, a' \in X$ mit der Eigenschaft*

$$f(a) \leqq f(x) \leqq f(a') \quad \textit{für alle } x \in X\,.$$

Wir sagen in diesem Fall, daß die Funktion f in dem Punkt $a \in X$ ihr *absolutes Minimum* auf X und im Punkt a' ihr *absolutes Maximum* auf X annimmt.

Beweis. Wegen Satz 12.2 ist $f(X) \subset \boldsymbol{R}$ kompakt und somit wegen Satz 9.5 abgeschlossen und beschränkt. Es sei b die obere Grenze von $f(X)$. Da b in $f(X)$ liegt, gibt es (mindestens) einen Punkt $a' \in X$ mit $f(a') = b$, so daß

$$f(x) \leqq f(a') = b$$

für alle $x \in X$ gilt. Der Beweis für das absolute Minimum verläuft analog.

Jetzt untersuchen wir kurz den Zusammenhang zwischen punktweiser und gleichmäßiger Konvergenz einer Folge stetiger Funktionen. Da aus der gleichmäßigen Konvergenz, wie wir im Abschnitt 12.1 sahen, stets die punktweise Konvergenz folgt, lautet unsere Problemstellung genauer: Unter welchen zusätzlichen Bedingungen ergibt sich aus der punktweisen Konvergenz einer Folge stetiger Funktionen die gleichmäßige Konvergenz?

Wir führen hierzu einen neuen Begriff ein. Eine Menge F von Funktionen aus $C(X, Y)$ nennen wir *gleichgradig stetig auf* X, wenn es zu jedem $\varepsilon > 0$ ein universelles $\delta = \delta(\varepsilon) > 0$ gibt, so daß für $x, x' \in X$ mit $\varrho_X(x, x') < \delta$ stets

$$\varrho_Y(f(x), f(x')) < \varepsilon$$

für jede Funktion f von F gilt. Zum Beispiel ist die Menge aller Funktionen f aus $C(X, Y)$, die auf ihrem Definitionsbereich X einer Lipschitz-*Bedingung*

$$\varrho_Y(f(x), f(x')) \leqq \alpha\, \varrho_X(x, x')$$

für beliebige $x, x' \in X$ mit ein und derselben Konstanten $\alpha > 0$ genügen, gleichgradig stetig auf X. Wenn X kompakt ist, dann ist auch jede endliche Teilmenge von $C(X, Y)$ gleichgradig stetig auf X. Dies ergibt sich unmittelbar aus dem Satz 11.10. Wir wenden uns jetzt unserem Problem zu.

12.4. *Es sei X ein kompakter metrischer Raum und Y ein metrischer Raum. Wenn die Funktionenfolge (f_n) aus $C(X, Y)$ gleichgradig stetig auf X ist und punktweise gegen die Funktion $f\colon X \to Y$ konvergiert, dann konvergiert (f_n) sogar gleichmäßig gegen f und f ist stetig auf X.*

Beweis. Wir geben uns $\varepsilon > 0$ beliebig vor. Nach Voraussetzung existiert zu jedem Punkt $x \in X$ eine Umgebung $U(x)$, so daß

$$\varrho_Y(f_n(x), f_n(x')) < \frac{\varepsilon}{3} \tag{12.3}$$

für alle $x' \in U(x)$ und jeden Index n gilt. Die kompakte Menge X wird nach Satz 9.6 bereits von endlich vielen Umgebungen $U(x_1), \ldots, U(x_m)$ überdeckt. Weil (f_n) punktweise gegen f konvergiert, läßt sich ein Index $n_0 = n_0(\varepsilon)$ derart angeben, daß

$$\varrho_Y(f(x_i), f_n(x_i)) < \frac{\varepsilon}{3} \tag{12.4}$$

für $n \geqq n_0$ und jedes $i = 1, 2, \ldots, m$ befriedigt wird.

Es sei x ein beliebiger Punkt von X, der in der Umgebung $U(x_i)$ liege. Nach (12.3) gilt somit

$$\varrho_Y(f_n(x_i), f_n(x)) < \frac{\varepsilon}{3} \tag{12.5}$$

für jedes n. Da (f_n) punktweise gegen f strebt, folgt hieraus

$$\varrho_Y(f(x_i), f(x)) \leqq \frac{\varepsilon}{3}. \tag{12.6}$$

Aus (12.4), (12.5) und (12.6) erhalten wir schließlich

$$\varrho_Y(f(x), f_n(x)) \leqq \varrho_Y(f(x), f(x_i)) + \varrho_Y(f(x_i), f_n(x_i)) + \varrho_Y(f_n(x_i), f_n(x)) < \varepsilon$$

für $n \geqq n_0$ und jeden beliebigen Punkt $x \in X$. Folglich konvergiert die Folge (f_n) stetiger Funktionen gleichmäßig gegen f. Die Funktion f ist nach Satz 12.1 stetig auf X, womit alles bewiesen ist.

12.5. (U. Dini). *Es sei ein kompakter metrischer Raum X gegeben, auf dem eine Folge reellwertiger stetiger Funktionen f_n erklärt ist, die gegen eine stetige Funktion f punktweise konvergiert. Wenn ferner für jedes $x \in X$ die Zahlenfolge $(f_n(x))$ monoton wächst, dann strebt die Folge (f_n) auf X gleichmäßig gegen f.*

Auf einen direkten Beweis dieses Satzes wollen wir verzichten, weil der folgende Satz von M. H. Stone bedeutend allgemeiner ist.

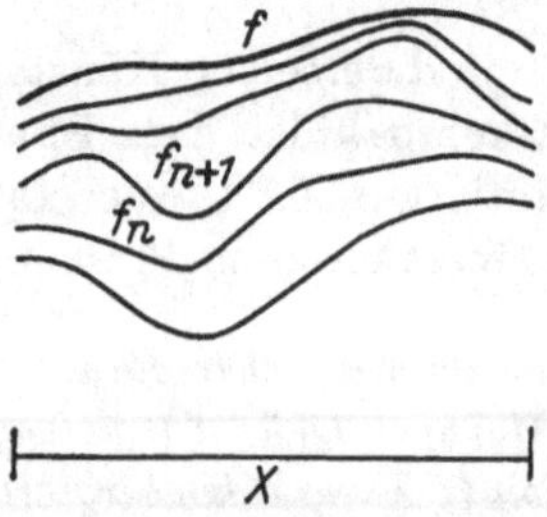

Abb. 12.2

12.6 (M. H. Stone). *Es sei X ein kompakter metrischer Raum und f eine gegebene Funktion aus $C(X, \mathbf{R})$. Die Teilmenge W von $C(X, \mathbf{R})$ erfülle die folgenden Bedingungen:*

a) *Zu jedem Paar von Punkten $y, z \in X$ und jedem $\varepsilon > 0$ existiert eine Funktion $w \in W$ mit*

$$|f(x) - w(x)| < \varepsilon$$

für $x = y$ und $x = z$;

b) *Mit $w_1, w_2 \in W$ gehören auch* $\sup(w_1, w_2)$ *und* $\inf(w_1, w_2)$ *zu $\overline{W}$.*

Dann liegt die Funktion f in der Abschließung $\overline{W}$.

Beweis. Wir geben uns $\varepsilon > 0$ beliebig vor. Zu jedem Paar von Punkten $y, z \in X$ existiert nach der ersten Bedingung eine Funktion $w_{yz} \in W$ mit

$$|f(x) - w_{yz}(x)| < \varepsilon \quad \text{für } x = y \text{ und } x = z\,. \tag{12.7}$$

Zunächst sei der Punkt y fest. Wegen der Stetigkeit der Funktion $f - w_{yz}$ gibt es zu jedem Punkt $z \in X$ eine Umgebung $U(z)$ von z, so daß

$$w_{yz}(x) < f(x) + \varepsilon \tag{12.8}$$

für alle $x \in U(z)$ ist. Nach Satz 9.6 wird der kompakte Raum X bereits von endlich vielen Umgebungen $U(z_1), \ldots, U(z_n)$ überdeckt. Es sei

$$w_y(x) = \inf\{w_{yz_1}(x), \ldots, w_{yz_n}(x)\}\,.$$

Nach der Voraussetzung b) gehört w_y zur Menge $\overline{W}$ und wegen (12.7) und (12.8) gilt ferner

$$w_y(x) < f(x) + \varepsilon \tag{12.9}$$

für alle $x \in X$ und

$$|w_y(y) - f(y)| < \varepsilon\,. \tag{12.10}$$

Zu jedem Punkt y können wir eine solche Funktion w_y konstruieren. Aufgrund der Stetigkeit von $f - w_y$ läßt sich wegen (12.10) zu jedem $y \in X$ eine Umgebung $U(y)$ angeben, so daß die Ungleichung

$$f(x) - \varepsilon < w_y(x) \tag{12.11}$$

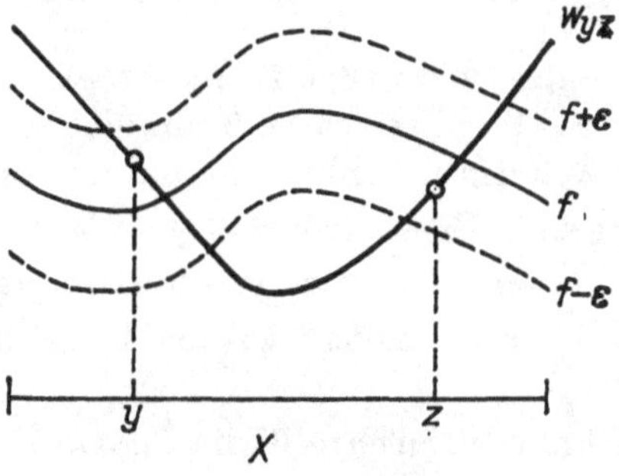

Abb. 12.3

für alle $x \in U(y)$ besteht. Wegen der Kompaktheit überdecken endlich viele Umgebungen $U(y_1), \ldots, U(y_m)$ die Menge X. Es sei

$$w(x) = \sup \{w_{y_1}(x), \ldots, w_{y_m}(x)\}.$$

Diese Funktion w ist ein Element von $\overline{W}$ und für ein beliebiges $x \in X$ gilt nach (12.9) und (12.11)

$$f(x) - \varepsilon < w(x) < f(x) + \varepsilon.$$

Folglich liegt f in der Abschließung $\overline{W}$, womit unsere Behauptung bewiesen ist.

Der Satz 12.5 ist jetzt eine einfache Folgerung der eben bewiesenen Aussage. Ist nämlich (f_n) eine Folge reellwertiger, auf X stetiger Funktionen, die den Voraussetzungen von Satz 12.5 genügt, und W die Menge der Funktionen f_n, dann erfüllt W die Voraussetzung von Satz 12.6, so daß (f_n) gleichmäßig gegen f konvergiert. Im folgenden Abschnitt werden wir den Satz 12.6 wesentlich benutzen.

AUFGABEN

12.6. Es sei X ein kompakter Raum und Y ein metrischer Raum. Man zeige, daß jede stetige Funktion $f\colon X \to Y$ beschränkt ist.

12.7. Es sei $x > 0$. Auf welchen Intervallen konvergiert die Folge (f_n) mit

$$f_n(x) = n(x^{1/n} - 1)$$

gleichmäßig gegen den natürlichen Logarithmus?

12.8. Es sei X ein kompakter metrischer Raum. Man beweise: Ist die Funktion $f\colon X \to \boldsymbol{R}$ in jedem Punkt von X halbstetig nach unten, so besitzt f ein absolutes Minimum in X.

12.9. Man gebe Beispiele für Teilmengen W von $C([0,1], \boldsymbol{R})$ an, die für jede Funktion $f \in C([0, 1], \boldsymbol{R})$ den Bedingungen des Satzes 12.6 genügen.

12.10. Für $x \geqq 0$ wird durch die Festsetzungen

$$p_0(x) = 0, \; p_{n+1}(x) = p_n(x) + \frac{1}{2}(x - p_n^2(x)) \qquad (n = 0, 1, 2, \ldots)$$

eine Folge von reellen Polynomen p_n erklärt. Man beweise, daß

$$0 \leqq \sqrt{x} - p_n(x) \leqq \frac{2\sqrt{x}}{2 + n\sqrt{x}}$$

gilt und daß (p_n) auf $[0, 1]$ gleichmäßig gegen $\sqrt{x}$ konvergiert.

12.3. Approximationssätze von Stone-Weierstrass. Es sei X ein kompakter metrischer Raum. Wir betrachten Teilräume W des Raumes $C(X, \boldsymbol{R})$ aller reellwertigen, auf X stetigen Funktionen und interessieren uns für die Abschließung $\overline{W}$ der Menge W. Es ist klar, daß stets $\overline{W} \subseteq C(X, \boldsymbol{R})$ gilt. Wir suchen nun Bedingungen, unter denen jede reellwertige, auf X stetige Funktion durch Funktionen von W approximiert werden kann, d. h., unter denen $\overline{W}$ gleich $C(X, \boldsymbol{R})$ ist.

Wir sagen, daß die Funktionenmenge W die *Punkte von X trennt*, wenn es zu jedem Paar verschiedener Punkte $x_1, x_2 \in X$ eine Funktion $w \in W$ mit $w(x_1) \neq$

$\neq w(x_2)$ gibt. Zum Beispiel trennt die Menge W aller reellen Polynome die Punkte des Intervalles $[-1, 1]$, weil z. B. die Funktion $w(x) = x$ diese Eigenschaft besitzt.

12.7. *Es sei X ein kompakter metrischer Raum. Der lineare Teilraum W von $C(X, \mathbf{R})$ genüge den folgenden Bedingungen:*

a) *W trennt die Punkte von X;*

b) *W enthält die konstanten Funktionen;*[1]

c) *Mit $w \in W$ gehört auch $|w|$ zur Menge $\overline{W}$.*

Dann stimmt die Abschließung $\overline{W}$ mit dem Raum $C(X, \mathbf{R})$ überein.

Beweis. Wir zeigen mit Hilfe von Satz 12.6, daß eine beliebige Funktion $f \in C(X, \mathbf{R})$ in der Abschließung $\overline{W}$ liegt.

Es seien x_1, x_2 zwei verschiedene Punkte aus X. Nach Voraussetzung a) gibt es eine Funktion $v \in W$ mit $v(x_1) \neq v(x_2)$. Dann besitzt die Funktion $w \in W$

$$w(x) = f(x_1) + [f(x_2) - f(x_1)]\, \frac{v(x) - v(x_1)}{v(x_2) - v(x_1)}$$

die Eigenschaft a) von Satz 12.6, weil

$$w(x_1) = f(x_1) \quad \text{und} \quad w(x_2) = f(x_2)$$

gilt. Weiterhin gehören mit zwei Funktionen w_1 und w_2 aus W die Funktionen $\sup(w_1, w_2)$ und $\inf(w_1, w_2)$ zur Abschließung $\overline{W}$, weil

$$\sup(w_1, w_2) = \frac{1}{2}\,[w_1 + w_2 + |w_1 - w_2|],$$

$$\inf(w_1, w_2) = \frac{1}{2}\,[w_1 + w_2 - |w_1 - w_2|]$$

gilt, und $|w_1 - w_2|$ nach Voraussetzung c) in dem linearen Raum $\overline{W}$ liegt. Folglich können wir den Satz 12.6 anwenden, so daß $f \in \overline{W}$ ist. Damit ist alles gezeigt.

Fordern wir nicht nur, daß die Menge W der „approximierenden" Funktionen linear ist, sondern eine Algebra bildet, dann können wir mittels des folgenden Lemmas die Voraussetzung c) im Satz 12.7 weglassen.

12.8. *Ist W eine Algebra in $C(X, \mathbf{R})$, die alle konstanten Funktionen enthält, und ist $w \in W$, dann gehört $|w|$ zu $\overline{W}$.*

Beweis. Eine Funktion $w \in W$ ist stetig auf dem kompakten Raum X und somit beschränkt. Es sei $|w(x)| \leqq k$ für $x \in X$. Dann ist die Reihenentwicklung

$$|w(x)| = [k^2 - (k^2 - w^2(x))]^{1/2} = k\left[1 - \left(1 - \frac{w^2(x)}{k^2}\right)\right]^{1/2} =$$

$$= k\left[1 - \frac{1}{2}\left(1 - \frac{w^2(x)}{k^2}\right) - \frac{1}{2^2 \cdot 2!}\left(1 - \frac{w^2(x)}{k^2}\right)^2 - \frac{1 \cdot 3}{2^3 \cdot 3!}\left(1 - \frac{w^2(x)}{k^2}\right)^3 - \cdots\right]$$

---

[1]) Mit einer einzigen konstanten nichtverschwindenden Funktion liegen sofort alle konstanten Funktionen in W, weil W linear ist.

gleichmäßig konvergent auf X, weil $0 \leqq 1 - \frac{w^2(x)}{k^2} \leqq 1$ ist. Folglich gehört $|w|$ zu $\overline{W}$.

Aus dem Satz 12.7 und dem Lemma 12.8 ergibt sich direkt die von M. H. Stone gegebene Verallgemeinerung des Approximationssatzes von K. Weierstrass.

12.9. SATZ (M. H. Stone). *Es sei X ein kompakter metrischer Raum. Die Algebra W von $C(X, \boldsymbol{R})$ genüge den folgenden Bedingungen:*

a) *W trennt die Punkte von X;*

b) *W enthält die konstanten Funktionen.*

Dann ist die Abschließung $\overline{W}$ gleich dem Raum $C(X, \boldsymbol{R})$.

Als Folgerung erhalten wir den bekannten Approximationssatz:

12.10. SATZ (K. Weierstrass). *Es sei X eine kompakte Menge im euklidischen Raum $\boldsymbol{R}^n$ ($n \geqq 1$). Jede reellwertige, auf X stetige Funktion kann durch Polynome p von n Variablen*

$$p(x) = \sum_{i_1=1}^{m_1} \cdots \sum_{i_n=1}^{m_n} a_{i_1 \ldots i_n} x_1^{i_1} \cdots x_n^{i_n},$$

wobei $a_{i_1 \ldots i_n}$ konstante reelle Zahlen sind, gleichmäßig approximiert werden.

Beweis. Die Menge der Polynome enthält die konstanten Funktionen und trennt die Punkte von $\boldsymbol{R}^n$, weil die Polynome $w_1(x) = x_1, \ldots, w_n(x) = x_n$ für $x = (x_1, \ldots, x_n) \in \boldsymbol{R}^n$ dies garantieren. Aus Satz 12.9 ergibt sich die Behauptung.

Wir wollen nun noch das analoge Problem im metrischen Raum $C(X, \boldsymbol{C})$ lösen. Es sei deshalb W eine komplexe Algebra von komplexwertigen, auf X stetigen Funktionen. Wir bezeichnen mit $\bar{f}$ die konjugiert komplexe Funktion von f:

$$\bar{f}(x) = \overline{f(x)}.$$

Wenn $f(x) = f_1(x) + i\, f_2(x)$ ist, wobei f_1 und f_2 reellwertige Funktionen sind, lautet $\bar{f}(x) = f_1(x) - i\, f_2(x)$.

12.11. SATZ. *Es sei X ein kompakter metrischer Raum. Die komplexe Algebra W von $C(X, \boldsymbol{C})$ erfülle die folgenden Bedingungen:*

a) *W trennt die Punkte von X;*

b) *W enthält die konstanten Funktionen;*

c) *Mit $w \in W$ ist auch $\bar{w} \in W$.*

Dann ist die Abschließung $\overline{W}$ gleich dem Raum $C(X, \boldsymbol{C})$.

Beweis. Wie man sich schnell überlegt, gilt

$$C(X, \boldsymbol{C}) = C(X, \boldsymbol{R}) + i\, C(X, \boldsymbol{R}). \tag{12.12}$$

Die Menge W_r aller reellwertigen, auf X stetigen Funktionen von W:

$$W_r = \left\{ w_r = \frac{1}{2}(\bar{w} + w);\ w \in W \right\}$$

bildet eine reelle Algebra. Folglich läßt sich die komplexe Algebra W in der Form

$$W = W_r + i\, W_r \tag{12.13}$$

darstellen. Da W die Punkte von X trennt, besitzt W_r ebenfalls diese Eigenschaft. Weiterhin enthält W_r alle reellen konstanten Funktionen. Somit liegt W_r nach Satz 12.9 in $C(X, \boldsymbol{R})$ überall dicht. Wegen der Darstellungen (12.12) und (12.13) ist die Behauptung bewiesen.

Als Folgerung erhalten wir aus diesem Satz den zweiten WEIERSTRASSschen Approximationssatz:

12.12. SATZ (K. WEIERSTRASS). *Es sei X das Intervall $[0, 2\pi]$ und W_t die Menge aller trigonometrischen Polynome*

$$a_0 + \sum_{k=1}^{n} (a_k \cos k\,x + b_k \sin k\,x)$$

mit reellen Konstanten a_k, b_k. Dann läßt sich jede reelle, auf $[0, 2\pi]$ stetige Funktion durch trigonometrische Polynome gleichmäßig auf dem Intervall $[0, 2\pi]$ approximieren.

Beweis. Eine reelle, auf $[0, 2\pi]$ stetige Funktion können wir als Element des metrischen Raumes $C([0, 2\pi], \boldsymbol{C})$ betrachten. Die komplexe Algebra W, die von den Funktionen e^{ikx} $(k = 0, 1, 2, \ldots)$ erzeugt wird, erfüllt die Bedingungen von Satz 12.11. Da die Algebra W_r aller reellen, auf $[0, 2\pi]$ stetigen Funktionen von W gleich der Menge W_t ist, muß die Abschließung von W_t gleich dem Raum $C([0, 2\pi], \boldsymbol{R})$ sein.

AUFGABEN

12.11. Man zeige, daß die reelle Algebra der trigonometrischen Polynome von $C([0, 2\pi]$' $\boldsymbol{R})$ mit der reellen Algebra von $C([0, 2\pi], \boldsymbol{R})$ übereinstimmt, die durch die Sinus- und Kosinusfunktion erzeugt wird.

12.12. Es seien X und Y kompakte metrische Räume und $f\colon X \times Y \to \boldsymbol{C}$ eine komplexwertige stetige Funktion. Man zeige, daß man zu jedem $\varepsilon > 0$ endlich viele Funktionen $g_k \in C(X, \boldsymbol{C})$ und $h_k \in C(Y, \boldsymbol{C})$ $(k = 1, 2, \ldots, n)$ angeben kann, so daß

$$\left| f(x, y) - \sum_{k=1}^{n} g_k(x)\, \mathrm{h}_k(y) \right| < \varepsilon$$

für alle $(x, y) \in X \times Y$ erfüllt ist.

12.13. Es sei (X, ϱ) ein kompakter metrischer Raum. Man zeige:

a) $C(X, \boldsymbol{R})$ und $C(X, \boldsymbol{C})$ sind separabel.

Hinweis. Wenn $\{x_n\}$ eine in X überall dichte Menge ist, dann betrachte man die Algebra, die von den Funktionen $f_n(x) = \varrho(x, x_n)$ erzeugt wird, und wende Satz 12.9 an.

b) $C(\boldsymbol{R}, \boldsymbol{R})$ ist nicht separabel.

12.14. Es sei $S = \{z; |z| = 1\} \subset \boldsymbol{C}$. Man beweise, daß jede komplexe stetige Funktion $\mathfrak{f} \in C(S, \boldsymbol{C})$ durch Polynome in z und $\overline{z}$ und somit durch Funktionen des Typs

$$\sum_{k=-n}^{n} a_k z^k$$

gleichmäßig auf S approximiert werden kann.

12.15. Es sei $\varphi \in C([0, 1], \boldsymbol{R})$. Man zeige, daß sich genau dann jede Funktion von $C([0, 1], \boldsymbol{R})$ durch Polynome in φ:

$$a_0 + a_1 \varphi(x) + a_2 \varphi^2(x) + \cdots + a_m \varphi^m(x)$$

gleichmäßig auf $[0, 1]$ approximieren läßt, wenn φ streng monoton ist, d. h., wenn aus $x < x'$ stets $\varphi(x) < \varphi(x')$ (bzw. $\varphi(x) > \varphi(x')$) folgt.
Hinweis. Man benutze Satz 12.10 für $n = 1$.

12.4. Prinzip der kontrahierenden Abbildung.

Viele Probleme der Analysis können wir abstrakt folgendermaßen formulieren: Auf einem metrischen Raum X ist eine Funktion f erklärt, die diesen Raum in sich abbildet. Gesucht ist ein Punkt $a \in X$, den die Funktion f in sich überführt:

$$a = f(a)\,.$$

Ein solcher Punkt a heißt ein *Fixpunkt* der Funktion f auf X. Eine Aussage über die Existenz von Fixpunkten, wie z. B. das folgende Prinzip der kontrahierenden Abbildung, nennen wir kurz einen Fixpunktsatz. Das Prinzip der kontrahierenden Abbildung besitzt deshalb so viele Anwendungen, weil es uns neben der Existenzaussage für einen eindeutig bestimmten Fixpunkt ein Iterationsverfahren zu dessen näherungsweisen Bestimmung in die Hand gibt.

Es sei ein vollständiger metrischer Raum X mit der Metrik ϱ und eine auf X definierte Funktion $f: X \to X$ gegeben. Wir sagen, daß die Funktion $f: X \to X$ eine *kontrahierende Abbildung auf* X ist, wenn die Ungleichung

$$\varrho(f(x), f(x')) \leqq \alpha\, \varrho(x, x') \tag{12.14}$$

von allen $x, x' \in X$ mit einer von x und x' unabhängigen Konstanten $\alpha < 1$ befriedigt wird. Eine kontrahierende Abbildung ist stets stetig und sogar gleichmäßig stetig auf X.

12.13. SATZ (S. BANACH). *Wenn $f: X \to X$ eine kontrahierende Abbildung auf dem vollständigen metrischen Raum X ist, so existiert ein eindeutig bestimmter Fixpunkt $a \in X$, gegen den die Folge (x_n):*

$$x_{n+1} = f(x_n) \quad (n = 0, 1, 2, \ldots) \tag{12.15}$$

mit einem beliebig gewählten Anfangselement $x_0 \in X$ und der Konvergenzgeschwindigkeit

$$\varrho(x_n, a) \leqq \frac{\alpha^n}{1-\alpha}\, \varrho(x_1, x_0) = \frac{\alpha^n}{1-\alpha}\, \varrho(f(x_0), x_0) \quad (n = 0, 1, 2, \ldots) \tag{12.16}$$

strebt.

Beweis. Bilden wir für ein beliebiges Anfangselement $x_0 \in X$ die Folge (x_n) nach der Vorschrift (12.15), so gilt wegen (12.14)

$$\varrho(x_{n+1}, x_n) \leqq \alpha\, \varrho(x_n, x_{n-1}) \leqq \cdots \leqq \alpha^n\, \varrho(x_1, x_0) \quad (n = 0, 1, 2, \ldots)\,.$$

Folglich gilt für beliebige natürliche Zahlen n und p

$$\begin{aligned} \varrho(x_{n+p}, x_n) &\leqq \varrho(x_{n+p}, x_{n+p-1}) + \cdots + \varrho(x_{n+1}, x_n) \leqq \\ &\leqq (\alpha^{n+p-1} + \cdots + \alpha^n)\, \varrho(x_1, x_0) \leqq \frac{\alpha^n}{1-\alpha}\, \varrho(x_1, x_0)\,. \end{aligned} \tag{12.17}$$

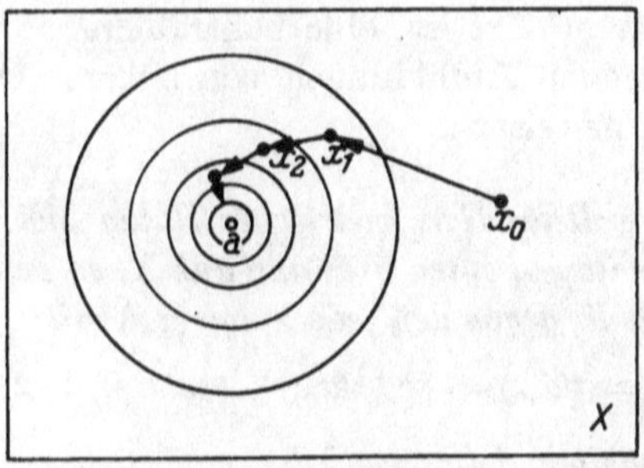

Abb. 12.4

Da die Folge (α^n) eine Nullfolge bildet, ist (x_n) eine CAUCHY-Folge, die in dem vollständigen metrischen Raum X einen Grenzwert $a \in X$ besitzt. Dieser Punkt a muß ein Fixpunkt von f sein, weil aufgrund der Ungleichung

$$\varrho(x_{n+1}, f(a)) \leqq \alpha\, \varrho\, (x_n, a) \quad (n = 0, 1, 2, \ldots)$$

die gegen a strebende Folge (x_n) auch gegen $f(a)$ konvergiert und der Grenzwert einer konvergenten Folge nach Satz 9.1 eindeutig bestimmt ist.

Die Funktion f besitzt genau einen Fixpunkt a in X, denn für einen weiteren Fixpunkt $b \in X$ muß wegen (12.14)

$$\varrho(a, b) = \varrho(f(a), f(b)) \leqq \alpha\, \varrho(a, b)\,,$$

d. h. $\varrho(a, b) = 0$, $a = b$ sein. Schließlich ergibt sich die Abschätzung (12.16) der Konvergenzgeschwindigkeit unmittelbar aus (12.17), wenn wir p gegen Unendlich streben lassen. Damit ist alles gezeigt.

Bei dem Beweis benutzen wir wesentlich, daß $\alpha < 1$ ist. Wird die Bedingung (12.14) durch die schwächere Voraussetzung, daß

$$\varrho(f(x), f(x')) < \varrho(x, x')$$

für beliebige, voneinander verschiedene Punkte x und x' aus X gilt, ersetzt, dann gilt i. a. die Behauptung von Satz 12.13 nicht mehr (siehe aber Aufgabe 12.19).

BEISPIEL

12.2. Der Teilraum $X = \{x \in \boldsymbol{R};\, x \geqq 1\}$ von $\boldsymbol{R}$ wird durch die Funktion $f(x) = x + x^{-1}$ in sich abgebildet. Diese Funktion besitzt offensichtlich keinen Fixpunkt in X. Aber nach dem bekannten Mittelwertsatz der Differentialrechnung erhalten wir die Ungleichung

$$|f(x) - f(x')| = f'(z)\,|x - x'| = \frac{z^2 - 1}{z^2}\,|x - x'| < |x - x'|$$

für beliebige, aber verschiedene Zahlen $x, x' \in X$.

Wir nennen eine Funktion $f\colon X \to X$ eine *kontrahierende Abbildung n-ter Ordnung* auf X, wenn die n-te iterierte Funktion $f^n\colon X \to X$, welche durch die Gleichungen

$$f^0(x) = x\,, \quad f^{n+1}(x) = f(f^n(x)) \quad (n = 0, 1, 2, \ldots)$$

für alle $x \in X$ sukzessiv erklärt ist, eine kontrahierende Abbildung auf X ist. Für solche kontrahierenden Abbildungen von höherer Ordnung läßt sich der folgende Fixpunktsatz beweisen:

12.14. *Es sei X ein vollständiger metrischer Raum und $n \geqq 2$. Ist $f\colon X \to X$ eine kontrahierende Abbildung n-ter Ordnung auf X, so existiert ein eindeutig bestimmter Fixpunkt a in X, gegen den jede Folge (x_m) mit*

$$x_{m+1} = f(x_m) = f^{m+1}(x_0) \qquad (m = 0, 1, 2, \ldots)$$

und einem beliebig gewählten Anfangsglied $x_0 \in X$ strebt.

Beweis. Wir setzen $g = f^n$. Laut Voraussetzung kann man eine Konstante $\alpha < 1$ angeben, so daß

$$\varrho\big(g(x), g(x')\big) \leqq \alpha\, \varrho(x, x')$$

für alle $x, x' \in X$ gilt. Nach Satz 12.13 besitzt g einen eindeutig bestimmten Fixpunkt a in X. Wegen

$$\varrho\big(f(a), a\big) = \varrho\big(f(g(a)), g(a)\big) = \varrho\big(f^{n+1}(a), g(a)\big) = \varrho\big(g(f(a)), g(a)\big) \leqq \alpha\, \varrho\big(f(a), a\big)$$

und $\alpha < 1$ ist a ein Fixpunkt von f. Da umgekehrt jeder Fixpunkt von f auch Fixpunkt von g ist, besitzt f genau einen Fixpunkt in X.

Nach Satz 12.13 strebt $f^{nk}(x_0) \to a$ für $k \to \infty$, wobei x_0 ein *beliebiges* Anfangselement $x_0 \in X$ ist. Folglich gilt auch für $i = 1, \ldots, n-1$

$$\lim_{k\to\infty} f^{nk+i}(x_0) = \lim_{k\to\infty} f^{nk}\big(f^i(x_0)\big) = a\,,$$

so daß sich

$$\lim_{m\to\infty} f^m(x_0) = a$$

ergibt, was zu beweisen war.

Sehr oft hängt die Funktion f noch von einem Parameter t ab, der alle Elemente eines bestimmten metrischen Raumes (T, ϱ_T) annehmen kann. Ist (X, ϱ) wieder ein vollständiger metrischer Raum, so soll die Funktion f den metrischen Produktraum $(T \times X, \varrho_T + \varrho)$ in (X, ϱ) überführen. Dann hängt natürlich eine Lösung a der Gleichung

$$x = f(t, x)$$

i. a. von dem Parameter t ab.

12.15. *Wenn die Funktion $f\colon T\times X \to X$ stetig auf $T\times X$ ist und der Bedingung*

$$\varrho\big(f(t, x), f(t, x')\big) \leqq \alpha\, \varrho(x, x')$$

mit einer festen Konstanten $\alpha < 1$ für beliebige $t \in T$ und alle $x, x' \in X$ genügt und wenn es einen Punkt $x_0 \in X$ gibt, für den die Funktion $f(t, x_0)$ auf T beschränkt ist, dann existiert eine eindeutig bestimmte, auf T definierte und stetige Funktion a: $T \to X$ mit

$$a(t) = f\big(t, a(t)\big) \tag{12.18}$$

für jedes $t \in T$. Die Folge der stetigen Funktionen x_n: $T \to X$:

$$x_{n+1}(t) = f(t, x_n(t)) \qquad (n = 0, 1, 2, \ldots) \tag{12.19}$$

mit dem Anfangsglied $x_0(t) = x_0$ strebt gleichmäßig gegen die Funktion a.

Beweis. Wegen Satz 12.13 strebt für jedes *feste* Element $t \in T$ die Folge $(x_n(t))$ gegen den eindeutig bestimmten Punkt $a(t) \in X$. Somit gibt es genau eine Funktion a: $T \to X$, für die die Gleichung (12.18) richtig ist. Für die Konvergenzgeschwindigkeit, mit der $x_n(t)$ gegen $a(t)$ für $n \to \infty$ strebt, gilt nach Satz 12.13 die Ungleichung

$$\varrho(x_n(t), a(t)) \leqq \frac{\alpha^n}{1-\alpha} \varrho(x_1(t), x_0(t)) = \frac{\alpha^n}{1-\alpha} \varrho(f(t, x_0), x_0) \qquad (n = 0, 1, 2, \ldots)$$

für jedes $t \in T$. Da nach Voraussetzung $\varrho(f(t, x_0), x_0) \leq k$ für eine gewisse positive Konstante k ist und die durch (12.19) erklärten Funktionen $x_n(t)$ stetig auf T sind, strebt die Funktionenfolge (x_n) auf T gleichmäßig gegen a, weil

$$\varrho(x_n(t), a(t)) \leqq \frac{\alpha^n}{1-\alpha} k \qquad (n = 0, 1, 2, \ldots)$$

für jedes $t \in T$ gilt. Somit ist nach Satz 12.1 die Funktion a stetig auf T, was zu beweisen war.

Ist insbesondere X gleich der abgeschlossenen Kugel $\overline{K} = \overline{K}(x_0, r)$, dann können wir, um zu sichern, daß f die Produktmenge $T \times \overline{K}$ *in* $\overline{K}$ abbildet, voraussetzen, daß für jedes $t \in T$ die Ungleichung

$$\varrho(f(t, x_0), x_0) \leqq (1 - \alpha) r$$

befriedigt sein soll. Diese Forderung beinhaltet gleichzeitig, daß $f(t, x_0)$ auf T beschränkt ist. Dann liegt mit $x \in \overline{K}$ auch stets $f(t, x) \in \overline{K}$ für jedes $t \in T$, weil

$$\begin{aligned} \varrho(f(t, x), x_0) &\leqq \varrho(f(t, x), f(t, x_0)) + \varrho(f(t, x_0), x_0) \leqq \\ &\leqq \alpha\, \varrho(x, x_0) + \varrho(x_0, f(t, x_0)) \leqq \alpha r + (1 - \alpha) r = r \end{aligned}$$

gilt. Für die Konvergenzgeschwindigkeit erhalten wir in diesem Fall die Abschätzung

$$\varrho(x_n(t), a(t)) \leqq \alpha^n r$$

für jedes $t \in T$.

Weitere Fixpunktsätze sowie Beispiele für deren mannigfaltige Anwendungen in der Analysis und numerischen Mathematik sind bei F. E. Browder [1], L. Collatz [1], M. A. Krasnoselski u. a. [1], [2] zu finden.

AUFGABEN

12.16. Man zeige, daß die Funktion f: $\left[0, \frac{1}{3}\right] \to \boldsymbol{R}$:

$$f(x) = x^2$$

eine kontrahierende Abbildung auf $\left[0, \frac{1}{3}\right]$ ist.

12.17. Man beweise, daß eine Funktion $f\colon [0, 1] \to [0, 1]$ mit der Eigenschaft

$$|f'(x)| \leqq \alpha < 1$$

eine kontrahierende Abbildung auf $[0, 1]$ ist.

12.18. Es sei $k(s, t, u)$ eine reellwertige, auf $[0, 1] \times [0, 1] \times \boldsymbol{R}$ stetige Funktion, die der Bedingung

$$|k(s, t, u) - k(s, t, u')| \leqq M(r)\, |u - u'|$$

für alle $s, t \in [0, 1]$ und $u, u' \in [-r, r]$ genügt. Auf welcher Kugel mit dem Mittelpunkt Θ (im Raum $C([0, 1], \boldsymbol{R})$) ist die Funktion $f\colon C([0, 1], \boldsymbol{R}) \to C([0, 1], \boldsymbol{R})$:

$$f(x)\,(s) = \int_0^1 k(s, t, x(t))\, dt$$

eine kontrahierende Abbildung?

12.19. Es sei (X, ϱ) ein kompakter metrischer Raum und $f\colon X \to X$ eine Funktion mit der Eigenschaft:

$$\varrho(f(x), f(x')) < \varrho(x, x')$$

für alle $x, x' \in X$ mit $x \neq x'$. Man beweise, daß die Funktion f in X genau einen Fixpunkt a besitzt und daß die Folge (12.15) gegen a strebt.
Hinweis. Man betrachte das (wegen Satz 12.3 vorhandene) Minimum der Funktion $\partial(x, f(x))$ auf X.

12.20. Man verallgemeinere den Satz 12.15 für eine stetige Funktion $f\colon T \times X \to X$, die auf $T \times M$ für jede beschränkte Menge $M \subseteq X$ beschränkt ist und die für gewisses $n \geqq 2$ der Bedingung

$$\varrho\big(f^n(t, x), f^n(t, x')\big) \leqq \alpha\varrho(x, x')$$

mit $\alpha < 1$ für beliebige $t \in T$ und alle $x, x' \in X$ genügt. Dabei sei

$$f^{n+1}(t, x) = f^n\big(t, f(t, x)\big), \; f^1(t, x) = f(t, x).$$

IV. NORMIERTE RÄUME UND LINEARE STETIGE FUNKTIONEN

Da bei vielen Anwendungen (z. B. bei $\boldsymbol{R}^2$ oder $\boldsymbol{C}$) ein metrischer Raum vorliegt, der zugleich ein linearer Raum ist, werden wir jetzt Vektorräume untersuchen, in denen ein Abstand erklärt ist. Wir werden dabei voraussetzen, daß zwischen dem Abstand eines Vektors von Θ und der Addition bzw. skalaren Multiplikation analoge Beziehungen wie für den Betrag komplexer Zahlen in $\boldsymbol{C}$ gelten. Solche Vektorräume, die man normiert nennt, werden im nächsten Paragraphen eingeführt. Außer den geometrischen Räumen $\boldsymbol{R}$, $\boldsymbol{R}^2$, $\boldsymbol{R}^3$ oder $\boldsymbol{C}$ können auch Funktionenräume mathematische Realisierungen für normierte Räume sein. Da bei der Theorie der normierten Räume analytische, algebraische und geometrische Methoden zu neuen Verfahren verschmelzen, gelingt es mit ihrer Hilfe, viele Probleme der Analysis „geometrisch" zu lösen, denn oft erlauben die abstrakten Beweisschritte einfache geometrische Deutungen. In § 14 studieren wir die Anfänge der Theorie der linearen stetigen Funktionen in normierten Räumen. Auf die Dualitätstheorie wird nicht näher eingegangen. Im Mittelpunkt des Interesses stehen Erweiterungssätze für lineare stetige Funktionen, die wir in § 15 ausführlich untersuchen.

Als Literatur über die Theorie der normierten Räume empfehlen wir M. M. Day [1], L. W. Kantorowitsch-G. P. Akilow [1], L. A. Ljusternik-W. I. Sobolew [1], N. Dunford-J. T. Schwartz [1], S. Rolewicz [1], A. E. Taylor [1] und K. Yosida [1].

§ 13. Normierte Räume

Betrachten wir nur die algebraischen Eigenschaften der reellen Zahlenebene, so gelangen wir zu einem Vektorraum. Berücksichtigen wir dagegen nur die metrische Struktur, so erhalten wir den metrischen Raum $\boldsymbol{R}^2$. Bekanntlich bestehen aber noch bestimmte Zusammenhänge zwischen dem Abstand und der Addition bzw. skalaren Multiplikation von $\boldsymbol{R}^2$, auf die wir bisher nicht eingegangen sind. Zum Beispiel ist der Abstand zwischen zwei Punkten x und y gleich dem Abstand zwischen $x - y$ und $\Theta = (0, 0)$, d. h., es ist $\varrho(x, y) = \varrho(x - y, \Theta)$. Folglich können wir den Abstand ϱ durch die Funktion p: $\boldsymbol{R}^2 \to \boldsymbol{R}$

$$p(x) = \varrho(x, \Theta)$$

erklären, denn es gilt

$$\varrho(x, y) = p(x - y) .$$

Die Funktion p nimmt nur nichtnegative Werte an und verschwindet nur für $x = \Theta$. Weiterhin ist p „homogen", weil für beliebige reelle α

$$p(\alpha x) = |\alpha| \, p(x)$$

gilt. Schließlich ist für je zwei Punkte $x, y \in \boldsymbol{R}^2$ die Dreiecksungleichung

$$p(x + y) \leqq p(x) + p(y)$$

erfüllt. Unter Zugrundelegen dieser Eigenschaften von p erklären wir im Abschnitt 13.1 eine Norm und beschreiben im Satz 13.1, wann und wie auf einem Vektorraum eine Norm eingeführt werden kann. Im zweiten Abschnitt werden Reihen in einem normierten Raum betrachtet.

13.1. Definition des normierten Raumes. Ein reeller (bzw. komplexer) linearer Raum E heißt ein *reeller (bzw. komplexer) normierter Raum*, wenn auf E eine Halbnorm p (siehe Abschnitt 7.3) erklärt ist, die nur für das Nullelement Θ von E verschwindet. Eine solche Halbnorm nennen wir *Norm* und bezeichnen sie mit $p(x) = ||x||$. Die Norm genügt also für beliebige Elemente $x, y \in E$ und reelle (komplexe) Zahlen α den folgenden Bedingungen:

$$\text{a) } ||x|| > 0 \quad \text{für } x \neq \Theta \text{ und } ||\Theta|| = 0\,;$$

$$\text{b) } ||\alpha\, x|| = |\alpha|\, ||x||\,;$$

$$\text{c) } ||x + y|| \leqq ||x|| + ||y||\,.$$

Anschauliche Beispiele für normierte Räume sind die reelle Zahlengerade $\boldsymbol{R}$ oder die komplexe Zahlenebene $\boldsymbol{C}$, in der wir den Betrag einer Zahl als deren Norm wählen, und die euklidische Ebene $\boldsymbol{R}^2$, wenn wir als Norm eines Punktes dessen (euklidischen) Abstand vom Ursprung nehmen. Die geforderten Eigenschaften einer Norm sind in diesen Fällen offensichtlich erfüllt.

Aufgrund der Sätze 7.5 und 7.6 können wir den Zusammenhang zwischen reellen linearen und reellen normierten Räumen genau beschreiben.

13.1. SATZ. *In einem reellen linearen Raum E können wir genau dann eine Norm einführen, wenn es eine Menge $A \subset E$ mit folgenden Eigenschaften gibt:*

a) *A ist konvex;*

b) *Für jedes $x \in E$ existiert eine Zahl $\alpha > 0$ mit $x \in \alpha A$;*

c) *Für beliebige $y \in A$ und $|\beta| \leqq 1$ ist $\beta y \in A$;*

d) *Für alle $y \in A$ $(y \neq \Theta)$ gibt es eine Zahl $\lambda > 0$ mit $\lambda y \notin A$.*

Der Beweis ergibt sich unmittelbar aus den Sätzen 7.5 und 7.6.

In einem normierten Raum führen wir durch die Gleichung

$$\varrho(x, y) = ||x - y|| \tag{13.1}$$

eine Funktion ϱ ein, die den Bedingungen eines Abstandes genügt und für die weiterhin die Formeln

$$\varrho\,(x + z, y + z) = \varrho(x, y)\,,$$

$$\varrho(\alpha\, x, \alpha\, y) = |\alpha|\, \varrho(x, y)$$

gelten. Folglich ist ein normierter Raum gleichzeitig ein linearer und ein metrischer Raum. Alle Aussagen über lineare und metrische Räume behalten für normierte Räume ihre Gültigkeit. Wir bemerken aber, daß es Räume gibt, die linear und metrisch sind, aber deren Abstand sich durch keine Norm erklären läßt. Ein solcher Raum ist z. B. der lineare Raum aller reellen Zahlen mit der diskreten Metrik.

Unter einem *Teilraum eines normierten Raumes E* verstehen wir eine abgeschlossene lineare Teilmenge von E. Beispielsweise bilden alle Punkte, die auf einer Geraden in der euklidischen Ebene $\boldsymbol{R}^2$ liegen, einen Teilraum von $\boldsymbol{R}^2$. Ein vollständiger normierter Raum heißt BANACH-*Raum*. In einem BANACH-Raum besitzt nach Definition jede CAUCHY-Folge einen Grenzwert. Wir nennen die Konvergenz in einem normierten Raum kurz *Normkonvergenz*. Die Menge aller normkonvergenten Folgen ist linear, wie u. a. im folgenden Satz gezeigt wird:

13.2. *Aus* $x_n \to x$ *und* $y_n \to y$ *folgt* $x_n + y_n \to x + y$.

Aus $x_n \to x$ *und* $\alpha_n \to \alpha$ *folgt* $\alpha_n x_n \to \alpha x$.

Aus $x_n \to x$ *folgt* $\|x_n\| \to \|x\|$.

Beweis. Aus den Beziehungen

$$\|(x_n + y_n) - (x + y)\| \leqq \|x_n - x\| + \|y_n - y\|,$$

$$\|\alpha_n x_n - \alpha x\| \leqq |\alpha_n| \, \|x_n - x\| + |\alpha_n - \alpha| \, \|x\|$$

sowie

$$\big|\|x_n\| - \|x\|\big| \leqq \|x_n - x\|$$

ergeben sich sofort die Behauptungen.

Mit anderen Worten bedeutet der Satz 13.2 (wegen Satz 11.2), daß die Addition, die skalare Multiplikation und die Norm stetige Funktionen auf dem normierten Raum sind.

BEISPIELE

13.1. Indem wir auf der reellen linearen Menge $\boldsymbol{R}^n$ aller n-Tupel reeller Zahlen als Norm die Funktion

$$\|x\| = \|x\|_2 = (x_1^2 + \cdots + x_n^2)^{1/2}$$

einführen, erhalten wir den n-dimensionalen euklidischen Raum (vgl. Beispiel 8.2). Natürlich können wir auch andere Funktionen als Normen von $\boldsymbol{R}^n$ wählen, z. B.

$$\|x\|_p = (|x_1|^p + \cdots |x_n|^p)^{1/p} \qquad (p \geq 1)$$

oder

$$\|x\|_\infty = \max\{|x_i|; \, i = 1, 2, \ldots, n\}$$

Die entsprechenden normierten Räume bezeichnen wir mit $\boldsymbol{R}_p^n$ $(1 \leqq p \leqq \infty)$.

Daß diese Funktionen den Bedingungen b) und c) einer Norm genügen, ist offensichtlich. Da für die Metrik $\varrho_p(x, y) = \|x - y\|_p$ $(1 \leqq p \leqq \infty)$ auf $\boldsymbol{R}^n$ die Dreiecksungleichung gilt (siehe Beispiel 8.2), wird auch die dritte Bedingung für eine Norm von $\|x\|_p$ erfüllt.

Wie in Beispiel 9.1 gezeigt wurde, stimmt die Normkonvergenz einer Punktfolge (x_k), $x_k = (x_1^k, \ldots, x_n^k)$ gegen den Punkt $x_0 = (x_1^0, \ldots, x_n^0)$ im Raum $\boldsymbol{R}_p^n$ $(1 \leqq p \leqq \infty)$ mit der koordinatenweisen Konvergenz überein:

$$x_i^k \to x_i^0 \quad \text{für } k \to \infty \qquad \text{und} \qquad i = 1, 2, \ldots, n.$$

Weiterhin ist $\boldsymbol{R}_p^n$ vollständig, so daß $\boldsymbol{R}_p^n$ ein BANACH-Raum ist.

13.2. Die Menge X aller positiven Zahlen ist linear, wenn wir die Rechenoperationen durch

$$x \mathbin{\widehat{+}} y = x\,y \qquad \text{und} \qquad \alpha \mathbin{\widehat{\cdot}} x = x^\alpha$$

erklären (siehe Beispiel 5.2). Erklären wir dann die Norm einer positiven Zahl x durch die Formel

$$\|x\| = |\log x|\,,$$

so erhalten wir einen BANACH-Raum, in dem eine Folge (x_n) genau dann gegen $x \in X$ konvergiert, wenn (x_n) gegen x im Raum $\boldsymbol{R}$ konvergiert.

13.3. Der lineare Raum $\boldsymbol{l}_\infty$ aller beschränkten Zahlenfolgen $x = (x_k)$, $y = (y_k), \ldots$, in dem Addition und skalare Multiplikation durch die Formeln

$$x + y = (x_k + y_k)\,,$$

$$\alpha\, x = (\alpha\, x_k)$$

erklärt sind, wird ein normierter Raum, wenn wir als Norm von $x = (x_k)$ die Funktion

$$\|x\| = \sup\,\{|x_k|;\, k = 1, 2, \ldots\}$$

wählen (siehe Beispiel 5.4 und 8.3). Wegen Beispiel 9.2 ist die Normkonvergenz in $\boldsymbol{l}_\infty$ die bezüglich der Indizes gleichmäßige koordinatenweise Konvergenz. In der Aufgabe 9.6 erkannten wir, daß $\boldsymbol{l}_\infty$ vollständig ist. Folglich ist $\boldsymbol{l}_\infty$ ein BANACH-Raum.

Die Menge $\boldsymbol{c}$ aller konvergenten Folgen bildet einen abgeschlossenen linearen Teilraum von $\boldsymbol{l}_\infty$. Deshalb ist $\boldsymbol{c}$ ein Teilraum des normierten Raumes $\boldsymbol{l}_\infty$ und nach Aufgabe 9.7 ebenfalls ein BANACH-Raum.

13.4. Es sei X ein metrischer Raum und F ein normierter Raum. Die Menge $C(X, F)$ aller auf X erklärten stetigen beschränkten Funktionen $f, g, \ldots$ ist ein linearer Raum, wenn wir durch die Gleichungen

$$(f + g)\,(x) = f(x) + g(x)\,,$$

$$(\alpha f)\,(x) = \alpha\, f(x)$$

Addition und skalare Multiplikation definieren. Aufgrund der Sätze 13.2 und 11.2 führen diese Operationen nicht aus $C(X, F)$ heraus. Erinnern wir uns an das im Abschnitt 12.1 Gesagte, so stellt

$$\|f\| = \sup\,\{\|f(x)\|;\, x \in X\}$$

eine Norm auf $C(X, F)$ dar. Die Normkonvergenz im normierten Raum $C(X, F)$ ist die auf X gleichmäßige Konvergenz. Nach Satz 12.1 ist $C(X, F)$ ein BANACH-Raum, wenn F ein BANACH-Raum ist.

Es seien n reelle (bzw. komplexe) normierte Räume $E_1, \ldots, E_n$ gegeben. Ein metrischer Produktraum von $E_1, \ldots, E_n$, dessen Abstand durch eine Norm p erzeugt wird, heißt *normierter Produktraum* von $E_1, \ldots, E_n$. Beispielsweise kann für p eine der Funktionen

$$p(x_1, \ldots, x_n) = \|x_1\| + \cdots + \|x_n\|\,,$$

$$p(x_1, \ldots, x_n) = \max\,\{\|x_1\|, \ldots, \|x_n\|\}$$

gewählt werden, wobei $x_i \in E_i$ $(i = 1, \ldots, n)$ sind. Im Fall $E_1 = \cdots = E_n = E$ bezeichnen wir den normierten Produktraum einfach mit E^n.

AUFGABEN

13.1. Es sei ein nichtleerer normierter Raum E gegeben. Man zeige, daß $\emptyset$ und E die einzigen Teilmengen von E sind, welche sowohl offen als auch abgeschlossen sind.

13.2. Man zeige, daß der Raum l_p normiert ist (siehe Beispiel 8.3 und 13.3). Ist l_p auch ein BANACH-Raum?

13.3. Es sei E ein normierter Raum. Ist der lineare Raum aller normkonvergenten Folgen $x = (x_n)$ in E mit der Norm

$$||x|| = \sup \{||x_n||; n \in N\}$$

ein BANACH-Raum ?

13.4. Auf dem linearen Raum E aller auf $[0, 1]$ definierten stetigen Funktionen $f: [0, 1] \to \to R$ wird die Funktion

$$p(f) = \int_0^1 |f(t)|\, dt$$

erklärt. Man zeige:

a) p ist eine Norm.

b) E ist nicht vollständig.

c) E und $C([0, 1], R)$ sind keine äquivalenten metrischen Räume.

13.5. Auf R^2 ist die Funktion f

$$f(x) = (|x_1|^p + |x_2|^p)^{1/p}$$

mit $0 < p < 1$ erklärt. Man beweise, daß f für beliebige $x, y \in R^2$ der Ungleichung

$$f(x + y) \leqq k (f(x) + f(y))$$

mit einem festen $k > 1$, aber nicht mit $k = 1$ genügt. Folglich ist f keine Norm.

13.2. Reihen. In einem normierten Raum E können wir unendliche Reihen betrachten. Die Reihe

$$\sum_{n=1}^{\infty} x_n = x_1 + x_2 + \cdots + x_n + \cdots, \quad (x_n \in E) \tag{13.2}$$

heißt *konvergent* gegen die *Summe* $s \in E$, wenn die Folge (s_n) ihrer Partialsummen $s_n = x_1 + x_2 + \cdots + x_n$ den Grenzwert s besitzt. Wenn die Folge (s_n) divergiert, so nennen wir die Reihe (13.2) *divergent*. Da in dieser Definition die Konvergenz einer Reihe auf die einer Folge zurückgeführt wird, können wir in einem vollständigen metrischen Raum sofort folgendes notwendige und hinreichende Konvergenzkriterium für Reihen aufstellen:

13.3. *Eine Reihe in einem BANACH-Raum ist genau dann konvergent, wenn die Folge ihrer Partialsummen eine CAUCHY-Folge bildet.*

Als Folgerung ergibt sich hieraus die notwendige Konvergenzbedingung

$$||s_n - s_{n-1}|| = ||x_n|| \to 0 \quad \text{für } n \to \infty,$$

d. h., die Glieder x_n einer konvergenten Reihe müssen für $n \to \infty$ gegen das Nullelement Θ streben.

Die Gesamtheit aller konvergenten Reihen von E bildet einen linearen Raum:

13.4. Wenn $\sum_{n=1}^{\infty} x_n = s$, $\sum_{n=1}^{\infty} x'_n = s'$ *und* α *eine beliebige Zahl ist, so gilt:*

$$\sum_{n=1}^{\infty} (x_n + x'_n) = s + s',$$

$$\sum_{n=1}^{\infty} \alpha\, x_n = \alpha\, s.$$

Der Beweis ergibt sich unmittelbar aus der Konvergenzdefinition von Reihen und dem Satz 13.2.

Für konvergente Reihen gilt ein verallgemeinertes Assoziativgesetz:

13.5. Wenn die Reihe $\sum_{n=1}^{\infty} x_n$ *die Summe* s *besitzt,* (k_n) $(n = 1, 2, \ldots)$ *mit* $k_1 = 1$ *eine monoton wachsende Folge natürlicher Zahlen und* $x'_n = \sum_{i=k_n}^{k_{n+1}-1} x_i$ *ist, so gilt auch*

$$\sum_{n=1}^{\infty} x'_n = s.$$

Beweis. Wegen

$$s'_m = \sum_{n=1}^{m} x'_n = \sum_{i=1}^{k_{m+1}-1} x_i = s_{k_{m+1}-1}$$

bildet die Folge (s'_m) der Partialsummen von $\sum_{n=1}^{\infty} x'_n$ eine Teilfolge der Folge der Partialsummen von $\sum_{n=1}^{\infty} x_n$, die gegen s konvergiert. Nach Satz 9.2 strebt eine Teilfolge einer gegen s konvergenten Folge gleichfalls gegen s.

Aufgrund des letzten Satzes dürfen wir bei konvergenten Reihen beliebig Klammern setzen. Die Umkehrung von Satz 13.5 ist i. a. falsch. Wie wir am Beispiel der divergenten Reihe

$$1 - 1 + 1 - 1 + - \cdots,$$

sehen, für die aber die „geklammerte" Reihe

$$(1 - 1) + (1 - 1) + \cdots$$

die Summe 0 hat, dürfen wir bei konvergenten Reihen die Klammern i. a. nicht weglassen.

Wir nennen eine Reihe $\sum_{n=1}^{\infty} x_n$ im normierten Raum E *absolut konvergent*, wenn die Reihe $\sum_{n=1}^{\infty} \|x_n\|$ in $\boldsymbol{R}$ konvergiert. In einem Banach-Raum ist eine absolut konvergente Reihe stets konvergent, wie aus folgendem hinreichenden Konvergenzkriterium für Reihen hervorgeht, welches unter dem Namen *Majorantenkriterium* bekannt ist:

13.6. *Es sei E ein* BANACH-*Raum und $\sum_{n=1}^{\infty} \alpha_n$ eine konvergente Reihe nichtnegativer Zahlen. Gilt für fast alle Glieder $x_n \in E$ der Reihe $\sum_{n=1}^{\infty} x_n$ die Beziehung $\|x_n\| \leqq \alpha_n$, so ist die Reihe $\sum_{n=1}^{\infty} x_n$ konvergent und absolut konvergent.*

Beweis. Ist $\varepsilon > 0$ beliebig vorgegeben, so können wir aufgrund der Konvergenz von $\sum_{n=1}^{\infty} \alpha_n$ einen Index $n_0 = n_0(\varepsilon)$ finden, so daß $\sum_{n=n_0}^{\infty} \alpha_n < \varepsilon$ ist. Wir können annehmen, daß $\|x_n\| \leqq \alpha_n$ für alle $n \geqq n_0$ gilt.

Es sei $s_n = x_1 + x_2 + \cdots + x_n$. Wegen $\|s_n - s_m\| \leqq \|x_{m+1}\| + \cdots + \|x_n\| \leqq \alpha_{m+1} + \cdots + \alpha_n$ für $n > m \geqq n_0$ sind (s_n) und $(\|x_1\| + \|x_2\| + \cdots + \|x_n\|)$ CAUCHY-Folgen, die im BANACH-Raum E bzw. $\boldsymbol{R}$ konvergieren. Damit ist der Satz bewiesen.

Für eine absolut konvergente Reihe gilt ein „Kommutativgesetz", d. h., wir können, ohne die Konvergenzeigenschaft und die Summe der Reihe zu verletzen, die Glieder der Reihe beliebig umordnen:

13.7. *Ist $\sum_{n=1}^{\infty} x_n$ eine absolut konvergente Reihe in dem* BANACH-*Raum E und σ eine Permutation von $\boldsymbol{N}$, so ist die umgeordnete Reihe $\sum_{n=1}^{\infty} x_n'$ mit $x_n' = x_{\sigma(n)}$ ebenfalls absolut konvergent mit derselben Summe.*

Beweis. Da für einen beliebigen Index n stets

$$\sum_{k=1}^{n} \|x_k'\| \leqq \sum_{i=1}^{m} \|x_i\|$$

gilt, wobei $m = \max\{\sigma(k);\ k = 1, \ldots, n\}$ ist, konvergiert $\sum_{k=1}^{\infty} \|x_k'\|$ und damit die umgeordnete Reihe absolut.

Wir zeigen jetzt, daß beide Reihen die gleiche Summe besitzen. Zu einem beliebig vorgegebenem $\varepsilon > 0$ können wir einen Index $n_0 = n_0(\varepsilon)$ angeben, so daß $\sum_{n=n_0}^{\infty} \|x_n\| < \varepsilon$ ist. Insbesondere gilt dann

$$\|s_n - s_{n_0}\| < \varepsilon \tag{13.3}$$

für $n \geqq n_0$, wobei $s_n = x_1 + x_2 + \cdots + x_n$ ist. Wenn wir mit m_0 die größte Zahl unter $\sigma^{-1}(1), \sigma^{-1}(2), \ldots, \sigma^{-1}(n_0)$ bezeichnen, gilt auch

$$\|s_m' - s_{m_0}'\| < \varepsilon \tag{13.4}$$

für $m \geqq m_0$, wobei $s_m' = x_1' + x_2' + \cdots + x_m'$ bedeutet. Da $s_{m_0}' - s_{n_0}$ entweder Θ oder eine Summe gewisser Glieder x_i mit einem Index $i > n_0$ ist, gilt die Abschätzung

$$\|s_{m_0}' - s_{n_0}\| < \varepsilon\,. \tag{13.5}$$

Für jedes $n \geqq \max\{n_0, m_0\}$ gilt aufgrund der Beziehungen (13.3), (13.4) und (13.5) dann

$$\|s_n' - s_n\| \leqq \|s_n' - s_{m_0}'\| + \|s_{m_0}' - s_{n_0}\| + \|s_{n_0} - s_n\| < 3\,\varepsilon\,.$$

Folglich ist $\sum_{n=1}^{\infty} x_n = \sum_{m=1}^{\infty} x'_m$, was zu beweisen war.

Für Reihen von reellen (bzw. komplexen) Zahlen gilt nach dem Umordnungssatz von B. RIEMANN auch die Umkehrung des Satzes 13.7. Somit konvergieren solche Reihen genau dann absolut, wenn sie sich beliebig umordnen lassen.

AUFGABEN

13.6. Man untersuche folgende Reihen (aus **C**) auf Konvergenz:

a) $\sum_{n=1}^{\infty} \frac{n \cos n\alpha}{n^5 - n^3 + 1} \ (\alpha \in \mathbf{C})$, c) $\sum_{n=1}^{\infty} \frac{\log n}{n^s} \ (s > 1)$,

b) $\sum_{n=1}^{\infty} \left(\frac{5+i}{3+4i}\right)^n$, d) $\sum_{n=1}^{\infty} \frac{1}{n} \sin \frac{1}{n}$.

13.7. Es sei X ein metrischer Raum und F ein BANACH-Raum. Man beweise, daß eine Reihe von Funktionen $f_n \in C(X, F)$ konvergiert, wenn es eine konvergente Reihe nichtnegativer Zahlen α_n gibt, so daß $\|f_n\| \leqq \alpha_n$ für alle n gilt.

13.8. Es sei $c > 0$. Man untersuche folgende Funktionenreihen auf gleichmäßige und absolute Konvergenz auf dem Intervall $[0, c]$:

a) $\sum_{n=1}^{\infty} x^n e^{-nx}$, c) $\sum_{n=1}^{\infty} \left[\frac{(n+1)x}{1+(n+1)^2 x^2} - \frac{nx}{1+n^2 x^2}\right]$,

b) $\sum_{n=1}^{\infty} \frac{x^n}{1+x^n}$, d) $\sum_{n=1}^{\infty} \frac{n x^2}{n^3 + x^2}$.

13.9. Wenn $\sum_{n=1}^{\infty} x_n^2$ und $\sum_{n=1}^{\infty} y_n^2$ konvergente Reihen mit $x_n, y_n \geqq 0$ sind, dann konvergiert die Reihe $\sum_{n=1}^{\infty} x_n y_n$. (Hinweis. Man benutze die HÖLDERsche Ungleichung (8.2).)

13.10. Man beweise, daß die Umkehrung des Satzes 13.5 gilt, falls die Reihe $\sum_{n=1}^{\infty} x_n$ absolut konvergent ist.

13.11. Man zeige, daß der Satz 13.7 für konvergente Reihen i. a. nicht richtig ist. (Hinweis. Man betrachte Umordnungen der Reihe $\sum_{n=1}^{\infty} (-1)^{n+1} \frac{1}{n}$.)

§ 14. Lineare stetige Funktionen

Beim Studium der normierten Räume wird den stetigen linearen Funktionen eine Sonderstellung eingeräumt. Dies ist verständlich, da ein normierter Raum ein Vektorraum und ein metrischer Raum ist und in Vektorräumen lineare Funktionen, in metrischen Räumen stetige Funktionen untersucht wurden. Wie wir im Abschnitt 14.1 erkennen, ist eine lineare Funktion genau dann stetig, wenn für sie die Ungleichung (14.1) besteht. Diese Ungleichung veranlaßt uns, für stetige lineare Funktionen eine Norm einzuführen, so daß wir im zweiten Abschnitt dann den normierten Raum aller stetigen linearen Funktionen, die den normierten Raum E in den normierten Raum F überführen, betrachten. Der Abschnitt 14.3 kann beim ersten Lesen übergangen werden. Hier formulieren wir mittels des Kategoriesatzes von R. Baire das Prinzip der gleichmäßigen Beschränktheit, das wir zur Konvergenzuntersuchung von Folgen stetiger linearer Funktionen heranziehen. Anschließend vergleichen wir normierte Räume hinsichtlich ihrer Eigenschaften und erklären, wann wir zwei normierte Räume als „gleich" ansehen können. Im letzten Abschnitt werden normierte Produkträume und multilineare stetige Funktionen untersucht.

14.1. Stetigkeit linearer Funktionen. Es seien E und F normierte Räume über demselben Zahlkörper. Die Funktion $f\colon E \to F$ bilde E linear in F ab. Über die Stetigkeit einer linearen Funktion können wir dann zeigen:

14.1. *Sind E und F normierte Räume über demselben Zahlkörper, so sind für eine lineare Funktion $f\colon E \to F$ folgende Aussagen äquivalent:*

1. *f ist stetig auf E;*
2. *f ist stetig im Nullpunkt $\Theta \in E$;*
3. *Die Menge $\{\|f(x)\|;\ \|x\| \leqq 1\}$ ist beschränkt;*
4. *Es gibt eine Konstante $M > 0$, so daß jedes $x \in E$ die Ungleichung*

$$\|f(x)\| \leqq M\|x\| \tag{14.1}$$

befriedigt.

Beweis. a) *Aus* 1. *folgt* 2.: Diese Aussage ist trivial.

b) *Aus* 2. *folgt* 3.: Ist f in Θ stetig, dann gibt es zu $\varepsilon = 1$ ein $\delta > 0$, so daß $\|f(z)\| < 1$ für jedes $z \in E$ mit $\|z\| \leqq \delta$ ist. Da für jeden Punkt x der Kugel $K(\Theta, 1) \subset E$ der Vektor δx die Bedingung $\|\delta x\| \leqq \delta$ erfüllt, ist auch $\|f(\delta x)\| < 1$. Wegen der Homogenität von f ergibt sich $\|f(x)\| < \frac{1}{\delta}$ für jedes $x \in E$ mit $\|x\| \leqq 1$.

c) *Aus* 3. *folgt* 4.: Es gibt eine positive Konstante M, so daß $\|f(z)\| \leqq M$ für jedes $z \in E$ mit $\|z\| \leqq 1$ ist. Da für jeden von Θ verschiedenen Punkt $x \in E$ der Vektor $\frac{x}{\|x\|}$ die Norm 1 besitzt, gilt

$$\left\|f\left(\frac{x}{\|x\|}\right)\right\| \leqq M\,,$$

woraus aufgrund der Homogenität von f die Ungleichung (14.1) folgt, die für $x = \Theta$ trivialerweise richtig ist.

d) *Aus* 4. *folgt* 1.: Es sei a ein beliebiger Punkt aus E. Wegen (14.1) und der Additivität von f ist dann

$$\|f(x) - f(a)\| = \|f(x - a)\| \leqq M\,\|x - a\|\,.$$

Hieraus lesen wir die Stetigkeit von f in a unmittelbar ab.

BEISPIEL

14.1. Mit Hilfe einer stetigen Funktion $k: [0, 1] \times [0, 1] \to \boldsymbol{R}$ bilden wir den Integraloperator f, welcher jeder Funktion $x \in C([0, 1], \boldsymbol{R})$ die Funktion $y = f(x) \in C([0, 1], \boldsymbol{R})$ mit

$$y(s) = \int_0^1 k(s, t)\, x(t)\, dt$$

zuordnet. Offenbar ist f linear, denn für $x_1, x_2 \in C([0, 1], \boldsymbol{R})$ und $\alpha \in \boldsymbol{R}$ gilt:

$$\int_0^1 k(s, t)\, [x_1(t) + x_2(t)]\, dt = \int_0^1 k(s, t)\, x_1(t)\, dt + \int_0^1 k(s, t)\, x_2(t)\, dt\,,$$

$$\int_0^1 k(s, t)\, [\alpha\, x_1(t)]\, dt = \alpha \int_0^1 k(s, t)\, x_1(t)\, dt\,.$$

Da aus $||x|| = \max\,\{|x(t)|;\, t \in [0, 1]\} \leqq 1$ stets

$$||f(x)|| = \max\,\{|y(s)|;\, s \in [0, 1]\} \leqq \max \left\{ \int_0^1 |k(s, t)|\, dt;\, s \in [0, 1] \right\}$$

folgt, ist der Operator f nach Satz 14.1 stetig.

AUFGABEN

14.1. Es seien E und F normierte Räume über demselben Zahlkörper und $f: E \to F$ eine lineare stetige Funktion. Man beweise:

a) $\sup\,\{||f(x)||;\, ||x|| \leqq 1\} = \sup\,\{||f(x)||;\, ||x|| = 1\} = \sup \left\{ \dfrac{||f(x)||}{||x||}\,;\; x \neq \Theta \right\}.$

b) Die Größe

$$||f|| = \sup\,\{||f(x)||;\, ||x|| \leqq 1\}$$

ist eine Norm auf dem linearen Raum aller linearen stetigen Funktionen $f: E \to F$.

14.2. Es seien $a_1, a_2, \ldots, a_n$ gegebene komplexe Zahlen. Man bestimme die kleinste reelle Zahl M, für die

$$|a_1 x_1 + \cdots + a_n x_n| \leqq M \max\,\{|x_i|;\, i = 1, \ldots, n\}$$

für alle komplexen Zahlen x_k $(k = 1, 2, \ldots, n)$ gilt.

14.3. Es sei E ein reeller normierter Raum und X ein metrischer Raum. Wenn die Funktionen $f: X \to E$, $g: X \to E$ und $h: X \to \boldsymbol{R}$ stetig im Punkt $a \in X$ sind, dann sind auch die Funktionen $|f|: X \to \boldsymbol{R}$, $f + g: X \to E$ und $h \cdot f: X \to E$ stetig im Punkt a, wobei die einzelnen Funktionen durch $|f|\,(x) = ||f(x)||$, $(f + g)\,(x) = f(x) + g(x)$ und $(h \cdot f)\,(x) = h(x) \cdot f(x)$ für $x \in X$ erklärt sind.

14.4. Eine auf einem reellen normierten Raum definierte additive stetige Funktion f sei gegeben. Man zeige, daß f homogen ist.

14.5. Man beweise, daß jede lineare Funktion, die auf einem endlichdimensionalen normierten Raum definiert ist, stetig ist.

14.6. Es sei E ein reeller normierter Raum. Man zeige, daß ein lineares Funktional $f: E \to \boldsymbol{R}$ genau dann stetig auf E ist, wenn für jedes $\alpha \in \boldsymbol{R}$ die Hyperebene

$$H = \{x \in E;\, f(x) = \alpha\} = f^{-1}(\alpha)$$

abgeschlossen ist.

14.2. Raum der linearen stetigen Funktionen. Wir setzen voraus, daß E und F normierte Räume über demselben Zahlkörper sind. Wegen Satz 14.1 führen wir auf dem linearen Raum $L(E, F)$ der linearen stetigen Funktionen f, die E in F abbilden, die reelle Größe

$$\|f\| = \sup \{\|f(x)\|; \|x\| \leqq 1\}$$

als Norm ein, da diese Funktion alle an eine Norm gestellten Bedingungen erfüllt (vgl. Aufgabe 14.1). Wegen (14.1) gilt

$$\|f(x)\| \leqq \|f\| \, \|x\| \tag{14.2}$$

für jedes $x \in E$.

Im Fall $E = F$ ist der normierte Raum $L(E, E)$ nach Satz 6.1 eine Algebra mit der Komposition als Multiplikation, in der für $f, g \in L(E, E)$ wegen (14.2) und

$$\|f \circ g(x)\| = \|f(g(x))\| \leqq \|f\| \, \|g(x)\| \leqq \|f\| \, \|g\| \, \|x\|$$

für alle $x \in E$ die Beziehung

$$\|f \circ g\| \leqq \|f\| \, \|g\| \tag{14.3}$$

erfüllt ist. Ferner gehört die Identität $e: E \to E$ zu $L(E, E)$. Es gilt $f \circ e = e \circ f = f$ für jedes $f \in L(E, E)$. Folglich ist e das Einselement in $L(E, E)$. Die Norm von e beträgt offensichtlich

$$\|e\| = 1\,. \tag{14.4}$$

Wir nennen eine Algebra, die ein normierter Raum mit den Eigenschaften (14.3) und (14.4) ist, kurz eine *normierte Algebra* (siehe M. A. Neumark [1]). Eine normierte Algebra heißt Banach-*Algebra*, wenn sie als normierter Raum vollständig ist. Wir können zusammenfassen:

14.2. *Es ist $L(E, F)$ ein normierter Raum und $L(E, E)$ eine normierte Algebra.*

BEISPIELE

14.2. Wir wollen die Norm eines auf dem Raum $\boldsymbol{R}_p^n$ $(1 \leqq p \leqq \infty)$ erklärten linearen stetigen Funktionals bestimmen. Ein auf $\boldsymbol{R}_p^n$ definiertes lineares Funktional $f: \boldsymbol{R}_p^n \to \boldsymbol{R}$ hat nach Beispiel 6.1 die Form

$$f(x) = a_1 x_1 + \cdots + a_n x_n$$

und ist durch die Angabe des reellen n-Tupels $a = (a_1, \ldots, a_n)$ eindeutig bestimmt. Wir können annehmen, daß f nicht identisch verschwindet.

Im Fall $1 < p < \infty$ sei q die Zahl mit der Eigenschaft

$$\frac{1}{p} + \frac{1}{q} = 1\,.$$

Aufgrund der Hölderschen Ungleichung (8.2) erhalten wir die Abschätzung

$$|f(x)| \leqq |a_1 x_1| + \cdots + |a_n x_n| \leqq \left(\sum_{i=1}^{n} |a_i|^q\right)^{1/q} \left(\sum_{i=1}^{n} |x_i|^p\right)^{1/p}.$$

Somit gilt für die Norm des linearen Funktionals $f: \boldsymbol{R}_p^n \to \boldsymbol{R}$:

$$\|f\| \leqq \|a\|_q\,. \tag{14.5}$$

Es sei nun z der Punkt mit den Koordinaten $z_i = |a_i|^{q-1} \operatorname{sgn} a_i$, wobei

$$\operatorname{sgn} a = \begin{cases} 1 & \text{für } a > 0, \\ 0 & \text{für } a = 0, \\ -1 & \text{für } a < 0 \end{cases}$$

ist. Dann ist

$$f(z) = |a_1|^q + \cdots + |a_n|^q = (||a||_q)^q$$

und

$$||z||_p = \left(\sum_{i=1}^{n} |z_i|^p\right)^{1/p} = \left(\sum_{i=1}^{n} |a_i|^q\right)^{1/p} = (||a||_q)^{q/p}.$$

Wegen

$$||f|| \geq f\left(\frac{z}{||z||}\right) = \frac{f(z)}{||z||} = (||a||_q)^{q(1-1/p)} = ||a||_q$$

und (14.5) erhalten wir schließlich

$$||f|| = ||a||_q. \tag{14.6}$$

Entsprechend bekommt man

$$||f|| = ||a||_\infty \tag{14.7}$$

im Fall $p = 1$ und

$$||f|| = ||a||_1 \tag{14.8}$$

im Fall $p = \infty$.

Wir sehen hier auch, daß die Norm eines linearen Funktionals sehr stark von der Norm seines Definitionsbereiches abhängt. Obwohl den normierten Räumen $\boldsymbol{R}_p^n$ $(1 \leqq p \leqq \infty)$ ein und derselbe lineare Raum $\boldsymbol{R}^n$ aller reellen n-Tupel zugrunde liegt, sind die Räume $\boldsymbol{R}_p^n$ als normierte Räume verschieden. Dies zeigt sich u. a. in den unterschiedlichen Normen eines linearen Funktionals auf verschiedenen Räumen $\boldsymbol{R}_p^n$.

In Beispiel 6.1 haben wir gezeigt, daß die linearen Räume $\mathfrak{L}(\boldsymbol{R}^n, \boldsymbol{R})$ und $\boldsymbol{R}^n$ linear-isomorph sind. Das verschärfte Ergebnis für stetige lineare Funktionale auf den normierten Räumen $\boldsymbol{R}_p^n$ $(1 \leqq p \leqq \infty)$ lautet wegen (14.6), (14.7) und (14.8): *Die normierten Räume $L(\boldsymbol{R}_p^n, \boldsymbol{R})$ und $\boldsymbol{R}_q^n$, wobei $\frac{1}{p} + \frac{1}{q} = 1$ ist, sind linear-isomorph und isometrisch.*

14.3. Eine lineare Funktion braucht nicht notwendig stetig zu sein. Ordnet z. B. die Funktion f jeder differenzierbaren Funktion $x \in C([0, 1], \boldsymbol{R})$ deren Ableitung zu, so ist f eine lineare Funktion aus $C([0, 1], \boldsymbol{R})$ in sich. Die Folge (x_n) mit

$$x_n(t) = \frac{t^{n+1}}{n+1}$$

konvergiert im Raum $C([0, 1], \boldsymbol{R})$ gegen Θ. Dagegen ist die Folge $f(x_n)$

$$f(x_n)(t) = t^n$$

nicht gleichmäßig auf $[0, 1]$ konvergent (vgl. Beispiel 12.1). Nach Satz 11.2 ist f nicht stetig.

Es seien E und F normierte Räume über demselben Zahlkörper.

14.3. SATZ. *Für einen* BANACH-*Raum F ist der normierte Raum $L(E, F)$ aller linearen stetigen Funktionen von E in F vollständig und somit ein* BANACH-*Raum.*

Beweis. Es sei (f_n) eine CAUCHY-Folge im Raum $L(E, F)$. Indem wir diese linearen stetigen Funktionen $f_n \colon E \to F$ auf die Kugel $\overline{K} = \overline{K}(\Theta, 1) \subset E$ einschränken, erhalten wir eine CAUCHY-Folge von stetigen, beschränkten Funktionen $\bar{f}_n\colon \bar{K} \to F$ des BANACH-Raumes $C(\bar{K}, F)$ (vgl. Satz 12.1). Deshalb konvergiert die Folge $(\bar{f}_n)$ auf $\bar{K}$ gleichmäßig gegen eine stetige Funktion $\bar{f}\colon \bar{K} \to F$. Wir betrachten dann die auf E definierte, stetige Funktion f:

$$f(x) = \begin{cases} \Theta & \text{für } x = \Theta\,, \\ \|x\|\,\bar{f}\left(\dfrac{x}{\|x\|}\right) & \text{für } x \neq \Theta\,. \end{cases}$$

Aufgrund dieser Definition ist f eine homogene Funktion und ist deshalb wegen

$$f(x) = \bar{f}(x)$$

für $x \in \bar{K}$ eine Erweiterung von $\bar{f}$. Weiterhin ist f additiv. Wenn x und y zwei von Θ verschiedene Punkte aus E mit $\|x\| \leqq \|y\|$ sind, gilt

$$\begin{aligned} f(x) + f(y) &= 2\|y\|\left(f\left(\frac{x}{2\,\|y\|}\right) + f\left(\frac{y}{2\,\|y\|}\right)\right) = 2\|y\|\left(\bar{f}\left(\frac{x}{2\,\|y\|}\right) + \bar{f}\left(\frac{y}{2\,\|y\|}\right)\right) \\ &= 2\|y\|\lim_{n\to\infty}\left[f_n\left(\frac{x}{2\,\|y\|}\right) + f_n\left(\frac{y}{2\,\|y\|}\right)\right] = 2\|y\|\lim_{n\to\infty} f_n\left(\frac{x+y}{2\,\|y\|}\right) \\ &= 2\|y\|\,\bar{f}\left(\frac{x+y}{2\,\|y\|}\right) = 2\|y\|\,f\left(\frac{x+y}{2\,\|y\|}\right) = f\,(x+y)\,. \end{aligned}$$

Wir zeigen jetzt, daß gegen diese Funktion $f \in L(E, F)$ die CAUCHY-Folge (f_n) im Raum $L(E, F)$ strebt. Es sei $x \neq \Theta$. Zu einem beliebig vorgegebenem $\varepsilon > 0$ gibt es aufgrund unserer Konstruktion einen Index n_0, so daß

$$\|f_n(x) - f_{n_0}(x)\| < \frac{\varepsilon}{2}\,\|x\|$$

und

$$\left\|f_{n_0}\left(\frac{x}{\|x\|}\right) - \bar{f}\left(\frac{x}{\|x\|}\right)\right\| < \frac{\varepsilon}{2}$$

für $n \geqq n_0$ und beliebige $x \neq \Theta$ ist. Dann ist

$$\begin{aligned} \|f_n(x) - f(x)\| &\leqq \|f_n(x) - f_{n_0}(x)\| + \|f_{n_0}(x) - f(x)\| \leqq \\ &\leqq \frac{\varepsilon}{2}\,\|x\| + \|x\|\left\|f_{n_0}\left(\frac{x}{\|x\|}\right) - \bar{f}\left(\frac{x}{\|x\|}\right)\right\| < \varepsilon\|x\|\,, \end{aligned}$$

d. h. $\|f_n - f\| < \varepsilon$ für $n \geqq n_0$, womit die Behauptung bewiesen ist.

Folglich ist für einen reellen normierten Raum E der normierte Raum $L(E, \boldsymbol{R})$ ein BANACH-Raum. Entsprechend ist für einen komplexen normierten Raum E der normierte Raum $L(E, \boldsymbol{C})$ vollständig. Für einen BANACH-Raum E ist $L(E, E)$ eine BANACH-Algebra. Somit sind $L(\boldsymbol{R}^n, \boldsymbol{R}^n)$ und $(\boldsymbol{R}^n)^n$ BANACH-Algebren.

AUFGABEN

14.7. Man bestimme die Norm einer beliebigen linearen stetigen Funktion von

a) R_1^n in R_1^m,
b) R_2^n in R_2^m,
c) R_∞^n in R_∞^m.

14.8. Es seien $0 \leqq t_1 < t_2 < \cdots < t_n \leqq 1$ und $c_1, c_2, \ldots, c_n$ gegebene reelle Zahlen. Man zeige, daß das Funktional $f: C([0, 1], R) \to R$:

$$f(x) = \sum_{k=1}^{n} c_k\, x(t_k)$$

linear und stetig ist, und berechne dessen Norm.

14.9. Man zeige, daß die Funktion $f: C([0, 1], R) \to C([0, 1], R)$

$$f(x)\,(s) = \int_0^s x(t)\, dt$$

linear und stetig ist, und berechne dessen Norm.

14.10. Es sei $A = (a_{ij})$ eine (n, n)-Matrix und b eine $(n, 1)$-Matrix. Man zeige, daß die Gleichung

$$x = A\,x + b$$

eine eindeutig bestimmte $(n, 1)$-Matrix x als Lösung besitzt, falls mindestens eine der folgenden Bedingungen erfüllt ist:

a) $\max \left\{ \sum_{i=1}^{n} |a_{ij}|\,;\, j = 1, \ldots, n \right\} < 1,$

b) $\sum_{i=1}^{n} \sum_{j=1}^{n} a_{ij}^2 < 1\,,$

c) $\max \left\{ \sum_{j=1}^{n} |a_{ij}|\,;\, i = 1, \ldots, n \right\} < 1.$

Die Lösung der Gleichung läßt sich iterativ bestimmen. Hinweis. Man benutze Satz 12.13 und Aufgabe 14.7.

14.11. Man bestimme die Norm jedes linearen stetigen Funktionals auf l_p $(1 \leqq p \leqq \infty)$.

14.3. Folgen linearer stetiger Funktionen. Wir setzen voraus, daß E ein Banach-Raum und F ein normierter Raum ist und daß beide Räume über demselben Zahlkörper erklärt sind. Eine Folge (f_n) von linearen stetigen Funktionen $f_n: E \to F$ konvergiert genau dann in der Norm des Raumes $L(E, F)$ gegen die lineare stetige Funktion $f: E \to F$, wenn f_n auf der Kugel $\overline{K}(\Theta, 1) \subset E$ gleichmäßig gegen f strebt. Diesen Umstand haben wir bereits beim Beweis des Satzes 14.3 benutzt. Deshalb heißt die Normkonvergenz im Raum $L(E, F)$ auch die gleichmäßige Konvergenz. Neben dieser Konvergenz untersuchen wir die punktweise Konvergenz einer Folge von linearen stetigen Funktionen $f_n: E \to F$ gegen eine lineare Funktion $f: E \to F$. In diesem Fall muß für jeden festen Punkt $x \in E$ die Folge $(f_n(x))$ gegen $f(x)$ streben. Eine gleichmäßig konvergente Folge von linearen stetigen Funktionen ist stets punktweise konvergent. Die Umkehrung gilt i. a. nicht.

BEISPIEL

14.4. Die Folge der linearen stetigen Funktionale $f_n\colon l_1 \to \boldsymbol{R}$:

$$f_n(x) = x_n\,,$$

wobei $x = (x_1, x_2, \ldots, x_n, \ldots)$ beträgt, konvergiert punktweise gegen das identisch verschwindende Funktional f:

$$f(x) = 0\,.$$

Offensichtlich betragen die Normen dieser Funktionale $||f_n|| = 1$ für alle n und $||f|| = 0$. Folglich strebt (f_n) nicht gleichmäßig gegen f.

14.4. SATZ. *Es sei E ein* BANACH-*Raum und F ein normierter Raum über demselben Zahlkörper. Für jeden Index t einer nichtleeren Menge T sei $f_t \in L(E, F)$. Ist für jedes $x \in E$ die Menge aller $f_t(x) \in F$ $(t \in T)$ beschränkt, so existiert zu jedem $\varepsilon > 0$ eine Zahl $\delta > 0$, so daß aus $||x|| < \delta$ stets*

$$||f_t(x)|| < \varepsilon$$

für alle $t \in T$ folgt.

Beweis. Wir geben uns $\varepsilon > 0$ beliebig vor. Für jede natürliche Zahl n ist die Menge

$$A_n = \left\{x \in E\,;\ \sup\left\{\left\|\frac{1}{n} f_t(x)\right\|\,;\ t \in T\right\} \leqq \frac{\varepsilon}{2}\right\} \tag{14.9}$$

abgeschlossen. Da nach Voraussetzung für jedes $x \in E$ die Menge $\{f_t(x)\,;\ t \in T\}$ beschränkt ist, muß jeder Punkt $x \in E$ in einer gewissen Menge A_n liegen, d. h.

$$E = \bigcup_{n=1}^{\infty} A_n\,.$$

Dann gibt es wegen der Vollständigkeit von E nach dem Kategoriesatz 10.6 von R. BAIRE eine Menge A_{n_0}, die eine Kugel $K(x_0, r)$ enthält. Folglich erhalten wir für beliebige h mit $||h|| < r$ und jedes $t \in T$ wegen (14.9) die Ungleichung

$$\left\|\frac{1}{n_0} f_t\,(x_0 + h)\right\| \leqq \frac{\varepsilon}{2}\,,$$

und damit

$$\left\|\frac{1}{n_0} f_t(h)\right\| \leqq \left\|\frac{1}{n_0} f_t\,(x_0 + h)\right\| + \left\|\frac{1}{n_0} f_t\,(-\,x_0)\right\| \leqq \varepsilon\,.$$

Wählen wir nun $\delta = \dfrac{r}{n_0}$, so gilt für jedes $t \in T$

$$||f_t(x)|| \leqq \varepsilon\,,$$

sobald $||x|| < \delta$ ist. Damit ist der Beweis beendet.

Wir bemerken noch, daß wir den Beweis nur unwesentlich abändern müssen, wenn wir die Voraussetzung etwas abschwächen. Ist für jedes x einer Menge von zweiter Kategorie die Menge $\{f_t(x)\,;\ t \in T\}$ beschränkt, so ergibt sich ebenfalls die Behauptung des Satzes 14.4. — Oft nennt man den Satz 14.4 oder die nachstehende Folgerung 14.5 das *Prinzip der gleichmäßigen Beschränktheit.*

14.5. SATZ. *Für jedes $t \in T$ seien f_t stetige lineare Funktionen, die den* BANACH-*Raum E in den normierten Raum F abbilden. Falls die Menge $\{f_t(x);\ t \in T\}$ für jedes feste $x \in E$ beschränkt ist, so gibt es eine positive Konstante k mit*

$$\|f_t\| \leqq k$$

für beliebige $t \in T$.

Beweis. Nach Satz 14.4 gibt es zu $\varepsilon = 1$ ein $\delta > 0$, so daß für $x \in E$ mit $\|x\| \leqq \delta$ stets $\|f_t(x)\| \leqq 1$ für $t \in T$ ist. Dann beträgt

$$\|f_t\| = \sup \{\|f_t(x)\|;\ \|x\| \leqq 1\} = \frac{1}{\delta} \sup \{\|f_t(x)\|;\ \|x\| \leqq \delta\} \leqq \frac{1}{\delta} = k$$

für beliebige $t \in T$.

Wir werden jetzt das Prinzip der gleichmäßigen Beschränktheit zur Konvergenzuntersuchung von Folgen linearer stetiger Funktionen heranziehen.

14.6. *Wenn die Folge (f_n) der linearen stetigen Funktionen $f_n \in L(E, F)$, die den* BANACH-*Raum E in den normierten Raum F abbilden, punktweise gegen die Funktion $f\colon E \to F$ konvergiert, so ist f ebenfalls eine lineare stetige Funktion, und es gilt*

$$\|f\| \leqq \underline{\lim}_{n\to\infty} \|f_n\|.$$

Beweis. Wegen $\|f_n(x)\| \to \|f(x)\|$ für jedes $x \in E$ ist die Menge $\{f_n(x);\ n \in N\}$ für jeden festen Punkt $x \in E$ beschränkt. Nach Satz 14.5 ist

$$\sup \{\|f_n\|;\ n \in N\} < \infty.$$

Folglich ist $\underline{\lim}_{n\to\infty} \|f_n\|$ endlich und wegen

$$\|f(x)\| = \lim_{n\to\infty} \|f_n(x)\| \leqq \underline{\lim}_{n\to\infty} \|f_n\|\ \|x\|$$

erhalten wir

$$\|f\| \leqq \underline{\lim}_{n\to\infty} \|f_n\|.$$

14.7. SATZ (S. BANACH, H. STEINHAUS). *Eine Folge (f_n) von linearen stetigen Funktionen $f_n \in L(E, F)$, die den* BANACH-*Raum E in den normierten Raum F abbilden, konvergiert genau dann punktweise gegen die Funktion $f \in L(E, F)$, wenn*

1. $\|f_n\| \leqq k$ *für eine gewisse positive Konstante k gilt,*
2. $f_n(x) \to f(x)$ *für jeden Punkt x einer Teilmenge $X \subseteq E$ gilt, deren lineare Hülle $L(X)$ überall dicht in E liegt.*

Beweis. a) *Notwendig.* Durch Satz 14.6 ist die Behauptung bewiesen.

b) *Hinreichend.* Es sei $\|f_n\| \leqq k$ für alle $n \in N$. Für jeden Punkt aus $L(X)$ strebt aufgrund der zweiten Bedingung und der Linearität der betrachteten Funktionen die Folge (f_n) punktweise gegen f.

Wir geben uns $\varepsilon > 0$ beliebig vor und betrachten einen beliebigen, aber festen Punkt $x \in E$. Dann existiert in der Menge $L(X)$, die in E dicht ist, ein

Punkt z mit der Eigenschaft

$$\|x - z\| < \frac{\varepsilon}{4k}.$$

Wegen $f_n(z) \to f(z)$ gibt es einen solchen Index $n_0 = n_0(\varepsilon)$, daß für alle $n \geqq n_0$ die Ungleichung

$$\|f_n(z) - f(z)\| < \frac{\varepsilon}{2}$$

gilt. Somit erhalten wir für den festen Punkt $x \in E$ die Abschätzung

$$\|f_n(x) - f(x)\| \leqq \|f_n(x - z)\| + \|f_n(z) - f(z)\| + \|f(z - x)\| \leqq$$

$$\leqq \frac{\varepsilon}{2} + \|f_n\| \, \|x - z\| + \|f\| \, \|z - x\| \leqq \frac{\varepsilon}{2} + k\frac{\varepsilon}{4k} + k\frac{\varepsilon}{4k} = \varepsilon,$$

womit die Behauptung bewiesen ist.

14.8. *Es sei E ein* BANACH-*Raum und F ein normierter Raum. Dann ist die Menge aller Punkte, in denen eine gegebene Folge (f_n) von linearen stetigen Funktionen $f_n: E \to F$ punktweise konvergiert, entweder eine Menge von erster Kategorie oder gleich dem ganzen Raum E.*

Beweis. Angenommen, die Menge der Konvergenzpunkte der Folge (f_n) bildet eine Menge von zweiter Kategorie. Dann sind die Normen $\|f_n\|$ nach der Bemerkung zu Satz 14.4 gleichmäßig beschränkt. Weiterhin muß die Menge der Konvergenzpunkte, da sie von zweiter Kategorie und linear ist, in einer gewissen Kugel und somit in ganz E dicht liegen. Wenden wir jetzt Satz 14.7 an, so muß (f_n) auf E punktweise gegen f streben.

AUFGABEN

14.12. Es seien E und F BANACH-Räume über demselben Zahlkörper. Man beweise, daß $L(E, F)$ im Sinne der punktweisen Konvergenz vollständig ist, d. h., wenn eine Folge aus $L(E, F)$ punktweise gegen die Funktion f konvergiert, so ist f linear und stetig.

14.13. Es sei E ein normierter separabler Raum. Man beweise, daß eine beschränkte Folge von linearen stetigen Funktionalen auf E eine punktweise konvergente Teilfolge enthält.

14.14. Man nennt eine Folge (x_n) eines normierten Raumes E *schwach konvergent* gegen $y \in E$, wenn $f(x_n) \to f(y)$ für jedes lineare stetige Funktional f auf E gilt. Die Normkonvergenz heißt auch *starke Konvergenz.*

Man beweise:

a) Wenn (x_n) stark gegen y konvergiert, so konvergiert (x_n) auch schwach gegen y.
b) Die Umkehrung von a) gilt nicht.
c) Die Folge (x_n) konvergiert genau dann schwach gegen y, wenn

$$\sup \{\|x_n\|; n \in \boldsymbol{N}\} < \infty$$

und $f(x_n) \to f(y)$ $(n \to \infty)$ für alle linearen stetigen Funktionale f einer Menge, deren lineare Hülle in $L(E, \boldsymbol{R})$ (bzw. $L(E, \boldsymbol{C})$) überall dicht liegt.

14.15. Man zeige, daß in einem endlichdimensionalen Raum starke und schwache Konvergenz übereinstimmen.

14.16. Man beweise, daß die Folge $x_n = (x_k^{(n)})$ des Raumes l_p $(1 < p < \infty)$ genau dann schwach gegen $y = (y_k)$ konvergiert, wenn

$$\sup \{||x_n||;\, n \in N\} < \infty$$

und

$$\lim_{n\to\infty} x_k^{(n)} = y_k \quad \text{für alle } k \in N$$

gilt.

14.4. Isomorphie von normierten Räumen. Es seien E und F zwei normierte Räume über demselben Zahlkörper. Wir sagen dann, daß die Räume E und F *isomorph* sind, wenn es eine eineindeutige lineare Funktion f von E auf F gibt, so daß sowohl f als auch die inverse Funktion $f^{-1}\colon F \to E$ stetig sind. Die Funktion f heißt *Isomorphismus*. Die Isomorphie stellt eine Äquivalenzrelation zwischen den normierten Räumen über demselben Zahlkörper dar. Der Beweis ergibt sich unmittelbar aus der Definition und den Sätzen 6.1 und 11.4.

14.9. *Zwei normierte Räume E und F über demselben Zahlkörper sind genau dann isomorph, wenn es eine lineare Funktion f von E auf F gibt, so daß für zwei positive Konstanten m und M die Ungleichung*

$$m||x|| \leqq ||f(x)|| \leqq M||x|| \tag{14.10}$$

für jeden Punkt $x \in E$ gilt.

Beweis. a) *Notwendig.* Wegen Satz 14.1 ist die Behauptung klar.

b) *Hinreichend.* Aufgrund von (14.10) ist die Funktion f nach Satz 14.1 stetig. Weiterhin ist f eineindeutig, denn aus der Gleichung $f(x) = f(x')$ für zwei Punkte $x, x' \in E$ ergibt sich wegen (14.10) die Abschätzung

$$0 = ||f(x) - f(x')|| = ||f(x - x')|| \geqq m\,||x - x'||,$$

so daß $x = x'$ sein muß. Folglich existiert die lineare inverse Funktion f^{-1}: $F \to E$, die wegen der für jeden Punkt $y = f(x)$ geltenden Ungleichung

$$||f^{-1}(y)|| = ||f^{-1}(f(x))|| = ||x|| \leqq \frac{1}{m}\,||f(x)|| = \frac{1}{m}\,||y||$$

stetig auf F ist. Damit ist der Satz bewiesen.

14.10. *Zwei reelle n-dimensionale normierte Räume sind isomorph.*

Beweis. Wir werden zeigen, daß ein beliebiger reeller n-dimensionaler normierter Raum E isomorph zu $\boldsymbol{R}_1^n$ ist. Hieraus ergibt sich unsere Behauptung, weil die Isomorphie als Äquivalenzrelation transitiv ist.

Wir nehmen an, daß die Vektoren $b_1, \ldots, b_n$ eine Basis des Raumes E bilden. Dann besitzt ein beliebiger Punkt $y \in E$ die Darstellung

$$y = x_1 b_1 + \cdots + x_n b_n,$$

wobei $x_1, \ldots, x_n$ eindeutig bestimmte reelle Zahlen sind. Die Funktion f von $\boldsymbol{R}_1^n$ auf E

$$f(x_1, \ldots, x_n) = x_1 b_1 + \cdots + x_n b_n = y$$

ist linear. Wir werden nun zeigen, daß die Funktion f auch der Bedingung (14.10) genügt. Ist M das Maximum der Zahlen $||b_1||, \ldots, ||b_n||$ und m das Minimum der stetigen Funktion $||f(x_1, \ldots, x_n)||$ für alle $(x_1, \ldots, x_n)$ mit $|x_1| + \cdots + |x_n| = 1$, so gilt für $|x_1| + \cdots + |x_n| = r > 0$ offensichtlich

$$m \leqq \frac{1}{r} ||x_1 b_1 + \cdots + x_n b_n|| \leqq \frac{1}{r} M r = M ,$$

d. h.

$$m (|x_1| + \cdots + |x_n|) \leqq ||f(x_1, \ldots, x_n)|| \leqq M (|x_1| + \cdots + |x_n|) .$$

Diese Ungleichung ist auch für $x_1 = \cdots = x_n = 0$ richtig, so daß die Behauptung wegen Satz 14.9 bewiesen ist.

Wie wir bereits wissen, entsteht ein normierter Raum durch das Einführen einer Norm auf einem Vektorraum. Können wir auf ein und demselben linearen Raum zwei verschiedene Normen $||x||_1$ und $||x||_2$ definieren, so erhalten wir zwei verschiedene normierte Räume E_1 und E_2. Besteht zwischen diesen beiden Normen eine Ungleichung der Form

$$m||x||_1 \leqq ||x||_2 \leqq M||x||_1 \tag{14.11}$$

für alle x mit positiven Konstanten m und M, dann nennen wir diese Normen bzw. die normierten Räume E_1 und E_2 *äquivalent*, weil die von den Normen erzeugten Metriken äquivalent sind. Die normierten Räume E_1 und E_2 sind genau dann äquivalent, wenn die Identitätsabbildung von E_1 und E_2 ein Isomorphismus ist.

14.11. *Jede auf dem Vektorraum $\boldsymbol{R}^n$ eingeführte Norm ist mit der Norm*

$$||x|| = |x_1| + \cdots + |x_n|$$

für $x = (x_1, \ldots, x_n) \in \boldsymbol{R}^n$ äquivalent.

Der Beweis ergibt sich aus dem Beweis des Satzes 14.10, weil jetzt f gleich der Identität ist.

Eine weitere spezielle Isomorphie ist die isometrische Isomorphie. Wir sagen, daß die normierten Räume E und F über demselben Zahlkörper *isometrisch isomorph* sind, wenn es einen Isomorphismus f von E auf F mit der Eigenschaft $||f(x)|| = ||x||$ für jedes $x \in E$ gibt. Die isometrische Isomorphie ist ebenfalls eine Äquivalenzrelation. Isometrisch isomorphe normierte Räume können als „gleich" angesehen werden, weil in ihnen dieselben Aussagen, die sich ausschließlich mit den Hilfsmitteln eines normierten Raumes beweisen lassen, gelten.

Hier entsteht das wichtige Problem, für die einzelnen Äquivalenzklassen von isometrisch isomorphen Räumen spezielle, möglichst einfache Repräsentanten anzugeben. Ein Resultat in dieser Richtung ist z. B.:

14.12. SATZ (S. BANACH, S. MAZUR). *Jeder reelle separable normierte Raum ist isometrisch isomorph zu einem Teilraum von $C([0, 1], \boldsymbol{R})$.*

Zum Beweis dieses Satzes und für Einzelheiten über das genannte Problem verweisen wir den Leser etwa auf L. A. LJUSTERNIK-W. I. SOBOLEW [1].

AUFGABEN

14.17. a) Man beweise, daß Isomorphie, Äquivalenz und isometrische Isomorphie Äquivalenzrelationen zwischen normierten Räumen über demselben Zahlkörper sind.
b) Welche Eigenschaften werden bei diesen Äquivalenzrelationen invariant gelassen?

14.18. a) Ist ein reeller endlichdimensionaler normierter Raum vollständig?
b) Man beweise, daß ein endlichdimensionaler linearer Teilraum eines reellen normierten Raumes abgeschlossen ist.

14.19. Es sei $1 \leqq p \leqq \infty$ und $p^{-1} + q^{-1} = 1$. Man beweise:
a) $L(\boldsymbol{R}_p^n, \boldsymbol{R})$ und $\boldsymbol{R}_q^n$ sind isometrisch isomorph.
b) $L(\boldsymbol{l}_p, \boldsymbol{R})$ und $\boldsymbol{l}_q$ sind isometrisch isomorph.
c) $L(\boldsymbol{R}^n, F)$ und F^n sind isometrisch isomorph, falls F ein reeller normierter Raum ist.

14.20. Man beweise, daß eine Teilmenge eines reellen endlichdimensionalen normierten Raumes genau dann kompakt ist, wenn sie beschränkt und abgeschlossen ist.

14.21. Man gebe die bestmöglichen Werte für m und M in der Ungleichung (14.11) im Fall $E_1 = \boldsymbol{R}_p^n$ und $E_2 = \boldsymbol{R}_{p'}^n$ $(1 \leqq p < p' \leqq \infty)$ an.

14.5. Multilineare stetige Funktionen. Es seien $E_1, \ldots, E_n$ $(n > 1)$ und F normierte Räume über demselben Zahlkörper. Die Funktion f bilde den normierten Produktraum $E = E_1 \times \cdots \times E_n$ multilinear in F ab. Über die Stetigkeit dieser Funktion zeigt man als Verallgemeinerung des Satzes 14.1:

14.13. *Für eine multilineare Funktion $f: E \to F$ sind folgende Aussagen äquivalent:*

1. *f ist stetig auf E;*
2. *f ist stetig im Punkt Θ;*
3. *Die Menge $\{\|f(x_1, \ldots, x_n)\|;\ \|x_1\| \leqq 1, \ldots, \|x_n\| \leqq 1\}$ ist beschränkt;*
4. *Es existiert eine positive Konstante M, so daß jedes $(x_1, \ldots, x_n) \in E$ die Ungleichung*

$$\|f(x_1, \ldots, x_n)\| \leqq M \|x_1\| \cdots \|x_n\|$$

erfüllt.

Der Beweis sei dem Leser überlassen.

Die n-linearen stetigen Funktionen, die den normierten Produktraum $E = E_1 \times \cdots \times E_n$ in F überführen, bilden einen Vektorraum $L_n(E_1 \times \cdots \times E_n, F)$. Wir können auf diesem Vektorraum die reelle Funktion

$$\|f\| = \sup \{\|f(x_1, \ldots, x_n)\|;\ \|x_1\| \leqq 1, \ldots, \|x_n\| \leqq 1\}$$

als Norm einführen, weil sie den an eine Norm gestellten Bedingungen genügt. Zwischen dem Raum der multilinearen stetigen Funktionen und den Räumen von linearen stetigen Funktionen besteht ein enger Zusammenhang:

14.14. *Die normierten Räume* $L_2(E_1 \times E_2, F)$ *und* $L(E_1, L(E_2, F))$ *sind isometrisch isomorph.*

Beweis. Es sei $g \in L(E_1, L(E_2, F))$. Dann ist $g(x) \in L(E_2, F)$ für $x \in E_1$ und $g(x)(y) \in F$ für $y \in E_2$. Durch die Abbildung φ soll einer Funktion $g \in L(E_1, L(E_2, F))$ die Funktion $f: E_1 \times E_2 \to F$ mit $f(x, y) = g(x)(y)$ zugeordnet werden. Offenbar ist $\varphi(g) = f$ bilinear. Nach Satz 14.1 gilt

$$||f(x, y)|| = ||g(x)(y)|| \leqq ||g(x)|| \, ||y|| \leqq ||g|| \, ||x|| \, ||y|| ,$$

so daß nach Satz 14.13 die Funktion f stetig ist und

$$||\varphi(g)|| \leqq ||g|| \tag{14.12}$$

gilt. Folglich ist $\varphi: L(E_1, L(E_2, F)) \to L_2(E_1 \times E_2, F)$. Weiterhin ist φ linear.

Jede bilineare stetige Funktion $f \in L_2(E_1 \times E_2, F)$ ist ein Bild von φ. Denn für jedes feste $x \in E_1$ ist die Funktion $g_x \in L(E_2, F)$, welche durch $g_x(y) = f(x, y)$ für $y \in E_2$ erklärt ist, weil $||g_x(y)|| = ||f(x, y)|| \leqq ||f|| \, ||x|| \, ||y||$ gilt. Die lineare Funktion $g: E_1 \to L(E_2, F)$ mit $g(x) = g_x$ für $x \in E_1$ ist wegen

$$||g(x)|| = ||g_x|| \leqq ||f|| \, ||x|| \tag{14.13}$$

stetig und es gilt $\varphi(g) = f$. Die Funktion φ bildet $L(E_1, L(E_2, F))$ linear auf $L_2(E_1 \times E_2, F)$ ab.

Wegen (14.13) gilt $||g|| \leqq ||\varphi(g)||$. Zusammen mit (14.12) ergibt dies $||\varphi(g)|| = ||g||$ für alle $g \in L(E_1, L(E_2, F))$. Nach Satz 14.9. sind die Räume $L(E_1, L(E_2, F))$ und $L_2(E_1 \times E_2, F)$ isometrisch isomorph, was zu beweisen war.

Eine entsprechende Aussage läßt sich auch für $L_n(E_1 \times \cdots \times E_n, F)$ mit $n > 2$ beweisen. Wir erhalten deshalb, indem wir uns noch auf den Satz 14.3 berufen, die Folgerung:

14.15. *Ist* F *ein* BANACH-*Raum, so ist auch* $L_n(E_1 \times \cdots \times E_n, F)$ *ein* BANACH-*Raum.*

AUFGABEN

14.22. Man beweise, daß $E_1 \times \cdots \times E_n$ ein BANACH-Raum ist, falls alle Faktorräume vollständig sind.

14.23. Es sei $f: E_1 \times \cdots \times E_n \to F$ eine multilineare Funktion, die auf einer gewissen Umgebung von $(\Theta, \ldots, \Theta)$ beschränkt ist. Man beweise, daß f stetig ist.

14.24. Man beweise, daß die Funktion

$$||f|| = \sup \{||f(x_1, \ldots, x_n)||; ||x_1|| \leqq 1, \ldots, ||x_n|| \leqq 1\}$$

eine Norm auf dem Vektorraum aller multilinearen stetigen Funktionen $f: E_1 \times \cdots \times E_n \to F$ ist.

14.25. Eine multilineare Funktion, die partiell stetig ist, d. h., die bezüglich jeder Variablen (bei Festhalten der übrigen) stetig ist, ist stetig.

§ 15. Erweiterungssätze für lineare stetige Funktionen

Im ersten Abschnitt wird ein Trennungssatz für konvexe Mengen eines normierten Raumes bewiesen. Anschließend stellen wir Erweiterungssätze für lineare stetige Funktionen auf. Dabei geben wir für den HAHN-BANACHschen Erweiterungssatz für lineare stetige Funktionale zwei Beweise, von denen der eine den Trennungssatz für konvexe Mengen wesentlich benutzt. Auf diese Weise gelingt uns eine geometrische Interpretation des HAHN-BANACHschen Satzes. Im dritten Abschnitt wird auf zwei verschiedene Weisen ein gegebener normierter Raum zu einem BANACH-Raum vervollständigt.

15.1. Konvexe Mengen in einem reellen normierten Raum. Es sei E ein gegebener reeller normierter Raum, der mindestens zwei Punkte enthält.

15.1. *Für eine konvexe Menge* $A \subseteq E$ *sind*

a) $\bar{A}$ *und* A^0 *konvex;*
b) $\bar{A} = \overline{A^0}$ *und* $(\bar{A})^0 = A^0$ *für* $A^0 \neq \emptyset$.

Beweis. a) Falls A die leere Menge oder gleich $\{x_0\}$ ist, so ist auch $\bar{A} = A$ konvex. Angenommen, daß $x_0, x_0' \in \bar{A}$ sind. Zu jedem beliebigen $\varepsilon > 0$ gibt es zwei Punkte $x, x' \in A$ mit der Eigenschaft $||x - x_0|| < \varepsilon$ und $||x_0' - x'|| < \varepsilon$. Dann gilt für $0 < \alpha < 1$ die Ungleichung

$$||[\alpha x_0 + (1 - \alpha) x_0'] - [\alpha x + (1 - \alpha) x']|| \leqq$$
$$\leqq \alpha ||x_0 - x'|| + (1 - \alpha) ||x_0' - x'|| < \alpha \varepsilon + (1 - \alpha) \varepsilon = \varepsilon .$$

Da $\alpha x + (1 - \alpha) x' \in A$ ist, liegt $\alpha x_0 + (1 - \alpha) x_0'$ in $\bar{A}$, d. h., $\bar{A}$ ist konvex.

Wir können annehmen, daß $A^0 \neq \emptyset$ ist. Es sei $x_0, x_0' \in A^0$ und $0 < \alpha < 1$. Dann sind für ein gewisses $\delta > 0$ die offenen Kugelumgebungen $K(x_0, \delta)$ und $K(x_0', \delta)$ in A enthalten. Da A konvex ist, gilt

$$\{\alpha x + (1 - \alpha) x' ; x \in K(x_0, \delta), x' \in K(x_0', \delta)\} = K(\alpha x_0 + (1 - \alpha) x_0'; \delta) \subseteq A,$$

d. h. $\alpha x_0 + (1 - \alpha) x_0' \in A^0$.

b) Es sei A eine konvexe Menge mit nichtleerem Innern. Es ist klar, daß dann $\overline{A^0}$ konvex ist und $\overline{A^0} \subseteq \bar{A}$ gilt. Wir wollen jetzt zeigen, daß ein beliebiger Punkt $x \in \bar{A}$ auch in $\overline{A^0}$ liegt. Nach Voraussetzung läßt sich ein innerer Punkt x_0 von A finden. Da A konvex ist, liegt auch jeder Punkt $\alpha x + (1 - \alpha) x_0$ für $x \in A$ und $0 \leqq \alpha < 1$ im Innern von A. Denn ist $K(x_0, \delta) \subset A$, so ist $K\big(\alpha x + (1 - \alpha) x_0, (1 - \alpha) \delta\big) \subset A$. Dann gilt

$$||\alpha x + (1 - \alpha) x_0 - x|| \leqq (1 - \alpha) (||x|| + ||x_0||) ,$$

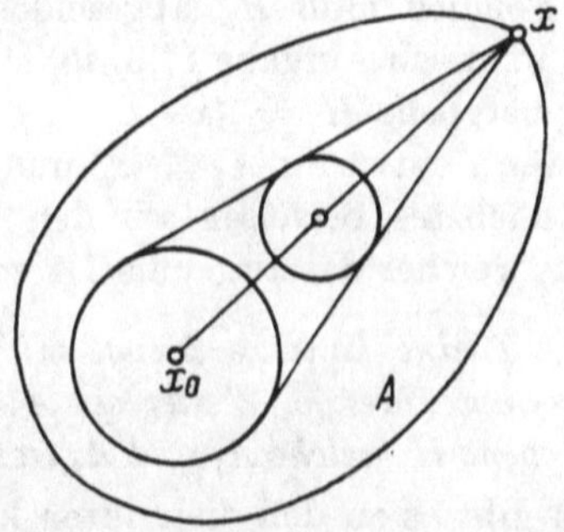

Abb. 15.1

woraus für $\alpha \to 1$ folgt, daß $x \in \overline{A^0}$ ist. Somit ist $\overline{A} = \overline{A^0}$. Ähnlich beweist man die letzte Behauptung.

Die Abschließung der konvexen Hülle einer beliebigen Menge A heißt *abgeschlossene konvexe Hülle* $\overline{C(A)}$ von A. Nach dem vorhergehenden Satz ist $\overline{C(A)}$ konvex. Offensichtlich sind lineare Mannigfaltigkeiten und insbesondere Hyperebenen konvexe Mengen.

15.2. *Eine Hyperebene H eines normierten Raumes E ist entweder überall dicht in E oder abgeschlossen.*

Beweis. Nach Definition ist eine Hyperebene H eine maximale, von E verschiedene lineare Mannigfaltigkeit. Da die Abschließung $\overline{H}$ eine lineare Mannigfaltigkeit mit $H \subseteq \overline{H}$ ist, gilt entweder $\overline{H} = E$ oder $H = \overline{H}$. H ist entweder dicht in E oder abgeschlossen.

Aufgrund von Satz 7.1 gibt es zu einer Hyperebene H ein nicht identisch verschwindendes lineares Funktional f und eine reelle Zahl α mit $H = H_\alpha = \{x \in E; f(x) = \alpha\}$. Wir nennen dann die Mengen

$$H_\alpha^- = \{x \in E; f(x) \leqq \alpha\}, \qquad H_\alpha^+ = \{x \in E; f(x) \geqq \alpha\}$$

Halbräume.

15.3. *Die Halbräume H_α^+ und H_α^- sind genau dann abgeschlossen, wenn H_α abgeschlossen oder wenn das lineare Funktional f stetig ist.*

Beweis. Wenn die Halbräume H_α^+ und H_α^- abgeschlossen sind, so muß auch $H_\alpha = H_\alpha^+ \cap H_\alpha^-$ abgeschlossen sein.

Wir nehmen nun an, daß $H_\alpha = \{x \in E; f(x) = \alpha\}$, wobei f ein lineares Funktional ist, abgeschlossen ist. Es sei x_0 ein Häufungspunkt von H_α^+. Dann gibt es eine zu x_0 strebende Punktfolge (x_n) mit $f(x_n) \geqq \alpha$. Angenommen, daß $f(x_0) < \alpha$ ist. Dann können wir für jedes n einen Punkt x_n' mit $f(x_n') = \alpha$ konstruieren. Es ist $x_n' = \lambda_n x_n + (1 - \lambda_n) x_0$, wobei λ_n aus der Gleichung $\alpha = \lambda_n f(x_n) + (1 - \lambda_n) f(x_0)$ bestimmt wird. Die Folge (x_n') mit $x_n' \in H_\alpha$ konvergiert gegen x_0, so daß nach Voraussetzung $x_0 \in H_\alpha$ ist, was aber unserer Annahme

$f(x_0) < \alpha$ widerspricht. Folglich muß H_α^+ abgeschlossen sein. Analoges gilt für H_α^-. Berücksichtigen wir noch Aufgabe 14.6, so ist alles bewiesen.

Wir sagen, daß die Hyperebene $H_\alpha = \{x \in E;\, f(x) = \alpha\}$ die beiden Mengen A_1 und A_2 aus E *trennt*, wenn entweder $A_1 \subseteq H_\alpha^+$ und $A_2 \subseteq H_\alpha^-$ oder $A_1 \subseteq H_\alpha^-$ und $A_2 \subseteq H_\alpha^+$ gilt. Als nächstes beweisen wir den wichtigen Trennungssatz für zwei konvexe Mengen, welcher das Ergebnis 7.4 verschärft.

15.4. SATZ. *Es sei $A_1 \subset E$ eine konvexe Menge mit nichtleerem Inneren und $A_2 \subset E$ eine nichtleere konvexe Menge. Weiter sei $A_1^0 \cap A_2 = \emptyset$. Dann gibt es eine abgeschlossene Hyperebene H, welche A_1 und A_2 trennt.*

Beweis. Nach Satz 7.4 gibt es zu den disjunkten konvexen Mengen A_1^0 und A_2 zwei disjunkte konvexe Mengen M_1 und M_2 mit $A_1^0 \subseteq M_1$ und $A_2 \subseteq M_2$, deren Vereinigung E ist. Wir bezeichnen die konvexe, mindestens aus zwei Punkten bestehende Menge $\overline{M_1} \cap \overline{M_2}$ mit H. Wegen $A_1^0 \neq \emptyset$ ist $H \neq E$. Die Menge H ist eine lineare Mannigfaltigkeit, denn sind x und y zwei verschiedene Punkte aus H und ist $z \in E$ so gewählt, daß y auf der Verbindungsstrecke von x und z liegt, dann muß $z \in H$ sein. Wäre $z \notin H$, so kann man wegen $E = H \cup M_1^0 \cup M_2^0$ und $M_1^0 \cap M_2^0 = \emptyset$ annehmen, daß $z \in M_1^0$ ist. Damit wäre auch $y \in M_1^0$, was unmöglich ist.

Wir zeigen jetzt, daß die lineare Mannigfaltigkeit H eine Hyperebene ist. Dabei können wir annehmen, daß $\Theta \in H$ ist. Wegen $H \subset E$ kann ein Punkt $x_0 \in E \setminus H$, der ohne Einschränkung der Allgemeinheit zu M_1^0 gehört, ausgewählt werden. Dann liegt $-x_0$ in M_2^0. Da sich jeder Vektor $x \in E$ in der Form

$$x = h + \alpha x_0 \tag{15.1}$$

mit $h \in H$ und $\alpha \in \boldsymbol{R}$ darstellen läßt, ist für $x \in H$ alles klar. Für ein beliebiges $x \in M_2^0$ besitzt die Verbindungsstrecke von x und x_0 mit H einen nichtleeren Durchschnitt (s. Abb. 15.2), d. h., für ein gewisses $\beta \in (0, 1)$ gilt die Gleichung

$$\beta x + (1 - \beta) x_0 = h' \in H\,,$$

woraus sich die Darstellung (15.1) ergibt. Für $x \in M_1^0$ hat die Verbindungsstrecke von x und $-x_0$ mit H einen Punkt gemeinsam, so daß (15.1) ebenfalls richtig ist. Wegen $E = H \cup M_1^0 \cup M_2^0$ ist H dann eine Hyperebene.

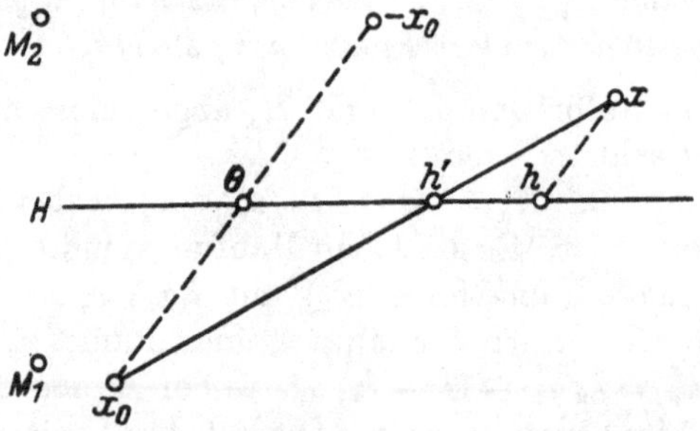

Abb. 15.2

Da H und A_1^0 disjunkt sind, muß H nach Satz 15.2 abgeschlossen sein. Deshalb existiert nach Satz 15.3 eine nicht identisch verschwindende lineare Funktion f und eine Zahl $\alpha \in \boldsymbol{R}$ derart, daß $H = \{x \in E; f(x) = \alpha\}$ gilt. Die Mengen $\overline{M_1}$ und $\overline{M_2}$ sind Halbräume und wir können annehmen, daß $\overline{M_1} = H_\alpha^+$ und $\overline{M_2} = H_\alpha^-$ ist. Nach Satz 7.4 gilt dann $A_1^0 \subseteq H_\alpha^+$ und $A_2 \subseteq H_\alpha^-$. Wegen $A_1^0 \cap H = \emptyset$ besteht für einen festen Punkt $x_1 \in A_1^0$ die Ungleichung $f(x_1) > \alpha$. Gäbe es einen Punkt $x \in A_1$ mit $f(x) < \alpha$, so würde einerseits der Punkt $y = \beta x + (1 - \beta) x_1$ mit

$$\beta = \frac{\alpha - f(x_1)}{f(x) - f(x_1)} \in (0, 1)$$

in A_1^0 liegen und andererseits $f(y) = \alpha$ sein, was wegen $H \cap A_1^0 = \emptyset$ unmöglich ist. Folglich ist $A_1 \subseteq H_\alpha^+$. Die Hyperebene H trennt die konvexen Mengen A_1 und A_2, was zu beweisen war.

BEISPIEL

15.1. Die Voraussetzung, daß die konvexe Menge A_1 innere Punkte enthält, ist für die Richtigkeit des Satzes 15.4 wesentlich. Dazu betrachten wir den normierten Teilraum E von l_∞, der aus allen reellen Zahlenfolgen besteht, die nur endlich viele von Null verschiedene Glieder besitzen. Mit $b_1, b_2, \ldots$ bezeichnen wir dieselbe Basis wie im Beispiel 5.6. Jeder Punkt aus E läßt sich dann eindeutig als Linearkombination endlich vieler Basisvektoren darstellen. Die beiden Mengen $A_1 = \{x = x_1 b_1 + \cdots + x_n b_n; x_n > 0\}$ und $A_2 = \{\Theta\}$ sind disjunkt und konvex und enthalten keine inneren Punkte. Angenommen, daß $H = \{x; f(x) = 0\}$ eine Hyperebene in E ist, die A_1 und A_2 trennt, so daß $f(x) \geqq 0$ für alle $x \in A_1$ gilt. Da für jedes beliebige $\alpha \in \boldsymbol{R}$ und jedes $n \in \boldsymbol{N}$ die Punkte $\alpha b_n + b_{n+1}$ in A_1 liegen, gilt

$$f(\alpha b_n + b_{n+1}) = \alpha f(b_n) + f(b_{n+1}) \geqq 0 .$$

Folglich muß $f(b_n) = 0$ für jedes $n \in \boldsymbol{N}$ sein, d. h. $f(x) = 0$. Dies ist unmöglich, weil H eine Hyperebene von E ist. Es existiert also keine Hyperebene in E, die A_1 und A_2 trennt.

Wir bemerken, daß man ein dem Satz 15.4 entsprechendes Resultat ohne Benutzung einer Metrik herleiten kann, wenn man das Innere und die Abschließung von konvexen Mengen algebraisch erklärt (siehe F. A. VALENTINE [1]).

Es sei $B \subset E$ eine abgeschlossene konvexe Menge und x_0 ein Randpunkt von B. Eine *Stützhyperebene* H von B im Punkt x_0 ist eine abgeschlossene Hyperebene $H = \{x \in E; f(x) = \alpha\}$, die x_0 enthält und für die $B \subseteq \{x \in E; f(x) \leqq \alpha\}$ oder $B \subseteq \{x \in E; f(x) \geqq \alpha\}$ gilt.

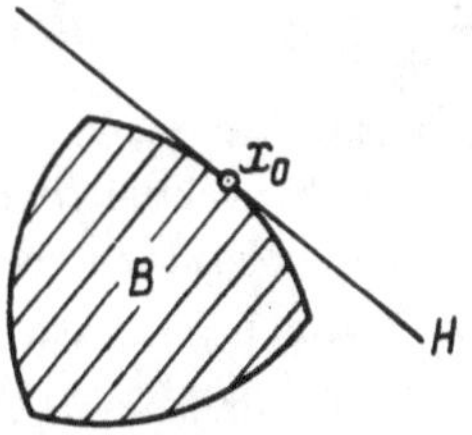

Abb. 15.3

15.5. *Wenn $B \subset E$ eine abgeschlossene konvexe Menge mit nichtleerem Innern ist, existiert in jedem Randpunkt x_0 von B eine Stützhyperebene.*

Beweis. Mit $A_1 = B^0$ und $A_2 = \{x_0\}$ wenden wir Satz 15.4 an und erhalten eine abgeschlossene Hyperebene $H = \{x \in E;\, f(x) = \alpha\}$, die x_0 enthält und für die entweder $B^0 \subset \{x \in E;\, f(x) \leqq \alpha\}$ oder $B^0 \subset \{x \in E;\, f(x) \geqq \alpha\}$ gilt. Wegen Satz 15.1 ist $\overline{B^0} = \overline{B} = B$. Da nach Satz 15.3 die Halbräume $\{x \in E;\, f(x) \leqq \alpha\}$ und $\{x \in E;\, f(x) \geqq \alpha\}$ abgeschlossen sind, ist H eine Stützhyperebene von B in x_0.

Aus diesem Satz ergibt sich unmittelbar die Folgerung:

15.6. *Wenn $B \subset E$ eine abgeschlossene konvexe Menge mit nichtleerem Innern ist, so ist B gleich dem Durchschnitt aller abgeschlossenen Halbräume, die B enthalten.*

AUFGABEN

15.1. In einem endlichdimensionalen normierten Raum ist jede Hyperebene abgeschlossen. Man gebe ein Beispiel für eine überall dichte Hyperebene an!

15.2. Es sei f ein stetiges lineares Funktional, welches nicht identisch Null ist. Man beweise, daß die Hyperebene $\{x;\, f(x) = \|f\|\}$ eine Stützhyperebene der Kugel $\overline{K}(\Theta, 1)$ ist.

15.3. Es sei A eine nichtleere offene konvexe Menge eines reellen normierten Raumes E, die Θ nicht enthält. Man zeige, daß dann ein lineares stetiges Funktional existiert, welches auf A nicht verschwindet.

15.4. Es sei A eine nichtleere offene konvexe Menge im reellen normierten Raum E und $M \subset E$ eine lineare Mannigfaltigkeit mit $A \cap M = \emptyset$. Dann existiert eine abgeschlossene Hyperebene, die M und A trennt und dabei M enthält.

15.5. Es sei A eine Teilmenge des normierten Raumes E, dessen Metrik ϱ ist. Man untersuche für einen Punkt $x \notin A$ die Existenz und Eindeutigkeit von Elementen $a \in A$ „bester Approximation von x bezüglich A“, d. h., für die $\varrho(x, a) = \varrho(x, A)$ gilt, falls die Menge A

a) linear und endlichdimensional,
b) kompakt oder
c) konvex und abgeschlossen

ist.

15.2. Erweiterungssätze für lineare stetige Funktionen. Es sei E ein normierter Raum und F ein Banach-Raum, die beide über demselben Zahlkörper erklärt sind. Wir betrachten dann eine auf der linearen Teilmenge $L \subset E$ definierte, lineare stetige Funktion $f_0\colon L \to F$. Im folgenden untersuchen wir, wann eine lineare stetige Funktion f_0 zu einer linearen stetigen Funktion f ohne Normänderung fortgesetzt werden kann.

15.7. SATZ. *Es sei E ein normierter Raum, L eine lineare Teilmenge von E und F ein Banach-Raum. Dann kann eine lineare stetige Funktion $f_0\colon L \to F$ eindeutig ohne Vergrößerung ihrer Norm zu einer linearen stetigen Funktion $f\colon \overline{L} \to F$ auf die Abschließung $\overline{L}$ von L fortgesetzt werden. Es gilt also:*

1. $f(x) = f_0(x)$ *für jedes* $x \in L$,
2. $\|f\| = \|f_0\|$.

Beweis. Zu einem beliebigen, aber festen Punkt $x \in \overline{L}$ gibt es eine Folge (x_n) mit $x_n \in L$, die gegen x konvergiert. Dann bildet die Folge $(f_0(x_n))$ im Raum F eine CAUCHY-Folge, denn es gilt

$$||f_0(x_n) - f_0(x_m)|| \leqq ||f_0||\ ||x_n - x_m|| \leqq ||f_0||\ (||x_n - x|| + ||x - x_m||)\ .$$

Wegen der Vollständigkeit des Raumes F konvergiert die Folge $(f_0(x_n))$. Dabei hängt das Grenzelement nicht von der speziellen Wahl der gegen x konvergierenden Folge (x_n) ab, denn für eine andere Folge (x_n') mit $x_n' \in L$ und $x_n' \to x$ bekommen wir

$$||f_0(x_n) - f_0(x_n')|| \leqq ||f_0||\ ||x_n - x_n'||\ .$$

Deshalb können wir die Funktion $f: \overline{L} \to F$ durch

$$f(x) = \lim_{n\to\infty} f_0(x_n)$$

mit $x_n \in L$ und $x_n \to x$ definieren. Es ist klar, daß f mit f_0 auf L übereinstimmt. Die Linearität der Funktion f ergibt sich unmittelbar aus

$$f\,(\alpha\, x + \beta\, y) = \lim_{n\to\infty} f_0\,(\alpha\, x_n + \beta\, y_n) = \lim_{n\to\infty}\,[\alpha\, f_0(x_n) + \beta\, f_0(y_n)] =$$

$$= \alpha \lim_{n\to\infty} f_0(x_n) + \beta_n \lim_{n\to\infty} f_0(y_n) = \alpha\, f(x) + \beta\, f(y)\,,$$

falls $x_n, y_n \in L$ und $x_n \to x$ sowie $y_n \to y$ gilt. Da für $x \in \overline{L}$ und $x_n \in L$ mit $x_n \to x$ stets

$$||f(x)|| = \lim_{n\to\infty} ||f_0(x_n)|| \leqq \lim_{n\to\infty} ||f_0||\ ||x_n|| = ||f_0||\ ||x||$$

gilt, muß nach Satz 14.1 die lineare Funktion f stetig auf $\overline{L}$ sein und für ihre Norm

$$||f|| \leqq ||f_0||$$

gelten. Da aber die lineare Funktion f eine Erweiterung von f_0 ist, kann die Norm von f nicht kleiner als $||f_0||$ sein. Folglich sind beide Normen gleich, womit unsere Behauptung bewiesen ist.

Ein auf einer linearen Menge L_0 des normierten Raumes E erklärtes, lineares stetiges Funktional f_0 läßt sich stets auf den ganzen Raum E fortsetzen. Wir behandeln zuerst den Fall, daß E ein reeller normierter Raum ist.

15.8. SATZ (H. HAHN, S. BANACH). *Es sei E ein reeller normierter Raum, auf dem die stetige Halbnorm p erklärt ist. Weiterhin sei auf der linearen Menge $L_0 \subset E$ das lineare stetige Funktional $f_0: L_0 \to \mathbf{R}$ definiert, welches der Ungleichung*

$$f_0(x) \leqq p(x) \qquad \text{für alle } x \in L_0$$

genügt. Dann läßt sich das Funktional f_0 zu einem auf E definierten, linearen stetigen Funktional f erweitern, so daß die Bedingungen

$$1.\ f(x) = f_0(x) \qquad \text{für alle } x \in L_0\,,$$

$$2.\ f(x) \leqq p(x) \qquad \text{für alle } x \in E$$

erfüllt sind.

Erster Beweis. Aus dem Satz 7.7 folgt, daß ein lineares (aber nicht notwendig stetiges) Funktional f mit den gewünschten Eigenschaften existiert. Wir müssen uns noch überlegen, daß die lineare Erweiterung f von f_0 stetig ist. Da $-p(x) \leqq f(x) \leqq p(x)$ aufgrund der zweiten Bedingung ist, gilt $|f(x)| \leqq p(x)$ für alle $x \in E$. Da die Halbnorm p nach Voraussetzung stetig ist und im Nullpunkt den Wert $p(\Theta) = 0$ besitzt, ist wegen Satz 14.1 das lineare Funktional f auf E stetig, womit alles bewiesen ist.

Nach dieser analytischen Begründung beweisen wir den fundamentalen Satz von Hahn-Banach auf geometrischem Wege mit Hilfe des Trennungssatzes 15.4.

Zweiter Beweis. Für die stetige Halbnorm p ist $A = \{x \in E;\, p(x) < 1\}$ eine nichtleere offene konvexe Menge, die wegen $f_0(x) \leqq p(x)$ für alle $x \in L_0$ mit der linearen Mannigfaltigkeit $H_0 = \{x \in L_0;\, f_0(x) = 1\}$ disjunkt ist. Aus dem Trennungssatz 15.4 folgt die Existenz einer abgeschlossenen Hyperebene H, die A und H_0 trennt und dabei H_0 umfaßt (siehe Aufgabe 15.4). Nach den Sätzen 7.1 und 15.3 kann man dann ein lineares stetiges Funktional $f\colon E \to \boldsymbol{R}$ angeben, für das $H = \{x \in E;\, f(x) = 1\}$ gilt. Wegen $H_0 \subset H$ muß f eine Erweiterung von f_0 sein. Wir müssen noch zeigen, daß f der zweiten Bedingung genügt.

Die Mengen A und H sind disjunkt. Angenommen, daß $x_0 \in A \cap H$ ist. Dann ist auch eine offene Kugelumgebung $K(x_0, \delta)$ in A enthalten. Da $H \subset E$ ist, existiert ein Punkt $x_1 \in K(x_0, \delta) \setminus H$, für den $f(x_1) < 1$ gelten möge. Der Punkt $x_2 = 2\,x_0 - x_1$ liegt ebenfalls in $K(x_0, \delta)$ und es gilt $f(x_2) = 2 - f(x_1) > 1$. Dies ist aber unmöglich, weil A und H_0 durch die Hyperebene H getrennt werden. Folglich gilt $A \cap H = \emptyset$. Wenn für ein Element $y_0 \in E$ die Ungleichung $f(y_0) > p(y_0)$ besteht, dann erhalten wir $f(\lambda\, y_0) = 1 > p(\lambda\, y_0)$ für eine geeignete Zahl $\lambda > 0$, so daß $\lambda\, y_0$ in $A \cap H$ liegen muß, was wegen $A \cap H = \emptyset$ nicht möglich ist. Deshalb ist für alle $x \in E$ die Ungleichung $f(x) \leqq p(x)$ richtig, womit der Beweis beendet ist.

Der entsprechende Erweiterungssatz für komplexe normierte Räume lautet:

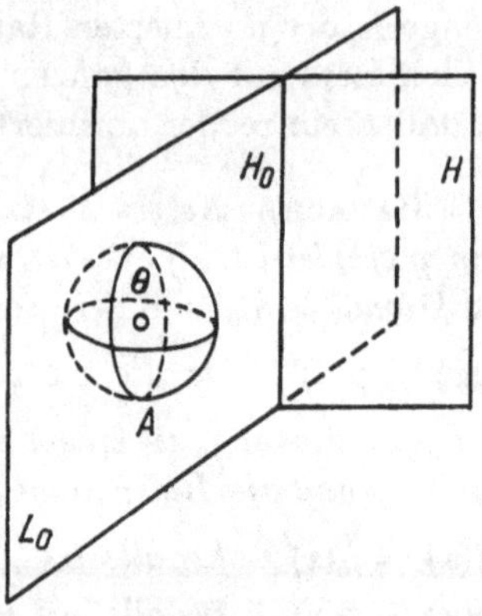

Abb. 15.4

15.9. SATZ. *Auf dem komplexen normierten Raum E sei die stetige Halbnorm p und auf der linearen Teilmenge L_0 von E das lineare stetige Funktional $f_0 \colon L_0 \to \boldsymbol{C}$ erklärt, welches die Ungleichung*

$$|f_0(x)| \leqq p(x) \quad \text{für jedes } x \in L_0$$

befriedigt. Dann kann f_0 zu einem auf E erklärten, linearen stetigen Funktional $f \colon E \to \boldsymbol{C}$ fortgesetzt werden, so daß die Bedingung

$$|f(x)| \leqq p(x) \qquad \text{für alle } x \in E$$

erfüllt ist.

Der Beweis ergibt sich aus dem Satz 7.8.

Wählen wir als stetige Halbnorm p speziell $p(x) = ||f_0||\,||x||$, so erhalten wir aus den Sätzen 15.8 und 15.9 die wichtige Folgerung:

15.10. SATZ. *Es sei E ein reeller (oder komplexer) normierter Raum und f_0 ein auf der linearen Teilmenge $L_0 \subset E$ definiertes, lineares stetiges Funktional. Dann läßt sich f_0 zu einem auf E erklärten linearen stetigen Funktional f mit der Norm*

$$||f|| = ||f_0||$$

fortsetzen.

Aus diesem Satz folgt eine Aussage, die wir noch oft benutzen werden:

15.11. *Zu jedem von Θ verschiedenen Punkt x_0 eines normierten Raumes E gibt es ein lineares stetiges Funktional auf E mit den Eigenschaften*

1. $f(x_0) = ||x_0||$,
2. $||f|| = 1$.

Beweis. Es sei L_0 die Menge aller Elemente der Form $x = \alpha\, x_0$ mit beliebigem $\alpha \in \boldsymbol{R}$. Dann ist L_0 eine lineare Teilmenge von E, auf der wir das lineare stetige Funktional f_0 durch die Gleichung

$$f_0(\alpha\, x_0) = \alpha\,||x_0||$$

definieren. Für die Norm von f_0 erhalten wir

$$||f_0|| = \sup\left\{|f_0(\alpha\, x_0)|\,;\, |\alpha| \leqq \frac{1}{||x_0||}\right\} = 1\,.$$

Folglich ergibt sich aus dem Satz 15.10 unsere Behauptung.

AUFGABEN

15.6. Es seien x_0, y_0 zwei Punkte des normierten Raumes E. Man zeige, daß genau dann $x_0 = y_0$ gilt, wenn $f(x_0) = f(y_0)$ für jedes lineare stetige Funktional f auf E gilt.

15.7. Es sei E ein reeller normierter Raum und $x_0 \in E$. Man berechne die Norm des linearen stetigen Funktionals $l_{x_0} \colon L(E, \boldsymbol{R}) \to \boldsymbol{R}$, welches durch die Gleichung

$$l_{x_0}(f) = f(x_0) \qquad \text{für} \qquad f \in L(E, \boldsymbol{R})$$

erklärt ist.

15.8. Eine Teilmenge A eines normierten Raumes E ist genau dann beschränkt, wenn für jedes lineare stetige Funktional f auf E die Bedingung

$$\sup\{|f(x)|\,;\, x \in A\} < \infty$$

erfüllt ist.

15.9. Es sei A ein linearer Teilraum des normierten Raumes E. Wenn der Punkt $x_0 \in E$ einen positiven Abstand d von A hat, so existiert ein lineares Funktional f mit $||f|| = 1$ und $f(x_0) = d$, das auf A verschwindet.

15.10. Es sei A eine Teilmenge des normierten Raumes E. Ein Punkt $x_0 \in E$ gehört zu $\overline{L(A)}$, wenn $f(x_0) = 0$ für alle linearen stetigen Funktionale f gilt, die auf A verschwinden.

15.11. In dem komplexen normierten Raum E sei eine abzählbare linear unabhängige Menge $\{x_n\}$ gegeben. Weiterhin seien α_n $(n = 1, 2, \ldots)$ feste komplexe Zahlen und $M > 0$. Man beweise, daß genau dann ein lineares stetiges Funktional $f\colon E \to C$ mit $f(x_n) = \alpha_n$ und $||f|| \leqq M$ existiert, wenn für alle $k \in N$ und alle komplexen Zahlen $\lambda_1, \lambda_2, \ldots, \lambda_n$ die Ungleichung

$$\left|\sum_{n=1}^{k} \lambda_n \alpha_n\right| \leqq M \left|\sum_{n=1}^{k} \lambda_n x_n\right|$$

gilt.

15.3. Vervollständigung eines normierten Raumes. Der Satz 9.4 hat uns einen Weg gezeigt, um von einem gegebenen nicht vollständigen metrischen Raum zu dessen Vervollständigung zu kommen. Diese Erkenntnis werden wir jetzt ausnutzen, wenn wir zu einem gegebenen nicht vollständigen normierten Raum E einen solchen BANACH-Raum E^* konstruieren, der E als überall dichte Teilmenge enthält. Wir nennen E^* eine Vervollständigung von E. Zum Unterschied der Vervollständigung metrischer Räume müssen wir nach Hinzunahme geeigneter neuer Elemente zum gegebenen normierten Raum E nicht nur den Abstand (also die Norm), sondern auch die algebraischen Operationen fortsetzen, um E^* zu erhalten.

15.12. SATZ. *Zu jedem nicht vollständigen normierten Raum E existiert eine bis auf isometrische Isomorphie eindeutig bestimmte Vervollständigung E^*.*

Beweis. Es seien E_1^* und E_2^* Vervollständigungen von E. Die Funktion f,

$$f(x) = x \quad \text{für } x \in E,$$

die die Menge $E \subset E_1^*$ in den BANACH-Raum E_2^* abbildet, kann nach Satz 15.7 zu einer eineindeutigen linearen Funktion g von E_1^* auf E_2^* mit der Eigenschaft

$$||g(x)|| = ||x|| \quad \text{für jedes } x \in E_1^*$$

fortgesetzt werden. Folglich müssen zwei Vervollständigungen eines normierten Raumes isometrisch-isomorph sein. Die Existenz einer Vervollständigung können wir auf verschiedene Weisen einsehen.

Erster Weg. Wir fassen den gegebenen normierten Raum E als metrischen Raum auf und bezeichnen mit E^* den im Beweis von Satz 9.4 konstruierten vollständigen metrischen Raum aller Äquivalenzklassen $x^*, y^*, \ldots$ von CAUCHY-Folgen aus E. Es sei Θ^* diejenige Äquivalenzklasse, die aus den gegen $\Theta \in E$ konvergenten Folgen besteht. Wenn (x_n) bzw. (y_n) Repräsentanten von x^* bzw. y^* sind, dann sei αx^* diejenige Äquivalenzklasse, die (αx_n) enthält, und $x^* + y^*$ die Äquivalenzklasse, die $(x_n + y_n)$ als Repräsentanten besitzt. Die Metrik in E^* wird durch die Norm

$$||x^*|| = \varrho^*(x^*, \Theta^*) = \lim_{n\to\infty} ||x_n||$$

erzeugt. Folglich ist der BANACH-Raum E^* eine Vervollständigung von E.

Zweiter Weg. Wir nehmen an, daß E ein reeller normierter Raum ist und betrachten den nach Satz 14.3 vollständigen normierten Raum $L(L(E, \boldsymbol{R}), \boldsymbol{R})$. In diesem Raum liegen auch die linearen stetigen Funktionale $l_x: L(E, \boldsymbol{R}) \to \boldsymbol{R}$, die jedem $f \in L(E, \boldsymbol{R})$ die Zahl $f(x)$ zuordnen (vgl. Aufgabe 15.7). Auf diese Weise entspricht jedem $x \in E$ in eineindeutiger Weise (vgl. Aufgabe 15.6) ein Punkt von $L(L(E, \boldsymbol{R}), \boldsymbol{R})$. Deshalb ist die lineare Funktion $h: E \to L(L(E,\boldsymbol{R}), \boldsymbol{R})$,

$$h(x) = l_x \quad \text{für } x \in E\,,$$

wegen $||h(x)|| = ||l_x|| = ||x||$ für jedes $x \in E$ ein isometrischer Isomorphismus zwischen E und $h(E)$. Folglich können wir die normierten Räume E und $h(E)$ miteinander identifizieren und erhalten die Inklusion

$$E \subseteq L(L(E, \boldsymbol{R}), \boldsymbol{R})\,. \tag{15.2}$$

Eine Vervollständigung von E ist die Abschließung von E (oder von $h(E)$) im BANACH-Raum $L(L(E, \boldsymbol{R}), \boldsymbol{R})$.

AUFGABEN

15.12. Man nennt einen reellen normierten Raum E *reflexiv*, wenn anstelle von (15.2)

$$E = L(L(E, \boldsymbol{R}), \boldsymbol{R})$$

gilt. Ein reflexiver normierter Raum ist stets ein BANACH-Raum. Man beweise, daß ein BANACH-Raum E genau dann reflexiv ist, wenn $L(E, \boldsymbol{R})$ reflexiv ist.

15.13. Man untersuche, ob folgende normierte Räume reflexiv sind:

a) $\boldsymbol{R}_p^n$ $(1 \leqq p \leqq \infty)$, b) n-dimensionaler normierter Raum,

c) $\boldsymbol{l}_p$ $(1 \leqq p \leqq \infty)$, d) $\boldsymbol{c}$.

15.14. Es sei E ein BANACH-Raum und A ein endlichdimensionaler echter Teilraum von E. Man zeige, daß es einen Teilraum $B \subseteq E$ gibt, für den $A + B = E$ und $A \cap B = \{\Theta\}$ gilt.

15.15. Man beweise, daß ein reeller normierter Raum E separabel ist, wenn der Raum $L(E, \boldsymbol{R})$ separabel ist. Die Umkehrung gilt nicht.
Hinweis. Zu einer überall dichten Menge $\{f_n\}$ von $L(E, \boldsymbol{R})$ konstruiere man eine Menge $\{x_n\} \subset E$ mit $||x_n|| \leqq 1$ und $|f_n(x_n)| \geqq \frac{||f_n||}{2}$ und zeige, daß $\overline{L(\{x_n\})} = E$ ist.

15.16. Jede nicht vollständige normierte Algebra kann zu einer BANACH-Algebra vervollständigt werden.

V. INTERVALLFUNKTIONEN UND GRENZFUNKTIONEN

Jedes Intervall $I = (a, b]$ der Zahlengeraden $\boldsymbol{R}$ besitzt eine bestimmte Intervallänge $m(I) = b - a$. Da m jedem Intervall eine reelle Zahl zuordnet, nennen wir m eine Intervallfunktion. Für zwei Intervalle $I_1 = (a, b]$ und $I_2 = (b, c]$, wobei $a < b < c$ gilt, erhält man

$$m(I_1) + m(I_2) = (b - a) + (c - b) = c - a = m\,(I_1 \cup I_2)\,.$$

Man sagt deshalb, daß m eine additive Intervallfunktion ist.

In § 16 dehnen wir den Begriff eines Intervalles auf n-dimensionale euklidische Räume ($n \geqq 2$) aus und untersuchen Intervallfunktionen, die Intervallen von $\boldsymbol{R}^n$ einen Wert zuordnen. Insbesondere werden auch additive Intervallfunktionen betrachtet. Eine additive Intervallfunktion kann man stets auf sämtliche Mengen fortsetzen, welche durch Vereinigung endlich vieler paarweise disjunkter Intervalle entstehen. Wie wir in § 17 erkennen, lassen sich gewisse additive Intervallfunktionen, wie z. B. m, sogar auf eine σ-Algebra von Teilmengen aus $\boldsymbol{R}^n$ erweitern. Dabei wird durch m das Lebesgue-Maß erzeugt, welches vor allem in der im letzten Kapitel behandelten Integrationstheorie eine entscheidende Rolle spielt. In § 18 untersuchen wir die Ableitung oder allgemeiner die Grenzfunktion einer Intervallfunktion. Unser besonderes Interesse gilt den Intervallfunktionen, die die M-Eigenschaft besitzen. Für diese gelingt es, in § 19 Mittelwertsätze aufzustellen. Die Ergebnisse dieser beiden Paragraphen werden wir bei der Differentialrechnung für Funktionen mit mehreren reellen Variablen anwenden. Als Literatur sei S. Saks [1] empfohlen.

§ 16. Intervallfunktionen

In diesem Paragraphen werden die grundlegenden Begriffe eingeführt und einige Eigenschaften der Intervallfunktionen bewiesen. Der Darstellungssatz 16.3 für additive Intervallfunktionen läßt den Zusammenhang mit den Funktionen endlich vieler reeller Variablen, welche im sechsten Kapitel untersucht werden, bereits erkennen.

16.1. Intervalle im euklidischen Raum. Den im Abschnitt 1.1 geprägten Begriff eines Intervalles der reellen Zahlengeraden können wir ohne weiteres auf den n-dimensionalen euklidischen Raum ausdehnen. Sind $a = (a_1, \ldots, a_n)$ und $b = (b_1, \ldots, b_n)$ zwei gegebene Punkte aus $\boldsymbol{R}^n$ mit $a_k \leqq b_k$ $(k = 1, \ldots, n)$, so wollen wir unter einem *n-dimensionalen Intervall* mit den gegenüberliegenden Eckpunkten a und b eine der folgenden vier Teilmengen von $\boldsymbol{R}^n$ verstehen:

$$\begin{aligned}
[a, b] &= \{x = (x_1, \ldots, x_n);\, a_k \leqq x_k \leqq b_k, (k = 1, \ldots, n)\}\,,\\
[a, b) &= \{x = (x_1, \ldots, x_n);\, a_k \leqq x_k < b_k, (k = 1, \ldots, n)\}\,,\\
(a, b] &= \{x = (x_1, \ldots, x_n);\, a_k < x_k \leqq b_k, (k = 1, \ldots, n)\}\,,\\
(a, b) &= \{x = (x_1, \ldots, x_n);\, a_k < x_k < b_k, (k = 1, \ldots, n)\}\,.
\end{aligned} \tag{16.1}$$

Im Fall $b_1 - a_1 = \cdots = b_n - a_n > 0$ nennt man die Mengen (16.1) *n-dimensionale Würfel.*

Intervalle sind beschränkt und konvex. Das Intervall $[a, b]$ ist eine abgeschlossene und deshalb kompakte Teilmenge von $\boldsymbol{R}^n$. Intervalle sind in der euklidischen Ebene achsenparallele Rechtecke, die zu einer Strecke oder einem Punkt ausarten können, und entsprechend im Raum $\boldsymbol{R}^3$ Quader. Ein Intervall der Form (a, b) ist offen. Die Intervalle $[a, b)$ und $(a, b]$ sind weder abgeschlossen noch offen. Wir nennen $[a, b)$ ein *halbabgeschlossenes* und $(a, b]$ ein *halboffenes* Intervall. Die leere Menge ist ein spezielles offenes, halbabgeschlossenes und halboffenes Intervall.

Jedes Intervall I von (16.1) besitzt den gleichen *Mittelpunkt* $\frac{a+b}{2}$, den gleichen *Durchmesser*

$$d(I) = [(b_1 - a_1)^2 + \cdots + (b_n - a_n)^2]^{1/2}$$

und das gleiche *elementargeometrische Maß*

$$m(I) = (b_1 - a_1) \cdots (b_n - a_n) .$$

Unter dem *Regularitätsparameter* eines Intervalls I versteht man die Zahl

$$r(I) = \begin{cases} \dfrac{m(I)}{l^n} & \text{für} \quad l > 0 , \\ 0 & \text{für} \quad l = 0 , \end{cases}$$

wobei $l = \max \{b_1 - a_1, \ldots, b_n - a_n\}$ beträgt. Für jeden Würfel Q ist $r(Q) = 1$, i. a. gilt $0 \leqq r(I) \leqq 1$. Außer a und b heißt auch jeder Punkt, dessen k-te Koordinate entweder a_k oder b_k ist, *Eckpunkt* eines Intervalls von (16.1). Zwei Eckpunkte eines Intervalles I *liegen gegenüber*, wenn ihr Abstand gleich $d(I)$ ist.

Das elementargeometrische Maß nimmt nur nichtnegative Werte an. Weiterhin gilt für zwei paarweise disjunkte Intervalle I_1 und I_2, deren Vereinigung wiederum ein Intervall ist, die Gleichung

$$m(I_1 \cup I_2) = m(I_1) + m(I_2) . \tag{16.2}$$

Wir nennen eine Teilmenge A aus $\boldsymbol{R}^n$ einen *Elementarbereich*, wenn A sich als Vereinigung endlich vieler paarweise disjunkter halboffener Intervalle I_k ($k = 1, \ldots, s$) darstellen läßt. Das elementargeometrische Maß von A kann durch die Formel

$$m(A) = \sum_{k=1}^{s} m(I_k)$$

erklärt werden. Diese Definition ist von der gewählten Darstellung von A als Vereinigung endlich vieler paarweise disjunkter halboffener Intervalle unabhängig, denn für zwei verschiedene Darstellungen $A = \bigcup_k I_k = \bigcup_j I'_j$ gilt wegen (16.2) die Gleichung

$$\sum_k m(I_k) = \sum_{k,j} m(I_k \cap I'_j) = \sum_j m(I'_j) .$$

Wie sich unmittelbar aus der Definition eines Elementarbereiches ergibt, ist die Vereinigung der beiden Elementarbereiche $A = \bigcup_k I_k$ und $B = \bigcup_j I'_j$ ebenfalls ein Elementarbereich. Da der Durchschnitt von zwei halboffenen Intervallen ein halboffenes Intervall ist, muß der Durchschnitt $A \cap B = \bigcup_{k,j} (I_k \cap I'_j)$ (siehe Satz 1.4) ein Elementarbereich sein. Folglich ist auch der Durchschnitt endlich vieler Elementarbereiche ein Elementarbereich. Es sei I ein halboffenes Intervall, welches B umfaßt. Da $I \setminus B = \bigcap_j (I \setminus I'_j)$ der Durchschnitt endlich vieler Elementarbereiche $I \setminus I'_j$ ist, erkennen wir, daß $I \setminus B$ und damit $A \setminus B = A \cap (I \setminus B)$ Elementarbereiche sind. Die Vereinigung, der Durchschnitt und die Differenz von zwei Elementarbereichen ist wiederum ein Elementarbereich. Oder anders ausgedrückt:

16.1. *Das System aller Elementarbereiche von* $\boldsymbol{R}^n$ *(bzw. von einem abgeschlossenen Intervall* H *mit* $H^0 \neq \emptyset$*) bildet einen Mengenring.*

AUFGABEN

16.1. Man zeige, daß jede offene Menge in $\boldsymbol{R}^n$ gleich der Vereinigung höchstens abzählbar vieler, paarweise disjunkter offener Intervalle ist (siehe Aufgabe 8.7).

16.2. Jede nichtleere konvexe Menge A in $\boldsymbol{R}^n$ besitzt innere Punkte bezüglich der minimalen linearen Mannigfaltigkeit, die A umfaßt.

16.3. Man gebe zu einem Intervall I mit $m(I) > 0$ und dem Mittelpunkt Θ das zugehörige Minkowskische Funktional (siehe Abschnitt 7.3) an.

16.4. Es sei m das elementargeometrische Maß. Man beweise: Sind $A_1, \ldots, A_k$ endlich viele paarweise disjunkte Elementarbereiche, so gilt

$$m\left(\bigcup_{i=1}^{k} A_i\right) = \sum_{i=1}^{k} m(A_i) .$$

16.2. Additive Intervallfunktionen. Es sei H im folgenden ein festes abgeschlossenes n-dimensionales Intervall mit nichtleerem Innern oder der gesamte Raum $\boldsymbol{R}^n$. Mit $\mathfrak{H}$ bezeichnen wir das System aller in H liegenden halboffenen Intervalle. Wird in einer eindeutigen Weise jedem halboffenen Intervall $I \subset H$ ein Element $\varphi(I)$ eines gegebenen normierten Raumes F zugeordnet und ist $\varphi(\emptyset) = \Theta$, so heißt $\varphi\colon \mathfrak{H} \to F$ eine *Intervallfunktion*. Beispielsweise ist für $H = \boldsymbol{R}^n$ und $F = \boldsymbol{R}$ das elementargeometrische Maß eine Intervallfunktion. Existiert eine solche Konstante γ, daß die Ungleichung $\|\varphi(I)\| \leqq \gamma$ von allen $I \in \mathfrak{H}$ befriedigt wird, so heißt die Intervallfunktion φ *beschränkt* auf $\mathfrak{H}$.

Wir sagen, daß die Intervallfunktion $\varphi\colon \mathfrak{H} \to F$ *additiv* ist, wenn für je zwei disjunkte halboffene Intervalle I_1 und I_2 aus $\mathfrak{H}$, deren Vereinigung $I_1 \cup I_2$ wieder ein Intervall ist, die Gleichung

$$\varphi\,(I_1 \cup I_2) = \varphi(I_1) + \varphi(I_2)$$

gilt. Allgemeiner ist dann für je endlich viele paarweise disjunkte Intervalle $I_k \in \mathfrak{H}$ $(k = 1, 2, \ldots, s)$, deren Vereinigung ein Intervall ist, die Beziehung

$$\varphi\left(\bigcup_{k=1}^{s} I_k\right) = \sum_{k=1}^{s} \varphi(I_k)$$

erfüllt. Wegen (16.2) ist das elementargeometrische Maß eine additive Intervallfunktion.

Jede additive Intervallfunktion $\varphi : \mathfrak{H} \to F$ kann auf den Mengenring $\mathfrak{E}$ aller Elementarbereiche von H erweitert werden. Ist der Elementarbereich A die Vereinigung der paarweise disjunkten halboffenen Intervalle I_k $(k = 1, \ldots, s)$, so sei

$$\varphi(A) = \sum_{k=1}^{s} \varphi(I_k) .$$

Ähnlich wie beim elementargeometrischen Maß erkennt man, daß $\varphi(A)$ von der gewählten Darstellung von A unabhängig ist. Für die auf $\mathfrak{E}$ fortgesetzte Intervallfunktion φ gilt

$$\varphi\left(\bigcup_{i=1}^{k} A_i\right) = \sum_{i=1}^{k} \varphi(A_i) ,$$

sofern die in H liegenden Elementarbereiche A_i $(i = 1, \ldots, k)$ paarweise disjunkt sind.

Die Intervallfunktion $\varphi : \mathfrak{H} \to F$ heißt *σ-additiv*, wenn stets für abzählbar viele paarweise disjunkte Intervalle I_k aus $\mathfrak{H}$, deren Vereinigung ein Intervall ist, die Gleichung

$$\varphi\left(\bigcup_{k=1}^{\infty} I_k\right) = \sum_{k=1}^{\infty} \varphi(I_k)$$

richtig ist. Natürlich ist jede σ-additive Intervallfunktion additiv. Die Umkehrung gilt nicht.

BEISPIEL

16.1. Auf den halboffenen Intervallen I von $[0, 1]$ erklären wir die Intervallfunktion φ durch

$$\varphi(I) = \begin{cases} 1, & \text{falls } 0 \in \bar{I} , \\ 0, & \text{falls } 0 \notin \bar{I} . \end{cases}$$

Wie man sieht, ist φ additiv. Es gilt $(0, 1] = \bigcup_{k=1}^{\infty} \left(\frac{1}{k+1}, \frac{1}{k}\right]$, aber

$$\varphi\big((0, 1]\big) = 1 \neq 0 = \sum_{k=1}^{\infty} \varphi\left(\left(\frac{1}{k+1}, \frac{1}{k}\right]\right).$$

Die Intervallfunktion φ ist additiv und nicht σ-additiv.

16.2. *Das elementargeometrische Maß ist eine σ-additive Intervallfunktion.*

Beweis. Es ist $H = \boldsymbol{R}^n$. Die Intervalle $I_k \in \mathfrak{H}$ $(k = 1, 2, \ldots)$ seien paarweise disjunkt und ihre Vereinigung sei das Intervall I. Für jede natürliche Zahl q

ist der Elementarbereich $\bigcup\limits_{k=1}^{q} I_k$ in I enthalten, so daß $m(I) \geqq m\left(\bigcup\limits_{k=1}^{q} I_k\right) = \sum\limits_{k=1}^{q} m(I_k)$ und somit $m(I) \geqq \sum\limits_{k=1}^{\infty} m(I_k)$ gilt.

Angenommen, daß eine Zahl $\varepsilon > 0$ mit der Eigenschaft

$$m(I) \geqq \sum_{k=1}^{\infty} m(I_k) + 2\,\varepsilon$$

existiert. Dann wählen wir ein abgeschlossenes Intervall $I' \subset I$ mit $m(I) < < m(I') + \varepsilon$ und offene Intervalle $G_k \supset I_k$ mit $m(G_k) < m(I_k) + 2^{-k}\varepsilon$ für jedes $k = 1, 2, \ldots$ aus. Die abzählbar vielen offenen Intervalle G_k überdecken das kompakte Intervall I'. Nach Satz 9.6 läßt sich I' bereits von endlich vielen offenen Inte vallen, $G_1, G_2, \ldots, G_s$ überdecken, so daß

$$m(I') \leqq \sum_{k=1}^{s} m(G_k) < \sum_{k=1}^{\infty} m(I_k) + \varepsilon$$

gilt. Folglich ist

$$m(I) < m(I') + \varepsilon < \sum_{k=1}^{\infty} m(I_k) + 2\,\varepsilon\,,$$

was unserer Annahme widerspricht. Daher muß das elementargeometrische Maß σ-additiv sein, was zu beweisen war.

Mit Hilfe einer gegebenen, auf H erklärten Funktion, deren Werte in dem normierten Raum F liegen, können wir eine additive Intervallfunktion φ konstruieren, indem wir für ein beliebiges halboffenes Intervall $I = (x, x + h] \subset \subset H$ mit $x = (x_1, \ldots, x_n)$, $h = (h_1, \ldots, h_n)$ und $h_i \geqq 0$ $(i = 1, \ldots, n)$ einfach

$$\varphi(I) = \Delta_h f(x) \tag{16.3}$$

setzen, wobei

$$\Delta_h f(x) = \Delta_{h_1}^1 \cdots \Delta_{h_n}^n f(x)\,,$$
$$\Delta_{h_1}^1 f(x) = f(x_1 + h_1, x_2, \ldots, x_n) - f(x_1, x_2, \ldots, x_n)\,,$$
$$\vdots$$
$$\Delta_{h_n}^n f(x) = f(x_1, \ldots, x_{n-1}, x_n + h_n) - f(x_1, \ldots, x_{n-1}, x_n)$$

bedeuten soll. Wir müssen noch die Additivität von φ nachweisen. Hierzu nehmen wir an, daß $I_1 = (x, x + h]$ und $I_2 = (y, y + k]$ sind, wobei $y_i = x_i$, $k_i = h_i$ $(i = 1, \ldots, n - 1)$ und $y_n = x_n + h_n$, $k_n \geqq 0$ gilt. Wir erhalten dann

$$\begin{aligned}\varphi(I_1) + \varphi(I_2) &= \Delta_h f(x) + \Delta_{h_1}^1 \cdots \Delta_{h_{n-1}}^{n-1} \Delta_{k_n}^n f(x_1, \ldots, x_{n-1}, x_n + h_n) = \\ &= \Delta_h f(x) + \Delta_{h_1}^1 \cdots \Delta_{h_{n-1}}^{n-1} (\Delta_{h_n+k_n}^n f(x) - \Delta_{h_n}^n f(x)) = \\ &= \Delta_{h_1}^1 \cdots \Delta_{h_{n-1}}^{n-1} \Delta_{h_n+k_n}^n f(x) = \varphi\,(I_1 \cup I_2)\,.\end{aligned}$$

BEISPIEL

16.2. Es seien die Funktionen $f\colon \boldsymbol{R} \to F$ und $g\colon \boldsymbol{R}^2 \to F$ gegeben. Nach der Formel (16.3) ist die auf jedem halboffenen Intervall $I = (x, x + h] \subset \boldsymbol{R}$ erklärte Intervallfunktion

$$\varphi(I) = f(x + h) - f(x)$$

ebenso wie die auf jedem halboffenen Intervall $I = (x, x + h] \subset \boldsymbol{R}^2$ definierte Intervallfunktion

$$\psi(I) = g(x_1, x_2) - g(x_1 + h_1, x_2) - g(x_1, x_2 + h_2) + g(x_1 + h_1, x_2 + h_2)$$

additiv.

Wir haben aus einer gegebenen Funktion $f: H \to F$ eine additive Intervallfunktion $\varphi: \mathfrak{H} \to F$ erzeugt. Umgekehrt existiert auch zu jeder gegebenen additiven Intervallfunktion φ eine Funktion f, so daß die Gleichung (16.3) richtig ist.

16.3. *Es sei eine additive Intervallfunktion $\varphi: \mathfrak{H} \to F$ gegeben. Weiterhin sei $\Theta \in H$. Dann gibt es eine Funktion $f: H \to F$, für die die Identität* (16.3) *besteht. Eine derartige Funktion f hat die Gestalt*

$$f(x) = f^*(x) + g_1(x) + \cdots g_n(x)\,, \tag{16.4}$$

wobei $g_i(x)$ $(i = 1, \ldots, n)$ beliebige Funktionen sind, die nicht von der i-ten Koordinate von x abhängen, und

$$f^*(x) = (-1)^k\, \varphi(I_x)$$

ist. Dabei ist I_x das halboffene Intervall, bei dem die Eckpunkte Θ und x gegenüberliegen, und k ist die Anzahl der negativen Koordinaten von x.

Beweis. Wir bezeichnen mit $\varphi^*: \mathfrak{H} \to F$ diejenige additive Intervallfunktion, welche durch f^* nach (16.3) erzeugt wird. Es sei zunächst $I = (x', x'']$ ein halboffenes Intervall, das die Punkte Θ und x als gegenüberliegende Eckpunkte besitzt. Wir können annehmen, daß sämtliche Koordinaten von x ungleich Null und genau k Koordinaten von x negativ sind. Dann gilt

$$\varphi^*(I) = \Delta_{x''-x'}\, f^*(x') =$$

$$= \sum_{i=0}^{n} \sum_{\varepsilon_1+\cdots+\varepsilon_n=n-i} (-1)^{n-i}\, f^*\left(x_1' + \varepsilon_1 (x_1'' - x_1'), \ldots, x_n' + \varepsilon_n (x_n'' - x_n')\right),$$

wobei die Summen über alle $\varepsilon_1, \ldots, \varepsilon_n$, die unabhängig voneinander die Werte 0 und 1 annehmen können, zu erstrecken sind. Da f verschwindet, sobald eine Koordinate des Variablenvektors Null ist, erhalten wir

$$\varphi^*(I) = (-1)^k\, f^*(x) = (-1)^{2k}\, \varphi(I) = \varphi(I)\,.$$

Für ein beliebiges Intervall I, bei dem Θ kein Eckpunkt ist, kann $\varphi^*(I)$ aufgrund der Additivität von φ^* als Linearkombination

$$\varphi^*(I) = \sum_{m=1}^{2^n} \delta_m\, \varphi^*(I_m)$$

dargestellt werden, wobei δ_m entweder 1 oder -1 ist und I_m den m-ten Eckpunkt von I und Θ als gegenüberliegende Eckpunkte besitzt. Aus der Additivität von φ folgt

$$\varphi^*(I) = \sum_{m=1}^{2^n} \delta_m\, \varphi(I_m) = \varphi(I)\,,$$

so daß $\varphi^* = \varphi$ ist.

Die gegebene additive Intervallfunktion φ läßt sich in der Form (16.3) nicht nur durch die Funktion f^*, sondern auch durch jede Funktion f der Gestalt (16.4) darstellen. Denn für jedes $x \in H$ und $h_i \geqq 0$ mit $(x_1, \ldots, x_i + h_i, \ldots, x_n) \in$ $\in H$ gilt $\Delta^i_{h_i} g_i(x) = \Theta$, weil die Funktion g_i nicht von x_i abhängt. Folglich ist $\Delta_h\, g_i(x) = 0$ für alle $x \in H$ mit $(x, x + h] \subset H$. Somit erhalten wir für jedes $I = (x, x + h] \subset H$ die Gleichung

$$\Delta_h f(x) = \Delta_h f^*(x) + \Delta_h g_1(x) + \cdots + \Delta_h g_n(x) = \Delta_h f^*(x) = \varphi(I)\,.$$

Umgekehrt besitzt eine beliebige Funktion $f: H \to F$ mit der Eigenschaft (16.3) die Form (16.4), weil $g = f - f^*$ die identisch verschwindende Intervallfunktion erzeugt und deshalb für jedes Intervall $(x', x''] \subset H$ mit den gegenüberliegenden Eckpunkten Θ und x die Gleichung $\Delta_{x''-x'}\, g(x') = \Theta$ erfüllt ist. Damit ist der Satz bewiesen.

AUFGABEN

16.5. Es sei $\varphi: \mathfrak{H} \to \boldsymbol{R}_+$ eine σ-additive Intervallfunktion. Man beweise, daß für Intervalle $I, I_k (k = 1, 2, \ldots)$ aus $\mathfrak{H}$ mit $I \subseteq \bigcup_{k=1}^{\infty} I_k$ stets

$$\varphi(I) \leqq \sum_{k=1}^{\infty} \varphi(I_k)$$

gilt.

16.6. Es sei $\varphi: \mathfrak{H} \to \boldsymbol{R}$ eine beschränkte additive Intervallfunktion, die translationsinvariant ist, d. h., für jede Translation t, für die I und $t(I)$ in H liegen, gilt $\varphi(I) = \varphi(t(I))$. Dann besitzt φ die Form $\varphi(I) = \alpha\, m(I)$, wobei α eine feste reelle Zahl ist.

16.7. Wenn $\Theta \in H$ und $\varphi: \mathfrak{H} \to \boldsymbol{R}$ eine additive Intervallfunktion ist, die nur nichtnegative Werte annimmt, dann ist die Funktion $f^*: H \to \boldsymbol{R}$ monoton wachsend bzw. fallend bezüglich der i-ten Variablen x_i (bei festen Koordinaten x_k $(k \neq i)$), falls die Anzahl der negativen Koordinaten x_k $(k \neq i)$ gerade bzw. ungerade ist. Die Umkehrung ist falsch.

16.8. Es sei $f: \boldsymbol{R} \to \boldsymbol{R}$ eine monoton wachsende rechtsseitig stetige Funktion. Man beweise, daß die Intervallfunktion $\varphi(I) = f(x + h) - f(x)$ für $I = (x, x + h]$ σ-additiv ist.

16.9. Es sei $g: \boldsymbol{R}^2 \to \boldsymbol{R}$ eine gegebene Funktion, die den Bedingungen $\Delta_{(h_1, h_2)}\, g(x_1, x_2) \geqq$ $\geqq 0$ und

$$\lim_{\substack{k_1, k_2 \to 0 \\ k_1, k_2 > 0}} \Delta_{(h_1+k_1,\, h_2+k_2)}\, g(x_1, x_2) = \Delta_{(h_1, h_2)}\, g(x_1, x_2)$$

genügt. Man beweise, daß die Intervallfunktion $\psi(I) = \Delta_h g(x)$ für $I = (x, x + h]$ σ-additiv ist.

16.10. Die additive Intervallfunktion $\varphi: \mathfrak{H} \to F$ sei gegeben. Man beweise, daß die Intervallfunktion σ-additiv ist, wenn es zu jedem $\varepsilon > 0$ ein $\delta > 0$ gibt, so daß für je endlich viele paarweise disjunkte Intervalle $I_1, \ldots, I_k$ aus $\mathfrak{H}$ mit $m(I_1) + \cdots + m(I_k) < \delta$ die Ungleichung $\|\varphi(I_1) + \cdots + \varphi(I_k)\| < \varepsilon$ gilt.

16.3. Stetige Intervallfunktionen. Wir betrachten eine Intervallfunktion $\varphi: \mathfrak{H} \to F$. Es sei $K_r = K(a, r) \subset \boldsymbol{R}^n$ eine Kugel mit dem Mittelpunkt $a \in H$ und dem Radius $r > 0$. Mit $s\,\varphi(K_r)$ bezeichnen wir die obere Grenze aller Zahlen $\|\varphi(I)\|$ mit $I \subseteq H \cap K_r$. Strebt r monoton gegen 0, so nimmt $s\,\varphi(K_r)$ monoton ab. Folglich existiert der Grenzwert $s\,\varphi(a)$ von $s\,\varphi(K_r)$ für $r \to 0$. Die Zahl $s\,\varphi(a)$ heißt die *Schwankung* von φ im Punkt a. Wir sagen, daß die Intervallfunktion φ *stetig* im Punkt $a \in H$ ist, falls $s\,\varphi(a)$ verschwindet. Ist φ in allen Punkten von H stetig, so heißt die Intervallfunktion φ stetig auf $\mathfrak{H}$.

Mit Hilfe eines Konvergenzbegriffes für Intervallfolgen kann die Stetigkeit additiver Intervallfunktionen anders beschrieben werden. Wir sagen, daß die Folge (I_k) von Intervallen $I_k \subseteq H$ $(k = 1, 2, \ldots)$ gegen den Punkt $a \in H$ *strebt*, falls der Punkt a in allen Intervallen $\overline{I}_k$ liegt und $(d(I_k))$ eine Nullfolge ist. Aus dieser Definition ergibt sich unmittelbar der Satz:

16.4. *Eine additive Intervallfunktion $\varphi\colon \mathfrak{H} \to F$ ist genau dann stetig im Punkt $a \in H$, wenn*

$$\lim_{k\to\infty} \varphi(I_k) = \Theta \tag{16.5}$$

für jede gegen a strebende Intervallfolge (I_k) gilt.

Beweis. Angenommen, für ein festes $\varepsilon_0 > 0$ existiert eine gegen a strebende Intervallfolge (I_k) mit der Eigenschaft $||\varphi(I_k)|| \geqq \varepsilon_0$ $(k = 1, 2, \ldots)$. Dann gilt $s\,\varphi(a) \geqq \varepsilon_0$, so daß φ im Punkt a nicht stetig ist.

Umgekehrt sei nun $s\,\varphi(a) \geqq 2\,\varepsilon_0$. Dann gibt es zu jedem $k = 1, 2, \ldots$ ein halboffenes Intervall $I'_k \subseteq H$ mit $\varrho(a, I'_k) \leqq \frac{1}{k}$ und $||\varphi(I'_k)|| \geqq \varepsilon_0$. Hierbei ist ϱ der euklidische Abstand. Falls $a \in \overline{I'_k}$ ist, so sei $I_k = I'_k$. Anderenfalls sei I_k ein halboffenes Intervall, das einen Eckpunkt von I'_k und a als gegenüberliegende Eckpunkte besitzt und für das $||\varphi(I_k)|| \geqq 2^{-n}\,\varepsilon_0$ gilt. Folglich ist (I_k) eine gegen a strebende Intervallfolge, die der Bedingung (16.5) nicht genügt. Damit ist die Behauptung bewiesen.

Aufgrund dieses Satzes ist die im Beispiel 16.2 betrachtete Intervallfunktion φ genau dann stetig, wenn die zugehörige Funktion f stetig ist.

16.5. *Sind die Intervallfunktionen $\varphi : \mathfrak{H} \to F$ und $\psi : \mathfrak{H} \to F$ stetig im Punkt a, so ist es auch ihre Summe $\varphi + \psi$. Ist von den gegebenen Intervallfunktionen $\lambda\colon \mathfrak{H} \to \mathbf{R}$ und $\varphi\colon \mathfrak{H} \to F$ eine stetig im Punkt a und die andere beschränkt, so ist die Intervallfunktion $\lambda\,\varphi\colon \mathfrak{H} \to F$,*

$$(\lambda\,\varphi)\,(I) = \lambda(I)\,\varphi(I)$$

stetig in a.

Beweis. Aus $||(\varphi + \psi)\,(I)|| \leqq ||\varphi(I)|| + ||\psi(I)||$ folgt stets $s\,(\varphi + \psi)\,(K_r) \leqq$ $\leqq s\,\varphi(K_r) + s\,\psi(K_r)$ und somit $s\,(\varphi + \psi)\,(a) \leqq s\,\varphi(a) + s\,\psi(a)$, woraus sich die erste Behauptung ergibt. Es sei $|\lambda(I)| \leqq \gamma$ und φ stetig in a. Wegen $s(\lambda\varphi)\,(a) \leqq$ $\leqq \gamma s\,\varphi(a)$ muß $\lambda\,\varphi$ stetig in a sein.

16.6. *Es sei H kompakt und γ eine positive Zahl. Wenn in jedem Punkt $x \in H$ für die Schwankung der Intervallfunktion $\varphi\colon \mathfrak{H} \to F$ die Ungleichung*

$$s\,\varphi(x) \leqq \gamma$$

besteht, dann gibt es zu jedem $\varepsilon > 0$ eine Zahl $\delta > 0$, so daß

$$||\varphi(I)|| < \gamma + \varepsilon$$

für jedes Intervall $I \in \mathfrak{H}$ mit $d(I) < \delta$ gilt.

Beweis. Angenommen, die Behauptung ist falsch. Dann gibt es für ein $\varepsilon_0 > 0$ zu jedem $k = 1, 2, \ldots$ ein Intervall $I_k \in \mathfrak{H}$ mit $d(I_k) < k^{-1}$ und $||\varphi(I_k)|| \geqq \gamma + \varepsilon_0$. Nach Voraussetzung ist H kompakt, so daß die Mittelpunkte von I_k einen Häufungspunkt $a \in H$ besitzen. Da in jeder Umgebung von a ein Intervall I_k liegt, muß $s\,\varphi(a) \geqq \gamma + \varepsilon_0$ sein. Dies widerspricht aber unserer Voraussetzung.

Ein Vergleich der letzten Ergebnisse mit dem Satz 11.8 zeigt die Analogie beider Sätze. Im Fall $\gamma = 0$ geht der obige Satz in das dem Satz 11.10 entsprechende Resultat über.

Von einer stetigen Intervallfunktion verlangen wir, daß sie auf Intervallen mit kleinem Durchmesser Werte mit kleiner Norm annimmt. Ersetzen wir in dieser Erklärung ,,Durchmesser" durch ,,elementargeometrisches Maß", so gelangen wir zu einem neuen Stetigkeitsbegriff. Wir nennen die Intervallfunktion $\varphi: \mathfrak{H} \to F$ *m-stetig* auf $\mathfrak{H}$, wenn es zu jedem $\varepsilon > 0$ eine Zahl $\delta > 0$ gibt, so daß die Relation $||\varphi(I)|| < \varepsilon$ durch alle Intervalle $I \in \mathfrak{H}$ mit $m(I) < \delta$ befriedigt wird. Falls $H \subseteq \boldsymbol{R}$ ist, stimmen beide Stetigkeitsbegriffe überein. Eine m-stetige Intervallfunktion ist stetig. Dagegen gibt es stetige Intervallfunktionen, die nicht m-stetig sind.

BEISPIEL

16.3. Es sei $H = [-1, 1] \times [-1, 1]$. Wir betrachten die auf $\mathfrak{H}$ definierte Intervallfunktion $\varphi: \mathfrak{H} \to \boldsymbol{R}$,

$$\varphi(I) = \begin{cases} -h_1 & \text{für } x_2 = 0,\ x_2 + h_2 > 0, \\ h_1 & \text{für } x_2 < 0,\ x_2 + h_2 = 0, \\ 0 & \text{sonst,} \end{cases}$$

wobei $I = (x_1, x_1 + h_1] \times (x_2, x_2 + h_2]$ ein beliebiges Intervall aus $\mathfrak{H}$ ist. Diese Intervallfunktion ist additiv und stetig auf $\mathfrak{H}$, aber nicht m-stetig.

Die m-stetigen additiven Intervallfunktionen lassen sich mittels des Darstellungssatzes 16.3 sehr einfach charakterisieren.

16.7. *Es sei H ein kompaktes Intervall, welches Θ enthält. Die additive Intervallfunktion $\varphi: \mathfrak{H} \to F$ ist genau dann m-stetig auf $\mathfrak{H}$, wenn die in der Gleichung* (16.4) *vorkommende Funktion f^* auf H stetig ist.*

Beweis. Es sei die additive Intervallfunktion φ m-stetig auf $\mathfrak{H}$. Dann gibt es zu vorgegebenem $\varepsilon > 0$ eine Zahl $\delta > 0$ derart, daß $||\varphi(I)|| < \varepsilon$ für alle Intervalle I $\in \mathfrak{H}$ mit der Bedingung $m(I) < \delta$ gilt. Wir betrachten einen beliebigen Punkt $x_0 \in H$ und zeigen, daß f^* in x_0 stetig ist.

Mit ϱ bezeichnen wir die euklidische Metrik. Verschwindet wenigstens eine Koordinate von x_0, so ist $f^*(x_0) = \Theta$. Wir wählen dann $\delta' > 0$ so klein, daß für jedes $x \in H$ mit $\varrho(x, x_0) < \delta'$ das elementargeometrische Maß von I_x kleiner als δ ist, wobei $I_x \in \mathfrak{H}$ die gegenüberliegenden Eckpunkte Θ und x besitzt. Somit erhalten wir

$$||f^*(x) - f^*(x_0)|| = ||f^*(x)|| = ||\varphi(I_x)|| < \varepsilon .$$

Sind alle Koordinaten von x_0 von Null verschieden, so kann man $\delta' > 0$ so klein wählen, daß für jedes $x \in H$ mit $\varrho(x, x_0) < \delta'$ keine Koordinate verschwindet und $m(I_x \triangle I_{x_0}) < \delta$ ist. Der Elementarbereich $I_x \triangle I_{x_0}$ kann in höchstens n paarweise disjunkte Intervalle $I_k \in \mathfrak{H}$ $(k = 1, 2, \ldots, n)$ mit $m(I_k) < \delta$ zerlegt werden, so daß sich

$$||f^*(x) - f^*(x_0)|| = ||\varphi(I_x) - \varphi(I_{x_0})|| \leqq \sum_{k=1}^{n} ||\varphi(I_x)|| < n\,\varepsilon$$

für $\varrho(x, x_0) < \delta'$ ergibt.

Ist umgekehrt f^* eine auf dem kompakten Intervall H stetige Funktion, so folgt die m-Stetigkeit der durch f^* erzeugten Intervallfunktion aus der gleichmäßigen Stetigkeit von f^*. Damit ist der Beweis beendet.

Wir bemerken, daß eine additive stetige Intervallfunktion, die auf einem kompakten Intervall H definiert ist, i. a. keine Darstellung der Form (16.4) besitzt, in der die Funktion f^* stetig auf H ist.

BEISPIEL

16.4. Die auf dem Intervall $H = [-1, 1] \times [-1, 1]$ erklärte Funktion

$$f(x_1, x_2) = \begin{cases} x_1 & \text{für } x_2 = 0, \\ 0 & \text{sonst} \end{cases}$$

erzeugt die additive stetige Intervallfunktion φ des Beispiels 16.3. Angenommen, man kann f in der Form $f(x_1, x_2) = h(x_1, x_2) + g_1(x_2) + g_2(x_1)$ darstellen, wobei h stetig auf H ist. Aufgrund der Stetigkeit von h existiert der Grenzwert

$$\lim_{x_2 \to 0} (h(x_1, x_2) + g_2(x_1)) = - \lim_{x_2 \to 0} g_1(x_2) = c .$$

Andererseits beträgt der linke Grenzwert $x_1 - g_1(0)$, so daß sich die unsinnige Gleichung $x_1 = g_1(0) + c$ ergibt.

AUFGABEN

16.11. Man beweise, daß der Satz 16.3 nur für additive Intervallfunktionen richtig ist.

16.12. Für eine Intervallfunktion $\varphi\colon \mathfrak{H} \to F$ und $\alpha \geqq 0$ seien $\tilde{S}_\alpha = \{x \in H;\, s\,\varphi(x) \geqq \alpha\}$ und $S_\alpha = \{x \in H;\, s\,\varphi(x) > \alpha\}$. Man beweise:

a) Die Menge $\tilde{S}_\alpha$ ist abgeschlossen.
b) Die Menge S_α ist eine F_σ-Menge.

16.13. Man zeige, daß die Menge aller Stetigkeitspunkte einer Intervallfunktion eine G_δ-Menge ist.

16.14. Es sei $\Theta \in H$. Man beweise, daß eine additive Intervallfunktion $\varphi\colon \mathfrak{H} \to F$ genau dann stetig im Punkt Θ ist, wenn die in Formel (16.4) vorkommende Funktion f^* stetig in Θ ist.

16.4. Additive Intervallfunktionen endlicher Variation. Es sei $\varphi : \mathfrak{H} \to \boldsymbol{R}$ eine reellwertige additive Intervallfunktion. Für jedes Intervall $I \in \mathfrak{H}$ bezeichnen wir mit $\overline{\varphi}(I)$ die obere Grenze der Summen $\sum_k |\varphi(I_k)|$, wobei $I_k \subseteq I$ endlich viele paarweise disjunkte Intervalle sind. Wir nennen $\overline{\varphi}: \mathfrak{H} \to \overline{\boldsymbol{R}}_+$ die *Variation* von φ und sagen, daß φ eine *Intervallfunktion endlicher Variation* ist, falls $\overline{\varphi}(I) < \infty$ für jedes $I \in \mathfrak{H}$ ist. Beispielsweise besitzt das elementargeometrische Maß endliche Variation. Allgemeiner gilt dies auch für eine additive Intervallfunktion $\varphi: \mathfrak{H} \to \boldsymbol{R}$, die der Bedingung

$$|\varphi(I)| \leqq \alpha\, m(I) \tag{16.6}$$

für alle $I \in \mathfrak{H}$ mit einer festen positiven Konstanten α genügt. Gleichfalls ist jede additive Intervallfunktion $\varphi: \mathfrak{H} \to \boldsymbol{R}$, die *monoton* ist, d. h. die entweder nur nichtnegative oder nur nichtpositive Werte annimmt, von endlicher Variation.

Die additiven Intervallfunktionen endlicher Variation, die $\mathfrak{H}$ in $\boldsymbol{R}$ überführen, bilden einen Vektorraum, weil für zwei Intervallfunktionen φ und ψ und jedes beliebige $\alpha \in \boldsymbol{R}$ stets

$$\overline{(\varphi + \psi)}\,(I) \leqq \overline{\varphi}(I) + \overline{\psi}(I), \quad (\alpha\, \overline{\varphi})\,(I) = |\alpha|\, \overline{\varphi}(I)$$

gilt.

16.8. Die Variation $\overline{\varphi} : \mathfrak{H} \to \overline{\boldsymbol{R}}_+$ der additiven Intervallfunktion $\varphi : \mathfrak{H} \to \boldsymbol{R}$ ist additiv.

Beweis. Es seien I' und I'' zwei Intervalle von $\mathfrak{H}$, deren Vereinigung wiederum ein Intervall sei. Ferner seien I_k endlich viele paarweise disjunkte Intervalle aus $\mathfrak{H}$, die in $I' \cup I''$ liegen. Da φ additiv ist, gilt

$$\sum_k |\varphi(I_k)| = \sum_k |\varphi\,(I' \cap I_k) + \varphi\,(I'' \cap I_k)| \leqq$$
$$\leqq \sum_k |\varphi\,(I' \cap I_k)| + \sum_k |\varphi\,(I'' \cap I_k)| \leqq \overline{\varphi}(I') + \overline{\varphi}(I'') .$$

Folglich ist $\overline{\varphi}\,(I' \cup I'') \leqq \overline{\varphi}(I') + \overline{\varphi}(I'')$. Wir können annehmen, daß $\overline{\varphi}(I')$ und $\overline{\varphi}(I'')$ endlich sind. Dann lassen sich zu jedem beliebig vorgegebenen $\varepsilon > 0$ endlich viele paarweise disjunkte Intervalle $I_j' \subseteq I'$ und $I_k'' \subseteq I''$ mit

$$\overline{\varphi}(I') \leqq \sum_j \varphi|(I_j')| + \frac{\varepsilon}{2},$$
$$\overline{\varphi}(I'') \leqq \sum_k |\varphi(I_j'')| + \frac{\varepsilon}{2}$$

angeben, woraus

$$\overline{\varphi}(I') + \overline{\varphi}(I'') \leqq \sum_j |\varphi(I_j')| + \sum_k |\varphi(I_k'')| + \varepsilon \leqq \overline{\varphi}\,(I' \cup I'') + \varepsilon$$

und damit die Behauptung folgt.

Insbesondere kann man jede reellwertige additive Intervallfunktion endlicher Variation als Summe zweier monotoner additiver Intervallfunktionen darstellen:

16.9. *Eine additive Intervallfunktion $\varphi : \mathfrak{H} \to \boldsymbol{R}$ besitzt genau dann endliche Variation, wenn φ gleich der Differenz zweier monotoner additiver Intervallfunktionen ist, die nur nichtnegative Werte annehmen.*

Beweis. Sind φ_1 und φ_2 monoton und additiv und ist $\varphi = \varphi_1 - \varphi_2$, so ist φ von endlicher Variation, weil die Intervallfunktionen endlicher Variation einen Vektorraum bilden.

Es sei nun φ eine additive Intervallfunktion endlicher Variation. Nach Satz 16.8 ist $\overline{\varphi}$ additiv und somit auch $\varphi^+ = \frac{1}{2}(\overline{\varphi} + \varphi)$ und $\varphi^- = \frac{1}{2}(\overline{\varphi} - \varphi)$. Wegen $|\varphi(I)| \leqq \overline{\varphi}(I)$ für jedes $I \in \mathfrak{H}$ nehmen φ^+ und φ^- nur nichtnegative Werte auf $\mathfrak{H}$ an. Da $\varphi = \varphi^+ - \varphi^-$ gilt, ist alles bewiesen.

Aus Satz 16.9 folgt eine Stetigkeitsaussage für Intervallfunktionen endlicher Variation.

16.10. *Eine additive Intervallfunktion $\varphi : \mathfrak{H} \to \boldsymbol{R}$ von endlicher Variation ist überall mit Ausnahme höchstens abzählbar vieler Punkte von H stetig.*

Beweis. Wir können annehmen, daß H kompakt ist und $\overline{I}_0 = H$ für $I_0 \in \mathfrak{H}$ gilt. Da im Fall $\overline{\varphi}(I_0) = 0$ die Intervallfunktion φ auf $\mathfrak{H}$ identisch verschwindet, sei $\overline{\varphi}(I_0) = \alpha > 0$. Ist dann k eine natürliche Zahl, so gibt es höchstens k Punkte $x_j \in H$ mit $s\,\varphi(x_j) > \frac{\alpha}{k}$. Denn für $k+1$ derartige Punkte x_j lassen sich $k+1$ paarweise disjunkte halboffene Intervalle I_j mit $x_j \in \overline{I}_j$ und $|\varphi(I_j)| > \frac{\alpha}{k}$ angeben, so daß

$$\overline{\varphi}(I_0) \geqq \sum_{j=1}^{k+1} |\varphi(I_j)| \geqq \frac{k+1}{k}\,\alpha > \alpha$$

im Widerspruch zu $\overline{\varphi}(I_0) = \alpha$ ist. Folglich kann φ nur in höchstens abzählbar vielen Punkten von H unstetig sein.

Die Umkehrung von Satz 16.10 gilt nicht. Es gibt sogar m-stetige additive Intervallfunktionen, die nicht endlicher Variation sind.

BEISPIEL

16.5. Wir bilden mittels der reellen stetigen Funktion

$$f(x) = \begin{cases} x \cos \dfrac{\pi}{2x} & \text{für } x \neq 0\,, \\ 0 & \text{für } x = 0 \end{cases}$$

die additive Intervallfunktion φ, die jedem Intervall $(x, x+h] \subset [0,1]$ den Wert $\varphi\,((x, x+h]) = f(x+h) - f(x)$ zuordnet. Nach Satz 16.7 ist diese Intervallfunktion m-stetig. Für eine natürliche Zahl k seien $I_j = \left(\frac{1}{j+1}, \frac{1}{j}\right]$ $(j = 1, 2, \ldots, 2k)$. Dann gilt für die Variation

$$\bar{\varphi}\big((0, 1]\big) \geqq \sum_{j=1}^{2k} |\varphi(I_j)| = 1 + \frac{1}{2} + \cdots + \frac{1}{k},$$

so daß $\bar{\varphi}\big((0, 1]\big) = \infty$ ist.

Eine additive Intervallfunktion kann auf den Mengenring $\mathfrak{E}$ aller Elementarbereiche von H fortgesetzt werden. Wir sagen, daß eine reellwertige additive Intervallfunktion $\varphi\colon \mathfrak{H} \to \boldsymbol{R}$ *absolut stetig* ist, wenn sich zu jedem $\varepsilon > 0$ eine Zahl $\delta > 0$ angeben läßt, so daß $|\varphi(A)| < \varepsilon$ für jeden Elementarbereich $A \subset H$ mit $m(A) < \delta$ gilt. Anstelle dieser Bedingung kann man auch fordern, daß es für jedes positive ε eine Zahl $\delta > 0$ gibt, so daß für endlich viele paarweise disjunkte Intervalle $I_1, \ldots, I_k$ aus $\mathfrak{H}$ mit $m(I_1) + \cdots + m(I_k) < \delta$ stets $|\varphi(I_1)| + \cdots + |\varphi(I_k)| < \varepsilon$ gilt. Der Beweis sei dem Leser überlassen.

Alle reellwertigen additiven Intervallfunktionen, die der Bedingung (16.6) genügen, sind absolut stetig. Jede absolut stetige additive Intervallfunktion ist natürlich m-stetig und σ-additiv (vgl. Aufgabe 16.10).

16.11. *Eine absolut stetige additive Intervallfunktion $\varphi : \mathfrak{H} \to \boldsymbol{R}$ besitzt endliche Variation.*

Beweis. Nach Voraussetzung gibt es eine Zahl $\delta > 0$, so daß für je endlich viele paarweise disjunkte Intervalle $I_1, \ldots, I_k$ aus $\mathfrak{H}$ mit $m(I_1) + \cdots + m(I_k) < \delta$ stets

$$|\varphi(I_1)| + \cdots + |\varphi(I_k)| < 1 \tag{16.7}$$

gilt. Es sei I ein festes nichtleeres Intervall aus $\mathfrak{H}$, welches wir in s paarweise disjunkte Teilintervalle $I_1', \ldots, I_s'$ mit einem elementargeometrischen Maß kleiner als δ zerlegen. Wegen (16.7) beträgt für jedes Teilintervall I_j' $(j = 1, \ldots, s)$ die Variation $\bar{\varphi}(I_j') \leqq 1$. Folglich ist

$$\bar{\varphi}(I) = \bar{\varphi}(I_1') + \cdots + \bar{\varphi}(I_s') \leqq s,$$

womit der Satz bewiesen ist.

Wir nennen eine additive Intervallfunktion $\varphi\colon \mathfrak{H} \to \boldsymbol{R}$ endlicher Variation *singulär*, wenn es zu jedem $\delta > 0$ einen Elementarbereich $B \subset H$ mit $m(B) < \delta$ und $\bar{\varphi}\,(I \setminus B) < \delta$ für alle $I \in \mathfrak{H}$ gibt.

16.12. *Ist die additive Intervallfunktion $\varphi : \mathfrak{H} \to \boldsymbol{R}$ von endlicher Variation absolut stetig und singulär, so verschwindet sie identisch.*

Beweis. Nach Satz 16.9 sowie den Aufgaben 16.15 und 16.16 kann man annehmen, daß φ nur nichtnegative Werte annimmt. Es sei $I \in \mathfrak{H}$ fest. Zu beliebigem $\varepsilon > 0$ läßt sich eine Zahl $\delta < \frac{\varepsilon}{2}$ und ein Elementarbereich B mit $m(B) < \delta$

finden, so daß $\varphi(B) < \frac{\varepsilon}{2}$ und $\overline{\varphi}(I \setminus B) = \varphi(I \setminus B) < \delta$ ist. Folglich erhält man

$\varphi(I) \leqq \varphi(I \setminus B) + \varphi(B) < \varepsilon$, d. h. $\varphi(I) = 0$.

AUFGABEN

16.15. Es sei $\varphi\colon \mathfrak{H} \to \boldsymbol{R}$ eine additive Intervallfunktion endlicher Variation. Man beweise, daß φ genau dann absolut stetig bzw. singulär ist, wenn $\overline{\varphi}$ absolut stetig bzw. singulär ist.

16.16. Es seien $\varphi\colon \mathfrak{H} \to \boldsymbol{R}$ und $\psi\colon \mathfrak{H} \to \boldsymbol{R}$ zwei additive Intervallfunktionen endlicher Variation, die beide absolut stetig bzw. singulär sind. Man zeige, daß deren Linearkombination absolut stetig bzw. singulär ist.

16.17. Man gebe ein Beispiel für eine nicht identisch verschwindende singuläre Intervallfunktion an.

16.18. Für eine nichtnegative additive Intervallfunktion φ gilt $\varphi = \overline{\varphi}$.

16.19. Man zeige, daß $\overline{\varphi}$ σ-additiv ist, falls φ eine σ-additive Intervallfunktion ist.

§ 17. Maße

Hinter der Aufgabenstellung, die Länge einer Strecke oder das Volumen eines räumlichen Körpers zu bestimmen, verbirgt sich das umfassende Problem, Mengen zu „messen“. Im folgenden sollen Mengen „gemessen“ werden. Wir führen das Maß als natürliche Verallgemeinerung des geometrischen Inhaltes ein, indem wir die wesentlichen Eigenschaften der Länge und des Volumens per Definition von einem Maß fordern. Ein Maß soll auf Teilmengen einer festen nichtleeren Menge erklärt sein, nur nichtnegative Werte annehmen (einschließlich ∞) und für die leere Menge verschwinden. Ferner soll das Maß der Vereinigung endlich vieler und sogar abzählbar vieler paarweise disjunkter Mengen gleich der Summe der Maße der einzelnen Mengen sein. Das Maß der Vereinigung dieser Mengen ist stets erklärt, wenn wir vereinbaren, daß der Definitionsbereich des Maßes eine σ-Algebra bildet.

Nachdem wir uns im ersten Abschnitt von § 17 Klarheit über die Eigenschaften eines Maßes verschafft haben, konstruieren wir aus einer nichtnegativen σ-additiven Intervallfunktion ein Maß. Insbesondere erhalten wir dabei das Lebesgue-Maß, dessen Definitionsbereich im Abschnitt 17.3 untersucht wird. Den Vitalischen Überdeckungssatz wenden wir später im Abschnitt 18.5 an. Die Ergebnisse über meßbare Funktionen benötigen wir besonders im letzten Kapitel für die Integrationstheorie. Außer bei S. Saks [1] kann sich der Leser auch in den Büchern von N. Bourbaki [2], H. Bauer [1], P. R. Halmos [1], A. N. Kolmogoroff-S. W. Fomin [1], I. P. Natanson [1] und A. C. Zaanen [1] über die Maßtheorie informieren. Demjenigen, welcher an Verallgemeinerungen interessiert ist, sei N. Dinculeanu [1] empfohlen.

17.1. Eigenschaften eines Maßes. Es sei X eine nichtleere feste Menge und $\mathfrak{A}$ eine σ-Algebra von Teilmengen aus X. Jede (erweitert reell- bzw. vektorwertige) Funktion, die auf der σ-Algebra $\mathfrak{A}$ erklärt ist, heißt eine *Mengenfunktion*. Wir nennen eine erweitert reellwertige Funktion $\mu: \mathfrak{A} \to \overline{\boldsymbol{R}}_+$, die auf der σ-Algebra $\mathfrak{A}$ definiert ist und den beiden Bedingungen:

a) $\mu(\emptyset) = 0$;

b) $\mu\left(\bigcup_{k=1}^{\infty} A_k\right) = \sum_{k=1}^{\infty} \mu(A_k)$ für jede Folge (A_k) *paarweise disjunkter* Mengen aus $\mathfrak{A}$

genügt, ein *Maß*. Die zweite Bedingung eines Maßes ist die *σ-Additivität* oder *Volladditivität*. Für $A \in \mathfrak{A}$ heißt $\mu(A)$ das *Maß der Menge A*. Die Elemente von $\mathfrak{A}$ sind die *μ-meßbaren* oder kurz *meßbaren Mengen*. Das Tripel $(X, \mathfrak{A}, \mu)$, durch welches das Maß μ vollständig charakterisiert wird, heißt *Maßraum*.

Falls $\mu(X) < \infty$ ist, nennen wir μ ein *endliches Maß*, weil dann das Maß jeder meßbaren Menge endlich ist. Eine meßbare Menge, die als Vereinigung abzählbar vieler Mengen endlichen Maßes darstellbar ist, heißt eine *Menge mit σ-endlichem Maß* oder einfach *σ-endlich*. Wenn X eine σ-endliche Menge ist, sprechen wir von einem *σ-endlichen Maß* μ, denn alle meßbaren Mengen sind in diesem Fall σ-endlich. Ist $\mu: \mathfrak{A} \to \overline{\boldsymbol{R}}_+$ ein endliches bzw. σ-endliches Maß, so heißt der Maßraum $(X, \mathfrak{A}, \mu)$ endlich bzw. σ-endlich.

BEISPIELE

17.1. Es sei $\mathfrak{A}$ das System aller Teilmengen von X und $x_0 \in X$ ein festes Element. Es ist leicht zu verifizieren, daß $\mu: \mathfrak{A} \to \{0, 1\}$,

$$\mu(A) = \begin{cases} 0 & \text{falls } x_0 \notin A\,, \\ 1 & \text{falls } x_0 \in A\,, \end{cases}$$

ein endliches Maß ist.

17.2. Es sei $\mathfrak{A}$ das System aller Teilmengen von X. Dann ist die Funktion $\mu: \mathfrak{A} \to \overline{\boldsymbol{R}}_+$, welche durch

$$\mu(A) = \begin{cases} 0 & \text{falls } A = \emptyset\,, \\ n & \text{falls } A = \{x_1, x_2, \ldots, x_n\}\,, \\ \infty & \text{sonst} \end{cases}$$

erklärt ist, ein Maß. Dieses Maß ist endlich, σ-endlich oder nicht σ-endlich je nachdem, ob X endlich, abzählbar oder überabzählbar ist.

17.3. Es sei $X = \{x_1, x_2, \ldots\}$ eine abzählbare Menge. Mit $\mathfrak{A}$ bezeichnen wir das System aller Teilmengen von X. Ist die Summe der positiven Zahlen p_k $(k = 1, 2, \ldots)$ gleich Eins, so ist $\mu: \mathfrak{A} \to [0, 1]$,

$$\mu(A) = \sum_{x_k \in A} p_k\,,$$

wobei über alle k mit $x_k \in A$ zu summieren ist, ein endliches Maß.

Das elementargeometrische Maß m ist *kein* Maß im Sinne der obigen Definition, weil das System aller Elementarbereiche von $\boldsymbol{R}^n$ keine σ-Algebra ist. Weitere Beispiele für Maße lernen wir im nächsten Abschnitt kennen. Aus der Definition eines Maßes ergeben sich einige einfache Folgerungen:

17.1. *Ein Maß $\mu : \mathfrak{A} \to \overline{\boldsymbol{R}}_+$ ist*
a) *additiv, d. h., für disjunkte $A, B \in \mathfrak{A}$ gilt*

$$\mu(A \cup B) = \mu(A) + \mu(B)\ ;$$ [1]

b) *monoton wachsend, d. h., für $A, B \in \mathfrak{A}$ mit $A \subseteq B$ gilt*

$$\mu(A) \leqq \mu(B)\ ;$$

c) *subadditiv, d. h., für abzählbar viele $A_k \in \mathfrak{A}$ gilt*

$$\mu\left(\bigcup_{k=1}^{\infty} A_k\right) \leqq \sum_{k=1}^{\infty} \mu(A_k)$$

Beweis. Die Additivität ergibt sich aus der σ-Additivität von μ, wenn wir $A_1 = A$, $A_2 = B$ und $A_k = \emptyset$ $(k \geqq 3)$ setzen. Die Monotonie folgt aus $B = A \cup (B \setminus A)$ und der Additivität von μ. Zum Beweis der Subadditivität setzen wir $B_1 = A_1$ und $B_k = A_k \setminus \bigcup_{i=1}^{k-1} A_i$ $(k \geqq 2)$. Die Mengen B_k liegen in $\mathfrak{A}$ und sind paarweise disjunkt. Es gilt $\bigcup_{k=1}^{\infty} B_k = \bigcup_{k=1}^{\infty} A_k$ und $B_k \subseteq A_k$, so daß

$$\mu\left(\bigcup_{k=1}^{\infty} A_k\right) = \mu\left(\bigcup_{k=1}^{\infty} B_k\right) = \sum_{k=1}^{\infty} \mu(B_k) \leqq \sum_{k=1}^{\infty} \mu(A_k)$$

ist, was zu beweisen war.

17.2. *Es sei (A_k) eine Folge meßbarer Mengen.*
a) *Wenn $A_k \subseteq A_{k+1}$ für alle k gilt, dann ist*

$$\mu\left(\bigcup_{k=1}^{\infty} A_k\right) = \lim_{k\to\infty} \mu(A_k)\,.$$

b) *Wenn $A_{k+1} \subseteq A_k$ für alle k und $\mu(A_1) < \infty$ gilt, dann ist*

$$\mu\left(\bigcap_{k=1}^{\infty} A_k\right) = \lim_{k\to\infty} \mu(A_k)\,.$$

Beweis. a) Es sei $A_0 = \emptyset$ und $B_k = A_k \setminus A_{k-1}$ für $k = 1, 2, \ldots$. Die Mengen B_k sind paarweise disjunkt, so daß aufgrund der σ-Additivität

$$\mu\left(\bigcup_{k=1}^{\infty} A_k\right) = \mu\left(\bigcup_{k=1}^{\infty} B_k\right) = \sum_{k=1}^{\infty} \mu(B_k) = \lim_{m\to\infty} \sum_{k=1}^{m} \mu(B_k) = \lim_{m\to\infty} \mu(A_m)$$

gilt.

b) Für die Mengen $B_k = A_1 \setminus A_k$ gilt $B_k \subseteq B_{k+1}$ für alle k. Wegen $\mu(A_1) < \infty$

[1] Ist F ein normierter Raum, so heißt eine Mengenfunktion $\varphi : \mathfrak{A} \to F$ *additiv* bzw. *σ-additiv*, wenn $\varphi(A \cup B) = \varphi(A) + \varphi(B)$ für beliebige disjunkte $A, B \in \mathfrak{A}$ bzw. $\varphi\left(\bigcup_{k=1}^{\infty} A_k\right) = \sum_{k=1}^{\infty} \varphi(A_k)$ für jede Folge paarweise disjunkter Mengen A_k aus $\mathfrak{A}$ gilt.

ist $\mu(B_k) = \mu(A_1) - \mu(A_k)$ und $\mu\left(A_1 \setminus \bigcap_{k=1}^{\infty} A_k\right) = \mu(A_1) - \mu\left(\bigcap_{k=1}^{\infty} A_k\right)$. Dann gilt nach a) und Satz 1.4 die Gleichung

$$\mu(A_1) - \mu\left(\bigcap_{k=1}^{\infty} A_k\right) = \mu\left(A_1 \setminus \bigcap_{k=1}^{\infty} A_k\right) = \mu\left(\bigcup_{k=1}^{\infty} B_k\right) = \lim_{k\to\infty} \mu(B_k) =$$

$$= \lim_{k\to\infty} (\mu(A_1) - \mu(A_k)) = \mu(A_1) - \lim_{k\to\infty} \mu(A_k),$$

woraus sich die Behauptung ergibt.

Die einschränkende Bedingung $\mu(A_1) < \infty$ bei der zweiten Aussage des letzten Satzes ist wesentlich, denn es können alle A_k ein unendliches Maß und einen leeren Durchschnitt haben, wie am Beispiel $A_k = \{x; x \geqq k\}$ zu sehen ist.

Mit Hilfe des letzten Satzes und der Behauptung 1.9 können wir einen Eindeutigkeitssatz für Maße aufstellen:

17.3. *Zwei Maßräume $(X, \mathfrak{A}, \mu_1)$ und $(X, \mathfrak{A}, \mu_2)$ seien gegeben. Der Mengenring $\mathfrak{R}$ erzeuge die σ-Algebra $\mathfrak{A}$, wobei sich X als Vereinigung abzählbar vieler Mengen $X_n \in \mathfrak{R}$ mit $\mu_1(X_n) < \infty$ darstellen lasse. Wenn $\mu_1(A) = \mu_2(A)$ für jedes $A \in \mathfrak{R}$ gilt, so sind beide Maße gleich.*

Beweis. Zunächst sei μ_1 endlich. Wir bilden das System $\mathfrak{M}$ aller Mengen $A \in \mathfrak{A}$ mit $\mu_1(A) = \mu_2(A)$. Wenn die Mengen A_n mit $A_n \subseteq A_{n+1}$ sämtlich zu $\mathfrak{M}$ gehören, so liegt auch ihre Vereinigung in $\mathfrak{M}$, weil nach Satz 17.2 die Gleichung

$$\mu_1\left(\bigcup_{n=1}^{\infty} A_n\right) = \lim_{n\to\infty} \mu_1(A_n) = \lim_{n\to\infty} \mu_2(A_n) = \mu_2\left(\bigcup_{n=1}^{\infty} A_n\right)$$

besteht. Entsprechend gehört auch der Durchschnitt der Mengen $A_n \in \mathfrak{M}$ mit $A_n \supseteq A_{n+1}$ zu $\mathfrak{M}$. Folglich ist $\mathfrak{M}$ ein monotones System, welches $\mathfrak{R}$ umfaßt. Nach Satz 1.9 muß $\mathfrak{M}$ gleich $\mathfrak{A}$ sein.

Im allgemeinen Fall ist die Behauptung aufgrund des eben Bewiesenen für die Mengen von $\mathfrak{A}_n = \{A \cap X_n; A \in \mathfrak{A}\}$ $(n = 1, 2, \ldots)$ richtig, d. h. $\mu_1(A \cap X_n) = \mu_2(A \cap X_n)$ für $A \in \mathfrak{A}$ und jedes n. Daher muß $\mu_1(A) = \mu_2(A)$ gelten, was zu beweisen war.

Eine Menge $N \in \mathfrak{A}$ mit $\mu(N) = 0$ heißt *μ-Nullmenge* oder kurz *Nullmenge*. Die leere Menge ist Nullmenge jeden Maßes. Eine beliebige meßbare Teilmenge einer Nullmenge und die Vereinigung abzählbar vieler Nullmengen sind wiederum Nullmengen. Wir nennen ein Maß $\mu: \mathfrak{A} \to \overline{\boldsymbol{R}}_+$ *vollständig*, wenn jede Teilmenge einer μ-Nullmenge meßbar ist, d. h. aus $N \in \mathfrak{A}$, $B \subseteq N$ und $\mu(N) = 0$ folgt stets $B \in \mathfrak{A}$. Bei einem vollständigen Maß μ heißt $(X, \mathfrak{A}, \mu)$ *vollständiger Maßraum*. Ein gegebenes nicht vollständiges Maß kann stets zu einem vollständigen Maß fortgesetzt werden.

17.4. SATZ. *Es sei $\mu: \mathfrak{A} \to \overline{\boldsymbol{R}}_+$ ein nicht vollständiges Maß. Dann ist das System $\mathfrak{A}'$ aller Mengen der Form $A \cup B$, wobei $A \in \mathfrak{A}$ und B eine Teilmenge einer μ-Nullmenge ist, eine σ-Algebra, auf der die durch die Formel*

$$\mu'(A \cup B) = \mu(A)$$

erklärte Funktion $\mu': \mathfrak{A}' \to \overline{\mathbf{R}}_+$ ein vollständiges Maß ist.

Beweis. Die leere Menge ist in $\mathfrak{A}'$ enthalten. Mit $A \cup B \in \mathfrak{A}'$, wobei $A \in \mathfrak{A}$ und B eine Teilmenge der μ-Nullmenge N ist, liegt auch

$$X \setminus (A \cup B) = (X \setminus (A \cup N)) \cup ((N \setminus A) \setminus B)$$

in $\mathfrak{A}'$, weil $X \setminus (A \cup N) \in \mathfrak{A}$ und $(N \setminus A) \setminus B \subseteq N$ ist. Wenn abzählbar viele Mengen $A_k \cup B_k \in \mathfrak{A}'$, wobei stets $A_k \in \mathfrak{A}$ und B_k eine Teilmenge der μ-Nullmenge N_k ist, gegeben sind, dann gehört auch die Vereinigung

$$\bigcup_{k=1}^{\infty} (A_k \cup B_k) = \left(\bigcup_{k=1}^{\infty} A_k\right) \cup \left(\bigcup_{k=1}^{\infty} B_k\right)$$

zu $\mathfrak{A}'$, weil $\bigcup\limits_{k=1}^{\infty} A_k \in \mathfrak{A}$ und $\bigcup\limits_{k=1}^{\infty} B_k$ eine Teilmenge der μ-Nullmenge $\bigcup\limits_{k=1}^{\infty} N_k$ ist. Deshalb ist $\mathfrak{A}'$ eine σ-Algebra.

Wir müssen zeigen, daß die Definition der Funktion μ' sinnvoll ist, d. h., daß für zwei gleiche Mengen $A_1 \cup B_1$ und $A_2 \cup B_2$ aus $\mathfrak{A}'$ mit $A_1, A_2 \in \mathfrak{A}$ und Teilmengen B_1, B_2 von μ-Nullmengen stets $\mu(A_1) = \mu(A_2)$ ist. Es existieren dann zwei μ-Nullmengen N_1 und N_2, so daß $A_1 \cap B_1 \subseteq N_1 \subseteq A_1$ und $A_2 \cap B_2 \subseteq$ $\subseteq N_2 \subseteq A_2$ gilt. Die Menge $A = (A_1 \cup A_2) \setminus (N_1 \cup N_2)$ gehört zu $\mathfrak{A}$. Wegen $A_1 = A \cup N_1$ und $A \cap N_1 = \emptyset$ gilt $\mu(A_1) = \mu(A) + \mu(N_1) = \mu(A)$. Entsprechend ist auch $\mu(A_2) = \mu(A)$, woraus sich $\mu(A_1) = \mu(A_2)$ ergibt.

Für jedes $A \in \mathfrak{A}$ ist $\mu'(A) = \mu(A)$ wegen $A = A \cup \emptyset$. Den Nachweis der σ-Additivität von μ' überlassen wir dem Leser zur Übung. Schließlich ist μ' ein vollständiges Maß. Es sei $A \cup B$ mit $A \in \mathfrak{A}$, $B \subseteq N$ und $\mu(N) = 0$ eine μ'-Nullmenge und M eine beliebige Teilmenge von $A \cup B$. Dann ist $\mu(A) = 0$ und M eine Teilmenge der μ-Nullmenge $A \cup N$, so daß wir wegen $M = \emptyset \cup M$ das Maß $\mu'(M) = \mu(\emptyset) = 0$ erhalten. Damit ist der Beweis vollendet.

AUFGABEN

17.1. Es sei X eine überabzählbare Menge und $\mathfrak{A}$ das System aller endlichen oder abzählbaren Teilmengen von X und deren Komplemente. Man untersuche, ob $\mathfrak{A}$ eine σ-Algebra und die Funktion $\mu: \mathfrak{A} \to \{0, 1\}$,

$$\mu(A) = \begin{cases} 0, & \text{falls } A \text{ endlich oder abzählbar ist}, \\ 1 & \text{sonst}, \end{cases}$$

ein Maß ist.

17.2. Es sei $\mathfrak{A}$ eine σ-Algebra. Man beweise, daß eine additive subadditive endliche Funktion $\mu: \mathfrak{A} \to \overline{\mathbf{R}}_+$ ein Maß ist.

17.3. Es sei $\mathfrak{A}$ eine σ-Algebra. Eine Funktion $\mu: \mathfrak{A} \to \overline{\mathbf{R}}_+$ mit $\mu(\emptyset) = 0$ ist genau dann ein Maß, wenn μ additiv ist und für jede Folge (A_k) aus $\mathfrak{A}$ mit $A_k \subseteq A_{k+1}$ für alle k stets $\mu\left(\bigcup\limits_{k=1}^{\infty} A_k\right) = \lim\limits_{k\to\infty} \mu(A_k)$ gilt.

17.4. Es sei μ ein auf der σ-Algebra $\mathfrak{A}$ erklärtes Maß. Man beweise, daß für eine Folge (A_k) aus $\mathfrak{A}$ stets die Beziehungen gelten:

a) $\mu\,(\underline{\lim}\, A_k) = \underline{\lim\limits_{k\to\infty}}\, \mu(A_k)$,

b) $\mu\,(\overline{\lim}\, A_k) \geqq \overline{\lim_{k\to\infty}}\, \mu(A_k)$, falls $\mu\left(\bigcup_{k=n}^{\infty} A_k\right) < \infty$ für mindestens ein n ist.

17.5. Es sei $(X, \mathfrak{A}, \mu)$ ein gegebener Maßraum. Man zeige, daß für eine meßbare Menge A und eine Nullmenge N stets $\mu\,(A \cup N) = \mu\,(A \setminus N) = \mu(A)$ gilt.

17.6. Es sei $(X, \mathfrak{A}, \mu)$ ein vollständiger Maßraum. Man beweise, daß die Menge $A \subseteq X$ genau dann μ-meßbar ist, wenn es zu jedem $\varepsilon > 0$ zwei μ-meßbare Mengen B_1 und B_2 mit $B_1 \subseteq A \subseteq B_2$ und $\mu\,(B_2 \setminus B_1) < \varepsilon$ gibt.

17.2. Erweiterung einer nichtnegativen σ-additiven Intervallfunktion zu einem vollständigen Maß. In der Praxis erfolgt eine bestimmte Messung einer Größe mit Hilfe einer Maßeinheit und eines Meßverfahrens. Bei dem Bestimmen des Flächeninhaltes von ebenen Mengen kann ein Quadratzentimeter als Maßeinheit benutzt werden. Besonders einfachen Mengen wie allen Quadraten mit der Seitenlänge von einem Zentimeter schreibt die Maßeinheit einen Flächeninhalt zu. Um den Flächeninhalt der Menge A in Abb. 17.1 zu bestimmen, benötigt man eine Meßmethode. Indem man über A ein Netz mit quadratischen Maschen der Breite von einem Zentimeter legt, kann als grobe Näherung für den Flächeninhalt von A die Anzahl der Maschen, in denen Punkte von A liegen, benutzt werden. Durch Verkleinerung der Maschenbreite erhält man natürlich bessere Näherungen für den gesuchten Flächeninhalt von A.

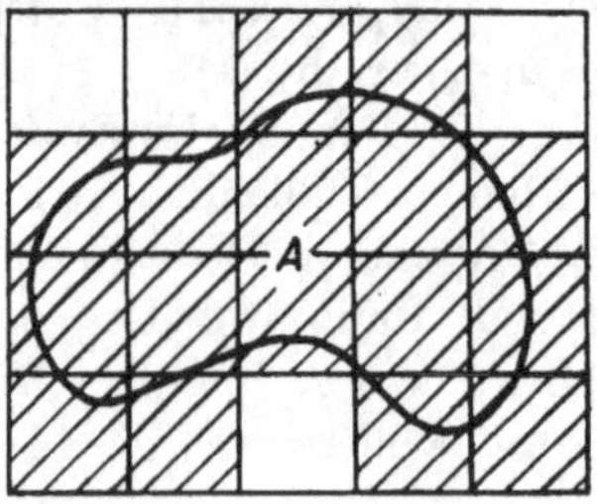

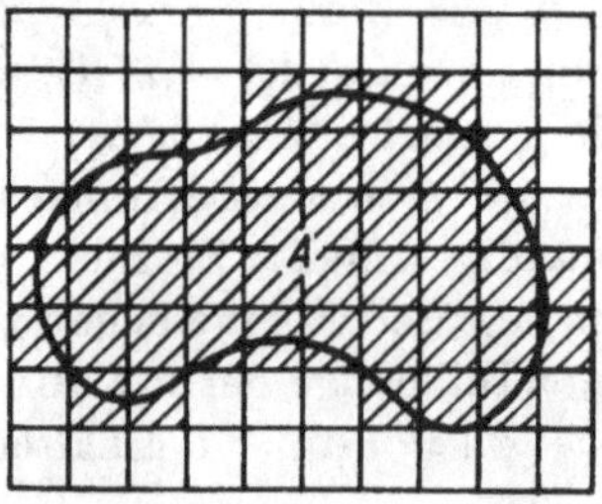

Abb. 17.1

Diese Gedanken greifen wir jetzt bei der Konstruktion von Maßen auf. Die „besonders einfachen" Mengen sollen die halboffenen Intervalle von $\boldsymbol{R}^n$ sein. Als „Maßeinheit" wird eine nichtnegative σ-additive Intervallfunktion φ benutzt, die auf allen halboffenen Intervallen bzw. allen Elementarbereichen von $\boldsymbol{R}^n$ erklärt ist. Durch die skizzierte Meßmethode wird einer Menge $A \subseteq \boldsymbol{R}^n$ die untere Grenze $\varphi^*(A)$ der Summen $\sum_{k=1}^{\infty} \varphi(I_k)$ zugeordnet, wobei (I_k) eine beliebige abzählbare Überdeckung von A ist, also

$$\varphi^*(A) = \inf\left\{\sum_{k=1}^{\infty} \varphi(I_k);\ \bigcup_{k=1}^{\infty} I_k \supseteq A\right\}.$$

Man nennt die erweitert reellwertige Funktion φ^*, die auf der σ-Algebra aller Teilmengen von $\boldsymbol{R}^n$ erklärt ist, das durch φ erzeugte *äußere Maß*. Wir müssen jedoch feststellen, daß das äußere Maß keine additive, sondern eine monotone subadditive Erweiterung von φ ist. Deshalb ist nach diesem ersten Schritt unsere Konstruktion eines vollständigen Maßes noch nicht beendet. Im zweiten Schritt gelingt es durch eine geeignete Einschränkung von φ^*, daß die entstehende Funktion ein vollständiges Maß wird. Dies ist die Idee der von H. Lebesgue vorgeschlagenen Erweiterung.

Wir wenden uns nun dem Studium des äußeren Maßes zu und beginnen mit zwei Beispielen.

BEISPIELE

17.4. Das eindimensionale elementargeometrische Maß m ist nach Satz 16.2 eine nichtnegative σ-additive Intervallfunktion. Für jedes (nicht notwendig halboffene) Intervall $I \subset \boldsymbol{R}$ gilt $m^*(I) = m(I)$. Das äußere Maß m^* jeder endlichen oder abzählbaren Teilmenge $A \subset \boldsymbol{R}$ ist gleich Null. Denn bei beliebig vorgegebenem $\varepsilon > 0$ kann jedem Element $x_k \in A$ $(k = 1, 2, \ldots)$ ein Intervall I_k mit $x_k \in I_k$ und $m(I_k) = 2^{-k}\varepsilon$ zugeordnet werden, so daß

$$m^*(A) \leqq \sum_k m(I_k) \leqq \varepsilon$$

gilt. Insbesondere ist das äußere Maß der Menge aller rationalen Zahlen gleich Null.

17.5. Es sei $f\colon \boldsymbol{R} \to \boldsymbol{R}$ eine monoton wachsende rechtsseitig stetige Funktion. Nach Aufgabe 16.8 ist die nichtnegative Intervallfunktion φ mit $\varphi(I) = f(x + h) - f(x)$ für $I = (x, x + h]$ σ-additiv. Wie wir in Aufgabe 11.2 erkannt haben, existiert überall der linksseitige Grenzwert von f. Als äußeres Maß φ^* erhalten wir für $a < b$:

$$\begin{aligned}
\varphi^*([a, b]) &= f(b) - f(a - 0)\,,\\
\varphi^*\big([a, b)\big) &= f(b - 0) - f(a - 0)\,,\\
\varphi^*\big((a, b]\big) &= f(b) - f(a)\,,\\
\varphi^*\big((a, b)\big) &= f(b - 0) - f(a)\,,\\
\varphi^*(\{a\}) &= f(a) - f(a - 0)\,.
\end{aligned}$$

Das äußere Maß der Menge $\{a\}$, die nur aus einem Element a besteht, ist verschieden von Null, sobald f unstetig im Punkt a ist.

Die wichtigsten Eigenschaften des äußeren Maßes fassen wir in dem folgenden Satz zusammen:

17.5. *Es sei φ eine nichtnegative σ-additive Intervallfunktion. Dann besitzt das äußere Maß φ^* folgende Eigenschaften:*

a) $0 \leqq \varphi^*(A) \leqq \infty$ *für* $A \subseteq \boldsymbol{R}^n$ *und* $\varphi^*(\emptyset) = 0$,

b) $\varphi^*(A) \leqq \varphi^*(B)$ *für* $A \subseteq B$,

c) $\varphi^*\left(\bigcup_{k=1}^{\infty} A_k\right) \leqq \sum_{k=1}^{\infty} \varphi^*(A_k)$ *für jede Folge* (A_k),

d) $\varphi^*(I) = \varphi(I)$ *für jedes halboffene Intervall* I.

Beweis. Die erste Eigenschaft des äußeren Maßes φ^* ist offensichtlich. Ferner ist φ^* monoton, weil jede Überdeckung von B auch eine von A mit $A \subseteq B$ ist und somit $\varphi^*(A)$ nicht größer als $\varphi^*(B)$ sein kann. Zum Beweis von c) nehmen wir an, daß $\sum_{k=1}^{\infty} \varphi^*(A_k) < \infty$ ist. Zu einem vorgegebenen $\varepsilon > 0$ existieren solche

Intervalle I_{km} $(k, m = 1, 2, \ldots)$, daß $A_k \subseteq \bigcup_{m=1}^{\infty} I_{km}$ und $\sum_{m=1}^{\infty} \varphi(I_{km}) < \varphi^*(A_k) + 2^{-k}\varepsilon$ für jedes k gilt. Folglich gilt $\bigcup_{k=1}^{\infty} A_k \subseteq \bigcup_{m,k=1}^{\infty} I_{km}$ und $\sum_{m,k=1}^{\infty} \varphi(I_{km}) \leqq \sum_{k=1}^{\infty} \varphi^*(A_k) + \varepsilon$, woraus sich

$$\varphi^*\left(\bigcup_{k=1}^{\infty} A_k\right) \leqq \sum_{k=1}^{\infty} \varphi^*(A_k) + \varepsilon$$

ergibt. Da $\varepsilon > 0$ eine beliebige Zahl ist, muß φ^* subadditiv sein. — Für ein halboffenes Intervall I gilt zunächst $\varphi^*(I) \leqq \varphi(I)$. Bilden die Intervalle I_k eine Überdeckung von I, so ist $\varphi(I) \leqq \sum_{k=1}^{\infty} \varphi(I_k)$ (vgl. Aufgabe 16.5). Daraus folgt $\varphi(I) \leqq \varphi^*(I)$, womit alle Eigenschaften des äußeren Maßes φ^* bewiesen sind.

Das äußere Maß φ^* ist eine für alle Teilmengen von $\boldsymbol{R}^n$ erklärte erweitert reellwertige Funktion. Es ist eine monotone subadditive Erweiterung der Intervallfunktion φ, die — wie wir im Beispiel 17.7 zeigen — nicht additiv und somit auch nicht σ-additiv ist. Folglich ist das äußere Maß φ^* kein Maß im Sinne unserer Definition. Deshalb schränken wir jetzt das äußere Maß φ^* auf ein solches System von Teilmengen aus $\boldsymbol{R}^n$ ein, auf welchem φ^* noch σ-additiv ist. Mit anderen Worten sortieren wir alle Mengen aus, die die Nichtadditivität von φ^* hervorrufen. Nach C. Caratheodory betrachten wir das System $\mathfrak{A}$ aller Teilmengen $A \subseteq \boldsymbol{R}^n$, für die

$$\varphi^*(S \cap A) + \varphi^*(S \setminus A) = \varphi^*(S) \qquad \text{für alle } S \subseteq \boldsymbol{R}^n \tag{17.1}$$

gilt. Die Bedingung (17.1) besagt, daß A genau dann zu dem System $\mathfrak{A}$ gehört, wenn φ^* additiv für je zwei disjunkte Mengen S_1 und S_2 ist, die von A „getrennt" werden, d. h. $S_1 \subseteq A$ und $S_2 \subseteq \boldsymbol{R}^n \setminus A$. Für $S_1 = S \cap A$ und $S_2 = S \setminus A$ erhält man (17.1). Da das äußere Maß subadditiv ist und die Gleichung (17.1) von allen S mit $\varphi^*(S) = \infty$ trivialerweise befriedigt wird, genügt es, anstelle von (17.1) die Ungleichung

$$\varphi^*(S \cap A) + \varphi^*(S \setminus A) \leqq \varphi^*(S) \tag{17.2}$$

für alle $S \subseteq \boldsymbol{R}^n$ mit $\varphi^*(S) < \infty$ zu fordern.

17.6. SATZ. *Das System $\mathfrak{A}$ ist eine σ-Algebra, die alle halboffenen Intervalle enthält. Das auf $\mathfrak{A}$ eingeschränkte äußere Maß φ^* ist ein vollständiges Maß.*

Beweis. Wir zeigen die Behauptung in mehreren Schritten.

a) *Aus $A \in \mathfrak{A}$ folgt $A^c \in \mathfrak{A}$. Ferner ist $\emptyset \in \mathfrak{A}$*: Für $A \in \mathfrak{A}$ gilt $\varphi^*(S) = \varphi^*(S \cap A) + \varphi^*(S \setminus A) = \varphi^*(S \setminus A^c) + \varphi^*(S \cap A^c)$ für jedes beliebige $S \subseteq \boldsymbol{R}^n$, so daß $A^c \in \mathfrak{A}$ ist. Wegen $\varphi^*(S \cap \emptyset) + \varphi^*(S \setminus \emptyset) = \varphi^*(\emptyset) + \varphi^*(S) = \varphi^*(S)$ ist $\emptyset \in \mathfrak{A}$.

b) *Mit A_1 und A_2 gehören $A_1 \cup A_2$, $A_1 \cap A_2$ und $A_1 \setminus A_2$ zu $\mathfrak{A}$. Für zwei disjunkte Mengen A_1 und A_2 von $\mathfrak{A}$ gilt $\varphi^*(A_1 \cup A_2) = \varphi^*(A_1) + \varphi^*(A_2)$*: Für A_1,

$A_2 \in \mathfrak{A}$ gelten aufgrund der Subadditivität von φ^* die Abschätzungen

$$\begin{aligned}\varphi^*(S) &\leqq \varphi^*(S \cap (A_1 \cup A_2)) + \varphi^*(S \cap (A_1 \cup A_2)^c) \leqq \\ &\leqq (\varphi^*(S \cap A_1) + \varphi^*(S \cap A_1^c \cap A_2)) + \varphi^*(S \cap A_1^c \cap A_2^c) = \\ &= \varphi^*(S \cap A_1) + \varphi^*((S \cap A_1^c) \cap A_2) + \varphi^*((S \cap A_1^c) \cap A_2^c)) = \\ &= \varphi^*(S \cap A_1) + \varphi^*(S \cap A_1^c) = \varphi^*(S)\,,\end{aligned}$$

so daß $A_1 \cup A_2 \in \mathfrak{A}$ ist. Wegen $A_1 \cap A_2 = (A_1^c \cup A_2^c)^c$ und $A_1 \setminus A_2 = (A_1^c \cup A_2)^c$ gehören nach a) mit $A_1, A_2 \in \mathfrak{A}$ auch $A_1 \cap A_2$ und $A_1 \setminus A_2$ zu $\mathfrak{A}$. Für zwei disjunkte Mengen $A_1, A_2 \in \mathfrak{A}$ ersetzen wir in der Gleichung $\varphi^*(S \cap A_1) + \varphi^*(S \setminus A_1) = \varphi^*(S)$ die Menge S durch $S \cap (A_1 \cup A_2)$ und erhalten für jedes $S \subseteq \boldsymbol{R}^n$ die Gleichung

$$\varphi^*(S \cap (A_1 \cup A_2)) = \varphi^*(S \cap A_1) + \varphi^*(S \cap A_2)\,, \tag{17.3}$$

woraus sich für $S = \boldsymbol{R}^n$ die Additivität von φ^* auf $\mathfrak{A}$ ergibt. Durch vollständige Induktion beweist man, daß die Formel (17.3) nicht nur für zwei, sondern auch für endlich viele paarweise disjunkte Mengen aus $\mathfrak{A}$ richtig ist.

c) *Aus* $A_k \in \mathfrak{A}$ *für* $k = 1, 2, \ldots$ *folgt* $A = \bigcup_{k=1}^{\infty} A_k \in \mathfrak{A}$. *Das auf* $\mathfrak{A}$ *eingeschränkte äußere Maß ist* σ*-additiv*: Wir können annehmen, daß die gegebenen Mengen $A_k \in \mathfrak{A}$ paarweise disjunkt sind, weil wir anderenfalls die paarweise disjunkten Mengen $B_1 = A_1$, $B_i = A_i \setminus \bigcup_{k=1}^{i-1} A_k$ $(i = 2, 3, \ldots)$ aus $\mathfrak{A}$ betrachten. Für beliebige m ist $A_1 \cup \cdots \cup A_m \in \mathfrak{A}$, so daß wegen (17.3) und der Monotonie von φ^* die Ungleichung

$$\begin{aligned}\varphi^*(S) &= \varphi^*(S \cap (A_1 \cup \cdots \cup A_m)) + \varphi^*(S \setminus (A_1 \cup \cdots \cup A_m)) \geqq \\ &\geqq \sum_{k=1}^{m} \varphi^*(S \cap A_k) + \varphi^*(S \setminus A)\end{aligned}$$

für alle $S \subseteq \boldsymbol{R}^n$ erfüllt ist. Aufgrund der Subadditivität von φ^* erhält man

$$\varphi^*(S) \geqq \sum_{k=1}^{\infty} \varphi^*(S \cap A_k) + \varphi^*(S \setminus A) \geqq \varphi^*(S \cap A) + \varphi^*(S \setminus A)\,, \tag{17.4}$$

woraus $A \in \mathfrak{A}$ wegen (17.2) folgt. Ersetzen wir in (17.4) die Menge S durch $S \cap A$ und beachten die Subadditivität von φ^*, dann finden wir die Gleichung

$$\varphi^*(S \cap A) = \sum_{k=1}^{\infty} \varphi^*(S \cap A_k)\,,$$

die für $S = \boldsymbol{R}^n$ die σ-Additivität beinhaltet.

d) *Das auf* $\mathfrak{A}$ *eingeschränkte äußere Maß ist vollständig*: Es seien $N \in \mathfrak{A}$ mit $\varphi^*(N) = 0$ und $B \subseteq N$ gegeben. Aufgrund der Monotonie des äußeren Maßes φ^* gilt $\varphi^*(B) = 0$ und $\varphi^*(S \cap B) = 0$ sowie $\varphi^*(S \setminus B) \leqq \varphi^*(S)$ für beliebige $S \subseteq \boldsymbol{R}^n$. Nach (17.2) ist wegen $\varphi^*(S \cap B) + \varphi^*(S \setminus B) = \varphi^*(S \setminus B) \leqq \varphi^*(S)$ die Menge B in $\mathfrak{A}$ enthalten.

e) *Jedes halboffene Intervall $I \subset \boldsymbol{R}^n$ gehört zu $\mathfrak{A}$*: Es sei $S \subseteq \boldsymbol{R}^n$ eine beliebige Menge mit $\varphi^*(S) < \infty$ und (I_k) eine Überdeckung von S mit $\sum_{k=1}^{\infty} \varphi(I_k) < \infty$. Für ein halboffenes Intervall I gilt wegen $S \cap I \subset \bigcup_{k=1}^{\infty} (I_k \cap I)$ die Ungleichung

$$\varphi^* (S \cap I) \leqq \sum_{k=1}^{\infty} \varphi (I_k \cap I) < \infty . \tag{17.5}$$

Die Menge $S \setminus I$ wird von den Elementarbereichen $I_k \setminus I$ überdeckt. Wegen $\varphi (I_k \setminus I) = \varphi(I_k) - \varphi (I_k \cap I)$ erhält man

$$\varphi^* (S \setminus I) \leqq \sum_{k=1}^{\infty} \varphi (I_k \setminus I) = \sum_{k=1}^{\infty} \varphi(I_k) - \sum_{k=1}^{\infty} \varphi (I_k \cap I) . \tag{17.6}$$

Durch Addition der Ungleichungen (17.5) und (17.6) ersieht man, daß für I die Bedingung (17.2) erfüllt ist. Folglich liegt I in $\mathfrak{A}$. Damit ist der Satz 17.6 vollständig bewiesen.

Es ist gelungen, eine gegebene nichtnegative σ-additive Intervallfunktion φ, welche auf dem Mengenring aller Elementarbereiche von $\boldsymbol{R}^n$ erklärt ist, zu einem vollständigen Maß auf einer σ-Algebra $\mathfrak{A}$ zu erweitern. Dieses konstruierte Maß heißt *n-dimensionales* LEBESGUE-STIELTJES-*Maß*. Die Mengen von $\mathfrak{A}$ nennt man LEBESGUE-STIELTJES-*meßbar* oder φ^*-*meßbar*. Die Intervallfunktion des Beispiels 17.5 erzeugt ein eindimensionales LEBESGUE-STIELTJES-Maß. Falls φ gleich dem n-dimensionalen elementargeometrischen Maß ist, sprechen wir vom n-dimensionalen LEBESGUE-*Maß* und von LEBESGUE-*meßbaren* Mengen. Der Einfachheit halber vereinbaren wir, daß das n-dimensionale LEBESGUE-Maß genauso wie das elementargeometrische Maß künftig mit m oder m_n bezeichnet wird.

Wie wir im Satz 17.6 bewiesen haben, sind alle halboffenen Intervalle LEBESGUE-STIELTJES-meßbar. Da $\mathfrak{A}$ eine σ-Algebra ist, gehören dann alle offenen, abgeschlossenen und halbabgeschlossenen Intervalle zu $\mathfrak{A}$. Weiterhin sind auch die offenen Teilmengen von $\boldsymbol{R}^n$, die bekanntlich als Vereinigung abzählbar vieler offener Intervalle darstellbar sind, und die G_δ-Mengen in $\mathfrak{A}$ enthalten. Schließlich ist jede abgeschlossene Teilmenge von $\boldsymbol{R}^n$ das Komplement einer offenen Menge und jede F_σ-Menge ein Element von $\mathfrak{A}$.

17.7. *Alle Intervalle, Elementarbereiche, offene und abgeschlossene Mengen sowie G_δ- und F_σ-Mengen sind* LEBESGUE-STIELTJES-*meßbar*.

BEISPIEL

17.6. Das CANTORsche Diskontinuum $\boldsymbol{D}$ (siehe Beispiel 4.6) ist als abgeschlossene Teilmenge von $[0, 1]$ LEBESGUE-meßbar. Um das Maß $m(\boldsymbol{D})$ zu bestimmen, betrachten wir die Differenz $[0, 1] \setminus \boldsymbol{D}$, welche gleich der Vereinigung abzählbar vieler offener Intervalle ist:

$$[0, 1] \setminus \boldsymbol{D} = \left(\frac{1}{3}, \frac{2}{3}\right) \cup \left[\left(\frac{1}{9}, \frac{2}{9}\right) \cup \left(\frac{7}{9}, \frac{8}{9}\right)\right] \cup \cdots .$$

Folglich besitzt $[0, 1] \setminus \boldsymbol{D}$ das Maß

$$m([0,1] \setminus \boldsymbol{D}) = \frac{1}{3} + \frac{2}{9} + \cdots = \frac{1}{3} \sum_{n=0}^{\infty} \left(\frac{2}{3}\right)^n = 1\,,$$

so daß wegen

$$m(\boldsymbol{D}) = m([0,1]) - m([0,1] \setminus \boldsymbol{D}) = 1 - 1 = 0$$

das Cantorsche Diskontinuum $\boldsymbol{D}$ eine Lebesgue-Nullmenge ist. Wie man an diesem Beispiel sieht, gibt es Lebesgue-Nullmengen mit der Mächtigkeit des Kontinuums.

Jede beschränkte Lebesgue-Stieltjes-meßbare Menge besitzt ein endliches Maß. Folglich ist ein Lebesgue-Stieltjes-Maß σ-endlich. Mittels des folgenden Satzes kann das Untersuchen der φ^*-Meßbarkeit einer unbeschränkten Menge auf den Fall beschränkter Mengen zurückgeführt werden:

17.8. *Die Menge $A \subseteq \boldsymbol{R}^n$ ist genau dann φ^*-meßbar, wenn für alle Intervalle I die Menge $A \cap I$ zu $\mathfrak{A}$ gehört.*

Beweis. Aus $A \in \mathfrak{A}$ folgt $A \cap I \in \mathfrak{A}$ für jedes Intervall I. Es sei umgekehrt $A \cap I$ für jedes halboffene Intervall I in $\mathfrak{A}$ enthalten und $S \subseteq \boldsymbol{R}^n$ eine beliebige Menge mit $\varphi^*(S) < \infty$. Wenn $S \subseteq B = \bigcup_{k=1}^{\infty} I_k$ mit $\sum_{k=1}^{\infty} \varphi(I_k) < \infty$ gilt, dann sind $A \cap I_k \in \mathfrak{A}$ für alle k. Da $A \cap B = \bigcup_{k=1}^{\infty} (A \cap I_k)$ zu $\mathfrak{A}$ gehört und $S \cap (A \cap B) = S \cap A$ und $S \setminus (A \cap B) = S \setminus A$ gilt, erhält man die Gleichung

$$\varphi^*(S) = \varphi^*(S \cap (A \cap B)) + \varphi^*(S \setminus (A \cap B)) = \varphi^*(S \cap A) + \varphi^*(S \setminus A)\,,$$

woraus $A \in \mathfrak{A}$ folgt.

AUFGABEN

17.7. Es sei φ eine nichtnegative σ-additive Intervallfunktion. Man beweise, daß das äußere Maß φ^* der Gleichung

$$\varphi^*(A \cup B) = \varphi^*(A) + \varphi^*(B)$$

genügt, falls die beiden Mengen A und B einen positiven Abstand voneinander besitzen (siehe Aufgabe 8.5).

17.8. Es sei φ eine nichtnegative additive Intervallfunktion. Man versteht in diesem Fall unter dem äußeren Maß φ^a die Funktion

$$\varphi^a(A) = \inf\left\{\sum_{k=1}^{\infty} \varphi(I_k);\ \bigcup_{k=1}^{\infty} I_k^0 \supseteq A\right\}.$$

Man beweise, daß

a) φ^a monoton und subadditiv ist,

b) $\varphi^a(A \cup B) = \varphi^a(A) + \varphi^a(B)$ im Fall $\varrho(A, B) > 0$ gilt,

c) $\varphi^a_{*}(I^0) \leqq \varphi(I) \leqq \varphi^a(\bar{I})$ für jedes halboffene Intervall I ist.

Ist φ außerdem noch m-stetig, so gilt $\varphi^a(I^0) = \varphi^a(I) = \varphi^a(\bar{I}) = \varphi(I)$.

17.9. Man zeige, daß das äußere Maß m^* invariant gegenüber Translation und Drehung ist. Man beweise dies zuerst für Intervalle.

17.10. Es sei φ eine nichtnegative σ-additive Intervallfunktion und A eine beschränkte Teilmenge von $\boldsymbol{R}^n$. Man beweise, daß A genau dann φ^*-meßbar ist, wenn es zu jedem $\varepsilon > 0$ einen Elementarbereich B mit $\varphi^*(A \triangle B) < \varepsilon$ gibt.

17.3. Lebesgue-meßbare Mengen. Im Satz 17.7 haben wir einige Lebesgue-meßbare Mengen kennengelernt. Für alle anderen Teilmengen von $\boldsymbol{R}^n$ kann die Lebesgue-Meßbarkeit anhand der folgenden Kriterien geprüft werden:

17.9 SATZ. *Für jede Menge $A \subseteq \boldsymbol{R}^n$ sind die fünf Bedingungen äquivalent:*

1. *A ist Lebesgue-meßbar.*
2. *Für jedes $\varepsilon > 0$ existiert eine offene Menge G mit $A \subseteq G$ und $m^* (G \setminus A) < \varepsilon$.*
3. *Es gilt $A = B_1 \setminus N_1$, wobei B_1 eine G_δ-Menge und N_1 eine Nullmenge ist.*
4. *Für jedes $\varepsilon > 0$ existiert eine abgeschlossene Menge F mit $F \subseteq A$ und $m^* (A \setminus F) < \varepsilon$.*
5. *Es gilt $A = B_2 \cup N_2$, wobei B_2 eine F_σ-Menge und N_2 eine Nullmenge ist.*

Beweis. a) *Aus* 1. *folgt* 2.: Es sei zunächst A eine Lebesgue-meßbare Menge mit endlichem Maß. Zu vorgegebenem $\varepsilon > 0$ existiert eine Folge (I_k) halboffener Intervalle mit $A \subseteq \bigcup_{k=1}^{\infty} I_k$ und $\sum_{k=1}^{\infty} m(I_k) \leqq m(A) + 2^{-1} \varepsilon$. Für jedes I_k gibt es ein offenes Intervall G_k mit $I_k \subset G_k$ und $m(G_k) < m(I_k) + 2^{-k-1} \varepsilon$. Die Menge $G = \bigcup_{k=1}^{\infty} G_k$ ist offen und umfaßt A. Außerdem gilt

$$m(G) \leqq \sum_{k=1}^{\infty} m(G_k) \leqq \sum_{k=1}^{\infty} m(I_k) + 2^{-1} \varepsilon \leqq m(A) + \varepsilon .$$

Da A und G Lebesgue-meßbare Mengen endlichen Maßes sind, ist $m (G \setminus A) = m(G) - m(A) < \varepsilon$.

Wenn A ein unendliches Maß besitzt, so ist A die Vereinigung abzählbar vieler Lebesgue-meßbarer Mengen A_k endlichen Maßes, weil das Lebesgue-Maß σ-endlich ist. Zu jedem A_k kann man eine offene Menge G_k mit $A_k \subseteq G_k$ und $m (G_k \setminus A_k) < 2^{-k} \varepsilon$ angeben. Dann ist die Menge $G = \bigcup_{k=1}^{\infty} G_k$ eine offene Obermenge von A, für die wegen $G \setminus A \subseteq \bigcup_{k=1}^{\infty} (G_k \setminus A_k)$ die Abschätzung

$$m (G \setminus A) \leqq \sum_{k=1}^{\infty} m (G_k \setminus A_k) < \varepsilon$$

gilt.

b) *Aus* 2. *folgt* 3.: Die Menge $A \subseteq \boldsymbol{R}^n$ befriedige die zweite Bedingung. Für jedes $k = 1, 2, \ldots$ existiert eine offene Obermenge G_k von A mit $m^* (G_k \setminus A) < \frac{1}{k}$. Die G_δ-Menge $B_1 = \bigcap_{k=1}^{\infty} G_k$ und die Menge $N_1 = B_1 \setminus A$ besitzen die gewünschten Eigenschaften, denn es gilt $A = B_1 \setminus N_1$ und N_1 ist wegen $0 \leqq m^*(N_1) \leqq m^* (G_k \setminus A) < \frac{1}{k}$ für jedes k eine Nullmenge.

c) *Aus* 3. *folgt* 1.: Die Menge A ist als Differenz Lebesgue-meßbarer Mengen selbst Lebesgue-meßbar.

Folglich ist die Äquivalenz der ersten drei Bedingungen nachgewiesen. Wir zeigen jetzt, daß die Eigenschaften 1., 4. und 5. ebenfalls äquivalent sind:

d) *Aus* 1. *folgt* 4.: Mit $A \subseteq \boldsymbol{R}^n$ ist auch ihr Komplement A^c LEBESGUE-meßbar. Folglich existiert nach der zweiten Eigenschaft zu jedem $\varepsilon > 0$ eine offene Obermenge G von A^c mit $m(G \setminus A^c) < \varepsilon$. Dann gilt

$$m(A \setminus F) = m(G \setminus A^c) < \varepsilon$$

für die abgeschlossene Teilmenge $F = G^c$ von A.

e) *Aus* 4. *folgt* 5.: Wenn die Menge A die vierte Eigenschaft besitzt, so gibt es für jedes $k = 1, 2, \ldots$ eine abgeschlossene Teilmenge F_k von A mit $m^*(A \setminus F_k) < \frac{1}{k}$. Für die F_σ-Menge $B_2 = \bigcup_{k=1}^{\infty} F_k$ und die Menge $N_2 = A \setminus B_2$ gilt $A = B_2 \cup N_2$ und $m^*(N_2) = 0$, weil $0 \leqq m^*(N_2) \leqq m^*(A \setminus F_k) < \frac{1}{k}$ für jedes k ist.

f) *Aus* 5. *folgt* 1.: Die Menge A ist als Vereinigung LEBESGUE-meßbarer Mengen selbst LEBESGUE-meßbar. Damit ist der Satz vollständig bewiesen.

Das System der LEBESGUE-meßbaren Mengen ist mit dem System aller Teilmengen von $\boldsymbol{R}^n$ gleichmächtig weil es Nullmengen mit der Mächtigkeit des Kontinuums gibt (siehe Beispiel 17.6). Aber nicht jede Teilmenge von $\boldsymbol{R}^n$ ist LEBESGUE-meßbar. Im folgenden Beispiel wird eine Teilmenge von $\boldsymbol{R}$ konstruiert, die nicht LEBESGUE-meßbar ist.

BEISPIEL

17.7. Es sei α eine feste irrationale Zahl. Wir sagen, daß zwei komplexe Zahlen $e^{i\varphi_1}$ und $e^{i\varphi_2}$ $(\varphi_1, \varphi_2 \in \boldsymbol{R})$ äquivalent bezüglich α sind, wenn $\varphi_1 = \varphi_2 + p\,\alpha\,\pi$ für eine ganze Zahl p gilt. Damit haben wir eine Äquivalenzrelation zwischen den Punkten des Einheitskreises eingeführt. Aufgrund des Auswahlaxioms können wir die Menge K bilden, die mit jeder Äquivalenzklasse genau ein Element gemeinsam hat. Die um den Winkel $q\,\alpha\,\pi$ (q ganz) gedrehten Punkte von K mögen die Menge K_q bilden:

$$K_q = e^{iq\alpha\pi} K \quad (q = 0, +1, -1, \ldots).$$

Man erkennt sofort, daß die Mengen K_q paarweise disjunkt sind und ihre Vereinigung der Einheitskreis ist.

Indem wir der komplexen Zahl $e^{i\varphi}$ mit $\varphi \in [0, 2\pi)$ die reelle Zahl φ zuordnen, erhalten wir eine Funktion des (aufgeschnittenen) Einheitskreises auf das Intervall $[0, 2\pi)$, bei der die Menge K_q in die Menge L_q abgebildet wird. Dann ist die Vereinigung der paarweise disjunkten Mengen L_q gleich $[0, 2\pi)$.

Angenommen, die Menge $L = L_0 \subset \boldsymbol{R}$ ist LEBESGUE-meßbar. Da das eindimensionale LEBESGUE-Maß m nach Aufgabe 17.9 translationsinvariant ist, gilt $m(L) = m(L_q)$ für alle q. Dann ist die Gleichung

$$2\pi = \sum_{q=-\infty}^{\infty} m(L_q) = \sum_{q=-\infty}^{\infty} m(L)$$

unmöglich, weil sie weder im Fall $m(L) = 0$ noch im Fall $m(L) > 0$ bestehen kann. Folglich ist L nicht LEBESGUE-meßbar.

Wir erkennen gleichzeitig, daß das äußere Maß m^* nicht additiv ist. Wegen (17.2) existiert mindestens eine Menge $S \subseteq \boldsymbol{R}$, so daß

$$m^*(S_1 \cup S_2) < m^*(S_1) + m^*(S_2)$$

für $S_1 = S \cap L$ und $S_2 = S \setminus L$ gilt.

AUFGABEN

17.11. Man untersuche, ob die Menge A, die aus allen Zahlen $0 \leqq x \leqq 1$ besteht, deren Dezimalbruchentwicklungen die Fünf nicht enthalten, LEBESGUE-meßbar ist.

17.12. Man konstruiere eine LEBESGUE-meßbare Menge $B \subset [0, 1]$, bei der $m(I \cap B) > 0$ und $m(I \setminus B) > 0$ für jedes Intervall $I \subseteq [0, 1]$ mit $m(I) > 0$ ist.

17.13. a) Man beweise, daß für das LEBESGUE-Maß einer offenen Menge $G \subseteq \boldsymbol{R}^n$, die gleich der Vereinigung höchstens abzählbar vieler paarweise disjunkter Intervalle I_k ist (vgl. Aufgabe 16.1),

$$m(G) = \sum_{k=1}^{\infty} m(I_k)$$

gilt und daß

$$m^*(A) = \inf\{m(G); G \supseteq A, G \text{ offen}\}$$

für jede Menge $A \subseteq \boldsymbol{R}^n$ gilt.

b) Für eine beschränkte Teilmenge $A \subseteq \boldsymbol{R}^n$ nennt man

$$m_*(A) = \sup\{m(F); F \subseteq A, F \text{ abgeschlossen}\}$$

das *innere Maß* von A. Es gilt dann $m_*(A) \leqq m^*(A)$ und

$$m_*(A) = m(I) - m^*(I \setminus A),$$

falls A in dem Intervall I liegt. Weiterhin lassen sich zu A eine F_δ-Menge B und eine G_δ-Menge C angeben, so daß $B \subseteq A \subseteq C$, $m(B) = m_*(A)$ und $m(C) = m^*(A)$ ist.

c) Man zeige, daß eine beschränkte Menge $A \subseteq \boldsymbol{R}^n$ genau dann LEBESGUE-meßbar ist, wenn $m_*(A) = m^*(A)$ gilt.

17.14. Ist die Menge aller Unstetigkeitspunkte einer beliebigen Funktion $f: \boldsymbol{R}^n \to \boldsymbol{R}$ LEBESGUE-meßbar?

17.15. Man gebe eine abgeschlossene Teilmenge von $[0, 1]$ mit positivem LEBESGUE-Maß an, welche keine rationalen Zahlen enthält.

17.16. Es sei $A \subseteq \boldsymbol{R}$ eine LEBESGUE-meßbare Menge mit positivem Maß. Man beweise direkt, daß A die Mächtigkeit des Kontinuums besitzt. Gilt auch die Umkehrung?

17.17. Es sei $A \subseteq \boldsymbol{R}^n$ eine Menge mit positivem LEBESGUE-Maß. Dann kann man eine solche Zahl $\delta > 0$ finden, daß sich jedes $x \in \boldsymbol{R}^n$ mit $\|x\| < \delta$ in der Form $x = a - b$ mit $a, b \in A$ darstellen läßt. Man beweise dies zunächst für eine Menge $A \subseteq \boldsymbol{R}$.

17.4. Überdeckungssatz von VITALI. In Abschnitt 16.1. haben wir den Regularitätsparameter $r(I)$ eines n-dimensionalen Intervalles I eingeführt. Wir nennen eine Intervallfolge (I_k) *regulär*, wenn eine positive Zahl α mit $r(I_k) \geqq \alpha$ für alle k existiert. Beispielsweise ist jede Folge von Intervallen der reellen Zahlengeraden oder von n-dimensionalen Würfeln regulär.

Wir sagen, daß ein Komplex $\mathfrak{J}$ von n-dimensionalen Intervallen I mit $m(I) > 0$ die Menge $A \subseteq \boldsymbol{R}^n$ *im Sinne von* VITALI *überdeckt*, wenn für jeden Punkt $x \in A$ eine reguläre Folge von Intervallen aus $\mathfrak{J}$, die gegen x strebt, vorhanden ist.

17.10. SATZ (G. VITALI). *Wenn eine beschränkte Menge $A \subset \boldsymbol{R}^n$ im Sinne von* VITALI *durch einen Komplex $\mathfrak{J}$ von Intervallen überdeckt wird, dann kann man aus $\mathfrak{J}$ höchstens abzählbar viele paarweise disjunkte Intervalle I_k $(k = 1, 2, \ldots)$ herausgreifen, so daß $m(A \setminus \bigcup_k I_k) = 0$ ist.*

Beweis. Als beschränkte Menge ist A in einer gewissen offenen Kugel K enthalten. Wir können deshalb annehmen, daß $I \subset K$ für alle $I \in \mathfrak{J}$ gilt.

a) Zuerst untersuchen wir den Fall, daß die Regularitätsparameter aller Intervalle von $\mathfrak{J}$ durch eine positive Zahl α nach unten beschränkt sind. Wir entnehmen $\mathfrak{J}$ ein Intervall I_1. Im Fall $A \subseteq I_1$ ist der Beweis beendet. Andernfalls fahren wir fort, nach folgender Regel aus $\mathfrak{J}$ ein Intervall nach dem anderen herauszugreifen:

Die ersten k paarweise disjunkten Intervalle $I_1, I_2, \ldots, I_k$ seien bereits konstruiert und ihre Vereinigung möge A nicht enthalten. Die obere Grenze d_k der Durchmesser aller Intervalle $I \in \mathfrak{J}$ mit der Eigenschaft $I \cap \bigcup_{j=1}^{k} I_j = \emptyset$ ist wegen $I \subset K$ endlich. Wir wählen $I_{k+1} \in \mathfrak{J}$ dann derart, daß I_{k+1} mit den vorhergehenden Intervallen $I_1, I_2, \ldots, I_k$ disjunkt ist und $d(I_{k+1}) > \frac{d_k}{2}$ gilt. Wenn dieses Verfahren nicht schon nach endlich vielen Schritten abbricht, erhalten wir eine unendliche Menge $\{I_j\}$ von paarweise disjunkten Intervallen aus $\mathfrak{J}$. Wir zeigen, daß $A \setminus V$ eine LEBESGUE-Nullmenge ist, wobei $V = \bigcup_{j=1}^{\infty} I_j$ ist.

In unserem Spezialfall kann man zu jedem I_j einen Würfel Q_j mit $I_j \subseteq Q_j$ und $m(I_j) \geqq \alpha\, m(Q_j)$ finden. Der Würfel $\hat{Q}_j$ besitze dann denselben Mittelpunkt wie Q_j und den Durchmesser $(4n+1)\, d(Q_j)$. Die Reihe $\sum_{j=1}^{\infty} m(\hat{Q}_j)$ konvergiert, weil für beliebige k

$$\sum_{j=1}^{k} m(\hat{Q}_j) = (4n+1)^n \sum_{j=1}^{k} m(Q_j) \leqq \frac{1}{\alpha}(4n+1)^n \sum_{j=1}^{k} m(I_j) \leqq \frac{1}{\alpha}(4n+1)^n\, m(K)$$

gilt. Deshalb sind $(m(\hat{Q}_j))$ und $(m(Q_j))$ Nullfolgen. Ferner ist $A \setminus V$ eines LEBESGUE-Nullmenge, wenn wir die Inklusion

$$A \setminus V \subseteq \bigcup_{j=k}^{\infty} \hat{Q}_j$$

für *beliebige* k nachweisen können.

Es sei x ein beliebiger Punkt aus $A \setminus V$ und k irgendein fester Index. Da A in der offenen Kugel K liegt, ist x ein Element der offenen Menge $K \setminus \bigcup_{j=1}^{k} I_j$. Nach Voraussetzung ist in $\mathfrak{J}$ ein Intervall I mit $x \in I$ und $I \subset K \setminus \bigcup_{j=1}^{k} I_j$ vorhanden. Dieses Intervall I ist mit $I_1, I_2, \ldots, I_k$ disjunkt. Aber mit allen Intervallen I_j kann I nicht elementfremd sein, weil sonst $0 < d(I) \leqq d_j \leqq \leqq 2\, d(I_{j+1})$ für jedes j gelten würde, was wegen $m(Q_j) \to 0$ unmöglich ist. Deshalb sei k_0 derjenige Index, für den $I \cap I_{k_0} \neq \emptyset$ und $I \cap I_j = \emptyset$ für $j = 1, 2, \ldots, k_0 - 1$ gilt. Es ist $k_0 > k$ und $d(I) \leqq d_{k_0-1} \leqq 2\, d(I_{k_0})$. Folglich liegt das Intervall I im Würfel $\hat{Q}_{k_0}$ (siehe Abb. 17.2), so daß I und damit x in $\bigcup_{j=k}^{\infty} \hat{Q}_j$ enthalten und der Spezialfall bewiesen ist.

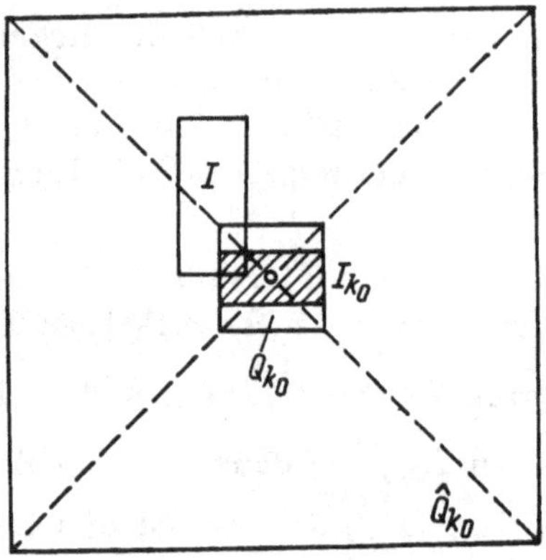

Abb. 17.2

Es ist $m\left(A \setminus \bigcup_{j=1}^{\infty} I_j\right) = 0$. Für eine beliebig vorgegebene Zahl $\varepsilon > 0$ kann man stets einen Index k angeben, so daß

$$m^*\left(A \setminus \bigcup_{j=1}^{k} I_j\right) < \varepsilon$$

gilt. Denn wegen $\sum_{j=1}^{\infty} m(I_j) \leqq m(\dot{K})$ existiert ein Index k mit $\sum_{j=k}^{\infty} m(I_j) < \varepsilon$, so daß

$$m^*\left(A \setminus \bigcup_{j=1}^{k} I_j\right) \leqq m\left(A \setminus \bigcup_{j=1}^{\infty} I_j\right) + m\left(\bigcup_{j=k}^{\infty} I_j\right) < \varepsilon$$

ist.

b) Wir wenden uns nun dem allgemeinen Fall zu. Für $k = 1, 2, \ldots$ sei A_k die Menge aller Punkte $x \in A$, für die eine gegen x strebende Intervallfolge (I_j) aus $\mathfrak{J}$ mit $r(I_j) \geqq \frac{1}{k}$ $(j = 1, 2, \ldots)$ existiert. Es ist klar, daß $A_k \subseteq A_{k+1}$ und $A = \bigcup_{k=1}^{\infty} A_k$ ist.

Wir konstruieren jetzt Systeme $\mathfrak{J}_k$ $(k = 1, 2, \ldots)$ mit folgenden Eigenschaften:

1. Das System $\mathfrak{J}_k$ enthält endlich viele paarweise disjunkte Intervalle aus $\mathfrak{J}$.
2. Für $k > 1$ sind alle Intervalle von $\mathfrak{J}_k$ paarweise disjunkt zu denen von $\mathfrak{J}_1, \ldots, \mathfrak{J}_{k-1}$.
3. Für die Vereinigung V_k der Intervalle von $\mathfrak{J}_k$ gilt

$$m^*\left(A_k \setminus \bigcup_{j=1}^{k} V_j\right) < \frac{1}{k}.$$

Die Existenz von $\mathfrak{J}_1$ ergibt sich aus dem Spezialfall a). Sind $\mathfrak{J}_1, \mathfrak{J}_2, \ldots, \mathfrak{J}_k$ bereits konstruiert, dann wird die Menge $B_{k+1} = A_{k+1} \setminus \bigcup_{j=1}^{k} V_j$ durch den Komplex aller Intervalle $I \in \mathfrak{J}$, die in der offenen Menge $K \setminus \bigcup_{j=1}^{k} V_j$ liegen und für die

$r(I) > \frac{1}{k+1}$ gilt, im Sinne von VITALI überdeckt. Somit gibt es nach a) endlich viele paarweise disjunkte Intervalle $I_1, \ldots, I_p$ aus $K \setminus \bigcup_{j=1}^{k} V_j$ mit

$$m^*\left(B_{k+1} \setminus \bigcup_{j=1}^{p} I_j\right) < \frac{1}{k+1}.$$

Dann besitzt das System $\mathfrak{J}_{k+1} = \{I_1, \ldots, I_p\}$ die gewünschten Eigenschaften.

Aus der Existenz der Systeme $\mathfrak{J}_k$ folgt unmittelbar die Behauptung, denn das System aller Intervalle von $\bigcup_{k=1}^{\infty} \mathfrak{J}_k$ überdeckt A mit Ausnahme einer LEBESGUE-Nullmenge. Der Beweis ist beendet.

Für die beschränkte Menge A und jedes beliebige $\varepsilon > 0$ können wir nach Aufgabe 17.13 eine offene Menge G mit $A \subseteq G$ und $m(G) < m^*(A) + \varepsilon$ angeben. Betrachten wir den Komplex aller Intervalle $I \in \mathfrak{J}$ mit $I \subset G$, so erhalten wir aus dem Satz 17.10 die Folgerung:

17.11. *Wird die beschränkte Menge $A \subset \boldsymbol{R}^n$ im Sinne von* VITALI *durch den Komplex $\mathfrak{J}$ überdeckt, dann kann man für jedes $\varepsilon > 0$ endlich viele paarweise disjunkte Intervalle $I_1, \ldots, I_k$ aus $\mathfrak{J}$ mit*

$$m^*\left(A \setminus \bigcup_{j=1}^{k} I_j\right) < \varepsilon,$$

$$m^*(A) - \varepsilon < m\left(\bigcup_{j=1}^{k} I_j\right) < m^*(A) + \varepsilon$$

angeben.

Abschließend sei noch bemerkt, daß die Regularitätsforderung für die Intervallfolgen bei der VITALIschen Überdeckung wesentlich für die Gültigkeit des Satzes 17.10 ist. Im folgenden Beispiel wird ein solcher Komplex $\mathfrak{J}$ von zweidimensionalen Intervallen angegeben, bei dem für jeden Punkt $x \in [0, 1] \times [0, 1]$ eine gegen x strebende Intervallfolge in $\mathfrak{J}$ vorhanden ist und das Maß der Vereinigung von endlich oder abzählbar vielen paarweise disjunkten Intervallen aus $\mathfrak{J}$ niemals größer als $\frac{1}{2}$ ist.

BEISPIEL

17.8. Wir konstruieren den Komplex $\mathfrak{J}$ in zwei Teilen:

a) Es sei $I \subset \boldsymbol{R}^2$ ein nichtleeres halboffenes Intervall und $0 < \varepsilon < 1$ eine beliebig vorgegebene Zahl. Dann existiert eine derartige Zerlegung von I in endlich viele halboffene Teilintervalle $I_1, I_2, \ldots, I_m$, daß das Maß der Vereinigung beliebig vieler paarweise disjunkter I_k kleiner als $\varepsilon\, m(I)$ ist, wie wir jetzt zeigen wollen.

Wir zerlegen das Intervall $I = (a, a + h] \times (b, b + k]$ $(h, k > 0)$ schrittweise. Es sei n so groß gewählt, daß

$$1 + \frac{1}{2} + \cdots + \frac{1}{n} > \frac{2}{\varepsilon} \qquad (17.7)$$

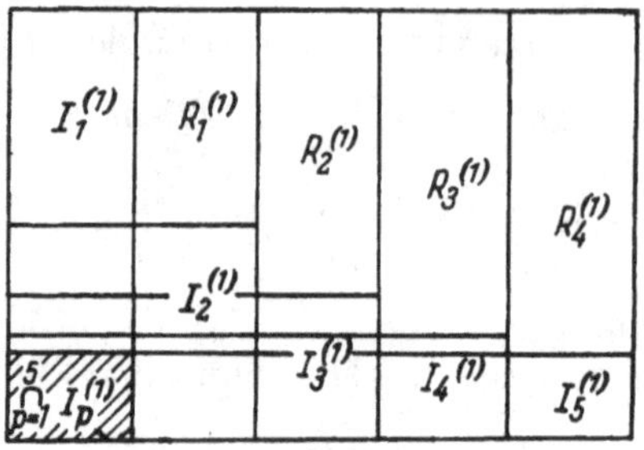

Abb. 17.3

ist. Im ersten Schritt teilen wir das Intervall I in n maßgleiche Teilintervalle $I_p^{(1)} = \left(a, a + \frac{p h}{n}\right] \times \left(b, b + \frac{k}{p}\right]$ $(p = 1, 2, \ldots, n)$, die einen nichtleeren Durchschnitt besitzen, und $(n - 1)$ paarweise disjunkte „Restintervalle" $R_1^{(1)}, \ldots, R_{n-1}^{(1)}$.

Die Vereinigung $T_1^{(1)}$ aller Intervalle $I_p^{(1)}$ bildet einen treppenförmigen Elementarbereich, für dessen Maß

$$m(T_1^{(1)}) = \left(1 + \frac{1}{2} + \frac{1}{3} + \cdots + \frac{1}{n}\right) m(I_p^{(1)}) = \frac{1}{n}\left(1 + \frac{1}{2} + \cdots + \frac{1}{n}\right) m(I) =$$
$$= (1 - \delta)\, m(I)$$

gilt, wobei $1 - \delta = \frac{1}{n}\left(1 + \frac{1}{2} + \cdots + \frac{1}{n}\right)$ und natürlich $0 < \delta < 1$ ist. Hieraus folgen die Relationen

$$m\,(I \setminus T_1^{(1)}) = m\,(R_1^{(1)} \cup \cdots \cup R_{n-1}^{(1)}) = \delta\, m(I) \tag{17.8}$$

und wegen (17.7)

$$m(I_p^{(1)}) < \frac{\varepsilon}{2}\; m(T_1^{(1)})\,. \tag{17.9}$$

Nun werden im zweiten Schritt die $n - 1$ Restintervalle $R_1^{(1)}, \ldots, R_{n-1}^{(1)}$ in derselben Weise wie zuvor I zerlegt. Dabei werden $(n - 1)$ treppenförmige Elementarbereiche $T_1^{(2)}, \ldots, T_{n-1}^{(2)}$ und $(n - 1)^2$ neue Restintervalle $R_1^{(2)}, \ldots, R_{(n-1)^2}^{(2)}$ gebildet. Dann gilt wegen (17.8)

$$m\,(R_1^{(1)} \cup \cdots \cup R_{(n-1)^2}^{(2)}) = m\,(R_1^{(1)} \setminus T_1^{(2)}) + \cdots + m\,(R_{n-1}^{(1)} \setminus T_{n-1}^{(2)}) =$$
$$= \delta\,[m\,(R_1^{(1)}) + \cdots + m(R_{n-1}^{(1)})] = \delta\, m\,(I \setminus T_1^{(1)}) = \delta^2\, m(I)\,.$$

Die $(n - 1)^{k-1}$ Restintervalle des $(k - 1)$-ten Schrittes werden ganz analog wie I in Teilintervalle zerlegt. Dabei entstehen $(n - 1)^k$ neue paarweise disjunkte Restintervalle, deren Vereinigung das Maß $\delta^k\, m(I)$ besitzt.

Wir brechen dieses Verfahren ab, wenn für hinreichend großes k die Ungleichung

$$\delta^k < \frac{\varepsilon}{2} \tag{17.10}$$

besteht. Damit haben wir eine Zerlegung von I in endlich viele Teilintervalle $I_1, I_2, \ldots, I_m$ erhalten. Angenommen, daß die Intervalle $I_{n_1}, \ldots, I_{n_t}$ dieser Zerlegung paarweise disjunkt und nur $I_{n_1}, \ldots, I_{n_{r-1}}$ Restintervalle des letzten Schrittes sind. Dann gilt wegen (17.10)

$$m\,(I_{n_1} \cup \cdots \cup I_{n_{r-1}}) < \frac{\varepsilon}{2}\, m(I)\,.$$

Die Intervalle $I_{n_r}, \ldots, I_{n_t}$ müssen in verschiedenen treppenförmigen Elementarbereichen liegen, weil sie sonst gemeinsame Punkte hätten. Aufgrund (17.9) und der Konstruktion der Zerlegung gilt für $i = r, r+1, \ldots, t$ die Abschätzung

$$m(I_{n_i}) < \frac{\varepsilon}{2}\, m(T_{m_i}^{(k_i)})\,,$$

falls $I_{n_i} \subset T_{m_i}^{(k_i)}$ ist. Folglich gilt

$$m\,(I_{n_r} \cup \cdots \cup I_{n_t}) < \frac{\varepsilon}{2}\, m\,(T_{m_r}^{(k_r)} \cup \cdots \cup T_{m_t}^{(k_t)}) < \frac{\varepsilon}{2}\, m(I)\,,$$

so daß

$$m\,(I_{n_1} \cup \cdots \cup I_{n_{r-1}} \cup I_{n_r} \cup \cdots \cup I_{n_t}) < \varepsilon\, m(I)$$

ist.

b) Indem wir für jedes $n \in \boldsymbol{N}$ die Seiten des Intervalles $(0, 1] \times (0, 1]$ in 2^n gleichlange Strecken teilen, erhalten wir eine Zerlegung von $(0, 1] \times (0, 1]$ in 2^{2n} kongruente Teilintervalle. Jedes dieser Teilintervalle zerlegen wir nach dem in a) geschilderten Verfahren mit $\varepsilon = \frac{1}{2^{n+1}}$, so daß wir ein System $\mathfrak{J}_n$ von Teilintervallen aus $(0, 1] \times (0, 1]$ bekommen. Es sei $\mathfrak{J} = \bigcup\limits_{n=1}^{\infty} \mathfrak{J}_n$. Aufgrund dieser Konstruktion von $\mathfrak{J}$ kann für jeden Punkt $x \in [0, 1] \times [0, 1]$ eine gegen x strebende Folge von Intervallen aus $\mathfrak{J}$ angegeben werden. Das Maß der Vereinigung von abzählbar vielen paarweise disjunkten Intervallen aus $\mathfrak{J}$ übersteigt die Zahl $\frac{1}{2}$ nicht. Denn eine Folge von paarweise disjunkten Intervallen aus $\mathfrak{J}$ zerfällt in Teilfolgen von Intervallen aus $\mathfrak{J}_n$ und das Maß der Vereinigung dieser Intervalle aus $\mathfrak{J}_n$ ist nicht größer als $\frac{1}{2^{n+1}}$.

AUFGABEN

17.18. Man beweise den Satz 17.10 für eine unbeschränkte Menge $A \subseteq \boldsymbol{R}^n$.

17.19. Gegeben seien eine Menge $A \subseteq \boldsymbol{R}^n$ und ein Komplex $\mathfrak{F}$ von abgeschlossenen Mengen. Für jeden Punkt $x \in A$ gibt es eine Zahl $\alpha > 0$, eine Folge (F_k) von Mengen aus $\mathfrak{F}$ und eine Folge (Q_k) von Würfeln mit $x \in \overline{Q}_k$, $F_k \subseteq Q_k$, $m(F_k) \geqq \alpha\, m(Q_k)$ für alle k und $d(Q_k) \to 0$. Dann existieren endlich oder abzählbar viele paarweise disjunkte Mengen aus $\mathfrak{F}$, welche A mit Ausnahme einer LEBESGUE-Nullmenge überdecken.

17.5. Meßbare Funktionen. Es sei $(X, \mathfrak{A}, \mu)$ ein gegebener vollständiger Maßraum und F ein reeller (oder komplexer) normierter Raum. Wenn $A_1, \ldots, A_n$ endlich viele paarweise disjunkte Mengen endlichen Maßes und

$a_1, \ldots, a_n$ Vektoren aus F sind, dann heißt die Funktion

$$f = \sum_{i=1}^{n} a_i c_{A_i}, \tag{17.11}$$

die X in F abbildet, eine *Treppenfunktion*. Mit c_{A_i} bezeichnen wir die charakteristische Funktion der Menge A_i, für die $c_{A_i}(x) = 1$ im Fall $x \in A_i$ und $c_{A_i}(x) = 0$ im Fall $x \in X \setminus A_i$ gilt. Deshalb ist $f(x) = \Theta$ für $x \notin \bigcup_{i=1}^{n} A_i$ und $f(x) = a_i$ für $x \in A_i$ $(i = 1, \ldots, n)$.

17.12. *Die Menge aller Treppenfunktionen von X in F ist ein linearer Raum. Mit f ist die Funktion $|f|$, welche durch die Gleichung $|f|(x) = \|f(x)\|$ erklärt ist, eine Treppenfunktion. Wenn $f\colon X \to F$ und $g\colon X \to \boldsymbol{R}$ Treppenfunktionen sind, so ist $g \cdot f$ eine Treppenfunktion.*

Beweis. Wir zeigen nur die letzten beiden Behauptungen. Für die Treppenfunktion (17.11) ist $|f| = \sum_{i=1}^{n} \|a_i\| \, c_{A_i}$ natürlich eine reellwertige Treppenfunktion. Besitzt die Treppenfunktion $g\colon X \to \boldsymbol{R}$ die Form $g = \sum_{k=1}^{m} \beta_k c_{B_k}$, wobei $B_1, \ldots, B_m$ paarweise disjunkte Mengen endlichen Maßes und $\beta_1, \ldots, \beta_m$ reelle Zahlen sind, so sind $A_i \cap B_k$ $(i = 1, \ldots, n;\ k = 1, \ldots, m)$ paarweise disjunkte Mengen endlichen Maßes. Deshalb ist auch $g \cdot f\colon X \to F$ mit $(g \cdot f)(x) = g(x) \cdot f(x) = \Theta$ für $x \notin \bigcup_{i,k} (A_i \cap B_k)$ und $(g \cdot f)(x) = g(x) \cdot f(x) = \beta_k a_i$ für $x \in A_i \cap B_k$ eine Treppenfunktion.

Man sagt, daß eine gewisse Eigenschaft *μ-fast überall* oder kurz *fast überall* auf einer meßbaren Menge A bzw. in *fast allen Punkten* der Menge A erfüllt ist, wenn diese Eigenschaft allen Punkten von A mit Ausnahme einer μ-Nullmenge zukommt. Zwei beliebige Funktionen $f\colon X \to F$ und $g\colon X \to F$ sind demnach *fast überall gleich* auf X, wenn die Menge $\{x \in X;\ f(x) \neq g(x)\}$ das Maß Null besitzt. Die „Gleichheit fast überall" ist eine Äquivalenzrelation, die mit der Addition und der skalaren Multiplikation von Funktionen sowie der Grenzwertbildung von Funktionenfolgen verträglich ist. Denn konvergiert die Folge (f_n) gegen f und die Folge (g_n) gegen g, wobei f_n fast überall gleich g_n für alle n ist, so ist f fast überall gleich g, weil die Vereinigung abzählbar vieler Nullmengen das Maß Null besitzt. Diese Aussage ist auch dann noch richtig, wenn die Folgen (f_n) und (g_n) überall mit Ausnahme einer Nullmenge konvergieren. Wir sagen, daß die Folge der Funktionen $f_n\colon X \to F$ *fast überall* gegen die Funktion $f\colon X \to F$ *konvergiert*, wenn eine Nullmenge N existiert, so daß die Folge $(f_n(x))$ für alle $x \in N^c$ gegen $f(x)$ strebt. Trivialerweise ist jede punktweise konvergente Funktionenfolge fast überall konvergent.

BEISPIEL

17.9. Wir betrachten auf $X = [0, 1]$ das LEBESGUE-Maß m. Die Folge der Funktionen $f_n\colon [0, 1] \to \boldsymbol{R}$ mit $f_n(x) = x^n$ strebt mit Ausnahme des Punktes $x = 1$ gegen die identisch verschwindende Funktion f (siehe Beispiel 12.1). Da die Menge $\{1\}$ das LEBESGUE-Maß Null besitzt, konvergiert die Folge (f_n) fast überall gegen die Funktion f.

17.13. *Die Folge der Funktionen $f_n: X \to F$ konvergiere fast überall gegen die Funktion $f: X \to F$. Wenn für jede offene Menge $G \subseteq F$ die vollen Urbilder $f_n^{-1}(G)$ $(n = 1, 2, \ldots)$ meßbar sind, dann ist $f^{-1}(G)$ meßbar.*

Beweis. Wir nehmen an, daß eine Folge meßbarer Funktionen $g_n: X \to F$ punktweise gegen die Funktion g konvergiert. Wie der Leser leicht selbst bestätigt, besteht dann für jede offene Teilmenge A von F die Inklusion

$$g^{-1}(A) \subseteq \bigcap_{m=1}^{\infty} \bigcup_{k=m}^{\infty} g_k^{-1}(A) \tag{17.12}$$

und für jede abgeschlossene Teilmenge B von F die Inklusion

$$\bigcap_{m=1}^{\infty} \bigcup_{k=m}^{\infty} g_k^{-1}(B) \subseteq g^{-1}(B)\,. \tag{17.13}$$

Es sei G eine beliebige offene Menge von F. Die Vereinigung der offenen Mengen $A_n = \left\{y \in F; \varrho(y, G^c) > \frac{1}{n}\right\}$ $(n = 1, 2, \ldots)$ bzw. die der abgeschlossenen Mengen $B_n = \overline{A}_n$ ist gleich G. Dabei bedeutet ϱ die durch die Norm von F erzeugte Metrik. Folglich erhalten wir wegen (17.12), (17.13) und $A_n \subseteq B_n$ die Inklusionen

$$g^{-1}(G) = \bigcup_{n=1}^{\infty} g^{-1}(A_n) \subseteq \bigcup_{n=1}^{\infty} \bigcap_{m=1}^{\infty} \bigcup_{k=m}^{\infty} g_k^{-1}(A_n)\,,$$

$$g^{-1}(G) = \bigcup_{n=1}^{\infty} g^{-1}(B_n) \supseteq \bigcup_{n=1}^{\infty} \bigcap_{m=1}^{\infty} \bigcup_{k=m}^{\infty} g_k^{-1}(B_n) \supseteq \bigcup_{n=1}^{\infty} \bigcap_{m=1}^{\infty} \bigcup_{k=m}^{\infty} g_k^{-1}(A_n)\,,$$

so daß

$$g^{-1}(G) = \bigcup_{n=1}^{\infty} \bigcap_{m=1}^{\infty} \bigcup_{k=m}^{\infty} g_k^{-1}(A_n)$$

gilt. Da nach Voraussetzung die Mengen $g_k^{-1}(A_n)$ meßbar sind und $\mathfrak{A}$ eine σ-Algebra ist, muß $g^{-1}(G)$ meßbar sein.

Die Folge (f_n) konvergiere außerhalb der Nullmenge N punktweise gegen die Funktion f. Mit g_n bzw. g bezeichnen wir die auf N^c eingeschränkten Funktionen f_n bzw. f und mit h die auf N eingeschränkte Funktion f. Für eine beliebige offene Menge G ist $g^{-1}(G)$ meßbar, weil die Folge (g_n) punktweise gegen g konvergiert. Das volle Urbild $h^{-1}(G)$ ist als Teilmenge der Nullmenge N des vollständigen Maßes μ meßbar. Deshalb ist auch $f^{-1}(G) = g^{-1}(G) \cup h^{-1}(G)$ meßbar, was zu beweisen war.

Eine Funktion $f: X \to F$ heißt *μ-meßbar* oder *meßbar*, wenn sich eine Folge von Treppenfunktionen f_n angeben läßt, die fast überall gegen f strebt. Als einfache Beispiele für meßbare Funktionen können wir die charakteristischen Funktionen meßbarer Mengen und die Treppenfunktionen anführen.

17.14. *Die Menge der meßbaren Funktionen von X in F bildet einen linearen Raum. Mit $f: X \to F$ und $g: X \to \mathbf{R}$ sind auch die Funktionen $g \cdot f$, $|f|$ und, falls $g(x) \neq 0$ für alle $x \in X$ ist, $\frac{1}{g}$ meßbar.*

Beweis. Die Behauptungen — mit Ausnahme der letzten — ergeben sich aus dem Satz 17.12. Wenn die Folge der Treppenfunktionen (g_n) fast überall gegen g strebt, so erklären wir eine neue Folge von Treppenfunktionen h_n durch $h_n(x) = 0$, falls $g_n(x) = 0$ ist, und $h_n(x) = \frac{1}{g_n(x)}$, falls $g_n(x) \neq 0$ ist. Die Folge (h_n) konvergiert fast überall gegen $\frac{1}{g}$.

Die Meßbarkeit einer Funktion erlegt dem Definitions- und dem Wertebereich dieser Funktion starke Einschränkungen auf. Es ist klar, daß eine meßbare Funktion f außerhalb einer Menge A mit σ-endlichem Maß im Fall $A^c \neq \emptyset$ verschwindet. Aufgrund der Definition existiert für eine meßbare Funktion f eine Nullmenge N und eine Folge (f_n) von Treppenfunktionen derart, daß die Folge $(f_n(x))$ für jedes $x \in N^c$ gegen $f(x)$ konvergiert. Folglich ist das Bild $f(N^c)$ von N^c separabel, weil f auf N^c der Grenzwert einer Folge von Treppenfunktionen ist und deshalb $f(N^c)$ in der Abschließung einer abzählbaren Menge liegt. Diese Bedingungen müssen notwendig von einer meßbaren Funktion befriedigt werden.

17.15. SATZ. *Eine Funktion $f: X \to F$ ist genau dann meßbar, wenn eine Menge A mit σ-endlichem Maß und eine Nullmenge N mit folgenden Eigenschaften existieren:*

1. $f(A^c) \subseteq \{\Theta\}$;
2. $f(N^c)$ *ist separabel;*
3. *Für jede offene Menge $G \subseteq F$ ist $f^{-1}(G) \subseteq X$ meßbar.*

Beweis. a) *Notwendig.* Wir haben die dritte Eigenschaft zu zeigen. Zu der meßbaren Funktion f können wir eine fast überall gegen f strebende Folge (f_n) von Treppenfunktionen angeben. Für jede offene Menge $G \subseteq F$ ist $f_n^{-1}(G)$ als Vereinigung endlich vieler meßbarer Mengen meßbar. Deshalb ist nach dem Hilfssatz 17.13 auch $f^{-1}(G)$ meßbar.

b) *Hinreichend.* Zunächst sei $\mu(X) < \infty$ und $f(X)$ separabel. Es sei $\{y_i\}$ eine abzählbare dichte Menge von $f(X)$. Für jedes natürliche n überdecken die offenen Kugeln $K_n(y_i) = K\left(y_i, \frac{1}{n}\right)$ $(i = 1, 2, \ldots)$ das Bild von X. Wir können dann zu jedem n einen Index i_n angeben, so daß die durch

$$f^{-1}\left(K_n(y_1) \cup \cdots \cup K_n(y_{i_n})\right) = X \setminus X_n$$

erklärte Menge X_n ein Maß $\mu(X_n) \leqq 2^{-n}$ besitzt. Für die Mengen $M_k = \bigcup_{n=k}^{\infty} X_n$ $(k = 1, 2, \ldots)$ gilt $\mu(M_k) \leqq 2^{-k+1}$ und $M_k \supseteq M_{k+1}$.

Auf der Menge X_n^c erklären wir eine Treppenfunktion $g_n: X_n^c \to F$, indem wir induktiv $g_n(x) = y_1$ für alle $x \in f^{-1}(K_n(y_1))$, $g_n(x) = y_2$ für alle $x \in f^{-1}\left(K_n(y_2) \setminus K_n(y_1)\right)$ usw. setzen. Die Funktion $f_k: X \to F$ sei durch $f_k(x) = g_k(x)$ für alle $x \in M_k^c$ und $f_k(x) = \Theta$ für alle $x \in M_k$ definiert. Die Folge der Treppenfunktionen

f_k konvergiert überall mit Ausnahme der Elemente des Durchschnittes M aller Mengen M_k gegen f. Da M nach Satz 17.2 eine Nullmenge ist, haben wir unseren Satz in diesem Spezialfall bewiesen.

Im allgemeinen Fall ist A die Vereinigung abzählbar vieler paarweise disjunkter Mengen A_n endlichen Maßes, so daß wir für die Mengen $A_n \setminus N$ das Gezeigte anwenden können. Es existiert eine Folge von Treppenfunktionen $f_k^{(n)}$ $(k = 1, 2, \ldots)$, die fast überall gegen die auf $A_n \setminus N$ eingeschränkte Funktion f konvergiert. Dann strebt die Folge der Treppenfunktionen $f_k\colon X \to F$, wobei $f_k(x) = f_k^{(n)}(x)$ für $x \in A_n \setminus N$ $(n = 1, \ldots, k)$ und sonst $f_k(x) = \Theta$ ist, fast überall gegen die Funktion $f\colon X \to F$, die folglich meßbar ist. Damit ist der Beweis beendet.

Aus den Sätzen 17.7 und 17.15 ergibt sich die Folgerung:

17.16. *Es sei μ ein* LEBESGUE-STIELTJES-*Maß. Eine Funktion $f\colon \boldsymbol{R}^n \to \boldsymbol{R}$ ist genau dann μ-meßbar, wenn das volle Urbild $f^{-1}(G)$ jeder offenen Teilmenge G der reellen Zahlengeraden μ-meßbar ist.*

Insbesondere ist wegen Satz 11.9 jede stetige Funktion $f\colon \boldsymbol{R}^n \to \boldsymbol{R}$ LEBESGUE-STIELTJES-*meßbar* bzw. LEBESGUE-*meßbar*, d. h. meßbar bezüglich eines LEBESGUE-STIELTJES-Maßes bzw. eines LEBESGUE-Maßes. Eine erweitert reellwertige Funktion $f\colon X \to \overline{\boldsymbol{R}}$ heißt meßbar, wenn die vollen Urbilder $f^{-1}(G)$ jeder offenen Menge $G \subseteq \boldsymbol{R}$ und $f^{-1}(-\infty)$ sowie $f^{-1}(\infty)$ meßbar sind. Die Übertragung der Ergebnisse auf meßbare erweitert reellwertige Funktionen überlassen wir dem Leser.

Der folgende wichtige Satz beschreibt die Beziehung zwischen der ,,Konvergenz fast überall" und der gleichmäßigen Konvergenz.

17.17. SATZ (D. F. EGOROW). *Eine Folge meßbarer Funktionen $f_n\colon X \to F$ konvergiere fast überall gegen die Funktion $f\colon X \to F$. Dann gilt:*

1. *f ist meßbar.*
2. *Zu jeder Menge $A \subseteq X$ endlichen Maßes und zu beliebig vorgegebenem $\delta > 0$ existiert eine meßbare Teilmenge $A_\delta \subseteq A$ mit $\mu(A \setminus A_\delta) < \delta$, so daß die Folge (f_n) auf A_δ gleichmäßig gegen f konvergiert.*

Beweis. Aus Hilfssatz 17.13 und den Tatsachen, daß die Vereinigung abzählbar vieler Nullmengen eine Nullmenge und die Vereinigung abzählbar vieler separabler Teilräume separabel ist, ergibt sich nach Satz 17.15 die Meßbarkeit der Funktion f.

Es sei A eine meßbare Menge mit $\mu(A) < \infty$. Für alle natürlichen Zahlen m, n ist die Menge

$$A_n^m = \bigcap_{i=n}^{\infty} \left\{x \in A;\, \|f_i(x) - f(x)\| < \frac{1}{m}\right\} = \bigcap_{i=n}^{\infty} (f_i - f)^{-1}\left(K\left(\Theta, \frac{1}{m}\right)\right)$$

aufgrund der Sätze 17.14 und 17.15 meßbar. Für feste m gilt $A_n^m \subseteq A_{n+1}^m$. Die Menge $A^m = \bigcup_{n=1}^{\infty} A_n^m$ besitzt als Teilmenge von A ein endliches Maß. Folglich existiert nach Satz 17.2 zu jedem m und zu allen $\delta > 0$ ein Index $n_0(m)$ mit der Eigenschaft $\mu\,(A^m \setminus A^m_{n_0(m)}) < \frac{\delta}{2^m}$. Mit A_δ bezeichnen wir den Durchschnitt aller Mengen $A^m_{n_0(m)}$.

Die Folge (f_i) konvergiert auf der Menge A_δ gleichmäßig gegen f, weil von allen $x \in A_\delta$ und jeder natürlichen Zahl m die Ungleichung

$$||f_i(x) - f(x)|| < \frac{1}{m} \qquad \text{für } i \geqq n_0(m)$$

befriedigt wird. Für alle m ist $A \setminus A^m$ eine Nullmenge, denn für ein Element x_0 dieser Menge gilt $||f_i(x_0) - f(x_0)|| \geqq \frac{1}{m}$ für unendliche viele Indizes i, so daß $A \setminus A^m$ eine Teilmenge der Nullmenge ist, auf der die Folge (f_i) nicht gegen f konvergiert. Dann gilt

$$\mu\,(A \setminus A^m_{n_0(m)}) = \mu\,(A \setminus A^m) + \mu\,(A^m \setminus A^m_{n_0(m)}) < \frac{\delta}{2^m}.$$

Für das Maß von $A \setminus A_\delta$ findet man

$$\mu\,(A \setminus A_\delta) = \mu\left(\bigcup_{m=1}^{\infty} (A \setminus A^m_{n_0(m)})\right) \leqq \sum_{m=1}^{\infty} \mu\,(A \setminus A^m_{n_0(m)}) < \delta\,,$$

womit die Behauptung bewiesen ist.

Auf weitere Einzelheiten, insbesondere auf interessante Strukturaussagen und andere Konvergenzbegriffe für meßbare Funktionen gehen wir nicht ein. Wir verweisen dazu auf die Literatur, die in der Einführung von § 17 genannt wurde.

AUFGABEN

17.20. Zwei stetige Funktionen von R^n in F, die bezüglich des Lebesgue-Maßes fast überall gleich sind, sind identisch.

17.21. Eine Funktion $f\colon R^n \to R$ ist genau dann Lebesgue-meßbar, wenn mindestens eine der folgenden vier Mengen:

$$\{x \in R^n\,; f(x) < a\}\,, \qquad \{x \in R^n\,; f(x) \leqq a\}\,,$$
$$\{x \in R^n\,; f(x) > a\}\,, \qquad \{x \in R^n\,; f(x) \geqq a\}\,,$$

für alle $a \in R$ Lebesgue-meßbar ist. Man beweise dies und untersuche, ob die Behauptung richtig bleibt, wenn a nur rational ist.

17.22. Man zeige, daß eine (bezüglich m) fast überall stetige Funktion $f\colon R^n \to R$ Lebesgue-meßbar ist.

17.23. Man zeige, daß die Komposition meßbarer Funktionen i. a. nicht meßbar ist.

17.24. Es seien $f\colon X \to R$ und $g\colon X \to R$ meßbare Funktionen. Man untersuche, ob die Mengen

$$\{x \in X; f(x) < g(x)\}\,, \qquad \{x \in X; f(x) \leqq g(x)\}\,,$$
$$\{x \in X; f(x) > g(x)\}\,, \qquad \{x \in X; f(x) \geqq g(x)\}$$

und die Funktionen $\sup\,(f, g)$ und $\inf\,(f, g)$ meßbar sind.

17.25. Es sei (f_n) eine Folge meßbarer Funktionen $f_n: X \to \boldsymbol{R}$. Man untersuche, ob die erweitert reellwertigen Funktionen $\overline{\lim_{n\to\infty}} f_n$ und $\underline{\lim_{n\to\infty}} f_n$ meßbar sind.

17.26. Man beweise den Satz von EGOROW für den Fall meßbarer Funktionen $f_n: X \to \overline{\boldsymbol{R}}$ und $f: X \to \overline{\boldsymbol{R}}$, die fast überall endlich sind.

§ 18. Grenzfunktionen von Intervallfunktionen

Wir führen im Abschnitt 18.1 den Grenzwert einer Intervallfunktion φ in einem Punkt x als den Ausdruck

$$\varphi_g(x) = \lim_{k\to\infty} \varphi(I_k)$$

ein, wobei (I_k) eine beliebige, gegen x strebende Intervallfolge ist, und studieren die Eigenschaften der Grenzfunktion φ_g. Beispielsweise ist die Ableitung $D\,\varphi(x)$ der Intervallfunktion φ in dem Punkt x ein solcher Grenzwert, denn man setzt $D\,\varphi(x) = \psi_g(x)$ mit $\psi(I) = \frac{\varphi(I)}{m(I)}$. Von besonderem Interesse sind Intervallfunktionen, welche die sogenannte M-Eigenschaft aufweisen (siehe M. TASCHE [1]). Für deren Grenzfunktionen gelingt es im Abschnitt 18.4, einen Zwischenwertsatz aufzustellen, der in § 19 angewandt wird. Die Menge der Intervallfunktionen mit der M-Eigenschaft enthält alle Intervallfunktionen ψ der Form $\psi(I) = \frac{\varphi(I)}{m(I)}$, wobei φ eine additive Intervallfunktion ist. Für solche Intervallfunktionen ψ bewies L. MIŠIK [2] einen Zwischenwertsatz, den wir hier als Folgerung allgemeinerer Aussagen wiederfinden.

Es ist bekannt, daß eine reelle Funktion endlicher Variation fast überall differenzierbar ist. Dagegen braucht eine additive reellwertige Intervallfunktion endlicher Variation an keiner Stelle eine Ableitung zu besitzen. Deshalb beschränkt man sich auf die reguläre Ableitung, die im Unterschied zur Ableitung nur die regulär konvergierenden Intervallfolgen bei der Bildung des Grenzwertes berücksichtigt, und beweist dann die Existenz dieser regulären Ableitung überall mit Ausnahme einer LEBESGUE-Nullmenge.

18.1. Definition der Grenzfunktion einer Intervallfunktion. In diesem Paragraphen sei $H \subset \boldsymbol{R}^n$ ein kompaktes Intervall mit $m(H) > 0$ und F ein reeller normierter Raum. Wir untersuchen eine Intervallfunktion φ, die jedem halboffenen Intervall $I \subset H$ einen Wert aus F zuordnet. Mit $\mathfrak{H}$ bezeichnen wir das System aller halboffenen Intervalle $I \subset H$.

Wir sagen, daß der Vektor $\varphi_g(a)$ der *Grenzwert der Intervallfunktion* $\varphi: \mathfrak{H} \to F$ im Punkte $a \in H$ ist, wenn für jede gegen a strebende Intervallfolge (I_k) aus $\mathfrak{H}$ die Folge $(\varphi(I_k))$ gegen $\varphi_g(a)$ konvergiert. Der Vektor $\varphi_z(a)$ heißt *zentraler Grenzwert der Intervallfunktion* $\varphi: \mathfrak{H} \to F$ im Punkte $a \in H$, wenn für jede Folge von *Würfeln* Q_k, die gegen a strebt, die Folge $(\varphi(Q_k))$ gegen $\varphi_z(a)$ konvergiert.

Bei einer reellwertigen Intervallfunktion $\varphi\colon \mathfrak{H} \to \boldsymbol{R}$ wollen wir unter $\overline{\varphi}_g(a)$ bzw. $\underline{\varphi}_g(a)$den *oberen* bzw. *unteren Grenzwert* von φ im Punkt $a \in H$ verstehen.[1]) Ist $\varphi\colon \mathfrak{H} \to \boldsymbol{F}$ eine beliebige Intervallfunktion, so sei $\underline{\varphi}_g(a) = \overline{\psi}_g(a)$, wobei die Intervallfunktion $\psi\colon \mathfrak{H} \to \boldsymbol{R}$ durch $\psi(I) = ||\varphi(I)||$ erklärt ist. Analog definiert man die Größen $\overline{\varphi}_z(a)$, $\underline{\varphi}_z(a)$ und $\overline{\varphi}_z(a)$.

Aus der Existenz des Grenzwertes $\varphi_g(a)$ ergibt sich die des zentralen Grenzwertes $\varphi_z(a)$ und die Gleichheit beider. Die Umkehrung gilt jedoch nur im Fall $n = 1$, wie aus dem folgenden Beispiel ersichtlich ist:

BEISPIEL

18.1. Für $n > 1$ betrachten wir die Intervallfunktion $\varphi\colon \mathfrak{H} \to \boldsymbol{R}$, welche jedem Intervall $I \in \mathfrak{H}$ den Regularitätsparameter $r(I)$ zuordnet. Es gilt $0 \leqq \varphi(I) \leqq 1$ für jedes Intervall $I \in \mathfrak{H}$. Der zentrale Grenzwert von φ existiert in jedem Punkt von H und hat den Wert 1. Dagegen ist der Grenzwert von φ nirgends in H vorhanden.

Existiert der Grenzwert (bzw. der zentrale Grenzwert) einer Intervallfunktion φ in allen Punkten von H, so können wir die *Grenzfunktion* $\varphi_g\colon H \to \boldsymbol{F}$ (bzw. die *zentrale Grenzfunktion* $\varphi_z\colon H \to \boldsymbol{F}$) betrachten.

18.1. *Ist die Grenzfunktion $\varphi_g\colon H \to \boldsymbol{F}$ oder $\varphi_z\colon H \to \boldsymbol{F}$ der Intervallfunktion $\varphi\colon \mathfrak{H} \to \boldsymbol{F}$ vorhanden, so ist diese* Lebesgue*-meßbar.*

Beweis. Wir nehmen an, daß die zentrale Grenzfunktion $\varphi_z\colon H \to \boldsymbol{F}$ existiert. Es sei H zunächst ein Würfel. Für jede natürliche Zahl k können wir endlich viele paarweise disjunkte halboffene Würfel $Q_{ik} \subset H$ $\bigl(i = 1, \ldots, i(k)\bigr)$ mit $d(Q_{ik}) < \frac{1}{k}$ angeben, so daß die Abschließung der Vereinigung $\bigcup_{i=1}^{i(k)} Q_{ik}$ gleich H ist. Dann erklären wir die Treppenfunktion $f_k\colon H \to \boldsymbol{F}$ durch die Formel

$$f_k(x) = \begin{cases} \varphi(Q_{ik}) & \text{für } x \in Q_{ik} \quad \bigl(i = 1, \ldots, i(k)\bigr)\,, \\ \Theta & \text{sonst}\,. \end{cases}$$

Für fast alle Punkte von H konvergiert die Folge (f_k) gegen die Funktion $\varphi_z\colon H \to \boldsymbol{F}$, die mithin Lebesgue-meßbar ist.

Ist H kein Würfel, so kann H als Vereinigung abzählbar vieler Würfel H_i, wobei $H_i^0 \cap H_k^0 = \emptyset$ für $i \neq k$ gilt, dargestellt werden. Es gibt für jedes i eine Lebesgue-meßbare Funktion $g_i\colon H_i \to \boldsymbol{F}$, die auf H_i fast überall gleich φ_z ist. Die Reihe der Lebesgue-meßbaren Funktionen $h_i\colon H \to \boldsymbol{F}$,

$$h_i(x) = \begin{cases} g_i(x) & \text{für } x \in H_i^0\,, \\ \Theta & \text{sonst}, \end{cases}$$

---

[1]) Es seien $\varphi\colon \mathfrak{H} \to \boldsymbol{R}$ und $a \in H$ gegeben. Für beliebige $\delta > 0$ bezeichne man mit $m_\delta(a)$ bzw. $M_\delta(a)$ die untere bzw. obere Grenze aller Werte $\varphi(I)$ für $I \subset H \cap K(a, \delta)$. Dann erklärt man den unteren bzw. oberen Grenzwert von φ durch

$$\underline{\varphi}_g(a) = \lim_{\delta \to 0} m_\delta(a)\,, \qquad \overline{\varphi}_g(a) = \lim_{\delta \to 0} M_\delta(a)\,.$$

konvergiert fast überall gegen $\varphi_z: H \to F$, so daß φ_z nach Satz 17.17 LEBESGUE-meßbar ist. Existiert φ_g, so ist φ_g LEBESGUE-meßbar, weil dann φ_z vorhanden und gleich φ_g ist. Die Behauptung ist bewiesen.

Spezielle Grenzfunktionen sind die Ableitungen von Intervallfunktionen, die wir jetzt einführen. Es sei $\varphi: \mathfrak{H} \to F$ eine beliebige Intervallfunktion. Für alle nichtleeren Intervalle $I \in \mathfrak{H}$ definieren wir die Intervallfunktion $\psi: \mathfrak{H} \to F$ als $\psi(I) = \frac{\varphi(I)}{m(I)}$. Weiterhin sei $\psi(\emptyset) = \Theta$. Wir sagen, daß die Intervallfunktion φ im Punkt $a \in H$ die *Ableitung* $D\,\varphi(a)$ besitzt, wenn der Grenzwert $\psi_g(a)$ existiert und $\psi_g(a) = D\,\varphi(a)$ gilt. Entsprechend wird die *zentrale Ableitung* $D_z\,\varphi(a)$ als $\psi_z(a)$ erklärt. Unter der Größe $\overline{\underline{D}}\,\varphi(a)$ wollen wir $\overline{\underline{\psi}}_g(a)$ verstehen. Im Fall einer reellwertigen Intervallfunktion φ ist die *obere Ableitung* durch $\overline{D}\,\varphi(a) = \overline{\psi}_g(a)$ und die *untere Ableitung* durch $\underline{D}\,\varphi(a) = \underline{\Psi}_g(a)$ erklärt. Entsprechend definiert man $\overline{D}_z\,\varphi(a)$, $\underline{D}_z\,\varphi(a)$ und $\overline{\underline{D}}_z\,\varphi(a)$. Als Folgerung aus dem Satz 18.1 ergibt sich die LEBESGUE-Meßbarkeit einer Ableitung.

18.2. *Existiert die Ableitung $D\varphi: H \to F$ (bzw. $D_z\varphi: H \to F$) der gegebenen Intervallfunktion $\varphi: \mathfrak{H} \to F$, so ist diese* LEBESGUE-*meßbar.*

AUFGABEN

18.1. Es sei $f: [0, 1] \to \boldsymbol{R}$ eine stetige Funktion und φ die Intervallfunktion, für die $\varphi((x, x + h]) = f(x + h) - f(x)$ gilt. Man beweise, daß f stetig differenzierbar ist und $f'(x) = D_g\,\varphi(x)$ gilt, falls $D_g\,\varphi$ existiert und stetig ist.

18.2. Es sei $f: [0, 1] \to \boldsymbol{R}$ eine stetige Funktion. Die Grenzfunktion φ_g der Intervallfunktion φ mit

$$\varphi((x, x + h]) = \frac{4}{h^2}\left(f(x) - 2f\left(x + \frac{h}{2}\right) + f(x + h)\right)$$

existiere und sei stetig. Man zeige, daß dann f zweimal differenzierbar ist und $f''(x) = \varphi_g(x)$ gilt.

18.3. Es sei $\varphi: \mathfrak{H} \to \boldsymbol{R}$ eine beliebige Intervallfunktion. Man zeige, daß die Funktionen $\overline{\varphi}_g$, $\underline{\varphi}_g$, $\overline{\varphi}_z$ und $\underline{\varphi}_z$ LEBESGUE-meßbar sind.

18.4. Es sei $\varphi: \mathfrak{H} \to F$ eine gegebene Intervallfunktion. Wenn für jede gegen den Punkt $a \in H^0$ strebende Folge von Würfeln Q_n mit dem Mittelpunkt a der Grenzwert der Folge $\left(\frac{\varphi(Q_n)}{m(Q_n)}\right)$ gleich $D_s\,\varphi(a)$ ist, heißt der Vektor $D_s\,\varphi(a)$ die *symmetrische Ableitung* von φ im Punkt a. Man zeige anhand von Beispielen die Unterschiede der drei Ableitungsbegriffe!

18.5. Es sei $\varphi: \mathfrak{H} \to \boldsymbol{R}_+$ eine additive Intervallfunktion. Man beweise, daß $D_z\,\varphi(a) = 0$ im Punkt $a \in H^0$ ist, wenn $D_s\,\varphi(a) = 0$ ist.

18.2. Hinreichendes Kriterium für die m-Stetigkeit additiver Intervallfunktionen. Ist bei einer additiven Intervallfunktion $\varphi: \mathfrak{H} \to F$ im Punkt $a \in H$ der Wert $\overline{\underline{D}}\,\varphi(a)$ endlich, so ist die Intervallfunktion φ in diesem Punkt a stetig. Wir wollen nun zeigen, daß die Intervallfunktion φ sogar m-stetig ist, wenn in H stets $\overline{\underline{D}}\,\varphi$ endlich ist. Dazu schicken wir einen Hilfssatz voraus. Wir betrachten für $n > 1$ in dem n-dimensionalen kompakten Intervall $H = [a_1, b_1] \times H'$ ein abgeschlossenes Intervall $S^1 = \{x_1\} \times H'$, wobei $a_1 < x_1 < b_1$ gilt. Für $\delta > 0$ mit $a_1 \leqq x_1 - \delta < x_1 + \delta \leqq b_1$ sei S^1_δ das Intervall $[x_1 - \delta, x_1 + \delta] \times H'$ (siehe Abb. 18.1).

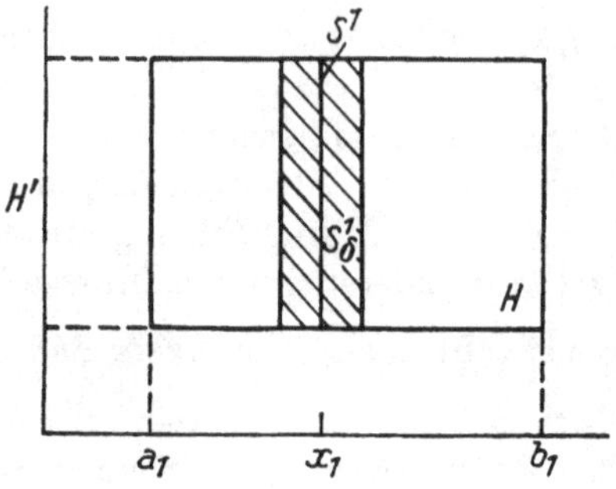

Abb. 18.1

18.3. *Ist die additive Intervallfunktion* $\varphi: \mathfrak{H} \to F$ *auf* S^1 *stetig und für alle Punkte von* S^1 *(mit Ausnahme von endlich oder abzählbar vielen)* $\overline{\underline{D}}\,\varphi$ *endlich, so gibt es zu jedem* $\varepsilon > 0$ *eine Zahl* $\delta > 0$, *so daß* $||\varphi(I)|| < \varepsilon$ *für ein beliebiges Intervall* $I \subseteq S^1_\delta$ *gilt.*

Beweis. Es sei $\varepsilon > 0$ beliebig vorgegeben. Ist x ein Punkt von S^1, für den $\overline{\underline{D}}\,\varphi(x)$ endlich ist, so gibt es eine offene Kugelumgebung des Punktes x, so daß

$$||\varphi(I)|| \leqq m(I)\,[\overline{\underline{D}}\,\varphi(x) + \varepsilon] \tag{18.1}$$

für jedes Intervall $I \subset U(x) \cap H$ und $x \in \bar{I}$ gilt. Es sei $\{z_i\}$ $(i = 1, 2, \ldots)$ die Menge der Punkte von S^1, in denen $\overline{\underline{D}}\,\varphi = \infty$ ist. Da φ nach Voraussetzung in diesen Punkten stetig ist, existiert zu jedem Punkt z_i eine solche offene Kugelumgebung $U(z_i)$, daß

$$||\varphi(I)|| \leqq 2^{-i-1}\,\varepsilon \tag{18.2}$$

für alle Intervalle $I \subset U(z_i) \cap H$ gilt. Das kompakte Intervall S^1 wird durch offene Kugelumgebungen überdeckt. Nach dem Satz 9.6 liegt S^1 bereits in der Vereinigung endlich vieler Kugelumgebungen $U_k = U(y_k)$ $(k = 1, \ldots, q)$. Wir setzen α gleich dem größten Durchmesser aller U_k, $\beta = \varepsilon + \max\{\overline{\underline{D}}\,\varphi(y_k) < \infty;\ k = 1, \ldots, q\}$ und $\gamma = \alpha^{n-1}\,\beta$.

Ist $I = (\bar{x}, \bar{y}]$ ein beliebiges Intervall aus $U_k \cap H$, so gilt wegen (18.1) entweder

$$||\varphi(I)|| \leqq n\,\gamma \max\{|\bar{x}_1 - x_1|, |\bar{y}_1 - x_1|\} \tag{18.3}$$

oder im Fall $y_k = z_i$ die Ungleichung (18.2). Nun sei $\delta \leqq \dfrac{\varepsilon}{2\,n\,q\,\gamma}$ eine derartige positive Zahl, daß S^1_δ sowohl in H als auch in der Vereinigung der q offenen Mengen U_k enthalten ist. Ein halboffenes Intervall $I \subset S^1_\delta$ kann in (höchstens q) paarweise disjunkte halboffene Teilintervalle I_j $(j = 1, \ldots, p)$ derart zerlegt werden, daß jedes Teilintervall in einer Umgebung U_k liegt. Dann ergibt sich wegen (18.2) und (18.3) die Abschätzung

$$||\varphi(I)|| \leqq ||\varphi(I_1)|| + \cdots + ||\varphi(I_p)|| < \varepsilon$$

für $I \subset S^1$.

Wir bemerken, daß die Behauptung dieses Hilfssatzes auch im Fall $S^1 = \{a_1\} \times H'$ bzw. $S^1 = \{b_1\} \times H'$ richtig bleibt, wenn man hier $S^1_\delta = [a_1, a_1 + \delta] \times H'$ bzw. $S^1_\delta = [b_1 - \delta, b_1] \times H'$ wählt.

18.4. *Ist die additive Intervallfunktion* $\varphi: \mathfrak{H} \to F$ *auf* H *stetig und überall mit Ausnahme von höchstens abzählbar vielen Punkten* $\overline{\underline{D}}\,\varphi$ *endlich, so ist die Intervallfunktion* φ *m-stetig auf* H.

Beweis. Während S^1_δ von der ersten Koordinate abhängt, kann der „Streifen" S_δ von irgendeiner der n Koordinaten gebildet werden. Aus dem Hilfssatz 18.3 und Satz 9.6 folgt, daß es zu jedem $\varepsilon > 0$ eine universelle Zahl $\delta > 0$ gibt, so daß für jeden „Streifen" $S_\delta \subseteq H$ die Relation $||\varphi(I)|| < \varepsilon$ für alle Intervalle $I \subset S_\delta$ gilt. Dann gibt aber auch $||\varphi(I)|| < \varepsilon$ für ein beliebiges Intervall $I \in \mathfrak{H}$ mit $m(I) < \delta^n$ weil I in einem gewissen „Streifen" S_δ liegen muß, womit der Beweis beendet ist.

AUFGABEN

18.6. Man zeige anhand des Beispiels 16.3, daß der Satz 18.4 nicht mehr gilt, wenn $\overline{\underline{D}}\varphi$ fast überall (bezüglich des LEBESGUE-Maßes) endlich ist.

18.7. Es sei $\varphi: \mathfrak{H} \to F$ eine additive m-stetige Intervallfunktion, die auf alle Elementarbereiche in der bekannten Weise fortgesetzt wird. Existiert dann zu jedem $\varepsilon > 0$ ein $\delta > 0$, so daß $||\varphi(A)|| < \varepsilon$ für jeden Elementarbereich $A \subset H$ mit $m(A) < \delta$ gilt?

18.3. *M*-Eigenschaft einer Intervallfunktion. Wir bilden aus einer gegebenen additiven Intervallfunktion $\psi: \mathfrak{H} \to F$ die Intervallfunktion $\varphi: \mathfrak{H} \to F$,

$$\varphi(I) = \frac{\psi(I)}{m(I)} \quad \text{für } I \neq \emptyset\,, \tag{18.4}$$

und zerlegen ein beliebiges nichtleeres Intervall $I \in \mathfrak{H}$ in p^n kongruente paarweise disjunkte Teilintervalle $I_k \in \mathfrak{H}$ $(k = 1, \ldots, p^n)$ mit $d(I_k) = \frac{1}{p}\, d(I)$, wobei $p \geqq 3$ eine natürliche Zahl ist. Mindestens ein Teilintervall liegt dann im Innern von I. Der Wert $\varphi(I)$ ergibt sich als eine konvexe Linearkombination aller $\varphi(I_k)$:

$$\varphi(I) = \frac{1}{p^n} \sum_{k=1}^{p^n} \varphi(I_k)\,. \tag{18.5}$$

Die Eigenschaft (18.5), die wir zunächst etwas verallgemeinern, wird im folgenden wesentlich ausgenutzt.

Es sei $\varphi: \mathfrak{H} \to F$ eine beliebige Intervallfunktion. Wir sagen, daß die Intervallfunktion φ die *M-Eigenschaft* besitzt, wenn es für jedes nichtleere Intervall $I \in \mathfrak{H}$ eine Zerlegung in endlich viele nichtleere Teilintervalle $I_k \in \mathfrak{H}$ $(k = 1, \ldots, q)$ mit $d(I_k) \leqq \frac{1}{2}\, d(I)$ gibt, so daß die Darstellung

$$\varphi(I) = \sum_{k=1}^{q} \lambda_k\, \varphi(I_k) \tag{18.6}$$

mit nichtnegativen Zahlen λ_k, deren Summe gleich Eins ist, gilt. Dabei können sowohl die Art der Zerlegung als auch die Zahlen λ_k von dem Intervall I und der Intervallfunktion φ abhängen. Erfüllt φ die Bedingung (18.6) stets mit positiven Zahlen λ_k, so sagen wir, daß φ die *M_+-Eigenschaft* besitzt. Außer der am Anfang erwähnten Intervallfunktion (18.4) erfüllen noch andere Intervallfunktionen die M-Eigenschaft.

BEISPIEL

18.2. Es sei $H \subset \boldsymbol{R}$ ein kompaktes Intervall mit $m(H) > 0$ und $f: H \to F$ eine gegebene Funktion. Für die Intervallfunktion $\varphi: \mathfrak{H} \to F$, welche jedem nichtleeren Intervall $I = (x, x + h] \in \mathfrak{H}$ bei einer festen natürlichen Zahl p den Vektor

$$\varphi(I) = \frac{(-p)^p}{h^p} \sum_{k=0}^{p} (-1)^k \binom{p}{k} f\left(x + \frac{k}{p}\, h\right)$$

zuordnet, gilt

$$\varphi(I) = \sum_{k=0}^{p} \lambda_k \varphi(I_k),$$

wobei $I_k = \left(x + \frac{k}{2p} h,\ x + \frac{k+p}{2p} h\right]$ und $\lambda_k = \frac{1}{2^p} \binom{p}{k}$ sind. Offensichtlich ist $\lambda_0 + \lambda_1 + \cdots + \lambda_p = 1$.

Wir betrachten zwei Intervallfunktionen $\varphi: \mathfrak{H} \to F$ und $\psi: \mathfrak{H} \to F$ und sagen, daß φ und ψ die *gleiche M-Eigenschaft* besitzen, wenn die beiden Intervallfunktionen die Bedingung (18.6) für dieselbe Zerlegung mit denselben Größen λ_k befriedigen. Konstruieren wir beispielsweise zu zwei additiven Intervallfunktionen die zugehörigen Intervallfunktionen (18.4), so haben diese wegen (18.5) die gleiche M-Eigenschaft.

18.5. *Es mögen die Intervallfunktionen $\varphi: \mathfrak{H} \to F$ und $\psi: \mathfrak{H} \to F$ die gleiche M-Eigenschaft haben, α eine reelle Zahl und c ein Element aus F sein. Dann besitzen die Intervallfunktionen $\alpha\varphi$, $\varphi + c$ und $\varphi + \psi$ die M-Eigenschaft.*

Der Beweis ergibt sich direkt aus der Definition.

Im folgenden untersuchen wir reellwertige Intervallfunktionen $\varphi: \mathfrak{H} \to \boldsymbol{R}$ mit der M-Eigenschaft, deren Grenzfunktion $\varphi_g: H \to \boldsymbol{R}$ existiert. Für solche Intervallfunktionen gilt der grundlegende Satz:

18.6. *Existiert die Grenzfunktion $\varphi_g: H \to \boldsymbol{R}$ der Intervallfunktion $\varphi: \mathfrak{H} \to \boldsymbol{R}$, welche die M-Eigenschaft besitzt, und ist $\varphi_g(x) \geqq 0$ für jeden Punkt $x \in H$, so gilt $\varphi(I) \geqq 0$ für jedes nichtleere Intervall $I \in \mathfrak{H}$. Erfüllt φ die M_+-Eigenschaft und gibt es außerdem in I einen Punkt a, in dem $\varphi_g(a) > 0$ gilt, dann ist $\varphi(I) > 0$.*

Beweis. Es sei I_0 ein beliebiges nichtleeres Intervall aus $\mathfrak{H}$. Angenommen, daß $\varphi(I_0) < 0$ gilt. Nach Voraussetzung gibt es eine Zerlegung von I_0 in endlich viele nichtleere Teilintervalle $I_{0k} \in \mathfrak{H}$ $(k = 1, \ldots, q_0)$ mit $d(I_{0k}) \leqq \frac{1}{2} d(I_0)$, so daß die Gleichung

$$0 > \varphi(I_0) = \sum_{k=1}^{q_0} \lambda_{0k} \varphi(I_{0k})$$

für nichtnegative Zahlen λ_{0k} mit $\sum_{k=1}^{q_0} \lambda_{0k} = 1$ erfüllt ist. Folglich existiert ein solcher Index k, daß für $I_1 = I_{0k}$ die Relationen $d(I_1) \leqq \frac{1}{2} d(I_0)$ und $\varphi(I_0) \geqq \geqq \varphi(I_1)$ bestehen.

Mit I_1 können wir jetzt genauso wie mit I_0 verfahren usf. Wir erhalten auf diese Weise eine Folge ineinandergeschachtelter nichtleerer Intervalle I_m $(m = 0, 1, \ldots)$, deren Durchmesser $d(I_m)$ gegen Null streben und für die

$$0 > \varphi(I_0) \geqq \varphi(I_1) \geqq \cdots \geqq \varphi(I_m) \geqq \varphi(I_{m+1}) \geqq \cdots$$

gilt. Nach Satz 9.3 enthält der Durchschnitt aller Intervalle $\overline{I}_m$ nur einen einzigen Punkt $x_0 \in H$. Die Intervallfolge (I_m) strebt gegen x_0. Da nach Voraussetzung der Grenzwert $\varphi_g(x_0)$ vorhanden ist, gilt $0 > \varphi(I_0) \geqq \varphi_g(x_0)$, was ein Widerspruch ist. Damit ist der erste Teil unserer Behauptung gezeigt.

Es seien nun die in der Formel (18.6) vorkommenden Zahlen λ_k stets positiv wählbar. Gibt es im Intervall $\overline{I}_0$ einen Punkt a mit $\varphi_g(a) > 0$, so können wir zu einem genügend kleinen $\varepsilon > 0$ eine solche offene Kugelumgebung $U(a)$ des Punktes a angeben, daß $\varphi(I) \geqq \varphi_g(a) - \varepsilon > 0$ für jedes nichtleere halboffene Intervall $I \subset U(a) \cap H$ gilt. Durch ein entsprechendes Vorgehen wie oben kommen wir zu dem Ergebnis, daß $\varphi(I_0) \geqq \lambda\, \varphi(I) > 0$ gelten muß, wobei $\lambda > 0$ und $I \subset U(a) \cap I_0$ ist. Unser Beweis ist beendet.

Wenn die Intervallfunktion φ nur die M-Eigenschaft besitzt, so kann $\varphi(I) = 0$ sein, obwohl die Grenzwerte $\varphi_g(x) \geqq 0$ nicht sämtlich verschwinden.

BEISPIEL

18.3. Es sei $H = [0, 1]$. Die auf $\mathfrak{H}$ erklärte Intervallfunktion φ,

$$\varphi(I) = \begin{cases} 1 & \text{für alle } I = (x, 1] \text{ mit } 0 < x < 1\,, \\ 0 & \text{sonst}\,, \end{cases}$$

besitzt die Grenzfunktion φ_g,

$$\varphi_g(x) = \begin{cases} 1 & \text{für } x = 1\,, \\ 0 & \text{sonst.} \end{cases}$$

Wie man sich überzeugt, sind die Voraussetzungen des Satzes 18.6 erfüllt. Aber es gilt $\varphi\big((0, 1]\big) = 0$ und $\varphi_g(x) \geqq 0$, $\varphi_g(1) = 1$.

In dem Fall einer additiven Intervallfunktion $\psi\colon \mathfrak{H} \to \boldsymbol{R}$, deren Ableitung überall in H existiert und nichtnegativ ist, folgt aus Satz 18.6, daß $\psi(I) \geqq 0$ für alle $I \in \mathfrak{H}$ gilt. Diese Monotonieaussage kann weitgehend verallgemeinert werden:

18.7. Es sei $\varphi : \mathfrak{H} \to \boldsymbol{R}$ eine additive stetige Intervallfunktion, deren Ableitung $D\psi$ überall in H mit Ausnahme von höchstens abzählbar vielen Punkten z_i $(i = 1, 2, \ldots)$ existiert und fast überall in H nichtnegativ ist. Dann gilt $\varphi(I) \geqq 0$ für alle $I \in \mathfrak{H}$.

Beweis. Aus Satz 18.4 folgt die m-Stetigkeit von φ. Es sei $\varepsilon > 0$ eine beliebig vorgegebene Zahl und $I_0 = (a, b]$ ein festes nichtleeres Intervall aus $\mathfrak{H}$. Die Menge $N_j = \{x \in H;\ -j \leqq D\varphi(x) < -j + 1\}$ $(j = 1, 2, \ldots)$ besitzt das LEBESGUE-Maß Null und läßt sich deshalb von nichtleeren offenen Intervallen I_{jk} $(k = 1, 2, \ldots)$ mit $\sum\limits_{k=1}^{\infty} j\, m(I_{jk}) < 2^{-j}\varepsilon$ überdecken. Mit N bezeichnen wir die LEBESGUE-Nullmenge $\bigcup\limits_{j=1}^{\infty} N_j \cup Z$ mit $Z = \{z_1, z_2, \ldots\}$.

Wir betrachten die Menge X aller Punkte $x \in \overline{I}_0$ mit der Eigenschaft, daß für alle y mit $a \leqq y < x$ [1]) die Ungleichung

$$\varphi(I_y) + \varepsilon\, m(I_y) + \sum_{j,k} j\, m\,(I_{jk} \cap I_y) + \sum_{z_i < y} 2^{-i}\varepsilon \geqq 0$$

---

[1]) In $\boldsymbol{R}^n$ wird durch die Festsetzung $a = (a_1, \ldots, a_n) \leqq b = (b_1, \ldots, b_n)$, falls $a_k \leqq b_k$ für $k = 1, \ldots, n$ gilt, eine Halbordnung eingeführt (siehe Beispiel 2.5).

erfüllt ist, wobei $I_y = (a, y]$ ist. Offensichtlich ist $a \in X$. Weiterhin folgt aus $x \in X$ und $a < y < x$ stets $y \in X$. Dann existiert ein Punkt $c \in H$, für den alle $x \in H$ mit $x < c$ in X liegen und alle $x \in \boldsymbol{R}^n$ mit $x > c$ nicht in X enthalten sind. Aufgrund der m-Stetigkeit von φ gehört c zu X, so daß $[a, c] \subseteq X$ und

$$\varphi(I_c) + \varepsilon\, m(I_c) + \sum_{j,k} j\, m\, (I_{jk} \cap I_c) + \sum_{z_i < c} 2^{-i}\, \varepsilon \geqq 0 \tag{18.7}$$

ist. Wir zeigen nun, daß $c = b$ sein muß.

Angenommen, daß $c < b$ und insbesondere $c_1 < b_1$ ist. Wir betrachten die Punkte des kompakten Intervalls $I' = [a', c]$, wobei $a' = (c_1, a_2, \ldots, a_n)$ gilt. Zu jedem Punkt $x \in I' \setminus N$ existiert eine Umgebung $U(x)$ mit

$$|\varphi(I) - D\,\varphi(x)\, m(I)| \leqq \varepsilon\, m(I)$$

für alle $I \subset U(x) \cap H$ und $x \in \overline{I}$. Folglich gilt

$$\varphi(I) + \varepsilon\, m(I) \geqq 0\,. \tag{18.8}$$

Ein Punkt $x \in I' \cap N_j$ ist in einem gewissen Intervall I_{jk} enthalten. Es gibt eine Umgebung $V(x)$ mit

$$|\varphi(I) - D\,\varphi(x)\, m(I)| \leqq \varepsilon\, m(I)$$

für alle $I \subset V(x) \cap H \cap I_{jk}$ und $x \in \overline{I}$, so daß

$$\varphi(I) + \varepsilon\, m(I) + j\, m(I) \geqq 0 \tag{18.9}$$

ist. Falls der Punkt $x \in I'$ gleich z_i ist, kann man eine Umgebung $W(x)$ mit

$$|\varphi(I)| \leqq 2^{-i}\, \varepsilon$$

für alle $I \subset W(x) \cap H$ angeben. Folglich gilt

$$\varphi(I) + 2^{-i}\, \varepsilon \geqq 0. \tag{18.10}$$

Nach Satz 9.6 läßt sich das Intervall I' von endlich vielen dieser Umgebungen überdecken, in deren Vereinigung das Intervall $[a', c']$ mit $c' = (c_1 + \lambda, c_2, \ldots, c_n)$ $(\lambda > 0)$ enthalten ist. Aus (18.7)–(18.10) erhalten wir

$$\varphi(I_{c'}) + \varepsilon\, m(I_{c'}) + \sum_{j,k} j\, m\, (I_{jk} \cap I_{c'}) + \sum_{z_i < c'} 2^{-i}\, \varepsilon \geqq 0\,,$$

was wegen $c' > c$ der Wahl von c widerspricht. Folglich ist $c = b$ und

$$\varphi(I_0) + \varepsilon\big(m(I_0) + 2\big) \geqq 0\,.$$

Da $\varepsilon > 0$ beliebig ist, haben wir den Satz bewiesen.

AUFGABEN

18.8. Man weise die M-Eigenschaft der Intervallfunktion des Beispiels 18.2 nach!

18.9. Es sei f eine reelle n-mal stetig differenzierbare Funktion. Man bilde aus f die Intervallfunktion φ des Beispiels 18.2 und zeige, daß die Grenzfunktion φ_g existiert und mit der n-ten Ableitung $f^{(n)}$ übereinstimmt.

18.10. Es sei $H \subset \boldsymbol{R}$ und $f\colon H \to \boldsymbol{R}$ eine stetige Funktion, für die die Grenzwerte

$$\lim_{h \to 0} \frac{f(x+h) - 2f(x) + f(x-h)}{h^2}$$

in allen Punkten $x \in H^0$ existieren und nichtnegativ sind. Man zeige, daß dann für je zwei Punkte x und x' aus H die Ungleichung

$$f\left(\frac{x+x'}{2}\right) \leqq \frac{f(x) + f(x')}{2}$$

gilt.

18.11. Es sei $\varphi\colon \mathfrak{H} \to \boldsymbol{R}$ eine additive m-stetige Intervallfunktion endlicher Variation, für die $D_s\,\varphi(x) \geqq 0$ für alle $x \in H^0$ gilt. Man zeige, daß $\varphi(I) \geqq 0$ für jedes $I \in \mathfrak{H}$ gilt. Diese Aussage gilt nicht, wenn φ nur stetig ist.

18.4. Zwischenwertsatz für Grenzfunktionen. Wir sagen, daß eine Funktion $f\colon H \to \boldsymbol{R}$ die *Zwischenwert-* oder DARBOUX-*Eigenschaft* besitzt, wenn für je zwei Punkte x und x' aus H und für jede reelle Zahl α mit $(f(x) - \alpha)\,(f(x') - \alpha) < 0$ ein Punkt $y \in H^0$ mit $f(y) = \alpha$ existiert. Im folgenden untersuchen wir, ob Grenzfunktionen reellwertiger Intervallfunktionen die Zwischenwerteigenschaft besitzen. Wie wir bereits am Beispiel 18.3 erkennen, braucht die Grenzfunktion einer Intervallfunktion mit der M-Eigenschaft die DARBOUX-Eigenschaft nicht zu haben. Deshalb sind wir gezwungen, stärkere Forderungen als die M-Eigenschaft an die Intervallfunktion zu stellen.

Wir sagen, daß die auf $\mathfrak{H}$ erklärte Intervallfunktion φ die *strenge M-Eigenschaft* besitzt, wenn es eine feste Zahl $\mu > 0$ gibt, so daß sich jedes nichtleere Intervall $I \in \mathfrak{H}$ derart in bezüglich I ähnliche[1]) Teilintervalle $I_k \in \mathfrak{H}$ $(k = 1, \ldots, q)$ mit $d(I_k) \leqq \frac{1}{2}\,d(I)$, von denen mindestens eins im Innern von I liegt, zerlegen läßt (siehe Abb. 18.2), daß die Darstellung (18.6) mit Zahlen $\lambda_k \geqq \mu > 0$ und $\sum_{k=1}^{q} \lambda_k = 1$ möglich ist. Es ist klar, daß eine Intervallfunktion mit der strengen M-Eigenschaft auch die M-Eigenschaft mit positiven Zahlen λ_k befriedigt. Die Intervallfunktion (18.4) und die des Beispiels 18.2 besitzen die strenge M-Eigenschaft. Dagegen besitzt die Intervallfunktion des Beispiels 18.3 die strenge M-

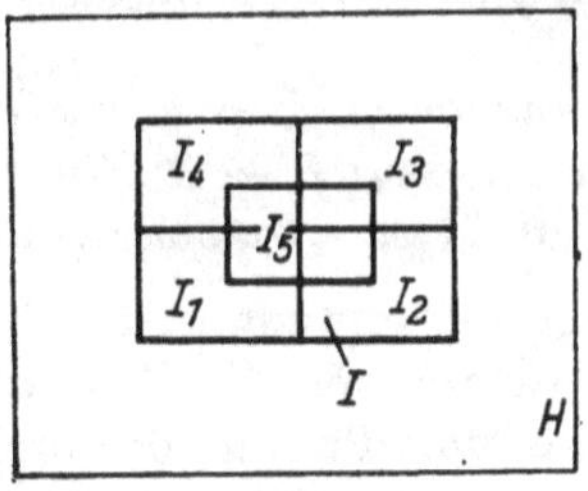

Abb. 18.2

[1]) Zwei n-dimensionale Intervalle $I = (a, b]$ und $I' = (a', b']$ heißen ähnlich, wenn eine Zahl $\alpha > 0$ mit $b - a = \alpha\,(b' - a')$ existiert.

Eigenschaft nicht. Wir werden nun zeigen, daß die Grenzfunktion einer Intervallfunktion mit der strengen M-Eigenschaft die Zwischenwerteigenschaft besitzt. Dazu benötigen wir einige Hilfssätze.

18.8. *Für die Intervallfunktion $\varphi : \mathfrak{H} \to \boldsymbol{R}$ mit der strengen M-Eigenschaft existiere die zentrale Grenzfunktion φ_z: $H \to \boldsymbol{R}$. Gilt $\varphi_z(x) \geqq 0$ $\big($bzw. $\varphi_z(x) \leqq 0\big)$ für jeden Punkt $x \in H^0$, so ist $\varphi_z(x) \geqq 0$ $\big($bzw. $\varphi_z(x) \leqq 0\big)$ für alle $x \in H \setminus H^0$.*

Beweis. Es genügt, die erste Behauptung zu zeigen, weil die andere eine Folgerung aus dieser ist. Gilt $\varphi(Q) \geqq 0$ für jeden Würfel $Q \in \mathfrak{H}$, so ist nichts zu beweisen. Wir nehmen deshalb an, daß $\varphi(Q_0) < 0$ für einen gewissen Würfel $Q_0 \in \mathfrak{H}$ ist. Die Intervallfunktion φ: $\mathfrak{H} \to \boldsymbol{R}$ erfüllt nach Voraussetzung die strenge M-Eigenschaft. Folglich gilt die Gleichung (18.6) für eine gewisse Zerlegung von Q_0 in Teilwürfel Q_{0k} mit $d(Q_{0k}) \leqq \frac{1}{2} d(Q_0)$ $(k = 1, \ldots, q_0)$, wobei φ auf den Teilwürfeln, die im Innern von Q_0 liegen, nichtnegative Werte annimmt, weil anderenfalls $\varphi_z(a) < 0$ für einen gewissen Punkt $a \in H^0$ gelten würde. Wir können also in dieser Zerlegung von Q_0 einen Würfel Q_1 finden, für den

$$0 > \varphi(Q_0) = \sum_{k=1}^{q_0} \lambda_k \, \varphi(Q) \geqq (1 - \mu) \, \varphi(Q_1) \, ,$$

d. h.

$$0 > \nu \, \varphi(Q_0) \geqq \varphi(Q_1)$$

mit $\nu = \dfrac{1}{1 - \mu} > 1$ gilt.

Verfahren wir nun mit Q_1 genauso wie mit Q_0 usw., so erhalten wir eine Folge ineinandergeschachtelter nichtleerer Würfel $Q_m \in \mathfrak{H}$ $(m = 0, 1, \ldots)$, deren Durchmesser $d(Q_m)$ gegen Null streben, mit

$$0 > \nu \, \varphi(Q_m) \geqq \varphi(Q_{m+1}) \, . \tag{18.11}$$

Nach Satz 9.3 besteht der Durchschnitt aller Würfel $\overline{Q}_m$ aus genau einem Punkt $x_0 \in H$, gegen den die Folge (Q_m) strebt. Wegen (18.11) konvergiert die Folge $(\varphi(Q_m))$ gegen $-\infty$, was aber unserer Voraussetzung widerspricht. Somit existiert in H kein Würfel Q mit $\varphi(Q) < 0$ und für jeden Punkt $x \in H$ gilt $\varphi_z(x) \geqq 0$.

18.9. *Für die Intervallfunktion $\varphi : \mathfrak{H} \to \boldsymbol{R}$ mit der strengen M-Eigenschaft existiere die zentrale Grenzfunktion φ_z: $H \to \boldsymbol{R}$. Gilt für jeden Punkt $x \in H^0$ entweder $\varphi_z(x) > 0$ oder $\varphi_z(x) < 0$, so ist φ_z entweder positiv oder negativ in H^0.*

Beweis. Angenommen, die Behauptung ist falsch. Dann gibt es wenigstens zwei Punkte a und a' im Innern von H mit $\varphi_z(a) > 0$ und $\varphi_z(a') < 0$. Wir können dabei annehmen, daß diese Punkte die Form $a = (a_1, \ldots, a_i, \ldots, a_n)$ und $a' = (a_1, \ldots, a_{i-1}, a_i', a_{i+1}, \ldots, a_n)$ mit $a_i < a_i'$ haben. Denn falls $a = (a_1, \ldots, a_n)$ und $a' = (a_1', \ldots, a_n')$ ist, betrachten wir die $(n + 1)$ Punkte $b_i = (a_1, \ldots a_i, a_{i+1}', \ldots, a_n')$ $(i = 0, 1, \ldots, n)$, für die es aufgrund der Voraussetzung einen Index $i < n$ mit $\varphi_z(b_i) < 0$ und $\varphi_z(b_{i+1}) > 0$ gibt.

Wir werden nun eine Folge von Würfeln $Q_k \in \mathfrak{H}$ $(k = 1, 2, \ldots)$ konstruieren, die folgende Eigenschaften besitzt:

$$1.\quad \overline{Q}_1 \subset H^0\,, \qquad \overline{Q_{k+1}} \subset Q_k^0\;;$$

$$2.\quad d(Q_k) < \frac{1}{k}\;;$$

$$3.\quad \varphi(Q_{2k-1}) > 0\,, \qquad \varphi(Q_{2k}) < 0\,.$$

Existiert eine solche Folge von Würfeln, so können wir den Punkt $x_0 \in \bigcap_{k=1}^{\infty} \overline{Q_k}$ im Innern von H betrachten, für den aufgrund der dritten Eigenschaft der Würfelfolge $\varphi_z(x_0) = 0$ im Widerspruch zur Voraussetzung ist. Um den Beweis zu vollenden, müssen wir die Existenz einer solchen Folge (Q_k) nachweisen.

a) *Konstruktion des Würfels* Q_1: Wir bilden für $\sigma > 0$ die Würfel $Q_\sigma = [a_1 - \sigma, a_1 + \sigma] \times \cdots \times [a_{i-1} - \sigma, a_{i-1} + \sigma] \times [a_i, a_i + 2\,\sigma] \times [a_{i+1} - \sigma, a_{i+1} + \sigma] \times \cdots \times [a_n - \sigma, a_n + \sigma]$, die in H enthalten sind und für die $\varphi_z(x) > 0$ in allen Punkten x des Innern von Q_σ gilt. Gibt es keinen solchen Würfel, so setzen wir $x_1 = a$.

Es sei Q_{σ_0} die Abschließung der Vereinigung sämtlicher Würfel Q_σ. Wir können ohne Beschränkung der Allgemeinheit annehmen, daß Q_{σ_0} im Innern von H liegt. Denn falls Q_{σ_0} Randpunkte von H enthält, so wiederholen wir den obigen Vorgang, indem wir aber den Punkt $a = (a_1, \ldots, a_i, \ldots, a_n)$ durch den Punkt $a^{(1)} = (a_1, \ldots, a_{i-1}, a_i + \sigma_0, a_{i+1}, \ldots, a_n)$ ersetzen, und konstruieren einen Würfel $Q^1_{\sigma_{01}}$ (siehe Abb. 18.3). Liegen auch in $Q^1_{\sigma_{01}}$ noch Randpunkte von H, so muß $\sigma_{01} = \sigma_0$ sein und wir wiederholen das Verfahren, indem wir jetzt von dem Punkt $a^{(2)} = (a_1, \ldots, a_{i-1}, a_i + 2\,\sigma_0, a_{i+1}, \ldots, a_n)$ ausgehen. Nach höchstens endlich vielen Schritten kommen wir zu einem Würfel, der im Innern von H liegt, weil $\varphi_z(a') < 0$ ist.

Da $\varphi_z(x) > 0$ für alle Punkte $x \in Q^0_{\sigma_0}$ gilt, ist $\varphi_z(x) \geqq 0$ für jedes $x \in Q_{\sigma_0}$ nach Hilfssatz 18.8. Der Fall $\varphi_z(x) = 0$ für einen Punkt $x \in Q_{\sigma_0}$ ist nach Voraussetzung ausgeschlossen. Folglich ist $\varphi_z(x) > 0$ für alle Punkte $x \in Q_{\sigma_0}$.

Da Q_{σ_0} im Innern von H liegt, gibt es einen Punkt $x_1 \in Q_{\sigma_0}$, der Häufungspunkt der Menge $\{y; \varphi_z(y) < 0\}$ ist. Wegen $\varphi_z(x_1) > 0$ existiert ein Würfel Q_1 mit $\overline{Q}_1 \subset H^0$ und $d(Q_1) < 1$, der x_1 als inneren Punkt enthält und für den $\varphi(Q_1) > 0$

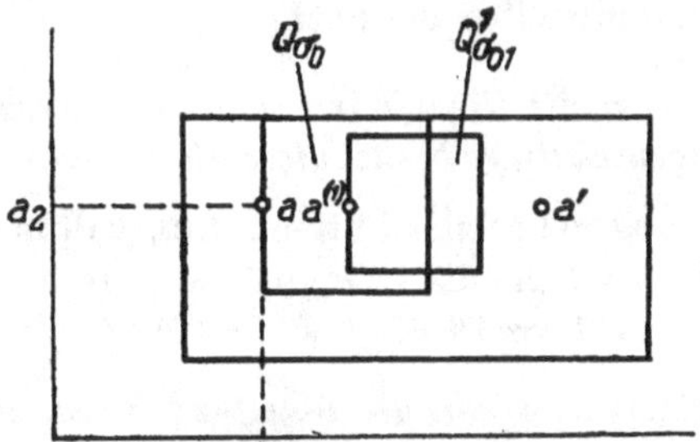

Abb. 18.3

gilt. Im Innern von Q_1 liegen auch Punkte, in denen φ_z negativ ist. Folglich existieren zwei innere Punkte b und b' von Q_1 mit $\varphi_z(b) > 0$ und $\varphi_z(b') < 0$. Wir können annehmen, daß diese Punkte die Form $b = (b_1, \ldots, b_j, \ldots, b_n)$ und $b' = (b_1, \ldots, b_{j-1}, b_j', b_{j+1}, \ldots, b_n)$ mit $b_j < b_j'$ haben.

b) *Konstruktion des Würfels* Q_2: Wir haben im Innern von Q_1 zwei Punkte b und b' mit $\varphi_z(b) > 0$ und $\varphi_z(b') < 0$ gefunden. Nun betrachten wir für $\tau > 0$ die Würfel $Q_\tau' = [b_1 - \tau, b_1 + \tau] \times \cdots \times [b_{j-1} - \tau, b_{j-1} + \tau] \times [b_j' - 2\tau, b_j'] \times [b_{j+1} - \tau, b_{j+1} + \tau] \times \cdots \times [b_n - \tau, b_n + \tau]$, die in Q_1 liegen und für die $\varphi_z(x) < 0$ in allen Punkten $x \in Q_\tau'^0$ gilt. Existiert kein solcher Würfel, so setzen wir $x_2 = b'$.

Es sei Q_{τ_0}' die Abschließung der Vereinigung sämtlicher Würfel Q_τ'. Aufgrund der Voraussetzung und wegen Hilfssatz 18.8 gilt $\varphi_z(x) < 0$ für jeden Punkt $x \in Q_{\tau_0}'$. Man kann ohne Verlust der Allgemeinheit annehmen, daß Q_{i_0}' im Innern von Q_1 liegt. Dann gibt es einen Punkt $x_2 \in Q_{\tau_0}'$, der Häufungspunkt der Menge $\{y'; \varphi_z(y') > 0\}$ ist. Wegen $\varphi_z(x_2) < 0$ existiert ein Würfel Q_2 mit $\overline{Q}_2 \subset Q_1^0$ und $d(Q_2) < \frac{1}{2}$, in dessen Innern der Punkt x_2 liegt und für den $\varphi(Q_2) < 0$ gilt. Da $x_2 \in Q_2^0$ ist, liegen im Innern von Q_2 Punkte mit positivem zentralen Grenzwert. Es gibt also in Q_2^0 zwei Punkte c und c' mit $\varphi_z(c) > 0$ und $\varphi_z(c') < 0$. Wir können nun Q_3 analog wie Q_1 konstruieren.

Fahren wir in entsprechender Weise fort, so erhalten wir eine Folge (Q_m) von Würfeln, die die gewünschten Eigenschaften besitzt. Damit ist der Hilfssatz bewiesen.

18.10. *Existiert die zentrale Grenzfunktion* $\varphi_z : H \to \boldsymbol{R}$ *einer Intervallfunktion* $\varphi: \mathfrak{H} \to \boldsymbol{R}$ *mit der strengen M-Eigenschaft, so besitzt* φ_z *die* DARBOUX-*Eigenschaft.*

Beweis. Es seien x und x' zwei beliebige Punkte aus H und α eine reelle Zahl, so daß $\varphi_z(x) < \alpha$ und $\varphi_z(x') > \alpha$ ist. Betrachten wir die Intervallfunktion $\psi: \mathfrak{H} \to \boldsymbol{R}$ mit $\psi(I) = \varphi(I) - \alpha$, so gilt $\psi_z(x) < 0$ und $\psi_z(x') > 0$. Aufgrund des Hilfssatzes 18.8 gibt es dann zwei Punkte $\bar{x}$ und $\bar{x}'$ im Innern von H mit $\psi_z(\bar{x}) < 0$ und $\psi(\bar{x}_z') > 0$. Aus Hilfssatz 18.9 folgt die Existenz eines Punktes $y \in H^0$ mit $\psi_z(y) = 0$, d. h. $\varphi_z(y) = \alpha$.

Hieraus ergibt sich unmittelbar der Satz:

18.11. SATZ. *Existiert die Grenzfunktion einer Intervallfunktion* $\varphi: \mathfrak{H} \to \boldsymbol{R}$ *mit der strengen M-Eigenschaft, so besitzt diese die* DARBOUX-*Eigenschaft.*

Bilden wir aus einer gegebenen additiven Intervallfunktion $\psi: \mathfrak{H} \to \boldsymbol{R}$ die Intervallfunktion (18.4), welche die strenge M-Eigenschaft besitzt, so erhalten wir als eine Folgerung aus Satz 18.11 (bzw. 18.10) das Ergebnis:

18.12. SATZ (L. MIŠIK). *Wenn die Ableitung (bzw. zentrale Ableitung) der additiven Intervallfunktion* $\psi: \mathfrak{H} \to \boldsymbol{R}$ *existiert, so besitzt sie die Zwischenwerteigenschaft.*

AUFGABEN

18.12. Jede stetige Funktion $f: H \to \boldsymbol{R}$ und die Ableitung jeder differenzierbaren Funktion $f: H \to \boldsymbol{R}$ besitzt die Zwischenwerteigenschaft.

18.13. Die Intervallfunktion $\varphi: \mathfrak{H} \to \boldsymbol{R}$ habe die strenge M-Eigenschaft. Für jeden Punkt $x \in H$ sei $-\infty < \underline{\varphi}_z(x) \leqq \overline{\varphi}_z(x) < \infty$ und für alle $y \in H^0$ gelte entweder $\underline{\varphi}_z(y) > 0$ oder $\overline{\varphi}_z(y) < 0$. Man beweise, daß entweder $\underline{\varphi}_z(x) \geqq 0$ überall in H (mit $\underline{\varphi}_z(x) > 0$ in H^0) oder $\overline{\varphi}_z(x) \leqq 0$ überall in H (mit $\overline{\varphi}_z(x) < 0$ in H^0) gilt.

18.14. Man zeige, daß die symmetrische Ableitung einer additiven Intervallfunktion die DARBOUX-Eigenschaft i. a. nicht besitzt.

18.5. Reguläre Ableitung additiver Intervallfunktionen endlicher Variation. Es sei $\varphi: \mathfrak{H} \to \boldsymbol{R}$ eine reellwertige additive Intervallfunktion. Wenn für jede reguläre, gegen den Punkt $a \in H$ strebende Intervallfolge (I_k) die Folge $\left(\frac{\varphi(I_k)}{m(I_k)}\right)$ gegen die reelle Zahl $D_r\varphi(a)$ konvergiert, so nennen wir $D_r\,\varphi(a)$ die *reguläre Ableitung* von φ im Punkte a. Mit $\underline{D}_r\,\varphi(a)$ bzw. $\overline{D}_r\,\varphi(a)$ bezeichnen wir die untere bzw. obere reguläre Ableitung.[1]) Falls $H \subseteq \boldsymbol{R}$ ist, stimmt die Ableitung mit der zentralen und der regulären Ableitung überein. Im folgenden untersuchen wir die Existenz der regulären Ableitung einer reellwertigen additiven Intervallfunktion $\varphi: \mathfrak{H} \to \boldsymbol{R}$ endlicher Variation. Dabei benutzen wir den Überdeckungssatz von G. VITALI wesentlich.

18.13. *Es sei $\varphi: \mathfrak{H} \to \boldsymbol{R}$ eine nichtnegative additive Intervallfunktion. Für jeden Punkt x der beschränkten Menge M sei $\overline{D}_r\,\varphi(x) \geqq \alpha$. Dann gilt $\varphi(A) \geqq \alpha\, m^*(M)$ für jeden Elementarbereich A mit $M \cap H^0 \subseteq A \subset H$.*

Beweis. Es sei $m^*(M) > 0$. Wir wählen $0 < \varepsilon < 1$ und $\beta < \alpha$ beliebig. Nach Voraussetzung existiert zu jedem Punkt $x \in M \cap A^0$ eine reguläre, gegen x strebende Folge von Intervallen $I_k \subseteq A$ mit $\varphi(I_k) \geqq \beta\, m(I_k)$. Aufgrund des Satzes 17.11 kann man endlich viele paarweise disjunkte Intervalle $I_j' \subseteq A$, deren Vereinigung B sei, mit $m(B) > m^*(M \cap A^0)(1-\varepsilon) = m^*(M)(1-\varepsilon)$ finden. Folglich ist

$$\varphi(A) \geqq \varphi(B) \geqq \beta\, m(B) > \beta\, m^*(M)(1-\varepsilon),$$

woraus sich die Behauptung ergibt.

---

[1]) Es seien eine additive Intervallfunktion $\varphi: \mathfrak{H} \to \boldsymbol{R}$ und $a \in H$ gegeben. Für beliebige $\delta > 0$ und $0 < \alpha \leqq 1$ bezeichne man mit $m_\delta^\alpha(a)$ bzw. $M_\delta^\alpha(a)$ die untere bzw. obere Grenze aller Werte $\frac{\varphi(I)}{m(I)}$ für Intervalle $I \subset H \cap K(a, \delta)$ mit einem Regularitätsparameter $r(I) \geqq \alpha$. Dann definiert man die untere bzw. obere reguläre Ableitung von φ durch

$$\underline{D}_r\,\varphi(a) = \inf\{m^\alpha(a); 0 < \alpha \leqq 1\},$$

$$\overline{D}_r\,\varphi(a) = \sup\{M^\alpha(a); 0 < \alpha \leqq 1\}$$

mit

$$m^\alpha(a) = \lim_{\delta \to 0} m_\delta^\alpha(a), \qquad M^\alpha(a) = \lim_{\delta \to 0} M_\delta^\alpha(a).$$

18.14. SATZ (H. LEBESGUE). *Für eine additive Intervallfunktion $\varphi: \mathfrak{H} \to \boldsymbol{R}$ endlicher Variation existiert fast überall (bezüglich des* LEBESGUE-*Maßes) in H die reguläre Ableitung.*

Beweis. Wir können annehmen, daß H kompakt ist und daß φ nur nichtnegative Werte annimmt. Folglich ist $\underline{D}_r\, \varphi(x) \geqq 0$ für alle $x \in H$. Die Menge $M = \{x \in H; \overline{D}_r\, \varphi(x) = \infty\}$ ist eine LEBESGUE-Nullmenge, weil im Fall $m^*(M) > 0$ mindestens ein halboffenes Intervall I nach Hilfssatz 18.13 den Wert $\varphi(I) = \infty$ hätte, was aber unmöglich ist.

Wir zeigen, daß die Menge $N = \{x \in H; \underline{D}_r\, \varphi(x) < \overline{D}_r \varphi(x)\}$ eine LEBESGUE-Nullmenge ist. Dazu genügt der Beweis, daß für beliebige feste rationale Zahlen $0 < p < q$ die Menge $N_{p\,q} = \{x \in H; 0 \leqq \underline{D}_r\, \varphi(x) < p < q < \overline{D}_r\, \varphi(x)\}$ das LEBESGUE-Maß Null besitzt, weil $N = \bigcup\limits_{p,q} N_{p\,q}$ ist. Angenommen, daß $m^*(N_{p\,q}) > {}$ > 0 ist. Es sei $0 < \varepsilon \leqq \dfrac{q-p}{2\,q+p}$. Für jeden Punkt $x \in N_{pq}$ läßt sich eine reguläre, gegen x strebende Intervallfolge (I_k) mit $\varphi(I_k) < p\, m(I_k)$ angeben. Aufgrund des Satzes 17.11 existieren endliche viele paarweise disjunkte Intervalle $I_1', \ldots, I_s'$, deren Vereinigung A ist, mit $m^*(N_{pq} \cap A) > m^*(N_{pq})\,(1-\varepsilon)$ und $m(A) < m^*(N_{pq})\,(1+\varepsilon)$. Es gilt

$$\varphi(A) = \varphi(I_1') + \cdots + \varphi(I_s') < p\, m(A) < p\, m^*(N_{pq})\,(1+\varepsilon)\,. \tag{18.12}$$

Die Menge $N_{pq} \cap A^0$ ist nichtleer. Zu jedem Punkt $x \in N_{pq} \cap A^0$ gibt es eine reguläre, gegen x strebende Folge von Intervallen $I_k \subset A^0$ mit $\varphi(I_k) > q\, m(I_k)$. Nach dem Satz 17.11 gibt es endlich viele paarweise disjunkte Intervalle $I_1'', \ldots, I_t''$, die in A^0 liegen und deren Vereinigung B ist, mit $m(B) > m^*(N_{pq} \cap A^0)\,(1-\varepsilon)$. Aufgrund der Wahl von ε und (18.12) erhält man

$$\begin{aligned}\varphi(B) = \varphi(I_1'') + \cdots + \varphi(I_t'') &> q\, m(B) > q\, m^*(N_{pq} \cap A^0)\,(1-\varepsilon) > \\ &> q\, m^*(N_{pq})\,(1-2\,\varepsilon) \geqq p\, m^*(N_{pq})\,(1+\varepsilon) > \varphi(A)\,.\end{aligned}$$

Wegen $B \subset A$ ist diese Ungleichung für die nichtnegative Intervallfunktion φ falsch. Folglich ist $m^*(N_{pq}) = 0$, womit der Satz bewiesen ist.

AUFGABEN

18.15. Eine reelle Funktion $f\colon [a, b] \to \boldsymbol{R}$ besitzt *endliche Variation,* wenn die obere Grenze der Summen $\sum\limits_{k=0}^{n} |f(x_{k+1}) - f(x_k)|$ für alle Zerlegungen von $[a, b]$ mit $a = x_0 < x_1 < {} < \cdots < x_n < x_{n+1} = b$ endlich ist. Man beweise, daß eine Funktion f genau dann endlicher Variation ist, wenn f gleich der Differenz zweier monoton wachsender Funktionen ist. Man benutze zum Beweis den Satz 16.9.

18.16. Man zeige, daß jede reelle Funktion endlicher Variation höchstens abzählbar viele Unstetigkeitspunkte besitzt. Man benutze Satz 16.10.

18.17. Jede reelle Funktion endlicher Variation ist fast überall differenzierbar.

§ 19. Mittelwertsätze für Intervallfunktionen

Der bekannte Mittelwertsatz der Differentialrechnung besagt, daß zu einer auf dem eindimensionalen Intervall $H = [a, b]$ stetigen Funktion $f: H \to \boldsymbol{R}$, die auf H^0 differenzierbar ist, stets ein Punkt $c \in H^0$ existiert, der die Gleichung

$$f(b) - f(a) = (b - a)\, f'(c)$$

befriedigt. Führen wir die Intervallfunktion $\varphi: \mathfrak{H} \to \boldsymbol{R}$ durch

$$\varphi(I) = \frac{f(x + h) - f(x)}{h} \quad \text{für } I = (x, x + h] \in \mathfrak{H} \text{ mit } h > 0$$

ein, so besitzt φ die strenge M-Eigenschaft und der Grenzwert von φ stimmt auf H^0 mit der Ableitung überein. Die obige Mittelwertformel lautet dann einfach

$$\varphi((a, b]) = \varphi_g(c)\,.$$

Wir wollen allgemein unter einem Mittelwertsatz für eine gegebene Intervallfunktion $\varphi: \mathfrak{H} \to F$ eine Aussage verstehen, bei der der Wert $\varphi(I)$ auf einem festen Intervall $I \in \mathfrak{H}$ durch Werte der entsprechenden Grenzfunktion auf $\bar{I}$, deren Existenz wir hier voraussetzen, dargestellt bzw. abgeschätzt wird. Von beliebigen Intervallfunktionen kann man keine „vernünftigen" Resultate erwarten. Deshalb werden wir uns auf die Klasse der Intervallfunktionen beschränken, die die M-Eigenschaft besitzen.

Im Abschnitt 19.1 formulieren wir Mittelwertsätze für reellwertige Intervallfunktionen. Wir können im Satz 19.2 hinreichende Bedingungen dafür angeben, daß der Wert $\varphi(I)$ gleich dem Grenzwert von φ in einem gewissen Punkt von $\bar{I}$ ist. Diese Ergebnisse werden im Abschnitt 19.2 auf Intervallfunktionen, deren Werte in einem normierten Raum F liegen, übertragen.

19.1. Mittelwertsätze für reellwertige Intervallfunktionen. Die folgenden Sätze werden sich immer auf die Grenzfunktionen reellwertiger Intervallfunktionen beziehen, obwohl wir ohne große Mühe analoge Ergebnisse für die zentrale Grenzfunktion bekommen können. Verlangen wir von einer Intervallfunktion $\varphi: \mathfrak{H} \to \boldsymbol{R}$, daß sie die M-Eigenschaft besitzt und daß ihre Grenzfunktion $\varphi_g: H \to \boldsymbol{R}$ existiert, so erhalten wir den folgenden Mittelwertsatz:

19.1. *Wenn die Grenzfunktion $\varphi_g: H \to \boldsymbol{R}$ der Intervallfunktion $\varphi: \mathfrak{H} \to \boldsymbol{R}$ mit der M-Eigenschaft existiert, so gibt es zu jedem nichtleeren Intervall $I \in \mathfrak{H}$ zwei Punkte a' und a'' aus $\bar{I}$ mit*

$$\varphi_g(a') \leqq \varphi(I) \leqq \varphi_g(a'')\,.$$

Beweis. Es sei I ein nichtleeres Intervall von $\mathfrak{H}$. Aufgrund der M-Eigenschaft von φ gibt es in einer gewissen Zerlegung von I zwei nichtleere Intervalle

I_1' und I_1'' von $\mathfrak{H}$ mit $d(I_1') \leqq \frac{1}{2} d(I)$ und $d(I_1'') \leqq \frac{1}{2} d(I)$, so daß $\varphi(I_1') \leqq \varphi(I) \leqq \leqq \varphi(I_1'')$ gilt. Nun zerlegen wir die Intervalle I_1' und I_1'' auf geeignete Weise und erhalten dabei Intervalle $I_2' \subset I_1'$ und $I_2'' \subset I_1''$ mit $d(I_2') \leqq \frac{1}{4} d(I)$, $d(I_2'') \leqq \leqq \frac{1}{4} d(I)$ und

$$\varphi(I_2') \leqq \varphi(I_1') \leqq \varphi(I) \leqq \varphi(I_1'') \leqq \varphi(I_2'') .$$

Fahren wir entsprechend fort, so bekommen wir zwei Folgen (I_k') und (I_k'') ineinandergeschachtelter nichtleerer Intervalle von $\mathfrak{H}$, deren Durchmesser gegen Null streben und für die $\varphi(I_k') \leqq \varphi(I) \leqq \varphi(I_k'')$ gilt. Für $a' \in \bigcap_{k=1}^{\infty} \bar{I}_k'$ und $a'' \in \in \bigcup_{k=1}^{\infty} \bar{I}_k''$ ergibt sich die behauptete Abschätzung.

Das folgende Beispiel zeigt, daß man den Satz 19.1 i. a. nicht verschärfen kann. Dort sind weder a' und a'' innere Punkte von I noch wird die Gleichung $\varphi(I) = \varphi_g(a)$ durch einen gewissen Punkt $a \in \bar{I}$ befriedigt.

BEISPIEL

19.1. Es sei $H = [0, 1]$. Die auf $\mathfrak{H}$ definierte Intervallfunktion φ,

$$\varphi(I) = \begin{cases} 1 & \text{für } I = (x, 1] \text{ mit } 0 < x < 1 , \\ \frac{1}{2} & \text{für } I = (0, 1] , \\ 0 \text{ sonst,} & \end{cases}$$

besitzt die M-Eigenschaft. Ihre Grenzfunktion lautet

$$\varphi_g(x) = \begin{cases} 1 & \text{für } x = 1 , \\ 0 & \text{sonst} , \end{cases}$$

so daß wir lediglich die Abschätzung

$$\varphi_g(a') < \varphi\big((0, 1]\big) < \varphi_g(1)$$

bekommen, wobei $0 \leqq a' < 1$ gelten muß.

Fordern wir noch die Zwischenwerteigenschaft der Grenzfunktion, so erhalten wir wegen Satz 19.1 den Mittelwertsatz:

19.2. SATZ. *Existiert die Grenzfunktion $\varphi_g : H \to \boldsymbol{R}$ der Intervallfunktion $\varphi: \mathfrak{H} \to \boldsymbol{R}$, die die M-Eigenschaft besitzt, und hat φ_g die* DARBOUX-*Eigenschaft, so gibt es zu jedem nichtleeren Intervall $I \in \mathfrak{H}$ mindestens einen Punkt $a \in \bar{I}$, der die Gleichung*

$$\varphi(I) = \varphi_g(a) \tag{19.1}$$

befriedigt.

Für die Gültigkeit der Mittelwertformel (19.1) sind also die drei Bedingungen:

M-Eigenschaft der Intervallfunktion,
Existenz ihrer Grenzfunktion und
DARBOUX-Eigenschaft ihrer Grenzfunktion

hinreichend. Ist eine dieser Bedingungen verletzt, so ist der obige Mittelwertsatz i. a. falsch.

Die Zwischenwerteigenschaft einer unstetigen Funktion nachzuweisen, ist recht schwierig. Erinnern wir uns jedoch an den Satz 18.11, so wissen wir, daß aus der strengen M-Eigenschaft einer Intervallfunktion und der Existenz ihrer Grenzfunktion die DARBOUX-Eigenschaft der Grenzfunktion folgt. Somit sind auch die beiden Bedingungen:

Strenge M-Eigenschaft der Intervallfunktion und
Existenz ihrer Grenzfunktion

für die Mittelwertformel (19.1) hinreichend. Während im Satz 19.2 der Punkt a auch ein Randpunkt von I sein kann, können wir jetzt einen Punkt a im Innern von I finden.

19.3. SATZ. *Existiert die Grenzfunktion $\varphi_g : H \to \boldsymbol{R}$ der Intervallfunktion $\varphi : \mathfrak{H} \to \boldsymbol{R}$ mit der strengen M-Eigenschaft, so gibt es zu jedem nichtleeren Intervall $I \in \mathfrak{H}$ mindestens einen Punkt $a \in I^0$, der die Gleichung* (19.1) *erfüllt.*

Beweis. Wir betrachten ein festes nichtleeres Intervall $I \in \mathfrak{H}$ und können annehmen, daß $\varphi(I) = 0$ ist. Anderenfalls würden wir anstelle von φ die Intervallfunktion $\psi = \varphi - \varphi(I)$ untersuchen. Wir werden nun die Existenz eines Punktes $a \in I^0$ mit $\varphi_g(a) = 0$ nachweisen.

Angenommen, daß $\varphi_g(x) > 0$ für jeden Punkt $x \in I^0$ gilt. Nach Satz 18.8 ist dann $\varphi_g(x) \geqq 0$ für alle $x \in \bar{I}$, woraus sich nach Satz 18.6 im Widerspruch zu unserer Voraussetzung $\varphi(I) > 0$ ergibt. Analog erkennt man, daß auch nicht $\varphi_g(x) < 0$ für jeden Punkt $x \in I^0$ gelten kann. Folglich muß es mindestens zwei innere Punkte x und x' von I mit $\varphi_g(x)>0$ und $\varphi_g(x') < 0$ geben. Aufgrund des Satzes 18.11 besitzt φ_g die Zwischenwerteigenschaft, so daß es einen Punkt $a \in I^0$ mit $\varphi_g(a) = \varphi(I) = 0$ gibt. Damit ist der Satz bewiesen.

Als einfache Folgerung erhalten wir aus den Sätzen 18.12 und 19.3 den von L. MIŠIK aufgestellten Mittelwertsatz für die Ableitung einer additiven Intervallfunktion:

19.4. SATZ (L. MIŠIK). *Wenn die Ableitung der additiven Intervallfunktion $\psi : \mathfrak{H} \to \boldsymbol{R}$ existiert, so gibt es zu jedem nichtleeren Intervall $I \in \mathfrak{H}$ mindestens einen Punkt $a \in I^0$ mit*

$$\psi(I) = m(I)\, D\psi(a) .$$

BEISPIELE

19.2. Es sei $H = [0, 1]$. Ausgehend von einer reellen zweimal stetig diffenzierbaren Funktion f bilden wir die Intervallfunktion $\varphi : \mathfrak{H} \to \boldsymbol{R}$, welche jedem nichtleeren Intervall $I = (x, x + h] \in \mathfrak{H}$ den Wert

$$\varphi(I) = \frac{4}{h^2}\left(f(x) - 2f\left(x + \frac{h}{2}\right) + f(x + h)\right)$$

zuordnet. Nach Beispiel 18.2 besitzt φ die strenge M-Eigenschaft. Die Grenzfunktion φ_g: $H \to \boldsymbol{R}$ stimmt nach Aufgabe 18.9 mit der zweiten Ableitung f'' auf H überein. Wegen

Satz 19.3 existiert ein innerer Punkt a des Intervalles (0, 1], so daß die Mittelwertformel

$$4\left(f(0) - 2f\left(\frac{1}{2}\right) + f(1)\right) = f''(a)$$

gilt.

19.3. Den Unterschied zwischen den Sätzen 19.2 und 19.3 verdeutlichen wir durch folgendes Beispiel: Es sei $H = [0, 1]$. Die Intervallfunktion $\varphi: \mathfrak{H} \to \boldsymbol{R}$ mit

$$\varphi(I) = \sqrt{x(x+h)} \quad \text{für} \quad I = (x, x+h] \text{ mit } h > 0$$

besitzt die M-Eigenschaft, aber nicht die strenge M-Eigenschaft. Ihre Grenzfunktion $\varphi_g(x) = x$ nimmt natürlich jeden Zwischenwert an. Damit sind die Voraussetzungen von Satz 19.2 erfüllt, aber die von Satz 19.3 nicht. Nur für den Randpunkt 0 von $I = (0, 1]$ gilt $\varphi(I) = 0 = \varphi_g(0)$.

Als erweiterten Mittelwertsatz können wir die folgende Behauptung ansehen:

19.5. *Existieren die Grenzfunktionen $\varphi_g: H \to \boldsymbol{R}$ und $\psi_g: H \to \boldsymbol{R}$ der Intervallfunktionen $\varphi: \mathfrak{H} \to \boldsymbol{R}$ und $\psi: \mathfrak{H} \to \boldsymbol{R}$, die beide die gleiche strenge M-Eigenschaft besitzen, so gibt es zu jedem nichtleeren Intervall I einen Punkt $a \in I^0$ mit*

$$\varphi_g(a)\,\psi(I) = \varphi(I)\,\psi_g(a)\,.$$

Beweis. Es sei I ein festes nichtleeres Intervall aus $\mathfrak{H}$. Im Fall $\varphi(I) = 0$ existiert nach Satz 19.3 ein Punkt $a \in I^0$ mit $\varphi_g(a) = 0$, für den die Behauptung gilt. Ist $\varphi(I) \neq 0$, so betrachten wir die Intervallfunktion $\chi = \psi - \frac{\psi(I)}{\varphi(I)}\varphi: \mathfrak{H} \to$ $\to \boldsymbol{R}$, die nach Hilfssatz 18.5 ebenfalls die Voraussetzungen des Satzes 19.3 erfüllt. Folglich gibt es einen Punkt $a \in I^0$ mit $\chi_g(a) = 0$, womit die Behauptung gezeigt ist.

19.6. *Falls die Ableitungen $D\varphi: H \to \boldsymbol{R}$ und $D\psi: H \to \boldsymbol{R}$ der additiven Intervallfunktionen $\varphi: \mathfrak{H} \to \boldsymbol{R}$ und $\psi: \mathfrak{H} \to \boldsymbol{R}$ existieren, so gibt es zu jedem nichtleeren Intervall $I \in \mathfrak{H}$ mindestens einen Punkt $a \in I^0$ mit*

$$D\varphi(a)\,\psi(I) = \varphi(I)\,D\psi(a)\,.$$

AUFGABEN

19.1. Hat die Intervallfunktion $\varphi: \mathfrak{H} \to \boldsymbol{R}$ die M-Eigenschaft, so gibt es zu jedem nichtleeren Intervall $I \in \mathfrak{H}$ zwei solche Punkte a' und a'' aus $\bar{I}$, daß

$$\underline{\varphi}_g(a') \leqq \varphi(I) \leqq \overline{\varphi}_g(a'')$$

gilt.

19.2. Es sei $[a, b]$ ein eindimensionales Intervall, welches 0 nicht enthält, und $f: [a, b] \to \boldsymbol{R}$ eine differenzierbare Funktion. Man beweise, daß für ein gewisses c mit $a < c < b$ die Gleichung

$$a f(b) - b f(a) = (b - a)\,(c f'(c) - f(c))$$

gilt.

19.3. Es sei $\varphi: \mathfrak{H} \to \boldsymbol{R}$ eine additive Intervallfunktion endlicher Variation, deren symmetrische Ableitung $D_s\varphi$ in H^0 existiert. Man formuliere einen Mittelwertsatz!

19.4. Es sei $f: [0, 1] \to \boldsymbol{R}$ eine stetige Funktion. Verschwindet die Grenzfunktion der nach Beispiel 18.2 aus f gebildeten Intervallfunktion φ identisch, so ist f ein Polynom von höchstens $(p - 1)$-tem Grad.

19.2. Mittelwertsätze für vektorwertige Intervallfunktionen. Wie in den vorigen Abschnitten sei H ein kompaktes n-dimensionales Intervall mit nichtleerem Innern und F ein reeller normierter Raum. Weiterhin sei $p \neq \Theta$ eine auf F erklärte stetige Halbnorm. Zuerst verallgemeinern wir den Satz 18.6.

19.7. *Existieren die Grenzfunktionen* $\varphi_g: H \to F$ *und* $\psi_g: H \to \boldsymbol{R}$ *der beiden Intervallfunktionen* $\varphi: \mathfrak{H} \to F$ *und* $\psi: \mathfrak{H} \to \boldsymbol{R}$, *die die gleiche M-Eigenschaft besitzen, so folgt aus* $p(\varphi_g(x)) \leqq \psi(x)$ *für alle Punkte* $x \in H$ *die Ungleichung* $p(\varphi(I)) \leqq \psi(I)$ *für jedes nichtleere Intervall* $I \in \mathfrak{H}$.

Beweis. Es sei I_0 ein festes nichtleeres Intervall aus $\mathfrak{H}$ und $z_0 = \varphi(I_0) \in F$. Wir nehmen $p(z_0) > 0$ an und definieren auf der linearen Menge $L_0 = \{\lambda z_0; \lambda \in \boldsymbol{R}\}$ das lineare stetige Funktional $f_0: L_0 \to \boldsymbol{R}$ durch

$$f_0(\lambda z_0) = \lambda\, p(z_0)\,.$$

Wegen $p(z_0) \geqq -p(-z_0)$ gilt $f_0(z) \leqq p(z)$ für jedes $z \in L_0$. Aufgrund des Hahn-Banachschen Satzes 15.8 kann f_0 zu einem linearen stetigen Funktional $f: F \to \boldsymbol{R}$ auf den ganzen Raum F derart fortgesetzt werden, daß die Bedingung $f(z) \leqq p(z)$ für alle $z \in F$ erfüllt ist. Die reellwertige Intervallfunktion $\chi = \psi - f \circ \varphi$ befriedigt wegen des Hilfssatzes 18.5 die Voraussetzungen des Satzes 18.6. Folglich gilt

$$\chi(I_0) = \psi(I_0) - f(\varphi(I_0)) = \psi(I_0) - p(\varphi(I_0)) \geqq 0\,,$$

was zu beweisen war.

Bei diesem Satz ist es wichtig, daß die beiden Intervallfunktionen die gleiche M-Eigenschaft haben. Besitzen die Intervallfunktionen lediglich die M-Eigenschaft, so gilt das Lemma 19.7 i. a. nicht.

BEISPIEL

19.4. Es seien $H = [0, 1]$, $F = \boldsymbol{R}$ und p der absolute Betrag. Wir betrachten die reellwertigen Intervallfunktionen

$$\varphi(I) = \begin{cases} 1 & \text{für } I = (x, 1] \text{ mit } 0 \leqq x < 1\,, \\ 0 & \text{sonst} \end{cases}$$

und

$$\psi(I) = 2\sqrt{x(x+h)} \qquad \text{für } I = (x, x+h] \in \mathfrak{H}\,,$$

die beide die M-Eigenschaft besitzen und deren Grenzfunktionen

$$\varphi_g(x) = \begin{cases} 1 & \text{für } x = 1\,, \\ 0 & \text{sonst} \end{cases}$$

und $\psi_g(x) = 2x$ lauten. Obwohl $\varphi_g(x) < \psi_g(x)$ für jedes $x \in H^0$ gilt, ist $\varphi((0, 1]) = 1 > \psi((0, 1]) = 0$.

Wir wollen nun den Wert der vektorwertigen Intervallfunktion $\varphi: \mathfrak{H} \to F$ auf dem nichtleeren Intervall $I_0 \in \mathfrak{H}$ durch Grenzwerte $\varphi_g(x)$ mit $x \in \bar{I}_0$ ausdrücken. Deshalb interessieren wir uns für die Mengen $W = \{\varphi(I); I \subseteq I_0, I \in \mathfrak{H}\}$ und $D = D_{I_0} = \{\varphi_g(x); x \in \bar{I}_0\}$.

19.8. *Die Intervallfunktion $\varphi: \mathfrak{H} \to F$, deren Grenzfunktion $\varphi_g: H \to F$ existiert, besitze die M-Eigenschaft. Dann sind die abgeschlossenen konvexen Hüllen $\overline{C(W)}$ und $\overline{C(D)}$ der Mengen W und D einander gleich.*

Beweis. Da $\varphi_g(x)$ für jedes $x \in \overline{I_0}$ ein Häufungspunkt von W ist, muß $\overline{C(D)} \subseteq \overline{C(W)}$ sein. Es genügt deshalb, wenn wir zeigen, daß W eine Teilmenge von $\overline{C(D)}$ ist. Angenommen, für ein nichtleeres Intervall $I \in \mathfrak{H}$ mit $I \subseteq I_0$ gehört $\varphi(I) \in F$ nicht zur abgeschlossenen Menge $\overline{C(D)}$. Dann kann man eine offene Kugel K mit dem Mittelpunkt $\varphi(I)$ angeben, die mit $\overline{C(D)}$ disjunkt ist. Nach Satz 15.4 existiert dann eine abgeschlossene Hyperebene H, die K und $\overline{C(D)}$ trennt. Diese Hyperebene möge die Form $H = \{x \in F; f(x) = \alpha\}$ besitzen, wobei f ein stetiges lineares Funktional und $\alpha \in \boldsymbol{R}$ ist. Folglich gilt entweder $f(\varphi(I)) < \alpha$ und $f(\varphi_g(x)) \geqq \alpha$ für alle $x \in \overline{I_0}$ oder $f(\varphi(I)) > \alpha$ und $f(\varphi_g(x)) \leqq \alpha$ für alle $x \in \overline{I_0}$. Da aber die reellwertige Intervallfunktion $\psi = f \circ \varphi - \alpha$ dem Satz 18.6 genügt, sind beide Fälle unmöglich und der Beweis beendet.

Wir bezeichnen mit M die minimale abgeschlossene lineare Mannigfaltigkeit, die die konvexe Hülle $C(D)$ von D enthält. Die Menge M ist gleich dem Durchschnitt aller abgeschlossenen linearen Mannigfaltigkeiten, die $C(D)$ enthalten.

19.9. *Die Intervallfunktion $\varphi: \mathfrak{H} \to F$, deren Grenzfunktion $\varphi_g: H \to F$ existiert, habe die M_+-Eigenschaft. Wenn $C(D)$ mindestens einen (bezüglich M) inneren Punkt besitzt, dann ist $\varphi(I_0)$ ein (bezüglich M) innerer Punkt von $C(D)$.*

Beweis. Wir können annehmen, daß $\Theta \in D$ und $\overline{C(D)} \neq F$ ist. Folglich muß M ein abgeschlossener linearer Teilraum von F sein. Die Abschließung von $C(D)$ in M ist deshalb gleich $\overline{C(D)}$. Nach Satz 19.8 ist $\varphi(I_0) \in \overline{C(D)}$. Da $C(D)$ aufgrund der Voraussetzung innere Punkte (bezüglich M) enthält, besitzt die abgeschlossene konvexe Menge $\overline{C(D)}$ in jedem ihrer Randpunkte nach Satz 15.5 eine Stützhyperebene in M. Es sei z_0 ein beliebiger Randpunkt von $\overline{C(D)}$ und $H = \{z \in M, f(z) = \alpha\}$ eine Stützhyperebene von $\overline{C(D)}$ im Punkt z_0, wobei f ein stetiges lineares Funktional und $\alpha \in \boldsymbol{R}$ ist. Dann ist $z_0 \in H$. Wir wollen annehmen, daß $\overline{C(D)}$ in dem abgeschlossenen Halbraum $H^- = \{z \in M; f(z) \leqq \alpha\}$ enthalten ist. Da $C(D)$ in keiner abgeschlossenen Hyperebene von M liegt, muß es mindestens einen Punkt $x_0 \in \overline{I_0}$ mit $f(\varphi_g(x_0)) < \alpha$ geben. Folglich ist $f(\varphi(I_0)) < \alpha$ nach Satz 18.6, d. h., $\varphi(I_0)$ ist von jedem Randpunkt von $\overline{C(D)}$ verschieden. Somit muß $\varphi(I_0)$ ein (bezüglich M) innerer Punkt von $C(D)$ sein, weil nach Satz 15.1 die (bezüglich M) inneren Punkte von $\overline{C(D)}$ auch (bezüglich M) innere Punkte von $C(D)$ sind. Der Beweis ist beendet.

Unter den Voraussetzungen des Satzes 19.9 existieren also eine natürliche Zahl k, nichtnegative Zahlen λ_i $(i = 1, \ldots, k)$ mit $\sum_{i=1}^{k} \lambda_i = 1$ und Punkte $a_i \in \overline{I_0}$ derart, daß

$$\varphi(I_0) = \sum_{i=1}^{k} \lambda_i \varphi_g(a_i) \tag{19.2}$$

gilt. Über die Größe der Zahl k kann i. a. nichts ausgesagt werden. Falls aber F der m-dimensionale euklidische Raum ist, kann man stets erreichen, daß $k \leqq m + 1$ ist.

19.10. *Die Intervallfunktion $\varphi\colon \mathfrak{H} \to \boldsymbol{R}^m$, deren Grenzfunktion $\varphi_g\colon H \to \boldsymbol{R}^m$ existiert, besitze die M_+-Eigenschaft. Dann ist $W \subseteq C(D)$ und $\varphi(I_0)$ ist ein innerer Punkt von $C(D)$ bezüglich der minimalen linearen Mannigfaltigkeit M, die $C(D)$ enthält. Außerdem gibt es eine Darstellung von $\varphi(I_0)$ der Form* (19.2) *mit höchstens $m + 1$ Summanden.*

Beweis. In einem endlichdimensionalen Raum besitzt eine nichtleere konvexe Menge nach Aufgabe 16.2 mindestens einen inneren Punkt bezüglich ihrer minimalen linearen Mannigfaltigkeit. Weiterhin ist jede lineare Mannigfaltigkeit von $\boldsymbol{R}^m$ abgeschlossen (siehe Aufgabe 15.1). Nach Satz 19.9 gilt $\varphi(I) \in C(D_I) \subseteq$ $\subseteq C(D_{I_0})$ für ein beliebiges nichtleeres Teilintervall $I \in \mathfrak{H}$ von I_0. Folglich ist $W \subseteq C(D_{I_0}) = C(D)$. Da $\varphi(I_0)$ ein (bezüglich M) innerer Punkt von $C(D)$ ist und sich jeder Punkt von $C(D) \subseteq \boldsymbol{R}^m$ nach Satz 7.3 als konvexe Linearkombination von höchstens $m + 1$ Punkten aus D darstellen läßt, gilt

$$\varphi(I_0) = \sum_{i=1}^{m+1} \lambda_i\, \varphi_g(a_i)\,, \tag{19.3}$$

wobei λ_i $(i = 1, \ldots, m + 1)$ nichtnegative Zahlen, deren Summe gleich Eins ist, und a_i Punkte aus $\bar{I}_0$ sind.

19.11. *Es sei $m \geqq 2$. Die Intervallfunktion $\varphi\colon \mathfrak{H} \to \boldsymbol{R}^m$, deren Grenzfunktion $\varphi_g\colon H \to \boldsymbol{R}^m$ existiert und stetig auf H ist, besitze die M_+-Eigenschaft. Dann läßt sich $\varphi(I_0)$ in der Form* (19.2) *durch höchstens m Summanden darstellen.*

Beweis. Der Vektor $\varphi(I_0)$ läßt sich in der Form (19.3) darstellen. Wir können annehmen, daß $\varphi(I_0) = \Theta$ ist und daß keine konvexe Linearkombination einer echten Teilmenge von $\{\varphi_g(a_1), \ldots, \varphi_g(a_{m+1})\}$ gleich Θ ist. Insbesondere sind alle λ_i, $\varphi_g(a_i) \neq \Theta$. Es sei $a_1 < a_2$. Wir bilden aus $b_i = -\varphi_g(a_i)$ $(i = 1, \ldots, m + 1)$ die Mengen $B = \{b_2, \ldots, b_{m+1}\}$ und $C = \left\{\sum_{k=2}^{m+1} \mu_k\, b_k;\ \mu_k \geqq 0\right\}$. Wegen $\sum_{i=1}^{m+1} \lambda_i\, b_i = \Theta$ und $\lambda_1\, b_1 \neq \Theta$ ist $b_1 \in C$. Aufgrund unserer Annahme ist $-b_2 \notin C$.

Die Menge B ist linear unabhängig. Denn aus $\sum_{k=2}^{m+1} \nu_k\, b_k = \Theta$, wobei mindestens ein $\nu_k < 0$ sein soll, ergibt sich

$$\lambda_1\, b_1 + \sum_{k=2}^{m+1} (\lambda_k + t\, \nu_k)\, b_k = \Theta$$

für alle reellen t. Die Menge E der Zahlen t, für die $\lambda_k + t\, \nu_k \geqq 0$ $(k = 2, \ldots, m + 1)$ gilt, enthält wegen $\lambda_k > 0$ die Null und ist nach oben beschränkt, weil ein gewisses $\nu_k < 0$ ist. Die obere Grenze t_0 von E ist in der Menge E enthalten und für ein gewisses k gilt $\lambda_k + t_0\, \nu_k = 0$. Dann ist die Zahl $\nu = \lambda_1 + \sum_{k=2}^{m+1} (\lambda_k +$

$+ t_0 \nu_k)$ positiv und die konvexe Linearkombination von höchstens m Vektoren b_i

$$\nu^{-1} \lambda_1 b_1 + \sum_{k=2}^{m+1} \nu^{-1} (\lambda_k + t_0 \nu_k) b_k = \Theta$$

verschwindet im Widerspruch zu unserer Annahme. Deshalb ist B eine Basis in $\boldsymbol{R}^m$.

Wir betrachten die Menge X aller Punkte $x \in [a_1, a_2]$ mit der Eigenschaft, daß $\varphi_g(y) \in C$ für alle $y \in [a_1, x]$ gilt. Wegen $\varphi_g(a_1) \in X$ und $\varphi_g(a_2) \notin X$ existiert ein Punkt d mit $a_1 \leqq d < a_2$, für den alle $x \in [a_1, a_2]$ mit $x < d$ in X und alle $x \in [a_1, a_2]$ mit $x > d$ außerhalb X liegen. Da C abgeschlossen und φ_g stetig ist, gehört $\varphi_g(d)$ zu C. Ferner existiert eine Folge (d_k) mit $d < d_k \leqq a_2$ und $\varphi_g(d_k) \notin C$, die gegen d konvergiert. Folglich muß $\varphi_g(d)$ ein Randpunkt von C sein. Da B eine Basis von $\boldsymbol{R}^m$ ist, verschwindet deshalb in der Gleichung $\varphi_g(d) = \sum_{k=2}^{m+1} \mu_k b_k$ $(\mu_k \geqq 0)$ mindestens ein μ_k. Somit ist

$$\Theta = \left(1 + \sum_{k=2}^{m+1} \mu_k\right)^{-1} \left[\varphi_g(d) + \sum_{k=2}^{m+1} \mu_k \varphi_g(a_k)\right]$$

die gewünschte Darstellung.

Mit der Mittelwertformel (19.2) ist es uns gelungen, den Wert $\varphi(I_0)$ durch endlich viele Grenzwerte von φ in $\bar{I}_0$ auszudrücken. Wir müssen aber feststellen, daß eine exakte Darstellung (19.2) in einem unendlich-dimensionalen normierten Raum i. a. nicht mit endlich vielen Summanden auskommt und daher für viele Anwendungen ungeeignet ist. Deshalb wollen wir jetzt einen Weg beschreiten, bei dem dieser Nachteil umgangen wird. Wir werden jetzt nicht den Vektor $\varphi(I_0)$ darstellen, sondern die Norm von $\varphi(I_0)$ nach oben durch die Norm eines Grenzwertes abschätzen.

19.12. *Es sei $p \neq \Theta$ eine stetige Halbnorm auf F. Existiert die Grenzfunktion der Intervallfunktion $\varphi: \mathfrak{H} \to F$, welche die strenge M-Eigenschaft besitzt, so gibt es zu jedem nichtleeren Intervall $I \in \mathfrak{H}$ mindestens einen Punkt $a \in I^0$ mit*

$$p(\varphi(I)) \leqq p(\varphi_g(a)) . \tag{19.4}$$

Beweis. Es sei I_0 ein festes nichtleeres Intervall aus $\mathfrak{H}$. Wie beim Beweis des Satzes 19.7 erkennt man, daß es ein stetiges lineares Funktional $f \neq \Theta$ auf F mit $f(z) \leqq p(z)$ für alle $z \in F$ und $f(\varphi(I_0)) = p(\varphi(I_0))$ gibt. Betrachten wir die reellwertige Intervallfunktion $\psi = f \circ \varphi: \mathfrak{H} \to \boldsymbol{R}$, so existiert nach Satz 19.3 ein Punkt a_0 im Innern von I_0 mit $\psi(I_0) = \psi_g(a_0)$, d. h.

$$\psi(I_0) = f(\varphi(I_0)) = p(\varphi(I_0)) = \psi_g(a_0) = f(\varphi_g(a_0)) \leqq p(\varphi_g(a_0)) ,$$

was zu beweisen war.

19.13. *Wenn die Ableitung der additiven Intervallfunktion $\psi : \mathfrak{H} \to F$ existiert, so gibt es zu jedem nichtleeren Intervall $I \in \mathfrak{H}$ mindestens einen Punkt $a \in I^0$ mit*

$$p(\psi(I)) \leqq m(I)\, p(D\, \psi(a)) .$$

Dieser Satz ergibt sich unmittelbar aus dem vorhergehenden.

BEISPIEL

19.5. Es sei $H = [0, 2\pi]$. Die Intervallfunktion φ: $\mathfrak{H} \to \boldsymbol{R}^2$, welche jedem nichtleeren Intervall $I = (x, x+h] \in \mathfrak{H}$ den Wert

$$\varphi(I) = \frac{1}{h}\left(\cos(x+h) - \cos x, \sin(x+h) - \sin x\right)$$

zuordnet, besitzt die strenge M-Eigenschaft. Ihre Grenzfunktion φ_g: $H \to \boldsymbol{R}^2$ lautet $\varphi_g(x) = (-\sin x, \cos x)$. Für das Intervall $I_0 = (0, 2\pi]$ erhalten wir die Mittelwertformeln

$$\varphi(I_0) = \Theta = \frac{1}{2}\varphi_g\left(\frac{\pi}{2}\right) + \frac{1}{2}\varphi_g\left(\frac{3\pi}{2}\right)$$

und

$$\|\varphi(I_0)\| = 0 < \|\varphi_g(a)\| = 1$$

für einen beliebigen Punkt $a \in H$. Wie man erkennt, gilt die Ungleichung (19.4) in der anderen Richtung i. a. nicht.

Abschließend soll noch der erweiterte Mittelwertsatz 19.5 übertragen werden.

19.14. *Wenn die Grenzfunktionen der Intervallfunktionen $\varphi : \mathfrak{H} \to \boldsymbol{R}$ und $\psi : \mathfrak{H} \to F$, die beide die gleiche strenge (M)-Eigenschaft besitzen, existieren und $\varphi_g(x) \geqq 0$ für $x \in H$ ist, so gibt es zu jedem nichtleeren Intervall $I \in \mathfrak{H}$ einen Punkt $a \in I^0$ mit*

$$p(\psi(I))\, \varphi_g(a) \leqq \varphi(I)\, p(\psi_g(a)) \,.$$

Beweis. Es sei I_0 ein festes nichtleeres Intervall aus $\mathfrak{H}$. Die reellwertigen Intervallfunktionen φ und $f \circ \psi$,wobei $f \neq \Theta$ ein stetiges lineares Funktional mit $f(z) \leqq p(z)$ für alle $z \in F$ und $f(\psi(I_0)) = p(\psi(I_0))$ ist, erfüllen die Voraussetzungen von Satz 19.5, woraus die Behauptung unmittelbar folgt.

AUFGABEN

19.5. Die komplexe Funktion f: $G \to \boldsymbol{C}$ sei holomorph auf dem Gebiet $G \subseteq \boldsymbol{C}$, welches neben den festen Punkten z_1 und z_2 auch deren Verbindungsstrecke enthält. Man beweise, daß es drei Punkte a_1, a_2 und a auf der Verbindungsstrecke von z_1 und z_2 gibt, so daß

$$f(z_2) - f(z_1) = (z_2 - z_1)\left(\lambda_1 f'(a_1) + \lambda_2 f'(a_2)\right)$$

mit $\lambda_k \geqq 0$ $(k = 1, 2)$ und $\lambda_1 + \lambda_2 = 1$ und

$$|f(z_2) - f(z_1)| \leqq |z_2 - z_1|\, |f'(a)|$$

gelten.

19.6. Es sei p eine stetige Halbnorm auf F. Die Ableitungen der gegebenen additiven stetigen Intervallfunktionen φ: $\mathfrak{H} \to \boldsymbol{R}$ und ψ: $\mathfrak{H} \to F$ existieren in ganz H mit Ausnahme von endlich oder abzählbar vielen Punkten. Man beweise, daß $p(\psi(I)) \leqq \varphi(I)$ für jedes nichtleere Intervall $I \in \mathfrak{H}$ ist, wenn $p(D\,\psi(x)) \leqq D\,\varphi(x)$ fast überall in H gilt. Man benutze Satz 18.7 und den Beweisgedanken von Satz 19.7.

19.7. Es sei φ: $\mathfrak{H} \to F$ eine additive stetige Intervallfunktion, deren Ableitung in höchstens abzählbar vielen Punkten von H nicht existiert, und N eine Lebesgue-Nullmenge, die diese Ausnahmepunkte enthält. Man beweise, daß $\overline{C(D)} = \overline{C(W)}$ für $D = \{D\,\varphi(x);\ x \in H \setminus N\}$ und $W = \left\{\dfrac{\varphi(I)}{m(I)}\ ;\ I \in \mathfrak{H},\ I \neq \emptyset\right\}$ gilt. Man benutze Aufgabe 19.6 und den Beweisgedanken von Satz 19.8.

VI. DIFFERENTIALRECHNUNG FÜR FUNKTIONEN MIT REELLEN VARIABLEN

In diesem Kapitel wird die Differentialrechnung für Funktionen mit reellen Variablen aufgebaut. Wir beginnen mit dem einfachsten Fall, nämlich mit Funktionen einer Veränderlichen, deren Werte in einem reellen normierten Raum F liegen. Der Leser wird hier seine Kenntnisse aus der Grundvorlesung auffrischen können, denn viele Ergebnisse der reellen Analysis lassen sich direkt übertragen. Daran schließt sich die Untersuchung der Differenzierbarkeit von Funktionen von n reellen Variablen ($n \geqq 2$) an. Dabei erkennt man, daß die Ableitung in einem Punkt ein Vektor $(d_1, \ldots, d_n) \in F^n$ oder, was gleichbedeutend damit ist, eine lineare Funktion $u\colon \boldsymbol{R}^n \to F$ ist, wobei

$$u(x) = x_1 d_1 + \cdots + x_n d_n$$

für beliebige $x = (x_1, \ldots, x_n) \in \boldsymbol{R}^n$ gilt. Im nächsten Kapitel, in dem Funktionen mit vektorwertigen Variablen untersucht werden, kommen wir auf diesen Gedanken zurück und erklären die Ableitung als eine lineare Funktion. In § 22 beschäftigen wir uns mit den partiellen Ableitungen höherer Ordnung für Funktionen mit zwei reellen Veränderlichen. Abschließend wird die gewonnene Theorie auf Differentialgleichungen angewandt.

§ 20. Differenzierbare Funktionen einer Variablen

Die elementaren Sätze der Differential- und Integralrechnung für vektorwertige Funktionen einer reellen Variablen bilden den Gegenstand dieses Paragraphen. Nachdem die Differentiationsregeln aufgestellt sind, leiten wir mit Hilfe der im Abschnitt 19.2 entwickelten Theorie Mittelwertsätze her. Mit der Einführung des Riemannschen Integrals greifen wir der Thematik des letzten Kapitels vor. Damit können wir bereits jetzt die Integralrechnung benutzen und z. B. das Restglied der Taylorschen Formel in Integralform angeben.

20.1. Eigenschaften differenzierbarer Funktionen. Es sei eine Funktion f gegeben, die das (eventuell uneigentliche) Intervall $H \subseteq \boldsymbol{R}$, welches mehr als einen Punkt enthält, in den reellen normierten Raum F abbildet. Wir sagen, daß f *differenzierbar* im Punkt $a \in H$ ist, wenn

$$\lim_{\substack{h \to 0 \\ a+h \in H}} \frac{1}{h} \left(f(a+h) - f(a) \right)$$

existiert. In diesem Fall heißt der Grenzwert die (*erste*) *Ableitung* von f im Punkt a, die wir mit $f'(a)$, $Df(a)$ oder $\dfrac{d}{dx} f(a)$ bezeichnen, wobei x die Variable von f bedeutet. Ist in allen Punkten von H die Ableitung vorhanden, so nennen wir f *differenzierbar* auf H und die Funktion f' bildet H in F ab.

BEISPIELE

20.1. Es sei $F = \mathbf{R}^n$ mit $n > 1$. Eine gegebene Funktion $f: H \to \mathbf{R}^n$ kann in der Form $f = (f_1, \ldots, f_n)$ dargestellt werden, wobei $f_i: H \to \mathbf{R}$ $(i = 1, \ldots, n)$ reellwertige Funktionen sind. Da für $a \in H$ und beliebige $h \neq 0$ mit $a + h \in H$

$$\frac{1}{h}(f(a+h) - f(a)) = \left(\frac{1}{h}(f_1(a+h) - f_1(a)), \ldots, \frac{1}{h}(f_n(a+h) - f_n(a))\right)$$

gilt und der Grenzwert in $\mathbf{R}^n$ koordinatenweise gebildet wird, ist die Funktion f genau dann differenzierbar im Punkt a, wenn sämtliche Koordinatenfunktionen f_i $(i = 1, \ldots, n)$ differenzierbar im Punkt a sind. Die Ableitung lautet $f'(a) = (f_1'(a), \ldots, f_n'(a))$. Beispielsweise ist die Ableitung der Funktion $f(x) = (e^{-x}, \sin x)$ gleich $f'(x) = (-e^{-x}, \cos x)$.

20.2. Es sei F gleich der Menge $(\mathbf{R}^m)^n$ aller reellen (m, n)-Matrizen. Da $(\mathbf{R}^m)^n$ mit dem BANACH-Raum $L(\mathbf{R}^n, \mathbf{R}^m)$ der linearen stetigen Funktionen von $\mathbf{R}^n$ in $\mathbf{R}^m$ isometrisch isomorph ist, muß $(\mathbf{R}^m)^n$ ein BANACH-Raum sein. Eine gegebene Funktion $f: H \to (\mathbf{R}^m)^n$ läßt sich in der Form

$$f(x) = \begin{pmatrix} f_{11}(x) & \cdots & f_{1n}(x) \\ \vdots & & \vdots \\ f_{m1}(x) & \cdots & f_{mn}(x) \end{pmatrix} = (f_{ij}(x))$$

darstellen. Wie man sieht, ist f genau dann in einem Punkt $a \in H$ differenzierbar, wenn sämtliche Funktionen $f_{ij}: H \to \mathbf{R}$ differenzierbar in a sind.

Da die Ableitung als Grenzwert erklärt wurde, besitzen Ableitungen die gleichen Eigenschaften wie Grenzwerte.

20.1. *Es sei H ein Intervall in $\mathbf{R}$ und F_1, F_2 sowie G reelle normierte Räume. Die gegebenen Funktionen $f: H \to F_1$, $f_1: H \to F_1$ und $g: H \to F_2$ seien differenzierbar im Punkt $a \in H$. Dann gilt:*

1. $(f + f_1)'(a) = f'(a) + f_1'(a)$;
2. $(\alpha f)'(a) = \alpha f'(a)$ *für jedes* $\alpha \in \mathbf{R}$;
3. $(u \circ f)'(a) = u(f'(a))$ *für jede lineare stetige Funktion* $u: F_1 \to F_2$;
4. $(v \circ (f, g))'(a) = v(f(a), g'(a)) + v(f'(a), g(a))$ *für jede bilineare stetige Funktion* $v: F_1 \times F_2 \to G$.

Beweis. Wir zeigen lediglich die letzte Behauptung. Der Einfachheit halber schreiben wir $v(y, z) = y \cdot z$ für $y \in F_1$ und $z \in F_2$. Dann gilt:

$$\frac{1}{h}(f(a+h) \cdot g(a+h) - f(a) \cdot g(a)) =$$

$$= f(a+h) \cdot \left[\frac{1}{h}(g(a+h) - g(a))\right] + \left[\frac{1}{h}(f(a+h) - f(a))\right] \cdot g(a) ,$$

woraus sich beim Grenzübergang $h \to 0$ aufgrund der Stetigkeit von v die Gleichung $(f \cdot g)'(a) = f(a) \cdot g'(a) + f'(a) \cdot g(a)$ ergibt.

BEISPIEL

20.3. Es seien $F_1 = (\mathbf{R}^m)^n$, $F_2 = (\mathbf{R}^n)^p$ und $G = (\mathbf{R}^m)^p$. Die gegebenen Funktionen $f: H \to F_1$ und $g: H \to F_2$ mögen die Form

$$f(x) = (f_{ij}(x)) , \quad g(x) = (g_{jk}(x))$$

besitzen, wobei die Indizes die Werte $i = 1, \ldots, m$; $j = 1, \ldots, n$ und $k = 1, \ldots, p$ durchlaufen. Wir nehmen an, daß beide Funktionen in dem Punkt $a \in H$ differenzierbar sind (siehe Beispiel 20.2).

Dann ist nach Satz 20.1 die Funktion $w\colon H \to G$, welche man mittels des Matrizenproduktes

$$w(x) = f(x)\, g(x) = (f_{ij}(x))\, (g_{jk}(x)) = (w_{ik}(x))$$

erhält, in a differenzierbar und die Ableitung lautet

$$w'(a) = f'(a)\, g(a) + f(a)\, g'(a)\,,$$

d. h.

$$(w'_{ik}(a)) = (f'_{ij}(a))\, (g_{jk}(a)) + (f_{ij}(a))\, (g'_{jk}(a))$$

oder

$$w'_{ik}(a) = \sum_{j=1}^{n} [f'_{ij}(a)\, g_{jk}(a) + f_{ij}(a)\, g'_{jk}(a)]\,.$$

Jetzt wird die Kettenregel übertragen:

20.2. *Es seien H_1 und H_2 zwei gegebene Intervalle von $\boldsymbol{R}$. Ist die reelle Funktion $f\colon H_1 \to H_2$ differenzierbar im Punkt $a \in H_1$ und die Funktion $g\colon H_2 \to F$ differenzierbar im Punkt $f(a) \in H_2$, dann ist die Komposition $g \circ f\colon H_1 \to F$ differenzierbar im Punkt a und es gilt $(g \circ f)'\,(a) = g'\big(f(a)\big)\, f'(a)$.*

Beweis. Für ein beliebiges lineares stetiges Funktional $u\colon F \to \boldsymbol{R}$ ist die Funktion $u \circ g\colon H_2 \to \boldsymbol{R}$ nach Satz 20.1 differenzierbar im Punkt $f(a)$. Die Ableitung lautet $u\big(g'(f(a))\big)$. Aufgrund der Kettenregel für die reellen Funktionen $f\colon H_1 \to H_2$ und $u \circ g\colon H_2 \to \boldsymbol{R}$ erhalten wir die Gleichung

$$u \circ (g \circ f)'\,(a) = \big((u \circ g) \circ f\big)'\,(a) = (u \circ g)'\,\big(f(a)\big)\, f'(a) = \\ = u\big(g'(f(a))\big)\, f'(a)\,.$$

Nach Aufgabe 15.6 muß dann $(g \circ f)'\,(a) = g'\big(f(a)\big)\, f'(a)$ sein.

AUFGABEN

20.1. Eine Funktion $f\colon H \to F^n$ habe die Form $f(x) = (f_1(x), \ldots, f_n(x))$, wobei die Funktionen f_i das Intervall H in F abbilden. Man zeige, daß f genau dann in einem Punkt $a \in H$ differenzierbar ist, wenn alle Funktionen f_i in a differenzierbar sind.

20.2. Es sei $f\colon H \to (\boldsymbol{R}^n)^n$ differenzierbar im Punkt $a \in H$. Man untersuche, ob die reellwertige Funktion $g(x) = \det f(x)$ in a differenzierbar ist, und bestimme gegebenenfalls die Ableitung.

20.3. Die Funktionen $f\colon \boldsymbol{R} \to (\boldsymbol{R}^2)^3$ und $g\colon \boldsymbol{R} \to (\boldsymbol{R}^3)^1$ seien durch die Gleichungen

$$f(x) = \begin{pmatrix} e^{2x} & \cos x & x \\ x^3 & \sin x^2 & e^{-x} \end{pmatrix},$$

$$g(x) = \begin{pmatrix} x \\ \cos x^2 \\ \sin 2x \end{pmatrix}$$

gegeben. Man bestimme die Ableitungen $f'(x)$, $g'(x)$ und $\dfrac{d}{dx}\,(f(x)\, g(x))$.

20.4. Man beweise, daß die Funktion $f\colon [0, 1] \to \boldsymbol{R}$, welche durch die Reihe

$$f(x) = \sum_{n=0}^{\infty} \frac{\{10^n x\}}{10^n}$$

erklärt ist, stetig und nirgends differenzierbar ist. Dabei bedeutet $\{x\}$ der Abstand von x zur nächstgelegenen ganzen Zahl.

20.5. Die Funktion $f\colon [0, 1] \to B\left(\left[\frac{1}{3}, \frac{2}{3}\right], \boldsymbol{R}\right)$ ordne jedem Punkt $x \in [0, 1]$ die auf $\left[\frac{1}{3}, \frac{2}{3}\right]$ erklärte Funktion $y(t) = f(t, x)$ zu, wobei

$$f(t, x) = \begin{cases} \dfrac{x}{t} & \text{für } 0 \leqq x \leqq t, \\[2mm] \dfrac{1}{1-t} - \dfrac{x}{1-t} & \text{für } t < x \leqq 1 \end{cases}$$

ist. Man beweise, daß

$$\left\| \frac{f(x) - f(x')}{x - x'} \right\| \leqq 3$$

für alle $x, x' \in [0, 1]$ gilt und daß f nirgends differenzierbar ist.

20.6. Es sei $H \subseteq \boldsymbol{R}$ offen. Die *rechtsseitige Ableitung* der Funktion $f\colon H \to F$ im Punkt a erklärt man als den Grenzwert

$$\lim_{\substack{h \to 0 \\ h > 0 \\ a+h \in H}} \frac{f(a+h) - f(a)}{h},$$

welchen man mit $f'_+(a)$ oder $D_+ f(a)$ bezeichnet. Entsprechend wird die *linksseitige Ableitung* $f'_-(a)$ bzw. $D_- f(a)$ eingeführt.

Man beweise: Ist f stetig in H und besitzt f im Punkt $a \in H$ eine rechtsseitige Ableitung, so hat auch die Funktion $g(x) = \|f(x)\|$ in a eine rechtsseitige Ableitung, und es gilt

$$g'_+(a) \leqq \|f'_+(a)\|.$$

20.2. **Mittelwertsätze.** Während es bei einer reellen differenzierbaren Funktion f zu $a, b \in \boldsymbol{R}$ mit $a < b$ stets einen Punkt $c \in (a, b)$ mit der Eigenschaft

$$f(b) - f(a) = f'(c)\,(b - a)$$

gibt, ist dies bei einer vektorwertigen Funktion i. a. nicht der Fall. Beispielsweise ist $f(x) = (\sin x, \cos x)$ eine differenzierbare Funktion, bei der für $a = 0$, $b = 2\pi$ die obige Gleichung von keiner reellen Zahl c befriedigt wird. Die folgenden Mittelwertsätze für vektorwertige Funktionen gewinnen wir aus den Ergebnissen des Abschnittes 19.2.

Es sei $H = [a, b]$ ein kompaktes Intervall von $\boldsymbol{R}$. Für eine gegebene Funktion $f\colon H \to F$ ist die Intervallfunktion $\varphi\colon \mathfrak{H} \to F$ mit

$$\varphi\left((x, x + h]\right) = f(x + h) - f(x)$$

für $(x, x + h] \subset H$ additiv. Weiterhin ist f genau dann differenzierbar in einem Punkt von H, wenn die Ableitung von φ in diesem Punkt existiert. Aus der Verallgemeinerung des Satzes 19.8 in der Aufgabe 19.7 ergibt sich unmittelbar:

20.3. SATZ. *Die gegebene stetige Funktion $f: H \to F$ sei überall in H bis auf höchstens abzählbar viele Punkte differenzierbar. Die* LEBESGUE-*Nullmenge N enthalte diese Ausnahmepunkte. Dann liegt der Vektor $\frac{f(b) - f(a)}{b - a}$ in $\overline{C(D)}$, wobei $D = \{f'(x); x \in H \setminus N\}$ ist.*

Ist F speziell ein euklidischer Raum, so ergibt sich unter den gemachten Voraussetzungen aufgrund der Sätze 19.9 und 19.10 (bei Berücksichtigung der Aufgabe 19.7), daß $\frac{f(b) - f(a)}{b - a}$ bereits zu der konvexen Hülle $C(D)$ gehört. Für einen beliebigen normierten Raum F ist dies i. a. nicht der Fall.

BEISPIEL

20.4. Wir betrachten im Raum l_2 die Folge der Vektoren $a_k = (1, 2^{-1}, \ldots, 2^{-k}, 0, 0, \ldots)$ ($k = 0, 1, 2, \ldots$) und ihren Grenzwert $a = (1, 2^{-1}, 2^{-2}, \ldots)$. Es sei $x_k = 1 - 2^{-k}$. Die Funktion $f: [0, 1] \to l_2$, welche durch die Formel

$$f(x) = \begin{cases} a_k + \dfrac{x - x_k}{x_{k+1} - x_k}(a_{k+1} - a_k) & \text{für } x \in [x_k, x_{k+1}), \\ a & \text{für } x = 1 \end{cases}$$

erklärt ist, ist in allen Punkten von $[0, 1]$ mit Ausnahme von $1, x_0, x_1, \ldots$ differenzierbar. Die Ableitung lautet $f'(x) = a_{k+1} - a_k$ für $x \in (x_k, x_{k+1})$. Die Differenz $f(1) - f(0) = (0, 2^{-1}, 2^{-2}, \ldots)$ gehört nicht zu $C(D)$, wobei $D = \{f'(x);\ x \notin \{1, x_0, x_1, \ldots\}\}$ ist, wohl aber zur abgeschlossenen konvexen Hülle $\overline{C(D)}$.

Genügt eine Funktion $f: H \to F$ außer den Voraussetzungen des Satzes 20.3 noch der Bedingung $\|f'(x)\| \leqq M$ für alle $x \in H \setminus N$, dann ergibt sich aus dem Satz 20.3 die Abschätzung

$$\|f(b) - f(a)\| \leqq (b - a)\, M\,.$$

Dieses Resultat kann man zu dem folgenden Mittelwertsatz verschärfen:

20.4. SATZ (A. K. AZIZ, J. B. DIAZ). *Die stetige Funktion $f: H \to F$ sei überall in H bis auf höchstens abzählbar viele Punkte differenzierbar. Die* LEBESGUE-*Nullmenge N enthalte diese Ausnahmepunkte. Dann existiert ein Punkt $c \in H \setminus N$ mit der Eigenschaft*

$$\|f(b) - f(a)\| \leqq (b - a)\, \|f'(c)\|\,.$$

Beweis. Es sei $z_0 = \frac{f(b) - f(a)}{b - a}$. Aufgrund des HAHN-BANACHschen Erweiterungssatzes ist ein stetiges lineares Funktional $u: F \to \mathbf{R}$ mit $u(z_0) = \|z_0\|$ und $u(z) \leqq \|z\|$ für jedes $z \in F$ vorhanden. Wegen der Bemerkung zu Satz 20.3 gilt $u(z_0) \in \overline{C(D_1)}$, wobei $D_1 = \{u(f'(x)); x \in H \setminus N\}$ ist. Folglich existiert ein Punkt $c \in H \setminus N$ mit $u(z_0) \leqq u(f'(c))$, woraus sich die Behauptung ergibt.

Bekanntlich ist eine reelle differenzierbare Funktion genau dann konstant, wenn ihre Ableitung identisch verschwindet. Ein allgemeineres Ergebnis erhält man mit Hilfe des Satzes 20.4:

***20.5.** Die stetige Funktion $f: H \to F$ sei überall in H bis auf höchstens abzählbar viele Punkte differenzierbar. Außerhalb der* LEBESGUE*-Nullmenge N, welche diese Ausnahmepunkte enthält, sei $f'(x) = \Theta$. Dann ist f auf H konstant.*

Die Voraussetzung, daß die stetige Funktion f in höchstens abzählbar vielen Punkten von H nicht differenzierbar ist, kann nicht abgeschwächt werden. Für stetige Funktionen, die in überabzählbar vielen Punkten von H nicht differenzierbar sind, verlieren die letzten drei Sätze ihre Gültigkeit.

BEISPIEL

20.5. Wir erklären eine stetige monoton wachsende Funktion f: $[0, 1] \to \boldsymbol{R}$, deren Ableitung überall mit Ausnahme der LEBESGUE-Nullmenge $\boldsymbol{D}$ verschwindet, wobei $\boldsymbol{D}$ das CANTORsche Diskontinuum bezeichnet. Auf jedem offenen Intervall von $[0, 1] \setminus \boldsymbol{D}$ ist f konstant. Für $x \in \left(\frac{1}{3}, \frac{2}{3}\right)$ ist $f(x) = \frac{1}{2}$. Auf den Intervallen $\left(\frac{1}{9}, \frac{2}{9}\right)$ und $\left(\frac{7}{9}, \frac{8}{9}\right)$ ist f gleich $\frac{1}{4}$ bzw. $\frac{3}{4}$. Allgemein nimmt f für $n = 1, 2, \ldots$ auf den 2^{n-1} offenen Intervallen von $[0, 1] \setminus \boldsymbol{D}$, deren Durchmesser $\frac{1}{3^n}$ beträgt, der Reihe nach die Werte $\frac{1}{2^n}, \frac{3}{2^n}, \ldots, \frac{2^n - 1}{2^n}$ an. Wie sich der Leser selbst überzeugen kann, ist damit die erhaltene Funktion f: $[0, 1] \setminus \boldsymbol{D} \to \boldsymbol{R}$ monoton wachsend und $f([0, 1] \setminus \boldsymbol{D})$ in $[0, 1]$ dicht (Abb. 20.1).

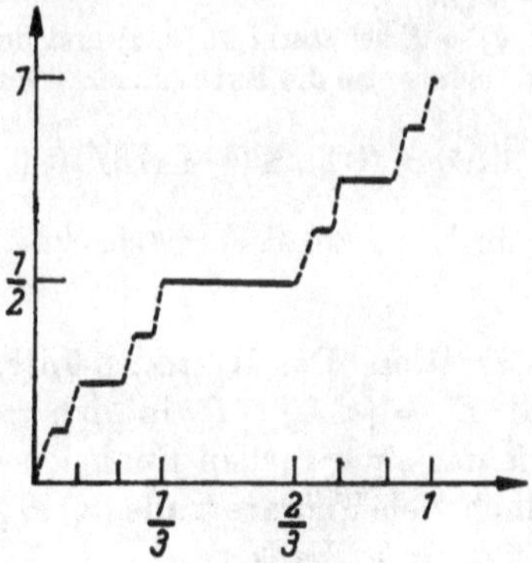

Abb. 20.1

Für einen Punkt $x \in \boldsymbol{D}$ setzen wir

$$f(x) = \begin{cases} 0 & \text{für } x = 0\,, \\ \sup\,\{f(y);\, y \in [0, 1] \setminus \boldsymbol{D},\, y < x\} & \text{für } x > 0\,. \end{cases}$$

Folglich ist f eine auf $[0, 1]$ erklärte monotone Funktion. Ferner ist f stetig auf H, weil die Menge der Funktionswerte auf $[0, 1] \setminus \boldsymbol{D}$ in $[0, 1]$ dicht liegt und somit keine Sprungstellen bei f auftreten können. In jedem Punkt $x \in [0, 1] \setminus \boldsymbol{D}$ verschwindet die Ableitung von f.

Ein weiterer Beweis, daß $\boldsymbol{D}$ die Mächtigkeit des Kontinuums besitzt, kann mit Hilfe der konstruierten Funktion f geführt werden. Schränkt man nämlich f auf $\boldsymbol{D}$ ein, so erhält man eine streng monoton wachsende Funktion von $\boldsymbol{D}$ auf $[0, 1] \setminus A$, wobei A die abzählbare Menge aller Zahlen der Form $\frac{1}{2^n}, \frac{3}{2^n}, \ldots, \frac{2^n - 1}{2^n}$ $(n = 1, 2, \ldots)$ ist. Folglich ist $\boldsymbol{D}$ mit der Menge $[0, 1] \setminus A$, welche die Mächtigkeit des Kontinuums hat, gleichmächtig.

AUFGABEN

20.7. Die Funktion $f: [a, b] \to F$ sei stetig in $[a, b]$ und differenzierbar in (a, b). Ferner sei a' ein Punkt aus $[a, b]$. Man beweise, daß ein Punkt $c \in (a, b)$ existiert, für den die Ungleichung

$$\|f(b) - f(a) - f'(a')(b - a)\| \leqq (b - a)\,\|f'(c) - f'(a')\|$$

erfüllt ist.

20.8. Die Funktionen $f: [a, b] \to F$ und $g: [a, b] \to \boldsymbol{R}$ seien stetig in $[a, b]$ und differenzierbar in (a, b). Weiterhin verschwinde g' in (a, b) nicht. Man weise die Existenz eines solchen Punktes $c \in (a, b)$ nach, für den

$$\frac{\|f(b) - f(a)\|}{|g(b) - g(a)|} \leqq \frac{\|f'(c)\|}{|g'(c)|}$$

gilt.

20.9. Die Funktion $f: [a, b] \to F$ sei stetig in $[a, b]$. Man zeige, daß stets ein Punkt $c \in (a, b)$ existiert, so daß entweder

$$\left\|\frac{f(b) - f(a)}{b - a}\right\| \leqq \left\|\frac{f(c + h) - f(c)}{h}\right\|$$

für jedes $h > 0$ mit $c + h \leqq b$ oder

$$\left\|\frac{f(b) - f(a)}{b - a}\right\| \leqq \left\|\frac{f(c) - f(c - h)}{h}\right\|$$

für jedes $h > 0$ mit $a \leqq c - h$ gilt.

20.10. Die Funktion $f: [a, b] \to F$ sei stetig in $[a, b]$ und besitze überall in (a, b) rechts- und linksseitige Ableitungen. Man weise die Existenz eines Punktes $c \in (a, b)$ nach, für den entweder

$$\|f(b) - f(a)\| \leqq (b - a)\,\|f'_+(c)\|$$

oder

$$\|f(b) - f(a)\| \leqq (b - a)\,\|f'_-(c)\|$$

gilt.

20.3. Riemannsche Integration. Das Riemann-Integral einer Funktion f, die das kompakte Intervall $H = [a, b] \subset \boldsymbol{R}$ in den reellen Banach-Raum F abbildet, wird ähnlich wie das einer reellen Funktion eingeführt. Wir zerlegen das Intervall $[a, b]$ in endlich viele Teilintervalle $[x_i, x_{i+1}]$ $(i = 0, 1, \ldots, n - 1)$ mit $a = x_0 < x_1 < \cdots < x_n = b$. Falls $x_{i+1} - x_i \leqq \delta$ für alle i gilt, sprechen wir kurz von einer δ-Zerlegung $\mathfrak{Z}_\delta$ des betrachteten Intervalls. Die Riemannsche Integralsumme bezüglich der Zerlegung $\mathfrak{Z}_\delta$ lautet

$$S(f, \mathfrak{Z}_\delta) = \sum_{i=0}^{n-1} f(x_i)\,(x_{i+1} - x_i)\,.$$

Konvergiert für jede Folge von Zerlegungen $\mathfrak{Z}_{\delta_k}$ mit $\delta_k \to 0$ die zugehörige Folge der Integralsummen gegen ein und denselben Grenzwert S, so heißt f *Riemann-integrierbar* über H. Den Grenzwert S nennt man das Riemann-*Integral* der Funktion f. Man schreibt $S = \int_a^b f(x)\,dx$.

Jede stetige Funktion $f: H \to F$ ist Riemann-integrierbar. Der Beweis verläuft wie im reellen Fall mit Hilfe der gleichmäßigen Stetigkeit der Funktion f

und wird deshalb dem Leser zur Übung überlassen. Auch alle Funktionen, die nur endlich viele Unstetigkeitspunkte besitzen, sind genauso wie die folgende Funktion, die fast überall stetig ist, RIEMANN-integrierbar.

BEISPIEL

20.6. Wir betrachten die bereits in der Aufgabe 11.6 untersuchte Funktion $f\colon [0, 1] \to \boldsymbol{R}$, welche durch die Formel

$$f(x) = \begin{cases} \frac{1}{q} & \text{für } x = \frac{p}{q} \text{ mit teilerfremden } p, q \in \boldsymbol{N}\,, \\ 0 & \text{sonst} \end{cases}$$

erklärt ist. Diese Funktion ist genau in allen irrationalen Punkten von $[0, 1]$ stetig, d. h., f ist fast überall stetig. Wir zeigen, daß f RIEMANN-integrierbar über $[0, 1]$ ist und das Integral den Wert Null besitzt.

Es sei $\varepsilon > 0$ beliebig vorgegeben. Wir wählen eine natürliche Zahl $n > \frac{2}{\varepsilon}$. Im Intervall $[0, 1]$ liegen dann k_n nicht kürzbare Brüche $\frac{p}{q}$ mit $q \leqq n$. Bei einer δ-Zerlegung $\mathfrak{Z}_\delta$ von $[0, 1]$, wobei $\delta < \frac{\varepsilon}{4\,k_n}$ ist, gibt es höchstens $2\,k_n$ Intervalle, die eine rationale Zahl der Form $\frac{p}{q}$ mit $q \leqq n$ enthalten. Auf den restlichen Intervallen von $\mathfrak{Z}_\delta$ ist $f(x) \leqq \frac{1}{n}$. Folglich erhalten wir

$$0 \leqq S(f, \mathfrak{Z}_\delta) \leqq 1 \cdot 2\,k_n \cdot \delta + \frac{1}{n} \cdot 1 < \varepsilon\,,$$

womit alles bewiesen ist.

Wir vereinbaren noch, daß $\int\limits_b^a f(x)\,dx = -\int\limits_a^b f(x)\,dx$ und $\int\limits_a^a f(x)\,dx = 0$ sind. Für beliebige Punkte a, b, c aus H gilt dann die Gleichung

$$\int\limits_a^c f(x)\,dx = \int\limits_a^b f(x)\,dx + \int\limits_b^c f(x)\,dx\,.$$

Einige einfache Eigenschaften des RIEMANN-Integrals fassen wir im folgenden Satz zusammen:

20.6. *Es seien $f\colon H \to F$ und $g\colon H \to F$ RIEMANN-integrierbare Funktionen, α eine reelle Zahl und u eine lineare stetige Funktion von F in den reellen BANACH-Raum G. Dann gilt:*

$$\int\limits_a^b \big(f(x) + g(x)\big)\,dx = \int\limits_a^b f(x)\,dx + \int\limits_a^b g(x)\,dx\,,$$

$$\int\limits_a^b \alpha\,f(x)\,dx = \alpha \int\limits_a^b f(x)\,dx\,,$$

$$\int\limits_a^b (u \circ f)\,(x)\,dx = u\left(\int\limits_a^b f(x)\,dx\right),$$

$$\left\|\int\limits_a^b f(x)\,dx\right\| \leqq (b - a)\,\sup\,\{\|f(x)\|;\, x \in H\}\,.$$

Wir untersuchen jetzt die Beziehungen zwischen der Integration und der Differentiation.

20.7 SATZ. *Es sei $f: H \to F$ eine* RIEMANN-*integrierbare Funktion, die im Punkt $x_0 \in H$ stetig ist. Dann ist die Funktion $g: H \to F$ mit $g(x) = \int_a^x f(t)\,dt$ differenzierbar im Punkt x_0, und es gilt $g'(x_0) = f(x_0)$.*

Beweis. Für beliebige $h \neq 0$ mit $x_0 + h \in H$ besteht die Gleichung

$$\frac{g(x_0 + h) - g(x_0)}{h} - f(x_0) = \frac{1}{h} \int_{x_0}^{x_0+h} \big(f(t) - f(x_0)\big)\,dt .$$

Aufgrund der Stetigkeit von f im Punkt x_0 existiert für jedes $\varepsilon > 0$ eine Zahl $\delta > 0$, so daß $\|f(x) - f(x_0)\| < \varepsilon$ im Falle $\|x - x_0\| < \delta$ gilt. Somit erhält man für $0 < |h| < \delta$ die Ungleichung

$$\left\| \frac{g(x_0 + h) - g(x_0)}{h} - f(x_0) \right\| < \varepsilon .$$

20.8 *Es sei $f: H \to F$ stetig und $g: H \to F$ differenzierbar mit $g' = f$. Dann gilt*

$$\int_a^b f(x)\,dx = g(b) - g(a) .$$

Beweis. Die beiden Funktionen g und g_1 mit $g_1(x) = \int_a^x f(t)\,dt$ besitzen nach Satz 20.7 dieselbe Ableitung, so daß $g - g_1$ nach Satz 20.5 konstant ist. Wegen $g(x) - g_1(x) = g(a) - g_1(a) = g(a)$ ist diese Konstante gleich $g(a)$, womit die Behauptung bewiesen ist.

Schließlich können wir noch die Substitutionsregel und die Formel der partiellen Integration übertragen.

20.9. *Es seien H und H_1 zwei Intervalle von $\mathbf{R}$. Die differenzierbare Funktion $f: H \to H_1$ besitze eine stetige Ableitung. Die Funktion $g: H_1 \to F$ sei stetig. Dann gilt*

$$\int_a^b g\big(f(x)\big)\, f'(x)\,dx = \int_{f(a)}^{f(b)} g(y)\,dy .$$

Beweis. Nach Satz 20.7 kann man eine differenzierbare Funktion $h: H_1 \to F$ mit $h' = g$ angeben. Dann gilt nach der Kettenregel $(h \circ f)'(x) = g\big(f(x)\big)\, f'(x)$, woraus nach Satz 20.8 sich die Formel

$$\int_a^b g\big(f(x)\big)\, f'(x)\,dx = \int_a^b (h \circ f)'(x)\,dx = h\big(f(b)\big) - h\big(f(a)\big) = \int_{f(a)}^{f(b)} g(y)\,dy$$

ergibt.

20.10. *Es seien F_1, F_2 und G reelle* BANACH*-Räume und $v: F_1 \times F_2 \to G$ eine bilineare stetige Funktion. Wenn die differenzierbaren Funktionen $f: H \to F_1$ und $g: H \to F_2$ stetige Ableitungen besitzen, dann gilt*

$$\int_a^b v(f(x), g'(x))\, dx = v(f(b), g(b)) - v(f(a), g(a)) - \int_a^b v(f'(x), g(x))\, dx .$$

Beweis. Die Funktion $v \circ (f, g): H \to G$ ist nach Satz 20.1 differenzierbar, so daß sich aus dem Satz 20.8 die Behauptung ergibt.

AUFGABEN

20.11. Es sei $f: [a, b] \to F$ gegeben. Ferner sei $\mathfrak{Z}$ eine Verfeinerung der δ-Zerlegung $\mathfrak{Z}_\delta$ von $[a, b]$, d. h., jedes Intervall von $\mathfrak{Z}$ ist in einem Intervall von $\mathfrak{Z}_\delta$ enthalten. Man beweise, daß

$$||S(f, \mathfrak{Z}_\delta) - S(f, \mathfrak{Z})|| \leqq \omega(\delta)\,(b - a)$$

gilt, wobei

$$\omega(\delta) = \sup \{||f(x_1) - f(x_2)||;\ |x_1 - x_2| \leqq \delta\}$$

ist.

20.12. Jede stetige Funktion $f: [a, b] \to F$ ist RIEMANN-integrierbar.

20.13. Es sei $f: [a, b] \to F$. Man beweise: Wenn es zu jedem $\varepsilon > 0$ eine Zerlegung von $[a, b]$ in die Teilintervalle $I_1, \ldots, I_n$ mit

$$\sum_{k=1}^{n} s\,f(I_k)\, m(I_k) < \varepsilon$$

gibt, wobei $s\,f(I_k)$ die Schwankung von f auf I_k und $m(I_k)$ das Maß von I_k bezeichnet, dann ist die gegebene Funktion RIEMANN-integrierbar.

20.14. Man zeige, daß auf der Menge aller stetiger Funktionen $f: [a, b] \to F$ durch

$$||f|| = \int_a^b ||f(x)||\, dx$$

eine Norm erklärt wird.

20.15. Die Folge der stetigen Funktionen $f_n: [a, b] \to F$ konvergiere gleichmäßig gegen die Funktion f. Man beweise, daß dann die Gleichung

$$\lim_{n\to\infty} \int_a^b f_n(x)\, dx = \int_a^b \lim_{n\to\infty} f_n(x)\, dx = \int_a^b f(x)\, dx$$

besteht.

20.16. Es sei $f: [a, b] \to F$ stetig und $h: [a, b] \to F$ eine Funktion mit $h' = f$ und $h([a, b]) \subseteq K$, wobei K eine Kugel ist. Weiterhin sei $g: [a, b] \to \boldsymbol{R}$ eine monotone Funktion. Man weise die Existenz eines Punktes $d \in K$ mit

$$\int_a^b f(x)\, g(x)\, dx = (h(b) - d)\, g(b) + (d - h(a))\, g(a)$$

nach. Im Fall $F = \boldsymbol{R}$ zeige man, daß es einen Punkt $c \in [a, b]$ mit

$$\int_a^b f(x)\, g(x)\, dx = g(a) \int_a^c f(x)\, dx + g(b) \int_c^b f(x)\, dx$$

gibt.

20.4. TAYLORsche Formel. Nachdem wir die erste Ableitung erklärt haben, werden die Ableitungen höherer Ordnung in der bekannten Weise sukzessiv eingeführt. Existiert die $(n - 1)$-te Ableitung der betrachteten Funktion $f: H \to F$ in einer bezüglich H offenen Umgebung des Punktes $a \in H$ und ist diese differenzierbar in a, so nennen wir die Ableitung der $(n-1)$-ten Ableitung die *n-te Ableitung* oder *Ableitung n-ter Ordnung* von f im Punkt a. Wir sagen auch, daß f dann *n-mal differenzierbar* in a ist. Für die n-te Ableitung schreiben wir $f^{(n)}(a)$, wobei wir noch $f^{(0)} = f$ vereinbaren. Die n-te Ableitung geht aus einem n-maligen Grenzübergang hervor. Damit sie existiert, müssen die Ableitungen von der ersten bis zur $(n-1)$-ten Ordnung vorhanden sein.

Wir nehmen an, daß die Funktion g, welche das Intervall $[0, 1]$ in den reellen BANACH-Raum F abbildet, $(n+1)$-mal differenzierbar in allen Punkten von $[0, 1]$ ist und daß $g^{(n+1)}$ stetig auf $[0, 1]$ ist. Dann ist die Funktion $h\colon [0, 1] \to F$

$$h(x) = g(x) + \frac{1}{1!}(1-x)\,g'(x) + \cdots + \frac{1}{n!}(1-x)^n\,g^{(n)}(x)$$

nach Satz 20.1 differenzierbar und ihre Ableitung lautet

$$h'(x) = \frac{1}{n!}(1-x)^n\,g^{(n+1)}(x)\,.$$

Wegen Satz 20.8 erhalten wir die Gleichung

$$g(1) = h(1) = h(0) + \int_0^1 h'(x)\,dx = g(0) + \frac{1}{1!}g'(0) + \cdots + \frac{1}{n!}\,g^{(n)}(0) +$$
$$+ \int_0^1 \frac{1}{n!}(1-x)^n\,g^{(n+1)}(x)\,dx\,. \tag{20.1}$$

Hieraus ergibt sich direkt die TAYLORsche Formel:

20.11. *Wenn die $(n+1)$-mal differenzierbare Funktion f, die das kompakte Intervall $H \subset \mathbf{R}$ in den reellen BANACH-Raum F abbildet, eine stetige $(n+1)$-te Ableitung besitzt, so gilt für zwei Punkte a, b aus H die Gleichung*

$$f(b) = f(a) + \frac{1}{1!}(b-a)\,f'(a) + \cdots + \frac{1}{n!}(b-a)^n\,f^{(n)}(a) + R_n\,,$$

wobei

$$R_n = \int_0^1 \frac{1}{n!}(1-x)^n\,f^{(n+1)}\big(a + x\,(b-a)\big)\,(b-a)^{n+1}\,dx$$

ist.

Beweis. Setzen wir $g(x) = f\,(a + x\,(b-a))$ für $x \in [0, 1]$, so folgt die Behauptung aus dem Satz 20.2 und der Formel (20.1).

Auf anderem Wege können wir mittels des erweiterten Mittelwertsatzes (siehe Aufgabe 20.8) Abschätzungen für das Restglied R_n erhalten.

20.12. *Die Funktion $f\colon H \to F$ sei $(n+1)$-mal differenzierbar. Es sei $0 \leqq r \leqq n$. Für zwei Punkte $a, b \in H$ mit $a < b$ kann man einen zwischen diesen gelegenen Punkt c angeben, so daß*

$$\left\| f(b) - \sum_{i=0}^{n} \frac{1}{i!}(b-a)^i\,f^{(i)}(a) \right\| \leqq \left\| f^{(n+1)}(c) \right\| \frac{(b-a)^{n+1-r}\,(b-c)^r}{(n+1-r)\,n!}$$

ist.

Beweis. Es sei $n > 0$. Die Funktion $g\colon [a, b] \to F$

$$g(x) = f(b) - \sum_{i=0}^{n} \frac{1}{i!} (b - x)^i f^{(i)}(x)$$

ist differenzierbar auf $[a, b]$. Ihre Ableitung lautet

$$g'(x) = - f^{(n+1)}(x) \; \frac{(b - x)^n}{n!}.$$

Die Funktion $h\colon [a, b] \to \boldsymbol{R}$ mit $h(x) = (b - x)^{n+1-r}$ besitzt eine in (a, b) positive Ableitung, so daß nach Aufgabe 20.8 ein Punkt $c \in (a, b)$ mit der Eigenschaft

$$\frac{\|g(b) - g(a)\|}{|h(b) - h(a)|} = \frac{\left\| f(b) - \sum\limits_{i=0}^{n} \frac{1}{i!} (b - a)^i f^{(i)}(a) \right\|}{(b - a)^{n+1-r}} \leq \frac{\|g'(c)\|}{|h'(c)|} = \frac{\|f^{(n+1)}(c)\| \frac{(b - c)^n}{n!}}{(n + 1 - r)\,(b - c)^{n-r}}$$

existiert.

Wir erkennen, daß wir für $r = 0$ bzw. $r = n$ die von Lagrange bzw. Cauchy stammenden Abschätzungen für das Restglied R_n erhalten haben.

Abschließend sei noch erwähnt, daß es auch andere Möglichkeiten gibt, Ableitungen höherer Ordnung zu erklären. Beispielsweise versteht man unter der n-ten Riemann-*Ableitung* der Funktion $f\colon H \to F$ im Punkt $a \in H^0$ den Grenzwert

$$f^{[n]}(a) = \lim_{h \to 0} \frac{1}{(2\,h)^n} \sum_{k=0}^{n} (-1)^k \binom{n}{k} f\,(a + (n - 2\,k)\,h)\,.$$

Die Riemann-Ableitung $f^{[n]}$ entsteht durch einen einzigen Grenzübergang aus der Funktion f. Zwecks Eigenschaften der Riemann-Ableitung und weiterer Ableitungsbegriffe sei auf P. L. Butzer [1], A. Dinghas [1], E. Görlich-R. J. Nessel [1] und C. Kassimatis [1] verwiesen.

AUFGABEN

20.17. Es sei $f\colon H \to F$ eine beliebig oft differenzierbare Funktion und $x_0 \in H$. Man gebe Bedingungen an, wann die Reihe

$$\sum_{n=0}^{\infty} \frac{f^{(n)}(x_0)}{n!} (x - x_0)^n$$

für alle $x \in H$ konvergiert und die Summe gleich $f(x)$ ist.

20.18. Es sei $a < b$. Man zeige, daß die Funktion $f\colon \boldsymbol{R} \to \boldsymbol{R}$ mit

$$f(x) = \begin{cases} e^{\frac{1}{(x-a)\,(x-b)}} & \text{für } a < x < b\,, \\ 0 & \text{sonst} \end{cases}$$

beliebig oft differenzierbar ist.

20.19. Es sei $f\colon (a, b) \to F$ stetig. Man beweise:

a) Verschwindet überall die erste Riemannsche Ableitung von f, so ist f konstant.

b) Verschwindet überall die zweite Riemannsche Ableitung von f, so besitzt f die Form $f(x) = c + dx$ mit festen $c, d \in F$.

20.20. Es sei $f\colon (a, b) \to F$ stetig. Man zeige:

a) Wenn $f^{[1]}$ existiert und stetig in (a, b) ist, so ist f differenzierbar und $f' = f^{[1]}$.

b) Wenn $f^{[2]}$ existiert und stetig in (a, b) ist, dann ist f zweimal differenzierbar und $f'' = f^{[2]}$.

§ 21. Differenzierbare Funktionen mit mehreren Variablen

Die Differentialrechnung für Funktionen mehrerer reeller Variablen baut auf den Ergebnissen von § 20 auf. Im folgenden Paragraphen führen wir geeignete Ableitungsbegriffe ein. Dabei nehmen wir an, daß die gegebene Funktion f auf einer nichtleeren offenen Teilmenge X von $\boldsymbol{R}^n$ erklärt ist und daß die Werte von f in einem reellen normierten Raum F liegen. Das Zurückführen auf den Fall einer Veränderlichen geschieht dadurch, daß für feste $a \in X$ und $h \in \boldsymbol{R}^n$ die Funktion $f_1(t) = f(a + t\,h)$ gebildet wird. Existiert die Ableitung $f_1'(0)$, so nennt man $f_1'(0) = D_h f(a)$ eine Richtungsableitung von f im Punkt a. Wählt man speziell eine Richtung der Koordinatenachsen von $\boldsymbol{R}^n$, so erhält man eine partielle Ableitung.

Die Ableitung $f'(a)$ wird als Vektor aus F^n oder — gleichbedeutend damit — als lineare stetige Funktion von $\boldsymbol{R}^n$ in F erklärt. Aus der Existenz der Ableitung $f'(a)$ ergibt sich die der partiellen Ableitungen $D_1 f(a), \ldots, D_n f(a)$ und die sämtlicher Richtungsableitungen. Für beliebige $h = (h_1, \ldots, h_n) \in \boldsymbol{R}^n$ besteht die Gleichheit

$$f'(a)\,h = D_1 f(a)\,h_1 + \cdots + D_n f(a)\,h_n = D_h f(a)\,.$$

Für weitere Einzelheiten verweisen wir z. B. auf R. Sikorski [1].

21.1. Richtungsableitungen. Es sei f eine gegebene Funktion, die auf der nichtleeren offenen Menge $X \subseteq \boldsymbol{R}^n$ definiert ist und deren Werte in dem reellen normierten Raum F liegen. Wenn h ein fester Vektor aus $\boldsymbol{R}^n$ ist, dann versteht man unter der *Ableitung* von f im Punkt $a \in X$ *in Richtung* h den Vektor

$$D_h f(a) = \lim_{\substack{t \to 0 \\ a + th \in X}} \frac{f(a + t\,h) - f(a)}{t},$$

falls dieser Grenzwert existiert. Die *Ableitung* von f *in Richtung* h oder kurz *Richtungsableitung* $D_h f$ ist dann diejenige Funktion, die jedem $x \in X$ den Vektor $D_h f(x)$ zuordnet.

Es sei $a \in X$. Dann ist $A = \{t;\ a + t\,h \in X\} \subseteq \boldsymbol{R}$ offen. Wir betrachten die Funktion $f_1\colon A \to F$ mit $f_1(t) = f(a + t\,h)$. Da die Ableitung $f_1'(t) = D_h f(a + t\,h)$ für $t \in A$ lautet, ergeben sich die Eigenschaften der Richtungsableitung aus denen der Ableitung einer Funktion mit einer reellen Variablen.

21.1. *Wenn die Funktionen $f: X \to F$ und $g: X \to F$ im Punkt $a \in X$ Richtungsableitungen $D_h f(a)$ und $D_h g(a)$ besitzen, so gilt für reelle α*

$$D_h(f + g)(a) = D_h f(a) + D_h g(a),$$

$$D_h(\alpha f)(a) = \alpha D_h f(a).$$

Sind F_1, F_2 und G reelle normierte Räume, $v: F_1 \times F_2 \to G$ eine bilineare stetige Funktion und $f: X \to F_1$ sowie $g: X \to F_2$ zwei gegebene Funktionen, deren Richtungsableitungen im Punkt $a \in X$ vorhanden sind, so ist

$$D_h(v \circ (f, g))(a) = v(D_h f(a), g(a)) + v(f(a), D_h g(a)).$$

Der Beweis folgt unmittelbar aus Satz 20.1. Wegen Satz 20.4 erhalten wir den Mittelwertsatz:

21.2. *Es seien $a \in X$ und $h \in \mathbf{R}^n$ gegeben, wobei die Menge $S = \{a + t h; t \in [0, 1]\}$ in X enthalten sei. Die Funktion $f: X \to F$ sei stetig auf S und besitze nur in höchstens abzählbar vielen Punkten von S keine Richtungsableitung $D_h f$. Dann kann eine Zahl $\tau \in (0, 1)$ angegeben werden, so daß*

$$\|f(a + h) - f(a)\| \leqq \|D_h f(a + \tau h)\|$$

gilt.

21.3. *Es sei $f: X \to F$ eine gegebene Funktion und a ein Punkt von X.*

a) *Ist die Richtungsableitung $D_h f(a)$ vorhanden, so existiert auch die Richtungsableitung $D_{\alpha h} f(a)$ für reelle α, und es gilt*

$$D_{\alpha h} f(a) = \alpha D_h f(a).$$

b) *Falls die Richtungsableitung $D_h f$, die in einer Umgebung $U(a)$ des Punktes a existiert, stetig in a ist und die Richtungsableitung $D_k f(a)$ existiert, so besitzt f die Richtungsableitung $D_{h+k} f(a)$, und sie lautet*

$$D_{h+k} f(a) = D_h f(a) + D_k f(a).$$

Beweis. Wir zeigen lediglich die zweite Behauptung. Für ein beliebig vorgegebenes $\varepsilon > 0$ sei $U(a)$ bereits so gewählt, daß

$$\|D_h f(x) - D_h f(a)\| < \frac{\varepsilon}{2} \tag{21.1}$$

für alle $x \in U(a)$ gilt. Weiterhin können wir eine Zahl $\delta > 0$ angeben, so daß die Menge $\{a + s h + t k; |s| \leqq \delta, |t| \leqq \delta\}$ in $U(a)$ liegt und für $0 < |t| \leqq \delta$ die Ungleichung

$$\left\| \frac{f(a + t k) - f(a)}{t} - D_k f(a) \right\| < \frac{\varepsilon}{2} \tag{21.2}$$

befriedigt wird.

Für ein festes t mit $0 < |t| \leqq \delta$ erhalten wir bei Beachten des Mittelwertsatzes 21.2 die Abschätzung

$$\left\| \frac{f(a + t(h + k)) - f(a)}{t} - D_h f(a) - D_k f(a) \right\| \leqq$$

$$\leqq \left\| \frac{f((a + t k) + t h) - f(a + t k)}{t} - D_h f(a) \right\| + \left\| \frac{f(a + t k) - f(a)}{t} - D_k f(a) \right\| \leqq$$

$$\leqq \|D_h f(a + t k + \tau t h) - D_h f(a)\| + \left\| \frac{f(a + t k) - f(a)}{t} - D_k f(a) \right\| .$$

Wegen (21.1) und (21.2) folgt hieraus unsere Behauptung.

Wir bemerken, daß sich aus der Existenz von $D_h f(a)$ und $D_k f(a)$ i. a. nicht die von $D_{h+k} f(a)$ ergibt.

BEISPIEL

21.1. Die Funktion $f: \boldsymbol{R}^2 \to \boldsymbol{R}$, welche durch die Formel

$$f(x, y) = \begin{cases} 0 & \text{für } x = y = 0 , \\ \dfrac{x y}{x^2 + y^2} & \text{sonst} \end{cases}$$

erklärt ist, besitzt im Punkt (0, 0) Ableitungen in Richtung $h = (1, 0)$ und $k = (0, 1)$, die beide verschwinden. Dagegen gibt es die Richtungsableitung $D_{h+k}(0, 0)$ nicht.

Wir setzen voraus, daß die n Richtungsableitungen $D_{b_i} f = D_i f$ in X vorhanden und stetig sind, wobei $b_1 = (1, 0, \ldots, 0)$, $b_2 = (0, 1, 0, \ldots, 0), \ldots,$ $b_n = (0, \ldots, 0, 1)$ bedeuten. Dann existiert nach dem Satz 21.3 überall die Ableitung von f in irgendeiner Richtung $h = (h_1, \ldots, h_n)$, und wegen $h = h_1 b_1 + \cdots + h_n b_n$ gilt

$$D_h f = h_1 D_1 f + \cdots + h_n D_n f . \tag{21.3}$$

Deshalb interessiert man sich für die Richtungsableitungen $D_i f$ genauer. Besitzt die Funktion $f: X \to F$ im Punkt $a \in X$ eine Ableitung in Richtung b_i $(i = 1, \ldots, n)$, so nennt man $D_i f(a)$ die *partielle Ableitung bezüglich der i-ten Variablen* x_i. Anstatt $D_i f(a)$ schreiben wir auch $\frac{\partial}{\partial x_i} f(a)$ oder $f_{x_i}(a)$.

Die Rechengesetze für die partiellen Ableitungen sind dem Satz 21.1 zu entnehmen. Aus dem Satz 21.2 erhalten wir den Mittelwertsatz:

21.4. Das abgeschlossene n-dimensionale Intervall I mit den gegenüberliegenden Eckpunkten a und a + h sei in X enthalten. Die Funktion $f: X \to F$ sei stetig auf I und besitze in allen Punkten von I mit Ausnahme höchstens abzählbar vieler Punkte alle partiellen Ableitungen. Dann existieren n Zahlen $\tau_i \in (0, 1)$ mit

$$\|f(a + h) - f(a)\| \leqq \sum_{i=1}^{n} |h_i| \, \|D_i f(a + h_1 b_1 + \cdots + h_{i-1} b_{i-1} + \tau_i h_i b_i)\| .$$

Beweis. Die Punkte $a_i = a + h_1 b_1 + \cdots + h_i b_i$ $(i = 1, \ldots, n)$ und $a_0 = a$ liegen in I, und es gilt

$$\|f(a+h) - f(a)\| \leqq \left\| \sum_{i=1}^{n} \left(f(a_i) - f(a_{i-1})\right) \right\| \leqq \sum_{i=1}^{n} \|f(a_i) - f(a_{i-1})\| .$$

Nach Satz 21.2 kann man für jedes i eine Zahl $\tau_i \in (0, 1)$ mit

$$\|f(a_i) - f(a_{i-1})\| \leqq |h_i| \, \|D_i f(a_{i-1} + \tau_i h_i b_i)\|$$

angeben, womit die Behauptung bewiesen ist.

AUFGABEN

21.1. Man bestimme die Ableitung im Punkt (1, 2) in Richtung (1, −2) von der Funktion $f: \boldsymbol{R}^2 \to \boldsymbol{R}^3$

$$f(x_1, x_2) = f(x) = (e^{x_1 x_2}, x_1^2 + x_2^3, \cos(x_1 + x_2)) .$$

21.2. Man zeige, daß überall die Ableitung in Richtung $(1, 1, \ldots, 1) \in \boldsymbol{R}^n$ der Funktion $f: \boldsymbol{R}^n \to \boldsymbol{R}^n$

$$f(x) = \det \begin{pmatrix} 1 & 1 & \cdots & 1 \\ x_1 & x_2 & \cdots & x_n \\ x_1^2 & x_2^2 & \cdots & x_n^2 \\ \cdot & \cdot & & \cdot \\ \cdot & \cdot & & \cdot \\ \cdot & \cdot & & \cdot \\ x_1^{n-1} & x_2^{n-1} & \cdots & x_n^{n-1} \end{pmatrix}$$

verschwindet. Man berechne die Summe aller partiellen Ableitungen von f.

21.3. Es sei X eine offene konvexe Teilmenge von $\boldsymbol{R}^n$. Verschwinden in X alle partiellen Ableitungen der Funktion $f: X \to F$, so ist f konstant.

21.2. Differenzierbare Funktionen. Es sei X eine nichtleere offene Teilmenge von $\boldsymbol{R}^n$. Wir sagen, daß die gegebene Funktion $f: X \to F$ in dem Punkt $a \in X$ *differenzierbar* ist, wenn es einen Vektor $f'(a) = (d_1, \ldots, d_n) \in F^n$ mit der Eigenschaft

$$\lim_{\substack{h \to \Theta \\ a+h \in X}} \frac{f(a+h) - f(a) - f'(a)\,h}{\|h\|} = \Theta \tag{21.4}$$

gibt, wobei $f'(a)\,h = h_1 d_1 + \cdots + h_n d_n$ bedeutet. Mit anderen Worten heißt dies, daß man zu jedem $\varepsilon > 0$ eine Zahl $\delta > 0$ finden kann, so daß die Ungleichung

$$\|f(a+h) - f(a) - f'(a)\,h\| < \varepsilon \|h\|$$

von allen $h \in \boldsymbol{R}^n$ mit $\|h\| < \delta$ befriedigt wird. Wir nennen $f'(a) \in F^n$ die *Ableitung* der Funktion f im Punkt a. Geometrisch bedeutet die Existenz der Ableitung $f'(a)$, daß sich die Funktion $f: X \to F$ in einer Umgebung des Punktes $a \in X$ durch eine lineare Mannigfaltigkeit der Form $f(a) + f'(a)\,h$ approximieren läßt.

21.5. SATZ. a) *Eine Funktion $f: X \to F$, die im Punkt $a \in X$ differenzierbar ist, besitzt sämtliche partiellen Ableitungen im Punkt a und ihre Ableitung lautet*

$$f'(a) = \big(D_1 f(a), \ldots, D_n f(a)\big) .$$

b) *Sind umgekehrt alle partiellen Ableitungen der gegebenen Funktion $f: X \to F$ in einer Umgebung $U(a)$ des Punktes $a \in X$ vorhanden und stetig im Punkt a, so ist f differenzierbar im Punkt a.*

Beweis. a) Ersetzen wir den beliebigen Vektor h in der Formel (21.4) durch $t\, b_i$ $(i = 1, \ldots, n)$ und lassen $t \to 0$ streben, so existiert die partielle Ableitung $D_i f(a)$. Wegen $D_i f(a) = f'(a)\, b_i$ für $i = 1, \ldots, n$ ist die Behauptung bewiesen.

b) Wir nehmen an, daß für ein vorgegebenes $\varepsilon > 0$ die Umgebung $U(a)$ bereits so beschaffen ist, daß $\|D_i f(x) - D_i f(a)\| < \varepsilon$ für $i = 1, \ldots, n$ und $x \in U(a)$ gilt. Dann erhalten wir nach dem Mittelwertsatz 21.4 für ein h mit genügend kleiner Norm und $f'(a) = \big(D_1 f(a), \ldots, D_n f(a)\big)$ die Abschätzung

$$\|f(a + h) - f(a) - f'(a)\, h\| \leqq$$

$$\leqq \sum_{i=1}^{n} |h_i|\, \|D_i f(a + h_1 b_1 + \cdots + h_{i-1} b_{i-1} + \tau_i h_i b_i) - D_i f(a)\| \leqq n \|h\|\, \varepsilon .$$

Folglich ist f differenzierbar im Punkt a.

BEISPIEL

21.2. Eine gegebene Funktion $f: X \to \boldsymbol{R}^m$ besitze die Form

$$f(x) = (f_1(x), \ldots, f_m(x)) ,$$

wobei $f_i: X \to \boldsymbol{R}$ $(i = 1, \ldots, m)$ reellwertige Funktionen und $x = (x_1, \ldots, x_n) \in X \subseteq \boldsymbol{R}^n$ sind. Die Funktion f ist aufgrund der Definition genau dann in einem Punkt $a \in \boldsymbol{R}^n$ differenzierbar, wenn sämtliche Funktionen f_i in a differenzierbar sind. Ist demnach f in a differenzierbar, so existieren nach Satz 21.5 die partiellen Ableitungen $\frac{\partial f_i}{\partial x_k}(a)$ $(i = 1, \ldots, m;$ $k = 1, \ldots, n)$ und die Ableitung $f'(a)$ ist gleich der (m, n)-Matrix

$$f'(a) = \begin{pmatrix} \frac{\partial f_1}{\partial x_1}(a) \cdots \frac{\partial f_1}{\partial x_n}(a) \\ \vdots \qquad\qquad \vdots \\ \frac{\partial f_m}{\partial x_1}(a) \cdots \frac{\partial f_m}{\partial x_n}(a) \end{pmatrix} = \left(\frac{\partial f_i}{\partial x_k}(a)\right).$$

Sind umgekehrt alle partiellen Ableitungen $\frac{\partial f_i}{\partial x_k}$ in einer Umgebung des Punktes a vorhanden und stetig in a, so ist f in a differenzierbar.

Der Zusammenhang zwischen der Ableitung und einer Richtungsableitung ist denkbar einfach. Wegen (21.3) und Satz 21.5 ergibt sich für die Richtungsableitung

$$D_h f(a) = f'(a)\, h , \tag{21.5}$$

falls die Funktion f im Punkt a differenzierbar ist.

Die Funktion $f: X \to F$ heißt *differenzierbar auf* X, wenn die Ableitung in allen Punkten von X vorhanden ist.

21.6. *Für eine Funktion $f: X \to F$ sind folgende Aussagen äquivalent:*

a) *Die Funktion f ist differenzierbar und ihre Ableitung f' ist stetig auf X.*
b) *Sämtliche Richtungsableitungen von f existieren und sind stetig auf X.*
c) *Alle partiellen Ableitungen von f sind vorhanden und stetig auf X.*

Der Beweis folgt direkt aus (21.5) und Satz 21.5.

Sind f und g zwei differenzierbare Funktionen von X in E, so gelten die Regeln

$$(f+g)' = f' + g' \,,$$
$$(\alpha f)' = \alpha f'$$

für jede reelle Zahl α. Auch die Kettenregel kann übertragen werden:

21.7. *Die differenzierbare Funktion g bilde das Intervall $I \subseteq \mathbf{R}$ in die offene Menge $X \subseteq \mathbf{R}^n$ ab und besitze die Form $g(x) = (g_1(x), \ldots, g_n(x))$ mit $g_i: I \to \mathbf{R}$ $(i = 1, \ldots, n)$. Die Funktion $f: X \to F$ sei ebenfalls differenzierbar. Dann ist die Komposition $f \circ g: I \to F$ differenzierbar und ihre Ableitung lautet*

$$(f \circ g)'(x) = f'(g(x))\, g'(x) = D_1 f(g(x))\, g_1'(x) + \cdots + D_n f(g(x))\, g_n'(x)\,.$$

Beweis: Wir betrachten einen festen Punkt $x \in I$. Für ein beliebiges $\varepsilon > 0$ sei die Zahl $\delta > 0$ derart beschaffen, daß für $0 < |h| < \delta$ die beiden Ungleichungen

$$\left\| \frac{g(x+h) - g(x)}{h} - g'(x) \right\| < \varepsilon$$

und

$$\|f(g(x+h)) - f(g(x)) - f'(g(x))\,(g(x+h) - g(x))\| < \varepsilon\, \|g(x+h) - g(x)\|$$

bestehen. Folglich ist

$$\left\| f'(g(x)) \left(\frac{g(x+h) - g(x)}{h} \right) - f'(g(x))\, g'(x) \right\| < \varepsilon \max\{\|D_i f(g(x))\|;\, i = 1, \ldots, n\}$$

und daher

$$\left\| \frac{f(g(x+h)) - f(g(x))}{h} - f'(g(x))\, g'(x) \right\| < k\, \varepsilon\,,$$

wobei k eine geeignete Konstante ist.

AUFGABEN

21.4. Es sei $X \subseteq \mathbf{R}^2$ offen. Dann ist die Funktion $f: X \to F$ genau dann im Punkt $a = (a_1, a_2) \in X$ differenzierbar, wenn die partiellen Ableitungen $D_1 f(a)$ und $D_2 f(a)$ existieren und wenn es zu jedem $\varepsilon > 0$ eine Zahl $\delta > 0$ derart gibt, daß für $|h_1| < \delta$ und $|h_2| < \delta$ die Ungleichung

$$\|f(a_1 + h_1, a_2 + h_2) - f(a_1 + h_1, a_2) - f(a_1, a_2 + h_2) + f(a_1, a_2)\| \leqq \varepsilon\,(|h_1| + |h_2|)$$

erfüllt ist.

21.5. Es sei $X \subseteq \boldsymbol{R}^2$ offen. Man beweise, daß die Funktion $f\colon X \to F$ im Punkte $a \in X$ differenzierbar ist, wenn $D_1 f(a)$ und $D_2 f(a)$ vorhanden sind und wenn in einer gewissen Umgebung von a mindestens eine partielle Ableitung existiert und stetig ist.

21.6. Man zeige, daß die Funktion

$$f(x, y) = \begin{cases} 0 & \text{für } x = y = 0\,, \\ \dfrac{x\,y}{r} \sin \dfrac{1}{r} & \text{sonst,} \end{cases}$$

wobei $r = (x^2 + y^2)^{1/2}$ ist, überall partielle Ableitungen $D_1 f$ und $D_2 f$ besitzt, die partiell stetig in $\boldsymbol{R}^2$ sind. Trotzdem ist f nicht im Punkt (0,0) differenzierbar.

21.7. Es sei $f\colon \boldsymbol{R}^n \to F$ eine differenzierbare Funktion, welche für jedes $\alpha \in \boldsymbol{R}$ und $x \in \boldsymbol{R}^n$ der Bedingung

$$f(\alpha\, x) = \alpha^m f(x)$$

genügt, wobei $m \neq 0$ eine feste reelle Zahl ist. Man beweise, daß dann

$$x_1 \frac{\partial f}{\partial x_1}(x) + \cdots + x_n \frac{\partial f}{\partial x_n}(x) = m\, f(x)$$

gilt.

21.8. Auf der offenen Menge $X \subseteq \boldsymbol{R}^n$ sei die Funktion $f\colon X \to F$ erklärt. Mit den Funktionen $g_k\colon X_0 \to \boldsymbol{R}$ $(k = 1, \ldots, n)$, wobei $X_0 \subseteq \boldsymbol{R}$ offen ist, bilde man die Funktion $h\colon X_0 \to F$,

$$h(x) = f\big(g_1(x), \ldots, g_n(x)\big)\,.$$

Man beweise, daß h differenzierbar in X_0 ist und

$$h' = \sum_{k=1}^{n} D_k f \cdot g_k'$$

gilt.

21.9. Es sei $f\colon [a, b] \times [a, b] \to F$ überall stetig. Die partielle Ableitung $D_2 f$ sei im Intervall $[a, b] \times [a, b]$ vorhanden und stetig. Man beweise:

a) Die Funktion $g\colon [a, b] \to F$,

$$(x) = \int_a^b f(t, x)\, dt\,,$$

ist differenzierbar und die Ableitung lautet

$$g'(x) = \int_a^b D_2 f(t, x)\, dt\,.$$

b) Die Funktion $g\colon [a, b] \to F$,

$$g(x) = \int_a^x f(t, x)\, dt\,,$$

ist differenzierbar und die Ableitung lautet

$$g'(x) = \int_a^x D_2 f(t, x)\, dt + f(x, x)\,.$$

21.10. Es sei $f\colon \boldsymbol{R}^n \to \boldsymbol{R}$ im Punkt $a \in \boldsymbol{R}^n$ differenzierbar. Man zeige, daß für eine beliebige Richtungsableitung $D_h f(a)$ stets

$$D_h f(a) = \|f'(a)\| \cos\varphi = (D_1^2 f(a) + \cdots + D_n^2 f(a))^{1/2} \cos\varphi$$

gilt, wobei φ der Winkel zwischen den Vektoren $f'(a)$ und h ein Vektor mit $\|h\| = 1$ ist.

§ 22. Partielle Ableitungen höherer Ordnung von Funktionen zweier Variablen

In der Differentialrechnung für Funktionen von mehreren Veränderlichen treten nicht nur die sukzessiv gebildeten partiellen Ableitungen höherer Ordnung auf, sondern — gewissermaßen versteckt — auch mehrdimensionale Grenzwerte von mehrdimensionalen Differenzenquotienten. K. Bögel hat in seinen Arbeiten [2] und [4] diesen Gedanken zum Anlaß genommen, auf der Grundlage der sogenannten Differenzenableitung eine Analysis für Funktionen von mehreren Veränderlichen aufzubauen, deren wichtigste Ergebnisse in diesem Paragraphen wiedergegeben werden. Wir beschränken uns dabei der Einfachheit halber auf Funktionen zweier reeller Variablen. Die Beweise verlaufen oft nach demselben Schema: Aus der gegebenen Funktion wird eine Intervallfunktion konstruiert. Danach wird auf diese Intervallfunktion die in den Paragraphen 18 und 19 entwickelte Theorie angewandt, wodurch man das gewünschte Ergebnis für die ursprüngliche Funktion erhält.

22.1. Differenzenableitungen. Wir betrachten jetzt eine Funktion f zweier Variablen, die auf einem kompakten Intervall $H \subset \boldsymbol{R}^2$, welches innere Punkte besitzt, definiert ist und deren Werte in einem reellen normierten Raum F liegen. Wie wir im Abschnitt 16.2 erkannt haben, erzeugt diese Funktion eine additive Intervallfunktion φ:

$$\varphi(I) = \Delta_{(h,k)}f(x, y) = f(x + h, y + k) - f(x + h, y) - - f(x, y + k) + f(x, y) \tag{22.1}$$

für $I = (x, x + h] \times (y, y + k] \subset H$, $(h, k > 0)$. Wir werden später anstelle $\varphi(I)$ auch $\Delta^2 f[I]$ schreiben.

Wir sagen, daß die Funktion $f\colon H \to F$ im Punkt $(x_0, y_0) \in H$ die *Differenzenableitung* $D^2 f(x_0, y_0)$ besitzt, wenn die Ableitung der f entsprechenden Intervallfunktion φ im Punkt (x_0, x_0) existiert, wobei wir $D^2 f(x_0, y_0) = D\varphi(x_0, y_0)$ setzen. Analog seien die untere und obere Differenzenableitung einer reellwertigen Funktion und $\overline{\underline{D}}^2 f(x_0, y_0) = \overline{\underline{D}}\varphi(x_0, y_0)$ erklärt.

Über die Meßbarkeit der Differenzenableitung können wir nach Satz 18.2 behaupten:

22.1. Existiert die Differenzenableitung $D^2 f$ der Funktionen $f\colon H \to F$ in ganz H, so ist diese meßbar.

Aus Satz 18.12 erhalten wir unmittelbar den Zwischenwertsatz für die Differenzenableitung:

22.2. Existiert die Differenzenableitungen $D^2 f$ der reellwertigen Funktion $f\colon H \to \boldsymbol{R}$ überall in H, dann besitzt $D^2 f$ die Darboux-*Eigenschaft.*

Wir werden nun Mittelwertsätze für reellwertige Funktionen aufstellen und dabei den Satz 19.3 ausnutzen.

22.3. *Im Intervall $H = [a, b] \times [c, d]$ sei die Differenzenableitung $D^2 f$ der Funktion $f: H \to \mathbf{R}$ überall vorhanden. Dann gibt es im Innern von H mindestens einen Punkt (x_0, y_0), der die Gleichung*

$$\Delta^2 f[I_0] = f(a, c) - f(a, d) - f(b, c) + f(b, d) = (b - a)(d - c) D^2 f(x_0, y_0)$$

erfüllt, wobei $I_0 = (a, b] \times (c, d]$ ist.

22.4. *Wenn im Intervall H die Differenzenableitungen $D^2 f$ und $D^2 g$ der reellwertigen Funktion f und g vorhanden sind, dann gibt es im Innern von H mindestens einen Punkt (x_0, y_0), für den*

$$\Delta^2 f[I_0]\, D^2 g(x_0, y_0) = \Delta^2 g[I_0]\, D^2 f(x_0, y_0)$$

gilt.

Die Beweise der letzten beiden Sätze ergeben sich unmittelbar aus den Sätzen 19.4 und 19.6.

22.5. *Im Intervall H existiere die Differenzenableitung $D^2 f$ der reelwertigen Funktion $f: H \to \mathbf{R}$. Ferner sei in $[a, b] \times \{c\}$ die partielle Ableitung $D_1 f$ und in $\{a\} \times [c, d]$ überall $D_2 f$ vorhanden. Dann gibt es im Innern von H mindestens einen Punkt (x_0, y_0), der der Gleichung*

$$f(b, d) - f(a, c) = (b - a) D_1 f(x_0, c) + (d - c) D_2 f(a, y_0) + \\ + (b - a)(d - c) D^2 f(x_0, y_0)$$

genügt.

Beweis. Wir betrachten die Intervallfunktion ψ, welche jedem nichtleeren Intervall $I = (x, x + h] \times (y, y + k] \subset H$ den Wert

$$\psi(I) = \frac{f(x + h, c) - f(x, c)}{h(d - c)} + \frac{f(a, y + k) - f(a, y)}{k(b - a)} + \frac{\Delta^2 f[I]}{h k}$$

zuordnet. Dann gilt für $I_0 = (a, b] \times (c, d]$

$$\psi(I_0) = \frac{f(b, d) - f(a, c)}{(b - a)(d - c)}.$$

Die Grenzfunktion von ψ existiert und lautet

$$\psi_g(x, y) = \frac{D_1 f(x, c)}{d - c} + \frac{D_2 f(a, y)}{b - a} + D^2 f(x, y).$$

Weiterhin besitzt die Intervallfunktion ψ die strenge M-Eigenschaft. Denn wir können ein beliebiges Intervall $I = (x, x + h] \times (y, y + k] \subset H$ in symmetrischer Weise in neun Teilintervalle I_{nm} $(n, m = 0, 1, 2)$:

$$I_{nm} = \left(x + \frac{n h}{3}, x + \frac{(n+1) h}{3}\right] \times \left(y + \frac{m k}{3}, y + \frac{(m+1) k}{3}\right]$$

zerlegen, so daß die Gleichung

$$\psi(I) = \frac{1}{9}\left(\psi(I_{00}) + \psi(I_{01}) + \cdots + \psi(I_{22})\right)$$

gilt. Folglich erfüllt ψ sämtliche Voraussetzungen des Satzes 19.3. Deshalb gibt es einen Punkt (x_0, y_0) im Innern von H, für den $\psi(I_0) = \psi_g(x_0, y_0)$ gilt, womit die Behauptung bewiesen ist.

Wir wollen uns jetzt den vektorwertigen Funktionen zuwenden. Liegen die Funktionswerte in dem euklidischen Raum $\boldsymbol{R}^m$ $(m > 1)$, so benutzen wir Satz 19.10 und erhalten:

22.6. *Wenn die Differenzenableitung D^2f der Funktion $f: H \to \boldsymbol{R}^m$ im Intervall H existiert, so kann man stets $m + 1$ Punkte (x_i, y_i) aus H angeben, so daß*

$$\Delta^2 f[I_0] = (b - a)(d - c) \sum_{i=1}^{m+1} \lambda_i D^2 f(x_i, y_i)$$

gilt, wobei die Summe der Zahlen $\lambda_i \geqq 0$ gleich Eins beträgt.

Sind die Funktionswerte von f in einem allgemeinen normierten Raum F enthalten, so folgen aus den Sätzen 19.13 und 19.14 die Mittelwertsätze:

22.7. *Ist die Differenzenableitung D^2f der gegebenen Funktion $f: H \to F$ vorhanden, so existiert im Innern von H mindestens ein Punkt (x_0, y_0), für den die Ungleichung*

$$||\Delta^2 f[I_0]|| \leqq (b - a)(d - c)\, ||D^2 f(x_0, y_0)||$$

erfüllt ist.

22.8. *Wenn die Differenzenableitungen D^2f und D^2g der gegebenen Funktionen $f: H \to F$ und $g: H \to \boldsymbol{R}$ überall in H existieren und D^2g stets nichtnegativ ist, so gibt es im Innern von H mindestens einen Punkt (x_0, y_0), der der Ungleichung*

$$||\Delta^2 f[I_0]||\, D^2 g(x_0, y_0) \leqq \Delta^2 g[I_0]\, ||D^2 f(x_0, y_0)||$$

genügt.

Diese beiden Sätze können wir als Verallgemeinerungen der Mittelwertsätze 22.3 und 22.4 ansehen. Auch das Ergebnis 22.5 kann in ähnlicher Weise erweitert werden:

22.9. *Im Intervall H sei die Differenzenableitung D^2f der Funktion $f: H \to F$ vorhanden. Ferner mögen die partiellen Ableitungen D_1f auf $[a, b] \times \{c\}$ und D_2f auf $\{a\} \times [c, d]$ existieren. Dann gibt es im Innern von H mindestens einen Punkt (x_0, y_0), für den die Ungleichung*

$$||f(b, d) - f(a, c)|| \leqq ||(b - a)\, D_1 f(x_0, c) + (d - c)\, D_2 f(a, y_0) + \\ + (b - a)(d - c)\, D^2 f(x_0, y_0)||$$

gilt.

Um dies zu zeigen, konstruiert man wie im Beweis von Satz 22.5 eine Intervallfunktion ψ, auf die der Satz 19.12 angewandt wird.

Bei differenzierbaren Funktionen einer reellen Veränderlichen ergibt sich aus dem Verschwinden der Ableitung, daß diese Funktion konstant ist. Wir wenden uns nun der zweidimensionalen Erweiterung dieses Satzes zu.

22.10. *In H sei die Differenzenableitung der gegebenen Funktion $f: H \to F$ überall gleich Θ. Dann hat f die Form $f(x, y) = g_1(x) + g_2(y)$.*

Beweis. Ist nämlich $(x, y) \in H$ ein beliebiger Punkt aus H, so liefern die Voraussetzungen und Satz 22.7 die Gleichung

$$f(a, c) - f(a, y) - f(x, c) + f(x, y) = \Theta\,,$$

so daß mit $g_1(x) = f(x, c)$ und $g_2(y) = f(a, y) - f(a, c)$ der Satz bewiesen ist.

Es sei bemerkt, daß sämtliche Aussagen auch für die zentrale oder reguläre Differenzenableitung einer Funktion gelten. Dabei soll unter der *zentralen* bzw. *regulären Differenzenableitung* der Funktion f die zentrale bzw. reguläre Ableitung der Intervallfunktion (22.1) verstanden werden, die wir mit $D_z^2 f$ bzw. $D_r^2 f$ bezeichnen.

AUFGABEN

22.1. Es sei $X \subseteq \boldsymbol{R}^2$ offen. Man zeige, daß eine Funktion $f\colon X \to F$ im Punkt $a \in X$ differenzierbar ist, wenn $D_1 f(a)$ und $D_2 f(a)$ existieren und wenn $\overline{D}^2 f(a) < \infty$ ist.

22.2. Man untersuche, ob die Funktion $f\colon \boldsymbol{R}^2 \to \boldsymbol{R}$,

$$\text{a) } f(x, y) = |x\,y|\,,$$

$$\text{b) } f(x, y) = |x\,y|^{3/4},$$

$$\text{c) } f(x, y) = |x\,y|^{1/2}$$

$$\text{d) } f(x, y) = \begin{cases} 0 & \text{für } x = y = 0\,, \\ \dfrac{x\,y^2}{x^2 + y^2} & \text{sonst} \end{cases}$$

im Punkt (0, 0) differenzierbar ist.

22.3. Es sei $H \subset \boldsymbol{R}^2$ ein abgeschlossenes Intervall. Man beweise, daß für zwei gegebene Funktionen $f\colon H \to F$ und $g\colon H \to F$ mit $D^2 f = D^2 g$ stets

$$f(x, y) = g(x, y) + g_1(x) + g_2(y)$$

gilt.

22.4. Es sei $H = [a, b] \times [c, d] \subset \boldsymbol{R}^2$. Man beweise, daß sich zwei Funktionen $f\colon H \to F$ und $g\colon H \to F$, für die überall $D^2 f = D^2 g$, auf $[a, b] \times \{c\}$ stets $D_1 f = D_1 g$ und auf $\{a\} \times [c, d]$ stets $D_2 f = D_2 g$ gilt, nur um eine additive Konstante aus F unterscheiden.

22.5. Man beweise, daß die Funktion

$$f(x, y) = \begin{cases} 0 & \text{für } x = y = 0, \\ \dfrac{x^2\,y}{x^4 + y^2} & \text{sonst} \end{cases}$$

im Punkt (0, 0) Ableitungen in jeder Richtung besitzt, aber nicht in (0, 0) differenzierbar ist.

22.2. Partielle Ableitungen zweiter Ordnung. Wir betrachten eine Funktion f, die das kompakte Intervall $H \subset \boldsymbol{R}^2$ mit $m(H) > 0$ in den reellen normierten Raum F abbildet. Weiterhin wollen wir annehmen, daß in einer gewissen Umgebung (bezüglich H) eines Punktes $(a, b) \in H$ die partiellen Ableitungen $D_1 f$ und $D_2 f$ vorhanden sind. Besitzen nun die Funktionen $D_1 f$ und $D_2 f$ partielle Ableitungen $D_1(D_1 f)$, $D_2(D_1 f)$, $D_1(D_2 f)$ und $D_2(D_2 f)$ im Punkt (a, b), so heißen diese *partielle Ableitungen zweiter Ordnung* von f. Wir vereinbaren die Bezeichnungen $D_i D_j f = D_i(D_j f)$ und $D_i^2 f = D_i(D_i f)$ für $i, j = 1, 2$. Anstatt $D_i D_j f$ bzw. $D_i^2 f$ schreibt man auch $\frac{\partial^2}{\partial x_i \, \partial x_j} f$ oder $f_{x_j x_i}$ bzw. $\frac{\partial^2}{\partial x_i^2} f$. Die partiellen Ableitungen zweiter Ordnung entstehen aus zwei sukzessiven eindimensionalen Grenzübergängen. Deshalb sind die gemischten partiellen Ableitungen $D_2 D_1 f(a,b)$ und $D_1 D_2 f(a, b)$ völlig anderer Natur als der zweidimensionale Grenzwert $D^2 f(a,b)$. Man kann weder aus der Existenz von $D^2 f(a, b)$ ohne weiteres auf die von $D_2 D_1 f(a, b)$ bzw. $D_1 D_2 f(a, b)$ schließen, noch umgekehrt aus deren Existenz auf die von $D^2 f(a, b)$. Zwei Beispiele mögen dies belegen:

BEISPIELE

22.1. Es sei g eine nirgends differenzierbare Funktion einer reellen Variablen. Die Differenzenableitung der Funktion f mit $f(x, y) = g(x) + g(y)$ existiert überall und verschwindet identisch. Da aber $D_1 f$ und $D_2 f$ nirgends vorhanden sind, existieren die partiellen Ableitungen $D_2 D_1 f$ und $D_1 D_2 f$ nirgends.

22.2. Die Funktion

$$f(x, y) = \begin{cases} y^2 & \text{für } |y| \leqq x, \\ x^2 & \text{für } |y| > x \end{cases}$$

besitzt die partiellen Ableitungen $D_1 f(0, y) = 0$ und $D_2 f(x, 0) = 0$, so daß $D_2 D_1 f(0, 0) = D_1 D_2 f(0, 0) = 0$ gilt. Es ist aber

$$\frac{f(0, 0) - f(0, k) - f(h, 0) + f(h, k)}{h\,k} = \begin{cases} \dfrac{k}{h} & \text{für } |k| \leqq h, \\ \dfrac{h}{k}\,. & \text{für } |k| > h, \end{cases}$$

also $\overline{D}^2 f(0, 0) = 1$ und $\underline{D}^2 f(0, 0) = -1$.

Jedoch treten unter gewissen zusätzlichen Bedingungen Zusammenhänge zwischen den gemischten partiellen Ableitungen und der Differenzenableitung auf.

22.11. *Existiert in einer gewissen Umgebung des Punktes (a, b) die gemischte partielle Ableitung $D_2 D_1 f$, die im Punkt (a, b) stetig ist, so ist auch $D^2 f(a, b)$ vorhanden und gleich $D_2 D_1 f(a, b)$.*

Beweis. Zu beliebigem $\varepsilon > 0$ kann man nach Voraussetzung eine solche Umgebung $U \subset H$ des Punktes (a, b) angeben, daß $\|D_2 D_1 f(x, y) - m\| < \varepsilon$ für alle

Punkte $(x, y) \in U$ gilt, wobei $m = D_2D_1f(a, b)$ ist. Nach zweimaliger Anwendung des Mittelwertsatzes 20.4 ergibt sich

$$\begin{aligned}||f(a, b) - f(a, y) - f(x, b) + f(x, y) - m\,(a - x)\,(b - y)|| &\leqq \\ \leqq |a - x|\,||D_1f(\xi, b) - D_1f(\xi, y) - m\,(b - y)|| &\leqq \\ \leqq |a - x|\,|b - y|\,||D_2D_1f(\xi, \eta) - m||\end{aligned}$$

für einen beliebigen Punkt $(x, y) \in U$, wobei ξ zwischen a und x sowie η zwischen b und y liegt. Folglich gilt:

$$\left\|\frac{f(a, b) - f(a, y) - f(x, b) + f(x, y)}{(a - x)\,(b - y)} - m\right\| \leqq ||D_2D_1f(\xi, \eta) - m|| < \varepsilon\,,$$

d. h. $D^2f(a, b) = m$.

Als Folgerung erhalten wir den bekannten Satz von H. A. Schwarz:

22.12. *Sind in einer Umgebung des Punktes (a, b) beide gemischten partiellen Ableitungen D_2D_1f und D_1D_2f vorhanden und im Punkt (a, b) stetig, so gilt*

$$D_2D_1f(a, b) = D_1D_2f(a, b) = D^2f(a, b)\,.$$

22.13. *Existiert in einer Umgebung $V \subset H$ des Punktes (a, b) die partielle Ableitung D_2f in allen Punkten $(x, b) \in V$ und ist die Differenzenableitung $D^2f(a, b)$ vorhanden, so ist die gemischte partielle Ableitung $D_1D_2f(a, b)$ vorhanden und gleich $D^2f(a, b)$.*

Beweis. Zu einem beliebig vorgegebenen $\varepsilon > 0$ gibt es eine Umgebung $U \subseteq V$ des Punktes (a, b), so daß die Ungleichung

$$\left\|\frac{f(x, y) - f(x, b) - f(a, y) + f(a, b)}{(x - a)\,(y - b)} - m\right\| < \varepsilon$$

von allen Punkten $(x, y) \in U$ mit $x \neq a$, $y \neq b$ befriedigt wird, wobei $m = D^2f(a, b)$ ist. Nach Voraussetzung gilt

$$\lim_{y \to b} \frac{f(x, y) - f(x, b) - f(a, y) + f(a, b)}{(x - a)\,(y - b)} = \frac{D_2f(x, b) - D_2f(a, b)}{x - a}\,.$$

Somit ist

$$\left\|\frac{D_2f(x, b) - D_2f(a, b)}{x - a} - m\right\| \leqq \varepsilon$$

für jedes x mit $(x, b) \in U$. Folglich existiert $D_1D_2f(a, b)$ und ist gleich m, womit unsere Behauptung bewiesen ist.

Aus den beiden Sätzen 22.11 und 22.13 ergibt sich:

22.14. *Falls D_2D_1f in einer Umgebung U des Punktes (a, b) vorhanden und in (a, b) stetig ist und D_2f für alle Punkte $(x, b) \in U$ existiert, so existieren auch $D^2f(a, b)$ und $D_1D_2f(a, b)$, und es gilt*

$$D_2D_1f(a, b) = D_1D_2f(a, b) = D^2f(a, b)\,.$$

AUFGABEN

22.6. Man berechne die gemischten partiellen Ableitungen der Funktion

$$f(x, y) = \begin{cases} 0 & \text{für } x = y = 0\,, \\ xy\,\dfrac{x^2 - y^2}{x^2 + y^2} & \text{sonst} \end{cases}$$

im Punkt (0, 0).

22.7. Es sei $X \subseteq \mathbf{R}^n$ offen. Für feste Vektoren $h, k \in \mathbf{R}^n$ mögen die sog. Richtungsableitungen zweiter Ordnung $D_k(D_h f)$ und $D_h(D_k f)$ überall in X existieren und stetig sein. Man beweise, daß dann beide Richtungsableitungen zweiter Ordnung gleich sind.

22.8. Man zeige, daß für die Funktion f von Aufgabe 22.6 i. a. $D_k D_h f(0, 0) \neq D_h D_k f(0,0)$ gilt.

22.9. Es sei $X \subseteq \mathbf{R}^n$ offen. Die Funktion $f\colon X \to F$ besitze stetige partielle Ableitungen zweiter Ordnung $D_i D_j f\colon X \to F$, $(i, j = 1, \ldots, n)$. Man beweise, daß die Richtungsableitung zweiter Ordnung $D_k D_h f(a)$ in einem festen Punkt $a \in X$ eine symmetrische bilineare stetige Funktion bezüglich $h = (h_1, \ldots, h_n) \in \mathbf{R}^n$ und $k = (k_1, \ldots, k_n) \in \mathbf{R}^n$ ist. Es gilt nämlich

$$D_k D_h f(a) = \sum_{i,j=1}^{n} D_i D_j f(a)\, h_i\, k_j\,.$$

22.3. Funktionen endlicher Variation. Wir betrachten eine reellwertige Funktion $f\colon H \to \mathbf{R}$, die auf dem Intervall $H = [a, b] \times [c, d] \subset \mathbf{R}^2$ mit $m(H) > 0$ erklärt ist. Dann ist die durch (22.1) erklärte Intervallfunktion φ auf dem System $\mathfrak{H}$ aller halboffenen Teilintervalle von H definiert. Wir sagen, daß f eine *Funktion endlicher Variation* ist, wenn φ eine Intervallfunktion endlicher Variation ist. Die *Variation* $v\,f(I)$ der Funktion f auf dem Intervall $I \in \mathfrak{H}$ beträgt $\overline{\varphi}(I)$, d. h., $v\,f(I)$ ist gleich der oberen Grenze aller Summen $\sum_k |\varphi(I_k)|$, wobei $I_k \subseteq I$ endlich viele paarweise disjunkte Intervalle aus $\mathfrak{H}$ sind. Offensichtlich gilt für $I = (x, x + h] \times (y, y + k]$ stets

$$v\,f(I) \geqq |f(x + h, y + h) - f(x + h, y) - f(x, y + k) + f(x, y)|\,. \tag{22.2}$$

Können wir eine Konstante $\alpha > 0$ angeben, so daß für alle Intervalle $I = (x, x + h] \times (y, y + k]$ die Ungleichung

$$|f(x + h, y + k) - f(x + h, y) - f(x, y + k) + f(x, y)| \leqq \alpha\, h\, k \tag{22.3}$$

richtig ist, so ist $f\colon H \to \mathbf{R}$ eine Funktion endlicher Variation. Weitere Beispiele für Funktionen endlicher Variation sind die 2-monotonen Funktionen. Eine Funktion f heißt *2-monoton wachsend*, wenn

$$f(x + h, y + k) - f(x + h, y) - f(x, y + k) + f(x, y) \geqq 0$$

für alle Intervalle $I = (x, x + h] \times (y, y + k]$ gilt. Für diese Funktion beträgt $v\,f(I) = f(x + h, y + k) - f(x + h, y) - f(x, y + k) + f(x, y)$.

Wir sagen, daß eine Funktion *1-monoton* wächst, wenn $f(x, y) \leqq f(x + h, y + k)$ für alle $(x, y) \in H$, $h \geqq 0$ und $k \geqq 0$ gilt. Nach Aufgabe 18.15 kann eine reelle Funktion endlicher Variation als Differenz zweier monotoner Funktionen dargestellt werden. Allgemeiner beweisen wir nun für Funktionen zweier reeller Veränderlichen:

22.15. *Es sei $f: H \to \boldsymbol{R}$ eine Funktion endlicher Variation, für die $f(a, y) = f(x, c) = 0$ ist. Dann ist f gleich der Differenz zweier Funktionen, die 1-monoton und 2-monoton wachsen.*

Beweis. Die Funktion $f_1: H \to \boldsymbol{R}$, welche wir durch $f_1(x, y) = \overline{\varphi}((a, x] \times (c, y])$ erklären, wächst 1-monoton, weil $\overline{\varphi}$ stets nichtnegativ ist. Da nach Satz 16.8 die Variation $\overline{\varphi}$ additiv ist, gilt

$$f_1(x+h, y+k) - f_1(x+h, y) - f_1(x, y+k) + f_1(x, y)$$
$$= \overline{\varphi}((x, x+h] \times (y, y+k]) \geqq 0$$

für beliebige $(x, x+h] \times (y, y+k] \in \mathfrak{H}$. Folglich ist f_1 auch 2-monoton.

Wir betrachten die Funktion $f_2 = f_1 - f$ und zeigen, daß diese gleichfalls 1-monoton und 2-monoton wächst. Wegen Satz 16.8 und Formel (22.2) erhalten wir für beliebige $(x, y) \in H$, $h \geqq 0$ und $k \geqq 0$ die Ungleichung

$$f_2(x+h, y+k) = f_1(x+h, y+k) - f(x+h, y+k) =$$
$$= f_1(x,y) + \overline{\varphi}((a, x+h] \times (y, y+k]) + \overline{\varphi}((x, x+h] \times (c, y]) - f(x+h, y+k) \leqq$$
$$\leqq f_1(x, y) - f(x, y) = f_2(x, y)\,.$$

Die Funktion f_2 steigt als 1-monoton. Die 2-Monotonie von f_2 ergibt sich mittels (22.2) aus

$$f_2(x+h, y+k) - f_2(x+h, y) - f_2(x, y+k) + f_2(x, y) = \overline{\varphi}((x, x+h] \times$$
$$\times (y, y+k]) - (f(x+h, y+k) - f(x+h, y) - f(x, y+k) + f(x, y)) \geqq 0\,.$$

Damit ist unser Satz bewiesen.

Wir sagen, daß die Funktion $f: H \to \boldsymbol{R}$ *absolut stetig* ist, wenn die entsprechende Intervallfunktion φ absolut stetig ist. Zum Beispiel ist eine Funktion, welche der Bedingung (22.3) genügt, absolut stetig. Aus dem Satz 16.11 folgt dann:

22.16. *Eine absolut stetige Funktion $f: H \to \boldsymbol{R}$ besitzt endliche Variation.*

Der Lebesguesche Satz 18.14 liefert uns das wichtige Ergebnis über die Differentiation von Funktionen endlicher Variation (vgl. Aufgabe 18.17). Dabei versteht man unter der regulären Differenzenableitung $D_r^2 f$ die reguläre Ableitung der zugehörigen Intervallfunktion φ.

22.17. SATZ. *Eine Funktion $f: H \to \boldsymbol{R}$ endlicher Variation besitzt in H fast überall eine reguläre Differenzenableitung $D_r^2 f$.*

Es ist interessant, daß sich diese Behauptung nicht auf die Differenzenableitung ausdehnen läßt. Die Beschränkung auf die reguläre Differenzenableitung ist notwendig. Näheres darüber ist bei S. Saks [1] zu finden.

AUFGABEN

22.10. Jede Funktion $f\colon H \to \boldsymbol{R}$, für die $\overline{\underline{D}}^2 f$ auf dem kompakten Intervall $H \subset \boldsymbol{R}^2$ beschränkt ist, ist absolut stetig.

22.11. Man sagt, daß eine reelle Funktion $f\colon [a, b] \to \boldsymbol{R}$ von endlicher Variation bzw. absolut stetig ist, falls die Intervallfunktion $\varphi\,((x, x + h]) = f(x + h) - f(x)$ die entsprechende Eigenschaft besitzt. Man zeige, daß jede absolut stetige Funktion von endlicher Variation ist. Gilt auch die Umkehrung?

22.12. Die Funktion $f\colon [0,1] \to \boldsymbol{R}$ mit $f(x) = x^\alpha \sin(x^{-\beta})$ $(\alpha, \beta > 0)$ für $x > 0$ und $f(0) = 0$ hat genau dann endliche Variation, wenn $\alpha > \beta$ ist.

22.13. Eine Funktion $f\colon [a, b] \to \boldsymbol{R}$ hat genau dann endliche Variation, wenn es eine monoton wachsende Funktion g mit $f(x') - f(x) \leqq g(x') - g(x)$ für $x < x'$ gibt.

22.4. Zwei Taylorsche Formeln. Wir betrachten eine Funktion f, die das zweidimensionale Intervall H mit $m(H) > 0$ in den reellen normierten Raum F abbildet. Eine *partielle Ableitung p-ter Ordnung* der Funktion f entsteht, wenn f insgesamt p-mal in einer gewissen Reihenfolge nach der ersten oder zweiten Variablen partiell abgeleitet wird. Existieren alle partiellen Ableitungen p-ter Ordnung und sind diese stetig, so hängen die partiellen Ableitungen p-ter Ordnung, wie im Satz 22.12 speziell für partielle Ableitungen zweiter Ordnung gezeigt wurde, nicht mehr von der Reihenfolge der nacheinander ausgeführten partiellen Differentiationen ab (siehe Aufgabe 22.14). Die $\binom{p}{i}$ partiellen Ableitungen p-ter Ordnung, bei denen insgesamt i-mal nach der ersten und $(p - i)$-mal nach der zweiten Variablen partiell differenziert wird, sind gleich $D_2^{p-i} D_1^i f$ $(0 \leqq i \leqq p)$, wobei wir $D_1^0 f = D_2^0 f = f$ vereinbaren. Insbesondere gilt $D^2(D_2^{p-i-1} D_1^{i-1} f) = D_2^{p-i} D_1^i f$ im Fall $p - i \geqq 1$ und $i \geqq 1$.

Wir setzen jetzt voraus, daß alle partiellen Ableitungen von f bis zur $(n + 1)$-ten Ordnung existieren und stetig sind. Es sei (x_0, y_0) ein innerer Punkt von H und $(x_0 + h, y_0 + k) \in H$. Die erste Taylorsche Entwicklung der Funktion f an der Stelle (x_0, y_0) erhalten wir mit Hilfe des Satzes 20.12, indem wir die Hilfsfunktion $g\colon [0, 1] \to F$,

$$g(t) = f(x_0 + t\,h, y_0 + t\,k)$$

einführen. Nach Satz 21.7 besitzt g Ableitungen bis zur $(n + 1)$-ten Ordnung. Wir erhalten deshalb nach Satz 20.12 für eine gewisse Zahl $\tau \in (0, 1)$ die Ungleichung

$$\left\| g(1) - \sum_{p=0}^{n} \frac{1}{p!}\, g^{(p)}(0) \right\| \leqq \frac{1}{(n+1)!} \left\| g^{(n+1)}(\tau) \right\|,$$

d. h.

$$\left\| f(x_0 + h, y_0 + k) - \sum_{p=0}^{n} \frac{1}{p!} \sum_{i=0}^{p} \binom{p}{i} h^i k^{p-i} D_2^{p-i} D_1^i f(x_0, y_0) \right\| \leqq$$

$$\leqq \frac{1}{(n+1)!} \left\| \sum_{i=0}^{n+1} \binom{n+1}{i} h^i k^{n+1-i} D_2^{n+1-i} D_1^i f(x_0 + \tau\,h, y_0 + \tau\,k) \right\|. \qquad (22.4)$$

Betrachten wir die auf der linken Seite der Formel (22.4) stehenden partiellen Ableitungen $D_2^j D_1^i f$, so können wir von einer „dreieckig" abgebrochenen Taylor-Entwicklung sprechen. Im Unterschied zu (22.4) erhalten wir eine zweite Taylorsche Formel, wenn wir die vom Punkt (x_0, y_0) aus vorgenommene Entwicklung für den Funktionswert $f(x_0 + h, y_0 + k)$ „quadratisch" abbrechen. Mit anderen Worten wollen wir $f(x_0 + h, y_0 + k)$ durch den Ausdruck

$$\sum_{i=0}^{n} \sum_{j=0}^{n} \frac{h^i k^j}{i!\,j!} D_2^j D_1^i f(x_0, y_0)$$

annähern.

Ist jetzt (x_1, y_1) ein fester Punkt im Intervall H, so bilden wir die Funktion $g: H \to F$,

$$g(x, y) = f(x_1, y_1) - \sum_{i=0}^{n} \sum_{j=0}^{n} \frac{(x_1 - x)^i (y_1 - y)^j}{i!\, j!} D_2^j D_1^i f(x,y). \tag{22.5}$$

Man überzeugt sich leicht, daß $g(x_1, y_1) = \Theta$,

$$D_1 g(x,y) = -\frac{(x_1 - x)^n}{n!} \sum_{j=0}^{n} \frac{(y_1 - y)^j}{j!} D_2^j D_1^{n+1} f(x, y),$$

$$D_2 g(x, y) = -\frac{(y_1 - y)^n}{n!} \sum_{i=0}^{n} \frac{(x_1 - x)^i}{i!} D_2^{n+1} D_1^i f(x, y),$$

$$D^2 g(x, y) = -\frac{(x_1 - x)^n (y_1 - y)^n}{n!\, n!} D_2^{n+1} D_1^{n+1} f(x, y)$$

sind. Nunmehr setzen wir für (x, y) in (22.5) den Punkt (x_0, y_0) ein:

$$f(x_1, y_1) = g(x_0, y_0) + \sum_{i=0}^{n} \sum_{j=0}^{n} \frac{(x_1 - x_0)^i (y_1 - y_0)^j}{i!\, j!} D_2^j D_1^i f(x_0, y_0).$$

Das ist die vom Punkte (x_0, y_0) aus vorgenommene „quadratisch" abgebrochene TAYLOR-Entwicklung für den Funktionswert $f(x_1, y_1)$, wobei $g(x_0, y_0)$ das Restglied R_n ist, welches wir jetzt abschätzen. Nach Satz 22.9 erhalten wir

$$\begin{aligned} \|R_n\| &= \|g(x_0, y_0) - g(x_1, y_1)\| \leqq \|(x_0 - x_1) D_1 g(\xi, y_1) + \\ &\quad + (y_0 - y_1) D_2 g(x_1, \eta) + (x_0 - x_1)(y_0 - y_1) D^2 g(\xi, \eta)\| = \\ &= \Bigg\| \frac{(x_1 - x_0)(x_1 - \xi)^n}{n!} D_1^{n+1} f(\xi, y_1) + \frac{(y_1 - y_0)(y_1 - \eta)^n}{n!} D_1^{n+1} f(x_1, \eta) - \\ &\quad - \frac{(x_1 - x_0)(y_1 - y_0)(x_1 - \xi)^n (y_1 - \eta)^n}{n!\, n!} D_2^{n+1} D_1^{n+1} f(\xi, \eta) \Bigg\|, \end{aligned} \tag{22.6}$$

wobei ξ zwischen x_0 und x_1 sowie η zwischen y_0 und y_1 liegt. Diese Abschätzung des Restgliedes R_n enthält somit unabhängig von n immer nur drei Summanden, was das Berechnen sehr erleichtert. Darin ist (22.6) dem Restglied der „dreieckig" abgebrochenen TAYLOR-Entwicklung überlegen, denn in (22.4) sind beim Abschätzen des Restgliedes $(n + 2)$ Summanden zu berücksichtigen.

Wir können das Restglied R_n auch in einer anderen Form abschätzen. Dabei treten zwar mehr Summanden auf, aber nur ein Summand ist in einer (zweidimensionalen) Umgebung von (x_0, y_0) zu betrachten. Wir erhalten nach Satz 22.9 aus $\|R_n\| = \|g(x_1, y_1) - g(x_0, y_0)\|$ die Ungleichung

$$\begin{aligned} \|R_n\| \leqq \Bigg\| &\frac{(x_1 - x_0)(x_1 - \xi)^n}{n!} \sum_{j=0}^{n} \frac{(y_1 - y_0)^j}{j!} D_2^j D_1^{n+1} f(\xi, y_0) + \\ &+ \frac{(y_1 - y_0)(y_1 - \eta)^n}{n!} \sum_{i=0}^{n} \frac{(x_1 - x_0)^j}{i!} D_2^{n+1} D_1^i f(x_0, \eta) + \\ &+ \frac{(x_1 - x_0)(y_1 - y_0)(x_1 - \xi)^n (y_1 - \eta)^n}{n!\, n!} D_2^{n+1} D_1^{n+1} f(\xi, \eta) \Bigg\|, \end{aligned}$$

wobei ξ zwischen x_0 und x_1 sowie η zwischen y_0 und y_1 liegt.

AUFGABEN

22.14. Es sei $X \subseteq \boldsymbol{R}^n$ offen. Sämtliche partiellen Ableitungen der p-ten Ordnung ($p \geqq 2$) von der gegebenen Funktion $f: X \to F$ existieren und seien stetig in X. Man beweise, daß es bei der Bildung der partiellen Ableitungen p-ter Ordnung nicht auf die Reihenfolge der einzelnen partiellen Differentiationen ankommt.

22.15. Es sei $H \subset R^2$ ein kompaktes Intervall mit $m(H) > 0$. Die Funktion $f: H \to F$ besitze in X stetige partielle Ableitungen $D_1^i D_2^j f$ für $i, j = 0, 1, 2, \ldots$. Man beweise, daß die TAYLORsche Reihe

$$\sum_{j=0}^{\infty} \left[\sum_{i=0}^{j} \frac{h^i k^j}{i!\, j!} D_1^i D_2^j f(x_0, y_0) + \sum_{i=0}^{j-1} \frac{h^j k^i}{j!\, i!} D_1^j D_2^i f(x_0, y_0) \right]$$

gegen $f(x_0 + h, y_0 + k)$ konvergiert, falls alle partiellen Ableitungen der Form $D_1^i f$, $D_2^i f$ und $D_1^i D_2^i f$ für $i = 0, 1, 2, \ldots$ in H durch ein und dieselbe Konstante beschränkt sind.

22.16. Wo konvergiert die TAYLORsche Reihe der Funktion $f(x, y) = e^x \cos 2y$ mit $(x_0, y_0) = (0, 0)$?

22.17. Jede differenzierbare Funktion $f: R^n \to F$ mit $f(\alpha x) = \alpha f(x)$ für jedes reelle α besitzt die Form

$$f(x) = x_1 D_1 f(\Theta) + \cdots + x_n D_n f(\Theta).$$

22.18. Jede Funktion $f: R^n \to F$ mit stetigen partiellen Ableitungen zweiter Ordnung, für die $f(\alpha x) = \alpha^2 f(x)$ für jedes reelle α gilt, besitzt die Form

$$f(x) = \frac{1}{2} \sum_{i,j=1}^{n} D_i D_j f(\Theta)\, x_i x_j .$$

§ 23. Differentialgleichungen

Im folgenden sollen einige Existenz- und Eindeutigkeitssätze für Differentialgleichungen in einem normierten Raum bewiesen werden. Beispielsweise kann jedes Differentialgleichungssystem als eine Differentialgleichung in einem Vektorraum aufgefaßt werden. Wir betonen, daß wir hier keinerlei Wert auf eine Darstellung der umfangreichen Theorie über Differentialgleichungen legen. Dazu verweisen wir den interessierten Leser auf E. KAMKE [1], J. DIEUDONNÉ [1] oder S. G. KREIN [1].

Uns kommt es in diesem Paragraphen auf die Anwendung der Differentialrechnung an. Das bekannte Ergebnis von PICARD-LINDELÖF wird von dem Satz 23.1 verallgemeinert, bei dessen Beweis anstelle der gegebenen Differentialgleichung die dazu äquivalente VOLTERRAsche Integralgleichung mit Hilfe des Prinzips der kontrahierenden Abbildung höherer Ordnung gelöst wird. Die nachfolgenden Eindeutigkeitssätze, die später auf partielle Differentialgleichungen übertragen werden, nutzen sehr stark den Mittelwertsatz 20.4 aus.

23.1. Existenz- und Eindeutigkeitssätze für gewöhnliche Differentialgleichungen. Es sei ein reeller BANACH-Raum F und eine nichtleere Menge $Y \subseteq F$ gegeben. Der Vektor y_0 liege in Y. Wir betrachten eine Funktion $f: (t_0, t_0 + a) \times \times Y \to F$, wobei t_0 reell und a positiv ist. Eine stetige Funktion $u: [t_0, t_0 + a) \to \to Y$, welche in $(t_0, t_0 + a)$ differenzierbar ist, heißt eine *Lösung* der Differentialgleichung

$$\frac{dx}{dt} = f(t, x) \tag{23.1}$$

mit der Anfangsbedingung

$$x(t_0) = y_0\,, \tag{23.2}$$

wenn die Gleichung

$$\frac{du(t)}{dt} = f(t, u(t))$$

von allen $t \in (t_0, t_0 + a)$ befriedigt wird und außerdem $u(t_0) = y_0$ gilt. Im folgenden soll die Existenz und Eindeutigkeit einer Lösung der Differentialgleichung (23.1) mit der Anfangsbedingung (23.2) untersucht werden.

BEISPIEL

23.1. Es seien $f_i\colon (t_0, t_0 + a) \times \boldsymbol{R}^n \to \boldsymbol{R}$ und $y_{0i} \in \boldsymbol{R}$ $(i = 1, \ldots, n)$ gegeben. Dann bildet das Differentialgleichungssystem

$$\frac{dx_i}{dt} = f_i(t, x_1, \ldots, x_n) \qquad (i = 1, \ldots, n)$$

mit der Anfangsbedingung

$$x_i(t_0) = y_{0i} \quad (i = 1, \ldots, n)$$

ein Problem der oben beschriebenen Art. Führt man nämlich die Vektoren $x = (x_1, \ldots, x_n) \in \boldsymbol{R}^n$, $y_0 = (y_{01}, \ldots, y_{0n}) \in \boldsymbol{R}^n$ und die Funktion $f\colon (t_0, t_0 + a) \times \boldsymbol{R}^n \to \boldsymbol{R}^n$ mit

$$f(t, x) = (f_1(t, x), \ldots, f_n(t, x))$$

ein, so erhält man die „vektorwertige" Differentialgleichung

$$\frac{dx}{dt} = f(t, x)$$

mit der Anfangsbedingung

$$x(t_0) = y_0\,.$$

23.1. SATZ. *Die Funktion $f\colon (t_0, t_0 + a) \times \overline{K(y_0, r)} \to F$ sei stetig und beschränkt. Dabei gelte für eine feste Zahl $M \geqq 0$ die Ungleichung*

$$\|f(t, x)\| \leqq M \tag{23.3}$$

für alle $t \in (t_0, t_0 + a)$ und $x \in \overline{K}(y_0, r)$. Ferner genüge die Funktion f bezüglich der zweiten Variablen einer LIPSCHITZ-*Bedingung*

$$\|f(t, x) - f(t, x_1)\| \leqq L\, \|x - x_1\| \tag{23.4}$$

für jedes $t \in (t_0, t_0 + a)$ und alle Punkte $x, x_1 \in \overline{K}(y_0, r)$ mit einer von t unabhängigen Konstanten $L \geqq 0$.

Dann besitzt die Differentialgleichung (23.1) *mit der Anfangsbedingung* (23.2) *im Intervall $[t_0, t_0 + b]$, wobei*

$$0 < b < \min\left\{\frac{r}{M}\,,\ a\right\} \tag{23.5}$$

ist, eine eindeutig bestimmte Lösung $u\colon [t_0, t_0 + b] \to \overline{K}(y_0, r)$, die stetig vom Anfangswert y_0 abhängt.

Beweis. Die Lösbarkeit der Differentialgleichung (23.1) mit der Anfangsbedingung (23.2) ist gleichbedeutend mit der Existenz einer stetigen Lösung u: $[t_0, t_0 + b] \to \overline{K}(y_0, r)$ der VOLTERRAschen Integralgleichung

$$x(t) = y_0 + \int_{t_0}^{t} f(s, x(s))\, ds\,. \tag{23.6}$$

Ist nämlich u: $[t_0, t_0 + b] \to \overline{K}(y_0, r)$ eine Lösung von (23.1) mit $u(t_0) = y_0$, so ergibt sich nach Satz 20.8 die Gleichung

$$u(t) - u(t_0) = u(t) - y_0 = \int_{t_0}^{t} f(s, u(s))\, ds\,.$$

Umgekehrt ist eine stetige Lösung u: $[t_0, t_0 + b] \to \overline{K}(y_0, r)$ von (23.6) gemäß Satz 20.7 in $(t_0, t_0 + b]$ differenzierbar und es gilt

$$\frac{du(t)}{dt} = f(t, u(t))\,.$$

Ferner ist $u(t_0) = y_0$. Infolgedessen ist die Behauptung gezeigt, wenn wir die Existenz einer stetigen Funktion u: $[t_0, t_0 + b] \to F$, welche der VOLTERRAschen Integralgleichung (23.6) genügt, nachweisen.

Die durch

$$\varphi[x(t)] = y_0 + \int_{t_0}^{t} f(s, x(s))\, ds$$

erklärte Funktion φ bildet die Teilmenge $X = \overline{K}(y_0, r) \subseteq C([t_0, t_0 + b], F)$ in sich ab, denn aufgrund der Voraussetzungen (23.3) und (23.5) gilt

$$\|\varphi[x(t)] - y_0\| \leqq \sup \left\{ \left\| \int_{t_0}^{t} f(s, x(s))\, ds \right\|; t \in [t_0, t_0 + b] \right\} \leqq M\, b < r$$

für alle $t \in [t_0, t_0 + b]$. Für beliebige $x, x_1 \in X$ erhält man wegen (23.4) die Abschätzung

$$\|\varphi[x(t)] - \varphi[x_1(t)]\| \leqq \int_{t_0}^{t} \|f(s, x(s)) - f(s, x_1(s))\|\, ds \leqq$$
$$\leqq (t - t_0)\, L\, \|x - x_1\| \leqq b\, L\, \|x - x_1\|\,.$$

Allgemein ergibt sich für die n-te Iterierte φ^n

$$\|\varphi^n[x(t)] - \varphi^n[x_1(t)]\| \leqq \frac{1}{n!} (t - t_0)^n L^n \|x - x_1\| \leqq \frac{1}{n!} b^n L^n \|x - x_1\|\,.$$

Für eine genügend große Zahl n ist

$$\frac{1}{n!} b^n L^n < 1\,,$$

so daß φ eine kontrahierende Abbildung n-ter Ordnung ist. Nach Satz 12.14 besitzt φ einen eindeutig bestimmten Fixpunkt $u \in X$. Diese stetige Funktion u: $[t_0, t_0 + b] \to \overline{K}(x_0, r)$ ist die gesuchte Lösung von (23.6).

Für jedes $y \in F$ mit $||y - y_0|| \leqq r' = r - M\,b$ erklären wir die Funktion

$$\varphi_y[x(t)] = y + \int_{t_0}^{t} f(s, x(s))\, ds\,,$$

welche X in sich abbildet und von höherer Ordnung kontrahiert. Der eindeutig bestimmte Fixpunkt von φ_y werde mit u_y bezeichnet. Nach Aufgabe 12.20 hängt u_y stetig von y ab. Mit anderen Worten hängt damit die Lösung der Differentialgleichung (23.1) stetig von dem Anfangswert ab, d. h., zu jedem $\varepsilon > 0$ existiert eine positive Zahl $\delta \leqq r'$ derart, daß $||y - y_0|| < \delta$ stets

$$||u_y(t) - u_{y_0}(t)|| < \varepsilon$$

für alle $t \in [t_0, t_0 + b]$ nach sich zieht. Der Beweis ist beendet.

Die folgenden Eindeutigkeitssätze wurden von A. K. Aziz -J. B. Diaz [1] aufgestellt.

23.2. *Die Funktion* $f\colon (t_0, t_0 + a) \times F \to F$ *genüge bezüglich der zweiten Variablen der* Lipschitz-*Bedingung* (23.4) *für jedes* $t \in (t_0, t_0 + a)$ *und alle Punkte* $x, x_1 \in F$. *Dann gibt es höchstens eine Lösung* $u\colon [t_0, t_0 + a) \to F$ *der Differentialgleichung* (23.1) *mit der Anfangsbedingung* (23.2).

Beweis. Es seien u und v zwei verschiedene Lösungen von (23.1) mit $u(t_0) = v(t_0) = y_0$. Bezeichnen wir mit τ_0 die obere Grenze aller Zahlen $\tau \geqq t_0$, für die im Intervall $[t_0, \tau]$ die Funktionen u und v übereinstimmen, so wählen wir eine Zahl $\lambda > 0$ derart, daß $\tau_0 + \lambda < t_0 + a$ und $\lambda\, L < 1$ ist. Offenbar ist $u(\tau_0) = v(\tau_0)$. Dann besitzt die reelle stetige Funktion $|u - v|$ im Intervall $[\tau_0, \tau_0 + \lambda]$ ein positives Maximum, welches im Punkt $\tau_m > \tau_0$ angenommen wird. Wendet man den Mittelwertsatz 20.4 auf die im Intervall $[\tau_0, \tau_m]$ betrachtete Funktion $u - v$ an, so erhält man wegen (23.4)

$$\begin{aligned} 0 < ||u(\tau_m) - v(\tau_m)|| &= ||[u(\tau_m) - v(\tau_m)] - [u(\tau_0) - v(\tau_0)]|| \leqq \\ &\leqq (\tau_m - \tau_0)\, ||u'(\tau^*) - v'(\tau^*)|| \leqq \\ &\leqq \lambda\, ||f(\tau^*, u(\tau^*)) - f(\tau^*, v(\tau^*))|| \leqq \\ &\leqq \lambda\, L\, ||u(\tau^*) - v(\tau^*)|| \leqq \lambda\, L\, ||u(\tau_m) - v(\tau_m)||\,, \end{aligned}$$

wobei $\tau^* \in (\tau_0, \tau_m)$ ist. Infolgedessen muß $1 \leqq \lambda\, L$ gelten, was unserer Wahl von λ jedoch widerspricht. Demnach ist die Lösung der Differentialgleichung (23.1) mit (23.2) eindeutig bestimmt, was zu beweisen war.

Es ist bemerkenswert, daß man bei dem Eindeutigkeitssatz 23.2 keinerlei Voraussetzungen über f im Punkt t_0 benötigt. Ersetzt man jedoch im letzten Satz die Lipschitz-Bedingung durch die Nagumo-*Bedingung*, d. h. daß für alle $t \in (t_0, t_0 + a)$ und beliebige $x, x_1 \in F$ die Ungleichung

$$||f(t, x) - f(t, x_1)|| \leqq \frac{||x - x_1||}{t - t_0} \tag{23.7}$$

erfüllt ist, so ist i. a. die Eindeutigkeit verletzt, wie man anhand des folgenden Beispiels erkennt:

BEISPIEL

23.2. Es seien $t_0 = y_0 = 0$, $a = 1$ und $F = \boldsymbol{R}$. Wir betrachten die auf $(0, 1) \times \boldsymbol{R}$ erklärte Funktion

$$f(t, x) = \begin{cases} 1 & \text{für } x > t\,, \\ \dfrac{x}{t} & \text{für } 0 < x \leqq t\,, \\ 0 & \text{für } x \leqq 0\,. \end{cases}$$

Wie der Leser selbst bestätigt, befriedigt f die NAGUMO-Bedingung, ohne daß die Lösungen der Differentialgleichung (23.1) mit der Anfangsbedingung $x(0) = 0$ eindeutig bestimmt sind. Denn jede Funktion $u(t) = c\,t$ mit $0 \leqq c \leqq 1$ ist eine Lösung.

Deshalb wird im folgenden Eindeutigkeitssatz eine zusätzliche Bedingung für $t = t_0$ gestellt.

23.3. *Die gegebene Funktion $f: (t_0, t_0 + a) \times F \to F$ befriedige die* NAGUMO-*Bedingung* (23.7). *Weiterhin sei der Grenzwert*

$$\lim_{(t,x)\to(t_0,x_0)} f(t, x) \tag{23.8}$$

vorhanden. Dann existiert höchstens eine Lösung $u: [t_0, t_0 + a) \to F$ der Differentialgleichung (23.1) *mit der Anfangsbedingung* (23.2).

Beweis. Es seien u und v zwei verschiedene Lösungen von (23.1) mit $u(t_0) = v(t_0) = y_0$. Dann gibt es eine Zahl $t_1 \in (t_0, t_0 + a)$ mit $u(t_1) \neq v(t_1)$. Wir betrachten die reelle Funktion

$$h(t) = \frac{\|u(t) - v(t)\|}{t - t_0}\,.$$

Wendet man den Mittelwertsatz 20.4 auf die Funktion $u - v$ im Intervall $[t_0, t]$ an, wobei $t_0 < t \leqq t_1$ ist, so erhält man die Abschätzung

$$\begin{aligned} h(t) &= \frac{\|[u(t) - v(t)] - [u(t_0) - v(t_0)]\|}{t - t_0} \leqq \|u'(\tau) - v'(\tau)\| = \\ &= \|f(\tau, u(\tau)) - f(\tau, v(\tau))\|\,. \end{aligned} \tag{23.9}$$

Dabei hängt $\tau \in (t_0, t)$ natürlich von t ab. Aus (23.8) und (23.9) ergibt sich

$$\lim_{t\to t_0} h(t) = 0\,.$$

Da $h(t_1) > 0$ ist, nimmt die Funktion h im Intervall $(t_0, t_1]$ ihr Maximum $M > 0$ an. Daher existiert eine Zahl $\tau_m \in (t_0, t_1]$ mit $h(\tau_m) = M$ und $h(t) < h(\tau_m)$ für alle $t \in (t_0, \tau_m)$. Aus (23.9) — speziell für $t = \tau_m$ — und (23.7) folgt

$$M = h(\tau_m) \leqq \|f(\tau^*, u(\tau^*)) - f(\tau^*, v(\tau^*))\| \leqq \frac{\|u(\tau^*) - v(\tau^*)\|}{\tau^* - t_0} = h(\tau^*)\,,$$

wobei $\tau^* \in (t_0, \tau_m)$ ist. Diese Ungleichung widerspricht aber der Wahl von τ_m.

AUFGABEN

23.1. Es sei $K(y_0, r) \subset F$. Die Funktion $f: [s_0, s_0 + a] \times [s_0, s_0 + a] \times K(y_0, r) \to F$ sei stetig, beschränkt, d. h. $\|f(s, t, x)\| \leqq M$, wobei $a\ M \leqq \frac{r}{2}$ ist, und genüge der LIPSCHITZ-Bedingung

$$\|f(s, t, x) - f(s, t, x_1)\| \leqq L\,\|x - x_1\|\,.$$

Ferner sei die Funktion $x_0: [s_0, s_0 + a] \to F$ stetig und erfülle die Bedingung $\max\{\|x_0(s) - - y_0\|;\ s \in [s_0, s_0 + a]\} < \frac{r}{2}$. Man beweise, daß die VOLTERRAsche Integralgleichung

$$x(s) = x_0(s) + \int_{s_0}^{s} f(s, t, x(t))\,dt$$

eine eindeutig bestimmte Lösung $u: [s_0, s_0 + a] \to F$ besitzt.

23.2. Es sei

$$f(t, x) = \begin{cases} -2t & \text{für } x \geqq t^2, \\ -\dfrac{2x}{t} & \text{für } |x| < t^2, \\ 2t & \text{für } x \leqq -t^2. \end{cases}$$

Weiterhin sei (x_n) die durch $x_0(t) = t^2$, $x_n(t) = \int_0^t f(s, x_{n-1}(s))\,ds$ für $n \geqq 1$ erklärte Funktionenfolge. Man beweise, daß die Folge $(x_n(t))$ für kein $t \in \boldsymbol{R}$ konvergiert, obwohl die Differentialgleichung $\frac{dx}{dt} = f(t, x)$ mit der Anfangsbedingung $x(0) = 0$ genau eine Lösung besitzt.

23.3. Es sei I ein offenes Intervall von $\boldsymbol{R}$, in dem t_0 liegt, und F ein reeller BANACH-Raum. Ferner sei $f: I \times F \to F$ eine stetige Funktion, die für eine feste Zahl $k \in (0, 1)$ die Ungleichung

$$\|f(t, x) - f(t, x_1)\| \leqq \frac{k\,\|x - x_1\|}{|t - t_0|}$$

für jedes $t \neq t_0$ und beliebige Vektoren $x, x_1 \in F$ befriedigt. Man beweise, daß es höchstens eine (auf einer Umgebung von t_0 erklärte) Lösung der Differentialgleichung $\frac{dx}{dt} = f(t, x)$ mit der Anfangsbedingung $x(t_0) = y_0$ gibt.

23.4. Die Funktion $f: (t_0, t_0 + a) \times F \to F$ genüge einer NAGUMO-Bedingung. Ferner seien $y_0, y_1 \in F$. Man beweise, daß es höchstens eine Lösung der Differentialgleichung $\frac{dx}{dt} = f(t, x)$ mit den Anfangsbedingungen $x(t_0) = y_0$ und

$$\lim_{t \to t_0} \frac{x(t) - x(t_0)}{t - t_0} = y_1$$

gibt.

23.2. Eindeutigkeitssätze für hyperbolische partielle Differentialgleichungen. Es seien die reellen Zahlen s_0 und t_0 sowie $a > 0$ und $b > 0$ gegeben. Mit F bezeichnen wir einen reellen normierten Raum. Die Funktion f bilde $(s_0, s_0 + a) \times (t_0, t_0 + b) \times F$ in F ab. Ferner seien die Funktionen $g_1: [s_0, s_0 + a) \to F$ und $g_2: [t_0, t_0 + b) \to F$ fest vorgegeben, wobe $g_1(s_0) = g_2(t_0) = y_0$ ist. Wir nennen eine stetige Funktion $u: [s_0, s_0 + a) \times [t_0, t_0 + b) \to F$

deren gemischte partielle Ableitung u_{st} im Intervall $(s_0, s_0 + a) \times (t_0, t_0 + b)$ existiert, eine *Lösung* der hyperbolischen partiellen Differentialgleichung

$$x_{st} = f(s, t, x) \tag{23.10}$$

mit den Anfangsbedingungen

$$x(s_0, t) = g_2(t)\,, \qquad x(s, t_0) = g_1(s)\,, \tag{23.11}$$

wenn die Gleichung

$$u_{st}(s, t) = f(s, t, u(s, t))$$

von allen Punkten $(s, t) \in (s_0, s_0 + a) \times (t_0, t_0 + b)$ befriedigt wird und wenn außerdem die Forderungen

$$u(s_0, t) = g_2(t)\,, \qquad u(s, t_1) = g_1(s)$$

für alle Punkte $(s, t) \in [s_0, s_0 + a) \times [t_0, t_0 + b)$ erfüllt sind. Im folgenden soll die Eindeutigkeit einer Lösung der Differentialgleichung (23.10) mit der Anfangsbedingung (23.11) untersucht werden. Dabei gelingt eine Übertragung der Sätze 23.2 und 23.3. (siehe J. B. DIAZ-W. L. WALTER [1]).

23.4. Die Funktion f genüge bezüglich der dritten Variablen der LIPSCHITZ-*Bedingung*

$$\|f(s, t, x) - f(s, t, x_1)\| \leqq L\,\|x - x_1\| \tag{23.12}$$

für jedes $(s, t) \in (s_0, s_0 + a) \times (t_0, t_0 + b)$ und alle Punkte $x, x_1 \in F$. Dann existiert höchstens eine Lösung der Differentialgleichung (23.10) *mit der Anfangsbedingung* (23.11).

Beweis. Wir nehmen an, daß die partielle Differentialgleichung (23.10) mit der Anfangsbedingung (23.11) zwei verschiedene Lösungen u und v besitzt. Folglich existiert ein Punkt $(s_1, t_1) \in (s_0, s_0 + a) \times (t_0, t_0 + b)$ mit $u(s_1, t_1) \neq v(s_1, t_1)$. Es sei (σ_0, τ_0) ein (bezüglich der üblichen Halbordnung von $\boldsymbol{R}^2$) maximales Element der Menge aller Punkte $(\sigma, \tau) \in [s_0, s_1] \times [t_0, t_1]$, für die im Intervall $[s_0, \sigma] \times [t_0, \tau]$ die Funktionen u und v übereinstimmen. Dabei sei $\tau_0 < t_1$. Wir wählen $\lambda > 0$ so klein, daß die Bedingungen $\tau_0 + \lambda < t_1$ und $a\,\lambda\,L < 1$ erfüllt sind. Da (σ_0, τ_0) maximal ist, verschwindet im Intervall $[s_0, \sigma_0] \times$ $\times\, [\tau_0, \tau_0 + \lambda]$ die stetige Funktion $u - v$ nicht identisch. Dann werde auf diesem Intervall das positive Maximum der Funktion $|u - v|$ im Punkte (σ_m, τ_m) angenommen. Wenden wir nun den Mittelwertsatz 22.7 auf die Funktion $u - v$ im Intervall $[s_0, \sigma_m] \times [\tau_0, \tau_m]$ an, so erhalten wir wegen (23.12)

$$\begin{aligned} 0 < \|(u - v)\,(\sigma_m, \tau_m)\| &= \|(u - v)\,(\sigma_m, \tau_m) - (u - v)\,(\sigma_m, \tau_0) - (u - v)\,(s_0, \tau_m) + \\ &\quad + (u - v)\,(s_0, \tau_0)\| \leqq \\ &\leqq (\sigma_m - s_0)\,(\tau_m - \tau_0)\|\,(u_{st} - v_{st})\,(\sigma^*, \tau^*)\| \leqq \\ &\leqq a\,\lambda\,\|f(\sigma^*, \tau^*, u(\sigma^*, \tau^*)) - f(\sigma^*, \tau^*, v(\sigma^*, \tau^*))\| \leqq \\ &\leqq a\,\lambda\,L\,\|(u - v)\,(\sigma^*, \tau^*)\| \leqq a\,\lambda\,L\,\|(u - v)\,(\sigma_m, \tau_m)\|\,, \end{aligned}$$

wobei (σ^*, τ^*) in $(s_0, \sigma_m) \times (\tau_0, \tau_m)$ liegt. Diese Ungleichung steht im Widerspruch zu unserer Forderung $a\,\lambda\,L < 1$. Folglich stimmen die Funktionen u und v im Intervall $[s_0, \sigma_0] \times$ $\times\, [\tau_0, \tau_0 + \lambda]$ überein, so daß der Punkt (σ_0, τ_0) nicht maximal sein kann. Aus diesem Grunde besitzt die partielle Differentialgleichung (23.10) mit der Anfangsbedingung (23.11) höchstens eine Lösung, was zu beweisen war.

Man sagt, daß die Funktion $f\colon (s_0, s_0 + a) \times (t_0, t_0 + b) \times F \to F$ eine NAGUMO-*Bedingung* erfüllt, wenn sie für alle $(s, t) \in (s_0, s_0 + a) \times (t_0, t_0 + b)$ und beliebige Punkte $x, x_1 \in F$ die Ungleichung

$$\|f(s, t, x) - f(s, t, x_1)\,\| \leqq \frac{\|x - x_1\|}{(s - s_0)\,(t - t_0)} \tag{23.13}$$

befriedigt.

23.5. Die Funktion $f: (s_0, s_0 + a) \times (t_0, t_0 + b) \times F \to F$ genüge der NAGUMO-*Bedingung* (23.13). *Weiterhin seien für alle $(\bar{s}, \bar{t}) \in [s_0, s_0 + a) \times [t_0, t_0 + b)$ die Grenzwerte*

$$\lim_{(s,t,x)\to(s_0,\bar{t},g_2(\bar{t}))} f(s, t, x)\,, \qquad \lim_{(s,t,x)\to(\bar{s},t_0,g_1(\bar{s}))} f(s, t, x) \tag{23.14}$$

vorhanden. Dann besitzt die partielle Differentialgleichung (23.10) *mit der Anfangsbedingung* (23.11) *höchstens eine Lösung $u: [s_0, s_0 + a) \times [x_0, t_0 + b) \to F$.*

Beweis. Es seien u und v zwei verschiedene Lösungen des betrachteten Problems. Dann existiert ein Punkt $(s_1, t_1) \in (s_0, s_0 + a) \times (t_0, t_0 + b)$ mit $u(s_1, t_1) \neq v(s_1, t_1)$. Wir betrachten die Funktion

$$h(s, t) = \frac{||u(s, t) - v(s, t)||}{(s - s_0)\,(t - t_0)}\,.$$

Wendet man den Mittelwertsatz 22.7 auf die Funktion $u - v$ im Intervall $[s_0, s] \times [t_0, t]$ an, wobei $s_0 < s \leqq s_1$ und $t_0 < t \leqq t_1$ gelten soll, so erhält man die Abschätzung

$$h(s, t) = \frac{||(u - v)\,(s, t) - (u - v)\,(s_0, t) - (u - v)\,(s, t_0) + (u - v)\,(s_0, t_0)||}{(s - s_0)\,(t - t_0)} \leqq$$

$$\leqq ||(u_{st} - v_{st})\,(\sigma, \tau)|| = ||f(\sigma, \tau, u(\sigma, \tau)) - f(\sigma, \tau, v(\sigma, \tau))||\,, \tag{23.15}$$

wobei $(\sigma, \tau) \in (s_0, t) \times (t_0, t)$ ist. Für einen beliebigen Punkt $(\bar{s}, \bar{t}) \in [s_0, s_1] \times [t_0, t_1]$ ergeben sich aus (23.14) und (23.15) die Grenzwerte

$$\lim_{(s,t)\to(s_0,\bar{t})} h(s, t) = 0\,, \qquad \lim_{(s,t)\to(\bar{s},t_0)} h(s, t) = 0\,.$$

Daher nimmt die Funktion h im Intervall $(s_0, s_1] \times (t_0, t_1]$ ihr Maximum $M > 0$ an. Folglich gibt es einen Punkt $(\sigma_m, \tau_m) \in (s_0, s_1] \times (t_0, t_1]$ mit $h(\sigma_m, \tau_m) = M$ und $h(s, t) < h\,(\sigma_m, \tau_m)$ für alle $(s, t) \in (s_0, \sigma_m) \times (t_0, \tau_m)$. Beachtet man (23.15) für $(s, t) = (\sigma_m, \tau_m)$ und (23.13), so bekommt man

$$M = h(\sigma_m, \tau_m) \leqq ||f(\sigma^*, \tau^*, u(\sigma^*, \tau^*)) - f(\sigma^*, \tau^*, v(\sigma^*, \tau^*))|| \leqq h(\sigma^*, \tau^*)\,,$$

wobei $(\sigma^*, \tau^*) \in (s_0, \sigma_m) \times (t_0, \tau_m)$ ist. Die letzte Ungleichung widerspricht somit der Wahl von (σ_m, τ_m), womit die Behauptung bewiesen ist.

AUFGABEN

23.5. Man formuliere einen Existenz - und Eindeutigkeitssatz für die partielle Differentialgleichung (23.10) mit der Anfangsbedingung (23.11), indem man den Satz 23.1 übertrage.

23.6. Man beweise, daß der Satz 23.5 ohne die Grenzwertbedingung (23.14) falsch ist.

VII. DIFFERENTIALRECHNUNG FÜR FUNKTIONEN MIT VEKTORWERTIGEN VARIABLEN

In diesem Kapitel wird die Differentialrechnung für Funktionen, die eine nichtleere offene Menge X eines reellen BANACH-Raumes E in einen reellen BANACH-Raum F abbilden, behandelt. Bei einer reellen Funktion f bewirkt die Ableitung in einem festen Punkte a, daß die Funktion f in der Nähe von a durch das Polynom ersten Grades $f'(a)(x-a) + f(a)$ in dem Sinne approximiert wird, daß sich zu jedem $\varepsilon > 0$ eine Zahl $\delta > 0$ angeben läßt, für welche aus $|x - a| < \delta$ stets die Ungleichung

$$|f(x) - [f'(a)(x-a) + f(a)]| \leqq \varepsilon x - a|$$

folgt. Dieser Grundgedanke der reellen Differentialrechnung wird beim Aufbau der Differentialrechnung in normierten Räumen konsequent weitergeführt. Deshalb soll die Ableitung (im Sinne von FRÉCHET) einer Funktion $f\colon X \to F$ in einem festen Punkt $a \in X$ eine lineare stetige Funktion $f'(a)\colon E \to F$ derart sein, daß für alle $\varepsilon > 0$ eine Zahl $\delta > 0$ mit der Eigenschaft

$$||f(x) - [f'(a)(x-a) + f(a)|]||| \leqq \varepsilon ||x-a||$$

für jedes $x - a \in X$ mit $||x - a|| < \delta$ existiert. Während die Bilder von f in F liegen, ist die Ableitung $f'(a)$ ein Element des Raumes $L(E, F)$ aller linearen stetigen Funktionen von E in F. Damit erkennt der Leser auch eine Schwierigkeit dieser Theorie, denn das Differenzieren zieht den Übergang zu einem neuen Raum nach sich. Ein Vorzug dieser Methode ist die einheitliche koordinatenfreie Darstellung der Differentialrechnung für Funktionen mit einer vektorwertigen Variablen. Die Verbindung zu dem in Kapitel VI behandelten Fall wird durch zahlreiche Beispiele und Aufgaben hergestellt.

Weitere Einführungen in diese Theorie findet der Leser bei H. CARTAN [1], J. DIEUDONNÉ [1], S. LANG [1], [2] oder L. A. LJUSTERNIK-W. I. SOBOLEW [1]. Der Fall endlichdimensionaler Räume wird eingehend von W. RUDIN [1] und R. SIKORSKI [1] behandelt. Wer sich für eine allgemeinere Theorie in linearen topologischen Räumen interessiert, möge bei W. I. AWERBUCH-O. G. SMOLJANOW [1] nachlesen.

§ 24. Ableitungen und Differentiale

Wir führen die Ableitungsbegriffe von GÂTEAUX und FRÉCHET ein, diskutieren ihre Zusammenhänge und weisen ihre wichtigsten Eigenschaften nach. Ein Kriterium für die Existenz einer Stammfunktion $f\colon X \to F$ einer gegebenen Funktion $g\colon X \to L(E, F)$ wird aufgestellt.

24.1. GÂTEAUXsche und FRÉCHETsche Ableitungen. Es seien E und F reelle BANACH-Räume. Mit $X \subseteq E$ bezeichnen wir eine nichtleere offene Teilmenge von E. Die Funktion $f\colon X \to F$ sei gegeben. Wir nehmen an, daß in einem Punkt $a \in X$ für jedes $h \in E$ der Grenzwert

$$\delta f(a, h) = \lim_{t \to 0} \frac{f(a + th) - f(a)}{t}$$

existiert. Der Vektor $\delta f(a, h)$ heißt das GÂTEAUX*sche Differential* im Punkte a in Richtung h. Offenbar ist $\delta f(a, h)$ homogen bezüglich h:

$$\delta f(a, \lambda h) = \lambda\, \delta f(a, h) .$$

Dagegen ist das GÂTEAUXsche Differential i. a. nicht additiv bezüglich h.

BEISPIEL

24.1. Im Fall $E = X = \boldsymbol{R}^2$ und $F = \boldsymbol{R}$ betrachten wir die Funktion

$$f(x) = \begin{cases} 0 & \text{für } (x_1, x_2) = (0, 0)\,, \\ \dfrac{x_1 x_2^2}{x_1^2 + x_2^2} & \text{sonst}\,, \end{cases}$$

wobei $x = (x_1, x_2)$ bedeutet. Das GÂTEAUXsche Differential ist überall vorhanden, allerdings ist $\delta f(\Theta, h)$ nicht additiv bezüglich $h = (h_1, h_2)$:

$$\delta f(\Theta, h) = \begin{cases} 0 & \text{für } (h_1, h_2) = (0, 0)\,, \\ \dfrac{h_1 h_2^2}{h_1^2 + h_2^2} & \text{sonst}\,. \end{cases}$$

Wir kehren zum allgemeinen Fall zurück. Ist das GÂTEAUXsche Differential $\delta f(a, h)$ linear und stetig bezüglich h, so gilt per Definition

$$\delta f(a, h) = f^{\langle 1 \rangle}(a)\,(h)\,,$$

wobei $f^{\langle 1 \rangle}(a)\colon E \to F$ eine lineare stetige Funktion ist. Wir nennen $f^{\langle 1 \rangle}(a)$ die GÂTEAUXsche *Ableitung* von f im Punkte a.

Neben der GÂTEAUXschen Ableitung führen wir einen weiteren Ableitungsbegriff ein. Existiert eine lineare stetige Funktion $u\colon E \to F$ mit der Eigenschaft

$$\lim_{h \to \Theta} \frac{f(a + h) - f(a) - u(h)}{\|h\|} = \Theta\,, \tag{24.1}$$

so heißt u FRÉCHET*sche Ableitung* oder einfach *Ableitung* von f im Punkt a. Da u noch von a abhängt, schreibt man für u ausführlicher $f'(a)$, $Df(a)$ oder $\frac{d}{dx} f(a)$, wobei x die Variable der Funktion f bedeutet. Anstatt (24.1) können wir die äquivalente Forderung

$$f(a + h) = f(a) + u(h) + \varphi(h) \tag{24.2}$$

für alle $h \in E$ mit $a + h \in X$ und

$$\lim_{h \to \Theta} \frac{\varphi(h)}{\|h\|} = \Theta$$

stellen.

Insbesondere besitzt eine Funktion $f\colon X \to F$, wobei X eine offene Teilmenge von $\boldsymbol{R}^n$ ist, genau dann eine FRÉCHETsche Ableitung, wenn diese Funktion im Sinne von Abschnitt 21.2 differenzierbar ist. Da wir die Räume $L(\boldsymbol{R}^n, F)$ und

F^n aufgrund ihrer isometrischen Isomorphie identifizieren können (vgl. Aufgabe 14.19), ist es gleichgültig, ob wir $f'(a)$ als lineare stetige Funktion von $\boldsymbol{R}^n$ in F oder als Vektor aus F^n ansehen.

Die FRÉCHETsche Ableitung $u = f'(a)$ ist eindeutig bestimmt. Sind nämlich u_1 und u_2 lineare stetige Funktionen von E in F, welche beide der Bedingung (24.1) genügen, dann läßt sich zu jedem beliebigen $\varepsilon > 0$ eine Zahl $\delta > 0$ angeben, so daß von allen $h \in E$ mit $||h|| < \delta$ die Ungleichung

$$||(u_1 - u_2)(h)|| \leqq \varepsilon ||h||$$

befriedigt wird. Es sei $h_0 \in E$ irgendein fester Vektor und $(u_1 - u_2)(h_0) = y_0$. Wählt man eine reelle Zahl α derart, daß $|\alpha|\,||h_0|| < \delta$ ist, dann erhält man

$$||y_0|| \leqq \varepsilon ||h_0||\,,$$

woraus sich $y_0 = \Theta$ und damit $u_1 = u_2$ ergibt.

Besitzt die Funktion $f\colon X \to F$ im Punkte $a \in X$ eine FRÉCHETsche Ableitung $f'(a) \in L(E, F)$, so sagen wir, daß die Funktion f im Punkte a *differenzierbar* ist. Den Vektor $df(a, h) = f'(a)(h)$ nennt man *FRÉCHETsches Differential*. Wenn die Funktion $f\colon X \to F$ in jedem Punkt von X differenzierbar ist, heißt sie *differenzierbar auf* X. Wir können in diesem Fall die Funktion $f'\colon X \to L(E, F)$ betrachten. Ist f' stetig auf X, so wird f *stetig differenzierbar auf* X genannt.

Wie man (24.2) entnimmt, ist eine differenzierbare Funktion stetig. Dagegen ist eine Funktion, deren GÂTEAUXsche Ableitung in einem Punkt existiert, i. a. nicht stetig in diesem Punkt.

BEISPIEL

24.2. Wir betrachten die Funktion $f\colon \boldsymbol{R}^2 \to \boldsymbol{R}$, welche durch die Formel

$$f(x_1, x_2) = \begin{cases} 0 & \text{für } x_2 = 0 \text{ oder } x_2^2 \geqq x_1^4\,, \\ 1 & \text{sonst} \end{cases}$$

erklärt ist. Diese Funktion besitzt im Nullpunkt die GÂTEAUXsche Ableitung

$$f^{\langle 1 \rangle}(0, 0)(h_1, h_2) = 0\,,$$

obwohl sie dort unstetig ist.

24.1. *Die Funktion $f\colon X \to F$ ist genau dann differenzierbar im Punkte $a \in X$, wenn die GÂTEAUXsche Ableitung $f^{\langle 1 \rangle}(a) \in L(E, F)$ existiert und wenn es zu jedem $\varepsilon > 0$ eine solche Zahl $\delta > 0$ gibt, daß für alle $h \in E$ mit $||h|| = 1$ und alle t mit $0 < |t| < \delta$ die Ungleichung*

$$\left\| \frac{f(a + t\,h) - f(a)}{t} - f^{\langle 1 \rangle}(a)(h) \right\| < \varepsilon$$

besteht. Dabei ist $f'(a) = f^{\langle 1 \rangle}(a)$.

Beweis. a) *Notwendig.* Es sei $f'(a)$ vorhanden. Wegen (24.2) gilt

$$\frac{f(a + t\,h) - f(a)}{t} = f'(a)(h) + \frac{1}{t}\varphi(t\,h)$$

für alle $h \in E$. Zu jedem beliebigen $\varepsilon > 0$ kann man eine Zahl $\delta > 0$ angeben, so daß

$$||\varphi(h)|| \leqq \varepsilon ||h||$$

für alle $||h|| < \delta$ ist. Speziell für $||h|| = 1$ und $0 < |t| < \delta$ erhält man

$$\left\| \frac{f(a + t\,h) - f(a)}{t} - f'(a)\,(h) \right\| = \left\| \frac{1}{t}\,\varphi(t\,h) \right\| < \varepsilon .$$

Folglich existiert auch die GÂTEAUXsche Ableitung $f^{\langle 1 \rangle}(a)$, welche mit $f'(a)$ übereinstimmt.

b) *Hinreichend.* Nach Voraussetzung gibt es zu jedem $\varepsilon > 0$ eine Zahl $\delta > 0$, so daß für alle $||h|| = 1$ und $0 < |t| < \delta$ die Ungleichung

$$\left\| \frac{f(a + t\,h) - f(a) - f^{\langle 1 \rangle}(a)\,(t\,h)}{t} \right\| < \varepsilon$$

besteht. Folglich gilt für alle $0 < ||h|| < \delta$ stets

$$\frac{||f(a + h) - f(a) - f^{\langle 1 \rangle}(a)\,(h)||}{||h||} < \varepsilon .$$

Die FRÉCHETsche Ableitung existiert im Punkt a und ist gleich $f^{\langle 1 \rangle}(a)$. Der Beweis ist beendet.

BEISPIEL

24.3. Es sei $k(s, t, x)$ eine stetige Funktion von $[0, 1] \times [0, 1] \times \boldsymbol{R}$ in $\boldsymbol{R}$, deren partielle Ableitung $D_3\,k = k_x$ gleichmäßig stetig auf $[0, 1] \times [0, 1] \times \boldsymbol{R}$ ist. Wir betrachten dann die Funktion $f\colon C([0, 1], \boldsymbol{R}) \to C([0, 1], \boldsymbol{R})$, welche jeder stetigen Funktion $x\colon [0, 1] \to \boldsymbol{R}$ die stetige Funktion

$$f(x)\,(s) = \int_0^1 k(s, t, x(t))\,dt$$

zuordnet. Aufgrund des Beispiels 14.1 wissen wir, daß für feste $a \in C([0, 1], \boldsymbol{R})$ die Funktion u mit

$$u(h)\,(s) = \int_0^1 k_x(s, t, a(t))\,h(t)\,dt$$

eine lineare stetige Abbildung von $C([0, 1], \boldsymbol{R})$ in $C([0, 1], \boldsymbol{R})$ ist. Im folgenden zeigen wir, daß $f'(a) = u$ ist.

Zu beliebig vorgegebenem $\varepsilon > 0$ wählen wir $\delta > 0$ derart, daß für $|x - x'| < \delta$ stets

$$|k_x(s, t, x) - k_x(s, t, x')| < \varepsilon$$

gilt. Für $0 < |\tau| < \delta$ und $h \in C([0, 1], \boldsymbol{R})$ mit $||h|| = 1$ erhält man dann aufgrund des Mittelwertsatzes

$$\left| \frac{f(a + \tau\,h)\,(s) - f(a)\,(s)}{\tau} - u(h)\,(s) \right| =$$

$$= \left| \int_0^1 \left[\frac{k(s, t, a(t) + \tau\,h(t)) - k(s, t, a(t))}{\tau} - k_x(s, t, a(t))\,h(t) \right] dt \right| =$$

$$= \left| \int_0^1 [k_x(s, t, a(t) + \tau\,\lambda(s, t)\,h(t)) - k_x(s, t, a(t))]\,h(t)\,dt \right| < \varepsilon,$$

wobei $0 < \lambda(s, t) < 1$ gilt. Nach Satz 24.1 muß u gleich der FRÉCHETschen Ableitung von f im Punkt a sein.

Wie wir aus Satz 24.1 entnehmen, ergibt sich aus der Existenz der FRÉCHETschen Ableitung die der GÂTEAUXschen. Die Umkehrung gilt i. a. nicht.

BEISPIEL

24.4. Es sei $\mathbf{c}_0$ der BANACH-Raum aller reellen Nullfolgen $x=(x_n)$ mit $||x|| = \sup \{|x_n|; n \in \boldsymbol{N}\}$ als Norm. Wir betrachten die Funktion $f\colon \mathbf{c}_0 \to \mathbf{c}_0$, welche jedem Element $x = (x_n)$ die Folge $f(x) = (f_n(x))$ mit

$$f_n(x) = \frac{1}{n} \sin n\, x_n$$

zuordnet. Da nach dem Mittelwertsatz für jedes n und beliebige $h = (h_n) \in \mathbf{c}_0$ die Ungleichung

$$\left|\frac{1}{n} \sin n\,(x_n + h_n) - \frac{1}{n} \sin n\, x_n\right| \leqq |h_n|$$

gilt, genügt die Funktion f der LIPSCHITZ-Bedingung

$$||f(x + h) - f(x)|| \leqq ||h|| .$$

Für $x = (x_n)$ und $h = (h_n)$ aus $\mathbf{c}_0$ sei $g(x, h) = (g_n(x, h))$ mit

$$g_n(x, h) = h_n \cos n\, x_n .$$

Es gilt

$$g(a, h) = \delta f(a, h)$$

für jedes $a \in \mathbf{c}_0$. Denn ist $\varepsilon > 0$ beliebig vorgegeben und $h = (h_n) \in \mathbf{c}_0$ irgendein Element mit $||h|| > 0$, so gibt es einen Index n_0 derart, daß

$$|h_n| < \frac{\varepsilon}{2} \tag{24.3}$$

für alle $n \geqq n_0$ gilt. Da der Kosinus auf $\boldsymbol{R}$ gleichmäßig stetig ist, kann man eine Zahl $\delta > 0$ finden, so daß aus $|y - y'| < \delta$ stets

$$|\cos y - \cos y'| < \frac{\varepsilon}{||h||} \tag{24.4}$$

folgt. Für $0 < |t| < \frac{\delta}{n_0 ||h||}$ erhält man wegen (24.3) und (24.4) dann

$$\left\|\frac{f(a + t\,h) - f(a)}{t} - g(a, h)\right\| =$$

$$= \sup\left\{\left|\frac{1}{n\,t}[\sin n\,(a_n + t\,h_n) - \sin n\,a_n] - h_n \cos n\,a_n\right|;\ n \in \boldsymbol{N}\right\} =$$

$$= \sup\{|h_n(\cos n\,(a_n + \lambda_n(t)\,t\,h_n) - \cos n\,a_n)|;\ n \in \boldsymbol{N}\} < \varepsilon ,$$

wobei $0 < \lambda_n(t) < 1$ ist. Somit ist das GÂTEAUXsche Differential von f im Punkt $a \in \mathbf{c}_0$ gleich $g(a, h)$. Wie man erkennt, ist $g(a, h)$ linear und wegen

$$||g(a, h)|| = \sup\{|h_n \cos n\,a_n|;\ n \in \boldsymbol{N}\} \leqq \sup\{|h_n|;\ n \in \boldsymbol{N}\} = ||h||$$

stetig bezüglich h. Daher besitzt f überall eine GÂTEAUXsche Ableitung.

Trotzdem ist diese Funktion nirgends differenzierbar. Angenommen, f ist in $a \in \mathbf{c}_0$ differenzierbar. Nach Satz 24.1 existiert zu $0 < \varepsilon < \frac{1}{2\pi}$ eine solche Zahl $\tau > 0$, daß alle t mit $0 < |t| < \tau$ und alle $h \in \mathbf{c}_0$ mit $||h|| = 1$ der Bedingung

$$\left\|\frac{f(a + t\,h) - f(a)}{t} - \delta f(a, h)\right\| < \varepsilon,$$

d. h.

$$\left|\frac{1}{n\,t}[\sin n\,(a_n + t\,h_n) - \sin n\,a_n] - h_n \cos n\,a_n\right| < \varepsilon$$

für alle $n \in \boldsymbol{N}$ genügen. Folglich muß

$$\left|\frac{1}{n\,t}[\sin n\,(a_n + t) - \sin n\,a_n] - \cos n\,a_n\right| < \varepsilon$$

für alle $n \in \boldsymbol{N}$ sein. Es sei $n > \frac{2\pi}{\tau}$. Für $t = \frac{2\pi}{n}$ erhalten wir aus der letzten Ungleichung

$$|\cos n\,a_n| < \varepsilon < \frac{1}{2}$$

und für $t = \frac{\pi}{n}$

$$\left|\frac{2}{\pi}\sin n\,a_n + \cos n\,a_n\right| < \varepsilon,$$

woraus

$$|\sin n\,a_n| < \pi\,\varepsilon < \frac{1}{2}$$

folgt. Dies widerspricht aber der Gleichung

$$\cos^2 n\,a_n + \sin^2 n\,a_n = 1\,.$$

24.2. Die Funktion $f : X \to F$ besitze in allen Punkten einer Umgebung U von $a \in X$ eine GÂTEAUX*sche Ableitung $f^{\langle 1\rangle}$, die stetig im Punkt a sei. Dann ist f in diesem Punkt differenzierbar, und es gilt $f'(a) = f^{\langle 1\rangle}(a)$.*

Beweis. Zu jedem beliebigen $\varepsilon > 0$ existiert eine derartige Zahl $\varrho > 0$, daß $K(a, \varrho) \subset U$ und für alle h mit $||h|| < \varrho$ stets

$$||f^{\langle 1\rangle}(a + h) - f^{\langle 1\rangle}(a)|| < \varepsilon$$

gilt. Für ein festes $h \in E$ mit $||h|| < \varrho$ bilden wir die Funktion $g(t) = f(a + t\,h)$, deren Ableitung $g'(t) = \delta f(a + t\,h, h) = f^{\langle 1\rangle}(a + t\,h)\,(h)$ lautet. Da nach Aufgabe 20.7

$$||g(1) - g(0) - g'(0)|| \leqq ||g'(\tau) - g'(0)||$$

für ein geeignetes $\tau \in (0, 1)$ gilt, muß

$$||f(a + h) - f(a) - \delta f(a, h)|| \leqq ||f^{\langle 1\rangle}(a + \tau\,h)\,(h) - f^{\langle 1\rangle}(a)\,(h)|| \leqq \varepsilon ||h||$$

sein. Diese Ungleichung läßt sich für jedes h mit $||h|| < \varrho$ herleiten. Folglich ist f in a differenzierbar, und die Ableitung lautet $f^{\langle 1\rangle}(a)$.

Abschließend sollen die Ableitungen einiger spezieller Funktionen bestimmt werden. Hierzu vereinbaren wir, daß E, E_1, E_2 und F reelle BANACH-Räume sind.

24.3. a) *Jede konstante Funktion von E in F ist überall differenzierbar und ihre Ableitung ist $\Theta \in L(E, F)$.*

b) *Jede lineare stetige Funktion $f: E \to F$ ist überall differenzierbar, und ihre Ableitung $f'(a)$ ist in jedem Punkt $a \in E$ das konstante Element $f \in L(E, F)$.*

c) *Jede bilineare stetige Funktion $f: E_1 \times E_2 \to F$ ist überall differenzierbar, und für ihre Ableitung $f'(a_1, a_2) \in L_2(E_1 \times E_2, F)$ im Punkt $(a_1, a_2) \in E_1 \times E_2$ gilt*

$$f'(a_1, a_2)(h_1, h_2) = f(h_1, a_2) + f(a_1, h_2) .$$

Beweis. a) Die Behauptung folgt aus der Eindeutigkeit der Ableitung.

b) Wegen

$$f(a + h) - f(a) - f(h) = \Theta$$

für alle $h \in E$ ergibt sich $f'(a) = f$, denn die Ableitung ist eindeutig bestimmt.

c) Da f bilinear ist, gilt

$$f(a_1 + h_1, a_2 + h_2) = f(a_1, a_2) + f(h_1, a_2) + f(a_1, h_2) + f(h_1, h_2)$$

für alle $h = (h_1, h_2) \in E_1 \times E_2$. Dann ist die Funktion u, welche durch die Gleichung

$$u(h_1, h_2) = f(h_1, a_2) + f(a_1, h_2)$$

erklärt ist, eine stetige lineare Abbildung von $E_1 \times E_2$ in F. Wegen

$$||f(h_1, h_2)|| \leqq ||f|| \, ||h_1|| \, ||h_2|| \leqq ||f|| \, (||h_1|| + ||h_2||)^2$$

erhält man

$$\lim_{h \to \Theta} \frac{f(h_1, h_2)}{||h||} = \Theta ,$$

wobei $||h|| = ||h_1|| + ||h_2||$ sei. Nach (24.2) ist $f'(a_1, a_2) = u$. Der Satz ist bewiesen.

AUFGABEN

24.1. Es sei

$$f(x_1, x_2) = \begin{cases} 0 & \text{für } (x_1, x_2) = (0, 0) , \\ \dfrac{x_1^3 x_2}{x_1^4 + x_2^2} & \text{sonst} \end{cases}$$

Man untersuche, ob das GÂTEAUXsche Differential der Funktion f überall existiert und linear ist und ob f im Punkt $(0, 0)$ eine GÂTEAUXsche Ableitung besitzt.

24.2. Es sei $X \subseteq E$ offen. In jedem Punkte $x \in X$ besitze die Funktion $f: X \to F$ ein GÂTEAUXsches Differential $\delta f(x, h)$, welches bezüglich x im Punkte $a \in X$ stetig ist. Man beweise, daß für beliebige $h_1, h_2 \in E$ stets

$$\delta f(a, h_1 + h_2) = \delta f(a, h_1) + \delta f(a, h_2)$$

gilt.

24.3. Man untersuche die Existenz der FRÉCHETschen Ableitung der Funktion $f: E \to \boldsymbol{R}$ mit $f(x) = ||x||$ in den Fällen $E = \boldsymbol{c}_0$ und $E = \boldsymbol{l}_1$.

23.4. Man bilde die Ableitungen folgender Funktionen von $C([0, 1], \boldsymbol{R})$ in $\boldsymbol{R}$:

$$f_1(x) = \int_0^1 x(t)\, dt\,, \qquad f_2(x) = \int_0^1 [\sin x(t) + t\, x^2(t)]\, dt\,.$$

24.5. Es sei $k(t, x, y)$ eine stetige Funktion von $[0, 1] \times \boldsymbol{R} \times \boldsymbol{R}$ in $\boldsymbol{R}$, deren partielle Ableitungen k_x und k_y gleichmäßig stetig auf $[0, 1] \times \boldsymbol{R} \times \boldsymbol{R}$ sind. Man bestimme die Ableitung der Funktion $f\colon C^1([0, 1], \boldsymbol{R}) \to \boldsymbol{R}$ mit

$$f(x) = \int_0^1 k(t, x(t), x'(t))\, dt\,.$$

Dabei ist $C^1([0, 1], \boldsymbol{R})$ der Raum aller stetig differenzierbaren Funktionen $x\colon [0, 1] \to \boldsymbol{R}$ mit der Norm

$$||x|| = \sup\{||x(t)|| + ||x'(t)||;\, t \in [0, 1]\}\,.$$

24.4. Eigenschaften der Fréchetschen Ableitung. Die Ableitung ist eine lineare Operation, denn es gilt der Satz:

24.4. *Es seien E und F reelle* Banach-*Räume und X eine offene Teilmenge von E. Die Funktionen $f\colon X \to F$ und $g\colon X \to F$ seien im Punkte $a \in X$ differenzierbar. Dann sind auch die Funktionen $f + g\colon X \to F$ und $\alpha f\colon X \to F$, wobei α eine feste reelle Zahl ist, differenzierbar in a und die Ableitungen lauten*

$$(f + g)'\,(a) = f'(a) + g'(a)\,,$$

$$(\alpha f)'\,(a) = \alpha\, f'(a)\,.$$

Der Beweis sei dem Leser überlassen.

Mit Hilfe des Satzes 20.4 leiten wir den folgenden Mittelwertsatz her:

24.5. *Es sei X eine offene konvexe Teilmenge von E. Die Funktion $f\colon X \to F$ sei differenzierbar in X. Dann existiert für je zwei Punkte $a, b \in X$ stets ein Punkt $c = (1 - \tau)\, a + \tau\, b$ $(0 < \tau < 1)$ mit*

$$||f(b) - f(a)|| \leqq ||b - a||\; ||f'(c)||\,.$$

Zum Beweis brauchen wir nur auf die Funktion $g\colon [0, 1] \to F$, welche durch die Formel

$$g(t) = f\big((1 - t)\, a + t\, b\big)$$

erklärt ist, den Satz 20.4 anzuwenden.

Unter denselben Voraussetzungen wie bei Satz 24.5 läßt sich für drei Punkte a, b und a' aus X stets ein Punkt $c = (1 - \tau)\, a + \tau\, b$ mit $0 < \tau < 1$ finden, so daß die Ungleichung

$$||f(b) - f(a) - f'(a')\,(b - a)|| \leqq ||b - a||\; ||f'(c) - f'(a')|| \tag{24.5}$$

besteht. Denn die Funktion $g\colon X \to F$ mit

$$g(x) = f(x) - f'(a')\,(x)$$

genügt offenbar den Bedingungen des Satzes 24.5, so daß für einen gewissen Punkt c die Beziehung

$$\|g(b) - g(a)\| = \|f(b) - f(a) - f'(a')(b - a)\| \leqq \|b - a\|\, \|g'(c)\| =$$
$$= \|b - a\|\, \|f'(c) - f'(a')\|$$

erfüllt ist. Aus dem Mittelwertsatz 24.5 ergibt sich unmittelbar die Folgerung:

24.6. *Es sei wiederum X eine offene konvexe Teilmenge von E. Die Funktion $f: X \to F$ sei differenzierbar in X und ihre Ableitung sei überall gleich $\Theta \in L(E, F)$. Dann ist f eine konstante Funktion.*

Bei der folgenden Untersuchung der Differenzierbarkeit des Grenzwertes einer Folge differenzierbarer Funktionen benutzen wir den Mittelwertsatz wesentlich. Wiederum seien E und F reelle BANACH-Räume und X eine konvexe offene Teilmenge von E.

24.7. *Es seien $f_n: X \to F$ differenzierbare Funktionen. Wenn für mindestens einen Punkt $x \in X$ die Folge $(f_n(x))$ konvergiert und wenn die Folge der Ableitungen $f'_n: X \to L(E, F)$ gleichmäßig auf X gegen die Funktion $g: X \to L(E, F)$ strebt, dann strebt (f_n) gegen eine differenzierbare Funktion $f: X \to F$, deren Ableitung gleich g ist.*

Beweis. Es sei x_0 irgendein Punkt von X. Zu jedem beliebig vorgegebenem $\varepsilon > 0$ existiert ein Index n_0, so daß die Bedingung

$$\|f'_n(x) - g(x)\| < \varepsilon$$

von allen $n \geqq n_0$ und allen $x \in X$ erfüllt wird. Nach Satz 24.5 bekommt man dann für beliebige $x \in X$ und $n, m \geqq n_0$ die Abschätzung

$$\|f_n(x) - f_m(x) - (f_n(x_0) - f_m(x_0))\| \leqq \|x - x_0\| \sup \{\|f'_n(y) - f'_m(y)\|;\, y \in X\}$$
$$\leqq 2\,\varepsilon\, \|x - x_0\|\,.$$

Da $(f_n(x))$ für einen gewissen Punkt $x \in X$ konvergiert, muß auch $(f_n(x_0))$ in dem BANACH-Raum F einen Grenzwert $f(x_0)$ besitzen. Dies gilt für jeden beliebigen Punkt $x_0 \in X$. Folglich konvergiert (f_n) punktweise gegen die Funktion $f: X \to F$.

Läßt man nun in der obigen Ungleichung $m \to \infty$ streben, so erhält man

$$\|f_n(x) - f(x) - (f_n(x_0) - f(x_0))\| \leqq 2\,\varepsilon\, \|x - x_0\|$$

für $x \in X$ und $n \geqq n_0$. Da die Funktion f_{n_0} im Punkt x_0 differenzierbar ist, gibt es eine Zahl $\delta > 0$, für die die Beziehung

$$\|f_{n_0}(x) - f_{n_0}(x_0) - f'_{n_0}(x_0)(x - x_0)\| \leqq \varepsilon\, \|x - x_0\|$$

von allen $x \in X$ mit $\|x - x_0\| < \delta$ befriedigt wird. Folglich gilt

$$\|f(x) - f(x_0) - g(x_0)(x - x_0)\| \leqq \|f(x) - f(x_0) - (f_{n_0}(x) - f_{n_0}(x_0))\| +$$
$$+ \|f_{n_0}(x) - f_{n_0}(x_0) - f'_{n_0}(x_0)(x - x_0)\| + \|f'_{n_0}(x_0)(x - x_0) - g(x_0)(x - x_0)\| \leqq$$
$$\leqq 4\,\varepsilon\, \|x - x_0\|\,,$$

so daß f im Punkt $x_0 \in X$ differenzierbar ist und die Ableitung $f'(x_0) = g(x_0)$ besitzt. Der Satz ist bewiesen.

Ohne Schwierigkeiten läßt sich die Kettenregel für die Komposition von zwei Funktionen herleiten.

24.8. *Es seien E, F und G reelle* BANACH-*Räume und $X \subseteq E$ sowie $Y \subseteq F$ offene Teilmengen. Die Funktionen $f\colon X \to Y$ und $g\colon Y \to G$ seien gegeben. Wenn f im Punkte $a \in X$ und g im Punkte $b = f(a)$ differenzierbar ist, dann ist die Komposition $w = g \circ f\colon X \to G$ differenzierbar in a und ihre Ableitung lautet*

$$w'(a) = g'(b) \circ f'(a) .$$

Beweis. Nach (24.2) bestehen die Gleichungen

$$f(a + h) = f(a) + f'(a)(h) + \varphi(h) ,$$

$$g(b + k) = g(b) + g'(b)(k) + \psi(k)$$

mit

$$\lim_{h \to \Theta} \frac{\varphi(h)}{\|h\|} = \Theta , \quad \lim_{k \to \Theta} \frac{\psi(k)}{\|k\|} = \Theta . \tag{24.6}$$

Folglich ist

$$w(a + h) - w(a) = g\big(f(a + h)\big) - g\big(f(a)\big) =$$
$$= g'(b)\big(f(a + h) - f(a)\big) + \psi\big(f(a + h) - f(a)\big) .$$

Da $g'(b)$ eine lineare stetige Funktion von F in G ist, erhält man

$$w(a + h) - w(a) = g'(b)\big(f'(a)(h)\big) + \omega(h) \tag{24.7}$$

mit

$$\omega(h) = g'(b)\big(\varphi(h)\big) + \psi\big(f(a + h) - f(a)\big) .$$

Wegen

$$\frac{\|g'(b)(\varphi(h))\|}{\|h\|} \leqq \|g'(b)\| \frac{\|\varphi(h)\|}{\|h\|}$$

und

$$\frac{\|\psi(f(a + h) - f(a))\|}{\|h\|} = \frac{\|\psi(f(a + h) - f(a))\|}{\|f(a + h) - f(a)\|} \frac{\|f(a + h) - f(a)\|}{\|h\|}$$

und (24.6) gilt

$$\lim_{h \to \Theta} \frac{\omega(h)}{\|h\|} = \Theta .$$

Aufgrund von (24.7) muß $w'(a) = g'(b) \circ f'(a)$ sein. Der Beweis ist beendet.

Wir bemerken, daß die Ableitung von $w = g \circ f$ im Punkt a die Komposition der beiden linearen stetigen Funktionen $f'(a) \in L(E, F)$ und $g'(b) \in L(F, G)$ ist. Ist insbesondere g eine lineare stetige Funktion, so ergibt sich aus dem Satz 24.3 und die Ableitung

$$(g \circ f)'(a) = g \circ f'(a) .$$

BEISPIEL

24.5. Es seien $E = \boldsymbol{R}^n$, $F = \boldsymbol{R}^m$ und $G = \boldsymbol{R}^p$. Ferner seien $X \subseteq \boldsymbol{R}^n$ und $Y \subseteq \boldsymbol{R}^m$ offene Mengen. Die Funktion $f: X \to \boldsymbol{R}^m$ mit $f(X) \subseteq Y$ sei differenzierbar im Punkt $a \in X$. Dann läßt sich die lineare stetige Funktion $f'(a)$ von $\boldsymbol{R}^n$ in $\boldsymbol{R}^m$ durch die Matrix

$$\left(\frac{\partial f_i}{\partial x_j}(a)\right) = \begin{pmatrix} \frac{\partial f_1}{\partial x_1}(a) \cdots \frac{\partial f_1}{\partial x_n}(a) \\ \vdots \qquad\qquad \vdots \\ \frac{\partial f_m}{\partial x_1}(a) \cdots \frac{\partial f_m}{\partial x_n}(a) \end{pmatrix}$$

repräsentieren, wobei $x = (x_1, \ldots, x_n) \in \boldsymbol{R}^n$ und $f(x) = (f_1(x), \ldots, f_m(x)) \in \boldsymbol{R}^m$ sind. Weiterhin sei eine Funktion $g: Y \to \boldsymbol{R}^p$ gegeben, die im Punkt $b = f(a)$ differenzierbar ist. Die Ableitung $g'(b)$ kann durch die Matrix

$$\left(\frac{\partial g_k}{\partial y_i}(b)\right) = \begin{pmatrix} \frac{\partial g_1}{\partial y_1}(b) \cdots \frac{\partial g_1}{\partial y_m}(b) \\ \vdots \qquad\qquad \vdots \\ \frac{\partial g_p}{\partial y_1}(b) \cdots \frac{\partial g_p}{\partial y_m}(b) \end{pmatrix}$$

dargestellt werden, wobei $y = (y_1, \ldots, y_m) \in \boldsymbol{R}^m$ und $g(y) = (g_1(y), \ldots, g_p(y)) \in \boldsymbol{R}^p$ sind.

Nach der Kettenregel ist die Komposition $w = g \circ f: X \to \boldsymbol{R}^p$ differenzierbar im Punkt $a \in Y$ und der Ableitung $w'(a)$ entspricht die Matrix

$$\left(\frac{\partial w_k}{\partial x_j}(a)\right) = \begin{pmatrix} \frac{\partial w_1}{\partial x_1}(a) \cdots \frac{\partial w_1}{\partial x_n}(a) \\ \vdots \qquad\qquad \vdots \\ \frac{\partial w_p}{\partial x_1}(a) \cdots \frac{\partial w_p}{\partial x_n}(a) \end{pmatrix},$$

wobei $w(x) = (w_1(x), \ldots, w_p(x)) \in \boldsymbol{R}^p$ ist. Diese Matrix erhält man aufgrund der Kettenregel durch das Matrizenprodukt

$$\left(\frac{\partial w_k}{\partial x_j}(a)\right) = \left(\frac{\partial g_k}{\partial y_i}(b)\right)\left(\frac{\partial f_i}{\partial x_j}(a)\right).$$

Wir wollen annehmen, daß F ein Produktraum der Form $F = F_1 \times \cdots \times F_m$ ist, wobei F_i $(i = 1, \ldots, m)$ reelle Banach-Räume sind. Es sei X eine offene Teilmenge des Banach-Raumes E. Eine Funktion $f: X \to F$ kann dann in der Form

$$f(x) = (f_1(x), \ldots, f_m(x)) \in F$$

dargestellt werden, wobei jedes $f_i: X \to F_i$ $(i = 1, \ldots, m)$ abbildet.

24.9. *Die Funktion $f: X \to F$ ist genau dann im Punkt $a \in X$ differenzierbar, wenn jede Funktion $f_i: X \to F_i$ $(i = 1, \ldots, m)$ in a differenzierbar ist. Die Ableitung lautet*

$$f'(a) = \big(f_1'(a), \ldots, f_m'(a)\big) \in L(E, F)\,.$$

Der Beweis wird dem Leser zur Übung empfohlen.

Nunmehr kann auch die Produktregel verallgemeinert werden.

24.10. *Es seien E, F_1, F_2 und G reelle* Banach*-Räume und X sei eine offene Teilmenge von E. Die Funktion $v: F_1 \times F_2 \to G$ sei bilinear und stetig. Sind die Funktionen $f: X \to F_1$ und $g: X \to F_2$ differenzierbar im Punkt $a \in X$, so ist die Funktion $w: X \to G$ mit $w(x) = v\big(f(x), g(x)\big)$ in a differenzierbar, und es gilt*

$$w'(a)\,(h) = v\big(f'(a)\,(h), g(a)\big) + v\big(f(a), g'(a)\,(h)\big)$$

für beliebige $h \in E$.

Beweis. Es sei $z: X \to F_1 \times F_2$ die Funktion

$$z(x) = \big(f(x), g(x)\big)\,.$$

Somit ist $w = v \circ z$. Das Differential von z im Punkt a lautet nach dem vorherigen Satz

$$z'(a)\,(h) = \big(f'(a)\,(h), g'(a)\,(h)\big)\,.$$

Aufgrund der Kettenregel und Satz 24.3 erhält man dann

$$w'(a)\,(h) = v'\big(f(a), g(a)\big)\,\big(f'(a)\,(h), g'(a)\,(h)\big) =$$
$$= \big(vf'(a)\,(h), g(a)\big) + v\big(f(a), g'(a)\,(h)\big)\,,$$

was zu beweisen war.

Wir betrachten nun den Fall, daß der Definitionsbereich X der gegebenen Funktion f in einem Produktraum $E = E_1 \times \cdots \times E_n$ liegt, wobei alle E_i $(i = 1, \ldots, n)$ reelle Banach-Räume sind. Die Werte von f mögen in dem Banach-Raum F enthalten sein. Für einen Punkt $a = (a_1, \ldots, a_n) \in X$ bilden wir die Funktion $u_i: E_i \to E$ $(i = 1, \ldots, n)$, welche durch die Gleichung

$$u_i(x_i) = (a_1, \ldots, a_{i-1}, x_i, a_{i+1}, \ldots, a_n)$$

definiert ist. Die Komposition $f \circ u_i$ ist auf $u_i^{-1}(X) \subseteq E_i$ erklärt. Für $x_i \in \in u_i^{-1}(X)$ gilt

$$(f \circ u_i)\,(x_i) = f(a_1, \ldots, a_{i-1}, x_i, a_{i+1}, \ldots, a_n)\,.$$

Wir sagen, daß die Funktion $f: X \to F$ eine *partielle Ableitung bezüglich der i-ten Variablen* im Punkte $a \in X$ besitzt, wenn $f \circ u_i$ im Punkte a_i differenzierbar ist. Diese partielle Ableitung bezeichnen wir mit $D_i f(a)$ oder $\frac{\partial f}{\partial x_i}(a)$. Es gilt also

$$D_i f(a) = (f \circ u_i)'\,(a_i) \in L(E_i, F)\,.$$

Allgemeiner als Satz 21.5 beweisen wir jetzt:

24.11. *Es sei X eine offene Teilmenge von $E = E_1 \times \ldots \times E_n$.*

a) *Ist die Funktion $f\colon X \to F$ im Punkte $a \in X$ differenzierbar, so besitzt f sämtliche partiellen Ableitungen $D_i f(a) \in L(E_i, F)$ für $i = 1, \ldots, n$. Für die Ableitung $f'(a) \in L(E, F)$ gilt*

$$f'(a)(h) = \sum_{i=1}^{n} D_i f(a)(h_i)\,,$$

wobei $h = (h_1, \ldots, h_n) \in E$ ist.

b) *Sind umgekehrt alle partiellen Ableitungen der Funktion $f\colon X \to F$ in einer Umgebung U des Punktes $a \in X$ vorhanden und stetig in a, so ist f differenzierbar im Punkt a.*

Beweis. a) Es sei $v_i\colon E_i \to E$ $(i = 1, \ldots, n)$ die durch

$$v_i(x_i) = (\Theta, \ldots, \Theta, x_i, \Theta, \ldots, \Theta)$$

erklärte Funktion. Offenbar ist v_i linear und stetig. Wegen

$$u_i'(x_i) = v_i$$

für jedes $x_i \in E_i$ ist nach der Kettenregel $f \circ u_i$ im Punkt a_i differenzierbar. Es gilt

$$D_i f(a) = (f \circ u_i)'(a_i) = f'(a) \circ v_i \in L(E_i, F)\,.$$

Folglich ist

$$\sum_{i=1}^{n} D_i f(a)(h_i) = \sum_{i=1}^{n} f'(a)(v_i(h_i)) = f'(a)(h)$$

für beliebige $h = (h_1, \ldots, h_n) \in E$.

b) Wir beschränken uns der Einfachheit halber auf den Fall $n = 2$. Es sei $\varepsilon > 0$ beliebig vorgegeben. Da nach Voraussetzung $D_1 f$ und $D_2 f$ in U vorhanden und im Punkt a stetig sind, existiert eine Zahl $\delta > 0$ derart, daß

$$\|D_i f(a_1, a_2) - D_i f(a_1 + h_1, a_2 + h_2)\| < \varepsilon \qquad (i = 1, 2)$$

und

$$\|f(a_1 + h_1, a_2) - f(a_1, a_2) - D_1 f(a_1, a_2)(h_1)\| \leqq \varepsilon \|h_1\|$$

für alle $\|h_1\| < \delta$ und $\|h_2\| < \delta$ gilt. Nach der Formel (24.5) gibt es für $\|h_1\| < \delta$ und $\|h_2\| < \delta$ eine Zahl $\tau \in (0, 1)$, so daß

$$\begin{aligned}\|f(a_1 + h_1, a_2 + h_2) - f(a_1 + h_1, a_2) - D_2 f(a_1 + h_1, a_2)(h_2)\| &\leqq \\ \leqq \|h_2\|\,\|D_2 f(a_1 + h_1, a_2 + \tau h_2) - D_2 f(a_1 + h_1, a_2)\| &\leqq 2\,\varepsilon \|h_2\|\end{aligned}$$

gilt. Demnach erhält man

$$\begin{aligned}&\|f(a_1 + h_1, a_2 + h_2) - f(a_1, a_2) - D_1 f(a_1, a_2)(h_1) - D_2 f(a_1, a_2)(h_2)\| \leqq \\ &\leqq \|f(a_1 + h_1, a_2 + h_2) - f(a_1 + h_1, a_2) - D_2 f(a_1 + h_1, a_2)(h_2)\| + \\ &\quad + \|f(a_1 + h_1, a_2) - f(a_1, a_2) - D_1 f(a_1, a_2)(h_1)\| + \\ &\quad + \|D_2 f(a_1 + h_1, a_2)(h_2) - D_2 f(a_1, a_2)(h_2)\| \leqq \\ &\leqq 2\,\varepsilon \|h_2\| + \varepsilon \|h_1\| + \varepsilon \|h_2\| \leqq 3\,\varepsilon\,(\|h_1\| + \|h_2\|)\,,\end{aligned}$$

so daß f im Punkt a differenzierbar ist. Damit ist der Beweis beendet.

AUFGABEN

24.6. Es seien E und F reelle BANACH-Räume, wobei E die offene Teilmenge X enthält. Die Funktion $f: X \to F$ sei differenzierbar in X. Man beweise:

a) Die Ableitung $f': X \to L(E, F)$ ist genau dann im Punkt $a \in X$ stetig, wenn es zu jedem $\varepsilon > 0$ eine Zahl $\delta > 0$ derart gibt, daß für alle $||h|| < \delta$, $||k|| < \delta$ die Ungleichung

$$||f(a + h) - f(a + k) - f'(a)(h - k)|| \leqq \varepsilon ||h - k||$$

erfüllt ist.

b) Die Ableitung $f': X \to L(E, F)$ ist genau dann gleichmäßig stetig in X, wenn zu jedem $\varepsilon > 0$ eine Zahl $\delta > 0$ existiert, so daß für alle $||h|| < \delta$, $x \in X$ mit $x + t\,h \in X$ für $t \in [0, 1]$ stets

$$||f(x + h) - f(x) - f'(x)(h)|| \leqq \varepsilon ||h||$$

gilt.

24.7. Es sei $f: X \to F$ eine stetig differenzierbare Funktion, deren Ableitung $f': X \to L(E, F)$ der LIPSCHITZ-Bedingung $||f'(x) - f'(y)|| \leqq L\,||x - y||$ genügt. Man beweise, daß dann

$$||f(x) - f(y) - f'(y)(x - y)|| \leqq \frac{L}{2} ||x - y||^2$$

für beliebige $x, y \in X$ gilt.

24.8. Es seien r, φ die Polarkoordinaten und x, y die kartesischen Koordinaten von $\boldsymbol{R}^2$. Die Funktion $f: \boldsymbol{R} \to \boldsymbol{R}^2$ bilde den Punkt $t \in \boldsymbol{R}$ in den Punkt mit den Polarkoordinaten $r = t$, $\varphi = t$ ab. Die Funktion $g: \boldsymbol{R}^2 \to \boldsymbol{R}$ sei mittels

$$g(x, y) = \begin{cases} 0 & \text{für } \varphi = 0 \text{ oder } r = 0\,, \\ \dfrac{r^2}{\varphi^3} & \text{für } 0 < \varphi < 2\pi \text{ und } r > 0 \end{cases}$$

erklärt. Man beweise, daß f differenzierbar in $t = 0$ ist, g eine GÂTEAUXsche Ableitung in $(0, 0)$ besitzt, aber die Komposition $g \circ f: \boldsymbol{R} \to \boldsymbol{R}$ in $t = 0$ nicht differenzierbar ist. Die Kettenregel gilt also für die GÂTEAUXsche Ableitung nicht!

24.9. Es seien E_1, E_2 und F reelle BANACH-Räume und X eine offene Teilmenge von $E_1 \times E_2$. Die Funktion $f: X \to F$ sei stetig. Man beweise, daß f genau dann im Punkt $(a_1, a_2) \in X$ differenzierbar ist, wenn die partiellen Ableitungen $D_1 f(a_1, a_2)$ und $D_2 f(a_1, a_2)$ existieren und wenn zu jedem $\varepsilon > 0$ ein $\delta > 0$ derart existiert, daß für $||h_1|| \leqq \delta$, $||h_2|| \leqq \delta$ stets

$$||f(a_1 + h_1, a_2 + h_2) - f(a_1 + h_1, a_2) - f(a_1, a_2 + h_2) + f(a_1, a_2)|| \leqq \varepsilon (||h_1|| + ||h_2||)$$

gilt.

24.10. Es sei $f: C([0,1], \boldsymbol{R}) \to C([0,1], \boldsymbol{R})$ die Funktion

$$f(x)(s) = \int_0^1 e^{-(s^2 + t^2)\,x(t)}\,dt\,.$$

Man berechne die Ableitung.

24.3. Stammfunktionen. Wir setzen voraus, daß E und F reelle BANACH-Räume und X eine offene konvexe Teilmenge von E ist. Für eine stetig differenzierbare Funktion $f: X \to F$ erhält man die Formel

$$f(x_1) - f(x_0) = \int_0^1 f'\big((1 - t)\,x_0 + t\,x_1\big)(x_1 - x_0)\,dt\,, \qquad (24.8)$$

wobei x_0 und x_1 zwei beliebige Punkte von X sind. Denn die Funktion φ: $[0, 1] \to F$, welche durch die Gleichung

$$\varphi(t) = f((1 - t)\, x_0 + t\, x_1)$$

erklärt ist, besitzt die Ableitung

$$\varphi'(t) = f'((1 - t)\, x_0 + t\, x_1)\,(x_1 - x_0)\,,$$

so daß sich (24.8) direkt aus dem Satz 20.8 ergibt.

Im folgenden sei eine stetige Funktion $g\colon X \to L(E, F)$ gegeben. Wir untersuchen, unter welchen Bedingungen eine differenzierbare Funktion $f\colon X \to F$ mit der Eigenschaft

$$f'(x) = g(x)$$

für alle $x \in X$ existiert. Eine derartige Funktion f nennt man *Stammfunktion* von g. Sind f_1 und f_2 Stammfunktionen ein und derselben Funktion, so folgt nach Satz 24.6 aus $f_1'(x) - f_2'(x) = \Theta$ die Gleichung

$$f_1(x) = f_2(x) + y_0$$

für alle $x \in X$, wobei y_0 ein fester Vektor aus F ist. Man sagt deshalb, daß eine Stammfunktion eindeutig bis auf eine additive Konstante bestimmt ist.

Es seien x_0, x_1 und x_2 Punkte von X. Unter dem *Integral entlang der Strecke* von x_0 nach x_1 der stetigen Funktion $g\colon X \to L(E, F)$ soll das Integral

$$\int_0^1 g((1 - t)\, x_0 + t\, x_1)\,(x_1 - x_0)\, dt$$

verstanden werden, welches wir kurz mit

$$\int_{x_0}^{x_1} g(x)\, dx$$

bezeichnen. Offensichtlich gilt

$$\int_{x_0}^{x_1} g(x)\, dx = -\int_{x_1}^{x_0} g(x)\, dx\,.$$

Wir definieren: *Ein Dreieck D mit den Eckpunkten* x_0, x_1, x_2 entsteht durch Vereinigung der drei Strecken von x_0 nach x_1, von x_1 nach x_2 und von x_2 nach x_0. Das *Integral entlang des Dreiecks D* mit den Eckpunkten x_0, x_1, x_2 erklären wir dann als die Größe

$$\int_D g(x)\, dx = \int_{x_0}^{x_1} g(x)\, dx + \int_{x_1}^{x_2} g(x)\, dx + \int_{x_2}^{x_0} g(x)\, dx\,.$$

Man erkennt, daß dieses Integral von der Reihenfolge der Eckpunkte abhängt. Mit Hilfe dieses Integralbegriffes gelang es L. J. Nicolescu [1], das Problem der Existenz einer Stammfunktion zu lösen.

24.12. SATZ. *Die Funktion $g: X \to L(E, F)$ sei stetig. Genau dann besitzt g eine Stammfunktion, wenn*

$$\int_D g(x)\, dx = \Theta \tag{24.9}$$

für jedes Dreieck $D \subset X$ gilt. Ist $f: X \to F$ eine Stammfunktion von g, so besteht für beliebige Punkte $z_0, z_1 \in X$ die Gleichung

$$f(z_1) - f(z_0) = \int_{z_0}^{z_1} g(x)\, dx \,.$$

Beweis. a) *Notwendig.* Es sei f eine Stammfunktion von g. Wegen (24.8) erhalten wir für beliebige Punkte $x_0, x_1, x_2 \in X$ die Gleichungen

$$f(x_1) - f(x_0) = \int_{x_0}^{x_1} g(x)\, dx \,,$$

$$f(x_2) - f(x_1) = \int_{x_1}^{x_2} g(x)\, dx \,,$$

$$f(x_0) - f(x_2) = \int_{x_2}^{x_0} g(x)\, dx \,,$$

woraus sich durch Summation

$$\int_D g(x)\, dx = \Theta$$

für das von diesen Punkten bestimmte Dreieck D ergibt.

b) *Hinreichend.* Die Bedingung (24.9) sei erfüllt. Für einen festen Punkt $a \in X$ bilden wir die Funktion $f: X \to F$, welche durch die Gleichung

$$f(z) = \int_a^z g(x)\, dx$$

für $z \in X$ definiert wird. Dann erhält man für zwei beliebige Punkte $z_0, z_1 \in X$ die Gleichung

$$f(z_1) - f(z_0) = \int_{z_0}^{z_1} g(x)\, dx \,.$$

Insbesondere gilt für $z, z + h \in X$ und $t \in [0, 1]$

$$f(z + t\,h) - f(z) = \int_0^1 g\,(z + s\,t\,h)\,(t\,h)\, ds = t \int_0^1 g\,(z + s\,t\,h)\,(h)\, ds \,.$$

Wegen

$$\lim_{t \to 0} \frac{f(z + t\,h) - f(z)}{t} = g(z)\,(h)$$

besitzt die Funktion f in ganz X eine GÂTEAUXsche Ableitung, die mit g übereinstimmt. Da g in X stetig ist, ergibt sich aus Satz 24.2, daß f in X differenzierbar und $f' = g$ ist. Der Beweis ist beendet.

Die Integralbedingung (24.9) ist für alle Funktionen erfüllt, welche der folgenden Bedingung genügen:

24.13. SATZ. *Die gegebene Funktion $g: X \to L(E, F)$ sei differenzierbar. Ihre Ableitung $g': X \to L(E, L(E, F))$ besitze die Eigenschaft*

$$[g'(x)\,(h_1)]\,(h_2) = [g'(x)\,(h_2)]\,(h_1) \qquad (24.10)$$

für alle $x \in X$ und $h_1, h_2 \in E$. Dann existiert zu g eine Stammfunktion.

Der *Beweis* kann wie der des CAUCHYschen Integralsatzes der Funktionentheorie geführt werden. Wir beweisen, daß aus (24.10) die Formel (24.9) folgt. Dazu betrachten wir ein beliebiges Dreieck $D \subset X$ mit den Eckpunkten a_0, a_1, a_2 und dem „Umfang" $u = \|a_0 - a_1\| + \|a_1 - a_2\| + \|a_2 - a_0\|$. Wir „zerlegen" das Dreieck D, indem wir die Punkte $\frac{a_0 + a_1}{2}$, $\frac{a_1 + a_2}{2}$ und $\frac{a_2 + a_0}{2}$ miteinander „verbinden" (siehe Abb. 24.1), in vier Dreiecke $D_1^{(1)}, D_1^{(2)}, D_1^{(3)}$ und $D_1^{(4)}$. Dann gilt

$$\int_D g(x)\,dx = \int_{D_1^{(1)}} g(x)\,dx + \cdots + \int_{D_1^{(4)}} g(x)\,dx\,,$$

sofern alle Dreiecke „gleichsinnig" (vgl. Abb. 24.1) umlaufen werden. Unter den vier Integralen auf der rechten Seite muß sich mindestens eines — es sei das Integral entlang D_1 — mit der Eigenschaft

$$\left\|\int_{D_1} g(x)\,dx\right\| \geqq \frac{1}{4}\left\|\int_D g(x)\,dx\right\|$$

befinden. Auf D_1 kann man genau dieselbe Überlegung anwenden. Man zerlegt D_1 in vier Dreiecke, von denen wenigstens ein Dreieck D_2 der Bedingung

$$\left\|\int_{D_2} g(x)\,dx\right\| \geqq \frac{1}{4}\left\|\int_{D_1} g(x)\,dx\right\| \geqq \frac{1}{4^2}\left\|\int_D g(x)\,dx\right\|$$

genügt. Fährt man so fort, so ergibt sich eine Folge von Dreiecken $D, D_1, D_2, \ldots$ Dabei ist der Umfang u_n des Dreiecks D_n halb so groß wie der des vorangehenden, also

$$u_n = \frac{u}{2^n}\,. \tag{24.11}$$

Überdies gilt

$$\left\|\int_D g(x)\,dx\right\| \leqq 4^n \left\|\int_{D_n} g(x)\,dx\right\| \tag{24.12}$$

für alle n.

Es sei nun a im Durchschnitt aller konvexen Hüllen $C(D_n)$ von D_n enthalten. Die Zahl $\varepsilon > 0$ sei beliebig vorgegeben. Da nach Voraussetzung $g'(a)$ existiert,

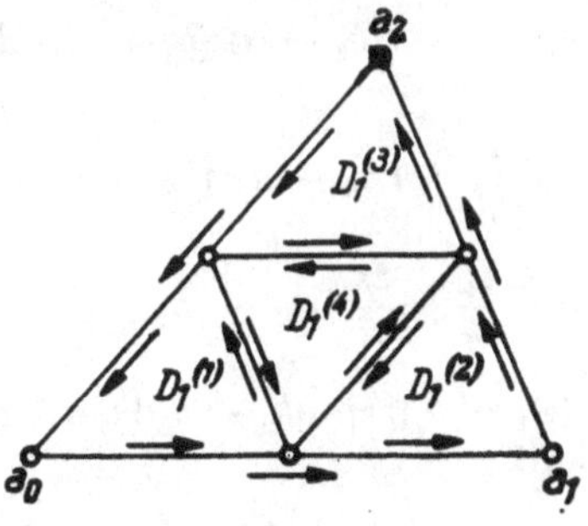

Abb. 24.1

läßt sich ein $\delta > 0$ angeben, so daß für alle $h \in K(a, \delta) \subset X$ stets

$$g(a + h) = g(a) + g'(a)(h) + \psi(h) \tag{24.13}$$

mit

$$\|\psi(h)\| \leqq \frac{2}{u^2} \|h\| \tag{24.14}$$

gilt. Wir wählen eine natürliche Zahl n so groß, daß D_n völlig im Kreis $K(a, \delta)$ liegt. Das Dreieck besitze die Eckpunkte b_0, b_1 und b_2. Wegen (24.13) erhält man

$$\begin{aligned}
\int_{D_n} g(x)\,dx = {} & \int_0^1 g\big((1-t)\,b_0 + t\,b_1\big)(b_1 - b_0)\,dt + \\
& + \int_0^1 g\big((1-t)\,b_1 + t\,b_2\big)(b_2 - b_1)\,dt + \\
& + \int_0^1 g\big((1-t)\,b_2 + t\,b_0\big)(b_0 - b_2)\,dt = \\
& = \left[\int_0^1 g(a)(b_1 - b_0)\,dt + \int_0^1 g(a)(b_2 - b_1)\,dt + \int_0^1 g(a)(b_0 - b_2)\,dt\right] + \\
& + \left[\int_0^1 g'(a)\big((1-t)\,b_0 + t\,b_1 - a\big)(b_1 - b_0)\,dt + \right. \\
& + \int_0^1 g'(a)\big((1-t)\,b_1 + t\,b_2 - a\big)(b_2 - b_1)\,dt + \\
& \left. + \int_0^1 g'(a)\big((1-t)\,b_2 + t\,b_0 - a\big)(b_0 - b_2)\,dt\right] + \int_{D_n} \psi(x - a)\,dx\,.
\end{aligned}$$

Der Ausdruck in der ersten eckigen Klammer verschwindet, weil $g(a)$ linear ist. Der zweite Klammerausdruck ist wegen der Bedingung (24.10) ebenfalls gleich Θ. Dies erkennt man durch Berechnung der drei Integrale. Folglich gilt wegen (24.14)

$$\begin{aligned}
\left\|\int_{D_n} g(x)\,dx\right\| = \left\|\int_{D_n} \psi(x-a)\,dx\right\| \leqq {} & \left\|\int_0^1 \psi\big((1-t)\,b_0 + t\,b_1 - a\big)(b_1 - b_0)\,dt\right\| + \\
& + \left\|\int_0^1 \psi\big((1-t)\,b_1 + t\,b_2 - a\big)(b_2 - b_1)\,dt\right\| + \\
& + \left\|\int_0^1 \psi\big((1-t)\,b_2 + t\,b_0 - a\big)(b_0 - b_2)\,dt\right\| \leqq \\
& \leqq \frac{2\varepsilon}{u^2}\|b_1 - b_0\|\,\frac{u_n}{2} + \frac{2\varepsilon}{u^2}\|b_2 - b_1\|\,\frac{u_n}{2} + \frac{2\varepsilon}{u^2}\|b_0 - b_2\|\,\frac{u_n}{2} = \varepsilon\,\frac{u_n^2}{u^2}\,,
\end{aligned}$$

wobei $u_n = \|b_1 - b_0\| + \|b_2 - b_1\| + \|b_0 - b_2\|$ der Umfang von D_n ist. Wegen (24.11) und (24.12) ist somit

$$\left\|\int_D g(x)\,dx\right\| < \varepsilon\,.$$

Da $\varepsilon > 0$ eine beliebige Zahl ist, muß die Bedingung (24.9) erfüllt sein. Der Satz ist bewiesen.

AUFGABEN

24.11. Es seien E und F reelle BANACH-Räume und X eine konvexe offene Teilmenge von E. Man beweise, daß zwei Funktionen $f: X \to F$ und $g: X \to F$ mit demselben GÂTEAUXschen Differential sich höchstens um eine additive Konstante unterscheiden.

24.12. Es seien $x_0 \in E$, $y_0 \in F$ und α, β positive Zahlen. Mit X bzw. Y bzeichne man die offenen Kugeln $K(x_0, \alpha)$ bzw. $K(y_0, \beta)$. Die gegebene stetige Funktion $f: X \times Y \to L(E, F)$ genüge der LIPSCHITZ-Bedingung

$$||f(x, y) - f(x, y')|| \leqq L\, ||y-y'||$$

und sei beschränkt, d. h. $||f(x, y)|| \leqq M$. Dann existiert für

$$\alpha' < \min\left\{\frac{\beta}{M}, \alpha\right\}$$

eine eindeutig bestimmte differenzierbare Funktion $u: K(x_0, \alpha') \to F$ mit $u(x_0) = y_0$ und $u'(x) = f(x, u(x))$ für alle $x \in K(x_0, \alpha')$, welche Grenzwert der Folge (u_n) mit

$$u_0(x) = y_0\,, \qquad u_{n+1}(x) = y_0 + \int_{x_0}^{x} f(x, u_n(x))\, dx$$

ist.

§ 25. Ableitungen höherer Ordnung

Wir führen die Ableitungen höherer Ordnung einer gegebenen Funktion f, die eine nichtleere offene Teilmenge X eines reellen BANACH-Raumes E in den reellen BANACH-Raum F abbildet, sukzessiv ein. Dann ist die n-te Ableitung von f in einem Punkt aus X eine n-lineare stetige Funktion des Produktraumes E^n in F. Auf die andere Möglichkeit, höhere Ableitungen als Grenzwerte von Differenzenquotienten der gegebenen Funktion zu erklären, gehen wir nicht ein und verweisen hierzu auf L. J. NICOLESCU [1]. Besonderes Augenmerk wird in diesem Paragraphen auf Polynome und deren Eigenschaften sowie auf relative Extremwerte von Funktionen gelegt.

25.1. Definition der Ableitungen höherer Ordnung. Es seien E und F reelle BANACH-Räume und X eine offene Teilmenge von E. Die Funktion $f: X \to F$ sei gegeben. Wir sagen, daß f *zweimal differenzierbar* im Punkt $a \in X$ ist, wenn die Ableitung f' in einer gewissen Umgebung U von a vorhanden und im Punkt a differenzierbar ist. Dann bezeichnen wir mit $f''(a)$ die Ableitung von f': $U \to L(E, F)$ im Punkte a. Man nennt $f''(a)$ die *zweite Ableitung* oder *Ableitung zweiter Ordnung* von f im Punkt a. Offenbar ist $f''(a)$ im Raum $L(E, L(E, F))$ enthalten. Da nach Satz 14.14 die Räume $L(E, L(E, F))$ und $L_2(E^2, F)$ isometrisch isomorph sind, können wir $f''(a)$ als eine bilineare stetige Funktion von E^2 in F auffassen. Die Funktion f heißt zweimal differenzierbar in X, wenn f in allen Punkten von X zweimal differenzierbar ist.

Beispielsweise ist die zweite Ableitung einer konstanten oder linearen stetigen Funktion von E in F überall gleich Θ. Die zweite Ableitung einer Funktion f: $E \to F$ der Form

$$f(x) = g(x, x),$$

wobei g eine bilineare stetige Funktion von E^2 in F ist, ist überall gleich dem konstanten Element $2\,g \in L_2(E^2, F)$.

25.1. *Wenn die Funktion $f: X \to F$ zweimal differenzierbar im Punkt $a \in X$ ist, so ist $f''(a)$ eine symmetrische bilineare stetige Funktion von E^2 in F, d. h., es gilt*

$$f''(a)\,(h, k) = f''(a)\,(k, h)$$

für alle $h, k \in E$.

Beweis. Die Kugel $K(a, 2\,r)$ möge in X liegen. Da $f''(a)$ vorhanden ist, läßt sich zu jedem beliebig vorgegebenen $\varepsilon > 0$ eine Zahl $0 < \delta \leqq \frac{r}{2}$ angeben, so daß für alle $h, k \in E$ mit $||h|| \leqq \delta$, $||k|| \leqq \delta$ und $t \in [0, 1]$ stets die Ungleichung

$$||f'(a + t\,h + k) - f'(a) - f''(a)\,(t\,h + k)|| \leqq \varepsilon\,(||h|| + ||k||) \tag{25.1}$$

gilt. Für feste h, k mit $||h|| \leqq \delta$ und $||k|| \leqq \delta$ bilden wir die Funktion

$$g(t) = f(a + t\,h + k) - f(a + t\,h)\,,$$

wobei $t \in [0, 1]$ ist. Diese Funktion ist differenzierbar. Ihre Ableitung lautet nach der Kettenregel

$$\begin{aligned} g'(t) &= [\,f'(a + t\,h + k) - f'(a + t\,h)]\,(h) = \\ &= [(f'(a + t\,h + k) - f'(a)) - (f'(a + t\,h) - f'(a))]\,(h)\,. \end{aligned} \tag{25.2}$$

Aufgrund der Mittelwertformel (24.5) gilt dann

$$||g(1) - g(0) - g'(0)|| \leqq \sup\,\{||g'(t) - g'(0)||;\, t \in [0, 1]\}\,. \tag{25.3}$$

Aus (25.1) und (25.2) folgt

$$||g'(t) - (f''(a)\,(k))\,(h)|| \leqq 2\,\varepsilon ||h||\,(||h|| + ||k||)$$

und somit aus (25.3)

$$||g(1) - g(0) - (f''(a)\,(k))\,(h)|| \leqq 6\,\varepsilon ||h||\,(||h|| + ||k||)\,. \tag{25.4}$$

Da der Ausdruck

$$g(1) - g(0) = f(a + h + k) - f(a + h) - f(a + k) + f(a)$$

symmetrisch in h und k ist, erhalten wir durch Vertauschen von h und k in (25.4) die Beziehung

$$||(f''(a)\,(h))\,(k) - (f''(a)\,(k))\,(h)|| \leqq 6\,\varepsilon\,(||h|| + ||k||)^2\,.$$

Diese Ungleichung läßt sich für beliebige $h, k \in K(\Theta, \delta)$ herleiten. Ersetzen wir h und k durch ihre Vielfachen $\alpha\,h$ und $\alpha\,k$, so werden beide Seiten nur mit $|\alpha|^2$

multipliziert. Deshalb ist die Ungleichung für alle $h, k \in E$ richtig. Für $||h|| \leqq 1$ und $||k|| \leqq 1$ erhalten wir insbesondere

$$||(f''(a)\,(h))\,(k) - (f''(a)\,(k))\,(h)|| \leqq 24\,\varepsilon\,,$$

d. h. $(f''(a)\,(h))\,(k) = (f''(a)\,(k))\,(h)$ oder $f''(a)\,(h, k) = f''(a)\,(k, h)$ für alle $h, k \in \in K(\Theta, 1)$ und mithin für sämtliche $h, k \in E$, womit der Beweis erbracht ist.

BEISPIEL

25.1. Die Aussage des Satzes 25.1 ist im Spezialfall $E = \boldsymbol{R}^n$ wohlbekannt. Es mögen sämtliche partiellen Ableitungen zweiter Ordnung der Funktion $f\colon \boldsymbol{R}^n \to F$ in einer Umgebung des Punktes $a \in \boldsymbol{R}^n$ existieren und stetig in a sein. Dann ist, wie der Leser selbst bestätigt, die gegebene Funktion f zweimal differenzierbar im Punkt a und es gilt

$$f''(a)\,(h, k) = \sum_{i=1}^{n} \sum_{j=1}^{n} h_i k_j D_i D_j f(a)\,,$$

wobei $h = (h_1, \ldots, h_n) \in \boldsymbol{R}^n$ und $k = (k_1, \ldots, k_n) \in \boldsymbol{R}^n$ sind. Da nach Satz 25.1 die zweite Ableitung symmetrisch ist, müssen $D_i D_j f(a)$ und $D_j D_i f(a)$ für $i, j = 1, \ldots, n$ einander gleich sein. Dies ist gerade der Satz 22.12 von H. A. Schwarz.

25.2. *Die Funktion $f\colon X \to F$ ist genau dann zweimal differenzierbar im Punkt $a \in X$, wenn eine bilineare stetige Funktion $v\colon E^2 \to F$ existiert, so daß sich zu jedem $\varepsilon > 0$ eine Zahl $\delta > 0$ mit der Eigenschaft*

$$\left\|\frac{f'(a + t\,k)\,(h) - f'(a)\,(h)}{t} - v(h, k)\right\| < \varepsilon$$

für alle $h, k \in E$ mit $||h|| = ||k|| = 1$ und alle t mit $0 < |t| < \delta$ angeben läßt. Es gilt $f''(a) = v$.

Der Beweis wird dem Leser überlassen.

BEISPIEL

25.2. Es sei $k(s, t, x)$ eine stetige Funktion von $[0,1] \times [0, 1] \times \boldsymbol{R}$, deren partielle Ableitungen $D_3\, k = k_x$ und $D_3^2\, k = k_{xx}$ gleichmäßig stetig auf $[0, 1] \times [0, 1] \times \boldsymbol{R}$ sind. Wie im Beispiel 24.3 betrachten wir die Funktion $f\colon C([0, 1], \boldsymbol{R}) \to C([0, 1], \boldsymbol{R})$, welche durch die Formel

$$f(x)\,(s) = \int_0^1 k(s, t, x(t))\, dt$$

definiert ist. Diese Funktion ist überall differenzierbar. Das Differential im Punkt $x \in C([0, 1], \boldsymbol{R})$ lautet nach Beispiel 24.3 für $h \in C([0, 1], \boldsymbol{R})$

$$f'(x)\,(h)\,(s) = \int_0^1 k_x(s, t, x(t))\, h(t)\, dt\,.$$

Um die zweite Ableitung von f im Punkt $a \in C([0, 1], \boldsymbol{R})$ zu berechnen, benutzen wir den Satz 25.2. Als bilineare stetige Funktion von $C([0, 1], \boldsymbol{R}) \times C([0, 1], \boldsymbol{R})$ in $C([0, 1], \boldsymbol{R})$ wählen wir

$$v(h, \tilde{h})\,(s) = \int_0^1 k_{xx}(s, t, a(t))\, h(t)\, \tilde{h}(t)\, dt\,.$$

Zu jedem beliebigen $\varepsilon > 0$ existiert eine Zahl $\delta > 0$ derart, daß für $|x - x'| < \delta$ stets

$$|k_{xx}(s, t, x) - k_{xx}(s, t, x')| < \varepsilon$$

gilt. Für $0 < |\tau| < \delta$ und $h, \tilde{h} \in C([0, 1], \boldsymbol{R})$ mit $||h|| = ||\tilde{h}|| = 1$ erhält man mit Hilfe des Mittelwertsatzes

$$\left|\frac{f'(a + \tau\tilde{h})(h)(s) - f'(a)(h)(s)}{\tau} - v(h, \tilde{h})(s)\right| =$$

$$= \left|\frac{1}{\tau}\int_0^1 [k_x(s, t, a(t) + \tau\tilde{h}(t)) - k_x(s, t, a(t))]\, h(t)\, dt - v(h, \tilde{h})(s)\right| =$$

$$= \left|\int_0^1 [k_{xx}(s, t, a(t) + \tau\lambda(s, t)\tilde{h}(t)) - k_{xx}(s, t, a(t))]\, h(t)\, \tilde{h}(t)\, dt\right| < \varepsilon,$$

wobei $0 < \lambda(s, t) < 1$ gilt. Gemäß Satz 25.2 ist $f''(a) = v$, d. h.

$$f''(a)(h, \tilde{h})(s) = \int_0^1 k_{xx}(s, t, a(t))\, h(t)\, \tilde{h}(t)\, dt.$$

Ganz analog werden die Ableitungen höherer als zweiter Ordnung induktiv erklärt. Die Funktion $f\colon X \to F$ heißt *n-mal differenzierbar* im Punkt $a \in X$, falls f in einer gewissen Umgebung dieses Punktes $(n - 1)$-mal differenzierbar ist und die $(n - 1)$-te Ableitung im Punkt a differenzierbar ist. Wir bezeichnen mit $f^{(n)}(a)$ bzw. $\frac{d^n}{dx^n} f(a)$ die *n-te Ableitung* oder *Ableitung n-ter Ordnung* von f im Punkt a. Nach Definition ist

$$f^{(n)}(a) = Df^{(n-1)}(a) \qquad (n = 2, 3, \ldots)$$

eine n-lineare stetige Funktion von E^n in F, die aufgrund der folgenden Behauptung symmetrisch ist.

25.3. *Es sei $n \geqq 2$. Die Funktion $f\colon X \to F$ sei n-mal differenzierbar im Punkt $a \in X$. Dann ist die n-lineare Funktion $f^{(n)}(a)\colon E^n \to F$ symmetrisch.*

Beweis. Wir wenden das Prinzip der vollständigen Induktion an. Der Fall $n = 2$ wurde bereits behandelt. Daher sei $n > 2$. Wir nehmen an, daß in der Umgebung U von a die $(n - 1)$-te Ableitung existiert und daß $f^{(n-1)}(x)$ für $x \in U$ eine $(n - 1)$-lineare stetige symmetrische Funktion von E^{n-1} in F ist. Ist σ irgendeine Permutation der Zahlen $2, \ldots, n$, so gilt

$$f^{(n-1)}(x)(h_2, \ldots, h_n) = f^{(n-1)}(x)(h_{\sigma(2)}, \ldots, h_{\sigma(n)}),$$

woraus man durch Differentiation

$$f^{(n)}(a)(h_1, h_2, \ldots, h_n) = f^{(n)}(a)(h_1, h_{\sigma(2)}, \ldots, h_{\sigma(n)}) \tag{25.5}$$

erhält. Dabei sind $h_1, h_2, \ldots, h_n$ beliebige Vektoren aus E.

Mit festen Elementen $h_3, \ldots, h_n$ aus E bilden wir jetzt die Funktion

$$g(x) = f^{(n-2)}(x)(h_3, \ldots, h_n),$$

die U in F abbildet. Nach Satz 25.1 gilt

$$g''(a)(h_1, h_2) = g''(a)(h_2, h_1)$$

für $h_1, h_2 \in E$, d. h.

$$f^{(n)}(a)(h_1, h_2, \ldots, h_n) = f^{(n)}(a)(h_2, h_1, h_3, \ldots, h_n). \tag{25.6}$$

Durch die speziellen Permutationen der Indizes $1, \ldots, n$, die in (25.5) und (25.6) vorkommen, läßt sich jede beliebige erzeugen, so daß $f^{(n)}(a)$ symmetrisch ist. Damit ist der Beweis beendet.

Die Funktion $f: X \to F$ heißt *n-mal stetig differenzierbar in X*, wenn $f^{(n)}: X \to L_n(E^n, F)$ existiert und in X stetig ist. Wir nennen eine Funktion *beliebig oft differenzierbar in X*, falls die Ableitungen $f^{(n)}$ beliebiger Ordnung n in X existieren.

Es sei $n \geqq 1$ eine feste natürliche Zahl. Die Menge $C^n(X, F)$ aller n-mal stetig differenzierbaren Funktionen $f: X \to F$, welche zusammen mit ihren Ableitungen $f', \ldots, f^{(n)}$ auf X beschränkt sind, ist offensichtlich linear. Für $f \in C^n(X, F)$ ist die Funktion

$$||f|| = \sup \{||f(x)|| + ||f'(x)|| + \cdots + ||f^{(n)}(x)||; \quad x \in X\}$$

eine Norm. Nach Satz 24.7 ist $C^n(X, F)$ ein BANACH-Raum. Der Beweis wird dem Leser überlassen.

Wir nehmen an, daß die Funktion φ auf dem Raum E erklärt ist. Die Werte von φ mögen in F liegen. Für feste Vektoren $h_1, \ldots, h_n \in E$ erklärt man die *n-te Differenz* von φ im Punkt $x \in E$ bezüglich $h_1, \ldots, h_n$ durch den Ausdruck

$$\Delta_{h_n} \Delta_{h_{n-1}} \cdots \Delta_{h_1} \varphi(x) = \Delta_{h_n}(\Delta_{h_{n-1}} \cdots \Delta_{h_1} \varphi(x)),$$

wobei die erste Differenz gleich

$$\Delta_{h_1} \varphi(x) = \varphi(x + h_1) - \varphi(x)$$

ist. Folglich lautet die zweite Differenz

$$\Delta_{h_2} \Delta_{h_1} \varphi(x) = \Delta_{h_2}(\varphi(x + h_1) - \varphi(x)) =$$
$$= \varphi(x + h_1 + h_2) - \varphi(x + h_1) - \varphi(x + h_2) + \varphi(x).$$

Man erkennt, daß

$$\Delta_{h_2} \Delta_{h_1} \varphi(x) = \Delta_{h_1} \Delta_{h_2} \varphi(x)$$

ist. Dies gilt auch allgemein. Ist nämlich σ eine Permutation der Zahlen $1, \ldots, n$, so besteht die Gleichung

$$\Delta_{h_n} \cdots \Delta_{h_1} \varphi(x) = \Delta_{h_{\sigma(n)}} \cdots \Delta_{h_{\sigma(1)}} \varphi(x).$$

Die n-te Differenz ist symmetrisch bezüglich $h_1, \ldots, h_n$.

Nunmehr können wir einen Mittelwertsatz für die n-te Ableitung aussprechen.

25.4. *Es sei $X \subseteq E$ offen. Für die Punkte $a \in X$ und $h_1, \ldots, h_n \in E$ sei die Menge $\{a + t_1 h_1 + \cdots + t_n h_n;\ t_i \in [0, 1], i = 1, \ldots, n\}$ in X enthalten. Die Funktion $f: X \to F$ sei n-mal differenzierbar in X. Dann gibt es n Zahlen $\tau_i \in (0, 1)$ mit der Eigenschaft*

$$||\Delta_{h_n} \cdots \Delta_{h_1} f(a)|| \leqq ||f^{(n)}(a + \tau_1 h_1 + \cdots + \tau_n h_n)||\, ||h_1|| \cdots ||h_n||.$$

Beweis. Für $n = 1$ erhält man den Satz 24.5. Deshalb sei $n > 1$. Wir nehmen an, daß für die $(n-1)$-te Differenz die Behauptung stimmt. Die Funktion

$$g(x) = \Delta_{h_{n-1}} \cdots \Delta_{h_1} f(x)$$

ist differenzierbar. Ihre Ableitung lautet

$$g'(x) = \Delta_{h_{n-1}} \cdots \Delta_{h_1} f'(x).$$

Nach Satz 24.5 existiert eine Zahl $\tau_n \in (0, 1)$, so daß

$$\|\Delta_{h_n} \Delta_{h_{n-1}} \cdots \Delta_{h_1} f(a)\| = \|g(a + h_n) - g(a)\| \leqq \|g'(a + \tau_n h_n)\| \, \|h_n\| =$$
$$= \|\Delta_{h_{n-1}} \cdots \Delta_{h_1} f'(a + \tau_n h_n)\| \, \|h_n\|$$

gilt. Aufgrund der Induktionsannahme gibt es $n - 1$ Zahlen $\tau_i \in (0, 1)$ $(i = 1, \ldots, n-1)$ derart, daß

$$\|\Delta_{h_{n-1}} \cdots \Delta_{h_1} f'(a + \tau_n h_n)\| \leqq$$
$$\leqq \|f^{(n)}(a + \tau_1 h_1 + \cdots + \tau_{n-1} h_{n-1} + \tau_n h_n)\| \, \|h_1\| \cdots \|h_{n-1}\|$$

ist, womit der Satz bewiesen ist.

AUFGABEN

25.1. Man berechne die zweite Ableitung der Funktion $f: \mathbf{R}^2 \to \mathbf{R}^3$,

$$f(x_1, x_2) = (\sin(x_1 + x_2), e^{x_1 x_2}, \ln(1 + x_1^2 + x_2^2)).$$

25.2. Es sei $\sum_{n=0}^{\infty} c_n t^n$ eine reelle Potenzreihe mit einem positiven Konvergenzradius r. Ferner sei E eine BANACH-Algebra mit dem Einselement e. Man beweise, daß die Funktion $f: K(\Theta, r) \to E$ mit

$$f(x) = c_0 e + c_1 x + c_2 x^2 + \cdots$$

für $x \in K(\Theta, r) \subseteq E$ beliebig oft differenzierbar ist, und berechne die Ableitungen.

25.3. Es seien E, F, G reelle BANACH-Räume und $X \subseteq E$ sowie $Y \subseteq F$ offene Teilmengen. Die Funktionen $f: X \to Y$ und $g: Y \to G$ seien n-mal differenzierbar. Im Punkt $x_0 \in X$ mögen die Ableitungen $f^{(k)}(x_0)$ für $k = 0, 1, \ldots, n$ verschwinden. Man zeige, daß dann $(g \circ f)^{(k)}(x_0) = \Theta$ für $k = 0, 1, \ldots, n$ gilt.

25.4. Es seien E_1, E_2, F reelle BANACH-Räume und $X \subseteq E_1 \times E_2$ sei offen. Die partiellen Ableitungen $D_1 D_2 f$ und $D_2 D_1 f$ der Funktion $f: X \to f$ mögen in einer Umgebung des Punktes $a \in X$ existieren und in a stetig sein. Man beweise, daß dann $D_1 D_2 f(a) = D_2 D_1 f(a)$ gilt.

25.5. Man beweise, daß in $C^n([0, 1], \mathbf{R})$ die Menge aller Polynome dicht liegt.

25.6. Man zeige, daß für eine Funktion $f: E \to F$ die n-te Differenz $\Delta_{h_n} \ldots \Delta_{h_1} f(x)$ im Fall $h_1 = \cdots = h_n = h$ lautet

$$\sum_{k=0}^{n} (-1)^{n-k} \binom{n}{k} f(x + k h).$$

25.2. TAYLORsche Formel. Es wird vorausgesetzt, daß E und F reelle BANACH-Räume sind. In E liege die offene konvexe Teilmenge X. Mit den beiden festen Punkten a und $a + h$ aus X ist die Verbindungsstrecke dieser Punkte in X enthalten. Wir betrachten eine Funktion $f: X \to F$, die $(n + 1)$-mal stetig differenzierbar in X ist. Dann ist die Hilfsfunktion $g: [0, 1] \to F$, welche durch die Gleichung

$$g(t) = f(a + t\,h)$$

definiert ist, $(n + 1)$-mal stetig differenzierbar. Die Ableitungen lauten

$$g'(t) = f'(a + t\,h)\,(h)\,,$$
$$g''(t) = f''(a + t\,h)\,(h, h)\,,$$
$$\vdots$$
$$g^{(n+1)}(t) = f^{(n+1)}(a + t\,h)\,(h, \ldots, h)\,.$$

Vereinbaren wir künftig die Schreibweise $(h^k) = (h, \ldots, h) \in E^k$ für $k = 1, 2, \ldots$, so besitzen die Ableitungen die Form

$$g^{(k)}(t) = f^{(k)}(a + t\,h)\,(h^k)$$

für $k = 1, 2, \ldots, n + 1$. Wenden wir nun auf die Funktion g den Satz 20.11 an, erhalten wir den Satz:

25.5. *Die Funktion $f\colon X \to F$ sei $(n + 1)$-mal stetig differenzierbar. Dann gilt*

$$f(a + h) = f(a) + \frac{1}{1!} f'(a)\,(h) + \frac{1}{2!} f''(a)\,(h^2) + \cdots + \frac{1}{n!} f^{(n)}(a)(h^n) + R_n$$

mit

$$R_n = \int_0^1 \frac{(1 - t)^n}{n!} f^{(n+1)}(a + t\,h)\,(h^{n+1})\,dt\,.$$

Entsprechend ergibt sich aus Satz 20.12: mit $r = 0$:

25.6. *Die Funktion $f\colon X \to F$ sei $(n + 1)$-mal differenzierbar. Dann läßt sich eine solche Zahl $\tau \in (0, 1)$ angeben, daß die Ungleichung*

$$\|f(a + h) - f(a) - \frac{1}{1!} f'(a)\,(h) - \cdots - \frac{1}{n!} f^{(n)}(a)\,(h^n)\| \leqq$$
$$\leqq \|f^{(n+1)}(a + \tau\,h)\| \;\frac{\|h\|^{n+1}}{(n + 1)!}$$

gilt.

25.7. *Die $(n - 1)$-mal differenzierbare Funktion $f\colon X \to F$ sei n-mal differenzierbar im Punkt $a \in X$. Dann existiert zu jedem $\varepsilon > 0$ eine Zahl $\delta > 0$, so daß für alle $h \in E$ mit $\|h\| < \delta$ die Bedingung*

$$\left\|f(a + h) - f(a) - \frac{1}{1!} f'(a)\,(h) - \cdots - \frac{1}{n!} f^{(n)}(a)\,(h^n)\right\| \leqq \varepsilon \|h\|^n$$

erfüllt ist.

Beweis. Für $n = 1$ erhält man die Definition der Ableitung. Es sei $n \geqq 2$. Wir nehmen an, daß der Fall $n - 1$ bewiesen ist. Bei variablem h ist die Funktion

$$g(h) = f(a + h) - f(a) - \frac{1}{1!} f'(a)\,(h) - \cdots - \frac{1}{n!} f^{(n)}(a)\,(h^n)$$

differenzierbar. Ihre Ableitung lautet nach Aufgabe 25.7

$$g'(h) = f'(a + h) - f'(a) - \cdots - \frac{1}{(n-1)!} f^{(n)}(a)(h^{n-1}) .$$

Nach Induktionsannahme existiert zu jedem beliebigen $\varepsilon > 0$ eine Zahl $\delta < 0$, für welche die Ungleichung

$$||g'(h)|| \leqq \varepsilon ||h||^{n-1}$$

von allen $h \in E$ mit $||h|| < \delta$ befriedigt wird. Nach dem Mittelwertsatz gilt

$$||g(h)|| = ||g(h) - g(\Theta)|| \leqq ||h|| \, ||g'(\tau h)||$$

für ein geeignetes $\tau \in (0, 1)$, so daß

$$||g(h)|| \leqq \varepsilon ||h||^n$$

für alle $h \in E$ mit $||h|| < \delta$ folgt, was zu beweisen war.

AUFGABEN

25.7. Es seien E und F reelle BANACH-Räume, und es sei $X \subseteq E$ eine offene Teilmenge von E. Die Funktion $f: X \to F$ sei n-mal differenzierbar im Punkt $a \in X$. Man beweise, daß die Funktion $g: E \to F$ mit

$$g(h) = \frac{1}{n!} f^{(n)}(a)(h^n)$$

differenzierbar ist und die Ableitung

$$g'(h) = \frac{1}{(n-1)!} f^{(n)}(a)(h^{n-1}) \in L(E, F) ,$$

d. h.

$$g'(h)(k) = \frac{1}{(n-1)!} f^{(n)}(a)(h^{n-1}, k)$$

für alle $k \in E$ besitzt.

25.8. Für eine zweimal differenzierbare Funktion $f: \mathbf{R} \to F$ setze man $M_i = \sup\{||f^{(i)}(x)||; x \in \mathbf{R}\}$ für $i = 0, 1, 2$. Es seien M_0 und M_2 endlich. Man beweise:

a) Für jedes $x \in [-a, a]$ besteht die Ungleichung

$$||f'(x)|| \leqq \frac{M_0}{a} + \frac{t^2 + a^2}{2a} M_2 .$$

b) Es gilt $M_1 \leqq \sqrt{2 M_0 M_2}$.

25.3. Polynome. Es seien E und F reelle BANACH-Räume und $n \geqq 1$ eine natürliche Zahl. Eine Funktion $p_n: E \to F$ heißt eine *Potenz* oder *homogene Form n-ten Grades*, wenn es eine symmetrische n-lineare stetige Funktion $q_n: E^n \to F$ mit der Eigenschaft

$$p_n(x) = q_n(x, \ldots, x)$$

für jedes $x \in E$ gibt. Man nennt q_n dann eine *Polarform* von p_n. Offenbar ist jede Potenz stetig in E. Die identisch verschwindende Funktion fassen wir zweckmäßigerweise als homogene Form beliebigen Grades auf. Die linearen stetigen Funktionen sind gerade die Potenzen ersten Grades. Eine Potenz $p_n: E \to F$ mit dem Grad n verschwindet im Nullpunkt. Für reelle α besitzt p_n das Homogenitätsverhalten

$$p_n(\alpha x) = \alpha^n p_n(x) .$$

Die Formel

$$p_n(x+y) = \sum_{k=0}^{n} \binom{n}{k} q_n(x^k, y^{n-k})$$

kann als Übertragung des binomischen Satzes angesehen werden. Dabei bedeuten $x^k = (x, \ldots, x) \in E^k$ und $y^{n-k} = (y, \ldots, y) \in E^{n-k}$. Der Beweis wird dem Leser zur Übung überlassen.

25.8. Eine nicht identisch verschwindende Potenz p_n: $E \to F$ mit dem Grad n besitzt genau eine Polarform q_n: $E^n \to F$. Diese Polarform läßt sich in der Gestalt

$$q_n(x_1, \ldots, x_n) = \frac{1}{n!} \Delta_{x_1} \cdots \Delta_{x_n} p_n(\Theta)$$

darstellen. Weiterhin ist

$$\Delta_{x_1} \cdots \Delta_{x_n} \Delta_{x_{n+1}} p_n(x) = \Theta$$

für alle $x, x_1, \ldots, x_n, x_{n+1} \in E$.

Beweis. Es seien $x, x_1, \ldots, x_n$ beliebige, aber feste Punkte aus E. Ferner sei q_n eine Polarform von p_n. Dann ist

$$\Delta_{x_n} p_n(x) = p_n(x + x_n) - p_n(x) = n\, q_n(x^{n-1}, x_n) + \cdots$$

gleich der Summe der Potenz $n\, q_n(x^{n-1}, x_n)$ von $(n-1)$-tem Grad und weiteren Potenzen höchstens $(n-2)$-ten Grades. Demnach ist

$$\begin{aligned} \Delta_{x_{n-1}} \Delta_{x_n} p_n(x) &= n\, \Delta_{x_{n-1}} q_n(x^{n-1}, x_n) + \cdots = \\ &= n\,(n-1)\, q_n(x^{n-2}, x_{n-1}, x_n) + \cdots, \end{aligned}$$

wobei die Punkte im letzten Ausdruck für Glieder stehen, die Potenzen höchstens $(n-3)$-ten Grades sind. Auf diese Weise erhält man schließlich

$$\Delta_{x_1} \cdots \Delta_{x_n} p_n(x) = n!\; q_n(x_1, \ldots, x_n)\,. \tag{25.7}$$

Die rechte Seite von (25.7) ist von x unabhängig. Faßt man $x_1, \ldots, x_n$ als variabel auf, so folgt aus (25.7), daß q_n durch p_n eindeutig bestimmt ist. Für $x_{n+1} \in E$ bekommt man wegen (25.7)

$$\Delta_{x_1} \cdots \Delta_{x_n} \Delta_{x_{n+1}} p_n(x) = \Delta_{x_{n+1}}(\Delta_{x_1} \cdots \Delta_{x_n} p_n(x)) = \Theta\,,$$

womit die Behauptung bewiesen ist.

Eine Potenz n-ten Grades besitzt im Fall $E = \boldsymbol{R}$ die Form

$$p_n(x) = a\, x^n\,,$$

wobei a ein fester Punkt von F ist.

BEISPIELE

25.3. Wir können die BANACH-Algebra $L(\boldsymbol{R}^n, \boldsymbol{R}^n)$ mit der Algebra $(\boldsymbol{R}^n)^n$ aller (n, n)-Matrizen identifizieren. Demnach ist $(\boldsymbol{R}^n)^n$ eine BANACH-Algebra. Es seien $E = F = (\boldsymbol{R}^n)^n$. Ein Matrizenprodukt der Form

$$p_{n0}(x) = a\, x^n$$

mit einer festen (n, n)-Matrix a und einer variablen (n, n)-Matrix x ist eine Potenz n-ten Grades, deren Polarform

$$q_{n0}(x_1, \ldots, x_n) = \frac{1}{n!} \sum a\, x_{\sigma(1)} \cdots x_{\sigma(n)}$$

lautet, wobei die Summation über alle Permutationen σ der Zahlen $1, \ldots, n$ zu erstrecken ist. Aber p_{n0} ist nicht die einzige homogene Form n-ten Grades. Da $(\boldsymbol{R}^n)^n$ nicht kommutativ ist, sind für jedes k mit $1 \leqq k \leqq n-1$ auch

$$p_{nk} = x^k\, a\, x^{n-k}$$

sowie

$$p_{nn} = x^n\, a$$

Potenzen n-ten Grades.

25.4. Es seien $E = F = C([0, 1], \boldsymbol{R})$. Die Funktion $k: [0, 1] \times [0, 1] \to \boldsymbol{R}$ sei stetig. Dann ist die Funktion p_n, welche jeder stetigen Funktion $x: [0, 1] \to \boldsymbol{R}$ den Wert

$$p_n(x)\,(s) = \int_0^1 k(s, t)\, x^n(t)\, dt$$

zuordnet, eine Potenz n-ten Grades. Sie besitzt die Polarform

$$q_n(x_1, \ldots, x_n)\,(s) = \int_0^1 k(s, t)\, x_1(t) \cdots x_n(t)\, dt\,.$$

Eine andere Potenz n-ten Grades ist z. B.

$$p_n(x)\,(s) = x(s) \int_0^1 k(s, t)\, x^{n-1}(t)\, dt\,.$$

Die Menge aller homogenen Formen n-ten Grades von E in F bildet einen Vektorraum $H_n(E, F)$. Als Norm für $p_n \in H_n(E, F)$ kann man die Größe

$$\|p_n\| = \sup\,\{\|p_n(x)\|;\ \|x\| \leqq 1\}$$

wählen. Besitzt p_n die n-lineare stetige Funktion $q_n: E^n \to F$ als Polarform, so hat q_n gemäß Abschnitt 14.5 die Norm

$$\|q_n\| = \sup\,\{\|q_n(x_1, \ldots, x_n)\|;\ \|x_i\| \leqq 1,\ i = 1, \ldots, n\}\,.$$

25.9. ***Ist $q_n: E^n \to F$ die Polarform der Potenz $p_n: E \to F$ mit dem Grad n, so gilt***

$$\|p_n\| \leqq \|q_n\| \leqq \frac{n^n}{n!}\|p_n\|\,. \tag{25.8}$$

Beweis. Aufgrund der Definition beider Normen ist $\|p_n\| \leqq \|q_n\|$. Da q_n die Polarform von p_n ist, gilt nach Aufgabe 25.12 für beliebige $x_1, \ldots, x_n \in E$ stets

$$q_n(x_1, \ldots, x_n) = \frac{1}{2^n n!} \Sigma\, \varepsilon_1 \cdots \varepsilon_n\, p_n\,(\varepsilon_1 x_1 + \cdots + \varepsilon_n x_n),$$

wobei ε_i $(i = 1, \ldots, n)$ entweder 1 oder -1 ist und über alle Kombinationen der Zahlen $\varepsilon_1, \ldots, \varepsilon_n$ zu summieren ist. Folglich ist für $\|x_i\| \leqq 1$ $(i = 1, \ldots, n)$

$$\|q_n(x_1, \ldots, x_n)\| \leqq \frac{1}{2^n\, n!}\, 2^n\, \|p_n\|\, n^n = \frac{n^n}{n!}\|p_n\|\,,$$

woraus sich die Behauptung ergibt.

Die Abschätzung (25.8) für die Norm der Potenz und ihrer Polarform ist i. a. die bestmögliche. Für die Potenz p_{n0} des Beispiels 25.3 gilt $\|p_{n0}\| = \|q_{n0}\| = \|a\|$ (siehe Aufgabe 25.13). Andererseits kann aber auch der Fall $\|q_n\| = \dfrac{n^n}{n!}\|p_n\|$ eintreten.

BEISPIEL

25.5. Es seien $E = \boldsymbol{R}_1^n$ und $F = \boldsymbol{R}$. Wir betrachten die symmetrische n-lineare stetige Funktion $q_n: E^n \to \boldsymbol{R}$, die durch die Gleichung

$$q_n(x_1, \ldots, x_n) = \frac{1}{n!} \Sigma\, \xi_{1\,\sigma(1)} \cdots \xi_{n\,\sigma(n)}$$

erklärt ist, wobei $x_k = (\xi_{k1}, \ldots, \xi_{kn}) \in E$ für $k = 1, \ldots, n$ ist und über alle Permutationen σ der Zahlen $1, \ldots, n$ summiert wird. Diese Funktion erzeugt die Potenz n-ten Grades

$$p_n(x) = q_n(x, \ldots, x) = \xi_1 \cdots \xi_n$$

für $x = (\xi_1, \ldots, \xi_n) \in E$. Da das geometrische Mittel das arithmetische Mittel nicht übersteigt, erhält man

$$|p_n(x)| = |\xi_1| \cdots |\xi_n| \leqq \frac{1}{n^n}\left(\sum_{i=1}^{n} |\xi_i|\right)^n = \frac{1}{n^n}\,||x||^n .$$

Der Vektor $x = \left(\frac{1}{n}, \ldots, \frac{1}{n}\right) \in E$ besitzt die Norm $||x|| = 1$ und den Wert $p_n(x) = \frac{1}{n^n}$. Mithin ist $||p_n|| = \frac{1}{n^n}$.

Für die n Vektoren $x_i = (\delta_{i1}, \ldots, \delta_{in})$, wobei δ_{ik} das KRONECKER-Symbol ist, gilt $||x_i|| = 1$ und $q_n(x_1, \ldots, x_n) = \frac{1}{n!}$, so daß

$$||q_n|| \geqq \frac{1}{n!} = \frac{n^n}{n!}\,||p_n||$$

ist. Gemeinsam mit Satz 25.9 folgt hieraus $||q_n|| = \frac{n^n}{n!}\,||p_n||$.

Da $L_n(E^n, F)$ nach Satz 14.15 ein BANACH-Raum ist, ergibt sich aus der Definition der Potenz und aus Satz 25.9 die Vollständigkeit von $H_n(E, F)$. Es ist $H_n(E, F)$ ein BANACH-Raum.

Eine Potenz ist beliebig oft differenzierbar, denn es gilt der Satz:

25.10. *Ist $p_n : E \to F$ eine homogene Form n-ten Grades mit $q_n : E^n \to F$ als Polarform, so existiert in jedem Punkt $a \in E$ für alle natürlichen Zahlen k eine k-te Ableitung $p_n^{(k)}(a) \in L_k(E^k, F)$ mit*

$$p_n^{(k)}(a)\,(h_1, \ldots, h_k) = \begin{cases} \dfrac{n!}{(n-k)!}\, q_n(a, \ldots, a, h_1, \ldots, h_k) & \text{für } k \leqq n , \\ \Theta & \text{für } k > n . \end{cases}$$

Insbesondere ist $p_n^{(n)}(a) = n!\, q_n \in L_n(E^n, F)$.

Beweis. Wegen

$$p_n(a + t\,h) = \sum_{k=0}^{n} \binom{n}{k} q_n(a^k, (t\,h)^{n-k}) = \sum_{k=0}^{n} \binom{n}{k} q_n(a^k, h^{n-k})\, t^{n-k}$$

ergibt sich

$$\frac{p_n(a + t\,h) - p_n(a)}{t} = \binom{n}{n-1} q_n(a^{n-1}, h) + $$
$$+ \binom{n}{n-2} q_n(a^{n-2}, h^2)\, t + \cdots + \binom{n}{0} q_n(h^n)\, t^{n-1},$$

so daß man

$$\lim_{t\to 0} \frac{p_n(a + t\,h) - p_n(a)}{t} = n\, q_n(a^{n-1}, h)$$

erhält. Nach Satz 24.2 ist p_n im Punkt a differenzierbar, und es gilt

$$p_n'(a)\,(h) = n\, q_n(a^{n-1}, h) .$$

Den Rest beweist man mittels vollständiger Induktion.

Wir sagen, daß die Funktion $p: E \to F$ ein *Polynom n-ten Grades* ist, falls p sich in der Form

$$p(x) = \sum_{i=1}^{n} p_i(x) + p_0 \tag{25.9}$$

darstellen läßt, wobei $p_i: E \to F$ $(i = 1, \ldots, n)$ Potenzen i-ten Grades mit $p_n \neq \Theta$ sind und p_0 ein fester Punkt aus F ist. Aufgrund des Satzes 25.10 sind Polynome beliebig oft differenzierbar.

Durch ein Polynom n-ten Grades ist die Darstellung (25.9) eindeutig bestimmt. Ist nämlich

$$\sum_{i=1}^{n} p_i(x) + p_0 = \Theta \tag{25.10}$$

für alle $x \in E$, so erhält man für $x = \Theta$ auch $p_0 = \Theta \in F$. Indem man die Gleichung (25.10) differenziert und anschließend $x = \Theta$ einsetzt, bekommt man $p_1 = \Theta \in L(E, F)$. Differenziert man (25.10) zweimal und setzt anschließend $x = \Theta$ ein, so ergibt sich $q_2 = \Theta \in L_2(E^2, F)$, wobei q_2 die Polarform von p_2 bedeutet. Folglich ist $p_2 = \Theta$. Analog erhält man $p_3 = = \cdots = p_n = \Theta$.

In der nächsten Behauptung werden die typischen Eigenschaften der Polynome zusammengefaßt:

25.11. *Für eine gegebene nicht identisch verschwindende Funktion $p: E \to F$ sind folgende Aussagen äquivalent:*

a) *Die Funktion p ist ein Polynom höchstens n-ten Grades.*
b) *Die $(n + 1)$-te Ableitung von p existiert in E und verschwindet überall.*
c) *Die Funktion p ist stetig in E und für beliebige Punkte $x, x_1, \ldots, x_n, x_{n+1}$ aus E gilt*

$$\Delta_{x_1} \cdots \Delta_{x_n} \Delta_{x_{n+1}} p(x) = \Theta .$$

Beweis. 1. *Aus* a) *folgt* b). Aus den Sätzen 24.4 und 25.10 ergibt sich unmittelbar die Behauptung.

2. *Aus* b) *folgt* c). Da p in E differenzierbar ist, muß p auch stetig sein.

Nach dem Mittelwertsatz 25.4 erhält man für $(n + 2)$ feste Punkte $x, x_1, \ldots, x_n, x_{n+1}$ aus E stets

$$\|\Delta_{x_1} \cdots \Delta_{x_n} \Delta_{x_{n+1}} p(x)\| \leqq$$
$$\leqq \|p^{(n+1)}(x + \tau_1 x_1 + \cdots + \tau_n x_n + \tau_{n+1} x_{n+1})\| \, \|x_1\| \cdots \|x_n\| \, \|x_{n+1}\| = 0 ,$$

wobei $\tau_i \in (0, 1)$ sind. Folglich muß die $(n + 1)$-te Differenz von p verschwinden.

3. *Aus* c) *folgt* a). Zunächst sei $n = 1$. Für beliebige Punkte $x, x_1, x_2 \in E$ gilt

$$\Delta_{x_1} \Delta_{x_2} p(x) = \Theta .$$

Die Funktion $p_1(x) = p(x) - p(\Theta)$ ist additiv und stetig, denn für $x_1, x_2 \in E$ ist

$$p_1(x_1 + x_2) - p_1(x_1) - p_1(x_2) = p(x_1 + x_2) - p(x_1) - p(x_2) + p(\Theta) = \Delta_{x_1} \Delta_{x_2} p(\Theta) = \Theta .$$

Demnach ist p_1 auch homogen, so daß $p(x) = p_1(x) + p(\Theta)$ ein Polynom ersten Grades ist.

Angenommen, die Behauptung ist im Fall $n - 1$ richtig. Wir betrachten eine stetige Funktion $p: E \to F$, deren $(n + 1)$-te Differenz in jedem Punkt $x \in E$ bezüglich beliebiger Vektoren $x_1, \ldots, x_n, x_{n+1}$ aus E stets verschwindet. Deshalb hängt der Ausdruck $\Delta_{x_1} \cdots \Delta_{x_n} p(x)$ nicht mehr von x ab. Wir bilden die Funktion

$$q_n(x_1, \ldots, x_n) = \frac{1}{n!} \Delta_{x_1} \cdots \Delta_{x_n} p(\Theta) = \frac{1}{n!} \Delta_{x_1} \cdots \Delta_{x_n} p(x) ,$$

die nicht identisch gleich Θ sein möge.

Diese Funktion ist stetig und additiv in jeder ihrer n Variablen, weil z. B.

$$q_n(x_1, \ldots, x_{n-1}, x_n + x_{n+1}) - q_n(x_1, \ldots, x_{n-1}, x_n) - q_n(x_1, \ldots, x_{n-1}, x_{n+1}) =$$

$$= \frac{1}{n!} \Delta_{x_1} \cdots \Delta_{x_{n-1}} [(p(x_n + x_{n+1}) - p(\Theta)) - (p(x_n) - p(\Theta)) - (p(x_{n+1}) - p(\Theta))] =$$

$$= \frac{1}{n!} \Delta_{x_1} \cdots \Delta_{x_{n-1}} \Delta_{x_n} \Delta_{x_{n+1}} p(\Theta) = \Theta$$

gilt. Damit ist q_n linear und stetig in jeder Variablen. Nach Aufgabe 14.25 ist q_n eine stetige n-lineare Funktion, die offenbar symmetrisch ist. Folglich ist

$$p_n(x) = q_n(x, \ldots, x)$$

eine Potenz n-ten Grades. Nach Satz 25.8 gilt

$$q_n(x_1, \ldots, x_n) = \frac{1}{n!} \Delta_{x_1} \cdots \Delta_{x_n} p_n(x)$$

so daß für beliebige Punkte $x, x_1, \ldots, x_n \in E$ die n-te Differenz

$$\Delta_{x_1} \cdots \Delta_{x_n}(p(x) - p_n(x)) = \Delta_{x_1} \cdots \Delta_{x_n} p(x) - \Delta_{x_1} \cdots \Delta_{x_n} p_n(x) =$$

$$= n!\, q_n(x_1, \ldots, x_n) - n!\, q_n(x_1, \ldots, x_n) = \Theta$$

ist. Nach unserer Induktionsannahme ist $p(x) - p_n(x)$ ein Polynom höchstens $(n-1)$-ten Grades, womit der Beweis erbracht ist.

Als Folgerung aus den Sätzen 25.5 und 25.11 ergibt sich die TAYLORsche Formel für ein Polynom p vom Grade n in der Form

$$p(x + h) = p(x) + p'(x)(h) + \frac{1}{2!} p''(x)(h^2) + \cdots + \frac{1}{n!} p^{(n)}(x)(h^n).$$

Über die Existenz von Nullstellen eines Polynoms $p: E \to F$, d. h. von Lösungen der Gleichung $p(x) = \Theta$, ist bisher noch wenig bekannt. Einige Ergebnisse von B. BUCHHOLZ [1] seien hier angeführt:

25.12. *Das Polynom $p: E \to F$ besitze eine Nullstelle $x_0 \in E$. Für eine Konstante $\alpha > 0$ mögen alle $h \in E$ die Ungleichung*

$$\|p'(x_0)(h)\| \geqq \alpha \|h\|$$

befriedigen. Dann liegen in einer hinreichend kleinen Umgebung von x_0 keine Nullstellen von p außer x_0.

Beweis. Das gegebene Polynom p habe den Grad n. Nach der TAYLORschen Formel und der eingeführten Norm für Potenzen gilt wegen $p(x_0) = \Theta$

$$\|p(x_0 + h)\| = \left\| \sum_{k=1}^{n} \frac{1}{k!} p^{(k)}(x_0)(h^k) \right\| \geqq \|p'(x_0)(h)\| - \sum_{k=2}^{n} \frac{1}{k!} \|p^{(k)}(x_0)\| \, \|h\|^k \geqq$$

$$\geqq \|h\| \left(\alpha - \sum_{k=1}^{n} \frac{1}{k!} \|p^{(k)}(x_0)\| \, \|h\|^{k-1} \right).$$

Da $\alpha > 0$ ist, kann man eine Zahl $\delta > 0$ finden, so daß der Klammerausdruck für alle $h \in E$ mit $\|h\| < \delta$ positiv ist. Folglich ist $p(x_0 + h) \neq \Theta$ für $0 < \|h\| < \delta$, was zu beweisen war.

25.13. *Es sei $p: E \to F$ ein Polynom n-ten Grades der Form* (25.9), *für dessen n-te Potenz p_n eine Konstante $\beta > 0$ existiert, so daß*

$$\|p_n(x)\| \geqq \beta \|x\|^n \tag{25.11}$$

für alle $x \in E$ gilt. Dann ist das Bild $p(A) \subseteq F$ einer unbeschränkten Menge $A \subseteq E$ wiederum nicht beschränkt.

Beweis. Das gegebene Polynom besitze die Form (25.9). Angenommen, daß $||p(x)|| \leqq r$ für alle $x \in A$ gilt. Es existiert nach Voraussetzung eine Folge (x_k) aus A mit der Eigenschaft $||x_k|| \to \infty$ für $k \to \infty$. Dann ergibt sich wegen (25.9) und (25.11)

$$r \geqq ||p(x_k)|| \geqq \beta ||x_k||^n - \sum_{i=1}^{n-1} ||p_i|| \, ||x_k||^i - ||p_0|| ,$$

was nach Division mit $||x_k||^n$ und anschließendem Grenzübergang für $k \to \infty$ den Widerspruch $\beta \leqq 0$ liefert.

25.14. *Eventuell vorhandene Nullstellen eines Polynoms p der Form* (25.9), *dessen n-te Potenz p_n der Bedingung* (25.11) *genügt, liegen innerhalb der Kugel $K(\Theta, r)$, wobei r die positive Lösung der reellen Gleichung*

$$\beta r^n - \sum_{i=1}^{n-1} ||p_i|| \, r^i - ||p_0|| = 0$$

ist.

Beweis. Nach Satz 25.13 ist die Menge der Nullstellen des Polynoms p entweder leer oder beschränkt. Für eine Nullstelle x_0 von p gilt

$$p_n(x_0) = - \sum_{i=1}^{n-1} p_i(x_0) - p_0$$

und somit

$$\beta ||x_0||^n \leqq ||p_n(x_0)|| \leqq \sum_{i=1}^{n-1} ||p_i|| \, ||x_0||^i + ||p_0|| ,$$

woraus die Behauptung folgt.

Daß Polynome mit der Bedingung (25.11) unendlich viele oder auch gar keine Nullstellen besitzen können, ersieht man aus dem folgenden

BEISPIEL

25.6. Das Polynom $p: \boldsymbol{R}^2 \to \boldsymbol{R}$, welches durch die Gleichung

$$p(\xi_1, \xi_2) = \xi_1^2 + \xi_2^2 - 1$$

erklärt ist, besitzt unendlich viele Nullstellen in $\boldsymbol{R}^2$. Dagegen hat das Polynom

$$p(\xi_1, \xi_2) = \xi_1^2 + \xi_2^2 + 1$$

keine einzige Nullstelle in $\boldsymbol{R}^2$, wohl aber unendlich viele in $\boldsymbol{C}^2$.

AUFGABEN

25.9. Es seien E und F reelle BANACH-Räume. Die Potenz $p_n: E \to F$ n-ten Grades besitze die Polarform $q_n: E^n \to F$. Man beweise, daß für $x, y \in E$ stets

$$p_n(x + y) = \sum_{k=0}^{n} \binom{n}{k} q_n(x^k, y^{n-k}) ,$$

$$p_n(x) - p_n(y) = \sum_{i=1}^{n} q_n(x^{n-i}, y^{i-1}, x - y)$$

gilt.

25.10. a) Es seien E, F_1, F_2 und G reelle BANACH-Räume. Ferner seien $p_n: E \to F_1$ eine Potenz n-ten Grades, $p_m: E \to F_2$ eine Potenz m-ten Grades und $v: F_1 \times F_2 \to G$ eine bilineare stetige Funktion. Man zeige, daß $p: E \to G$ mit $p(x) = v(p_n(x), p_m(x))$ eine Potenz $(n + m)$-ten Grades ist.

b) Es seien E, F und G reelle BANACH-Räume. Gegeben seien die Potenz $p_n: E \to F$ n-ten Grades und die Potenz $p_m: F \to G$ m-ten Grades. Man beweise, daß $p: E \to G$ mit $p(x) = p_m(p_n(x))$ eine homogene Form nm-ten Grades ist.

25.11. Für eine Potenz $p_2: E \to \boldsymbol{R}$ zweiten Grades, welche die Polarform $q_2: E^2 \to \boldsymbol{R}$ besitzt und der Bedingung $p_2(x) \geqq 0$ für alle $x \in E$ genügt, besteht die Ungleichung

$$q_2(x, y) \leqq \sqrt{p_2(x)\, p_2(y)}$$

für $x, y \in E$.

25.12. Die Potenz $p_n: E \to F$ mit dem Grad n besitze die Polarform $q_n: E^n \to F$. Man beweise, daß für beliebige $x_1, \ldots, x_n \in E$ die Gleichung

$$q_n(x_1, \ldots, x_n) = \frac{1}{2^n n!} \sum \varepsilon_1 \cdots \varepsilon_n\, p_n(\varepsilon_1 x_1 + \cdots + \varepsilon_n x_n)$$

besteht, wobei ε_i $(i = 1, \ldots, n)$ entweder $+1$ oder -1 ist und über alle Kombinationen der Zahlen $\varepsilon_1, \ldots, \varepsilon_n$ zu summieren ist.

25.13. Es sei E eine BANACH-Algebra. Man beweise, daß dann für eine Potenz $p_n: E \to F$ von n-tem Grad mit der Polarform $q_n: E^n \to F$ stets $||p_n|| = ||q_n||$ gilt.

25.14. Eine Potenz $p_n: E \to F$ vom Grad n, welche die Polarform $q_n: E^n \to F$ besitze, ist auf jeder Kugel $K(\Theta, r) \subset E$ beschränkt, d. h. $||p_n(x)|| \leqq M$ für alle $x \in K(\Theta, r)$, wobei $M \leqq r^n ||p_n||$ ist, und genügt in $K(\Theta, r)$ einer LIPSCHITZ-Bedingung $||p_n(x) - p_n(y)|| \leqq L\, ||x - y||$, wobei $L \leqq n r^{n-1} ||q_n||$ ist.

25.15. Man beweise: Eine Teilmenge M von $H_n(E, F)$ ist beschränkt, wenn für jedes $x \in E$ die Menge $\{p_n(x); p_n \in M\} \subseteq F$ beschränkt ist.

25.4. Relative Extrema. Es sei X eine nichtleere Teilmenge eines reellen BANACH-Raumes E. Auf X sei ein reelles Funktional f erklärt. Wir sagen, daß ein Punkt $a \in X$ ein *relatives Maximum* des Funktionals $f: X \to \boldsymbol{R}$ ist, wenn in einer gewissen Umgebung U von a für jedes $x \in U \cap X$ die Ungleichung $f(x) \leqq f(a)$ besteht. Gilt für jedes $x \in U \cap X$ mit $x \neq a$ sogar $f(x) < f(a)$, so ist der Punkt a ein *relatives Maximum im engeren Sinn.* Entsprechend werden *relative Minima* und *relative Minima im engeren Sinn* eingeführt. Ein relatives Minimum oder Maximum heißt *relatives Extremum.*

25.15. *Es sei X eine kompakte Teilmenge von E. Ein Funktional $f: X \to \boldsymbol{R}$ sei gegeben. Dann sind*

a) *die Menge aller relativen Extrema im engeren Sinn und*

b) *die Menge aller Funktionswerte von relativen Extrema*

höchstens abzählbar.

Beweis. a) Es genügt, die Menge M aller relativen Maxima im engeren Sinn zu betrachten. Für $n = 1, 2, \ldots$ bilden wir die Menge M_n aller Punkte $a \in M$ mit der Eigenschaft, daß $f(x) < f(a)$ für alle $x \in K\left(a, \frac{1}{n}\right) \cap X$ mit $x \neq a$ gilt. In der Kugel $K\left(a, \frac{1}{n}\right)$ liegt außer a kein weiterer Punkt von M_n. Denn wäre auch $b \in M_n$, so würde $f(a) < f(b)$ wegen $a \in K\left(b, \frac{1}{n}\right)$ gelten, was unmöglich ist. Für je zwei Elemente a, b von M_n muß $||a - b|| \geqq \frac{1}{n}$ sein. Da X kompakt ist, muß

M_n endlich sein, so daß M als Vereinigung aller M_n endlich oder abzählbar ist.

b) Wir führen den Beweis nur für die relativen Maxima. Jedem relativen Maximum a des Funktionals f ordnen wir eine solche natürliche Zahl n zu, für die die Ungleichung $f(x) \leqq f(a)$ von allen $x \in K\left(a, \frac{1}{n}\right) \cap X$ befriedigt wird. Anstelle der Menge aller Funktionswerte von relativen Maxima betrachten wir die gleichmächtige Menge M aller relativen Maxima, in der wir Elemente mit gleichen Funktionswerten identifizieren. Es sei M_n die Menge aller Elemente von M, denen die Zahl n zugeordnet ist. Für zwei relative Maxima a und b aus M_n gilt $||a - b|| \geqq \frac{1}{n}$, weil anderenfalls wegen $a \in K\left(b, \frac{1}{n}\right)$ und $b \in K\left(a, \frac{1}{n}\right)$ aus $f(a) \leqq f(b)$ und $f(b) \leqq f(a)$ die Gleichheit von $f(a)$ und $f(b)$ folgen würde. Da M_n eine Teilmenge der kompakten Menge X ist, muß M_n endlich und damit M als Vereinigung aller M_n endlich oder abzählbar sein, was zu beweisen war.

Wir untersuchen jetzt die Existenz von relativen Extrema eines differenzierbaren Funktionals, das auf einer offenen Teilmenge X des Banach-Raumes E erklärt ist.

25.16. *Das Funktional $f: X \to \boldsymbol{R}$ besitze im Punkt a ein relatives Extremum. Ist f in a differenzierbar, so gilt*

$$f'(a)\,(h) = 0$$

für alle $h \in E$. Ist f in a sogar zweimal differenzierbar, so gilt

$$f''(a)\,(h, h) \geqq 0$$

für alle $h \in E$, falls a ein relatives Minimum ist, bzw.

$$f''(a)\,(h, h) \leqq 0$$

für alle $h \in E$, falls a ein relatives Maximum ist.

Beweis. Den Fall $E = \boldsymbol{R}$ setzen wir als bekannt voraus. Für einen beliebigen, aber festen Vektor $h \in E$ bilden wir die reelle Funktion $g(t) = f(a + t\,h)$, die $t = 0$ als ein relatives Extremum besitzt. Da g im Punkt $t = 0$ differenzierbar ist und $g'(0) = f'(a)\,(h)$ ist, muß $g'(0) = 0$ sein, d. h. $f'(a) = \Theta \in L(E, \boldsymbol{R})$.

Wir setzen voraus, daß f im Punkt a zweimal differenzierbar ist und daß a ein relatives Minimum ist. Gemäß Satz 25.7 existiert zu jedem beliebigen $\varepsilon > 0$ eine Zahl $\delta > 0$, für die aus $||h|| < \delta$ stets

$$\left|f(a + h) - f(a) - \frac{1}{2} f''(a)\,(h, h)\right| \leqq \varepsilon ||h||^2$$

folgt. Da a ein relatives Minimum ist, sei δ gleich derart gewählt, daß

$$0 \leqq f(a + h) - f(a) \leqq \frac{1}{2} f''(a)\,(h, h) + \varepsilon ||h||^2$$

für alle $h \in E$ mit $||h|| < \delta$ gilt. Somit erhält man für eine beliebige reelle Zahl t und $||h|| < \delta$ die Ungleichung

$$0 \leqq t^2\left(\frac{1}{2} f''(a)\,(h, h) + \varepsilon ||h||^2\right) = \frac{1}{2} f''(a)\,(t\,h, t\,h) + \varepsilon ||t\,h||^2 .$$

Folglich ist für jeden Vektor $h \in E$

$$0 \leqq \frac{1}{2} f''(a)(h, h) + \varepsilon \|h\|^2,$$

woraus sich $f''(a)(h, h) \geqq 0$ ergibt. Den Fall eines relativen Maximums kann man analog behandeln.

25.17. *Das Funktional $f: X \to \boldsymbol{R}$ sei im Punkt $a \in X$ zweimal differenzierbar. Es sei $\alpha > 0$ eine feste Zahl. Sind für alle $h \in E$ die Bedingungen*

$$\begin{aligned} f'(a)(h) &= 0, \\ f''(a)(h, h) &\geqq \alpha \|h\|^2 \end{aligned} \tag{25.12}$$

erfüllt, so ist a ein relatives Minimum im engeren Sinne. Gilt

$$\begin{aligned} f'(a)(h) &= 0, \\ f''(a)(h, h) &\leqq -\alpha \|h\|^2 \end{aligned} \tag{25.13}$$

für alle $h \in E$, so ist a ein relatives Maximum im engeren Sinne.

Beweis. Wir nehmen an, daß die Bedingungen (25.12) erfüllt sind. Es sei $0 < \varepsilon < \frac{\alpha}{4}$. Nach Satz 25.7 kann man eine Zahl $\delta > 0$ angeben, für die alle Vektoren $h \in E$ mit $\|h\| < \delta$ der Ungleichung

$$0 < \frac{\alpha}{4}\|h\|^2 \leqq \frac{1}{2} f''(a)(h, h) - \varepsilon \|h\|^2 \leqq f(a + h) - f(a)$$

genügen, womit die Behauptung bewiesen ist.

Ist E endlichdimensional, so genügt es, anstatt (25.12) die schwächere Bedingung

$$\begin{aligned} f'(a)(h) &= 0, \\ f''(a)(h, h) &> 0 \quad \text{für jedes } h \neq \Theta \end{aligned}$$

zu stellen. Denn in diesem Fall ist die Menge $\{h; \|h\| = 1\}$ kompakt, so daß auf dieser Menge die Funktion $f''(a)(h, h)$ nach Satz 12.3 ein positives Minimum α besitzt und folglich alle Vektoren $h \in E$ der Ungleichung

$$f''(a)(h, h) \geqq \alpha \|h\|^2$$

genügen.

BEISPIEL

25.7. Die Funktion f bilde die offene Teilmenge X von $\boldsymbol{R}^n$ in $\boldsymbol{R}$ ab. Nach Satz 25.17 und der nachfolgenden Bemerkung ist ein Punkt $a \in X$ ein relatives Minimum im engeren Sinne von f, falls die Bedingungen

$$D_1 f(a) = D_2 f(a) = \cdots = D_n f(a) = 0,$$

$$f''(a)(h, h) = \sum_{i,k=1}^{n} D_i D_k f(a) h_i h_k > 0$$

für jeden Vektor $h = (h_1, \ldots, h_n) \neq \Theta$ erfüllt sind. Die zweite Bedingung ist nach einem Satz von J. J. SYLVESTER über positiv definite quadratische Formen genau dann erfüllt, wenn die Determinanten aller Matrizen A_k $(k = 1, \ldots, n)$ mit

$$A_k = \begin{pmatrix} D_1 D_1 f(a) & \cdots & D_1 D_k f(a) \\ \cdot & & \cdot \\ \cdot & & \cdot \\ \cdot & & \cdot \\ D_k D_1 f(a) & \cdots & D_k D_k f(a) \end{pmatrix}$$

positiv sind.

Analog ist ein Punkt $a \in X$ ein relatives Maximum im engeren Sinne von f, wenn sämtliche partiellen Ableitungen erster Ordnung im Punkt a verschwinden und wenn

$$f''(a)(h, h) = \sum_{i,k=1}^{n} D_i D_k f(a) h_i h_k < 0$$

ist. Nach dem Satz von J. J. SYLVESTER ist die zweite Bedingung gleichbedeutend damit, daß die Determinanten von A_k $(k = 1, \ldots, n)$ abwechselnd negativ und positiv sind:

$$A_1 < 0, \det A_2 > 0, \det A_3 < 0, \ldots$$

Ausführlich wird die Theorie der Extrema in der Arbeit von I. W. GIRSANOW [1] behandelt. Leser, die sich für tieferliegende Aussagen über relative Extrema bei reellen stetigen Funktionen interessieren, seien auf die Arbeit von M. KRÜPPEL [1] verwiesen.

AUFGABEN

25.16. Es sei X ein separabler metrischer Raum. Man zeige, daß die Menge aller relativen Extremwerte im engeren Sinne einer gegebenen Funktion $f: X \to \boldsymbol{R}$ abzählbar ist.

25.17. Man bestimme die relativen Extrema der Funktionen $f: \boldsymbol{R}^3 \to \boldsymbol{R}$ mit

$$f(x_1, x_2, x_3) = (x_1 + 2\,x_2 + 3\,x_3)\, e^{-(x_1^2 + x_2^2 + x_3^2)}$$

und $g: [0, \pi] \times [0, \pi] \to \boldsymbol{R}$ mit

$$g(x_1, x_2) = \cos x_1 \cdot \cos x_2 \cdot \cos (x_1 + x_2)\,.$$

25.18. Man beweise, daß für zwei reelle Zahlen x_1, x_2 stets

$$x_1\, e^{x_1 (1 + x_2^2)^2} \geqq -e^{-1}$$

gilt.

25.19. Es sei X eine offene Teilmenge des reellen BANACH-Raumes E. Die Funktion f: $X \to \boldsymbol{R}$ sei n-mal differenzierbar im Punkt $a \in X$. Weiterhin seien $f^{(k)}(a) = \Theta \in L_k(E^k, \boldsymbol{R})$ für $k = 1, \ldots, n-1$ und $f^{(n)}(a) \neq \Theta$. Man beweise:

a) Der Punkt a ist kein relatives Extremum, falls n ungerade ist.

b) Der Punkt a ist ein relatives Minimum (bzw. Maximum) im engeren Sinne, falls n gerade ist und für alle $h \in E$ die Ungleichung

$$f^{(n)}(a)\,(h^n) \geqq \alpha \|h\|^n$$

(bzw.

$$f^{(n)}(a)\,(h^n) \leqq -\alpha \|h\|^n)$$

mit einer festen Zahl $\alpha > 0$ erfüllt ist.

§ 26. Inverse und implizite Funktionen

Wir untersuchen im ersten Abschnitt dieses Paragraphen die Existenz der Inversen einer linearen stetigen Funktion und gehen anschließend auf den allgemeineren Fall der Inversen von stetig differenzierbaren Funktionen ein. Im dritten Abschnitt werden implizite Funktionen behandelt. Der Leser wird dabei bekannte Ergebnisse der gewöhnlichen Analysis in verallgemeinerter Form wiedererkennen.

26.1. Inverse einer linearen stetigen Funktion. Es seien E und F reelle normierte Räume. Wir betrachten eine lineare stetige Funktion u von E auf F und suchen hinreichende Bedingungen dafür, daß eine inverse Funktion u^{-1}: $F \to E$ von u existiert und linear und stetig ist. Falls u^{-1} vorhanden ist, ergibt sich natürlich

$$u^{-1}(u(x)) = x$$

für alle $x \in E$ und

$$u(u^{-1}(y)) = y$$

für alle $y \in F$. Folglich ist

$$(u^{-1})^{-1} = u .$$

Ferner muß $u^{-1}: F \to E$ linear sein, weil für $x_i \in E$, $y_i = u(x_i) \in F$ und reelle Zahlen α_i $(i = 1, 2)$ stets

$$u^{-1}(\alpha_1 y_1 + \alpha_2 y_2) = u^{-1}(\alpha_1 u(x_1) + \alpha_2 u(x_2)) = u^{-1}(u(\alpha_1 x_1 + \alpha_2 x_2)) =$$
$$= \alpha_1 x_1 + \alpha_2 x_2 = \alpha_1 u^{-1}(y_1) + \alpha_2 u^{-1}(y_2)$$

gilt. I. a. braucht u^{-1} nicht stetig zu sein.

BEISPIEL

26.1. Es sei $E = C([0, 1], \boldsymbol{R})$. Durch die Funktion u soll jeder stetigen Funktion x: $[0, 1] \to \boldsymbol{R}$ der Wert

$$u(x)(t) = \int_0^t x(s)\, ds$$

zugeordnet werden. Der Wertebereich von u ist die Menge $F \subset C([0, 1], \boldsymbol{R})$ aller stetig differenzierbaren Funktionen y: $[0, 1] \to \boldsymbol{R}$ mit $y(0) = 0$. Wie man sofort sieht, ist u linear und stetig. Ferner besitzt u eine Inverse, nämlich

$$u^{-1}(y)(t) = \frac{d}{dt} y(t) .$$

Die Inverse u^{-1} ist linear, aber nicht stetig (siehe Beispiel 14.3).

26.1. *Eine lineare stetige Funktion u von E auf F genüge für jedes $x \in E$ der Bedingung*

$$\|u(x)\| \geqq \alpha \|x\| , \tag{26.1}$$

wobei $\alpha > 0$ eine Konstante ist. Dann existiert die inverse Funktion $u^{-1}: F \to E$ von u, die linear und stetig ist.

Beweis. Wegen

$$||u(x_1) - u(x_2)|| = ||u\,(x_1 - x_2)|| \geqq \alpha\,||x_1 - x_2||$$

ist u eine eineindeutige Funktion von E auf F. Folglich besitzt u eine inverse Funktion $u^{-1}: F \to E$, welche linear ist. Da

$$||u^{-1}(y)|| \leqq \frac{1}{\alpha}\,||u(u^{-1}(y))|| = \frac{1}{\alpha}\,||y||$$

für beliebige $y \in F$ gilt, ist u^{-1} nach Satz 14.1 überall stetig. Unser Satz ist bewiesen.

Aus der Bedingung (26.1) folgt insbesondere, daß die Gleichung $u(x) = \Theta$ nur die triviale Lösung $x = \Theta$ besitzt. Im Fall endlichdimensionaler Räume E und F gilt sogar die Umkehrung.

Wir setzen nun voraus, daß E ein reeller Banach-Raum ist. Dann bildet der Raum $L(E, E)$ aller linearen stetigen Funktionen von E in E eine Banach-Algebra. Als Multiplikation fungiert in $L(E, E)$ die Komposition $u \circ v$ von je zwei linearen stetigen Funktionen $u: E \to E$ und $v: E \to E$. Dabei besteht für die Norm die Ungleichung

$$||u \circ v|| \leqq ||u||\,||v||\,.$$

Insbesondere gilt dann

$$||u^n|| \leqq ||u||^n\,,$$

wobei $u^0(x) = x$ und $u^{n+1}(x) = u(u^n(x))$ für $n = 0, 1, 2, \ldots$ ist. Besitzen $u, v \in L(E, E)$ lineare stetige Inverse, so hat auch $u \circ v$ eine lineare stetige Inverse, nämlich

$$(u \circ v)^{-1} = v^{-1} \circ u^{-1}\,.$$

26.2. SATZ. *Eine lineare stetige Funktion u bilde E in E ab. Für mindestens eine natürliche Zahl k sei $||u^k|| < 1$. Dann besitzt $e - u \in L(E, E)$ eine lineare stetige Inverse der Form*

$$(e - u)^{-1} = e + u + u^2 + \cdots = \sum_{n=0}^{\infty} u^n\,, \tag{26.2}$$

wobei $e: E \to E$ die Identität ist.

Man nennt (26.2) auch die Neumann*sche Reihe* von u.

Beweis. Für die feste natürliche Zahl k sei $||u^k|| = \beta < 1$. Wir setzen

$$\alpha = \max\,\{1, ||u||, \ldots, ||u^{k-1}||\}\,.$$

Dann ergibt sich für $n = m\,k + i$, wobei $m = 0, 1, 2, \ldots$ und $i = 0, 1, \ldots, k - 1$ sind,

$$||u^n|| \leqq \alpha\,\beta^m\,.$$

Demzufolge ist

$$\sum_{n=0}^{\infty} ||u^n|| \leqq \frac{k\alpha}{1-\beta},$$

so daß nach Satz 13.6 die NEUMANNsche Reihe gegen ein Element $v \in L(E, E)$ konvergiert.

Aus

$$(e-u) \circ (e + u + u^2 + \cdots + u^n) = e - u^{n+1} =$$
$$= (e + u + u^2 + \cdots + u^n) \circ (e - u)$$

und

$$\lim_{n\to\infty} u^n = \Theta$$

erhält man

$$(e-u) \circ v = e = v \circ (e-u),$$

so daß $v = (e-u)^{-1}$ ist. Der Beweis ist erbracht.

BEISPIEL

26.2. Es sei a eine positive Zahl und k: $[0, a] \times [0, a] \to \boldsymbol{R}$ eine stetige Funktion. Wir betrachten den VOLTERRAschen Integraloperator u: $C([0, a], \boldsymbol{R}) \to C([0, a], \boldsymbol{R})$, welcher durch die Gleichung

$$u(x)(s) = \int_0^s k(s, t)\, x(t)\, dt$$

erklärt ist. Für eine gegebene stetige Funktion y: $[0, a] \to \boldsymbol{R}$ wird eine stetige Lösung $x \in C([0, a], \boldsymbol{R})$ der Gleichung

$$x(s) = u(x)(s) + y(s) \tag{26.3}$$

gesucht.

Der Integraloperator u ist linear und stetig. Weiterhin ist

$$u^n(x)(s) = \int_0^s k_n(s, t)\, x(t)\, dt$$

wobei $k_1(s, t) = k(s, t)$ und

$$k_n(s, t) = \int_0^s k_{n-1}(s, t_1)\, k(t_1, t)\, dt$$

für $n = 2, 3, \ldots$ bedeuten. Es sei $|k(s, t)| \leqq m$. Dann ist für beliebige $x \in C([0, a], \boldsymbol{R})$ mit $|x(t)| \leqq 1$ stets

$$|u^n(x)(s)| \leqq \frac{s^n m^n}{n!}$$

und somit

$$||u^n|| \leqq \frac{a^n m^n}{n!}.$$

Folglich existiert eine natürliche Zahl n_0 mit der Eigenschaft $||u^{n_0}|| < 1$. Wir können den Satz 26.2 anwenden. Danach besitzt die Gleichung (26.3) eine eindeutig bestimmte Lösung $x \in C([0, a], \boldsymbol{R})$ der Form

$$x(s) = \sum_{n=0}^{\infty} u^n(y)(s) = y(s) + \int_0^s k(s, t)\, y(t)\, dt + \int_0^s k_2(s, t)\, y(t)\, dt + \cdots.$$

Wir bezeichnen mit Inv (E, E) die Menge aller stetigen linearen Funktionen $u: E \to E$, die eine stetige lineare Inverse $u^{-1}: E \to E$ besitzen. Für ein beliebiges Element $u_0 \in \text{Inv}(E, E)$ und $\delta < \|u_0^{-1}\|^{-1}$ betrachten wir die offene Kugel $K(u_0, \delta) \subset L(E, E)$. Da jedes Element $u \in K(u_0, \delta)$ der Ungleichung

$$1 > \|u_0^{-1}\| \, \|u - u_0\| \geqq \|u_0^{-1} \circ (u - u_0)\| = \|u_0^{-1} \circ u - e\|$$

genügt, besitzt $u_0^{-1} \circ u$ nach Satz 26.2 eine Inverse aus $L(E, E)$. Folglich ist auch zu $u = u_0 \circ (u_0^{-1} \circ u)$ ein inverses Element vorhanden, so daß Inv (E, E) eine offene Teilmenge von $L(E, E)$ ist.

Die Funktion $\varphi: \text{Inv}(E, E) \to \text{Inv}(E, E)$, welche durch die Gleichung $\varphi(u) = u^{-1}$ erklärt ist, muß stetig sein, denn wegen

$$u^{-1} - u_0^{-1} = u^{-1} \circ (u_0 - u) \circ u_0^{-1}$$

ergibt sich

$$\|u^{-1} - u_0^{-1}\| \leqq \|u - u_0\| \, \|u_0^{-1}\| \, \|u^{-1}\| .$$

Wir können sogar behaupten:

26.3. *Die Funktion* φ: Inv $(E, E) \to$ Inv (E, E) *ist beliebig oft differenzierbar und für ihre Ableitung gilt*

$$\varphi'(u)(h) = - u^{-1} \circ h \circ u^{-1}$$

für beliebige $h \in L(E, E)$.

Beweis. Es gilt für genügend kleine $h \in L(E, E)$ die Beziehung

$$(u + h)^{-1} - u^{-1} = [(e + u^{-1} \circ h)^{-1} - e] \circ u^{-1} .$$

Es sei h so klein gewählt, daß $\|u^{-1} \circ h\| < 1$ ist. Nach Satz 26.2 ist $(e + u^{-1} \circ h)^{-1}$ gleich der NEUMANNschen Reihe

$$e - u^{-1} \circ h + (u^{-1} \circ h)^2 \circ g(h) ,$$

wobei $g(h) = e - u^{-1} \circ h + (u^{-1} \circ h)^2 - + \cdots$ ist. Infolgedessen erhalten wir die Gleichung

$$(u + h)^{-1} - u^{-1} = - u^{-1} \circ h \circ u^{-1} + (u^{-1} \circ h)^2 \circ g(h) \circ u^{-1} .$$

Der erste Summand auf der rechten Seite ist $\varphi'(u)(h)$, weil

$$\|(u^{-1} \circ h)^2 \circ g(h) \circ u^{-1}\| \leqq \alpha \|h\|^2$$

für eine gewisse positive Konstante α gilt. Mit Hilfe der Produktregel 24.10 kann man die zweite Ableitung $\varphi''(u)$ berechnen. Man erhält

$$\varphi''(u)(h, k) = u^{-1} \circ h \circ u^{-1} \circ k \circ u^{-1} + u^{-1} \circ k \circ u^{-1} \circ h \circ u^{-1} .$$

Wie der Leser selbst bestätigen kann, ist φ beliebig oft differenzierbar.

AUFGABEN

26.1. Man berechne die n-te Ableitung der Funktion φ: Inv $(E, E) \to$ Inv (E, E) mit $\varphi(u) = u^{-1}$.

26.2. Man beweise, daß in der BANACH-Algebra $(\mathbf{R}^n)^n$ aller reellen (n, n)-Matrizen $A, B, \dots$ die Reihe

$$\exp(A) = \frac{I}{0!} + \frac{A}{1!} + \frac{A^2}{2!} + \cdots + \frac{A^n}{n!} + \cdots$$

absolut konvergiert und die Reihe

$$\log(I + B) = \frac{B}{1} - \frac{B^2}{2} + \frac{B^3}{3} + - \cdots + (-1)^{n+1}\frac{B^n}{n} + \cdots$$

für $\|B\| < 1$ absolut konvergiert. Dabei bedeutet I die Einheitsmatrix.

26.3. Man zeige, daß

$$\log[\exp(A)] = A$$

für $\|\exp(A) - I\| < 1$ und

$$\exp[\log(B)] = B$$

für $\|B - I\| < 1$ gilt.

26.2. Lokale Inverse einer stetig differenzierbaren Funktion. Im folgenden seien E sowie F reelle BANACH-Räume und $X \subseteq E$ sowie $Y \subseteq F$ offene Teilmengen. Wir nehmen an, daß die Funktion f die Menge X eineindeutig und stetig auf Y abbildet und daß die inverse Funktion $g = f^{-1}$ stetig in Y ist. Alle $x \in X$ und $y \in Y$ genügen den Gleichungen

$$g(f(x)) = x\,, \quad f(g(y)) = y\,. \tag{26.4}$$

26.4. *Die gegebene Funktion $f\colon X \to Y$ sei differenzierbar im Punkt $a \in X$. Genau dann ist die Inverse $g\colon Y \to X$ differenzierbar im Punkt $b = f(a)$, wenn die Ableitung $f'(a) \in L(E, F)$ eine lineare stetige Inverse $[f'(a)]^{-1} \in L(F, E)$ besitzt. Dabei gilt*

$$g'(b) = [f'(a)]^{-1}\,.$$

Beweis. a) *Notwendig.* Es sei g differenzierbar im Punkt $b = f(a)$. Aufgrund der Kettenregel ergeben sich aus (26.4) die Beziehungen

$$g'(b) \circ f'(a) = e \in L(E, E)\,,$$
$$f'(a) \circ g'(b) = e \in L(F, F)\,,$$

so daß $f'(a)$ eine lineare stetige Inverse $g'(b)$ besitzt (vgl. Aufgabe 2.9).

b) *Hinreichend.* Die Ableitung $f'(a)$ besitze eine lineare stetige Inverse. Da f im Punkt a differenzierbar ist, erhält man für $y = f(x)$ die Darstellung

$$y - b = f'(a)(x - a) + \varphi(x - a)$$

mit

$$\lim_{x \to a} \frac{\varphi(x - a)}{\|x - a\|} = \Theta\,.$$

Mittels der linearen stetigen Abbildung $[f'(a)]^{-1}$ ergibt sich

$$x - a = [f'(a)]^{-1} (y - b) - [f'(a)]^{-1} \big(\varphi (x - a)\big) \tag{26.5}$$

und

$$\lim_{x \to a} [f'(a)]^{-1} \left(\frac{\varphi (x - a)}{\|x - a\|} \right) = \lim_{x \to a} \psi (x - a) = \Theta ,$$

so daß wir für die betrachteten x-Werte stets $\|\psi (x - a)\| < 1$ annehmen können. Aus (26.5) folgt die Ungleichung

$$\|[f'(a)]^{-1}\| \, \|y - b\| \geqq \|x - a\| \big(1 - \|\psi (x - a)\|\big)$$

und somit

$$\|x - a\| \leqq \|y - b\| \frac{\|[f'(a)]^{-1}\|}{1 - \|\psi (x - a)\|} .$$

Wegen (26.4) haben wir

$$\lim_{y \to b} \frac{[f'(a)]^{-1} \big(\varphi (x - a)\big)}{\|y - b\|} = \Theta$$

zu zeigen. Dies ist richtig, weil

$$\big\|[f'(a)]^{-1}\big\| \frac{\|\varphi (x - a)\|}{\|y - b\|} \leqq \|f'(a)\| \frac{\|\varphi (x - a)\|}{\|x - a\|} \frac{\|[f'(a)]^{-1}\|}{1 - \|\psi (x - a)\|}$$

ist und weil aus $y \to b$ aufgrund der Stetigkeit von g stets $x \to a$ folgt. Damit ist der Satz bewiesen.

Eine stetig differenzierbare Funktion $f \colon X \to F$ heißt *C^1-umkehrbar auf X*, wenn das Bild $Y = f(X) \subseteq F$ offen ist und wenn es eine stetig differenzierbare Inverse $g = f^{-1}$ von f gibt. Man nennt g die *C^1-Inverse* von f.

Wie wir im vorigen Abschnitt erkannt haben, ist eine lineare stetige Funktion f genau dann C^1-umkehrbar, wenn f eine stetige Inverse besitzt. Dagegen braucht die Inverse einer nichtlinearen, stetig differenzierbaren Funktion, obwohl sie stetig ist, nicht überall differenzierbar zu sein.

BEISPIEL

26.3. Die reelle Funktion $f(x) = x^3$ ist streng monoton wachsend und beliebig oft differenzierbar. Ihre Inverse $f^{-1}(y) = y^{1/3}$ ist stetig und überall mit Ausnahme des Nullpunktes differenzierbar.

Wir gehen zu einer lokalen Betrachtungsweise über und sagen, daß die Funktion $f \colon X \to F$ *lokal C^1-umkehrbar* im Punkt $a \in X$ ist, wenn eine solche Umgebung $U \subseteq X$ von a existiert, daß $V = f(U) \subseteq F$ offen ist und die Einschränkung von f auf U eine stetig differenzierbare Inverse $g \colon V \to U$ besitzt. Diese Funktion g heißt *lokale C^1-Inverse* von f im Punkt a. Falls sogar die n-te Ableitung von g stetig in V ist, spricht man von einer *lokalen C^n-Inversen*. Die Funktion des Beispiels 26.3 ist in allen Punkten $a \in \boldsymbol{R}$ außer $a = 0$ lokal C^1-umkehrbar. Eine hinreichende Bedingung für die Existenz einer lokalen C^1-Inversen einer gegebenen Funktion liefert der folgende Satz:

26.5. SATZ. *Es sei $f: X \to F$ stetig differenzierbar in X. Für den Punkt $a \in X$ besitze $f'(a) \in L(E, F)$ eine lineare stetige Inverse. Dann existiert eine lokale C^1-Inverse g im Punkt a.*

Beweis. Wir können uns auf den Fall, daß $E = F$ und $f'(a)$ gleich der Identität e ist, beschränken. Denn anderenfalls würden wir anstelle f die Funktion $[f'(a)]^{-1} \circ f$ betrachten. Weiterhin können wir mittels geeigneter Translationen erreichen, daß $a = \Theta$ und $b = f(a) = \Theta$ sind.

Wir bilden die stetig differenzierbare Funktion $\varphi(x) = x - f(x)$. Es ist $\varphi'(\Theta) = \Theta$. Aufgrund der Stetigkeit von φ' existiert eine Zahl $r > 0$, so daß $||\varphi'(x)|| \leqq 2^{-1}$ für alle $x \in E$ mit $||x|| \leqq r$ gilt. Aus dem Mittelwertsatz 24.5 folgt dann

$$||\varphi(x)|| \leqq \frac{1}{2} ||x|| \tag{26.6}$$

für alle $x \in E$ mit $||x|| \leqq r$. Daher bildet φ die Kugel $\overline{K}(\Theta, r)$ in die Kugel $\overline{K}\left(\Theta, \frac{r}{2}\right)$ ab. Wir beweisen jetzt, daß es zu jedem $y \in \overline{K}\left(\Theta, \frac{r}{2}\right)$ einen eindeutig bestimmten Punkt $x \in \overline{K}(\Theta, r)$ mit $y = f(x)$ gibt.

Die Funktion $\psi: \overline{K}(\Theta, r) \times \overline{K}\left(\Theta, \frac{r}{2}\right) \to \overline{K}(\Theta, r)$, welche durch die Gleichung

$$\psi(x, y) = x + y - f(x)$$

erklärt ist, genügt wegen (26.6) für alle $x, x' \in \overline{K}(\Theta, r)$ und beliebige „Parameter" $y \in \overline{K}\left(\Theta, \frac{r}{2}\right)$ der Bedingung

$$||\psi(x, y) - \psi(x', y)|| \leqq \frac{1}{2} ||x - x'|| .$$

Gemäß Satz 12.15 existiert zu jedem Punkt $y \in \overline{K}\left(\Theta, \frac{r}{2}\right)$ ein eindeutig bestimmter Punkt $x \in \overline{K}(\Theta, r)$ mit der Eigenschaft

$$x = \psi(x, y) = x + y - f(x) ,$$

also $y = f(x)$.

Die auf $\overline{K}(\Theta, r)$ eingeschränkte Funktion f besitzt folglich eine Inverse $g: \overline{K}\left(\Theta, \frac{r}{2}\right) \to \overline{K}(\Theta, r)$. Die Funktion g ist stetig, weil wegen $x = \varphi(x) + f(x)$ und (26.6) die Ungleichungen

$$||x - x'|| \leqq ||\varphi(x) - \varphi(x')|| + ||f(x) - f(x')|| \leqq$$
$$\leqq \frac{1}{2} ||x - x'|| + ||f(x) - f(x')||$$

und damit

$$\frac{1}{2} ||x - x'|| \leqq ||f(x) - f(x')||$$

für alle $x, x' \in \overline{K}(\Theta, r)$ erfüllt sind. Da aus $\|\varphi'(x)\| \leqq \frac{1}{2}$ für $\|x\| \leqq r$ stets

$$\|f'(x)\,(h)\| \geqq \frac{1}{2}\,\|h\|$$

für alle $h \in E$ folgt, ist g aufgrund der Sätze 26.1 und 26.4 in $\overline{K}\left(\Theta, \frac{r}{2}\right)$ differenzierbar. Wegen $y = f(g(y))$ für alle $y \in \overline{K}\left(\Theta, \frac{r}{2}\right)$ und $\|\varphi'(x)\| = \|e - f'(x)\| \leqq \frac{1}{2}$ für alle $x \in \overline{K}(\Theta, r)$ erhält man mittels der Kettenregel und des Satzes 26.2 die Ableitung

$$g'(y) = [f'(g(y))]^{-1}$$

für jedes $y \in \overline{K}\left(\Theta, \frac{r}{2}\right)$. Die Funktion $g' : \overline{K}\left(\Theta, \frac{r}{2}\right) \to L(F, E)$ ist dann als Komposition stetiger Funktionen ebenfalls stetig, womit unser Satz bewiesen ist.

BEISPIEL

26.4. Wir beschäftigen uns mit dem Fall $E = F = \boldsymbol{R}^n$. Die stetig differenzierbare Funktion f möge auf der offenen Teilmenge $X \subseteq \boldsymbol{R}^n$ erklärt sein. Wie bekannt, identifizieren wir die Ableitung $f'(a) \in L(\boldsymbol{R}^n, \boldsymbol{R}^n)$ im Punkt $a \in X$ mit der (n, n)-Matrix

$$\left(\frac{\partial f_i}{\partial x_j}\,(a)\right) \in (\boldsymbol{R}^n)^n\,,$$

wobei $x = (x_1, \ldots, x_n) \in X$ und $f(x) = (f_1(x), \ldots, f_n(x)) \in \boldsymbol{R}^n$ sind. Genau dann existiert eine lineare stetige Inverse $[f'(a)]^{-1}$, wenn

$$\det\left(\frac{\partial f_i}{\partial x_j}\,(a)\right) \neq 0 \tag{26.7}$$

ist. Folglich besitzt die stetig differenzierbare Funktion $f\colon X \to \boldsymbol{R}^n$ eine lokale C^1-Inverse im Punkt $a \in X$, wenn die Bedingung (26.7) erfüllt ist.

Es seien beispielsweise $E = F = \boldsymbol{R}^2$ und X die Menge aller Paare $(r, \varphi) \in \boldsymbol{R}^2$ mit $r > 0$. Die Funktion $f\colon X \to \boldsymbol{R}^2$, welche durch

$$f(r, \varphi) = (r\cos\varphi, \quad r\sin\varphi)$$

erklärt ist, hat die stetige Ableitung

$$f'(r, \varphi) = \begin{pmatrix} \cos\varphi & -r\sin\varphi \\ \sin\varphi & r\cos\varphi \end{pmatrix},$$

wobei

$$\det f'(r, \varphi) = r\cos^2\varphi + r\sin^2\varphi = r > 0$$

in allen Punkten von X gilt. Folglich ist f überall lokal C^1-umkehrbar. Setzt man $f(r, \varphi) = (x, y)$, so lautet für einen Punkt $(r, \varphi) \in X$ mit $0 < \varphi < \frac{\pi}{2}$ eine lokale C^1-Inverse g: $V \to U$:

$$g(x, y) = \left(\sqrt{x^2 + y^2}, \quad \arcsin\frac{y}{\sqrt{x^2 + y^2}}\right).$$

Dabei ist V die Menge aller Punkte $(x, y) \in \boldsymbol{R}^2$ mit $x > 0$ und $y > 0$ und U die Menge der Punkte $(r, \varphi) \in \boldsymbol{R}^2$ mit $r > 0$ und $0 < \varphi < \frac{\pi}{2}$.

AUFGABEN

26.4. Man untersuche, ob die Funktion $f: \boldsymbol{R}^2 \to \boldsymbol{R}^2$ mit

$$f(x_1, x_2) = \left(x_1 + x_2 \cos x_1, e^{2x_1}(x_2 + 1)\right)$$

im Punkt $(0, 0)$ lokal C^1-umkehrbar ist.

26.5. Es seien $E = F = \boldsymbol{R}^3$ und X die Menge aller Tripel $(r, \varphi, \psi) \in \boldsymbol{R}^3$ mit $r > 0$. Man untersuche, wo die Funktion $f: X \to \boldsymbol{R}^3$ mit

$$f(r, \varphi, \psi) = (r \cos\varphi \sin\psi, r \sin\varphi \sin\psi, r \cos\psi)$$

lokal C^1-umkehrbar ist, und gebe mindestens eine lokale C^1-Inverse an.

26.6. Man zeige anhand der reellen differenzierbaren Funktion

$$f(x) = \begin{cases} x + 2x^2 \sin\frac{1}{x} & \text{für } x \neq 0, \\ 0 & \text{für } x = 0, \end{cases}$$

daß die Stetigkeit der Ableitung eine notwendige Voraussetzung für die Gültigkeit des Satzes 26.5 ist.

26.7. Es seien E und F reelle Banach-Räume und X eine offene Teilmenge von E. Die Funktion $f: X \to F$ sei n-mal stetig differenzierbar im Punkt $a \in X$. Ferner sei $[f'(a)]^{-1} \in L(F, E)$. Man beweise, daß f im Punkt a eine lokale C^n-Inverse besitzt.

26.8. Man beweise:

a) Jede stetig differenzierbare Funktion $f: \boldsymbol{R} \to \boldsymbol{R}$ mit $f'(x) \neq 0$ für alle $x \in \boldsymbol{R}$ besitzt eine C^1-Inverse $g: \boldsymbol{R} \to \boldsymbol{R}$.

b) Für die stetig differenzierbare Funktion $f: \boldsymbol{R}^2 \to \boldsymbol{R}^2$, die durch

$$f(x_1, x_2) = (e^{x_1} \cos x_2, e^{x_1} \sin x_2)$$

erklärt ist, gilt $\det f'(x_1, x_2) \neq 0$ für alle $(x_1, x_2) \in \boldsymbol{R}^2$, so daß f in jedem Punkt lokal C^1-umkehrbar ist. Aber f besitzt keine C^1-Inverse auf $\boldsymbol{R}^2$.

26.9. Man zeige, daß jede stetig differenzierbare Funktion $f: \boldsymbol{R}^2 \to \boldsymbol{R}$ nicht umkehrbar eindeutig ist.

26.3. Implizite Funktionen. Es seien E, F und G reelle Banach-Räume und $X \subseteq E$ sowie $Y \subseteq F$ offene Mengen. Die Funktion $f: X \times Y \to G$ sei gegeben. Für den Punkt $(a, b) \in X \times Y$ gelte $f(a, b) = \Theta$. Wir untersuchen im folgenden die Lösungen (x, y) der Gleichung

$$f(x, y) = \Theta \tag{26.8}$$

in einer hinreichend kleinen Umgebung von (a, b).

26.6 SATZ. *Die Funktion $f: X \times Y \to G$ sei stetig differenzierbar und verschwinde in dem Punkt $(a, b) \in X \times Y$. Besitzt die partielle Ableitung $D_2 f(a, b) \in L(F, G)$ eine lineare stetige Inverse, so existiert in einer gewissen Umgebung $U \subseteq X$ des Punktes a eine stetig differenzierbare Funktion $g: U \to Y$ mit den*

Eigenschaften:

1. $g(a) = b$;
2. $f(x, g(x)) = \Theta$ *für alle* $x \in U$;
3. $g'(x) = -[D_2f(x, g(x))]^{-1} \circ D_1f(x, g(x))$ *für alle* $x \in U$.

Die Funktion g ist in dem Sinne eindeutig bestimmt, daß jede andere (auf einer Umgebung U_1 von a definierte) stetige Funktion g_1 mit $g_1(a) = b$ und $f(x, g_1(x)) = \Theta$ für alle $x \in U_1$ auf einer gewissen offenen Kugelumgebung $K \subseteq U \cap U_1$ von a mit der Funktion g übereinstimmt.

Beweis. Wir können annehmen, daß $F = G$ und $D_2f(a, b)$ gleich der Identität ist. Denn anderenfalls würden wir anstelle von f die Funktion $[D_2f(a, b)]^{-1} \circ f$ betrachten.

Wir erklären die Funktion $\varphi: X \times Y \to E \times F$ mittels der Gleichung

$$\varphi(x, y) = (x, f(x, y)) = (x, z) . \tag{26.9}$$

Insbesondere gilt $\varphi(a, b) = (a, \Theta)$. Die Funktion φ ist stetig differenzierbar.

Das Differential von φ im Punkte (a, b) lautet

$$\varphi'(a, b)(h, k) = (h, D_1f(a, b)(h) + D_2f(a, b)(k)) = \\ = (h, D_1f(a, b)(h) + k)$$

für beliebige $(h, k) \in E \times F$. Die Inverse der Ableitung $\varphi'(a, b)$ existiert. Es gilt

$$[\varphi'(a, b)]^{-1}(h, k) = (h, -D_1f(a, b)(h) + k) .$$

Folglich ist φ nach Satz 26.5 lokal C^1-umkehrbar im Punkt (a, b). Definitionsgemäß gibt es offene Umgebungen $U \subseteq X$ von a und $V \subseteq Y$ von b derart, daß $W = f(U \times V) \subseteq G$ offen ist und eine C^1-Inverse $\psi: U \times W \to U \times V$ der auf $U \times V$ eingeschränkten Funktion φ existiert. Wegen (26.9) besitzt ψ die Form

$$\psi(x, z) = (x, p(x, z))$$

für $(x, z) \in U \times W$, wobei $p: U \times W \to V$ eine stetig differenzierbare Funktion ist. Man erhält speziell $\psi(a, \Theta) = (a, b)$. Wir erklären die Funktion $g: U \to V$ durch $g(x) = p(x, \Theta)$. Somit ist $g(a) = b$. Die Funktion $g: U \to V$ ist stetig differenzierbar. Aus

$$(x, f(x, g(x))) = \varphi(x, g(x)) = \varphi(x, p(x, \Theta)) = \varphi(\psi(x, \Theta)) = (x, \Theta)$$

folgt die Gleichung $f(x, g(x)) = \Theta$ für alle $x \in U$, woraus sich

$$D_1f(x, g(x)) + D_2f(x, g(x)) \circ g'(x) = \Theta$$

und damit

$$g'(x) = -[D_2f(x, g(x))]^{-1} \circ D_1 f(x, g(x))$$

für alle $x \in U$ ergibt.

Abschließend beweisen wir die Eindeutigkeitsaussage. Es sei $U_1 \subseteq X$ offen und $g_1: U_1 \to Y$ eine stetige Funktion mit $g_1(a) = b$ und $f(x, g_1(x)) = \Theta$ für alle $x \in U_1$. Nach Voraussetzung ist $D_2 f(x, g(x))$ für $x \in U$ stetig. Folglich kann man eine offene Kugelumgebung $K \subseteq U \cap U_1$ von a derart angeben, daß $D_2 f(x, g(x))$ für jedes $x \in K$ eine lineare stetige Inverse besitzt. Da aufgrund des bisherigen Beweises ψ die Punkte $(x, \Theta) \in U \times W$ eineindeutig auf die Punkte $(x, g(x)) \in U \times V$ abbildet und g_1 stetig ist, müssen g und g_1 in einer hinreichend kleinen Umgebung von a übereinstimmen. Die Menge M aller Punkte $y \in K$ mit $g(y) = g_1(y)$ enthält somit außer a eine gewisse Umgebung von a. Genauso wie im Fall $y = a$ existiert zu jedem $y \in M$ eine Umgebung von y, in welcher g und g_1 übereinstimmen. Demnach ist M offen. Andererseits ist M abgeschlossen (bezüglich K), denn g und g_1 sind stetig. Folglich muß M als nichtleere offene und abgeschlossene Teilmenge von K mit K übereinstimmen, womit der Beweis beendet ist.

Wird eine Funktion $y = g(x)$ auf $U \subseteq X$ aufgrund des Satzes 26.6 durch eine Gleichung (26.8) definiert, so nennt man g eine *implizite Funktion*. Man sagt auch, daß g *implizit* durch die Gleichung (26.8) erklärt ist.

BEISPIEL

26.5. Es seien E, F und G endlichdimensional. Wegen der Voraussetzungen des Satzes 26.6 und wegen des Satzes 5.6 besitzen F und G dieselbe Dimension. Wir nehmen an, daß $E = \boldsymbol{R}^n$, $F = G = \boldsymbol{R}^m$ und $X \subseteq \boldsymbol{R}^n$ sowie $Y \subseteq \boldsymbol{R}^m$ offene Teilmengen sind. Eine stetig differenzierbare Funktion $f: X \times Y \to \boldsymbol{R}^m$, die man in der Form

$$f(x, y) = (f_1(x, y), \ldots, f_m(x, y)),$$

darstellen kann, sei gegeben. Die Funktionen $f_k: X \times Y \to \boldsymbol{R}$ $(k = 1, \ldots, m)$ sind dann stetig differenzierbar. Die Gleichung (26.8) ist gleichbedeutend mit dem Gleichungssystem

$$f_k(x, y) = f_k(x_1, \ldots, x_n, y_1, \ldots, y_m) = 0, \qquad (k = 1, \ldots, m). \tag{26.10}$$

Die partielle Ableitung $\frac{\partial}{\partial y} f(a, b)$ der Funktion f nach y in einem Punkt $(a, b) \in X \times Y$ ist eine lineare stetige Funktion von $\boldsymbol{R}^m$ in $\boldsymbol{R}^m$, die der (m, m)-Matrix

$$\begin{pmatrix} D_{n+1} f_1(a, b) & \cdots & D_{n+m} f_1(a, b) \\ \vdots & & \vdots \\ D_{n+1} f_m(a, b) & \cdots & D_{n+m} f_m(a, b) \end{pmatrix} \tag{26.11}$$

entspricht. Somit existiert die Inverse $\left[\frac{\partial}{\partial y} f(a, b)\right]^{-1}$ genau dann, wenn die Determinante der Matrix (26.11) nicht verschwindet. In diesem Fall existiert nach Satz 26.6 in einer gewissen Umgebung $U \subseteq X$ des Punktes a eine stetig differenzierbare Funktion $g: U \to Y$ mit $g(a) = b$ und $f(x, g(x)) = \Theta$ für alle $x \in U$. Da g die Gestalt $g(x) = (g_1(x), \ldots, g_m(x))$ mit stetig differenzierbaren Funktionen $g_k: U \to \boldsymbol{R}$ $(k = 1, \ldots, m)$ besitzt, wird durch das Gleichungssystem (26.10) implizit ein Funktionensystem

$$y_k = g_k(x_1, \ldots, x_n) \qquad (k = 1, \ldots, m)$$

erklärt.

AUFGABEN

26.10. Es seien

(1) $f(x, y) = e^{2x\cos y} + e^{y\cos 2x} - 2, \quad a = b = 0;$

(2) $f(x_1, x_2, y) = \sin(x_1 + x_2 - y - 1)\, e^{x_1+x_2} - 2x_1 + x_2 + y, \quad a = (1, 1), b = 1;$

(3) $f(x, y_1, y_2) = (2x e^{2x+3y_1-y_2} - y_2 \cos y_1, \sin y_1 + 2x + y_1 - y_2), a = 1, b = (0, 2).$

Man untersuche die Existenz impliziter Funktionen und bestimme gegebenenfalls deren Ableitungen im Punkte a.

26.11. Sind die Voraussetzungen des Satzes 26.6 erfüllt und ist f überdies n-mal stetig differenzierbar, so ist g in einer Umgebung des Punktes a ebenfalls n-mal stetig differenzierbar. Man beweise dies und berechne die zweite Ableitung von g.

26.12. Es sei das Gleichungssystem

$$\begin{aligned} 3x + y - z + u^2 &= 0, \\ x - y + 2z + u &= 0, \\ 2x + 2y - 3z + 2u &= 0 \end{aligned}$$

gegeben. Man zeige, daß x, y, u durch z, daß x, z, u durch y, daß y, z, u durch x, aber daß x, y, z nicht durch u ausgedrückt werden können.

26.13. Es seien E und F reelle BANACH-Räume. Die offene Kugel $K(x_0, r)$ liege in E. Die Funktion $f\colon K(x_0, r) \to F$ sei stetig differenzierbar. Man beweise:

a) Wenn es zwei solche positive Zahlen $r_0 < r$ und s_0 gibt, daß $\|f(x_0)\| < \frac{r_0}{2s_0}$, $\|f'(x) - f'(y)\| \leqq \frac{1}{2s_0}$ für $\|x - y\| \leqq r_0$ sind und daß $[f'(x)]^{-1} \in L(F, E)$ für jedes $x \in K(x_0, r_0)$ existiert und $\|[f'(x)]^{-1}\| \leqq s_0$ ist, dann strebt die Folge

$$x_{n+1} = x_n - [f'(x_n)]^{-1}(f(x_n)) \qquad (n = 0, 1, \ldots)$$

gegen einen Punkt $a \in \overline{K}(x_0, r_0)$, welcher die einzige Lösung der Gleichung $f(x) = \Theta$ in $\overline{K}(x_0, r_0)$ ist. Dabei gilt

$$\|x_{n+1} - x_n\| \leqq \frac{r_0}{2^{n+1}}, \qquad \|f(x_n)\| \leqq \frac{r_0}{2^{n+1} s_0}.$$

b) Es mögen drei positive Zahlen L, s_0 und t_0, für die

$$u_0 = L s_0 t_0 < \frac{1}{2}, \qquad r_0 = \frac{1}{L s_0}(1 - \sqrt{1 - 2u_0}) < r$$

gilt, existieren, so daß f' der LIPSCHITZ-Bedingung $\|f'(x) - f'(y)\| \leqq L\,\|x - y\|$ genügt und $\|[f'(x_0)]^{-1}\| \leqq s_0$ sowie $\|[f'(x_0)]^{-1}(f(x_0))\| \leqq t_0$ gilt. Dann konvergiert die Folge

$$x_{n+1} = x_n - [f'(x_0)]^{-1}\big(f(x_n)\big) \quad (n = 0, 1, \ldots)$$

gegen die einzige Lösung a der Gleichung $f(x) = \Theta$ in $\overline{K}(x_0, r_0)$ mit der Konvergenzgeschwindigkeit

$$\|x_n - a\| \leqq (1 - \sqrt{1 - 2u_0})^n\, r_0.$$

Man wende zum Beweis von b) das Prinzip der kontrahierenden Abbildung an und benutze Aufgabe 24.7.

VIII. INTEGRALRECHNUNG

Im letzten Kapitel soll mit Hilfe der Maßtheorie eine Integralrechnung aufgebaut werden. Dazu seien eine nichtleere Menge X, ein Maßraum $(X, \mathfrak{A}, \mu)$ und ein reeller BANACH-Raum F gegeben. Wir führen in § 27 unter starker Benutzung funktionalanalytischer Ergebnisse den Begriff der μ-integrierbaren Funktion $f: X \to F$ und den des Integrals der Funktion f über der Menge $A \in \mathfrak{A}$ bezüglich des Maßes μ ein. Das Integral ist folglich eine Funktion der drei Veränderlichen A, f und μ. Um die Eigenschaften des Integrals zu untersuchen, halten wir je zwei Größen fest und variieren die übrigbleibende. Während in § 27 vorrangig die Eigenschaften des Integrals bezüglich f erforscht werden, sind in den folgenden beiden Paragraphen die Eigenschaften bezüglich μ von Interesse. Wählt man speziell für X den euklidischen Raum $\boldsymbol{R}^n$, für $\mathfrak{A}$ die σ-Algebra der LEBESGUE-meßbaren Mengen und $\mu = m$, so gelangt man zum LEBESGUE-Integral, welches in § 29 ausführlich behandelt wird. Hier vergleichen wir auch das LEBESGUE-Integral mit dem im Abschnitt 20.3 eingeführten RIEMANN-Integral. Im letzten Paragraphen werden die Eigenschaften des Integrals bezüglich A zusamengestellt.

Von den zahlreichen Darstellungen der Integralrechnung seien N. BOURBAKI [2], P. R. HALMOS [1], E. HEWITT-K. STROMBERG [1], A. N. KOLMOGOROFF-S. W. FOMIN [1], S. LANG [2], E. J. MCSHANE [1], I. P. NATANSON [1], S. SAKS [1], R. SIKORSKI [1], W. I. SMIRNOW [1] und A. C. ZAANEN [1] erwähnt.

§ 27. Integrierbare Funktionen

Zunächst wird das Integral für jede Treppenfunktion von X in F erklärt. Da wir uns nur mit meßbaren Funktionen beschäftigen und sich eine meßbare Funktion $f: X \to F$ fast überall als Grenzwert einer Folge von Treppenfunktionen $f_n: X \to F$ darstellen läßt, liegt es nahe, das Integral von f als Grenzwert der Integrale von f_n zu erklären, falls dieser existiert. Dieser Grundgedanke der im zweiten Abschnitt beschriebenen Konstruktion führt zu den Begriffen einer integrierbaren Funktion und des Integrals, deren Eigenschaften anschließend untersucht werden. Wesentlich sind dabei die Ergebnisse über die Vertauschbarkeit von Grenzübergang und Integration.

27.1. Integral einer Treppenfunktion. Es sei $(X, \mathfrak{A}, \mu)$ ein gegebener Maßraum, d. h., $\mathfrak{A}$ ist eine σ-Algebra von Teilmengen aus X und μ ein auf $\mathfrak{A}$ erklärtes Maß. Ferner sei F ein reeller (oder komplexer) BANACH-Raum.

Wir definieren als *Integral der Treppenfunktion* $f: X \to F$, welche gemäß Abschnitt 17.5 die Form

$$f = \sum_{i=1}^{n} a_i c_{A_i} \tag{27.1}$$

besitzen soll, wobei a_i Vektoren aus F sind und die paarweise disjunkten Mengen $A_i \in \mathfrak{A}$ endliches Maß besitzen, den Wert

$$\int_X f \, d\mu = \sum_{i=1}^{n} a_i \, \mu(A_i) \, . \tag{27.2}$$

Diese Definition ist sinnvoll, weil wir für verschiedene Darstellungen der Treppenfunktion f stets denselben Wert (27.2) erhalten. Kann nämlich f neben (27.1) auch durch

$$f = \sum_{k=1}^{m} b_k c_{B_k}$$

ausgedrückt werden, wobei $b_k \in F$ und $B_k \in \mathfrak{A}$ paarweise disjunkte Mengen endlichen Maßes sind, dann gilt

$$b_k c_{B_k} = \sum_{i=1}^{n} a_i c_{A_i \cap B_k}$$

für $k = 1, \ldots, m$. Folglich ist

$$b_k \mu(B_k) = \sum_{i=1}^{n} a_i \mu (A_i \cap B_k)$$

und daher

$$\sum_{i=1}^{n} a_i \mu(A_i) = \sum_{i=1}^{n} \left(\sum_{k=1}^{m} a_i \mu (A_i \cap B_k) \right) = \sum_{k=1}^{m} \left(\sum_{i=1}^{n} a_i \mu (A_i \cap B_k) \right) = \sum_{k=1}^{m} b_k \mu(B_k) ,$$

so daß unsere Definition (27.2) von der gewählten Darstellung der Treppenfunktion unabhängig ist.

BEISPIEL

27.1. Es sei $X = \boldsymbol{R}$, $\mathfrak{A}$ die σ-Algebra aller LEBESGUE-meßbaren Teilmengen von $\boldsymbol{R}$ und $\mu = m$. Die Menge $\boldsymbol{Q}$ aller rationalen Zahlen ist eine LEBESGUE-Nullmenge. Folglich ist die Funktion $f = c_{\boldsymbol{Q}}$ eine Treppenfunktion und ihr Integral lautet

$$\int_{\boldsymbol{R}} f \, dm = 1 \cdot m(\boldsymbol{Q}) = 0 .$$

Nach Satz 17.12 ist mit $f: X \to F$ auch $|f|$ eine Treppenfunktion. Das Integral von $|f|$ lautet

$$\int_X |f| \, d\mu = \sum_{i=1}^{n} ||a_i|| \, \mu(A_i) \tag{27.3}$$

und ist nichtnegativ. Der Ausdruck (27.3) genügt offenbar allen Bedingungen, die an eine Halbnorm für Treppenfunktionen gestellt werden. Aus dem Verschwinden des Integrals (27.3) ergibt sich i. a. nicht $f(x) = \Theta$.

27.1. *Für eine Treppenfunktion $f: X \to F$ verschwindet das Integral* (27.3) *genau dann, wenn μ– fast überall die Gleichung $f(x) = \Theta$ besteht.*

Beweis. Wir können annehmen, daß sämtliche Vektoren $a_i \neq \Theta$ sind. Ist das Integral (27.3) gleich Null, so gilt $||a_i|| \, \mu(A_i) = 0$ und damit $\mu(A_i) = 0$ für jedes i. Folglich gilt außerhalb der μ-Nullmenge $\bigcup_{i=1}^{n} A_i$ stets $f(x) = \Theta$. Die Umkehrung ist trivial.

Aufgrund dieses Satzes identifizieren wir zwei Treppenfunktionen f und g, sobald diese fast überall gleich sind. Dann ist der Vektorraum aller in diesem Sinne verschiedenen Treppenfunktionen mit

$$\|f\|_T = \int_X |f|\, d\mu$$

als Norm ein normierter Raum, welchen wir mit $T(\mu, F)$ bezeichnen. Die Konvergenz bezüglich der eingeführten Norm heißt *Konvergenz im Mittel*. Das Integral (27.2) ordnet jedem $f \in T(\mu, F)$ einen Punkt aus F zu.

27.2. Das auf dem normierten Raum $T(\mu, F)$ erklärte Integral ist eine lineare stetige Funktion.

Beweis. Es seien $f = \sum_i a_i c_{A_i}$ und $g = \sum_k b_k c_{B_k}$ zwei Treppenfunktionen aus $T(\mu, F)$. Dann gilt für $f + g = \sum_i \sum_k (a_i + b_k)\, c_{A_i \cap B_k}$

$$\int_X (f + g)\, d\mu = \sum_i \sum_k (a_i + b_k)\, \mu\, (A_i \cap B_k) = \sum_i \sum_k a_i\, \mu\, (A_i \cap B_k) + \\ + \sum_i \sum_k b_k\, \mu\, (A_i \cap B_k) = \int_X f\, d\mu + \int_X g\, d\mu\,.$$

Weiterhin ist für eine Zahl α stets

$$\int_X (\alpha\, f)\, d\mu = \sum_i \alpha\, a_i\, \mu(A_i) = \alpha \sum_i a_i\, \mu(A_i) = \alpha \int_X f\, d\mu\,.$$

Folglich ist das Integral eine lineare Funktion auf $T(\mu, F)$. Die Stetigkeit des Integrals ergibt sich unmittelbar aus der Ungleichung

$$\left\| \int_X f\, d\mu - \int_X g\, d\mu \right\| = \left\| \int_X (f - g)\, d\mu \right\| \leqq \int_X |f - g|\, d\mu = \|f - g\|_T\,. \tag{27.4}$$

Damit ist die Behauptung bewiesen.

Wenn A eine μ-meßbare Menge ist, so erklären wir das *Integral über die Menge* A der Treppenfunktion (27.1) durch

$$\int_A f\, d\mu = \int_X f\, c_A\, d\mu = \sum_{i=1}^{n} a_i\, \mu\, (A_i \cap A)\,.$$

Dann gilt in Verallgemeinerung von (27.4):

$$\left\| \int_A f\, d\mu \right\| \leqq \int_A |f|\, d\mu \leqq \|f\|\, \mu(A)\,,$$

wobei wir beachten, daß $\|f\| = \sup\,\{\|f(x)\|;\, x \in X\}$ und $0 \cdot \infty = 0$ ist.

AUFGABEN

27.1. Es sei $(X, \mathfrak{A}, \mu)$ ein Maßraum und F ein BANACH-Raum. Ferner sei die Treppenfunktion $f \in T(\mu, F)$ gegeben. Man beweise, daß für abzählbar viele paarweise disjunkte Mengen A_i $(i = 1, 2, \ldots)$ die Gleichung

$$\int_{\bigcup_{i=1}^{\infty} A_i} f\, d\mu = \sum_{i=1}^{\infty} \int_{A_i} f\, d\mu$$

besteht.

27.2. Es sei $(X, \mathfrak{A}, \mu)$ ein Maßraum und $f \in T(\mu, \boldsymbol{R})$ eine nichtnegative Treppenfunktion. Man zeige, daß

$$\int_A f\, d\mu \geqq 0$$

für alle $A \in \mathfrak{A}$ und

$$\int_A f\, d\mu \leqq \int_B f\, d\mu$$

für $A, B \in \mathfrak{A}$ mit $A \subseteq B$ gilt.

27.3. Für zwei Treppenfunktionen $f, g \in T(\mu, F)$ und feste Zahlen $p > 1$, $q > 1$ mit $\frac{1}{p} + \frac{1}{q} = 1$ beweise man die Ungleichungen

$$\int_X |f|\,|g|\, d\mu \leqq \sup\{||f(x)||;\, x \in X\} \int_X |g|\, d\mu\,,$$

$$\int_X |f|\,|g|\, d\mu \leqq \Big(\int_X |f|^p\, d\mu\Big)^{1/p} \Big(\int_X |g|^q\, d\mu\Big)^{1/q}\,,$$

$$\Big(\int_X |f+g|^p\, d\mu\Big)^{1/p} \leqq \Big(\int_X |f|^p\, d\mu\Big)^{1/p} + \Big(\int_X |g|^p\, d\mu\Big)^{1/p}\,.$$

27.2. Erweiterung des Integralbegriffes. Wie zuvor sei $(X, \mathfrak{A}, \mu)$ ein gegebener Maßraum und F ein BANACH-Raum. Unser Ziel ist die Vervollständigung des normierten Raumes $T(\mu, F)$ zu einem BANACH-Raum $L(\mu, F)$ und die anschließende Erweiterung des auf $T(\mu, F)$ erklärten Integrals auf den Raum $L(\mu, F)$. Hier benutzen wir die zuvor entwickelte Theorie. Die erste Aufgabe lösen wir mittels Satz 15.12, während wir für die zweite den Satz 15.7 anwenden, weil $T(\mu, F)$ in $L(\mu, F)$ überall dicht liegt.

Zunächst untersuchen wir die CAUCHY-Folgen des Raumes $T(\mu, F)$. Dabei muß der Leser sorgsam die verschiedenen Konvergenzbegriffe, die im folgenden auftreten, auseinanderhalten.

27.3. Es sei (f_n) eine CAUCHY*-Folge aus $T(\mu, F)$. Dann existiert eine Teilfolge (f_{n_k}), die fast überall gegen eine meßbare Funktion strebt und für die sich zu jedem $\varepsilon > 0$ eine meßbare Menge B_ε mit $\mu(B_\varepsilon) < \varepsilon$ angeben läßt, so daß die Folge (f_{n_k}) gleichmäßig auf $B_\varepsilon^c = X \setminus B_\varepsilon$ konvergiert.*

Beweis. Für jede natürliche Zahl k existiert ein Index n_k, so daß für alle $m, n \geqq n_k$ dann

$$||f_m - f_n||_T < \frac{1}{2^{2k}}$$

gilt. Dabei wählen wir n_k noch streng monoton wachsend, d. h. $n_k < n_{k+1}$. Es sei $g_k = f_{n_k}$. Für die Folge (g_k) bekommen wir dann

$$||g_m - g_n||_T < \frac{1}{2^{2n}}$$

für $m \geqq n$. Wir betrachten die Reihe

$$g_1(x) + \sum_{k=1}^{\infty} \big(g_{k+1}(x) - g_k(x)\big)\,. \tag{27.5}$$

Es sei A_n die Menge aller $x \in X$ mit $||g_{n+1}(x) - g_n(x)|| \geqq 2^{-n}$. Da g_n und g_{n+1} Treppenfunktionen sind, ist A_n eine meßbare Menge endlichen Maßes. Wegen

$$\frac{1}{2^n}\mu(A_n) = \int_{A_n} \frac{1}{2^n}\,d\mu \leqq \int_{A_n} |g_{n+1} - g_n|\,d\mu \leqq ||g_{n+1} - g_n||_T < \frac{1}{2^{2n}}$$

gilt $\mu(A_n) < 2^{-n}$. Für $B_n = A_n \cup A_{n+1} \cup \cdots$ beträgt $\mu(B_n) \leqq 2^{1-n}$. Da für $x \notin B_n$ stets $||g_{k+1}(x) - g_k(x)|| < 2^{-k}$ für $k \geqq n$ ist, konvergiert die Reihe (27.5) gleichmäßig auf B_n^c. Der Durchschnitt B aller Mengen B_n ist eine Nullmenge. Für einen Punkt $x \notin B$ konvergiert die Reihe (27.5), weil $x \notin B_n$ für ein gewisses n gilt. Nach Satz 17.17 ist die Summe der Reihe (27.5) meßbar. Unser Beweis ist beendet.

27.4. Die Cauchy*-Folge* (f_n) *aus* $T(\mu, F)$ *konvergiere fast überall gegen die Funktion* f *und die* Cauchy*-Folge* (g_n) *aus* $T(\mu, F)$ *fast überall gegen* g. *In diesem Fall gilt*

$$\lim_{n\to\infty} ||f_n - g_n||_T = 0$$

genau dann, wenn fast überall die Gleichung $f(x) = g(x)$ *besteht.*

Beweis. a) *Notwendig.* Es seien $h_n = f_n - g_n$ und $h = f - g$. Die Folge (h_n) aus $T(\mu, F)$, für die $||h_n||_T \to 0$ gilt, strebe fast überall gegen die meßbare Funktion h. Wir zeigen die Behauptung, daß fast überall $h(x) = \Theta$ ist, indem wir eine fast überall gegen Θ strebende Teilfolge $\left(h_{n_k}(x)\right)$ konstruieren.

Für zwei natürliche Zahlen n und k sei $A_n(k)$ die Menge aller $x \in X$ mit $||h_n(x)|| \geqq k^{-1}$. Die Menge $A_n(k)$ ist meßbar. Wegen

$$||h_n||_T = \int_X |h_n|\,d\mu \geqq \int_{A_n(k)} |h_n|\,d\mu \geqq \frac{1}{k}\,\mu(A_n(k))$$

ist $\left(\mu(A_n(k))\right)$ für jedes feste k eine Nullfolge. Daher können wir eine solche streng monoton wachsende Folge (n_k) natürlicher Zahlen wählen, daß

$$\mu(A_{n_k}(k)) = \mu\left(\left\{x;\ ||h_{n_k}(x)|| \geqq \frac{1}{k}\right\}\right) < \frac{1}{2^k}$$

gilt. Wir beweisen, daß $\left(h_{n_k}(x)\right)$ für fast alle $x \in X$ gegen Θ strebt.

Es seien $B_i = \bigcup_{k=1}^{\infty} A_{n_k}(k)$ und $C = \bigcap_{i=1}^{\infty} B_i$. Wegen $B_i \supseteq B_{i+1}$ konvergiert $\left(\mu(B_i)\right)$ nach Satz 17.2 gegen $\mu(C)$. Da

$$\mu(B_i) \leqq \sum_{k=i}^{\infty} \mu(A_{n_k}(k)) \leqq \sum_{k=i}^{\infty} \frac{1}{2^k} = \frac{1}{2^{i-1}}$$

gilt, ist C eine Nullmenge. Zu jedem Punkt $x \in X \setminus C$ kann man mindestens einen Index i mit $x \notin B_i$ angeben. Demnach ist $x \notin A_{n_k}(k)$ für alle $k \geqq i$ und folglich $||h_{n_k}(x)|| < k^{-1}$, so daß $\left(h_{n_k}(x)\right)$ gegen Θ strebt. Hieraus erhalten wir fast überall $h(x) = \Theta$.

b) *Hinreichend.* Es sei (h_n) eine CAUCHY-Folge aus $T(\mu, F)$, die fast überall gegen Θ strebt. Wir müssen beweisen, daß $||h_n||_T \to 0$ strebt.

Zu einem beliebig vorgegebenen $\varepsilon > 0$ existiert ein Index i derart, daß für alle $m, n \geqq i$ stets $||h_m - h_n||_T < \varepsilon$ gilt. Es sei A diejenige Menge endlichen Maßes, außerhalb der h_i verschwindet. Dann erhält man für $n \geqq i$ die Abschätzung:

$$\int_{A^c} |h_n| \, d\mu = \int_{A^c} |h_n - h_i| \, d\mu \leqq \int_X |h_n - h_i| \, d\mu = ||h_n - h_i||_T < \varepsilon .$$

Nach Satz 27.3 lassen sich eine Teilmenge B von A mit einem Maß

$$\mu(B) < \frac{\varepsilon}{1 + ||h_i||_T}$$

und eine Teilfolge (h_{n_k}), welche auf $A \setminus B$ gleichmäßig gegen Θ strebt, angeben. Dann gilt für einen hinreichend großen Index $n_k \geqq i$

$$\int_{A \setminus B} |h_{n_k}| \, d\mu < \varepsilon$$

und

$$\int_B |h_{n_k}| \, d\mu \leqq \int_B |h_{n_k} - h_i| \, d\mu + \int_B |h_i| \, d\mu \leqq ||h_{n_k} - h_i||_T + ||h_i||_T \, \mu(B) < 2\,\varepsilon .$$

Folglich ist

$$||h_{n_k}||_T = \int_X |h_{n_k}| \, d\mu = \int_{A^c} |h_{n_k}| \, d\mu + \int_{A \setminus B} |h_{n_k}| \, d\mu + \int_B |h_{n_k}| \, d\mu < 4\,\varepsilon .$$

Die CAUCHY-Folge (h_n) aus $T(\mu, F)$ besitzt also eine Teilfolge, die im Mittel gegen Θ konvergiert. Gemäß Aufgabe 9.2 strebt (h_n) gleichfalls im Mittel gegen Θ. Damit ist der Satz vollständig bewiesen.

Um die Vervollständigung des normierten Raumes $T(\mu, F)$ zu konstruieren, führt man wie im Beweis des Satzes 9.4 eine Äquivalenzrelation in der Menge aller CAUCHY-Folgen von $T(\mu, F)$ ein. Zwei CAUCHY-Folgen (f_n) und (g_n) aus $T(\mu, F)$ heißen äquivalent, wenn $\lim\limits_{n\to\infty} ||f_n - g_n||_T = 0$ gilt. Wir betrachten dann die Äquivalenzklassen von CAUCHY-Folgen aus $T(\mu, F)$ und ordnen jeder dieser Äquivalenzklassen eine gewisse meßbare Funktion zu. Ist nämlich die CAUCHY-Folge (f_n) ein Repräsentant einer Äquivalenzklasse, so soll dieser Äquivalenzklasse diejenige meßbare Funktion f entsprechen, gegen die nach Satz 27.3 eine Teilfolge von (f_n) fast überall konvergiert. Diese Zuordnung ist nach Satz 27.4 von der Wahl des Repräsentanten unabhängig, falls wir noch vereinbaren, daß fast überall gleiche Funktionen als identisch anzusehen sind. Offensichtlich ist diese Zuordnung linear-isomorph. Da nach Aufgabe 9.4 für zwei Repräsentanten (f_n), (g_n) ein und derselben Äquivalenzklasse die Grenzwerte $\lim\limits_{n\to\infty} ||f_n||_T$ und $\lim\limits_{n\to\infty} ||g_n||_T$ übereinstimmen und wir deshalb als Norm der Funktion f, welche dieser Äquivalenzklasse entspricht, die Größe

$$||f||_L = \lim_{n\to\infty} ||f_n||_T$$

einführen können, ist die Zuordnung zwischen den Äquivalenzklassen und den meßbaren Funktionen isometrisch-isomorph. Folglich können wir nach Satz 15.12 die Vervollständigung von $T(\mu, F)$ mit dem BANACH-Raum $L(\mu, F)$ aller meßbaren Funktionen f, die fast überall Grenzwert einer CAUCHY-Folge aus $T(\mu, F)$ sind, identifizieren. Dabei sind zwei fast überall gleiche Funktionen aus $L(\mu, F)$ als gleich zu betrachten, so daß die Elemente von $L(\mu, F)$ genaugenommen Äquivalenzklassen fast überall gleicher Funktionen sind. Jede μ-meßbare Funktion $f: X \to F$, die fast überall Grenzwert einer CAUCHY-Folge aus $T(\mu, F)$ ist, heißt *μ-integrierbar* oder kurz *integrierbar*.

27.5. SATZ. *Der Raum $L(\mu, F)$ aller μ-integrierbaren Funktionen $f: X \to F$ ist ein* BANACH-*Raum mit der Norm*

$$\|f\|_L = \lim_{n\to\infty} \int_X |f_n|\, d\mu ,$$

wobei (f_n) eine CAUCHY-*Folge aus $T(\mu, F)$ ist, die fast überall gegen f strebt. Es gilt $\|f\|_L = 0$ genau dann, wenn fast überall $f(x) = \Theta$ ist, d. h., wenn $f = \Theta$ ist. Der Raum $T(\mu, F)$ liegt in $L(\mu, F)$ überall dicht.*

Den Begriff der integrierbaren Funktion haben wir eingeführt, ohne daß der Zusammenhang zur Integration deutlich wurde. Dies soll nun nachgeholt werden, indem wir zeigen, daß sich für integrierbare Funktionen ein Integral erklären läßt. Um das Integral, welches zunächst nur für die Treppenfunktionen von $T(\mu, F)$ definiert ist, auf den BANACH-Raum $L(\mu, F)$ fortzusetzen, wenden wir den Erweiterungssatz 15.7 an:

27.6. SATZ. *Ist $f: X \to F$ eine μ-integrierbare Funktion, gegen die fast überall die* CAUCHY-*Folge (f_n) aus $T(\mu, F)$ strebt, so läßt sich das Integral der Funktion f durch die Formel*

$$\int_X f\, d\mu = \lim_{n\to\infty} \int_X f_n\, d\mu$$

erklären. Das Integral ist eine lineare stetige Funktion auf $L(\mu, F)$. Für zwei μ-integrierbare Funktionen, die fast überall gleich sind, stimmen die Integrale überein.

Der Beweis ergibt sich aus der Tatsache, daß $T(\mu, F)$ überall dicht in $L(\mu, X)$ liegt, sowie den Sätzen 15.7 und 27.2. Die Konvergenz der Folge $\left(\int_X f_n\, d\mu\right)$ erhält man auch direkt mittels der Ungleichung

$$\left\|\int_X f_n\, d\mu - \int_X f_m\, d\mu\right\| \leqq \int_X |f_n - f_m|\, d\mu = \|f_n - f_m\|_T$$

und der Vollständigkeit von F, weil $\left(\int_X f_n\, d\mu\right)$ eine CAUCHY-Folge in F ist.

Für das Integral der Funktion f schreiben wir auch manchmal

$$\int_X f\, d\mu = \int_X f(x)\, d\mu(x) .$$

BEISPIELE

27.2. Wir betrachten das System aller Teilmengen von $X = \boldsymbol{N}$, auf dem das Maß μ wie im Beispiel 17.2 erklärt ist. Eine Funktion $f: \boldsymbol{N} \to F$ (oder besser eine Folge) ist genau dann μ-integrierbar, wenn die Reihe $\sum_{n=1}^{\infty} \|f(n)\|$ konvergiert. Das Integral lautet

$$\int_X f\,d\mu = \sum_{n=1}^{\infty} f(n)\,.$$

27.3. Es sei $g\colon \boldsymbol{R} \to \boldsymbol{R}$ eine monoton wachsende stetige Funktion und μ das von ihr erzeugte LEBESGUE-STIELTJES-Maß (siehe Abschnitt 17.2). Falls eine Funktion $f\colon \boldsymbol{R} \to F$ integrierbar bezüglich dieses Maßes ist, so heißt das Integral $\int_{\boldsymbol{R}} f\,d\mu$ das LEBESGUE-STIELTJES-*Integral* der Funktion f. Insbesondere erhält man für die Funktion $g(x) = x$ bzw. $\mu = m_1$ das (eindimensionale) LEBESGUE-*Integral*.[1])

AUFGABEN

27.4. Es seien $(X, \mathfrak{A}, \mu)$ ein endlicher Maßraum und $f\colon X \to \boldsymbol{R}$ eine integrierbare Funktion. Für jede Zerlegung $\mathfrak{Z} = \{A_1, A_2, \ldots, A_n\}$ von X in paarweise disjunkte meßbare Mengen seien

$$S(\mathfrak{Z}) = \sum_{i=1}^{n} \sup\,\{f(x);\, x \in A_i\}\ \mu(A_i)\,,$$

$$s(\mathfrak{Z}) = \sum_{i=1}^{n} \inf\,\{f(x);\, x \in A_i\}\ \mu(A_i)\,.$$

Man beweise, daß

$$\int_X f\,d\mu = \inf\,\{S(\mathfrak{Z});\, \mathfrak{Z}\} = \sup\,\{s(\mathfrak{Z});\, \mathfrak{Z}\}$$

gilt, wobei die untere und die obere Grenze bezüglich aller Zerlegungen $\mathfrak{Z}$ der Menge X zu bilden sind. Für $X = [0, 1]$ und $\mu = m$ vergleiche man diese Behauptung mit der Definition des RIEMANN-Integrals.

27.5. Es seien $(X, \mathfrak{A}, \mu)$ ein endlicher Maßraum und $f\colon X \to \boldsymbol{R}$ eine integrierbare Funktion. Für beliebige $\varepsilon > 0$ und jede ganze Zahl n seien

$$A_n = \{x \in X;\, n\,\varepsilon \leqq f(x) < (n + 1)\,\varepsilon\}$$

und

$$S(\varepsilon) = \sum_{i=0}^{\infty} i\,\varepsilon\,\mu(A_i) + \sum_{i=1}^{\infty} (-\,i)\,\varepsilon\,\mu(A_{-i})\,.$$

Man beweise die Gleichung $\int_X f\,d\mu = \lim_{\varepsilon \to 0} S(\varepsilon)$.

27.6. Es sei $(X, \mathfrak{A}, \mu)$ ein Maßraum und F ein BANACH-Raum. Die Funktionen $f\colon X \to F$ und $g\colon X \to F$ seien fast überall gleich. Man beweise, daß aus der Integrierbarkeit von f die von g folgt.

27.7. Es sei $(X, \mathfrak{A}, \mu)$ ein Maßraum und $f\colon X \to \boldsymbol{R}$ eine nichtnegative integrierbare Funktion. Man beweise, daß $\int_X f\,d\mu \geqq 0$ ist.

27.8. Man gebe zwei integrierbare Funktionen f, g an, deren Produkt $f \cdot g$ nicht integrierbar ist.

27.9. Es sei $f\colon [0, 1] \to \boldsymbol{R}$ gegeben, wobei f auf dem CANTORschen Diskontinuum $\boldsymbol{D} \subset [0, 1]$ verschwindet und gleich n auf allen Intervallen mit der Länge 3^{-n} des Komplementes $\boldsymbol{D}^c$ ist. Man berechne das LEBESGUE-Integral über $[0, 1]$.

---

[1]) Eine Funktion $f\colon \boldsymbol{R}^n \to F$ heißt LEBESGUE-STIELTJES-*integrierbar* bzw. LEBESGUE-*integrierbar*, wenn f bezüglich eines LEBESGUE-STIELTJES-Maßes bzw. des LEBESGUE-Maßes integrierbar ist. Ihr Integral wird LEBESGUE-STIELTJES-*Integral* oder LEBESGUE-*Integral* genannt.

27.3. Eigenschaften des Integrals. Wir haben bereits erkannt, daß das Integral (bei festem μ und X) eine lineare stetige Funktion auf $L(\mu, F)$ ist.

27.7. *Es sei $f: X \to F$ eine μ-integrierbare Funktion. Dann ist auch die Funktion $|f|: X \to \mathbf{R}$, welche durch $|f|(x) = ||f(x)||$ erklärt ist, integrierbar und ihr Integral lautet*

$$\int_X |f| \, d\mu = ||f||_L .$$

Beweis. Die CAUCHY-Folge (f_n) aus $T(\mu, F)$ konvergiere fast überall gegen die Funktion f. Wegen $\big||f_n| - |f_m|\big| \leqq |f_n - f_m|$ und

$$||\,|f_n| - |f_m|\,||_T = \int_X \big||f_n| - |f_m|\big| \, d\mu \leqq \int_X |f_n - f_m| \, d\mu = ||f_n - f_m||_T$$

ist $(|f_n|)$ eine CAUCHY-Folge in $T(\mu, \mathbf{R})$. Weiterhin strebt $(|f_n|)$ fast überall gegen $|f|$, so daß $|f|: X \to \mathbf{R}$ integrierbar ist. Aufgrund der Sätze 27.5 und 27.6 gilt

$$\int_X |f| \, d\mu = \lim_{n \to \infty} \int_X |f_n| \, d\mu = ||f||_L .$$

Es sei A eine μ-meßbare Teilmenge von X. Wir nennen eine Funktion f: $X \to F$ *integrierbar über die Menge A*, wenn die Funktion $c_A f$ integrierbar ist. Dabei soll c_A die charakteristische Funktion der Menge A bedeuten. Das *Integral* der Funktion f *über die Menge A* wird durch die Formel

$$\int_A f \, d\mu = \int_A f(x) \, d\mu(x) = \int_X c_A f \, d\mu \tag{27.6}$$

erklärt. Jede integrierbare Funktion ist erst recht integrierbar über eine meßbaren Menge A. Denn wenn eine CAUCHY-Folge (f_n) aus $T(\mu, F)$ fast überall gegen f strebt, dann konvergiert auch die CAUCHY-Folge $(c_A f_n)$ aus $T(\mu, F)$ fast überall gegen $c_A f$. Weiterhin gilt die Ungleichung

$$\Big|\Big|\int_A f \, d\mu\Big|\Big| \leqq \int_A |f| \, d\mu \leqq ||f|| \, \mu(A) , \tag{27.7}$$

wobei $||f|| = \sup \{||f(x)||; x \in A\}$ und $0 \cdot \infty = 0$ ist. Wenn nämlich die CAUCHY-Folge (f_n) aus $T(\mu, F)$ fast überall gegen f strebt, so konvergiert nach Satz 27.7 die CAUCHY-Folge $(|f_n|)$ aus $T(\mu, \mathbf{R})$ fast überall gegen $|f|$. Daher besteht für jedes n die Ungleichung

$$\Big|\Big|\int_A f_n \, d\mu\Big|\Big| \leqq \int_A |f_n| \, d\mu ,$$

woraus sich

$$\Big|\Big|\int_A f \, d\mu\Big|\Big| \leqq \int_A |f| \, d\mu$$

ergibt. Wegen $|f|(x) \leqq ||f||$ für alle $x \in A$ bekommt man

$$\int_A |f| \, d\mu \leqq ||f|| \, \mu(A) ,$$

womit die Ungleichung (27.7) bewiesen ist.

Betrachten wir das Integral (27.6) für eine feste Funktion f und ein festes Maß μ, so ist das Integral als eine Mengenfunktion zu deuten, welche jeder

Menge A den Vektor (27.6) aus F zuordnet. In § 30 gehen wir näher darauf ein. Vorerst begnügen wir uns mit der Feststellung, daß das Integral eine additive Mengenfunktion von $\mathfrak{A}$ in F ist.

27.8. *Es sei $f: X \to F$ eine gegebene μ-integrierbare Funktion. Für zwei disjunkte μ-meßbare Teilmengen A, B von X gilt dann*

$$\int_{A \cup B} f \, d\mu = \int_A f \, d\mu + \int_B f \, d\mu .$$

Der Beweis ergibt sich wegen $c_{A \cup B} = c_A + c_B$ unmittelbar aus der Linearität des Integrals.

Wenn A und B zwei μ-meßbare Mengen sind, deren symmetrische Differenz eine μ-Nullmenge ist, so sind die Funktionen $c_A f$ und $c_B f$ fast überall gleich. Nach Satz 27.6 sind dann das Integral von $c_A f$ und das von $c_B f$ über die Menge X gleich, d. h.

$$\int_A f \, d\mu = \int_B f \, d\mu .$$

Diese Tatsache nutzen wir aus, um eine Funktion f, die überall in X mit Ausnahme einer Nullmenge N erklärt ist, zu integrieren. Diese Funktion heißt (vgl. Aufgabe 27.6) integrierbar, falls die Funktion $g: X \to F$,

$$g(x) = \begin{cases} f(x) & \text{für } x \in N^c , \\ \Theta & \text{für } x \in N \end{cases}$$

integrierbar ist. Das Integral der Funktion f über X stimmt mit dem Integral von g über X überein. Die erweitert reellwertigen integrierbaren Funktionen kann man als Beispiele für derartige Funktionen anführen, weil sie fast überall reellwertig sind:

27.9. *Eine erweitert reellwertige integrierbare Funktion $f: X \to \overline{\mathbf{R}}$ ist fast überall endlich.*

Beweis. Nach Voraussetzung ist die Funktion $|f|$ integrierbar. Es sei $A = \{x; |f(x)| = \infty\}$. Da für jede natürliche Zahl n

$$n \, \mu(A) = \int_A n \, d\mu \leqq \int_A |f| \, d\mu \leqq \int_X |f| \, d\mu < \infty$$

gilt, muß A eine Nullmenge sein.

AUFGABEN

27.10. Es seien $(X, \mathfrak{A}, \mu)$ ein Maßraum und $f: X \to \mathbf{R}$ sowie $g: X \to \mathbf{R}$ zwei integrierbare Funktionen. Man weise die Integrierbarkeit der Funktionen

$$\sup(f, g) = \frac{1}{2}(f + g + |f - g|), \qquad \inf(f, g) = \frac{1}{2}(f + g - |f - g|)$$

nach.

27.11. Es sei $(X, \mathfrak{A}, \mu)$ ein Maßraum. Zwei integrierbare Funktionen $f\colon X \to \boldsymbol{R}$ und $g\colon X \to \boldsymbol{R}$ mit $f(x) \leqq g(x)$ für fast alle $x \in X$ seien gegeben. Man beweise die Ungleichung

$$\int_A f\, d\mu \leqq \int_B g\, d\mu$$

für zwei meßbare Mengen A, B mit $A \subseteq B$.

27.12. Es sei $(X, \mathfrak{A}, \mu)$ ein Maßraum und F ein BANACH-Raum. Man beweise für eine integrierbare Funktion $f\colon X \to F$ folgende Eigenschaften:

a) Für alle $\delta > 0$ hat die Menge $\{x \in X;\, \|f(x)\| \geqq \delta\}$ endliches Maß.

b) Die Menge $\{x \in X;\, f(x) \neq \Theta\}$ besitzt σ-endliches Maß.

c) Für $A_n = \{x \in X;\, \|f(x)\| \geqq n\}$ gilt

$$\lim_{n\to\infty} n\,\mu(A_n) = 0\,.$$

27.13. Es sei $(X, \mathfrak{A}, \mu)$ ein Maßraum und $f\colon X \to \boldsymbol{R}$ eine nichtnegative integrierbare Funktion. Man beweise, daß für jedes $c > 0$ und $A \in \mathfrak{A}$ die Ungleichung

$$\mu\left(\{x \in A;\, f(x) \geqq c\}\right) \leqq \frac{1}{c}\int_A f\, d\mu$$

gilt und daß genau dann

$$\int_X f\, d\mu = 0$$

ist, wenn f fast überall verschwindet.

27.4. Vertauschbarkeit von Grenzübergang und Integration. Wir behandeln hier das Problem, wann für eine gegebene, fast überall konvergente Folge integrierbarer Funktionen $f_n\colon X \to F$, die Gleichung

$$\lim_{n\to\infty} \int_X f_n\, d\mu = \int_X \lim_{n\to\infty} f_n\, d\mu \tag{27.8}$$

besteht, oder mit anderen Worten, wann sich Grenzübergang und Integration vertauschen lassen. Für jede beliebige Folge ist dies nämlich nicht möglich.

BEISPIEL

27.4. Es sei $X = [0, 1]$ und $\mu = m$. Ist $f_n\colon [0, 1] \to \boldsymbol{R}$ für $n = 1, 2, \ldots$ die Funktion

$$f_n(x) = \begin{cases} n & \text{für } x \in \left(0, \dfrac{1}{n}\right), \\ 0 & \text{sonst}, \end{cases}$$

so strebt die Folge $(f_n(x))$ für jedes $x \in [0, 1]$ gegen Null. Jedoch beträgt

$$\int_X f_n(x)\, dm(x) = 1$$

für alle n.

Wir untersuchen deshalb, unter welchen zusätzlichen Bedingungen für eine Folge (f_n) die Gleichung (27.8) gilt. Aufgrund der Definition der integrierbaren Funktionen wissen wir, daß (27.8) von den CAUCHY-Folgen aus $T(\mu, F)$, die fast überall konvergieren, befriedigt wird. Diese Tatsache wird im Satz 27.11 verallgemeinert, wobei wir die Normkonvergenz in $L(\mu, F)$ (genau wie die in $T(\mu, F)$) *Konvergenz im Mittel* nennen.

27.10. *Die Folge μ-integrierbarer Funktionen $f_n: X \to F$ konvergiere im Mittel gegen die integrierbare Funktion g. Dann existiert eine Teilfolge (f_{n_k}), die fast überall gegen g strebt und für die sich zu jedem $\varepsilon > 0$ eine Menge $B_\varepsilon \in \mathfrak{A}$ mit $\mu(B_\varepsilon) < \varepsilon$ angeben läßt, so daß die Folge (f_{n_k}) gleichmäßig auf B_ε^c konvergiert.*

Der *Beweis* kann ähnlich wie der von Satz 27.3 geführt werden. Für jede natürliche Zahl k wird ein Index n_k bestimmt, für den

$$\|f_{n_k} - g\|_L < \frac{1}{2^{2k}}$$

und $n_k < n_{k+1}$ gilt. Für die Mengen $A_k = \left\{x; \| f_{n_k}(x) - g(x)\| \geqq \frac{1}{2^k}\right\}$ gilt dann

$$\frac{1}{2^k}\mu(A_k) \leqq \int_{A_k} |f_{n_k} - g|\, d\mu \leqq \|f_{n_k} - g\|_L < \frac{1}{2^{2k}},$$

d. h. $\mu(A_k) \leqq \frac{1}{2^k}$. Für $B_i = A_i \cup A_{i+1} \cup \cdots$ beträgt $\mu(B_i) \leqq \frac{1}{2^{i-1}}$. Im Fall $x \notin B_i$ gilt

$$\|f_{n_k}(x) - g(x)\| < \frac{1}{2^k}$$

für alle $k \geqq i$. Folglich konvergiert (f_{n_k}) gleichmäßig auf B_i^c gegen g. Der Durchschnitt B aller Mengen B_i besitzt das Maß Null. Es ist klar, daß (f_{n_k}) auf B^c punktweise gegen g konvergiert.

27.11. *Es sei (f_n) eine* CAUCHY-*Folge aus $L(\mu, F)$, die fast überall gegen die Funktion $f: X \to F$ konvergiert. Dann ist f integrierbar und (f_n) strebt im Mittel gegen f. Weiterhin gilt die Gleichung* (27.8).

Beweis. Die CAUCHY-Folge (f_n) des BANACH-Raumes $L(\mu, F)$ konvergiere im Mittel gegen die integrierbare Funktion g. Nach Satz 27.10 existiert eine Teilfolge (f_{n_k}), welche fast überall gegen g konvergiert. Da nach Voraussetzung die Teilfolge (f_{n_k}) fast überall gegen f strebt, sind f und g fast überall gleich. Somit ist die Funktion f nach Aufgabe 27.6 integrierbar und die Folge (f_n) konvergiert im Mittel gegen f. Wegen

$$\left\|\int_X f\, d\mu - \int_X f_n\, d\mu\right\| = \left\|\int_X (f - f_n)\, d\mu\right\| \leqq \int_X |f - f_n|\, d\mu = \|f - f_n\|_L$$

gilt die Gleichung (27.8).

Mit den letzten beiden Sätzen wurde neben dem Problem der Vertauschbarkeit des Grenzüberganges mit der Integration noch eine andere wichtige Aufgabe behandelt. Wir haben die Zusammenhänge zwischen der Konvergenz im Mittel und der Konvergenz „fast überall" von Folgen integrierbarer Funktionen aufgedeckt.

27.12. SATZ (B. LEVI). *Jede monotone Folge reellwertiger integrierbarer Funktionen $f_n: X \to \mathbf{R}$, für die der Grenzwert*

$$\lim_{n\to\infty} \int_X f_n\, d\mu$$

existiert, konvergiert fast überall gegen eine integrierbare Funktion, und es gilt die Gleichung (27.8).

Beweis. Wir können uns auf den Fall beschränken, daß (f_n) eine wachsende Folge ist. Denn für eine fallende Folge ergibt sich die Behauptung aus der Betrachtung der Folge $(-f_n)$.

Für $n \geqq m$ erhält man dann

$$\|f_n - f_m\|_L = \int_X (f_n - f_m)\, d\mu = \int_X f_n\, d\mu - \int_X f_m\, d\mu \leqq \lim_{n\to\infty} \int_X f_n\, d\mu - \int_X f_m\, d\mu\,,$$

so daß (f_n) eine CAUCHY-Folge in dem BANACH-Raum $L(\mu, \boldsymbol{R})$ ist. Daher konvergiert (f_n) im Mittel gegen eine Funktion $g \in L(\mu, \boldsymbol{R})$. Nach Satz 27.10 strebt eine Teilfolge von (f_n) fast überall gegen die Funktion g. Da (f_n) wächst, muß auch die Folge (f_n) fast überall gegen g konvergieren. Die letzte Behauptung ergibt sich aus Satz 27.11.

27.13. SATZ (P. FATOU). *Jede Folge nichtnegativer integrierbarer Funktionen $f_n\colon X \to \boldsymbol{R}$, welche der Bedingung*

$$\varliminf_{n\to\infty} \int_X f_n\, d\mu < \infty$$

genügt, besitzt für fast alle $x \in X$ einen endlichen unteren Grenzwert $\varliminf_{n\to\infty} f_n(x)$. Ferner ist die Funktion $\varliminf_{n\to\infty} f_n$ integrierbar, und es gilt

$$\int_X \varliminf_{n\to\infty} f_n\, d\mu \leqq \varliminf_{n\to\infty} \int_X f_n\, d\mu\,.$$

Beweis. Für eine feste natürliche Zahl k bilden wir die fallende Folge (g_m), wobei die Funktion $g_m = \inf\,(f_k, f_{k+1}, \ldots, f_{k+m})$ ist. Nach Satz 27.12 konvergiert (g_m) fast überall gegen die integrierbare Funktion $h_k = \inf\,(f_k, f_{k+1}, \ldots)$. Wegen

$$\int_X g_m\, d\mu \leqq \min\left(\int_X f_k\, d\mu, \ldots, \int_X f_{k+m}\, d\mu\right)$$

erhalten wir die Abschätzung

$$\int_X h_k\, d\mu = \lim_{m\to\infty} \int_X g_m\, d\mu \leqq \inf\left(\int_X f_n\, d\mu;\, n \geqq k\right) \leqq \varliminf_{n\to\infty} \int_X f_n\, d\mu\,. \tag{27.9}$$

Die Folge (h_k) wächst, so daß diese Folge nach dem Satz von B. LEVI fast überall gegen eine integrierbare Funktion konvergiert, die gleich $\varliminf_{n\to\infty} f_n$ ist. Aufgrund von (27.9) bekommen wir

$$\int_X \varliminf_{n\to\infty} f_n\, d\mu = \lim_{k\to\infty} \int_X h_k\, d\mu \leqq \varliminf_{n\to\infty} \int_X f_n\, d\mu\,.$$

27.14. SATZ (H. LEBESGUE). *Jede Folge integrierbarer Funktionen $f_n\colon X \to F$, die fast überall gegen eine Funktion $f\colon X \to F$ strebt und die der Bedingung*

$$\|f_n(x)\| \leqq g(x)$$

für alle n und fast alle $x \in X$ genügt, wobei g eine nichtnegative integrierbare Funktion ist, konvergiert im Mittel gegen die integrierbare Funktion f. Weiterhin gilt die Gleichung (27.8).

Beweis. Wir können annehmen, daß für jedes n die Ungleichung $\|f_n(x)\| \leqq g(x)$ für alle $x \in X$ besteht. Die Folge der Funktionen $g_k\colon X \to \boldsymbol{R}$ mit

$$g_k(x) = \sup \{\|f_n(x) - f_m(x)\|;\ n, m \geqq k\}$$

fällt monoton und strebt fast überall gegen 0. Wegen $g_k(x) \leqq 2\, g(x)$ für alle $x \in X$ sind nach Satz 27.12 die Funktionen g_k integrierbar, und es gilt

$$\lim_{k\to\infty} \int_X g_k \, d\mu = 0 .$$

Somit ist (f_n) eine CAUCHY-Folge in $L(\mu, F)$. Nach Satz 27.11 ist die Funktion f integrierbar und es gilt die Gleichung (27.8).

Aus dem Satz von H. LEBESGUE erhalten wir die Folgerung, daß jede beschränkte meßbare Funktion über eine Menge endlichen Maßes integrierbar ist.

27.15. *Eine Funktion $f\colon X \to F$ ist genau dann integrierbar, wenn f meßbar und $|f|$ integrierbar ist. Ist allgemeiner $f\colon X \to F$ eine meßbare Funktion und $g\colon X \to \boldsymbol{R}$ eine nichtnegative integrierbare Funktion mit*

$$\|f(x)\| \leqq g(x)$$

für fast alle $x \in X$, so ist die Funktion f integrierbar.

Beweis. a) Eine integrierbare Funktion f ist nach Definition meßbar. Aus Satz 27.7 folgt die Integrierbarkeit der Funktion $|f|$.

b) Es sei $f\colon X \to F$ eine meßbare Funktion und $g\colon X \to \boldsymbol{R}$ eine nichtnegative Funktion mit $\|f(x)\| \leqq g(x)$ für fast alle $x \in X$. Dann können wir eine Folge (f_n) von Treppenfunktionen angeben, die fast überall gegen f strebt. Wir erklären die Funktionen h_n durch

$$h_n(x) = \begin{cases} f_n(x) & \text{falls } \|f_n(x)\| \leqq 2\, g(x)\,, \\ \Theta & \text{sonst}\,. \end{cases}$$

Die Folge (h_n) konvergiert fast überall gegen f und es gilt $\|h_n(x)\| \leqq 2\, g(x)$ für $x \in X$. Weiterhin sind die Funktionen h_n integrierbar, weil die Menge $\{x;\ h_n(x) \neq \Theta\} \subseteq \{x;\ 2\, g(x) - \|f_n(x)\| \geqq 0\}$ meßbar ist. Nach Satz 27.14 ist die Funktion f integrierbar. Damit ist der Beweis beendet.

27.16. *Es sei $f\colon X \to F$ eine integrierbare Funktion. Ist B die Vereinigung von paarweise disjunkten Mengen $A_n \in \mathfrak{A}$ $(n = 1, 2, \ldots)$, so gilt*

$$\int_B f \, d\mu = \sum_{n=1}^{\infty} \int_{A_n} f \, d\mu .$$

Beweis. Wir setzen $B_1 = A_1$, $B_k = A_1 \cup \cdots \cup A_k$ und $f_k = c_{B_k} f$. Die Folge der integrierbaren Funktionen f_k konvergiert überall gegen die Funktion $c_B f$.

Wegen $\|f_k(x)\| \leqq \|f(x)\|$ für jedes $x \in X$ erhält man aufgrund der Sätze 27.7 und 27.14 die Gleichung

$$\lim_{k\to\infty} \int_X f_k\, d\mu = \int_X c_B f\, d\mu = \int_B f\, d\mu\,.$$

Andererseits ist aber

$$\lim_{k\to\infty} \int_X f_k\, d\mu = \lim_{k\to\infty} \int_X c_{B_k} f\, d\mu = \sum_{k=1}^{\infty} \int_X c_{A_k} f\, d\mu = \sum_{k=1}^{\infty} \int_{A_k} f\, d\mu\,,$$

womit die Behauptung bewiesen ist.

AUFGABEN

27.14. Die Folge der stetigen Funktionen f_n: $[0, 1] \to [0, 1]$ konvergiere punktweise gegen die identisch verschwindende Funktion. Man beweise, daß

$$\lim_{n\to\infty} \int_{[0,1]} f_n\, dm = 0$$

gilt.

27.15. Man gebe eine Folge LEBESGUE-integrierbarer Funktionen f_n: $[0, 1] \to \boldsymbol{R}$ an, welche

a) im Mittel konvergiert, aber nirgends punktweise konvergiert;

b) punktweise gegen eine LEBESGUE-integrierbare Funktion f strebt, aber nicht im Mittel konvergiert.

27.16. Es sei $(X, \mathfrak{A}, \mu)$ ein Maßraum und F ein BANACH-Raum. Die Folge der integrierbaren Funktionen f_n: $X \to F$ konvergiere gleichmäßig gegen die Funktion f: $X \to F$. Ist f dann integrierbar und gilt die Gleichung

$$\lim_{n\to\infty} \int_X f_n\, d\mu = \int_X f\, d\mu\ ?$$

27.17. Es sei $(X, \mathfrak{A}, \mu)$ ein Maßraum und F ein BANACH-Raum. Die integrierbaren Funktionen f_n: $X \to F$ mögen der Bedingung

$$\sum_{n=1}^{\infty} \int_X |f_n|\, d\mu < \infty$$

genügen. Man zeige, daß die Reihe $\sum_{n=1}^{\infty} f_n$ fast überall konvergiert, daß deren Summe f integrierbar ist und daß

$$\sum_{n=1}^{\infty} \int_X f_n\, d\mu = \int_X f\, d\mu$$

gilt.

27.18. Man beweise, daß eine nichtnegative Funktion f: $\boldsymbol{R}^n \to \boldsymbol{R}$ genau dann LEBESGUE-integrierbar ist, wenn eine monoton wachsende Folge von Treppenfunktionen f_k fast überall gegen f konvergiert und dabei die Menge der Zahlen

$$\int_{\boldsymbol{R}^n} f_k\, dm$$

beschränkt bleibt.

27.5. BANACH-Raum $L_p(\mu, F)$. Wir setzen voraus, daß $(X, \mathfrak{A}, \mu)$ ein Maßraum, F ein BANACH-Raum und $p \geqq 1$ eine feste Zahl ist. Mit $L_p(\mu, F)$ bezeichnen wir dann die Menge aller meßbaren Funktionen $f\colon X \to F$, für die die Funktion $|f|^p\colon X \to \boldsymbol{R}$, welche durch die Gleichung $|f|^p(x) = \|f(x)\|^p$ erklärt ist, integrierbar ist. Eine meßbare Funktion $f\colon X \to F$ gehört demnach genau dann zu $L_p(\mu, F)$, wenn die Funktion $|f|\colon X \to \boldsymbol{R}$ in $L_p(\mu, \boldsymbol{R})$ liegt. Wir vereinbaren noch, daß zwei fast überall gleiche Funktionen aus $L_p(\mu, F)$ stets als gleich anzusehen sind. Jede Treppenfunktion von X in F liegt in $L_p(\mu, F)$.

Die Menge $L_p(\mu, F)$ ist ein Vektorraum. Denn mit zwei beliebigen Funktionen f, g gehören auch das Produkt αf mit einer Zahl α sowie die Summe $f + g$ zu $L_p(\mu, F)$, weil die Funktionen αf und $f + g$ nach Satz 17.14 meßbar sind, die Funktion $|\alpha f|^p = |\alpha|^p |f|^p$ natürlich integrierbar und wegen

$$\|f(x) + g(x)\|^p \leqq (\|f(x)\| + \|g(x)\|)^p \leqq 2^p \max\{\|f(x)\|^p, \|g(x)\|^p\}$$

für alle $x \in X$ (nach Aufgabe 27.10 und Satz 27.15) auch die Funktion $|f + g|^p$ integrierbar ist. Die in $L_p(\mu, F)$ eingeführte Gleichheit ist mit der Addition und skalaren Multiplikation verträglich.

Jedem Element f des Vektorraumes $L_p(\mu, F)$ ordnen wir die nichtnegative Zahl

$$\|f\|_p = \Big(\int_X |f|^p \, d\mu\Big)^{1/p} \tag{27.10}$$

zu. Nach Aufgabe 27.13 gilt $\|f\|_p = 0$ genau dann, wenn die Funktion f fast überall verschwindet, mit anderen Worten, wenn $f = \Theta$ ist. Außerdem ist $\|\alpha f\|_p = |\alpha| \, \|f\|_p$ für jede Zahl α. Im Fall $p = 1$ wissen wir bereits durch Satz 27.5, daß dann (27.10) eine Norm und $L_1(\mu, F) = L(\mu, F)$ ein BANACH-Raum ist. Wir zeigen nun, daß (27.10) auch für $p > 1$ eine Norm im Vektorraum $L_p(\mu, F)$ ist.

27.17 *Für je zwei Funktionen $f \in L_p(\mu, F)$ und $g \in L_q(\mu, F)$, wobei $\frac{1}{p} + \frac{1}{q} = 1$ für die Zahlen $p > 1$ und $q > 1$ gilt, ist $|f| \, |g| \in L(\mu, \boldsymbol{R})$, und es besteht die* HÖLDER*sche Ungleichung*

$$\int_X |f| \, |g| \, d\mu \leqq \|f\|_p \, \|g\|_q \,. \tag{27.11}$$

Beweis. Wir können annehmen, daß $\|f\|_p \, \|g\|_q > 0$ ist. Für beliebige $x \in X$ gilt wegen (8.1) die Ungleichung

$$\frac{\|f(x)\|}{\|f\|_p} \frac{\|g(x)\|}{\|g\|_q} \leqq \frac{1}{p} \frac{\|f(x)\|^p}{\|f\|_p^p} + \frac{1}{q} \frac{\|g(x)\|^q}{\|g\|_q^q}.$$

Nach Satz 27.15 liegt dann die Funktion $|f| \, |g|$ in $L(\mu, \boldsymbol{R})$. Integriert man die obige Ungleichung über X (vgl. Aufgabe 27.11), so erhält man (27.11).

Um die Dreiecksungleichung für (27.10) nachzuweisen, benutzen wir die HÖLDERsche Ungleichung.

27.18. *Für beliebige Funktionen $f, g \in L_p(\mu, F)$ $(p \geqq 1)$ besteht die* MINKOWSKI*sche Ungleichung*

$$\Big(\int_X |f + g|^p \, d\mu\Big)^{1/p} \leqq \Big(\int_X |f|^p \, d\mu\Big)^{1/p} + \Big(\int_X |g|^p \, d\mu\Big)^{1/p}$$

oder kurz

$$\|f + g\|_p \leqq \|f\|_p + \|g\|_p .$$

Beweis. Es sei $p > 1$. Wegen $f + g \in L_p(\mu, F)$ ist $|f + g|^{p-1} \in L_q(\mu, \boldsymbol{R})$, wobei $\frac{1}{p} + \frac{1}{q} = 1$ gilt. Nach Satz 27.17 sind dann die Funktionen $|f|\ |f + g|^{p-1}$ und $|g|\ |f + g|^{p-1}$ integrierbar, so daß sich aus

$$\|f(x) + g(x)\|^p \leqq \|f(x)\|\ \|f(x) + g(x)\|^{p-1} + \|g(x)\|\ \|f(x) + g(x)\|^{p-1}$$

für jedes $x \in X$ durch Integration nach Aufgabe 27.11 die Ungleichung

$$\int_X |f + g|^p\, d\mu \leqq \int_X |f|\ |f + g|^{p-1}\, d\mu + \int_X |g|\ |f + g|^{p-1}\, d\mu$$

ergibt. Mittels der HÖLDERschen Ungleichung (27.11) erhalten wir

$$\int_X |f|\ |f + g|^{p-1}\, d\mu \leqq \|f\|_p \left(\int_X |f + g|^p\, d\mu\right)^{1/q},$$

$$\int_X |g|\ |f + g|^{p-1}\, d\mu \leqq \|g\|_p \left(\int_X |f + g|^p\, d\mu\right)^{1/q}$$

und damit

$$\int_X |f + g|^p\, d\mu \leqq (\|f\|_p + \|g\|_p) \left(\int_X |f + g|^p\, d\mu\right)^{1/q},$$

womit die Behauptung bewiesen ist.

Die Normkonvergenz in $L_p(\mu, F)$ heißt *Konvergenz im Mittel p-ter Ordnung.* Da der normierte Raum $L_1(\mu, F) = L(\mu, F)$ bereits im Abschnitt 27.2 eingehend untersucht wurde, beschränken wir uns im folgenden auf den Fall $p > 1$. Zunächst weisen wir nach, daß $L_p(\mu, F)$ ein BANACH-Raum ist.

27.19. SATZ. *Der normierte Raum $L_p(\mu, F)$ ist vollständig, d. h., zu jeder CAUCHY-Folge (f_n) aus $L_p(\mu, F)$ existiert eine Funktion $f \in L_p(\mu, F)$ derart, daß (f_n) im Mittel p-ter Ordnung gegen f konvergiert. Weiterhin gibt es eine Teilfolge (f_{n_k}), die fast überall gegen f strebt und für die sich zu jedem $\varepsilon > 0$ eine solche Menge $B_\varepsilon \in \mathfrak{A}$ mit $\mu(B_\varepsilon) < \varepsilon$ angeben läßt, daß die Teilfolge (f_{n_k}) auf B_ε^c gleichmäßig konvergiert.*

Der Beweis verläuft ähnlich wie der des Satzes 27.3. Nachdem man eine Teilfolge von (f_n) auswählt, gilt für $m \geqq n$ stets

$$\|f_m - f_n\|_p^p < \frac{1}{2^{2n}}.$$

Für jede Menge $A_n = \left\{x;\ \|f_{n+1}(x) - f_n(x)\|^p \geqq \frac{1}{2^n}\right\}$ $(n = 1, 2, \ldots)$ ist wegen

$$\frac{1}{2^n}\,\mu(A_n) \leqq \int_{A_n} |f_{n+1} - f_n|^p\, d\mu \leqq \|f_{n+1} - f_n\|_p^p < \frac{1}{2^{2n}}$$

(siehe Aufgabe 27.13) das Maß $\mu(A_n) \leqq \frac{1}{2^n}$. Für $B_n = A_n \cup A_{n+1} \cup \cdots$ beträgt $\mu(B_n) \leqq \frac{1}{2^{n-1}}$. In jedem Punkt $x \notin B_n$ gilt

$$\|f_{k+1}(x) - f_k(x)\|^p < \frac{1}{2^k}$$

für alle $k \geqq n$. Folglich konvergiert die Reihe

$$f_1 + \sum_{k=1}^{\infty} (f_{k+1} - f_k)$$

gleichmäßig auf B_n^c. Dies ist für jedes n der Fall. Der Durchschnitt B sämtlicher Mengen B_n ist eine Nullmenge. Dann konvergiert in jedem Punkt $x \notin B$ die Folge $(f_k(x))$ gegen $f(x)$. Wir müssen noch zeigen, daß $f \in L_p(\mu, F)$ ist und daß (f_k) im Mittel p-ter Ordnung gegen f strebt.

Zunächst ist die Funktion f nach Satz 17.17 meßbar. Weiterhin gibt es zu jedem $\varepsilon > 0$ einen Index k_0, so daß

$$\int_X |f_i - f_k|^p \, d\mu < \varepsilon$$

für alle i, $k \geqq k_0$ gilt. Bei festem $k \geqq k_0$ strebt die Folge der integrierbaren Funktionen $|f_i - f_k|^p : X \to \boldsymbol{R}$ für $i \to \infty$ fast überall gegen die Funktion $|f - f_k|^p$. Nach dem Fatouschen Lemma 27.13 ist dann die Funktion $|f - f_k|^p$ integrierbar. Folglich gehört $f - f_k$ und damit auch f zu $L_p(\mu, F)$. Aus Satz 27.13 ergibt sich noch die Ungleichung

$$\int_X |f - f_k|^p \, d\mu \leqq \varepsilon$$

für alle $k \geqq k_0$. Damit konvergiert die Folge (f_k) im Mittel p-ter Ordnung gegen f, was zu beweisen war.

Insbesondere erhält man aus dem letzten Satz, daß jede Cauchy-Folge aus $L_p(\mu, F)$, welche fast überall gegen eine Funktion $f: X \to F$ strebt, im Mittel p-ter Ordnung gegen f konvergiert und daß f in $L_p(\mu, F)$ liegt.

27.20. *Eine Folge von Funktionen $f_n \in L_p(\mu, F)$ konvergiere fast überall gegen die Funktion f: $X \to F$. Gilt für eine Funktion $g \in L_p(\mu, \boldsymbol{R})$ die Ungleichung*

$$\|f_n(x)\| \leqq g(x)$$

für alle n und fast alle $x \in X$, so ist $f \in L_p(\mu, F)$ und die Folge (f_n) strebt im Mittel p-ter Ordnung gegen f.

Beweis. Da nach Voraussetzung die Folge $(|f_n|^p)$ fast überall gegen $|f|^p$ konvergiert, für fast alle $x \in X$ die Ungleichung $\|f_n(x)\|^p \leqq (g(x))^p$ gilt und g^p integrierbar ist, folgt aus Satz 27.14 die Integrierbarkeit der Funktion $|f|^p$. Die Funktion f ist nach Satz 17.17 meßbar. Folglich gehört f zu $L_p(\mu, F)$ und es gilt $\|f(x)\| \leqq g(x)$ für fast alle $x \in X$. Die Folge $(f_n - f)$ aus $L_p(\mu, F)$ konvergiert fast überall gegen Θ. Wegen

$$(\|f_n(x) - f(x)\|)^p \leqq (\|f_n(x)\| + \|f(x)\|)^p \leqq 2^p (g(x))^p$$

ergibt sich nach Satz 27.14 die Gleichung

$$\lim_{n\to\infty} \int_X |f_n - f|^p \, d\mu = 0 ,$$

d. h., die Folge (f_n) konvergiert im Mittel p-ter Ordnung gegen f, womit der Beweis beendet ist.

27.21. *Die Menge der Treppenfunktionen liegt in* $L_p(\mu, F)$ *überall dicht.*

Beweis. Wir zeigen, daß sich jede beliebige Funktion $f \in L_p(\mu, F)$ als Grenzwert einer im Mittel p-ter Ordnung konvergenten Folge von Treppenfunktionen darstellen läßt. Da f meßbar ist, kann man eine Folge von Treppenfunktionen $f_n\colon X \to F$ angeben, die fast überall gegen f konvergiert. Wir bilden dann die Funktionen

$$g_n(x) = \begin{cases} f_n(x) , & \text{falls } \|f_n(x)\| \leqq 2\|f(x)\| , \\ \Theta & \text{sonst} . \end{cases}$$

Die Folge der Treppenfunktionen g_n strebt fast überall gegen f, und es gilt $\|g_n(x)\| \leqq 2\|f(x)\|$ für jedes $x \in X$. Nach dem vorhergehenden Satz konvergiert (g_n) im Mittel p-ter Ordnung gegen f, womit die Behauptung bewiesen ist.

Es sei $L_\infty(\mu, F)$ die Menge aller meßbaren Funktionen $f\colon X \to F$, für die sich eine Konstante k angeben läßt, so daß

$$\|f(x)\| \leqq k \tag{27.12}$$

für fast alle $x \in X$ gilt. Wiederum sollen fast überall gleiche Funktionen aus $L_\infty(\mu, F)$ als identisch angesehen werden. Für $f \in L_\infty(\mu, F)$ bezeichnet man mit $\|f\|_\infty$ die untere Grenze aller Zahlen k mit der Eigenschaft (27.12). Wie der Leser selbst beweist, ist $L_\infty(\mu, F)$ ein normierter Raum mit $\|f\|_\infty$ als Norm eines Elementes $f \in L_\infty(\mu, F)$. Auch die Höldersche Ungleichung läßt sich auf den Fall $p = 1$, $q = \infty$ übertragen. Sind nämlich $f \in L_1(\mu, F)$ und $g \in L_\infty(\mu, F)$, so ist wegen $\|f(x)\| \, \|g(x)\| \leqq \|f(x)\| \, \|g\|_\infty$ für fast alle $x \in X$ nach Satz 27.15 die Funktion $|f| \, |g|\colon X \to \boldsymbol{R}$ integrierbar, und es gilt

$$\int_X |f| \, |g| \, d\mu \leqq \|f\|_1 \, \|g\|_\infty .$$

Wählt man speziell $X = \boldsymbol{N}$ und μ als das Maß des Beispiels 17.2, so erhält man für jeden festen Wert p mit $1 \leqq p \leqq \infty$ als $L_p(\mu, \boldsymbol{R})$ genau den Raum $\boldsymbol{l}_p$.

Zum Zwecke eines weiteren Studiums der Räume $L_p(\mu, F)$ weisen wir den Leser auf das Buch von N. Dinculeanu [1] hin.

AUFGABEN

27.19. Es sei $(X, \mathfrak{A}, \mu)$ ein Maßraum und F ein Banach-Raum. Für $1 \leqq r < p < s \leqq \infty$ besteht die Inklusion

$$L_r(\mu, F) \cap L_s(\mu, F) \subset L_p(\mu, F) .$$

Ist μ ein endliches Maß, so gilt sogar

$$L_s(\mu, F) \subset L_p(\mu, F) .$$

27.20. Man beweise, daß für ein endliches Maß μ die Gleichung

$$||f||_\infty = \lim_{p\to\infty} ||f||_p$$

für $f \in L_\infty(\mu, F)$ gilt.

27.21. Man beweise, daß für jede meßbare Funktion $f\colon X \to F$ die Menge $I_f = \{p; 1 \leqq p \leqq \infty, f \in L_p(\mu, F)\}$ entweder leer oder ein Intervall ist. Man gebe für die auf $X = \left(0, \frac{1}{2}\right]$ erklärten Funktionen

$$f(x) = x^{-1/p} \left(\log \frac{1}{x}\right)^{-2/p} \quad (p \geqq 1),$$

$$g(x) = \log \frac{1}{x}$$

und $\mu = m$ die Menge I_f an.

27.22. Man zeige, daß mit f und g auch $\sup(f, g)$ und $\inf(f, g)$ in $L_p(\mu, \boldsymbol{R})$ liegen.

27.23. Man beweise die Vollständigkeit des Raumes $L_\infty(\mu, F)$.

27.24. Es sei $1 \leqq p \leqq \infty$ und $\frac{1}{p} + \frac{1}{q} = 1$. Ferner sei $(X, \mathfrak{A}, \mu)$ ein Maßraum und F ein Banach-Raum. Die Folge der Funktionen $f_n \in L_p(\mu, F)$ konvergiere im Mittel p-ter Ordnung gegen $f \in L_p(\mu, F)$ und die Folge der Funktionen $g_n \in L_q(\mu, \boldsymbol{R})$ konvergiere im Mittel q-ter Ordnung gegen $g \in L_q(\mu, \boldsymbol{R})$. Man beweise, daß die Funktionen $f_n g_n$ und fg integrierbar sind und

$$\lim_{n\to\infty} \int_X f_n g_n \, d\mu = \int_X fg \, d\mu$$

gilt.

§ 28. Integration über eine Produktmenge

Es seien $(X, \mathfrak{A}, \mu)$ und $(Y, \mathfrak{B}, \nu)$ zwei gegebene Maßräume. In der Produktmenge $X \times Y$ bilden alle Teilmengen der Form $A \times B$ mit $A \in \mathfrak{A}$ und $B \in \mathfrak{B}$ einen Mengenring, der die σ-Algebra $\mathfrak{A} \otimes \mathfrak{B}$ erzeuge. Wir behandeln im folgenden das Problem der Existenz eines auf $\mathfrak{A} \otimes \mathfrak{B}$ erklärten Maßes λ mit der Eigenschaft $\lambda(A \times B) = \mu(A)\, \nu(B)$ für $A \in \mathfrak{A}$ und $B \in \mathfrak{B}$. Für σ-endliche Maße μ und ν erhalten wir eine positive Antwort. Abschließend wird in diesem Fall die Integration bezüglich des Maßes λ untersucht. Der Satz von Fubini liefert uns ein nützliches Verfahren zur Integration über Produktmengen.

28.1. σ-Algebra einer Produktmenge. Es seien X und Y zwei gegebene nichtleere Mengen. Weiterhin sei $\mathfrak{A}$ eine σ-Algebra von X und $\mathfrak{B}$ eine von Y. Wir bezeichnen mit $\mathfrak{R}$ die Gesamtheit aller Vereinigungen von endlich vielen paarweise disjunkten Mengen der Form $A \times B$ mit $A \in \mathfrak{A}$ und $B \in \mathfrak{B}$.

28.1. Das System $\mathfrak{R}$ ist ein Mengenring von $X \times Y$.

Beweis. Die leere Menge ist in $\mathfrak{R}$ enthalten. Da nach Aufgabe 1.14 die Gleichungen

$$(A_1 \times B_1) \cap (A_2 \times B_2) = (A_1 \cap A_2) \times (B_1 \cap B_2),$$

$$(A_1 \times B_1) \setminus (A_2 \times B_2) = [(A_1 \setminus A_2) \times B_1] \cup [(A_1 \cap A_2) \times (B_1 \setminus B_2)]$$

gelten, gehören mit $E_1 = A_1 \times B_1$ und $E_2 = A_2 \times B_2$ auch $E_1 \cap E_2$ und $E_1 \setminus E_2$ zu $\mathfrak{R}$. Aus

$$E_1 \cup E_2 = (E_1 \setminus E_2) \cup E_2$$

und $(E_1 \setminus E_2) \cap E_2 = \emptyset$ folgt $E_1 \cup E_2 \in \mathfrak{R}$. Deshalb ist $\mathfrak{R}$ ein Mengenring.

Wir bezeichnen im folgenden mit $\mathfrak{A} \otimes \mathfrak{B}$ die von $\mathfrak{R}$ erzeugte σ-Algebra. Ist beispielsweise $\mathfrak{A} = \mathfrak{B}$ das System aller LEBESGUE-meßbaren Teilmengen von $\boldsymbol{R}$, so gehören alle Intervalle von $\boldsymbol{R}^2$ zu dem Mengenring $\mathfrak{R}$. Dagegen liegt kein Kreis in $\mathfrak{R}$. Alle Kreise sind in der σ-Algebra $\mathfrak{A} \otimes \mathfrak{B}$ enthalten.

82.2. *Es sei $E \in \mathfrak{A} \otimes \mathfrak{B}$. Für jedes $x \in X$ und $y \in Y$ gehört die Menge $E_x = \{y; (x, y) \in E\}$ zu $\mathfrak{B}$ und die Menge $E_y = \{x; (x, y) \in E\}$ zu $\mathfrak{A}$.*

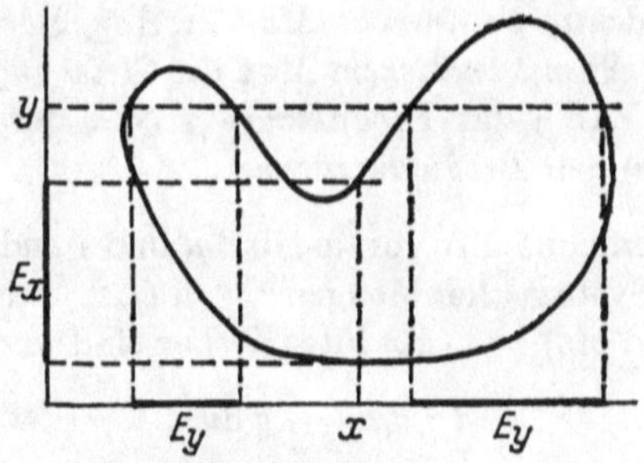

Abb. 28.1

Beweis. Wir zeigen lediglich, daß die Menge E_x für jedes $x \in X$ zu $\mathfrak{B}$ gehört. Es sei $\mathfrak{S}$ das System aller Teilmengen $E \in \mathfrak{A} \otimes \mathfrak{B}$ mit $E_x \in \mathfrak{B}$ für alle $x \in X$. Jede Menge der Form $A \times B$ mit $A \in \mathfrak{A}$ und $B \in \mathfrak{B}$ gehört wegen

$$(A \times B)_x = \begin{cases} \emptyset & \text{für } x \notin A\,, \\ B & \text{für } x \in A \end{cases}$$

zu $\mathfrak{S}$. Folglich umfaßt $\mathfrak{S}$ den Mengenring $\mathfrak{R}$. Die Behauptung ist bewiesen, falls $\mathfrak{S}$ eine σ-Algebra ist, weil wegen $\mathfrak{S} \subseteq \mathfrak{A} \otimes \mathfrak{B}$ dann $\mathfrak{S} = \mathfrak{A} \otimes \mathfrak{B}$ ist. Mit $E \in \mathfrak{S}$ gehört auch $E^c = (X \times Y) \setminus E$ wegen

$$(E^c)_x = \{y; (x, y) \in E^c\} = \{y; (x, y) \in E\}^c = (E_x)^c$$

zu $\mathfrak{S}$. Für $E_n \in \mathfrak{S}$ erhalten wir

$$\left(\bigcup_{n=1}^{\infty} E_n\right)_x = \bigcup_{n=1}^{\infty} (E_n)_x\,,$$

so daß $\bigcup_{n=1}^{\infty} E_n$ in $\mathfrak{S}$ liegt. Daher ist $\mathfrak{S}$ eine σ-Algebra.

AUFGABEN

28.1. Es sei $I = [0,1]$. Für eine Menge $E \subset I \times I$ gelte $m_1(E_x) = m_1(I \setminus E_y) = 0$ für alle $x, y \in I$. Man zeige, daß E nicht m_2-meßbar ist.

28.2. Es seien $E_1 = A_1 \times B_1$ und $E_2 = A_2 \times B_2$ nichtleer und disjunkt. Man zeige, daß $E = A \times B$ genau dann die Vereinigung der beiden Mengen E_1 und E_2 ist, wenn $A = A_1 \cup A_2$, $A_1 \cap A_2 = \emptyset$, $B = B_1 = B_2$ oder $B = B_1 \cup B_2$, $B_1 \cap B_2 = \emptyset$, $A = A_1 = A_2$ gilt.

28.2. Produktmaß. Analog, wie man den Inhalt eines Rechteckes durch das Produkt der Seitenlängen berechnet, soll im folgenden aus zwei gegebenen Maßen μ und ν, von denen das eine auf der σ-Algebra $\mathfrak{A}$ und das andere auf der σ-Algebra $\mathfrak{B}$ erklärt ist, ein auf $\mathfrak{A} \otimes \mathfrak{B}$ definiertes Maß λ mit der Eigenschaft

$$\lambda(A \times B) = \mu(A)\,\nu(B) \tag{28.1}$$

für $A \in \mathfrak{A}$ und $B \in \mathfrak{B}$ konstruiert werden.

28.3. SATZ. *Es seien* $(X, \mathfrak{A}, \mu)$ *und* $(Y, \mathfrak{B}, \nu)$ *zwei σ-endliche Maßräume. Dann existiert ein eindeutig bestimmtes Maß* $\lambda\colon \mathfrak{A} \otimes \mathfrak{B} \to \overline{\boldsymbol{R}}_+$, *so daß für alle Mengen* $A \in \mathfrak{A}$ *und* $B \in \mathfrak{B}$ *mit endlichem Maß die Gleichung* (28.1) *besteht.*

Wir nennen dieses Maß λ das *Produktmaß* $\mu \otimes \nu$ der Maße μ und ν und $(X \times Y, \mathfrak{A} \otimes \mathfrak{B}, \mu \otimes \nu)$ den *Produktmaßraum.*

Beweis. a) Wir setzen zunächst voraus, daß μ und ν endliche Maße sind. Mit $\mathfrak{M}$ bezeichnen wir das System aller Mengen $E \in \mathfrak{A} \otimes \mathfrak{B}$, für die die beiden Funktionen $f(x) = \nu(E_x)$ und $g(y) = \mu(E_y)$ integrierbar sind und die Gleichung

$$\int_X f\,d\mu = \int_Y g\,d\nu \tag{28.2}$$

gilt. Wir zeigen mit Hilfe des Satzes 1.9, daß $\mathfrak{M}$ mit $\mathfrak{A} \otimes \mathfrak{B}$ übereinstimmt.

Der Mengenring aller Mengen der Form $A \times B$ mit $A \in \mathfrak{A}$ und $B \in \mathfrak{B}$ ist in $\mathfrak{M}$ enthalten, weil hier die Funktionen $f = \nu(B)\,c_A$ und $g = \mu(A)\,c_B$ integrierbar sind und

$$\int_X f\,d\mu = \int_Y g\,d\nu = \mu(A)\,\nu(B)$$

ist. Weiterhin ist $\mathfrak{M}$ ein monotones System, denn für eine beliebige Folge (E_n) aus $\mathfrak{M}$ mit $E_n \subseteq E_{n+1}$ (oder $E_n \supseteq E_{n+1}$) gilt $\nu(E_{nx}) \leqq \nu(Y) < \infty$, $\mu(E_{ny}) \leqq \mu(X) < \infty$ und $\nu(E_{nx}) \to \nu(E_x)$ sowie $\mu(E_{ny}) \to \mu(E_y)$ für jedes $x \in X$ und $y \in Y$ nach Satz 17.2, so daß wegen Satz 27.12 die Funktionen $\nu(E_x)$ und $\mu(E_y)$ integrierbar sind und

$$\int_X \nu(E_x)\,d\mu(x) = \lim_{n\to\infty} \int_X \nu(E_{nx})\,d\mu(x) = \lim_{n\to\infty} \int_Y \mu(E_{ny})\,d\nu(y) = \int_Y \mu(E_y)\,d\nu(y)$$

gilt. Aufgrund des Satzes 1.9 ist $\mathfrak{M} = \mathfrak{A} \otimes \mathfrak{B}$. Für alle Mengen aus $\mathfrak{A} \otimes \mathfrak{B}$ besteht die Gleichung (28.2).

Nun übertragen wir dieses Ergebnis auf den Fall σ-endlicher Maße. Da μ und ν nach Voraussetzung σ-endlich sind, ist $X \times Y$ gleich der Vereinigung abzählbar vieler paarweise disjunkter Mengen $A_n \times B_n$, wobei $A_n \in \mathfrak{A}$ und $B_n \in \mathfrak{B}$ endliches Maß besitzen. Eine beliebige Menge $E \in \mathfrak{A} \otimes \mathfrak{B}$ kann man als Vereinigung abzählbar vieler Mengen $E_n \subseteq A_n \times B_n$ darstellen. Für jedes $x \in X$

und $y \in Y$ bekommen wir

$$\nu(E_x) = \sum_{n=1}^{\infty} \nu(E_{nx}),$$

$$\mu(E_y) = \sum_{n=1}^{\infty} \mu(E_{ny}).$$

Dabei beachten wir, daß $f(x) = \nu(E_x)$ und $g(y) = \mu(E_y)$ erweitert reellwertige Funktionen sind. Falls die Reihe

$$\sum_{n=1}^{\infty} \int_X \nu(E_{nx})\, d\mu(x) \tag{28.3}$$

konvergiert, so besitzt die Reihe

$$\sum_{n=1}^{\infty} \int_Y \mu(E_{ny})\, d\nu(y) \tag{28.4}$$

dieselbe Summe wie (28.3). Nach Aufgabe 27.17 sind dann die Funktionen f und g integrierbar, und es gilt

$$\int_X \nu(E_x)\, d\mu(x) = \sum_{n=1}^{\infty} \int_X \nu(E_{nx})\, d\mu(x) = \sum_{n=1}^{\infty} \int_Y \mu(E_{ny})\, d\nu(y) = \int_Y \mu(E_y)\, d\nu(y).$$

Bei einer Divergenz der Reihe (28.3) strebt auch (28.4) gegen Unendlich.

b) Jeder Menge $E \in \mathfrak{A} \otimes \mathfrak{B}$ können wir nach a) den Wert

$$\lambda(E) = \begin{cases} \int_X \nu(E_x)\, d\mu(x) = \int_Y \mu(E_y)\, d\nu(y), & \text{falls } \nu(E_x) \text{ integrierbar ist,} \\ \infty & \text{sonst} \end{cases}$$

zuordnen. Für $E = A \times B$ erhalten wir $\lambda(E) = \mu(A)\, \nu(B)$. Da $\lambda(\emptyset) = 0$ und λ, wie man dem letzten Teil von a) entnehmen kann, σ-additiv ist, ist λ ein Maß auf $\mathfrak{A} \otimes \mathfrak{B}$. Offensichtlich ist dieses Maß σ-endlich. Aufgrund des Eindeutigkeitssatzes 17.3 ist das konstruierte Maß eindeutig durch die Bedingung (28.1) bestimmt. Damit ist unser Beweis beendet.

Die Forderung der σ-Endlichkeit beider Maße ist für die Gültigkeit des Satzes 28.3 unentbehrlich.

BEISPIEL

28.1. Wir betrachten die σ-Algebra $\mathfrak{A} = \mathfrak{B}$ aller LEBESGUE-meßbaren Teilmengen des Intervalls $X = Y = [0, 1]$. Als μ wählen wir das LEBESGUE-Maß, während ν das dem Beispiel 17.2 entsprechende Maß ist. Die Diagonale $D = \{(x, y) \in X \times Y;\ x = y\}$ ist eine Menge von $\mathfrak{A} \otimes \mathfrak{A}$ mit $D_x = \{x\} \subset Y$ und $D_y = \{y\} \subset X$. Folglich lauten die Integrale

$$\int_{[0,1]} \nu(D_x)\, d\mu(x) = 1, \qquad \int_{[0,1]} \mu(D_y)\, d\nu(y) = 0.$$

28.4. *Eine Menge N von $\mathfrak{A} \otimes \mathfrak{B}$ ist genau dann eine $\mu \otimes \nu$-Nullmenge, wenn $\nu(N_x) = 0$ für fast alle $x \in X$ oder $\mu(N_y) = 0$ für fast alle $y \in Y$ gilt.*

Beweis. Wegen

$$(\mu \otimes \nu)(N) = \int_X \nu(N_x)\, d\mu(x) = \int_Y \mu(N_y)\, d\nu(y)$$

und $\nu(N_x) \geqq 0$, $\mu(N_y) \geqq 0$ erhält man nach Aufgabe 27.13, daß genau dann $(\mu \otimes \nu)(N) = 0$ ist, wenn $\nu(N_x) = 0$ für fast alle $x \in X$ oder $\mu(N_y) = 0$ für fast alle $y \in Y$ gilt.

AUFGABEN

28.3. Der Produktmaßraum von zwei σ-endlichen vollständigen Maßräumen braucht nicht vollständig zu sein.

28.4. Es seien $(X, \mathfrak{A}, \mu)$ und $(Y, \mathfrak{B}, \nu)$ zwei σ-endliche Maßräume. Man beweise, daß die Mengen E_1 und E_2 aus $\mathfrak{A} \otimes \mathfrak{B}$ das gleiche Produktmaß besitzen, falls $\nu(E_{1x}) = \nu(E_{2x})$ für fast alle $x \in X$ gilt.

28.3. Satz von Fubini. In diesem Abschnitt setzen wir voraus, daß $(X, \mathfrak{A}, \mu)$ und $(Y, \mathfrak{B}, \nu)$ zwei gegebene σ-endliche Maßräume sind. Das im Satz 28.3 konstruierte σ-endliche Produktmaß $\mu \otimes \nu$ bezeichnen wir mit λ. Im folgenden untersuchen wir die Beziehungen zwischen einem Integral über die Produktmenge $X \times Y$ und den über die Faktormengen erstreckten Integralen. Dabei lernen wir ein wichtiges Integrationsverfahren zum Berechnen eines Integrals über eine Produktmenge kennen, mit dessen Hilfe dieses Integral durch sukzessive Integration über die einzelnen Faktormengen gelöst wird.

Es sei $f\colon X \times Y \to F$ eine λ-integrierbare Funktion. Das Integral

$$\int_{X \times Y} f(x, y)\, d\lambda(x, y) = \int_{X \times Y} f\, d\lambda \tag{28.5}$$

heißt *Doppelintegral* oder *zweifaches Integral.* Für feste $x \in X$ bilden wir die Funktion $f_x\colon Y \to F$ mit $f_x(y) = f(x, y)$ und untersuchen die Existenz des Integrals

$$\int_Y f_x(y)\, d\nu(y)\,. \tag{28.6}$$

Wir werden feststellen, daß für fast alle $x \in X$ das Integral (28.6) vorhanden und eine μ-integrierbare Funktion ist, welche fast allen $x \in X$ den Wert (28.6) zuordnet. Von besonderem Interesse ist der Zusammenhang zwischen dem *iterierten Integral*

$$\int_X \left[\int_Y f_x(y)\, d\nu(y)\right] d\mu(x)$$

und dem Doppelintegral (28.5). Für eine Treppenfunktion ist dieser offensichtlich. Denn ist $E \in \mathfrak{A} \otimes \mathfrak{B}$ eine Menge mit endlichem Maß, so erhalten wir nach Satz 28.3 die Gleichung

$$\int_{X \times Y} c_E\, d\lambda = \lambda(E) = \int_X \nu(E_x)\, d\mu(x)\,.$$

Die μ-integrierbare Funktion $\nu(E_x)$ ist gemäß Satz 27.9 für fast alle $x \in X$ endlich. Für diese Punkte x gilt

$$\nu(E_x) = \int_Y c_{E_x}(y)\, d\nu(y)\,,$$

so daß wir schließlich

$$\int_{X \times Y} c_E \, d\lambda = \int_X \nu(E_x) \, d\mu(x) = \int_X \Big[\int_Y c_{E_x}(y) \, d\nu(y) \Big] \, d\mu(x)$$

bekommen. In dem fundamentalen Satz von G. Fubini wird dieses für Treppenfunktionen gültige Resultat auf integrierbare Funktionen übertragen.

28.5. SATZ (G. Fubini). *Es sei $f\colon X \times Y \to F$ eine λ-integrierbare Funktion. Dann ist für fast alle $x \in X$ die Funktion $f_x\colon Y \to F$ ν-integrierbar und die Funktion, die fast allen $x \in X$ den Wert* (28.6) *zuordnet, ist μ-integrierbar, und es gilt*

$$\int_{X \times Y} f(x, y) \, d\lambda(x, y) = \int_X \Big[\int_Y f_x(y) \, d\nu(y) \Big] \, d\mu(x) \, . \tag{28.7}$$

Beweis. Für Treppenfunktionen aus $L(\lambda, F)$ ist die Behauptung richtig. Da f nach Voraussetzung λ-integrierbar ist, existiert eine Cauchy-Folge (f_n) aus $T(\lambda, F)$, die fast überall gegen die Funktion f strebt. Es gilt

$$\lim_{m, n \to \infty} \int_{X \times Y} |f_n - f_m| \, d\lambda = \lim_{m, n \to \infty} \int_X \Big[\int_Y |f_{nx} - f_{mx}| \, d\nu(y) \Big] \, d\mu(x) = 0. \tag{28.8}$$

Es sei $N \subseteq X \times Y$ eine solche λ-Nullmenge, daß die Folge (f_n) auf N^c punktweise gegen die Funktion f strebt. Nach Satz 28.4 kann man eine μ-Nullmenge $S \subseteq X$ mit $\nu(N_x) = 0$ für alle $x \in S^c$ angeben. Somit strebt bei festgehaltenem $x \in S^c$ die Folge der Treppenfunktionen f_{nx} fast überall (bezüglich ν) gegen die Funktion f_x.

Wir betrachten für jedes n die Funktion h_n, welche jedem $x \in X$ die Treppenfunktion $f_{nx} \in L(\nu, F)$ zuordnet. Folglich ist $h_n \in T\,(\mu, L(\nu, F))$. Weiterhin ist wegen

$$||h_n - h_m||_{T(\mu, L(\nu, F))} = \int_X ||h_n(x) - h_m(x)||_{L(\nu, F)} \, d\mu(x) =$$

$$= \int_X \Big[\int_Y ||f_{nx}(y) - f_{mx}(y)|| \, d\nu(y) \Big] \, d\mu(x) = ||f_n - f_m||_{L(\lambda, F)}$$

und (28.8) die Folge (h_n) eine Cauchy-Folge in $T(\mu, L(\nu, F))$. Aufgrund des Satzes 27.3 können wir annehmen, daß für jedes x außerhalb der μ-Nullmenge $T \subseteq X$ die Folge $(h_n(x))$ punktweise konvergiert. Mit anderen Worten, die Folge (f_{nx}) konvergiert für jedes $x \in T^c$ im Raum $T(\nu, F)$. Daher ist (f_{nx}) im Fall $x \in T^c$ eine Cauchy-Folge in $T(\nu, F)$.

Somit ist für ein festes $x \in X$, welches nicht zu der μ-Nullmenge $S \cup T$ gehört, (f_{nx}) eine fast überall konvergente Cauchy-Folge von $T(\nu, F)$. Für $x \notin S \cup T$ ist dann die Funktion f_x ν-integrierbar. Da in diesem Fall (f_{nx}) im Mittel gegen f_x strebt, konvergiert $\int_Y f_{nx} \, d\nu$ für $n \to \infty$ gegen $\int_Y f_x \, d\nu$.

Für jedes n ist die Funktion $g_n\colon X \to F$:

$$g_n(x) = \begin{cases} \int_Y f_{nx}(y) \, d\nu(y) & \text{für } x \notin S \cup T \,, \\ \Theta & \text{für } x \in S \cup T \end{cases}$$

eine Treppenfunktion von $T(\mu, F)$. Wegen (28.8) ist (g_n) eine CAUCHY-Folge in $T(\mu, F)$, die punktweise gegen die Funktion $g\colon X \to F$,

$$g(x) = \begin{cases} \int\limits_Y f_x(y)\, d\nu(y) & \text{für } x \notin S \cup T\,, \\ \Theta & \text{für } x \in S \cup T \end{cases}$$

strebt. Folglich ist g eine μ-integrierbare Funktion, und nach Satz 27.11 gilt

$$\lim_{n\to\infty} \int\limits_X \Big[\int\limits_Y f_{nx}(y)\, d\nu(y)\Big]\, d\mu(x) = \lim_{n\to\infty} \int\limits_X g_n\, d\mu = \int\limits_X g\, d\mu = \int\limits_X \Big[\int\limits_Y f_x(y)\, d\nu(y)\Big]\, d\mu(x)\,.$$

Wegen

$$\int\limits_X \Big[\int\limits_Y f_{nx}(y)\, d\nu(y)\Big]\, d\mu(x) = \int\limits_{X\times Y} f_n\, d\lambda$$

und

$$\lim_{n\to\infty} \int\limits_{X\times Y} f_n\, d\lambda = \int\limits_{X\times Y} f\, d\lambda$$

ist die Gleichung (28.7) bewiesen.

Betrachtet man neben f_x auch die Funktion $f_y\colon X \to F$ mit $f_y(x) = f(x, y)$, so folgt aus dem FUBINIschen Satz, daß für eine λ-integrierbare Funktion f beide iterierte Integrale existieren und mit dem Doppelintegral übereinstimmen:

$$\int\limits_{X\times Y} f(x, y)\, d\lambda(x, y) = \int\limits_X \Big[\int\limits_Y f_x(y)\, d\nu(y)\Big]\, d\mu(x) = \int\limits_Y \Big[\int\limits_X f_y(x)\, d\mu(x)\Big]\, d\nu(y)\,. \tag{28.9}$$

Aber auch für eine Funktion, die nicht λ-integrierbar ist, können die iterierten Integrale vorhanden und gleich sein.

BEISPIEL

28.2. Es seien $X = Y = [-1, 1]$ und $\mu = \nu$ das LEBESGUE-Maß. Die Funktion $f\colon [-1, 1] \times [-1, 1] \to \boldsymbol{R}$, welche durch

$$f(x, y) = \begin{cases} 0 & \text{für } x = y = 0\,, \\ \dfrac{x\,y}{(x^2 + y^2)^2} & \text{sonst} \end{cases}$$

erklärt wird, ist bei festgehaltenem x bzw. y stetig. Deshalb sind die Funktionen $f_x\colon [-1, 1] \to \boldsymbol{R}$ und $f_y\colon [-1, 1] \to \boldsymbol{R}$ integrierbar. Ihre Integrale verschwinden, so daß

$$\int\limits_X \Big[\int\limits_Y f_x(y)\, d\nu(y)\Big]\, d\mu(x) = \int\limits_Y \Big[\int\limits_X f_y(x)\, d\mu(x)\Big]\, d\nu(y) = 0$$

gilt.

Da aber die Funktion

$$\int\limits_{[0\,1]} f_x(y)\, d\nu(y) = \begin{cases} \dfrac{1}{2\,x} - \dfrac{x}{2\,(x^2 + 1)} & \text{für } x \neq 0\,, \\ 0 & \text{für } x = 0 \end{cases}$$

über $[0, 1]$ nicht integrierbar ist, kann nach Satz 28.5 die Funktion f nicht über $[0, 1] \times [0, 1]$ und damit nicht über $[-1, 1] \times [-1, 1]$ integrierbar sein.

AUFGABEN

28.5. Es seien $(X, \mathfrak{A}, \mu)$ und $(Y, \mathfrak{B}, \nu)$ zwei σ-endliche Maßräume. Die Funktion f: $X \times Y \to F$ sei $(\mu \otimes \nu)$-meßbar. Man beweise, daß die Funktion f_x: $Y \to F$, welche durch ${}_x(y) = f(x, y)$ erklärt ist, ν-meßbar für fast alle $x \in X$ ist.

28.6. Es sei $X = Y = [0, 1]$ und $\mu = \nu = m$. Für die Funktionen

$$f(x, y) = \begin{cases} 2^{2n} & \text{für } (x, y) \in [2^{-n}, 2^{-n+1}) \times [2^{-n}, 2^{-n+1}) \,, \\ -\,2^{2n+1} & \text{für } (x, y) \in [2^{-n-1}, 2^{-n}) \times [2^{-n}, 2^{-n+1}) \,, \\ 0 & \text{sonst} \end{cases}$$

berechne man beide iterierten Integrale von f über $[0, 1] \times [0, 1]$.

28.7. Es seien f: $\boldsymbol{R} \to \boldsymbol{R}$ und g: $\boldsymbol{R} \to \boldsymbol{R}$ LEBESGUE-meßbare Funktionen. Man beweise, daß dann die Funktion h: $\boldsymbol{R}^2 \to \boldsymbol{R}$ mit

$$\text{a)}\quad h(x, y) = f(x)\, g(y) \,, \qquad \text{b)}\quad h(x, y) = f(x - y)\, g(y)$$

LEBESGUE-meßbar ist.

28.8. Es seien f: $\boldsymbol{R} \to \boldsymbol{R}$ und g: $\boldsymbol{R} \to \boldsymbol{R}$ LEBESGUE-integrierbare Funktionen. Man zeige:

a) Die Funktion h: $\boldsymbol{R}^2 \to \boldsymbol{R}$ mit $h(x, y) = f(x)\, g(y)$ ist LEBESGUE-integrierbar, und es gilt die Gleichung

$$\int_{\boldsymbol{R}^2} f(x)\, g(y)\, dm(x, y) = \int_{\boldsymbol{R}} f(x)\, dm(x) \int_{\boldsymbol{R}} g(y)\, dm(y) \,.$$

b) Die Funktion h: $\boldsymbol{R}^2 \to \boldsymbol{R}$ mit $h(x, y) = f(x - y)\, g(y)$ ist LEBESGUE-integrierbar. Für fast alle $x \in X$ existiert das Integral

$$(f * g)\,(x) = \int_{\boldsymbol{R}} f(x - y)\, g(y)\, dm(y) \,.$$

Die Funktion $f * g$, die *Faltung* von f und g genannt wird, ist LEBESGUE-integrierbar. Wie lautet die Faltung von $f(x) = e^{-ax^2}$ und $g(y) = e^{-by^2}$ $(a, b > 0)$?

28.9. Es seien $(X, \mathfrak{A}, \mu)$ und $(Y, \mathfrak{B}, \nu)$ gegebene σ-endliche Maßräume und f: $X \times Y \to \boldsymbol{R}$ eine nichtnegative $(\mu \otimes \nu)$-meßbare Funktion. Für fast alle $x \in X$ sei die Funktion f_x ν-integrierbar. Die Funktion $g(x)$, welche gleich $\int_Y f_x\, d\nu$ ist, falls das Integral existiert, sei μ-integrierbar. Man beweise, daß f $(\mu \otimes \nu)$-integrierbar ist und daß die Gleichung (28.7) gilt.

§ 29. Integration über den euklidischen Raum

Zunächst klären wir den Zusammenhang zwischen RIEMANN- und LEBESGUE-Integralen. Da jede beschränkte RIEMANN-integrierbare Funktion LEBESGUE-integrierbar ist und es LEBESGUE-integrierbare Funktionen gibt, die nicht RIEMANN-integrierbar sind, kann man die LEBESGUE-Integration als Verallgemeinerung der RIEMANN-Integration beschränkter Funktionen ansehen. Ein weiterer Vorteil des LEBESGUE-Integrals gegenüber dem RIEMANN-Integral kommt in seinen „besseren" Eigenschaften (siehe z. B. Satz 27.14 oder 27.15) zum Ausdruck. Auf einen wesentlichen Nachteil des LEBESGUE-Integrals gehen wir später im Abschnitt 30.4 kurz ein. Wir interessieren uns für die Berechnung von LEBESGUE-Integralen. Die Methode der partiellen Integration beruht genauso wie die Integration über einen Normalbereich auf dem Satz von FUBINI. Mit dem Beweis der Substitutionsregel schließt dieser Paragraph.

29.1. Zusammenhang zwischen dem RIEMANN- und dem LEBESGUE-Integral. Der Einfachheit halber untersuchen wir das Verhältnis zwischen den beiden Integralbegriffen nur für reelle Funktionen. Mit m bezeichnen wir das eindimensionale LEBESGUE-Maß. Wir nehmen zunächst an, daß die reellen Funktionen auf einem kompakten Intervall $I \subset \boldsymbol{R}$ mit $m(I) > 0$ erklärt und dort beschränkt sind. Um die Ergebnisse einfacher darstellen zu können, schicken wir einige Bemerkungen voraus.

Für einen festen Punkt $x_0 \in I$ und $\delta > 0$ bilden wir die reellen Werte

$$\underline{f}_\delta(x_0) = \inf \;\{f(x);\, x \in I(x_0, \delta)\}\,,$$
$$\overline{f}_\delta(x_0) = \sup \;\{f(x);\, x \in I(x_0, \delta)\}\,,$$

wobei $I(x_0, \delta)$ das Intervall $(x_0 - \delta, x_0 + \delta) \cap I$ ist. Offenbar gilt $\underline{f}_\delta(x_0) \leqq f(x_0) \leqq \leqq \overline{f}_\delta(x_0)$. Läßt man δ monoton gegen 0 streben, so wächst $\underline{f}_\delta(x_0)$ monoton, während $\overline{f}_\delta(x_0)$ monoton fällt. Aufgrund der Beschränktheit von f konvergieren beide Folgen. Ihre Grenzwerte seien $\underline{f}(x_0)$ und $\overline{f}(x_0)$. Wie man erkennt, ist $\underline{f}(x_0)$ bzw. $\overline{f}(x_0)$ der untere bzw. obere Grenzwert von f im Punkt x_0. Natürlich ist die Funktion f genau dann im Punkt $x_0 \in I$ stetig, wenn $\underline{f}(x_0) = f(x_0) = \overline{f}(x_0)$ gilt. Die Funktion $\underline{f}\colon I \to \overline{\boldsymbol{R}}$ heißt *untere* BAIRE*sche Funktion* und $\overline{f}\colon I \to \overline{\boldsymbol{R}}$ *obere* BAIRE*sche Funktion* von f.

Es sei eine Folge von Zerlegungen $\mathfrak{Z}_n$ des Intervalls I gegeben, wobei $\mathfrak{Z}_n$ aus den endlich vielen paarweise disjunkten Intervallen $I_{n1}, \ldots, I_{nk_n}$ besteht und das größte Maß dieser Intervalle für $n \to \infty$ gegen 0 strebt. Dann seien $\underline{f}_{np} = \inf \{f(x);\, x \in I_{np}\}$ und $\overline{f}_{np} = \sup \{f(x);\, x \in I_{np}\}$ für $n = 1, 2, \ldots$ und $p = 1, \ldots, k_n$. Wir erklären die Treppenfunktionen $\underline{f}_n\colon I \to \boldsymbol{R}$ und $\overline{f}_n\colon I \to \boldsymbol{R}$, welche jedem $x \in I_{np}$ $(p = 1, \ldots, k_n)$ die Werte $\underline{f}_n(x) = \underline{f}_{np}$ und $\overline{f}_n(x) = \overline{f}_{np}$ zuordnen (siehe Abb. 29.1). Dabei gilt $\underline{f}_n(x) \leqq f(x) \leqq \overline{f}_n(x)$ für jedes $x \in I$.

Das Integral von $\underline{f}_n$ ist gerade die Untersumme für die Zerlegung $\mathfrak{Z}_n$:

$$\int_I \underline{f}_n(x)\, dm(x) = \sum_{p=1}^{k_n} \underline{f}_{np}\, m(I_{np})\,. \tag{29.1}$$

Entsprechend ist das Integral von $\overline{f}_n$ gleich der Obersumme bezüglich der Zerlegung $\mathfrak{Z}_n$:

$$\int_I \overline{f}_n(x)\, dm(x) = \sum_{p=1}^{k_n} \overline{f}_{np}\, m(I_{np})\,. \tag{29.2}$$

Wir bemerken ferner, daß für jedes $x \in I$, das kein Randpunkt eines Intervalls irgendeiner Zerlegung $\mathfrak{Z}_n$ $(n = 1, 2, \ldots)$ ist, die Folge $(\underline{f}_n(x))$ gegen $\underline{f}(x)$ und die Folge $(\overline{f}_n(x))$ gegen $\overline{f}(x)$ strebt. Denn bei jeder Zerlegung $\mathfrak{Z}_n$ gibt es ein Intervall

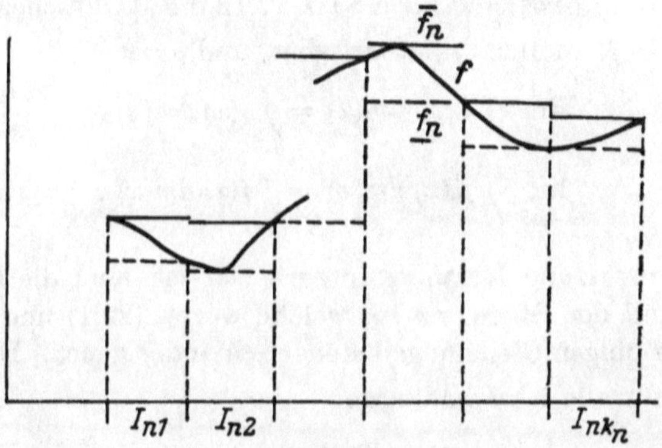

Abb. 29.1

I_{np}, in dessen Innerem x liegt. Es sei δ_n der größere der Abstände zwischen x und den beiden Randpunkten von I_{np} und δ_n' sei der kleinere. Wir erhalten dann

$$\underline{f}_{\delta_n'}(x) \geqq \underline{f}_n(x) \geqq \underline{f}_{\delta_n}(x) ,$$
$$\overline{f}_{\delta_n'}(x) \leqq \overline{f}_n(x) \leqq \overline{f}_{\delta_n}(x) .$$

Nach Voraussetzung sind (δ_n) und (δ_n') Nullfolgen, so daß

$$\lim_{n\to\infty} \underline{f}_n(x) = \lim_{\delta\to 0} \underline{f}_\delta(x) = \underline{f}(x) ,$$
$$\lim_{n\to\infty} \overline{f}_n(x) = \lim_{\delta\to 0} \overline{f}_\delta(x) = \overline{f}(x)$$

gilt.

Nun wenden wir uns dem Vergleich beider Integrale zu:

29.1. *Ist die beschränkte Funktion* $f\colon I \to \boldsymbol{R}$ RIEMANN-*integrierbar über* I, *so ist* f *auch* LEBESGUE-*integrierbar über* I, *und das* RIEMANN-*Integral*

$$\int_I f(x)\, dx$$

stimmt mit dem LEBESGUE-*Integral*

$$\int_I f(x)\, dm(x)$$

überein.

Beweis. Für $n = 1, 2, \ldots$ sei $\mathfrak{Z}_n$ eine Zerlegung von I in endlich viele paarweise disjunkte Teilintervalle, deren größtes Maß für $n \to \infty$ gegen 0 strebt. Weiterhin seien alle Intervalle von $\mathfrak{Z}_n$ als Vereinigung von Intervallen aus $\mathfrak{Z}_{n+1}$ darstellbar. Für diese Zerlegungsfolge $(\mathfrak{Z}_n)$ bilden wir die Treppenfunktionen $\underline{f}_n$ und $\overline{f}_n$. Für jedes $x \in I$ wächst die Folge $(\underline{f}_n(x))$ monoton, die Folge $(\overline{f}_n(x))$ fällt monoton. Da $(\underline{f}_n)$ fast überall gegen $\underline{f}$ und $(\overline{f}_n)$ fast überall gegen $\overline{f}$ konvergiert und f beschränkt ist, sind nach Satz 27.12 die BAIREschen Funktionen $\underline{f}$: $I \to \boldsymbol{R}$ und $\overline{f}$: $I \to \boldsymbol{R}$ LEBESGUE-integrierbar, und es ist

$$\lim_{n\to\infty} \int_I \underline{f}_n(x)\, dm(x) = \int_I \underline{f}(x)\, dm(x)\,,$$

$$\lim_{n\to\infty} \int_I \overline{f}_n(x)\, dm(x) = \int_I \overline{f}(x)\, dm(x)\,.$$

Da f nach Voraussetzung RIEMANN-integrierbar ist, sind die Grenzwerte der Untersummen und der Obersummen, welche wegen (29.1) und (29.2) auf den linken Seiten der obigen Gleichungen stehen, einander gleich. Dann sind wegen $\overline{f}(x) - \underline{f}(x) \geqq 0$ für alle $x \in I$ und wegen

$$\int_I (\overline{f}(x) - \underline{f}(x))\, dm(x) = 0$$

nach Aufgabe 27.13 die drei Funktionen $\underline{f}$, $\overline{f}$ und f fast überall gleich, so daß gemäß Aufgabe 27.6 die Funktion f LEBESGUE-integrierbar ist und

$$\int_I f(x)\, dx = \int_I f(x)\, dm(x)$$

gilt. Damit ist der Beweis beendet.

Wie bei RIEMANNschen Integralen (vgl. Abschnitt 20.3) vereinbart man für eine LEBESGUE-integrierbare Funktion f: $I \to \boldsymbol{R}$ und $[a, b] \subseteq I$ die Schreibweisen

$$\int_a^b f\, dm = \int_a^b f(x)\, dm(x) = \int_{[a,b]} f\, dm\,,$$

$$\int_b^a f\, dm = -\int_a^b f\, dm\,.$$

Der Satz 29.1 besagt, daß für beschränkte Funktionen das LEBESGUE-Integral eine Erweiterung des RIEMANNschen Integrals ist. Wie man dem folgenden Beispiel entnimmt, handelt es sich um eine „echte“ Erweiterung.

BEISPIEL

29.1. Die Funktion f: $[0, 1] \to \boldsymbol{R}$, welche durch die Formel

$$f(x) = \begin{cases} 1 & \text{für rationale } x\,, \\ 0 & \text{sonst} \end{cases}$$

erklärt wird, ist beschränkt, in jedem Punkte unstetig und nach Beispiel 27.1 LEBESGUE-integrierbar. Dagegen ist f nicht im Sinne von RIEMANN integrierbar. Denn wegen $\underline{f}_n(x) = 0$ und $\overline{f}_n(x) = 1$ für alle n verschwinden sämtliche Untersummen, während alle Obersummen gleich 1 sind.

Da also eine direkte Umkehrung des Satzes 29.1 nicht möglich ist, wollen wir untersuchen, unter welchen zusätzlichen Bedingungen eine beschränkte LEBESGUE-integrierbare Funktion RIEMANN-integrierbar ist.

29.2. SATZ. *Eine beschränkte Funktion $f\colon I \to \boldsymbol{R}$ ist genau dann* RIEMANN-*integrierbar über I, wenn die Funktion f fast überall auf I stetig ist.*

Beweis. a) *Notwendig.* Es sei $f\colon I \to \boldsymbol{R}$ eine beschränkte RIEMANN-integrierbare Funktion. Aufgrund des Beweises von Satz 29.1 sind die Funktionen $\overline{f}$, $\underline{f}$ und f fast überall gleich, so daß f fast überall stetig ist.

b) *Hinreichend.* Die beschränkte Funktion $f\colon I \to \boldsymbol{R}$ sei fast überall stetig, d. h., es gilt $f = \underline{f} = \overline{f}$ fast überall. Bezeichnen wir mit $(\mathfrak{Z}_n)$ eine beliebige Folge von Zerlegungen, wobei das größte Maß der Intervalle von $\mathfrak{Z}_n$ für $n \to \infty$ gegen 0 strebt, und mit $(\underline{f}_n)$, $(\overline{f}_n)$ die zugehörigen Folgen von Treppenfunktionen, so konvergiert $(\underline{f}_n)$ fast überall gegen $\underline{f}$ und $(\overline{f}_n)$ fast überall gegen $\overline{f}$. Da f auf dem kompakten Intervall I beschränkt ist, ergibt sich aus Satz 27.14

$$\lim_{n\to\infty} \int_I \underline{f}_n(x)\,dm(x) = \int_I \underline{f}(x)\,dm(x) = \int_I \overline{f}(x)\,dm(x) = \lim_{n\to\infty} \int_I \overline{f}_n(x)\,dm(x)\,,$$

woraus wegen (29.1) und (29.2) unsere Behauptung folgt.

Wir behandeln nun uneigentliche Integrale und betrachten dabei den Fall, daß die Funktionen auf dem Intervall $[a, b)$ erklärt sind, wobei a reell und $b > a$ auch unendlich sein kann. Wenn für die Funktion $f\colon [a, b) \to \boldsymbol{R}$, die auf jedem kompakten Teilintervall von $[a, b)$ LEBESGUE-integrierbar ist, der Grenzwert

$$\lim_{t\to b-0} \int_a^t f(x)\,dm(x)$$

existiert, nennt man diesen Ausdruck das *uneigentliche* LEBESGUE-*Integral* von f über $[a, b)$. Falls die Funktion f sogar über $[a, b)$ LEBESGUE-integrierbar ist, heißt das Integral von f über $[a, b)$ *eigentliches* LEBESGUE-*Integral*. Folglich ist nach Satz 29.1 jede Funktion, die uneigentlich RIEMANN-integrierbar ist, auch uneigentlich LEBESGUE-integrierbar. Ist die Funktion f sowohl uneigentlich als auch eigentlich über $[a, b)$ LEBESGUE-integrierbar, so sind beide Integrale gleich. Denn für eine beliebige monoton wachsende Folge (t_n), die gegen b strebt, gilt aufgrund des Satzes 27.16

$$\lim_{t\to b-0} \int_a^t f(x)\,dm(x) = \lim_{n\to\infty} \int_a^{t_n} f(x)\,dm(x) = \sum_{n=0}^{\infty} \int_{t_n}^{t_{n+1}} f(x)\,dm(x) = \int_{[a,b)} f(x)\,dm(x)$$

mit $t_0 = a$.

29.3. *Das uneigentliche* LEBESGUE-*Integral der Funktion $f\colon [a, b) \to \boldsymbol{R}$ über $[a, b)$ ist genau dann eigentlich, wenn*

$$\int_{[a,b)} |f(x)|\,dm(x) < \infty \tag{29.3}$$

gilt.

Der Beweis ergibt sich unmittelbar aus Satz 27.15.

BEISPIEL

29.2. Die Funktion f: $[0, 1) \to \boldsymbol{R}$, die $f(x) = (-1)^{n+1}\, n$ für $\frac{n-1}{n} \leqq x \leqq \frac{n}{n+1}$, ($n = 1, 2, \ldots$) lautet, ist uneigentlich RIEMANN-integrierbar:

$$\int\limits_{[0,1)} f(x)\, dx = \lim_{t \to 1-0} \int\limits_0^t f(x)\, dx = \sum_{n=1}^{\infty} \frac{(-1)^{n+1}}{n} = \log 2\,.$$

Das uneigentliche LEBESGUE-Integral über $[0, 1)$ existiert und besitzt denselben Wert. Dagegen ist das eigentliche LEBESGUE-Integral über $[0, 1)$ nach Satz 29.3 nicht vorhanden.

Zusammenfassend können wir sagen, daß jede uneigentlich RIEMANN-integrierbare Funktion erst recht uneigentlich LEBESGUE-integrierbar und im Fall (29.3) sogar eigentlich LEBESGUE-integrierbar ist.

AUFGABEN

29.1. Es sei f: $[0, 1] \to \boldsymbol{R}$ stetig. Ist die Funktion

$$g(x) = \operatorname{sgn} f(x) = \begin{cases} 1, & \text{falls } f(x) > 0\,, \\ 0, & \text{falls } f(x) = 0\,, \\ -1, & \text{falls } f(x) < 0 \end{cases}$$

RIEMANN-integrierbar?

29.2. Eine Folge RIEMANN-integrierbarer Funktionen f_n: $[a, b] \to \boldsymbol{R}$ sei beschränkt und konvergiere fast überall gegen eine RIEMANN-integrierbare Funktion f: $[a, b] \to \boldsymbol{R}$. Man beweise die Gleichung

$$\lim_{n \to \infty} \int\limits_a^b f_n(x)\, dx = \int\limits_a^b f(x)\, dx\,.$$

29.3. Es sei f: $[0, 1] \to \boldsymbol{R}$ LEBESGUE-integrierbar. Für jede rationale Zahl $x \in [0, 1]$ sei

$$\int\limits_0^x f\, dm = 0\,.$$

Verschwindet dann f fast überall?

29.4. Man zeige, daß die Funktion $f(x) = \frac{1}{x} \sin x$ $(x \neq 0)$ nicht LEBESGUE-integrierbar über $[0, \infty)$ ist.

29.5. Man berechne

$$\lim_{a \to +0} \int\limits_a^1 f(x)\, dm(x)$$

für $f(x) = 2\,x \sin \frac{1}{x^2} - \frac{2}{x} \cos \frac{1}{x^2}$ $(x \neq 0)$ und zeige, daß f nicht LEBESGUE-integrierbar über $[0, 1]$ ist.

29.2. Partielle Integration. Als erste Anwendung des FUBINIschen Satzes behandeln wir die Methode der partiellen Integration. Es sei μ ein gegebenes Maß auf $\boldsymbol{R}$, bei dem jedes beschränkte Intervall in $\boldsymbol{R}$ ein endliches Maß besitzt. Folglich ist dieses Maß σ-endlich. Die beiden reellen Funktionen f und g seien μ-integrierbar über das Intervall $I = [a, b]$ mit $a < b$. Dann werden die Funktionen f_1: $I \to \boldsymbol{R}$ und g_1: $I \to \boldsymbol{R}$ gebildet:

$$f_1(x) = \int\limits_{[a,x]} f\, d\mu\,, \qquad g_1(x) = \int\limits_{[a,x]} g\, d\mu\,.$$

Aufgrund der Definition von g_1 ist

$$g_1(x-0) = \lim_{t \to x-0} g_1(t) = \int_{[a,x)} g\, d\mu$$

für $a < x \leqq b$. Wir vereinbaren zusätzlich $g_1(a-0) = 0$. Für ein LEBESGUE-STIELTJES-Maß können $g_1(x)$ und $g_1(x-0)$ verschieden sein. Wenn aber das Maß jeder Teilmenge von I, die nur aus einem einzigen Punkt besteht, stets Null ist, dann gilt $g_1(x) = g_1(x-0)$ für $x \in I$. Dies ist insbesondere für das LEBESGUE-Maß der Fall.

29.4. *Die Funktionen $f\colon I \to \boldsymbol{R}$ und $g\colon I \to \boldsymbol{R}$ seien μ-integrierbar über I. Dann gilt*

$$\int_I f_1(x)\, g(x)\, d\mu(x) = f_1(b)\, g_1(b) - \int_I f(x)\, g_1(x-0)\, d\mu(x)\,.$$

Beweis. Das Dreieck A aller Punkte $(x, y) \in I \times I$ mit $y \leqq x$ ist bezüglich des Produktmaßes $\lambda = \mu \otimes \mu$ meßbar. Deshalb ist die charakteristische Funktion c_A eine λ-meßbare Funktion. Die Funktion $h\colon I \times I \to \boldsymbol{R}$, für die

$$h(x, y) = g(x)\, f(y)\, c_A(x, y)$$

gilt, ist dann auch λ-meßbar. Da wir nach Aufgabe 28.8

$$\int_{I\times I} |h(x, y)|\, d\lambda(x, y) \leqq \int_{I\times I} |g(x)\, f(y)|\, d\lambda(x, y) = \int_I |g(x)|\, d\mu(x) \int_I |f(y)|\, d\mu(y) < \infty$$

erhalten, ist nach Satz 27.15 die Funktion h integrierbar (bezüglich λ). Aufgrund des Satzes 28.5 bekommen wir schließlich

$$\int_I f_1(x)\, g(x)\, d\mu(x) = \int_I g(x) \Big[\int_{[a,x]} f(y)\, d\mu(y) \Big]\, d\mu(x) = \int_{I\times I} h(x, y)\, d\lambda(x, y) =$$

$$= \int_I f(y) \Big[\int_{[y,b]} g(x)\, d\mu(x) \Big]\, d\mu(y) = \int_I f(y)\, [g_1(b) - g_1(y-0)]\, d\mu(y) =$$

$$= f_1(b)\, g_1(b) - \int_I f(x)\, g_1(x-0)\, d\mu(x)\,,$$

womit die Behauptung bewiesen ist.

Speziell für das LEBESGUE-Maß m lautet die Formel der partiellen Integration:

$$\int_I f_1(x)\, g(x)\, dm(x) = f_1(b)\, g_1(b) - \int_I f(x)\, g_1(x)\, dm(x)\,.$$

AUFGABEN

29.6. a) Die Funktion $f\colon (0, \infty) \to \boldsymbol{R}$ mit $f(x) = e^{-x} x^{s-1}$ ist für jedes feste $s > 0$ LEBESGUE-integrierbar, für $s \leqq 0$ dagegen nicht.

b) Für $s > 0$ lautet die Gammafunktion

$$\Gamma(s) = \int_{(0,\infty)} e^{-x} x^{s-1}\, dm(x)\,.$$

Man beweise $\Gamma(s+1) = s\, \Gamma(s)$ für $s > 0$.

29.7. a) Die Funktion $f\colon (0, 1) \to \boldsymbol{R}$ mit $f(x) = x^{s-1} (1-x)^{t-1}$ ist für feste $s > 0$, $t > 0$ LEBESGUE-integrierbar.

b) Für die Betafunktion

$$B(s, t) = \int_{(0,1)} x^{s-1} (1 - x)^{t-1} \, dm(x)$$

besteht die Gleichung

$$\Gamma(s)\, \Gamma(t) = \Gamma(s + t)\, B(s, t)\,.$$

29.3. Lebesgue-Integration über einen Normalbereich. Bisher haben wir uns mit der Feststellung begnügt, daß das Integral einer integrierbaren Funktion über eine meßbare Menge existiert. Bei praktischen Untersuchungen interessiert jedoch der Wert des Integrals. Für gewisse Lebesgue-meßbare Teilmengen der euklidischen Ebene kann man mit Hilfe des Fubinischen Satzes das Lebesgue-Integral lösen, indem man sukzessiv eindimensionale Lebesgue-Integrale berechnet.

Es seien $a < b$ und g sowie h zwei reelle Lebesgue-meßbare Funktionen mit $g(t) \leqq h(t)$ für jedes $t \in [a, b]$. Wir nennen eine Menge $A \subseteq \boldsymbol{R}^2$ einen *Normalbereich* bezüglich der ersten bzw. zweiten Koordinate, wenn A die Form

$$A = \{(x_1, x_2)\,;\, a \leqq x_1 \leqq b,\, g(x_1) \leqq x_2 \leqq h(x_1)\}$$

bzw.

$$A = \{(x_1, x_2)\,;\, a \leqq x_2 \leqq b,\, g(x_2) \leqq x_1 \leqq h(x_2)\}$$

besitzt (siehe Abb. 29.2). Wir sprechen auch dann von Normalbereichen, wenn in den obigen Formeln anstelle von $\leqq$ das Zeichen $<$ steht. Normalbereiche sind Lebesgue-meßbare Mengen.

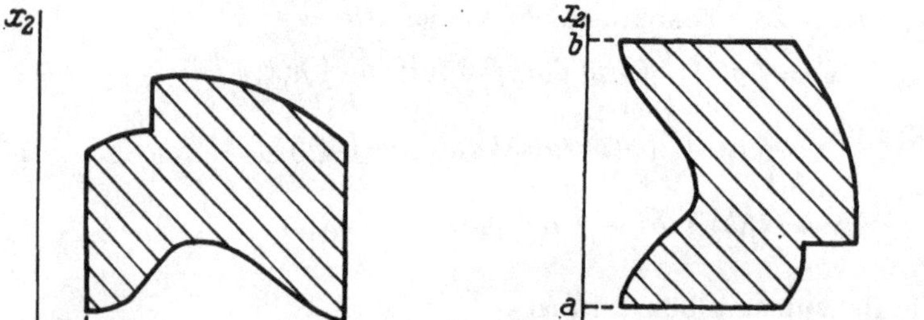

Abb. 29.2

Wir nehmen an, daß $A \subseteq \boldsymbol{R}^2$ ein Normalbereich bezüglich der ersten Koordinate ist. Eine über A integrierbare Funktion $f\colon A \to \boldsymbol{R}$ erweitern wir auf ganz $\boldsymbol{R}^2$, indem wir $f(x_1, x_2) = 0$ für $(x_1, x_2) \in A^c$ setzen. Nach Satz 28.5 erhalten wir wegen $f(x_1, x_2) = 0$ für $x_1 \notin [a, b]$ die Gleichung

$$\int_A f(x_1, x_2)\, dm_2(x_1, x_2) = \int_{\boldsymbol{R}^2} f(x_1, x_2)\, dm_2(x_1, x_2) = \int_{\boldsymbol{R}} \Big[\int_{\boldsymbol{R}} f(x_1, x_2)\, dm_1(x_2) \Big]\, dm_1(x_1) =$$

$$= \int_a^b \Big[\int_{\boldsymbol{R}} f(x_1, x_2)\, dm_1(x_2) \Big]\, dm_1(x_1)\,,$$

wobei m_1 das eindimensionale und m_2 das zweidimensionale LEBESGUE-Maß ist. Da für $x_1 \in [a, b]$ die Funktion f in den Fällen $x_2 < g(x_1)$ und $x_2 > h(x_1)$ verschwindet, gilt folglich

$$\int_A f(x_1, x_2)\, dm_2(x_1, x_2) = \int_a^b \Big[\int_{\boldsymbol{R}} f(x_1, x_2)\, dm_1(x_2)\Big]\, dm_1(x_1) =$$

$$= \int_a^b \left[\int_{g(x_1)}^{h(x_1)} f(x_1, x_2)\, dm_1(x_2)\right] dm_1(x_1)\,.$$

Damit stimmt das Integral von f über A mit dem iterierten Integral auf der rechten Seite der obigen Gleichung überein.

Analog werden Normalbereiche in euklidischen Räumen der Dimension $n > 2$ eingeführt. Als Beispiel erwähnen wir nur einen Fall eines Normalbereiches in $\boldsymbol{R}^3$. Es seien $g_1\colon [a, b] \to \boldsymbol{R}$, $h_1\colon [a, b] \to \boldsymbol{R}$, $g_2\colon [a, b] \times \boldsymbol{R} \to \boldsymbol{R}$ und $h_2\colon [a, b] \times \boldsymbol{R} \to \boldsymbol{R}$ meßbare Funktionen mit $g_1(s) \leqq h_1(s)$ und $g_2(s, t) \leqq h_2(s, t)$ für alle $s \in [a, b]$ und $t \in \boldsymbol{R}$. Dann sagen wir, daß die Teilmenge $A = \{x = (x_1, x_2, x_3);\ a \leqq x_1 \leqq b,\ g_1(x_1) \leqq x_2 \leqq h_1(x_1),\ g_2(x_1, x_2) \leqq x_3 \leqq h_2(x_1, x_2)\}$ von $\boldsymbol{R}^3$ ein Normalbereich ist. Für das Integral einer integrierbaren Funktion f über die Menge A erhalten wir aufgrund des FUBINIschen Satzes

$$\int_A f(x)\, dm_3(x) = \int_a^b \left[\int_{g_1(x_1)}^{h_1(x_1)} \left(\int_{g_2(x_1,x_2)}^{h_2(x_1,x_2)} f(x_1, x_2, x_3)\, dm_1(x_3)\right) dm_1(x_2)\right] dm_1(x_1)\,,$$

wobei m_3 das dreidimensionale LEBESGUE-Maß bedeutet.

Falls die Menge A, über die integriert werden soll, kein Normalbereich ist, hilft oft eine Zerlegung von A in Normalbereiche oder der Übergang von A zu einem Normalbereich mittels einer Koordinatentransformation.

AUFGABEN

29.8. Man berechne das Volumen des Körpers, der von den Ebenen $x_1 + x_2 + x_3 = 6$, $x_1 = 0$, $x_3 = 0$ und $x_1 + 2\,x_2 = 4$ begrenzt wird.

29.9. Man bestimme das LEBESGUE-Maß der Menge

$$\{(x_1, x_2, x_3) \in \boldsymbol{R}^3;\ |x_1| + |x_2| + |x_3| \leqq 1\}\,.$$

29.10. Es sei $f\colon \boldsymbol{R} \to \boldsymbol{R}$ LEBESGUE-integrierbar. Man drücke

$$\int_0^x \left(\int_0^{x_1} \cdots \left(\int_0^{x_{n-2}} \left(\int_0^{x_{n-1}} f(x_n)\, dm(x_n)\right) dm(x_{n-1})\right) \cdots dm(x_2)\right) dm(x_1)$$

durch ein einfaches Integral aus.

29.11. Es sei $I \subset \boldsymbol{R}^n$ ein kompaktes Intervall und m_n das n-dimensionale LEBESGUE-Maß. Die Funktion $f\colon I \to \boldsymbol{R}$ sei LEBESGUE-meßbar und beschränkt. Man zeige, daß

$$\int_I f\, dm_n = m_{n+1}(A) - m_{n+1}(B)$$

gilt, wobei $A = \{(x, y) \in I \times \boldsymbol{R};\ 0 \leqq y \leqq f(x)\}$ und $B = \{(x, y) \in I \times \boldsymbol{R};\ f(x) \leqq y < 0\}$ sind.

29.4. Substitutionsregel. Durch Übergang zu neuen Koordinaten kann sich die Berechnung eines Integrals vereinfachen. Wir bezeichnen mit m oder genauer mit m_n das n-dimensionale LEBESGUE-Maß. Wie der Leser sofort bestätigt, gilt für reelle Zahlen $\alpha \neq 0$ und β sowie eine reelle LEBESGUE-integrierbare Funktion f stets

$$\int_{\boldsymbol{R}} f(x)\, dm_1(x) = \int_{\boldsymbol{R}} f(\alpha\, x)\, |\alpha|\, dm_1(x)\,, \tag{29.4}$$

$$\int_{\boldsymbol{R}} f(x)\, dm_1(x) = \int_{\boldsymbol{R}} f\,(x + \beta)\, dm_1(x)\,. \tag{29.5}$$

Wir untersuchen jetzt das Verhalten des LEBESGUE-Integrals über $\boldsymbol{R}^n$ beim Koordinatenwechsel und beginnen mit der einfachsten Substitution, welche durch eine eineindeutige lineare Funktion g von $\boldsymbol{R}^n$ auf sich beschrieben wird. Man nennt $g\colon \boldsymbol{R}^n \to \boldsymbol{R}^n$ eine *lineare Koordinatentransformation* von $\boldsymbol{R}^n$. Gemäß Abschnitt 6.2 entspricht der Funktion g eine (n, n)-Matrix T, deren Determinante wegen der Aufgaben 6.5 und 6.11 nicht verschwindet. Nach Aufgabe 6.12 kann die gegebene lineare Koordinatentransformation g Schritt für Schritt durch Transformationen der Form

$$g_1(x_1, \ldots, x_i, \ldots, x) = (x_1, \ldots, \alpha\, x_i, \ldots, x_n)\,,$$
$$g_2(x_1, \ldots, x_i, \ldots, x_j, \ldots, x_n) = (x_1, \ldots, x_i + x_j, \ldots, x_j, \ldots, x_n)\,,$$
$$g_3(x_1, \ldots, x_i, \ldots, x_j, \ldots, x_n) = (x_1, \ldots, x_j, \ldots, x_i, \ldots, x_n)$$

verwirklicht werden, wobei $\alpha \neq 0$ und $i \neq j$ sind. Mit anderen Worten ist g gleich der Komposition endlich vieler Funktionen der Form g_1, g_2 und g_3. Ist T_i $(i = 1, 2, 3)$ die der linearen Funktion $g_i : \boldsymbol{R}^n \to \boldsymbol{R}^n$ zugehörige (n, n)-Matrix, so gilt offensichtlich

$$\det T_1 = \alpha\,, \qquad \det T_2 = 1\,, \qquad \det T_3 = -1\,.$$

29.5. *Sind eine* LEBESGUE*-integrierbare Funktion $f\colon \boldsymbol{R}^n \to \boldsymbol{R}$ und eine lineare Koordinatentransformation $g\colon \boldsymbol{R}^n \to \boldsymbol{R}^n$ gegeben, so ist die Funktion $f \circ g\colon \boldsymbol{R}^n \to \boldsymbol{R}^n$* LEBESGUE*-integrierbar, und es besteht die Gleichung*

$$\int_{\boldsymbol{R}^n} f(x)\, dm(x) = \int_{\boldsymbol{R}^n} f(g(x))\, |\det T|\, dm(x)\,,$$

wobei die (n, n)-Matrix T der Funktion g entspricht.

Beweis. Wegen des Multiplikationssatzes für Determinanten (siehe Aufgabe 6.10) und der Aufgabe 6.12 genügt es, die Behauptung für die speziellen Koordinatentransformationen g_1, g_2 und g_3 zu zeigen. Für g_1 erhält man bei Beachten des FUBINIschen Satzes und der Formel (29.4) die Gleichungen

$$\int_{\boldsymbol{R}^n} f(x)\, dm_n(x) =$$
$$= \int_{\boldsymbol{R}} \cdots \int_{\boldsymbol{R}} \cdots \int_{\boldsymbol{R}} f(x_1, \ldots, x_i, \ldots, x_n)\, dm_1(x_1) \cdots dm_1(x_i) \cdots dm_1(x_n) =$$
$$= \int_{\boldsymbol{R}} \cdots \int_{\boldsymbol{R}} \cdots \int_{\boldsymbol{R}} f(x_1, \ldots, \alpha\, x_i, \ldots, x_n)\, |\alpha|\, dm_1(x_1) \cdots dm_1(x_i) \cdots dm_1(x_n) =$$
$$= \int_{\boldsymbol{R}^n} f(g_1(x))\, |\det T_1|\, dm_n(x)\,.$$

Entsprechend bekommt man aufgrund der Formel (29.5) die Gleichung

$$\int_{R^n} f(x)\, dm_n(x) = \int_{R^n} f(g_2(x))\, |\det T_2|\, dm_n(x)\,.$$

Für die Funktion g_3 ergibt sich die Behauptung direkt aus dem Satz von FUBINI.

29.6. *Es sei $A \subseteq \boldsymbol{R}^n$ eine* LEBESGUE-*meßbare Menge und g eine lineare Koordinatentransformation. Dann ist $g(A)$ eine* LEBESGUE-*meßbare Menge, und ihr Maß beträgt*

$$m(g(A)) = |\det T|\, m(A)\,.$$

Beweis. Zunächst sei $m(A) < \infty$. Die inverse Funktion g^{-1} ist linear. Ihr entspreche die Matrix T^{-1}. Nach dem vorigen Satz ist die Funktion $c_A \circ g^{-1} = c_{g(A)}$ LEBESGUE-integrierbar, so daß $g(A)$ eine LEBESGUE-meßbare Menge ist und

$$m(A) = |\det T^{-1}|\, m(g(A))$$

gilt.

Falls A ein unendliches Maß besitzt, kann A als Vereinigung abzählbar vieler paarweise disjunkter Mengen A_n endlichen Maßes dargestellt werden. Nach Aufgabe 2.3 ist $g(A) = \bigcup_{n=1}^{\infty} g(A_n)$, wobei die paarweise disjunkten Mengen $g(A_n)$ nach dem ersten Teil dieses Beweises endliches Maß besitzen. Folglich ist $g(A)$ LEBESGUE-meßbar und $m(g(A)) = \infty$.

Nachdem wir den Fall der linearen Koordinatentransformationen durch die letzten beiden Sätze vollständig behandelt haben, gehen wir zu allgemeineren Substitutionen über. Es sei $G_1 \subseteq \boldsymbol{R}^n$ eine offene Menge. Ferner sei $g\colon G_1 \to \boldsymbol{R}^n$ eine gegebene eineindeutige Funktion, die stetige partielle Ableitungen mit der Eigenschaft

$$\det g'(x) = \det\left(\frac{\partial g_i(x)}{\partial x_k}\right) \neq 0$$

für alle $x \in G_1$ besitzt, wobei $g(x) = (g_1(x), \ldots, g_n(x))$ gilt und wir nach Beispiel 21.2 die Ableitung $g'(x)$ mit der (n, n)-Matrix $\left(\frac{\partial g_i(x)}{\partial x_k}\right)$ identifizieren. Wir sagen, daß g eine *Koordinatentransformation* oder *Substitution* von G_1 ist. Die Menge $G_2 = g(G_1)$ ist offen. Die inverse Funktion g^{-1} ist eine Koordinatentransformation von G_2.

29.7. SATZ. *Es sei eine Substitution $g\colon G_1 \to G_2$ im vorhergehenden Sinn gegeben. Eine Funktion $f\colon G_2 \to \boldsymbol{R}$ ist genau dann* LEBESGUE-*integrierbar über G_2, wenn die Komposition $f \circ g\colon G_1 \to \boldsymbol{R}$* LEBESGUE-*integrierbar über G_1 ist. Es gilt*

$$\int_{G_2} f(x)\, dm(x) = \int_{G_1} f\,(g(x))\, |\det g'(x)|\, dm(x)\,.$$

Beweis. Ist g insbesondere eine lineare Koordinatentransformation, so ist unsere Behauptung wegen Satz 29.5 richtig. Der allgemeine Fall wird in drei Schritten bewiesen. Zuerst zeigen wir:

a) *Für ein kompaktes Intervall $I \subset G_1$ ist $g(I)$ LEBESGUE-meßbar, und es gilt*

$$m(g(I)) \leqq \int_I |\det g'(x)|\, dm(x)\,.$$

Da das Bild $g(I)$ des Intervalles I nach Satz 12.2 kompakt ist, muß $g(I)$ laut Satz 17.7 LEBESGUE-meßbar sein. Der Einfachheit halber erfolgt der Beweis der Abschätzung für $m(g(I))$ nur für den Fall, daß I ein Würfel ist. Unsere Betrachtungen führen wir zweckmäßigerweise nicht in dem euklidischen Raum $\boldsymbol{R}^n$, sondern in dem dazu äquivalenten metrischen Raum $\boldsymbol{R}^n_\infty$ (siehe Beispiel 11.11) durch. Die Norm der linearen Funktion $g'(x)\colon \boldsymbol{R}^n_\infty \to \boldsymbol{R}^n_\infty$ beträgt nach Aufgabe 14.7

$$||g'(x)|| = \max\left\{\sum_{k=1}^{n}\left|\frac{\partial g_i(x)}{\partial x_k}\right|;\ i = 1, \ldots, n\right\}.$$

Daher ist $||g'(x)||$ $\big($und analog $||(g'(x))^{-1}||\big)$ eine stetige Funktion auf G_1.

Es sei $Q \subset G_1$ ein abgeschlossener Würfel mit dem Mittelpunkt x_0 und der Seitenlänge $2s$, d. h. $Q = \{x;\ ||x - x_0|| \leqq s\}$. Wir werden nun das Maß des Bildes $g(Q)$ durch ein Vielfaches von $m(Q)$ nach oben abschätzen. Mit c bezeichnen wir das Maximum der Werte $||(g'(x))^{-1}||$ für $x \in Q$ (siehe Satz 12.3). Ist $e\colon \boldsymbol{R}^n_\infty \to \boldsymbol{R}^n_\infty$ die Identität, so gilt

$$\begin{aligned}\big|\,||(g'(x_0))^{-1} g'(x)|| - 1\big| &\leqq ||(g'(x_0))^{-1} g'(x) - e|| \leqq ||(g'(x_0))^{-1}(g'(x) - g'(x_0))|| \leqq \\ &\leqq ||(g'(x_0))^{-1}||\ ||g'(x) - g'(x_0)|| \leqq c\, ||g'(x) - g'(x_0)||\end{aligned}$$

und somit

$$||(g'(x_0))^{-1} g'(x)|| \leqq 1 + c\, ||g'(x) - g'(x_0)|| \tag{29.6}$$

für $x \in Q$.

Zu jedem festen Punkt $x \in Q$ können wir laut Satz 24.5 eine Zahl $\tau \in (0, 1)$ mit der Eigenschaft

$$||g(x) - g(x_0)|| \leqq ||x - x_0||\ ||g'(x_0 + \tau(x - x_0))|| \leqq s \max\{||g'(z)||;\ z \in Q\}$$

angeben. Folglich ist $g(Q)$ in dem Würfel $\{y;\ ||y - g(x_0)|| \leqq s \max\{||g'(z)||;\ z \in Q\}\}$ enthalten und somit

$$m(g(Q)) \leqq (\max\{||g'(x)||;\ x \in Q\})^n\, m(Q)\,. \tag{29.7}$$

Nach Satz 29.6, Formel (29.7), welche auf $(g'(x_0))^{-1} \circ g$ anstelle g anzuwenden ist, und (29.6) erhalten wir

$$\begin{aligned}|\det (g'(x_0))^{-1}|\, m(g(Q)) &= m\big((g'(x_0))^{-1}(g(Q))\big) \leqq \\ &\leqq \big(\max\{||(g'(x_0))^{-1} g'(x)||;\, x \in Q\}\big)^n\, m(Q) \leqq \\ &\leqq (1 + c \max\{||g'(x) - g'(x_0)||;\ x \in Q\})^n\, m(Q)\,,\end{aligned}$$

so daß die Ungleichung

$$m(g(Q)) \leqq (1 + c \max\{||g'(x) - g'(x_0)||;\ x \in Q\})^n\, |\det g'(x_0)|\, m(Q) \tag{29.8}$$

lautet.

Es sei $\varepsilon > 0$ beliebig vorgegeben. Dann existiert nach Satz 11.10 eine Zahl $\delta > 0$, so daß für alle $z_1, z_2 \in Q$ mit $\|z_1 - z_2\| < \delta$ stets $\|g'(z_1) - g'(z_2)\| < \frac{\varepsilon}{c}$ gilt. Wir zerlegen Q in die abgeschlossenen Teilwürfel $Q_1, \ldots, Q_p$, von denen niemals zwei gemeinsame innere Punkte besitzen und deren Seiten kleiner als δ sind. Dann ist $g(Q_i) \cap g(Q_j)$ für $i \neq j$ eine LEBESGUE-Nullmenge. Bezeichnen wir den Mittelpunkt von Q_i mit x_i und summieren wir die p Ungleichungen, die wir aus (29.8) durch Ersetzen von Q und x_0 durch Q_i bzw. x_i $(i = 1, \ldots, p)$ erhalten, so bekommen wir

$$m(g(Q)) \leqq (1 + \varepsilon)^n \sum_{k=1}^{p} |\det g'(x_k)| \, m(Q_k) .$$

Als stetige Funktion ist $|\det g'(x)|$ RIEMANN-integrierbar, so daß sich aus der obigen Ungleichung die Behauptung a) ergibt. Dieses Resultat verallgemeinern wir sofort:

b) *Für eine* LEBESGUE-*meßbare Menge* $A \subseteq G_1$ *ist* $g(A)$ LEBESGUE-*meßbar, und es gilt*

$$m(g(A)) \leqq \int_A |\det g'(x)| \, dm(x) . \tag{29.9}$$

Es sei $\mathfrak{M}$ das System derjenigen LEBESGUE-meßbaren Teilmengen A von G_1, für die $g(A)$ LEBESGUE-meßbar und die Ungleichung (29.9) erfüllt ist. Wir beweisen, daß sämtliche LEBESGUE-meßbaren Teilmengen von G_1 in $\mathfrak{M}$ liegen. Nach a) sind alle kompakten Intervalle von G_1 in $\mathfrak{M}$ enthalten. Ist I ein halboffenes Intervall, so kann man eine Folge abgeschlossener Intervalle I_n mit $I_n \subseteq I_{n+1}$ angeben, deren Vereinigung gleich I ist. Dann gilt

$$m(g(I_n)) \leqq \int_{I_n} |\det g'(x)| \, dm(x) \leqq \int_I |\det g'(x)| \, dm(x)$$

für jedes n, woraus sich nach Satz 17.2 ergibt, daß $I \in \mathfrak{M}$ ist. Deshalb umfaßt $\mathfrak{M}$ den Mengenring $\mathfrak{E}$ aller Elementarbereiche von G_1. Man erkennt sofort, daß $\mathfrak{M}$ ein monotones System ist. Nach Satz 1.9 enthält $\mathfrak{M}$ die von $\mathfrak{E}$ erzeugte σ-Algebra. Da das LEBESGUE-Maß vollständig ist, stimmt $\mathfrak{M}$ mit dem System aller LEBESGUE-meßbaren Teilmengen von G_1 überein, wenn jede LEBESGUE-Nullmenge $N \subset G_1$ zu $\mathfrak{M}$ gehört. Da G_1 als Vereinigung abzählbar vieler kompakter Intervalle darstellbar ist, können wir annehmen, daß die Nullmenge N im kompakten Intervall $I \subset G_1$ enthalten ist. Dann läßt sich N für jedes $\varepsilon > 0$ durch abzählbar viele paarweise disjunkte Intervalle I_n mit $\sum_{n=1}^{\infty} m(I_n) < \varepsilon$ überdecken. Folglich gilt

$$m^*(g(N)) \leqq \sum_{n=1}^{\infty} m(g(I_n)) \leqq \int_{\bigcup_{n=1}^{\infty} I_n} |\det g'(x)| \, dm(x) \leqq \varepsilon \max \{|\det g'(x)|; x \in I\} ,$$

so daß $g(N)$ eine LEBESGUE-Nullmenge ist. Die Ungleichung (29.9) ist für $A = N$ trivialerweise erfüllt.

c) Nach diesen Vorbereitungen kommen wir zum Beweis des Satzes 29.7. Nach b) vermittelt die Funktion $g\colon G_1 \to G_2$ eine eineindeutige Zuordnung zwischen den LEBESGUE-meßbaren Teilmengen von G_1 und G_2. Jede LEBESGUE-meßbare Teilmenge von G_2 besitzt deshalb die Form $g(A)$, wobei A eine gewisse LEBESGUE-meßbare Teilmenge von G_1 ist. Deshalb ist für jede Treppenfunktion $f\colon G_2 \to \boldsymbol{R}$ die Komposition $f \circ g\colon G_1 \to \boldsymbol{R}$ LEBESGUE-integrierbar und

$$\int_{G_2} f(x)\, dm(x) \leqq \int_{G_1} f(g(x))\, |\det g'(x)|\, dm(x)\,. \tag{29.10}$$

Denn für $f = c_{g(A)}$ $(A \subseteq G_1)$ gilt

$$\int_{G_2} f(x)\, dm(x) = m(g(A)) \leqq \int_A |\det g'(x)|\, dm(x) = \int_{G_1} c_A(x)\, |\det g'(x)|\, dm(x) =$$
$$= \int_{G_1} f(g(x))\, |\det g'(x)|\, dm(x)\,.$$

Die Ungleichung wird nach Satz 27.12 auch von jeder nichtnegativen LEBESGUE-integrierbaren Funktion f befriedigt, weil gegen diese eine monoton wachsende Folge von Treppenfunktionen fast überall konvergiert (siehe Aufgabe 27.18).

Wird anstelle von g die Koordinatentransformation g^{-1} betrachtet und ist $h\colon G_1 \to \boldsymbol{R}$ eine nichtnegative LEBESGUE-integrierbare Funktion, so ergibt sich aus (29.10) die Ungleichung

$$\int_{G_1} h(x)\, dm(x) \leqq \int_{G_2} h(g^{-1}(x))\, |\det (g^{-1}(x))'|\, dm(x)\,,$$

woraus speziell für $h(x) = f(g(x))\, |\det g'(x)|$ die Beziehung

$$\int_{G_1} f(g(x))\, |\det g'(x)|\, dm(x) \leqq \int_{G_2} f(x)\, |\det g'(g^{-1}(x))|\, |\det (g^{-1}(x))'|\, dm(x) =$$
$$= \int_{G_2} f(x)\, dm(x) \tag{29.11}$$

folgt. Aus (29.10) und (29.11) erhält man

$$\int_{G_2} f(x)\, dm(x) = \int_{G_1} f(g(x))\, |\det g'(x)|\, dm(x)$$

für jede nichtnegative LEBESGUE-integrierbare und damit für jede LEBESGUE-integrierbare Funktion $f\colon G_2 \to \boldsymbol{R}$. Damit ist der Beweis beendet.

BEISPIEL

29.3. Es sei m_n das n-dimensionale LEBESGUE-Maß. Wir wollen das Maß der n-dimensionalen Einheitskugel $K_n = \{(x_1, \ldots, x_n);\ x_1^2 + \cdots + x_n^2 \leqq 1\}$ bestimmen. Nach dem FUBINIschen Satz gilt

$$m_n(K_n) = \int_{-1}^{1} m_{n-1}(K_{n-1}(x_n))\, dm_1(x_n)\,,$$

wobei $K_{n-1}(x_n)$ die $(n-1)$-dimensionale Kugel $\{(x_1, \ldots, x_{n-1});\ x_1^2 + \cdots + x_{n-1}^2 \leqq$ $\leqq 1 - x_n^2\}$ ist. Für feste $x_n \in (-1, 1)$ bildet die Funktion $g\colon \boldsymbol{R}^{n-1} \to \boldsymbol{R}^{n-1}$ mit $g(x) =$ $= \sqrt{1 - x_n^2}\, x$ eine lineare Koordinatentransformation. Es gilt $g(K_{n-1}) = K_{n-1}(x_n)$. Nach

Satz 29.6 erhält man

$$m_{n-1}(K_{n-1}(x_n)) = (\sqrt{1-x_n^2})^{n-1}\, m_{n-1}(K_{n-1}),$$

so daß

$$m_n(K_n) = m_{n-1}(K_{n-1}) \int_{-1}^{1} (\sqrt{1-x_n^2})^{n-1}\, dm_1(x_n)$$

ist. Wir substituieren $x_n = \sin t$ mit $-\frac{\pi}{2} \leqq t \leqq \frac{\pi}{2}$ und bekommen

$$m_n(K_n) = m_{n-1}(K_{n-1}) \int_{-\pi/2}^{\pi/2} \cos^n t\, dt = 2\, m_{n-1}(K_{n-1}) \int_{0}^{\pi/2} \cos^n t\, dt\,.$$

Das Riemann-Integral der Funktion $\cos^n t$ über das Intervall $\left[0, \frac{\pi}{2}\right]$ kann man mittels der Betafunktion (siehe Aufgabe 29.7) berechnen:

$$\int_0^{\pi/2} \cos^n t\, dt = \frac{1}{2}\, \frac{\Gamma\left(\frac{1}{2}\right) \Gamma\left(\frac{n+1}{2}\right)}{\Gamma\left(\frac{n+2}{2}\right)}.$$

Folglich beträgt das Maß der n-dimensionalen Einheitskugel

$$m_n(K_n) = \frac{\pi^{n/2}}{\Gamma\left(\frac{n}{2}+1\right)}.$$

AUFGABEN

29.12. Man beweise: Der Raum $L(m, \boldsymbol{R})$ bildet mit der Faltung (siehe Aufgabe 28.8) als Multiplikation eine kommutative Banach-Algebra.

29.13. Man berechne das Lebesgue-Maß der Menge aller Punkte $(x, y) \in \boldsymbol{R}^2$, für die $|a\,x + b\,y + c|^p + |a_1\,x + b_1\,y + c_1|^q < 1$ gilt. Dabei sollen $p > 0$, $q > 0$ und $a\,b_1 - a_1\,b \neq 0$ sein.

29.14. Es sei $c > 0$. Man bestimme das Volumen des Körpers, der von

a) $(x^2 + y^2 + z^2)^2 = c^3\,z$, b) $(x^2 + y^2 + z^2)^2 = c^2\,(x^2 + y^2)$

begrenzt wird.

29.15. Man beweise die Stirlingsche Formel

$$\lim_{s\to\infty} \frac{\Gamma(s+1)}{\sqrt{2\,\pi\,s}\left(\frac{s}{e}\right)^s} = 1,$$

indem man $x = s + \sqrt{2\,s}\,t$ im Integral

$$\Gamma(s+1) = \int_0^\infty e^{-x}\, x^s\, dm(x)$$

substituiert und nach Division durch $\sqrt{s}\left(\frac{s}{e}\right)^s$ mit Hilfe des Satzes von Lebesgue den Grenzübergang $s \to \infty$ durchführt.

§ 30. Unbestimmte Integrale

Es seien ein Maßraum $(X, \mathfrak{A}, \mu)$, ein BANACH-Raum F und eine μ-integrierbare Funktion $f: X \to F$ gegeben. Nunmehr sollen f und μ festgehalten werden. Dann wird jeder Menge $A \in \mathfrak{A}$ ein Vektor

$$\varphi(A) = \int_A f \, d\mu \in F$$

zugeordnet. Man nennt die auf $\mathfrak{A}$ erklärte Mengenfunktion $\varphi: \mathfrak{A} \to F$ ein *unbestimmtes Integral*. Wie wir bereits in Satz 27.16 bewiesen haben, ist φ eine σ-additive Mengenfunktion. Derartige Mengenfunktionen werden ausführlich von N. DINCULEANU [1] behandelt. Wir studieren im folgenden die Eigenschaften des unbestimmten Integrals.

30.1. Variation einer Mengenfunktion. Ein Maßraum $(X, \mathfrak{A}, \mu)$ sei fest vorgegeben. Ist $f: X \to \boldsymbol{R}$ eine nichtnegative μ-integrierbare Funktion, so ist das unbestimmte Integral von f gemäß Satz 27.16 ein endliches Maß auf $\mathfrak{A}$. Für eine beliebige μ-integrierbare Funktion $f: X \to \boldsymbol{R}$ ist das zugehörige unbestimmte Integral eine reellwertige σ-additive Mengenfunktion auf $\mathfrak{A}$. Im folgenden nennen wir reellwertige σ-additive Mengenfunktionen, die auf $\mathfrak{A}$ erklärt sind, kurz *signierte Maße*. Dabei sind ∞ und $-\infty$ als Werte für ein signiertes Maß nicht zugelassen.

Wir werden nun jeder vektorwertigen σ-additiven Mengenfunktion $\varphi: \mathfrak{A} \to F$ ein Maß zuordnen. Für $A \in \mathfrak{A}$ bedeute $|\varphi|(A)$ die obere Grenze der Summen $\sum_{n=1}^{\infty} ||\varphi(A_n)||$, die für jede Zerlegung von A in abzählbar viele paarweise disjunkte Mengen $A_n \in \mathfrak{A}$ zu bilden sind. Die Mengenfunktion $|\varphi|: \mathfrak{A} \to \overline{\boldsymbol{R}}_+$ heißt *Variation* von φ. Offensichtlich gilt für zwei Mengen A und B aus $\mathfrak{A}$ mit $A \subseteq B$ stets

$$||\varphi(A)|| \leqq |\varphi|(A) \leqq |\varphi|(B) .$$

BEISPIEL

30.1. Es sei X eine gegebene unendliche Menge. Die σ-Algebra aller Teilmengen von X werde mit $\mathfrak{A}$ bezeichnet. Ferner sei F der BANACH-Raum $B(X, \boldsymbol{R})$ aller beschränkten Funktionen $f: X \to \boldsymbol{R}$ mit der Norm $||f|| = \sup\{|f(x)|; x \in X\}$. Für die Funktion $\varphi: \mathfrak{A} \to F$, die einer nichtleeren Menge $A \subseteq X$ den Wert $\varphi(A) = c_A$ zuordnet und für die $\varphi(\emptyset)$ die identisch verschwindende Funktion ist, gilt im Fall $A \neq \emptyset$ stets $||\varphi(A)|| = 1$. Daher lautet die Variation

$$|\varphi|(A) = \begin{cases} 0, & \text{falls } A = \emptyset \text{ ist,} \\ k, & \text{falls } A \text{ genau } k \text{ Elemente besitzt,} \\ \infty, & \text{falls } A \text{ unendlich ist.} \end{cases}$$

30.1. *Die Variation einer σ-additiven Mengenfunktion $\varphi: \mathfrak{A} \to F$ ist ein Maß auf $\mathfrak{A}$. Speziell für ein signiertes Maß ist die Variation ein endliches Maß.*

Beweis. Es seien $A_n \in \mathfrak{A}$ $(n = 1, 2, \ldots)$ paarweise disjunkte Mengen, deren Vereinigung A sei. Die Zahl $\varepsilon > 0$ sei beliebig vorgegeben. Wir können annehmen, daß die Zahlen $\alpha_n = |\varphi|(A_n)$ endlich sind. Dann läßt sich A_n in paarweise disjunkte Mengen $A_{nk} \in \mathfrak{A}$ $(k = 1, 2, \ldots)$ derart zerlegen, daß

$$\alpha_n - \frac{\varepsilon}{2^n} \leqq \sum_{k=1}^{\infty} ||\varphi(A_{nk})||$$

gilt. Die Mengen A_{nk} $(n, k = 1, 2, \ldots)$ bilden eine Zerlegung von A in paarweise disjunkte Mengen, so daß wir

$$\sum_{n=1}^{\infty} \alpha_n - \varepsilon \leqq \sum_{n=1}^{\infty} \sum_{k=1}^{\infty} ||\varphi(A_{nk})|| \leqq |\varphi|(A)$$

und somit

$$\sum_{n=1}^{\infty} |\varphi|(A_n) \leqq |\varphi|(A)$$

erhalten.

Umgekehrt seien $B_k \in \mathfrak{A}$ $(k = 1, 2, \ldots)$ paarweise disjunkte Mengen, deren Vereinigung A ist. Die Mengen $A_n \cap B_k$ $(n = 1, 2, \ldots)$ sind paarweise disjunkt und stellen eine Zerlegung von B_k dar. Folglich bekommt man

$$\sum_{k=1}^{\infty} ||\varphi(B_k)|| = \sum_{k=1}^{\infty} \left\| \sum_{n=1}^{\infty} \varphi\,(A_n \cap B_k) \right\| \leqq \sum_{k=1}^{\infty} \sum_{n=1}^{\infty} ||\varphi\,(A_n \cap B_k)|| =$$
$$= \sum_{n=1}^{\infty} \sum_{k=1}^{\infty} ||\varphi\,(A_n \cap B_k)|| \leqq \sum_{n=1}^{\infty} |\varphi|(A_n)\,,$$

weil die paarweise disjunkten Mengen $A_n \cap B_k$ $(k = 1, 2, \ldots)$ die Menge A_n zerlegen. Deshalb ist die Variation σ-additiv, also ein Maß.

Es sei φ speziell ein signiertes Maß. Angenommen, daß $|\varphi|(X) = \infty$ ist. Dann gibt es für jede positive Zahl β eine Menge $B \in \mathfrak{A}$ mit $|\varphi(B)| \geqq \beta$. Ist nämlich $\{X_n\}$ eine Zerlegung von X in paarweise disjunkte Mengen mit der Eigenschaft

$$\sum_{n=1}^{\infty} |\varphi(X_n)| \geqq 2\,\beta + 1\,,$$

so gibt es endlich viele Mengen X_n, bei denen die Werte $\varphi(X_n)$ ein einheitliches Vorzeichen besitzen und deren Vereinigung gleich B mit $|\varphi(B)| \geqq \beta$ sein soll.

Wir konstruieren nun eine Folge μ-meßbarer Mengen A_n mit $A_n \supseteq A_{n+1}$, $|\varphi|(A_n) = \infty$ und $|\varphi(A_n)| \geqq n$. Man setzt $A_1 = X$. Es ist $|\varphi(A_1)| < \infty$, weil φ eine reellwertige Funktion ist. Aufgrund der obigen Bemerkung existiert eine Menge $B \subseteq A_1$ mit $|\varphi(B)| \geqq |\varphi(A_1)| + 2$. Im Fall $|\varphi|(B) = \infty$ sei $A_2 = B$. Ist $|\varphi|(B)$ dagegen endlich, so muß $|\varphi|\,(A_1 \setminus B) = \infty$ sein. Deshalb wird hier $A_2 = A_1 \setminus B$ gesetzt, wofür

$$|\varphi(A_2)| = |\varphi(A_1) - \varphi(B)| \geqq |\varphi(B)| - |\varphi(A_1)| \geqq 2$$

gilt. Der Fall $|\varphi(A_2)| = \infty$ ist nach Voraussetzung ausgeschlossen. Analog wie A_2 aus A_1 erhalten wurde, konstruiert man A_3 aus A_2 usw. Man bekommt also eine Folge (A_n) ineinandergeschachtelter Mengen mit $|\varphi|(A_n) = \infty$ und $|\varphi(A_n)| \geqq n$. Aufgrund der σ-Additivität von φ gilt (vgl. Satz 17.2)

$$\varphi(A) = \lim_{n\to\infty} \varphi(A_n) ,$$

wobei A der Durchschnitt aller A_n ist. Folglich muß $|\varphi(A)| = \infty$ sein, was aber für die reellwertige Funktion φ unmöglich ist. Aus diesem Grunde gilt $|\varphi|(X) < \infty$ für das signierte Maß φ. Damit ist unser Beweis beendet.

Aus dem Satz 30.1 folgt, daß jedes signierte Maß als Differenz von zwei Maßen darstellbar ist:

30.2. SATZ (C. JORDAN). *Für ein gegebenes signiertes Maß $\varphi\colon \mathfrak{A} \to \boldsymbol{R}$ sind die Mengenfunktionen*

$$\varphi^+ = \frac{1}{2}(|\varphi| + \varphi), \qquad \varphi^- = \frac{1}{2}(|\varphi| - \varphi)$$

endliche Maße, die durch die Gleichungen

$$\varphi = \varphi^+ - \varphi^- , \qquad |\varphi| = \varphi^+ + \varphi^-$$

eindeutig bestimmt sind.

Beweis. Wegen $|\varphi(A)| \leqq |\varphi|(A)$ nehmen φ^+ und φ^- nur nichtnegative Werte an. Da das signierte Maß φ und dessen Variation σ-additiv sind, müssen es auch φ^+ und φ^- sein. Sind schließlich φ_1 und φ_2 zwei Maße mit $\varphi = \varphi_1 - \varphi_2$ und $|\varphi| = \varphi_1 + \varphi_2$, so folgt daraus $\varphi_1 = \varphi^+$ und $\varphi_2 = \varphi^-$.

Eine weitere Strukturaussage über signierte Maße stammt von H. HAHN:

30.3. SATZ (H. HAHN). *Es sei $\varphi\colon \mathfrak{A} \to \boldsymbol{R}$ ein signiertes Maß. Dann läßt sich X in zwei solche disjunkte Mengen X^+ und X^- von $\mathfrak{A}$ zerlegen, daß $\varphi(A \cap X^+) \geqq 0$ und $\varphi(A \cap X^-) \leqq 0$ für jedes $A \in \mathfrak{A}$ gilt.*

Beweis. Wir nennen eine Menge $B \in \mathfrak{A}$ *rein nichtnegativ*, wenn $\varphi(A) \geqq 0$ für jede Teilmenge $A \in \mathfrak{A}$ von B gilt. Die leere Menge ist trivialerweise rein nichtnegativ.

Zunächst überlegen wir uns, daß die obere Grenze der Werte $\varphi(B)$ für rein nichtnegative Mengen $B \in \mathfrak{A}$ mit der oberen Grenze aller $\varphi(A)$ mit $A \in \mathfrak{A}$ übereinstimmt. Dazu genügt der Nachweis, daß jede beliebige Menge $A \in \mathfrak{A}$ eine rein nichtnegative Teilmenge $B \in \mathfrak{A}$ mit $\varphi(A) \leqq \varphi(B)$ enthält. Falls $\varphi(A) \leqq 0$ oder A rein nichtnegativ ist, kann man $B = \emptyset$ bzw. $B = A$ setzen. Deshalb sei $A \in \mathfrak{A}$ eine Menge mit $\varphi(A) > 0$, welche Teilmengen mit negativen Werten von φ besitzt. Es sei k_1 die kleinste natürliche Zahl mit der Eigenschaft, daß A eine Menge $A_1 \in \mathfrak{A}$ mit $\varphi(A_1) \leqq -\frac{1}{k_1}$ enthält. Man bekommt

$$\varphi(A \setminus A_1) = \varphi(A) - \varphi(A_1) \geqq \varphi(A) + \frac{1}{k_1} > 0 .$$

Falls $A \setminus A_1$ rein nichtnegativ ist, sei $B = A \setminus A_1$. Andernfalls sei k_2 die kleinste natürliche Zahl mit der Eigenschaft, daß $A \setminus A_1$ eine Menge $A_2 \in \mathfrak{A}$ mit $\varphi(A_2) \leqq -\frac{1}{k_2}$ enthält. Es gilt

$$\varphi(A \setminus (A_1 \cup A_2)) = \varphi(A \setminus A_1) - \varphi(A_2) \geqq \varphi(A) + \frac{1}{k_1} + \frac{1}{k_2} > 0 .$$

Ist $A \setminus (A_1 \cup A_2)$ rein nichtnegativ, so ist für $B = A \setminus (A_1 \cup A_2)$ die Behauptung bewiesen. Anderenfalls wird A_3 analog wie A_2 konstruiert. Wenn der Beweis nicht nach endlich vielen Schritten abbricht, erhalten wir eine Folge disjunkter Teilmengen $A_n \in \mathfrak{A}$ und eine Folge natürlicher Zahlen k_n mit $A_n \subseteq A \setminus \bigcup_{i=1}^{n-1} A_i$, $\varphi(A_n) \leqq -\frac{1}{k_n}$ und $\varphi\left(A \setminus \bigcup_{i=1}^{n} A_i\right) > 0$. Wegen

$$-\infty < \varphi\left(\bigcup_{n=1}^{\infty} A_n\right) = \sum_{n=1}^{\infty} \varphi(A_n) \leqq -\sum_{n=1}^{\infty} \frac{1}{k_n}$$

strebt $\frac{1}{k_n} \to 0$ für wachsende n. Die Menge $B = A \setminus \bigcup_{n=1}^{\infty} A_n$ mit

$$\varphi(B) = \varphi(A) - \sum_{n=1}^{\infty} \varphi(A_n) > \varphi(A)$$

gehört zu $\mathfrak{A}$. Für beliebige $C \subseteq B$ gilt $\varphi(C) \geqq -\frac{1}{k_n}$ für alle n, d. h. $\varphi(C) \geqq 0$. Folglich ist B eine gesuchte rein nichtnegative Teilmenge von A.

Bezeichnen wir mit s die obere Grenze aller $\varphi(B)$ für rein nichtnegative Mengen $B \in \mathfrak{A}$, so ist nach dem bisher Bewiesenen

$$s = \sup \{\varphi(A);\, A \in \mathfrak{A}\} . \tag{30.1}$$

Es sei (B_n) eine Folge rein nichtnegativer Mengen mit $B_n \subseteq B_{n+1}$, für die $\varphi(B_n)$ gegen s strebt. Die Vereinigung X^+ aller B_n ist eine rein nichtnegative Menge mit $\varphi(X^+) = s$. Für eine beliebige Teilmenge A von $X^- = X \setminus X^+$ gilt wegen (30.1)

$$\varphi(X^+) \geqq \varphi(X^+ \cup A) = \varphi(X^+) + \varphi(A) ,$$

so daß $\varphi(A) \leqq 0$ ist. Der Satz 30.3 ist bewiesen.

Für ein signiertes Maß sind i. a. die Mengen X^+ und X^- nicht eindeutig bestimmt. Ist X_1^+ und X_1^- eine weitere Zerlegung von X im Sinne von Hahn, so gilt $\varphi(A \cap (X^+ \setminus X_1^+)) = 0$ für jedes $A \in \mathfrak{A}$ wegen

$$A \cap (X^+ \setminus X_1^+) \subseteq A \cap X^+ , \qquad A \cap (X^+ \setminus X_1^+) \subseteq A \cap X_1^- .$$

Aus Symmetriegründen ist auch $\varphi(A \cap (X_1^+ \setminus X^+)) = 0$ und somit

$$\varphi(A \cap X^+) = \varphi(A \cap X_1^+) .$$

Analog zeigt man, daß

$$\varphi\,(A \cap X^-) = \varphi\,(A \cap X_1^-)$$

ist. Damit haben wir einen weiteren Beweis für den JORDANschen Satz gefunden, denn es gilt

$$\varphi^+(A) = \varphi\,(A \cap X^+)\,, \qquad \varphi^-(A) = -\,\varphi\,(A \cap X^-)$$

für jedes $A \in \mathfrak{A}$.

BEISPIEL

30.2. Es sei $(X, \mathfrak{A}, \mu)$ ein Maßraum und $f\colon X \to \boldsymbol{R}$ eine μ-integrierbare Funktion. Das unbestimmte Integral $\varphi\colon \mathfrak{A} \to \boldsymbol{R}$ mit

$$\varphi(A) = \int_A f\,d\mu$$

ist ein signiertes Maß. Die Mengen $X^+ = \{x;\, f(x) \geqq 0\}$ und $X^- = X \setminus X^+$ sind in $\mathfrak{A}$ enthalten, und sie besitzen die im Satz 30.3 behaupteten Eigenschaften. Folglich gilt

$$\varphi^+(A) = \varphi(A \cap X^+) = \int_{A \cap X^+} f\,d\mu = \int_A f^+\,d\mu\,,$$

$$\varphi^-(A) = -\,\varphi(A \cap X^-) = -\int_{A \cap X^-} f\,d\mu = \int_A f^-\,d\mu\,,$$

wobei

$$f^+(x) = \begin{cases} f(x), & \text{falls } f(x) \geqq 0 \text{ ist,} \\ 0 & \text{sonst} \end{cases}$$

und $f^- = f^+ - f$ bedeuten soll. Hieraus erhält man für die Variation

$$|\varphi|(A) = \varphi^+(A) + \varphi^-(A) = \int_A (f^+ + f^-)\,d\mu = \int_A |f|\,d\mu\,.$$

Wir sagen, daß eine σ-additive Mengenfunktion $\psi\colon \mathfrak{A} \to F$ *absolut stetig bezüglich des Maßes* μ oder kurz *μ-absolut stetig* ist, wenn sich aus $\mu(A) = 0$ stets $\psi(A) = \Theta$ ergibt. Entsprechend heißt ein Maß $\nu\colon \mathfrak{A} \to \overline{\boldsymbol{R}}_+$ *absolut stetig bezüglich* μ, wenn jede μ-Nullmenge eine ν-Nullmenge ist.

30.4. *Eine σ-additive Mengenfunktion $\psi\colon \mathfrak{A} \to F$ mit endlicher Variation $|\psi|$ (bzw. ein endliches Maß $\nu\colon \mathfrak{A} \to \boldsymbol{R}_+$) ist genau dann μ-absolut stetig, wenn für alle $\varepsilon > 0$ eine solche Zahl $\delta > 0$ existiert, daß jedes $A \in \mathfrak{A}$ mit $\mu(A) < \delta$ der Bedingung $|\psi|(A) < \varepsilon$ (bzw. $\nu(A) < \varepsilon$) genügt.*

Beweis. Es genügt, die Behauptung für eine σ-additive Mengenfunktion ψ mit endlicher Variation zu zeigen.

a) *Notwendig.* Es sei ψ absolut stetig bezüglich μ. Angenommen, zu $\varepsilon_0 > 0$ läßt sich keine Zahl $\delta > 0$ mit der gewünschten Eigenschaft angeben. Dann gibt es für jede natürliche Zahl n eine Menge $A_n \in \mathfrak{A}$ mit $\mu(A_n) < 2^{-n}$ und $|\psi|(A_n) \geqq \varepsilon_0$. Der Durchschnitt B aller Mengen $B_n = A_n \cup A_{n+1} \cup \cdots$ ist eine

μ-Nullmenge. Wegen $A_n \subseteq B_n$ und $|\psi|(X) < \infty$ gilt nach Satz 17.2 im Widerspruch zur Voraussetzung

$$|\psi|(B) = \lim_{n \to \infty} |\psi|(B_n) \geqq \varepsilon_0 .$$

b) *Hinreichend.* Wenn zu jedem $\varepsilon > 0$ eine Zahl $\delta > 0$ existiert, so daß aus $\mu(A) < \delta$ stets $|\psi|(A) < \varepsilon$ folgt, so ergibt sich im Fall $\mu(A) = 0$ speziell $||\psi(A)|| \leqq \leqq |\psi|(A) < \varepsilon$ für jedes $\varepsilon > 0$, d. h. $\psi(A) = \Theta$.

Für die Richtigkeit dieses Satzes ist die Forderung der endlichen Variation von ψ wesentlich.

BEISPIEL

30.3. Es sei $X = \{x_1, x_2, \ldots\}$ eine abzählbare Menge und $\mathfrak{A}$ das System aller Teilmengen von X. Das Maß μ sei durch $\mu(\{x_n\}) = \frac{1}{n}$ bestimmt. Wir betrachten die σ-additive Mengenfunktion ψ: $\mathfrak{A} \to B(\boldsymbol{R}, \boldsymbol{R})$, für die

$$\psi(\{x_n\}) = c_{(n,n+1]}$$

ist. Offenbar folgt aus $\mu(A) = 0$ stets $\psi(A) = \Theta$, denn die einzige μ-Nullmenge ist $\emptyset$. Somit ist ψ absolut stetig bezüglich μ, obwohl $|\psi| (\{x_n\}) = 1$ gilt.

Es sei $(X, \mathfrak{A}, \mu)$ ein gegebener Maßraum. Mit einer μ-integrierbaren Funktion f: $X \to F$ bilden wir das unbestimmte Integral φ: $\mathfrak{A} \to F$, welches durch die Formel

$$\varphi(A) = \int_A f \, d\mu \tag{30.2}$$

erklärt ist. Nach Satz 27.16 ist das unbestimmte Integral σ-additiv und offenbar auch μ-absolut stetig.

30.5. SATZ. *Das unbestimmte Integral* (30.2) *ist eine σ-additive, μ-absolut stetige Mengenfunktion mit endlicher Variation. Es gilt*

$$|\varphi|(X) = \int_X |f| \, d\mu = ||f||_L .$$

Beweis. Da offenbar

$$|\varphi|(X) \leqq \int_X |f| \, d\mu = ||f||_L \tag{30.3}$$

gilt, ist nur die entgegengesetzte Ungleichung zu zeigen. Da eine μ-integrierbare Funktion außerhalb einer σ-endlichen Menge verschwindet, existiert zu jedem beliebigen $\varepsilon > 0$ eine Menge $A \in \mathfrak{A}$ mit endlichem Maß, für die

$$\int_X |f| \, d\mu - \varepsilon \leqq \int_A |f| \, d\mu$$

gilt. Weiterhin gibt es eine Zahl $\delta > 0$, so daß für alle $B \in \mathfrak{A}$ mit $\mu(B) < \delta$ stets

$$\int_B |f| \, d\mu \leqq |\varphi|(B) < \varepsilon$$

erfüllt ist. Zu der μ-integrierbaren Funktion f lassen sich eine Treppenfunktion

$g\colon X \to F$ und eine Menge $B \subseteq A$ mit $\mu(B) < \delta$ angeben, so daß alle $x \in A \setminus B$ der Bedingung

$$\|f(x) - g(x)\| < \frac{\varepsilon}{\mu(A)}$$

genügen. Die Treppenfunktion g besitze die Form

$$g = \sum_{i=1}^{n} a_i c_{A_i}$$

mit paarweise disjunkten Mengen $A_1, \ldots, A_n$, deren Vereinigung die Menge $A \setminus B$ sei. Dann erhalten wir die Abschätzung

$$\int_X |f|\, d\mu - \varepsilon \leqq \int_A |f|\, d\mu \leqq \int_{A\setminus B} |f|\, d\mu + \varepsilon = \sum_{i=1}^{n} \int_{A_i} |f|\, d\mu + \varepsilon \leqq$$

$$\leqq \sum_{i=1}^{n} \int_{A_i} \left(|g| + \frac{\varepsilon}{\mu(A)}\right) d\mu + \varepsilon = \sum_{i=1}^{n} \left\| \int_{A_i} g\, d\mu \right\| + 2\,\varepsilon \leqq$$

$$\leqq \sum_{i=1}^{n} \left\| \int_{A_i} f\, d\mu \right\| + 3\,\varepsilon \leqq |\varphi|(A) + 3\,\varepsilon \leqq |\varphi|(X) + 3\,\varepsilon\,,$$

so daß $\|f\|_L \leqq |\varphi|(X)$ und wegen (30.3) sogar $\|f\|_L = |\varphi|(X)$ gelten muß.

AUFGABEN

30.1. Es sei $(X, \mathfrak{A}, \mu)$ ein Maßraum und F ein BANACH-Raum. Man beweise, daß eine integrierbare Funktion $f\colon X \to F$ mit der Eigenschaft

$$\int_A f\, d\mu = \Theta$$

für alle $A \in \mathfrak{A}$ fast überall verschwindet.

30.2. Es sei $(X, \mathfrak{A}, \mu)$ ein Maßraum und F ein BANACH-Raum.

a) Ist die Menge aller σ-additiven Mengenfunktionen $\varphi\colon \mathfrak{A} \to F$ von endlicher Variation ein Vektorraum, in dem $\|\varphi\| = |\varphi|\,(X)$ als Norm eingeführt werden kann?

b) Ist die Menge aller σ-additiven Mengenfunktionen $\varphi\colon \mathfrak{A} \to F$, die μ-absolut stetig sind, ein Vektorraum?

30.3. Für eine σ-additive Mengenfunktion $\varphi\colon \mathfrak{A} \to \boldsymbol{R}^n$ ist die Variation $|\varphi|$ ein endliches Maß.

30.4. Es sei $\varphi\colon \mathfrak{A} \to F$ eine σ-additive Mengenfunktion. Man zeige, daß das kleinste, auf $\mathfrak{A}$ erklärte Maß μ mit der Eigenschaft $\|\varphi(\mathfrak{A})\| \leqq \mu(A)$ für jedes $A \in \mathfrak{A}$ die Variation $|\varphi|$ ist.

30.5. Es sei $(X, \mathfrak{A}, \mu)$ ein Maßraum und F ein BANACH-Raum. Ferner sei $\varphi\colon \mathfrak{A} \to F$ eine σ-additive Mengenfunktion endlicher Variation. Man beweise, daß φ genau dann μ-absolut stetig ist, wenn $|\varphi|$ dies ist. Ein signiertes Maß $\varphi\colon \mathfrak{A} \to \boldsymbol{R}$ ist genau dann μ-absolut stetig, wenn φ^+ und φ^- diese Eigenschaft besitzen.

30.2. Satz von RADON-NIKODYM. Nach Satz 30.5 ist das unbestimmte Integral (30.2) eine σ-additive, μ-absolut stetige Mengenfunktion endlicher Variation. Nun untersuchen wir, ob sich umgekehrt eine σ-additive, μ-absolut stetige Mengenfunktion endlicher Variation als unbestimmtes Integral der Form (30.2) darstellen läßt. Wie man anhand des folgenden Beispiels erkennt, kann nicht jede σ-additive, μ-absolut stetige Mengenfunktion endlicher Variation als unbestimmtes Integral aufgefaßt werden.

BEISPIEL

30.4. Es sei $\mathfrak{A}$ die σ-Algebra aller LEBESGUE-meßbaren Mengen von $X = [-\pi, \pi]$. Wir betrachten das Maß $\mu: \mathfrak{A} \to \overline{\boldsymbol{R}}_+$ mit

$$\mu(A) = \begin{cases} 0, & \text{falls } A = \emptyset \text{ ist,} \\ n, & \text{falls } A \text{ genau } n \text{ Elemente besitzt,} \\ \infty, & \text{falls } A \text{ unendlich ist} \end{cases}$$

und das signierte Maß $\varphi: \mathfrak{A} \to \boldsymbol{R}$, welches durch das LEBESGUE-Integral

$$\varphi(A) = \int_A \sin x \, dm(x)$$

erklärt ist. Demzufolge besitzt φ nach Satz 30.1 endliche Variation. Weiterhin ist φ absolut stetig bezüglich μ, weil die einzige μ-Nullmenge die leere Menge ist.

Angenommen, es gibt eine solche reelle μ-integrierbare Funktion f, daß

$$\varphi(A) = \int_A f \, d\mu$$

für jedes $A \in \mathfrak{A}$ gilt. Insbesondere für $A = \{x\}$ bekommen wir dann

$$0 = \varphi(\{x\}) = \int_{\{x\}} f \, d\mu = f(x) \, \mu(\{x\}) = f(x) ,$$

so daß $f = \Theta$ und damit $\varphi = \Theta$ gelten muß, was unmöglich ist.

Im folgenden beschränken wir uns auf einen σ-endlichen Maßraum $(X, \mathfrak{A}, \mu)$ und ein μ-absolut stetiges signiertes Maß $\varphi: \mathfrak{A} \to \boldsymbol{R}$, welches nach Satz 30.1 endliche Variation besitzt. Für eine allgemeinere Behandlung dieses Problems sei auf N. DINCULEANU [1] verwiesen.

30.6. SATZ (J. RADON, O. M. NIKODYM). *Es sei $(X, \mathfrak{A}, \mu)$ ein σ-endlicher Maßraum. Für ein μ-absolut stetiges signiertes Maß $\varphi: \mathfrak{A} \to \boldsymbol{R}$ existiert eine μ-integrierbare Funktion $f: X \to \boldsymbol{R}$ mit*

$$\varphi(A) = \int_A f \, d\mu .$$

Wenn f_1 und f_2 zwei μ-integrierbare Funktionen sind und

$$\varphi(A) = \int_A f_1 \, d\mu = \int_A f_2 \, d\mu$$

für jedes $A \in \mathfrak{A}$ gilt, so sind f_1 und f_2 fast überall gleich.

Beweis. a) Zunächst betrachten wir den Spezialfall, daß μ ein endliches Maß und φ ein μ-absolut stetiges endliches Maß ist. Es sei M die Menge aller nichtnegativen μ-integrierbaren Funktionen $g: X \to \boldsymbol{R}$ mit der Eigenschaft

$$\int_A g \, d\mu \leqq \varphi(A)$$

für jedes $A \in \mathfrak{A}$. Die Menge M ist nichtleer, weil sie zumindest die identisch verschwindende Funktion enthält. Mit zwei Funktionen g_1 und g_2 gehört auch $\sup (g_1, g_2)$ zu M. Denn für beliebige $A \in \mathfrak{A}$ gilt

$$\int_A \sup (g_1, g_2) \, d\mu = \int_{A_1} g_1 \, d\mu + \int_{A_2} g_2 \, d\mu \leqq \varphi(A_1) + \varphi(A_2) = \varphi(A)$$

mit $A_1 = \{x \in A ; g_1(x) \geqq g_2(x)\}$ und $A_2 = A \setminus A_1$.

Wir bezeichnen mit α die obere Grenze aller Werte $\int_X g\,d\mu$ für $g \in M$. Dann läßt sich eine Folge (g_n) aus M angeben, für die

$$\lim_{n\to\infty} \int_X g_n\,d\mu = \alpha$$

gilt. Die Funktionen $f_n = \sup(g_1, g_2, \ldots, g_n)$ $(n = 1, 2, \ldots)$, die in M liegen, bilden eine monoton wachsende Folge mit

$$\lim_{n\to\infty} \int_X f_n\,d\mu = \alpha\,.$$

Der (evtl. erweitert reellwertige) Grenzwert der Folge (f_n) sei die Funktion f. Nach Satz 27.12 erhält man für jedes $A \in \mathfrak{A}$ die Gleichung

$$\int_A f\,d\mu = \lim_{n\to\infty} \int_A f_n\,d\mu\,.$$

Daher gehört f zu M. Im Fall $A = X$ ergibt sich

$$\int_X f\,d\mu = \alpha\,.$$

Wegen Satz 27.9 kann man annehmen, daß f eine reellwertige Funktion ist.

Wir beweisen nun, daß

$$\int_A f\,d\mu = \varphi(A)$$

für jedes $A \in \mathfrak{A}$ gilt. Wegen $f \in M$ und Satz 30.5 ist die Mengenfunktion φ_0: $\mathfrak{A} \to \boldsymbol{R}_+$, die durch die Formel

$$\varphi_0(A) = \varphi(A) - \int_A f\,d\mu$$

für $A \in \mathfrak{A}$ erklärt ist, ein μ-absolut stetiges endliches Maß. Angenommen, für $A_0 \in \mathfrak{A}$ ist $\varphi_0(A_0) > 0$. Da φ_0 absolut stetig bezüglich μ ist, muß $\mu(A_0) > 0$ sein. Dann gibt es eine positive Zahl β mit $\varphi_0(A_0) > \beta\,\mu(A_0)$. Für das signierte Maß $\psi = \varphi_0 - \beta\,\mu$ läßt sich wegen $\psi(A_0) > 0$ gemäß Satz 30.3 eine Teilmenge $B_0 \in \mathfrak{A}$ von A_0 angeben, so daß $\psi(B_0) > 0$ und $\psi(A) \geqq 0$ für jede Teilmenge $A \in \mathfrak{A}$ von B_0 gilt. Es ist $\mu(B_0) > 0$, weil ψ absolut stetig bezüglich μ ist. Wir erkennen, daß die μ-integrierbare Funktion $f + \beta\,c_{B_0}$ zu M gehört. Denn für jedes $A \in \mathfrak{A}$ gilt

$$\int_A (f + \beta\,c_{B_0})\,d\mu = \int_{A\setminus B_0} f\,d\mu + \int_{A\cap B_0} (f + \beta\,c_{B_0})\,d\mu \leqq$$

$$\leqq \varphi\,(A \setminus B_0) + \int_{A\cap B_0} f\,d\mu + \beta\,\mu\,(A \cap B_0) \leqq$$

$$\leqq \varphi\,(A \setminus B_0) + \int_{A\cap B_0} f\,d\mu + \varphi_0\,(A \cap B_0) = \varphi\,(A \setminus B_0) + \varphi\,(A \cap B_0) = \varphi(A)\,.$$

Andererseits erhält man aber

$$\int_X (f + \beta\,c_{B_0})\,d\mu = \alpha + \beta\,\mu(B_0) > \alpha\,,$$

was unmöglich ist. Folglich muß φ_0 identisch verschwinden, womit der Beweis unserer Behauptung in diesem Spezialfall erbracht ist.

Die μ-integrierbare Funktion $f: X \to \boldsymbol{R}$ ist durch φ in einem gewissen Sinne eindeutig bestimmt. Gilt für die μ-integrierbaren Funktionen f_1 und f_2 die Gleichung

$$\varphi(A) = \int_A f_1 \, d\mu = \int_A f_2 \, d\mu$$

für jedes $A \in \mathfrak{A}$, so sind f_1 und f_2 nach Aufgabe 30.1 fast überall gleich.

b) Es sei μ ein σ-endliches Maß und φ ein μ-absolut stetiges endliches Maß. Die Menge X läßt sich dann als Vereinigung abzählbar vieler Mengen $A_n \in \mathfrak{A}$ mit endlichem Maß $\mu(A_n)$ darstellen. Schränken wir für jedes $n = 1, 2, \ldots$ das Maß φ auf die Menge $B_n = A_1 \cup \cdots \cup A_n$ ein, so erhalten wir nach a) eine μ-integrierbare Funktion f_n, die wir auf $X \setminus B_n$ gleich Null setzen. Wegen $B_n \subseteq \subseteq B_{n+1}$ und der obigen Eindeutigkeitsaussage gilt $f_n(x) \leqq f_{n+1}(x)$ für fast alle $x \in X$ und

$$\lim_{n\to\infty} \int_X f_n \, d\mu = \lim_{n\to\infty} \int_{B_n} f_n \, d\mu = \lim_{n\to\infty} \varphi(B_n) = \varphi(X) < \infty .$$

Nach Satz 27.12 ist der Grenzwert f der Folge (f_n) integrierbar, so daß wir f als reellwertige Funktion ansehen können. Weiterhin ist

$$\int_A f \, d\mu = \lim_{n\to\infty} \int_A f_n \, d\mu$$

für jedes $A \in \mathfrak{A}$, woraus sich unsere Behauptung ergibt:

$$\varphi(A) = \lim_{n\to\infty} \varphi(A \cap B_n) = \lim_{n\to\infty} \int_A f_n \, d\mu = \int_A f \, d\mu .$$

c) Schließlich sei μ ein σ-endliches Maß und φ ein μ-absolut stetiges signiertes Maß. Wegen Satz 30.2 und Aufgabe 30.5 kann man φ als Differenz zweier μ-absolut stetiger endlicher Maße φ^+ und φ^- darstellen. Nach b) existieren zu φ^+ und φ^- zwei μ-integrierbare Funktionen f^+ und f^- mit der Eigenschaft, daß

$$\varphi^+(A) = \int_A f^+ \, d\mu , \qquad \varphi^-(A) = \int_A f^- \, d\mu$$

für jedes $A \in \mathfrak{A}$ gilt. Folglich ist $f = f^+ - f^-$ die gesuchte μ-integrierbare Funktion, weil

$$\varphi(A) = \varphi^+(A) - \varphi^-(A) = \int_A (f^+ - f^-) \, d\mu = \int_A f \, d\mu$$

ist. Unser Satz ist vollständig bewiesen.

Durch die Sätze 30.5 und 30.6 werden genau die unbestimmten Integrale (bezüglich eines σ-endlichen Maßes μ) von reellwertigen Funktionen als die μ-absolut stetigen signierten Maße charakterisiert. Der Satz von RADON-NIKODYM stellt bei einem gegebenen μ-absolut stetigen signierten Maß φ eine Existenz- und Eindeutigkeitsaussage für eine μ-integrierbare Funktion f mit

$$\varphi(A) = \int_A f \, d\mu$$

dar. Ein Verfahren zur rechnerischen Bestimmung der Funktion f haben wir nicht angegeben. Dieses Problem behandeln wir im nächsten Abschnitt für den Fall, daß $X = \boldsymbol{R}^n$ und μ das LEBESGUE-Maß m ist.

AUFGABEN

30.6. Es sei $(X, \mathfrak{A}, \mu)$ ein Maßraum. Die nichtnegative Funktion $f: X \to \boldsymbol{R}_+$ sei μ-integrierbar. Mit ν bezeichne man das Maß

$$\nu(A) = \int_A f\, d\mu$$

für jedes $A \in \mathfrak{A}$. Man zeige, daß eine Funktion $g: X \to \boldsymbol{R}$ genau dann ν-integrierbar ist, wenn die Funktion $f \cdot g: X \to \boldsymbol{R}$ μ-integrierbar ist, und daß

$$\int_A g\, d\nu = \int_A f \cdot g\, d\mu$$

gilt.

30.7. Es sei $\mathfrak{A}$ eine σ-Algebra von Teilmengen aus X und $\varphi: \mathfrak{A} \to \boldsymbol{R}$ ein signiertes Maß. Ferner seien $\varphi^+ = \frac{1}{2}(|\varphi| + \varphi)$ und $\varphi^- = \frac{1}{2}(|\varphi| - \varphi)$. Die Funktion $f: X \to \boldsymbol{R}$ sei φ^+- und φ^--integrierbar. Dann wird

$$\psi(A) = \int_A f\, d\varphi = \int_A f\, d\varphi^+ - \int_A f\, d\varphi^-$$

Integral bezüglich des signierten Maßes φ über $A \in \mathfrak{A}$ genannt. Man beweise, daß es zur Variation $|\psi|: \mathfrak{A} \to \boldsymbol{R}$ eine Funktion $g: X \to \boldsymbol{R}$ mit der Eigenschaft

$$|\psi|(A) = \int_A g\, d|\varphi|$$

für alle $A \in \mathfrak{A}$ gibt und daß $g(x) = |f(x)|$ für $|\varphi|$ — fast alle $x \in X$ gilt.

30.3. Reguläre Ableitung eines unbestimmten LEBESGUE-Integrals. Im folgenden sei $\mathfrak{A}$ die σ-Algebra aller LEBESGUE-meßbaren Mengen von $\boldsymbol{R}^n$. Wir betrachten das unbestimmte LEBESGUE-Integral φ einer integrierbaren Funktion $f: \boldsymbol{R}^n \to \boldsymbol{R}$. Nach Satz 30.5 ist φ ein m-absolut stetiges signiertes Maß auf $\mathfrak{A}$. Insbesondere wird durch φ jedem n-dimensionalen halboffenen Intervall ein Wert zugeordnet. Aus diesem Grunde ist es sinnvoll, die Existenz der in Abschnitt 18.5 eingeführten regulären Ableitung $D_r\,\varphi$ des unbestimmten LEBESGUE-Integrals zu untersuchen. Wir zeigen, daß $D_r\,\varphi$ fast überall mit der integrierbaren Funktion f übereinstimmt und daß somit

$$\varphi(A) = \int_A D_r\,\varphi\, dm$$

für jedes $A \in \mathfrak{A}$ gilt. Für den Beweis dieser Behauptung sind einige Vorbereitungen notwendig.

30.7. *Es sei* $\varphi: \mathfrak{A} \to \overline{\boldsymbol{R}}_+$ *ein* m*-absolut stetiges Maß, wobei* $\varphi(A)$ *im Fall* $m(A) < \infty$ *stets endlich ist. Wenn für eine feste positive Zahl* α *alle Punkte* x *einer* LEBESGUE*-meßbaren Menge* A *der Bedingung* $\overline{D}_r\,\varphi(x) \geqq \alpha$ *genügen, dann gilt*

$$\varphi(A) \geqq \alpha\, m(A)\,.$$

Beweis. Wir können annehmen, daß A eine beschränkte LEBESGUE-meßbare Menge ist. Es seien $\varepsilon > 0$ und $\alpha_0 < \alpha$ beliebige Zahlen. Nach Satz 30.4 existiert eine solche Zahl $\delta > 0$, daß für jedes $B \in \mathfrak{A}$ mit $m(B) < \delta$ stets

$$\varphi(B) < \varepsilon \tag{30.4}$$

gilt. Zu jedem Punkt $x \in A$ läßt sich wegen $\overline{D}_r\,\varphi(x) \geqq \alpha$ eine regulär gegen x strebende Intervallfolge (I_k) mit $\varphi(I_k) \geqq \alpha_0\, m(I_k)$ für alle k angeben. Aufgrund des VITALIschen Überdeckungssatzes 17.10 existieren endlich oder abzählbar viele Intervalle, deren Vereinigung V sei, mit

$$\varphi(V) \geqq \alpha_0\, m(V)\,, \qquad m\,(A \setminus V) = 0\,, \qquad m\,(V \setminus A) < \delta\,. \tag{30.5}$$

Folglich erhält man

$$m(A) = m\,(A \cap V) + m\,(A \setminus V) = m\,(A \cap V) \leqq m(V) \tag{30.6}$$

und damit wegen (30.4) und (30.5)

$$\varphi(V) = \varphi\,(A \cap V) + \varphi\,(V \setminus A) = [\varphi(A) - \varphi\,(A \setminus V)] + \varphi\,(V \setminus A) =$$
$$= \varphi(A) + \varphi\,(V \setminus A) < \varphi(A) + \varepsilon\,. \tag{30.7}$$

Aus (30.6) und (30.7) ergibt sich die Abschätzung

$$\varphi(A) + \varepsilon > \varphi(V) \geqq \alpha_0\, m(V) \geqq \alpha_0\, m(A)\,,$$

die für beliebige $\varepsilon > 0$ und $\alpha_0 < \alpha$ gilt. Deshalb muß $\varphi(A) \geqq \alpha\, m(A)$ sein, was zu beweisen war.

30.8. *Es sei $\varphi : \mathfrak{A} \to \overline{\boldsymbol{R}}_+$ ein m-absolut stetiges Maß, wobei $\varphi(A)$ im Fall $m(A) < \infty$ stets endlich ist. Für fast alle Punkte x einer Menge $A \in \mathfrak{A}$ mit $\varphi(A) = 0$ gilt dann*

$$D_r\,\varphi(x) = 0\,.$$

Beweis. Im Fall $m(A) = 0$ ist die Behauptung trivial. Deshalb sei $m(A) > 0$. Angenommen, es existiert eine solche Teilmenge $B \subseteq A$ mit $m(B) > 0$, daß $\overline{D}_r\varphi(x) > 0$ für alle $x \in B$ gilt. Dann ist B gleich der Vereinigung der paarweise disjunkten LEBESGUE-meßbaren Mengen B_n (vgl. Aufgabe 18.3) mit $B_1 = \{x \in B;\ 1 \leqq \overline{D}_r\varphi(x)\}$ und $B_n = \left\{x \in B; \frac{1}{n} \leqq \overline{D}_r\varphi(x) < \frac{1}{n-1}\right\}$ für $n = 2, 3, \ldots$.

Wegen

$$m(B) = \sum_{n=1}^{\infty} m(B_n) > 0$$

gilt $m(B_{n_0}) > 0$ für mindestens einen Index n_0, so daß man nach Satz 30.7 die Ungleichung

$$\varphi(B) \geqq \varphi(B_{n_0}) \geqq \frac{1}{n_0}\, m(B_{n_0}) > 0$$

erhält. Andererseits ist $\varphi(B) = 0$, weil $B \subseteq A$ und $\varphi(A) = 0$ ist. Aufgrund dieses Widerspruches muß $\overline{D}_r\varphi(x) \leqq 0$ für fast alle Punkte $x \in A$ sein. Wegen $\overline{D}_r\varphi(x) \geqq \underline{D}_r\varphi(x) \geqq 0$ verschwindet in diesen Punkten die reguläre Ableitung von φ.

30.9. *Es sei B eine feste* Lebesgue-*meßbare Menge. Für das durch die Formel*

$$\varphi(A) = m\,(A \cap B)$$

erklärte Maß $\varphi\colon A \to \overline{\boldsymbol{R}}_+$ gilt

$$D_r\,\varphi(x) = c_B(x)$$

für fast alle Punkte $x \in \boldsymbol{R}^n$, wobei c_B die charakteristische Funktion der Menge B ist.

Beweis. Das Maß φ genügt den Voraussetzungen des Satzes 30.8. Wegen $\varphi(B^c) = 0$ ist

$$D_r\varphi(x) = 0 \tag{30.8}$$

für fast alle Punkte $x \in B^c$. Wir betrachten nun das Maß φ_1, welches durch $\varphi_1(A) = m\,(A \cap B^c)$ definiert ist. Da $\varphi_1(B) = 0$ ist, gilt $D_r\varphi_1(x) = 0$ für fast alle Punkte $x \in B$ nach Satz 30.8. Wegen $\varphi(A) + \varphi_1(A) = m(A)$ und $D_r m(x) = 1$ für alle $x \in \boldsymbol{R}^n$ erhält man für fast alle Punkte $x \in B$ die Gleichung

$$D_r\varphi(x) = D_r m(x) - D_r\varphi_1(x) = 1\,. \tag{30.9}$$

Aus (30.8) und (30.9) ergibt sich die Behauptung.

30.10. SATZ. *Es sei $f\colon \boldsymbol{R}^n \to \boldsymbol{R}$ eine gegebene* Lebesgue-*integrierbare Funktion. Dann existiert fast überall die reguläre Ableitung des unbestimmten* Lebesgue-*Integrals $\varphi\colon \mathfrak{A} \to \boldsymbol{R}$ mit*

$$\varphi(A) = \int_A f\,dm\,,$$

und es gilt

$$D_r\varphi(x) = f(x)$$

für fast alle Punkte $x \in \boldsymbol{R}^n$.

Beweis. Wir können annehmen, daß $f(x) \geqq 0$ ist. Denn falls der Satz für nichtnegative Funktionen richtig ist, so gilt er auch für die Differenz von zwei nichtnegativen Funktionen. Nach Satz 30.5 ist φ ein endliches m-absolut stetiges Maß. Es seien p und q zwei beliebige rationale Zahlen mit $0 \leqq p < q$. Für die Lebesgue-meßbare Menge $B_{pq} = \{x;\, p < f(x) < q\}$ und jedes $A \in \mathfrak{A}$ gilt

$$\varphi(A) = \varphi\,(A \cap B_{pq}) + \varphi\,(A \cap B_{pq}^c)\,. \tag{30.10}$$

Nach Satz 30.8 existiert eine solche Lebesgue-Nullmenge N'_{pq}, daß die reguläre Ableitung des Maßes $\varphi\,(A \cap B_{pq}^c)$ für alle $x \in B_{pq} \setminus N'_{pq}$ verschwindet. Ferner erhält man für alle $A \in \mathfrak{A}$ die Ungleichung

$$p\,m\,(A \cap B_{pq}) \leqq \varphi\,(A \cap B_{pq}) = \int_{A \cap B_{qp}} f\,dm \leqq q\,m\,(A \cap B_{pq})\,.$$

Nach Satz 30.9 beträgt die reguläre Ableitung des Maßes $m(A \cap B_{pq})$ gleich Eins überall auf B_{pq} mit Ausnahme einer LEBESGUE-Nullmenge N''_{pq}. Folglich liegen die unteren und oberen regulären Ableitungen von $\varphi(A \cap B_{pq})$ für jedes $x \in B_{pq} \setminus N''_{pq}$ zwischen p und q, woraus sich wegen (30.10) die Abschätzung

$$p \leqq \underline{D}_r\varphi(x) \leqq \overline{D}_r\varphi(x) \leqq q \tag{30.11}$$

für alle Punkte $x \in B_{pq} \setminus N_{pq}$ mit $N_{pq} = N'_{pq} \cup N''_{pq}$ ergibt.

Wir betrachten für sämtliche Paare rationaler Zahlen p und q mit $0 \leqq p < q$ die entsprechenden Mengen B_{pq} und N_{pq}. Dann ist die Vereinigung N aller Mengen N_{pq} eine LEBESGUE-Nullmenge. Für einen beliebigen Punkt $x \in \boldsymbol{R}^n \setminus N$ genügt jedes Paar rationaler Zahlen p und q mit $p < f(x) < q$ der Ungleichung (30.11), so daß $D_r\varphi(x)$ existiert und mit $f(x)$ übereinstimmt.

Der letzte Satz gilt natürlich auch für die zentrale und die symmetrische Ableitung. Dagegen wird die Aussage falsch, wenn man die reguläre Ableitung durch die allgemeinere Ableitung $D\varphi$ eines unbestimmten LEBESGUE-Integrals φ ersetzt. Nähere Ausführungen hierüber findet man bei S. SAKS [1].

AUFGABEN

30.8. Es sei $f: \boldsymbol{R} \to \boldsymbol{R}$ eine LEBESGUE-integrierbare Funktion. Man zeige, daß für fast man alle $x \in \boldsymbol{R}$ gilt

$$\lim_{h\to 0} \frac{1}{h} \int_0^h |f(x+t) - f(x)|\, dm(t) = 0\,.$$

30.9. a) Als *Dichte* einer LEBESGUE-meßbaren Menge $A \subseteq \boldsymbol{R}$ im Punkt $x \in \boldsymbol{R}$ bezeichnet den Grenzwert

$$\lim_{h\to 0} \frac{1}{2h}\, m(A \cap (x-h, x+h))\,.$$

Man beweise, daß die Dichte auf A fast überall gleich 1 und auf A^c fast überall gleich 0 beträgt.

b) Es sei $0 < \lambda < 1$. Gibt es eine LEBESGUE-meßbare Menge $A \subseteq \boldsymbol{R}$ mit $m(A \cap I) = \lambda\, m(I)$ für alle Intervalle $I \subset \boldsymbol{R}$?

30.10. Es sei $f: \boldsymbol{R}^n \to \boldsymbol{R}$ eine beschränkte LEBESGUE-integrierbare Funktion. Man zeige, daß die Ableitung $D\varphi$ des unbestimmten LEBESGUE-Integrals φ von f fast überall existiert und — mit Ausnahme einer Nullmenge — gleich f ist.

30.11. Es sei eine Folge monoton wachsender Funktionen $f_n: \boldsymbol{R} \to \boldsymbol{R}$ gegeben, für die $\sum_{n=1}^{\infty} f_n(x) = f(x)$ stets endlich ist. Man beweise, daß die Ableitungen f'_n und f' fast überall existieren und daß fast überall gilt

$$f'(x) = \sum_{n=1}^{\infty} f'_n(x)\,.$$

30.4. Absolut stetige Funktionen mit reellen Variablen. Wir betrachten zunächst reelle Funktionen einer reellen Variablen und erinnern, daß eine auf dem kompakten Intervall $I \subset \boldsymbol{R}$ erklärte Funktion g ***absolut stetig auf*** I heißt, wenn für jedes positive ε eine Zahl $\delta > 0$

derart existiert, daß für endlich viele beliebige, aber paarweise disjunkte Intervalle $(a_i, b_i] \subset \subset I$ mit $m\left(\bigcup_{i=1}^{n} (a_i, b_i]\right) < \delta$ stets

$$\sum_{i=1}^{n} |g(b_i) - g(a_i)| < \varepsilon \tag{30.12}$$

gilt. Offenbar ist jede Funktion g, die einer LIPSCHITZ-Bedingung genügt, d. h., für die eine feste Zahl $L > 0$ mit der Eigenschaft

$$|g(x) - g(y)| \leqq L\,|x - y|$$

für alle $x, y \in I$ existiert, absolut stetig.

BEISPIEL

30.5. Mit einer gegebenen Funktion $f: I \to \boldsymbol{R}$, die über das kompakte Intervall I LEBESGUE-integrierbar ist, bilden wir die Funktion g:

$$g(x) = \int_0^x f(t)\,dm(t)\,.$$

Die Funktion g ist auf dem Intervall I absolut stetig. Denn für jedes $\varepsilon > 0$ existiert nach den Sätzen 27.7, 30.4 und 30.5 eine Zahl $\delta > 0$, so daß

$$\int_A |f(t)|\,dm(t) < \varepsilon$$

für alle LEBESGUE-meßbaren Mengen $A \subseteq I$ mit $m(A) < \delta$ gilt. Sind $(a_i, b_i]$ endlich viele paarweise disjunkte Teilintervalle von I, deren Vereinigung B ein Maß kleiner als δ besitzt, so erhalten wir

$$\sum_{i=1}^{n} |g(b_i) - g(a_i)| = \sum_{i=1}^{n} \left| \int_{a_i}^{b_i} f(t)\,dm(t) \right| \leqq \sum_{i=1}^{n} \int_{a_i}^{b_i} |f(t)|\,dm(t) = \int_B |f(t)|\,dm(t) < \varepsilon\,.$$

Eine absolut stetige Funktion ist insbesondere stetig und besitzt eine endliche Variation (siehe Aufgabe 22.11). Dagegen kann man stetige Funktionen endlicher Variation angeben, die nicht absolut stetig sind.

BEISPIEL

30.6. Es sei $g: [0, 1] \to \boldsymbol{R}$ die im Beispiel 20.5 eingeführte Funktion, die offenkundig stetig und von endlicher Variation ist. Da einerseits das CANTORsche Diskontinuum $\boldsymbol{D}$ eine LEBESGUE-Nullmenge bildet und andererseits die Funktion g auf $[0, 1] \setminus \boldsymbol{D}$ konstant ist, kann g nicht absolut stetig auf $[0, 1]$ sein.

Es besteht ein sehr enger Zusammenhang zwischen m-absolut stetigen LEBESGUE-STIELTJES-Maßen und absolut stetigen Funktionen.

30.11. *Ein LEBESGUE-STIELTJES-Maß μ ist genau dann m-absolut stetig, wenn die monoton wachsende Funktion $g: \boldsymbol{R} \to \boldsymbol{R}$ mit*

$$g(x) = \begin{cases} 0 & \text{für } x = 0\,, \\ \mu((0, x]) & \text{für } x > 0\,, \\ -\mu((x, 0]) & \text{für } x < 0 \end{cases}$$

auf jedem kompakten Intervall absolut stetig ist.

Beweis. a) *Notwendig.* Es sei μ ein m – absolut stetiges Maß, welches wir auf die meßbaren Teilmengen eines kompakten Intervalles I einschränken. Dann läßt sich nach Satz 30.4 zu jedem beliebig vorgegebenen $\varepsilon > 0$ eine Zahl $\delta > 0$ angeben, so daß aus $A \subseteq I$ mit $m(A) < \delta$ stets $\mu(A) < \varepsilon$ folgt. Speziell für $A = \bigcup_{i=1}^{n} (a_i, b_i]$, wobei $(a_i, b_i]$ paarweise disjunkte Teilintervalle von I sind, folgt aus $m(A) < \delta$ stets

$$\sum_{i=1}^{n} |g(b_i) - g(a_i)| = \sum_{i=1}^{n} (g(b_i) - g(a_i)) = \sum_{i=1}^{n} \mu((a_i, b_i]) = \mu(A) < \varepsilon .$$

b) *Hinreichend.* Die Funktion g sei absolut stetig auf jedem kompakten Intervall. Somit gibt es zu jedem beliebigen $\varepsilon > 0$ für das kompakte Intervall $[-k, k]$ eine Zahl $\delta > 0$ mit der Eigenschaft (30.12). Eine LEBESGUE-Nullmenge A, welche im Intervall $(-k, k]$ liegt, kann durch abzählbar viele paarweise disjunkte Intervalle $(a_i, b_i] \subseteq (-k, k]$ mit $m\left(\bigcup_{i=1}^{\infty} (a_i, b_i]\right) < \delta$ überdeckt werden. Wegen $m\left(\bigcup_{i=1}^{n} (a_i, b_i]\right) < \delta$ und damit

$$\sum_{i=1}^{n} (g(b_i) - g(a_i)) = \sum_{i=1}^{n} \mu((a_i, b_i)] = \mu\left(\bigcup_{i=1}^{n} (a_i, b_i]\right) < \varepsilon$$

für jedes n erhalten wir

$$\mu^*(A) \leqq \mu\left(\bigcup_{i=1}^{\infty} (a_i, b_i]\right) \leqq \varepsilon ,$$

d. h. $\mu(A) = 0$.

Eine beliebige LEBESGUE-Nullmenge A können wir als Vereinigung der LEBESGUE-Nullmengen $A_k = A \cap (-k, k]$ darstellen. Nach dem eben Bewiesenen gilt $\mu(A_k) = 0$ und somit $\mu(A) = 0$. Der Beweis ist beendet.

Aufgrund des letzten Satzes können wir die Ergebnisse der Abschnitte 30.2 und 30.3 auf absolut stetige Funktionen übertragen. Für eine auf dem kompakten Intervall $I = [a, b]$ erklärte monoton wachsende absolut stetige Funktion g, die wir uns außerhalb von I stetig als Konstante fortgesetzt denken, ist das zugehörige LEBESGUE-STIELTJES-Maß μ endlich und m-absolut stetig gemäß Satz 30.11. Wegen Satz 30.6 existiert eine integrierbare Funktion f, so daß

$$\mu(A) = \int_A f(t)\, dm(t)$$

für alle meßbaren Mengen A und damit

$$g(x) - g(a) = \int_a^x f(t)\, dm(t)$$

für jedes $x \in I$ gilt. Nach Satz 30.10 muß die Funktion g fast überall eine Ableitung g' besitzen, die fast überall mit f übereinstimmt. Da sich ferner jede absolut stetige Funktion als Differenz zweier monoton wachsender Funktionen darstellen läßt, können wir feststellen:

30.12. SATZ. *Eine auf dem kompakten Intervall $I = [a, b]$ definierte absolut stetige Funktion $g\colon I \to \mathbf{R}$ besitzt fast überall eine Ableitung g', die* LEBESGUE-*integrierbar über dem Intervall I ist und der Gleichung*

$$g(x) - g(a) = \int_a^x g'(t)\, dm(t)$$

für jedes $x \in I$ genügt.

Durch diesen Satz werden die Beziehungen zwischen der Differentiation und der Integration im LEBESGUEschen Sinne dargelegt. Wir haben erkannt, daß einmal bei einer über dem kompakten Intervall $I = [a, b]$ LEBESGUE-integrierbaren Funktion f für fast alle Punkte $x \in I$ die Gleichung

$$\frac{d}{dx} \int_a^x f(t)\, dm(t) = f(x) \tag{30.13}$$

erfüllt ist und daß zum anderen bei einer gegebenen auf I absolut stetigen Funktion g alle Punkte $x \in I$ der Gleichung

$$\int_a^x \frac{d}{dt} g(t)\, dm(t) = g(x) - g(a) \tag{30.14}$$

genügen. Mit anderen Worten besagt (30.13), daß die Differentiation in fast allen Punkten die vorherige Integration der LEBESGUE-integrierbaren Funktion f rückgängig macht. Durch die Formel (30.14) wird umgekehrt die Wirkung des Integrals auf die Ableitung einer absolut stetigen Funktion beschrieben. Dabei ist die Einschränkung auf absolut stetige anstelle von (fast überall) differenzierbaren Funktionen wesentlich. Denn wie anhand des folgenden Beispiels zu sehen ist, braucht die Ableitung einer differenzierbaren Funktion g nicht LEBESGUE-integrierbar zu sein.

BEISPIEL

30.7. Wir betrachten die auf $[0, 1]$ erklärten Funktionen

$$f(x) = \begin{cases} 2\,x \cos\dfrac{1}{x^2} + \dfrac{2}{x} \sin\dfrac{1}{x^2} & \text{für } x \neq 0\,, \\ 0 & \text{für } x = 0\,, \end{cases}$$

$$g(x) = \begin{cases} x^2 \cos\dfrac{1}{x^2} & \text{für } x \neq 0\,, \\ 0 & \text{für } x = 0\,. \end{cases}$$

Offenbar gilt $g'(x) = f(x)$ für jeden Punkt $x \in [0, 1]$. Auf allen kompakten Teilintervallen von $(0, 1]$ ist g absolut stetig. Aber die Funktion f ist nicht LEBESGUE-integrierbar über $[0, 1]$, weil wir für die paarweise disjunkten Intervalle $I_n = [(2\,n\,\pi + \pi/2)^{-1/2}, (2\,n\,\pi)^{-1/2}]$ $(n = 1, 2, \ldots)$

$$\sum_{n=1}^{\infty} \int_{I_n} f(t)\, dm(t) = \sum_{n=1}^{\infty} \left(g\left(\frac{1}{\sqrt{2\,n\,\pi}}\right) - g\left(\frac{1}{\sqrt{2\,n\,\pi + \pi/2}}\right)\right) = \sum_{n=1}^{\infty} \frac{1}{2\,n\,\pi} = \infty$$

erhalten.

Der große Nachteil des LEBESGUE-Integrals, daß man i. a. aus der Ableitung einer differenzierbaren Funktion g durch LEBESGUEsche Integration nicht die Funktion g zurückgewinnen kann, gibt Anlaß zu weiteren Verallgemeinerungen des LEBESGUE-Integrals, für die wir den Interessenten auf I. P. NATANSON [1] verweisen.

Wir kehren zur Diskussion des Satzes 30.12 zurück. Ist g eine auf I absolut stetige Funktion, deren Ableitung fast überall verschwindet, so muß g nach Satz 30.12 konstant sein. Diese Folgerung verschärft für absolut stetige Funktionen den Satz 20.5. Wie man am Beispiel 20.5 erkennt, ist diese Folgerung und allgemeiner die Gleichung (30.14) für beliebige Funktionen endlicher Variation nicht mehr richtig.

Ferner bemerken wir, daß sich der Satz 30.12 nicht ohne weiteres auf den Fall vektorwertiger Funktionen übertragen läßt. Dabei soll eine Funktion $g: I \to F$, deren Werte in dem normierten Raum F liegen, absolut stetig auf I heißen, wenn man in (30.12) sinngemäß die Beträge durch die Normen ersetzt. J. A. CLARKSON [1] konnte für eine spezielle Klasse von normierten Räumen F den Satz 30.12 verallgemeinern. Es gibt jedoch normierte Räume, auf die sich der Satz 30.12 nicht erweitern läßt.

BEISPIEL

30.8. Es sei $L(m, \mathbf{R})$ der normierte Raum aller über $[0, 1]$ LEBESGUE-integrierbaren reellen Funktionen. Wir betrachten die Funktion g, welche jedem $x \in [0, 1]$ die Funktion $g_x \in L(m, \mathbf{R})$, die durch

$$g_x(t) = \begin{cases} 1 & \text{für } 0 \leqq t \leqq x \leqq 1\,, \\ 0 & \text{für } 0 \leqq x < t \leqq 1 \end{cases}$$

erklärt ist, zuordnet. Dann erhalten wir für beliebige $h \neq 0$

$$\left\| \frac{g\,(x+h) - g(x)}{h} \right\|_L = \left\| \frac{g_{x+h} - g_x}{h} \right\|_L = \frac{1}{|h|} \int\limits_0^1 |g_{x+h}(t) - g_x(t)|\, dm(t) = 1\,.$$

Folglich ist g absolut stetig auf $[0, 1]$. Angenommen, zu dem Punkt $x \in [0, 1]$ existiert ein Element $a \in L(m, \mathbf{R})$, so daß

$$\lim_{h \to 0} \left\| \frac{g\,(x+h) - g(x)}{h} - a \right\|_L = 0$$

gilt. Für jede natürliche Zahl n ergibt sich aus $|h| < n^{-1}$ dann $a(t) = 0$ für fast alle $t \in [0, 1] \setminus [x - n^{-1}, x + n^{-1}]$. Deshalb muß a fast überall auf $[0, 1]$ verschwinden, was der obigen Gleichung widerspricht. Die absolut stetige Funktion $g: [0, 1] \to L(m, \mathbf{R})$ ist nirgends differenzierbar.

Nun untersuchen wir reelle absolut stetige Funktionen mit zwei reellen Veränderlichen. Dabei haben wir im Abschnitt 22.3 eine Funktion g absolut stetig auf dem kompakten Intervall $I = [a, b] \times [c, d]$ genannt, wenn zu jedem $\varepsilon > 0$ eine Zahl $\delta > 0$ existiert, so daß für endlich viele paarweise disjunkte Teilintervalle $I_k = (a_k, b_k] \times (c_k, d_k]$ von I mit $m\left(\bigcup\limits_{k=1}^{n} I_k\right) < \delta$ stets

$$\sum_{k=1}^{n} |g(a_k, c_k) - g(a_k, d_k) - g(b_k, c_k) + g(b_k, d_k)| < \varepsilon$$

gilt. Bezeichnen wir mit m das zweidimensionale LEBESGUE-Maß, so erhalten wir das zweidimensionale Analogon des Satzes 30.11 in der Form:

30.13. *Ein zweidimensionales* LEBESGUE-STIELTJES-*Maß μ ist genau dann m-absolut stetig, wenn die 2-monoton wachsende Funktion $g: \mathbf{R}^2 \to \mathbf{R}$, die durch*

$$g(x, y) = (-1)^k\, \mu(I_{(x,y)})$$

erklärt ist, auf jedem kompakten Intervall absolut stetig ist. Dabei bedeutet $I_{(x,y)}$ das halboffene Intervall, welches $(0, 0)$ und (x, y) als gegenüberliegende Eckpunkte besitzt, und k die Anzahl der negativen Koordinaten des Punktes (x, y).

Der Beweis verläuft ähnlich wie der des Satzes 30.11.

Mit Hilfe dieses Satzes gelingt es wie zuvor im eindimensionalen Fall, die Ergebnisse der Abschnitte 30.2 und 30.3 auf absolut stetige Funktionen mit zwei Veränderlichen anzuwenden.

30.14. SATZ. *Auf dem kompakten Intervall $I = [a, b] \times [c, d]$ sei eine absolut stetige Funktion $g: I \to \boldsymbol{R}$ erklärt. Dann besitzt g fast überall eine reguläre Differenzenableitung $D_r^2 g$, die* LEBESGUE*-integrierbar über I ist und der Gleichung*

$$g(x, y) - g(a, y) - g(x, c) + g(a, c) = \int_a^x \int_c^y D_r^2 g(s, t)\, dm(t)\, dm(s)$$

für jedes $(x, y) \in I$ genügt.

Die Richtigkeit dieser Behauptung kann man dem Satz 30.10 entnehmen.

Zur Anwendung des obigen Satzes stellen wir uns folgende Aufgabe: Für eine feste reelle Zahl λ und zwei gegebene LEBESGUE-integrierbare Funktionen $g_1: [a, b] \to \boldsymbol{R}$ und $g_2: [c, d] \to \boldsymbol{R}$ mit $g_1(a) = g_2(c)$ suchen wir eine Funktion $f: [a, b] \times [c, d] \to \boldsymbol{R}$, deren reguläre Differenzenableitung fast überall existiert und den Gleichungen

$$D_r^2 f(x, y) - \lambda f(x, y) = 0\,, \tag{30.15}$$

$$f(a, y) = g_2(y), \quad f(x, c) = g_1(x) \tag{30.16}$$

für fast alle Punkte $(x, y) \in [a, b] \times [c, d]$ genügt. Um dieses Problem zu lösen, betrachten wir die Abbildung, welche jeder LEBESGUE-integrierbaren Funktion $g: [a, b] \times [c, d] \to \boldsymbol{R}$ die Funktion

$$\Phi(g)\,(x, y) = \lambda \int_a^x \int_c^y g(s, t)\, dm(t)\, dm(s) + g_1(x) + g_2(y) - g_1(a)$$

zuordnet. Dann besteht für zwei beliebige LEBESGUE-integrierbare Funktionen g und h die Ungleichung

$$\|\Phi^n(g) - \Phi^n(h)\|_L \leq \frac{|\lambda|^n\,(b-a)^n\,(d-c)^n}{(n!)^2}\,\|g - h\|_L \qquad (n = 1, 2, \ldots)\,.$$

Mithin kontrahiert Φ von höherer Ordnung, so daß nach Satz 12.14 eine LEBESGUE-integrierbare Funktion f mit der Eigenschaft $\Phi(f) = f$, d. h.

$$f(x, y) = \lambda \int_a^x \int_c^y f(s, t)\, dm(t)\, dm(s) + g_1(x) + g_2(y) - g_1(a)$$

für fast alle (x, y) existiert. Gegen f konvergiert die Folge der Funktionen

$$f_0(x, y) = g_1(x)\,, \qquad f_n = \Phi(f_{n-1}) \qquad (n = 1, 2, \ldots) \tag{30.17}$$

im Mittel. Aufgrund der obigen Darstellung ist die Funktion f (analog wie beim Beispiel 30.5) absolut stetig und befriedigt die Bedingung (30.16). Nach Satz 30.14 besitzt f fast überall eine reguläre Differenzenableitung, welche in fast allen Punkten von $[a, b] \times [c, d]$ der Gleichung (30.15) genügt. Es sei bemerkt, daß das gestellte Problem keine zweimal differenzierbare Lösung zu besitzen braucht.

BEISPIEL

30.9. Es seien $g_1: [0, 1] \to \boldsymbol{R}$ und $g_2: [0, 1] \to \boldsymbol{R}$ zwei gegebene Funktionen, die fast überall gleich Eins sind. Weiterhin sei $g_1(0) = g_2(0) = 1$. Wir suchen eine Funktion $f: [0, 1] \times [0, 1] \to \boldsymbol{R}$ mit

$$D_r^2 f(x, y) + \frac{1}{4} f(x, y) = 0$$

$$f(x, 0) = g_1(x)\,, \qquad f(0, y) = g_2(y)$$

für fast alle $(x, y) \in [0, 1] \times [0, 1]$. Die Folge (30.17) lautet

$$f_0(x, y) = g_1(x)\,,$$

$$f_1(x, y) = -\frac{1}{4}\,x\,y + g_1(x) + g_2(y) - 1\,,$$

$$f_2(x, y) = \frac{1}{2^2}\left(\frac{x\,y}{4}\right)^2 - \frac{x\,y}{4} + g_1(x) + g_2(y) - 1\,,$$

$$\vdots$$

$$f_n(x, y) = \sum_{k=1}^{n} \frac{(-1)^k}{(k!)^2}\left(\frac{x\,y}{4}\right)^k + g_1(x) + g_2(y) - 1$$

und konvergiert gleichmäßig gegen die Funktion

$$f(x, y) = \sum_{k=1}^{\infty} \frac{(-1)^k}{(k!)^2}\left(\frac{x\,y}{4}\right)^k + g_1(x) + g_2(y) - 1 = \mathfrak{J}_0\left(\sqrt{x\,y}\right) + g_1(x) + g_2(y) - 2\,,$$

wobei $\mathfrak{J}_0$ die Besselsche Funktion nullter Ordnung ist. Für jeden Punkt (x, y) erhalten wir

$$D_r^2 f(x, y) = D_2 D_1\,\mathfrak{J}_0\left(\sqrt{x\,y}\right) = -\frac{1}{4}\,\mathfrak{J}_0\left(\sqrt{x\,y}\right)$$

und somit

$$D_r f(x, y) = -\frac{1}{4}\,f(x, y)$$

für fast alle Punkte (x, y). Ferner gilt $f(x, 0) = g_1(x)$ und $f(0, y) = g_2(y)$.

Abschließend betrachten wir für Funktionen endlicher Variation die Existenz ihrer gemischten partiellen Ableitungen zweiter Ordnung (siehe R. J. Easton-D. H. Tucker-S. G. Wayment [1]). Dafür sind einige Vorbereitungen notwendig. Es sei $I = [a, b] \times [c, d]$ ein kompaktes Intervall mit $m(I) < 0$.

30.15. *Für eine auf I Lebesgue-meßbare Funktion f, die für fast alle $y \in [c, d]$ bezüglich x (bzw. fast alle $x \in [a, b]$ bezüglich y) monoton wächst, existiert die partielle Ableitung $D_1 f$ (bzw. $D_2 f$) fast überall in I und ist Lebesgue-meßbar.*

Beweis. Wir setzen die Existenz einer eindimensionalen Lebesgue-Nullmenge $N \subset [c, d]$ voraus, so daß $f(x, y)$ als Funktion von x für jedes feste $y \in [c, d] \setminus N$ monoton wächst. Gemäß Aufgabe 22.13 ist dann von $f(x, y)$ für fast alle $x \in [a, b]$ die Ableitung vorhanden. Folglich existiert $D_1 f$ auf fast allen Parallelen zur x-Achse fast überall. Wir müssen nun zeigen, daß die gegebene Funktion f sogar fast überall in I partiell differenzierbar ist.

Für einen beliebigen Punkt $(x, y) \in I$ bildet man die vier Größen

$$d^+ f(x, y) = \begin{cases} \overline{\lim\limits_{n \to \infty}} \dfrac{f\left(x + \frac{1}{n}, y\right) - f(x, y)}{\frac{1}{n}} & \text{für } x < b\,, \\ 0 & \text{für } x = b\,, \end{cases}$$

$$d^- f(x, y) = \begin{cases} \overline{\lim\limits_{n\to\infty}} \dfrac{f\left(x - \dfrac{1}{n}, y\right) - f(x, y)}{-\dfrac{1}{n}} & \text{für } x > a\,, \\ 0 & \text{für } x = a\,, \end{cases}$$

$$d_+ f(x, y) = \begin{cases} \underline{\lim\limits_{n\to\infty}} \dfrac{f\left(x + \dfrac{1}{n}, y\right) - f(x, y)}{\dfrac{1}{n}} & \text{für } x < b\,, \\ 0 & \text{für } x = b\,, \end{cases}$$

$$d_- f(x, y) = \begin{cases} \underline{\lim\limits_{n\to\infty}} \dfrac{f\left(x - \dfrac{1}{n}, y\right) - f(x, y)}{-\dfrac{1}{n}} & \text{für } x > a\,, \\ 0 & \text{für } x = a\,. \end{cases}$$

Falls alle vier Werte gleich sind, schreiben wir dafür $df(x, y)$. Dies trifft insbesondere für jene Punkte (x, y) zu, in denen $D_1 f(x, y)$ existiert.

Die Funktionen d^+f, d_+f, d^-f und d_-f sind Lebesgue-meßbar. Die Menge M aller Punkte (x, y) für die mindestens eine der vier Größen $d^+f(x, y)$, $d_+f(x, y)$, $d^-f(x, y)$ oder $d_-f(x, y)$ unendlich ist, ist Lebesgue-meßbar und besitzt das Maß Null. Denn der Durchschnitt von M mit fast allen Parallelen zur x-Achse ist eine Lebesgue-Nullmenge, so daß M nach Satz 28.4 selbst eine Lebesgue-Nullmenge ist. Folglich sind die vier betrachteten Funktionen fast überall endlich. Je zwei dieser Funktionen, wie zum Beispiel d^+f und d^-f sind fast überall gleich, weil wegen $|d^+f - d^-f| \geqq 0$ und

$$\int\limits_c^d \left[\int\limits_a^b |d^+f(x, y) - d^-f(x, y)|\, dm_1(x) \right] dm_1(y) = 0$$

nach Aufgabe 28.9

$$\int\limits_I |d^+f(x, y) - d^-f(x, y)|\, dm(x, y) = 0$$

ist. Mithin hat die Menge A aller Punkte $(x, y) \in I$, für die $df(x, y)$ vorhanden und endlich ist, das Maß $m(A) = m(I)$.

Wir betrachten die Menge $B = A \setminus ([a, b] \times N)$. Es gilt $m(I \setminus B) = 0$. Für $(x, y) \in B$ existiert der endliche Wert $df(x, y)$, und $f(s, y)$ wächst bezüglich s monoton, so daß aus $\dfrac{1}{n+1} \leqq h \leqq \dfrac{1}{n}$ und $a + \dfrac{1}{n} \leqq x \leqq b - \dfrac{1}{n}$ stets

$$\frac{n}{n+1} \, \frac{f\left(x + \dfrac{1}{n+1}, y\right) - f(x, y)}{\dfrac{1}{n+1}} \leqq \frac{f(x+h) - f(x)}{h} \leqq \frac{n+1}{n} \, \frac{f\left(x + \dfrac{1}{n}, y\right) - f(x, y)}{\dfrac{1}{n}}\,,$$

$$\frac{f\left(x - \dfrac{1}{n+1}, y\right) - f(x, y)}{-\dfrac{1}{n+1}} \leqq \frac{f(x-h) - f(x)}{-h} \leqq \frac{f\left(x - \dfrac{1}{n}, y\right) - f(x, y)}{-\dfrac{1}{n}}$$

folgt und daher $D_1 f(x, y) = df(x, y)$ ist. Die partielle Ableitung $D_1 f$ ist auf I fast überall vorhanden. Da $D_1 f$ fast überall mit der LEBESGUE-meßbaren Funktion df übereinstimmt, ist $D_1 f$ ebenfalls LEBESGUE-meßbar.

30.16. *Ist $f: I \to \boldsymbol{R}$ eine 2-monoton wachsende Funktion und sind $D_1 f(x, y_1)$ sowie $D_1 f(x, y_2)$ mit $y_1 < y_2$ vorhanden, so gilt $D_1 f(x, y_1) \leqq D_1 f(x, y_2)$.*

Beweis. Zu beliebig vorgegenem $\varepsilon > 0$ existiert eine Zahl $h \neq 0$ mit

$$\left| D_1 f(x, y_1) - \frac{f(x+h, y_1) - f(x, y_1)}{h} \right| < \frac{\varepsilon}{2},$$

$$\left| D_1 f(x, y_2) - \frac{f(x+h, y_2) - f(x, y_2)}{h} \right| < \frac{\varepsilon}{2}.$$

Hieraus folgt

$$\left| \frac{f(x, y_1) - f(x, y_2) - f(x+h, y_1) + f(x+h, y_2)}{h} + D_1 f(x, y_1) - D_1 f(x, y_2) \right| < \varepsilon .$$

Da f aber 2-monoton wächst, ist

$$\frac{f(x, y_1) - f(x, y_2) - f(x+h, y_1) + f(x+h, y_2)}{h} \geqq 0,$$

so daß nach der obigen Ungleichung

$$D_1 f(x, y_1) - D_1 f(x, y_2) < \varepsilon$$

und damit $D_1 f(x, y_1) \leqq D_1 f(x, y_2)$ ist.

Im folgenden sei $g: I \to \boldsymbol{R}$ mit $g(a, y) = g(x, c) = 0$ eine gegebene Funktion endlicher Variation. Nach Satz 22.15 kann g als Differenz zweier 1-monoton und 2-monoton wachsender Funktionen dargestellt werden, so daß aufgrund des Hilfssatzes 30.15 die partielle Ableitung $D_1 g$ fast überall auf I existiert. Wir bezeichnen mit D den Definitionsbereich von $D_1 g$. Läßt sich für einen Punkt $(x, y) \in D$ eine solche Zahl $\delta > 0$ angeben, daß die Punkte von D in $(\{x\} \times [y - \delta, y + \delta]) \cap I$ dicht liegen, und ist der Grenzwert

$$\lim_{\substack{h \to 0 \\ (x, y+h) \in D}} \frac{1}{h} \big(D_1 f(x, y+h) - D_1 f(x, y)\big) \tag{30.18}$$

vorhanden, so sagen wir in Verallgemeinerung von Abschnitt 22.2, daß $D_2 D_1 g(x, y)$ existiert und gleich dem obigen Grenzwert ist.

30.17. *Die Funktion $g: I \to \boldsymbol{R}$ mit $g(a, y) = g(x, c) = 0$ besitze eine endliche Variation. Dann existiert die gemischte partielle Ableitung $D_2 D_1 g$ fast überall auf I.*

Beweis. Nach Satz 22.15 können wir annehmen, daß g eine 1-monoton und 2-monoton wachsende Funktion mit $g(a, y) = g(x, c) = 0$ ist. Es sei U die Menge aller $x \in [a, b]$, bei denen $D_1 g(x, y)$ für fast alle $y \in [c, d]$ vorhanden ist. Offensichtlich ist wegen Satz 30.15 die Menge $[a, b] \setminus U$ eine eindimensionale LEBESGUE-Nullmenge. Nach Satz 30.16 wächst für $x \in U$ die Funktion $D_1 g(x, y)$ bezüglich y. Wir erklären die erweitert reellwertige Funktion f durch die Formel

$$f(x, y) = \begin{cases} D_1 g(x, y) & \text{für } (x, y) \in D \cap (U \times [c, d]), \\ D_1 g(x, y - 0) & \text{für } (x, y) \in D^c \cap (U \times [c, d]), \\ \infty & \text{für } (x, y) \notin U \times [c, d], \end{cases} \tag{30.19}$$

wobei $D_1 g(x, y - 0)$ im Fall $y = c$ gleich Null und sonst der Grenzwert von $D_1 g(x, t)$ mit (x, t) für $t \to y - 0$ ist. Die Funktion f ist LEBESGUE-meßbar, fast überall endlich und wächst für fast alle $x \in [a, b]$ monoton bezüglich y. Nach Satz 30.15 ist fast überall auf I und somit fast überall auf $D \cap (U \times [c, d])$ die partielle Ableitung $D_2 f$ vorhanden und endlich. Wenn $D_2 f(x, y)$ im Punkt $(x, y) \in D \cap (U \times [c, d])$ existiert, stimmt $D_2 f(x, y)$ wegen (30.18) und (30.19) mit $D_2 D_1 g(x, y)$ überein. Folglich existiert $D_2 D_1 g$ fast überall auf $D \cap (U \times \times [c, d])$ und damit fast überall auf I.

Aus Symmetriegründen ergibt sich aus Satz 30.17 die Existenz von $D_1 D_2 g$ fast überall auf I. Für absolut stetige Funktionen $g: I \to \boldsymbol{R}$ kann das vorige Ergebnis zu folgendem Satz verschärft werden:

30.18. *Für eine absolut stetige Funktion* $g: I \to \boldsymbol{R}$ *mit* $g(a, y) = g(x, c) = 0$ *gilt*

$$D_2 D_1 g(x, y) = D_1 D_2 g(x, y) = D_r^2 g(x, y)$$

für fast alle Punkte $(x, y) \in I$.

Beweis. Da aufgrund der Sätze 30.14 und 30.17 die Ableitungen $D_2 D_1 g$, $D_1 D_2 g$ und $D_r^2 g$ fast überall in I existieren, genügt es, wenn wir $D_2 D_1 g(x, y) = D_r^2 g(x, y)$ für fast alle $(x, y) \in I$ zeigen.

Wir können wegen der Sätze 22.16 und 22.15 annehmen, daß die gegebene absolut stetige Funktion g mit $g(a, y) = g(x, c) = 0$ sowohl 1-monoton als auch 2-monoton wächst. Nach Satz 30.14 ist $D_r^2 f$ Lebesgue-integrierbar über I, und es gilt

$$g(x, y) = \int_a^x \int_c^y D_r^2 g(s, t)\, dm(t)\, dm(s)$$

für alle Punkte $(x, y) \in I$. Aufgrund des Fubinischen Satzes 28.5 und der Formel (30.13) existiert eine eindimensionale Lebesgue-Nullmenge $N \subset [a, b]$, so daß für ein festes $x' \notin N$ und alle $y \in [c, d]$ stets

$$D_1 g(x', y) = \int_c^y D_r^2 g(x', t)\, dm(t)$$

und damit nach erneuter Anwendung von (30.13)

$$D_2 D_1 g(x', y) = D_r^2 g(x', y)$$

für fast alle $y \in [c, d]$ gilt.

Die Menge $P = (M_1 \cap M_2) \setminus (N \times [c, d])$, wobei M_1 der Definitionsbereich von $D_2 D_1 g$ und M_2 der von $D_r^2 g$ bedeutet, ist Lebesgue-meßbar und besitzt das Maß $m(P) = m(I)$. Die auf P eingeschränkte Funktion $D_2 D_1 g$ ist wegen der Sätze 30.15 und 30.16 Lebesgue-meßbar. Die reguläre Differenzenableitung ist ebenfalls auf P Lebesgue-meßbar. Folglich ist die Menge aller Punkte $(x, y) \in P$ mit $D_2 D_1 g(x, y) \neq D_r^2 g(x, y)$ Lebesgue-meßbar und besitzt nach Satz 28.4 das Maß Null, weil deren Durchschnitt mit jeder Parallele zur y-Achse eine eindimensionale Lebesgue-Nullmenge ist. Folglich muß fast überall $D_2 D_1 g$ gleich $D_r^2 g$ sein.

AUFGABEN

30.12. Es sei $I = [a, b] \times [c, d] \subset \boldsymbol{R}^2$ ein kompaktes Intervall und $f: I \to \boldsymbol{R}$ eine absolut stetige Funktion mit $f(a, y) = f(x, c) = 0$. Man beweise, daß f fast überall differenzierbar ist.

30.13. Es sei $I = [a, b] \times [c, d] \subset \boldsymbol{R}^2$ ein kompaktes Intervall. Die Funktion $f: I \to \boldsymbol{R}$ mit $f(a, y) = f(x, c) = 0$ genüge einer Lipschitz-Bedingung der Form

$$|f(x, y) - f(x', y) - f(x, y') + f(x', y')| \leqq L\, |x - x'|\, |y - y'|\,.$$

Man zeige, daß fast überall die partiellen Ableitungen $D_1 D_2 f$ und $D_2 D_1 f$ existieren und einander gleich sind.

LITERATURVERZEICHNIS

P. S. Alexandroff

[1] Einführung in die Mengenlehre und die Theorie der reellen Funktionen. Berlin 1956.

A. Alexiewicz

[1] On differentiation of vector-valued functions. Studia Math. **11** (1950), 185–196.

A. Alexiewicz-W. Orlicz

[1] Remarks on Riemann-integration of vector-valued functions. Studia Mat. **12** (1951) 125–132.

[2] On the differential in Banach spaces. Ann. Polon. Math. **25** (1952), 95–99.

G. Aumann

[1] Reelle Funktionen. Berlin-Göttingen-Heidelberg 1954.

В. У. Авербух-О. Г. Смолянов

[1] Теория дифференцирования в линейных топологических пространствах. Успехи мат. наук **22** (1969), 201—260.

A. K. Aziz-J. B. Diaz

[1] On a mean-value theorem of the differential calculus of vector-valued functions and uniqueness theorems for ordinary differential equations in a linear-normed space. Contributions to Differential Equations I (1963), 251–269.

H. Bachmann

[1] Transfinite Zahlen. Berlin-Göttingen-Heidelberg 1955.

H. Bauer

[1] Wahrscheinlichkeitstheorie und Grundzüge der Maßtheorie. Berlin 1968.

K. Bögel

[1] Über partiell differenzierbare Funktionen. Math. Z. **25** (1926), 490–498.

[2] Mehrdimensionale Differentiation von Funktionen mehrerer Veränderlicher. J. reine angew. Math. **170** (1934), 197–217.

[3] Bedingungen für die Existenz einer Punktmenge, auf der die Gleichung $f''_{xy} = f''_{yx}$ erfüllt ist. Math. Nachr. **22** (1960), 143–144.

[4] Über die mehrdimensionale Differentiation. Jber. Deutsch. Math.-Verein. **65** (1962), 45–71.

[5] Über die Exaktheit einer Abschätzung für die Gesamtschwankung einer Funktion $f(x_1, x_2, \ldots, x_k)$ mit Hilfe ihrer partiellen Schwankungen. Rev. Roumaine Math. Pures Appl. **9** (1964), 25–34.

H. Boseck

[1] Einführung in die Theorie der linearen Vektorräume. Berlin 1965.

N. Bourbaki

[1] Théorie des ensembles. Paris 1951–58.

[2] Intégration. Paris 1952–60.

F. E. Browder

[1] Topology and non-linear functional equations. Studia Math. **31** (1968), 189–204.

B. Buchholz

[1] Über Nullstellen von gewissen Polynomen in Banachräumen. Beiträge zur Analysis **2** (1971), 57–67.

C. Burkill

[1] Functions of intervals. Proc. London Math. Soc. **22** (1924), 275–310.

[2] The Lebesgue integral. Cambridge 1951.

H. Burkill
[1] Some remarks on intervalfunctions. Quart. J. Math. Oxford 2. Ser. **18** (1967), 47–51.
P. L. Butzer
[1] Beziehungen zwischen den Riemannschen, Taylorschen und gewöhnlichen Ableitungen reellwertiger Funktionen. Math. Ann. **144** (1961), 275–298.
H. Cartan
[1] Calcul différentiel. Paris 1967.
J. A. Clarkson
[1] Uniformly convex spaces. Trans. Amer. Math. Soc. **40** (1936), 396–414.
L. Collatz
[1] Funktionalanalysis und numerische Mathematik. Berlin-Göttingen-Heidelberg 1964.
M. M. Day
[1] Normed linear spaces. Berlin-Göttingen-Heidelberg 1958.
J. B. Diaz-R. Vyborny
[1] A mean value theorem for strongly continuous vector valued functions. Contributions to Differential Equations III (1964), 251–269.
J. B. Diaz-W. L. Walter
[1] On uniqueness theorems for ordinary differential equations of hyperbolic type. Trans. Amer. Math. Soc. **96** (1960), 90–100.
J. Dieudonné
[1] Grundzüge der modernen Analysis (Übers. aus d. Engl.). Berlin 1971.
N. Dinculeanu
[1] Vector measures. Berlin 1966.
A. Dinghas
[1] Zur Theorie der gewöhnlichen Differentialgleichungen. Ann. Acad. Sci. Fenn. Ser. A I. **375** (1966), 3–18.
N. Dunford-J. T. Schwartz
[1] Linear Operators I. General Theory. New York-London 1958.
R. J. Easton-D. H. Tucker-S. G. Wayment
[1] On the existence almost everywhere of the cross partial derivatives. Math. Z. **102** (1967), 171–176.
A. A. Fraenkel
[1] Abstract set theory. Amsterdam 1953.
F. R. Gantmacher
[1] Matrizenrechnung I (Übers. aus d. Russ.). Berlin 1958.
B. R. Gelbaum-J. M. H. Olmsted
[1] Counterexamples in analysis. San Francisco-London-Amsterdam 1964.
И. В. Гирсанов
[1] Лекции по математической теории экстремальных задач. Москва 1970.
E. Görlich-R. J. Nessel
[1] Über Peano- und Riemann-Ableitungen in der Norm. Arch. Math. **18** (1967), 399–410.
P. R. Halmos
[1] Measure theory. Toronto-New York-London 1954.
[2] Finite dimensional vectorspaces. Princeton 1958.
[3] Naive Mengenlehre (Übers. aus d. Engl.) Göttingen 1968.
O. Haupt-G. Aumann-C. Y. Pauc
[1] Differential- und Integralrechnung III. Berlin 1954.
F. Hausdorff
[1] Mengenlehre. Berlin-Leipzig 1935.
E. Hewitt-K. Stromberg
[1] Real and abstract analysis. Berlin-Heidelberg-New York 1965.

E. Hille-R. S. Phillips
[1] Functional analysis and semigroups. Providence 1957.
E. Kamke
[1] Differentialgleichungen I. Leipzig 1962.
L. W. Kantorowitsch-G. P. Akilow
[1] Funktionalanalysis in normierten Räumen (Übers. aus d. Russ.). Berlin 1964.
C. Kassimatis
[1] Functions which have generalized Riemann derivatives. Canad. J. Math. **10** (1958), 413—420.
J. L. Kelley
[1] General topology. Princeton-Toronto-London-New York 1955.
S. Kempisty
[1] Fonctions d'intervalle non additives. Paris 1939.
D. Klaua
[1] Allgemeine Mengenlehre. Ein Fundament der Mathematik. Berlin 1964.
G. Köthe
[1] Topologische lineare Räume I. Berlin-Heidelberg-New York 1960.
А. Н. Колмогоров — С. В.Фомин
[1] Елементы теории функций и функциопальноьо анализна. Москва 1972.
M. A. Krasnoselski-A. I. Perow-A. I. Powolozki-P. P. Sabrejko
[1] Vektorfelder in der Ebene (Übers. aus d. Russ.). Berlin 1966.
M. A. Krasnoselski-G. M. Wainikko-P. P. Sabreiko-J. B. Rutizki-W. J. Stezenko
[2] Näherungsverfahren zur Lösung von Operatorgleichungen (Übers. aus d. Russ.). Berlin 1973.
Г. С. Крейн
[1] Линейные дифференциальные уравнения в банаховом пространстве. Москва 1967.
M. Krüppel
[1] Stetige Funktionen, deren Maxima und Minima überall dicht liegen. Beiträge zur Analysis (im Druck)
K. Kuratowski
[1] Topology I. New York-London-Warszawa 1966.
K. Kuratowski-A. Mostowski
[1] Set theory. Amsterdam-Warszawa 1967.
S. Lang
[1] Analysis I. Addison-Wesley 1968.
[2] Analysis II. Addison-Wesley 1969.
A. Lichnerowicz
[1] Lineare Algebra und lineare Analysis (Übers. aus d. Franz.). Berlin 1956.
L. A. Ljusternik-W. I. Sobolew
[1] Elemente der Funktionalanalysis (Übers. aus d. Russ.). Berlin 1968.
H. v. Mangoldt-K. Knopp
[1] Einführung in die höhere Mathematik IV. Leipzig 1973.
R. M. McLeod
[1] Mean value theorems for vector valued functions. Proc. Edinburgh Math. Soc. **14** (1965), 197—209.
E. J. Mc Shane
[1] Integration. Princeton 1947.
A. D. Michal
[1] La calcul différentiel dans les espaces de Banach (Übers. aus d. Engl.). Paris 1958.
L. Mišik
[1] Über die Ableitung der additiven Intervallfunktionen. Časopis Pěst. Mat. **91** (1966), 394—411.

[2] Der Mittelwertsatz für additive Intervallfunktionen. Fund. Math. **45** (1957), 64–70.

P. H. MÜLLER
[1] Höhere Analysis I. Berlin 1972.

I. P. NATANSON
[1] Theorie der Funktionen einer reellen Veränderlichen (Übers. aus d. Russ.). Berlin 1961.

M. A. NEUMARK
[1] Normierte Algebren (Übers. aus d. Russ.). Berlin 1959.

F. NEVANLINNA-R. NEVANLINNA
[1] Absolute Analysis. Berlin-Göttingen-Heidelberg 1959.

L. J. NICOLESCU
[1] On the integrability of Fréchet differentials and application. Rev. Roumaine Math. Pures Appl. **5** (1960), 625–653.
[2] On a weak mean value theorem. Rev. Roumaine Math. Pures Appl. **10** (1965), 145–148.

M. NICOLESCU
[1] Analiza matematica II. Bucuresti 1958.

D. PRZEWORSKA-ROLEWICZ-S. ROLEWICZ
[1] Equations in linear spaces. Warszawa 1968.

F. RIESZ-B. SZ.-NAGY
[1] Vorlesungen über Funktionalanalysis. (Übers. aus d. Franz.). Berlin 1956.

S. ROLEWICZ
[1] Metric linear spaces. Warszawa 1972.

W. RUDIN
[1] Principles of mathematical analysis. McGraw-Hill 1964.

S. SAKS
[1] Theory of integral. Warszawa-Lwow 1937.

I. E. SEGAL-R. A. KUNZE
[1] Integrals and operators. McGraw-Hill 1968.

W. SIERPIŃSKI
[1] Cardinal and ordinal numbers. Warszawa 1958.

R. SIKORSKI
[1] Advanced calculus. Functions of several variables. Warszawa 1969.

Г. Е. Шилов-Б. Л. Гуревич
[1] Интеграл, мера и производная. Москва 1967.

Г. Е. Шилов-Фан Дык Тинь
[1] Интеграл, мера и производная на линейных пространствах. Москва 1967.

H. SCHUBERT
[1] Topologie. Stuttgart 1964.

G. F. SIMMONS
[1] Introduction to topology and modern analysis. McGraw-Hill 1963.

W. I. SMIRNOW
[1] Lehrgang der höheren Mathematik V (Übers. aus d. Russ.). Berlin 1962.

B. SZ. NAGY
[1] Introduction to real functions and orthogonal expansions. Budapest 1964.

M. TASCHE
[1] Eine neue Begründung und einige Anwendungen der Differentialrechnung von K. Bögel. Diss. Univ. Rostock 1968.

A. E. TAYLOR
[1] Introduction to functional analysis. New York 1958.

F. A. VALENTINE
[1] Konvexe Mengen. Mannheim 1968.

A. J. Ward

[1] On the differentiation of additive functions of rectangles. Fund. Math. **26** (1936), 167—182.

[2] A sufficient condition for a function of intervals to be monotone. Fund. Math. **29** (1937), 22—25.

K. Yosida

[1] Functional analysis. Berlin-Göttingen-Heidelberg 1965.

A. C. Zaanen

[1] An introduction to the theory of integration. Amsterdam 1965.

[2] Linear analysis. Amsterdam-Groningen 1964.

SYMBOLVERZEICHNIS

1. Spezielle Mengen und Räume

2. Allgemeine Mengen und Räume

3. Funktionen

4. Grenzwerte und Ableitungen von Funktionen

5. Intervallfunktionen, Maße und Integrale

SACHVERZEICHNIS

Kolibri 360 GmbH
Ferdinand-Jühlke-Straße 7
99095 Erfurt, Deutschland
produktsicherheit@kolibri360.de